U0364000

河南黄河大事记

河南黄河河务局　编

黄河水利出版社
郑　州

图书在版编目(CIP)数据

河南黄河大事记/河南黄河河务局编. —郑州：
黄河水利出版社，2013.12
ISBN 978 - 7 - 5509 - 0555 - 9

Ⅰ. ①河… Ⅱ. ①河… Ⅲ. ①黄河—水利史—大事记
—河南省 Ⅳ. ①TV882.1

中国版本图书馆 CIP 数据核字（2013）第 231558 号

出 版 社：黄河水利出版社
　　　　　地址：河南省郑州市顺河路黄委会综合楼 14 层　　　　邮政编码：450003
发行单位：黄河水利出版社
　　　　　发行部电话：0371-66026940　　　　　　　　　传真：0371-66022620
　　　　　E-mail:hhslcbs@126.com
承印单位：河南省瑞光印务股份有限公司
开本：787 mm × 1092 mm　1/16
印张：38.75
字数：635 千字　　　　　　　　　　　　　　　　印数：1-2 000
版次：2013 年 12 月第 1 版　　　　　　　　　　印次：2013 年 12 月第 1 次印刷

定价：160.00元

三门峡水库大坝

小浪底水库大坝

西霞院水库大坝　　赵炜 摄

伊河陆浑水库大坝

洛河故县水库大坝

在建的沁河河口村水库大坝　　于澜 摄

宽浅散乱的河南黄河河道　张再厚 摄

河南黄河标准化堤防鸟瞰　　张再厚 摄

河南黄河标准化堤防　　于澜　摄

开封柳园口工程班　　李庆文　摄

精心养护　于澜　摄

开封黑岗口险工　　王舒　摄

伊洛河与黄河交汇处　　张再厚　摄

孟津铁谢控导工程　　张再厚　摄

原阳双井控导工程　　于澜　摄

群防队员力量大　　李庆文　摄

解放军、武警冲在前　　李庆文　摄

机械化抢险　　李庆文 摄

汶川抗震救灾重建家园工人先锋号

张再厚 摄

舟曲抗震救灾队员凯旋

李庆文 摄

濮阳渠村分洪闸　李庆文 摄

开封黑岗口闸　王舒 摄

巩义豫联供水工程　于澜 摄

今日花园口　　殷鹤仙 摄

郑州刘江黄河公路大桥　　于澜 摄

郑州京广铁路大桥

花园口黄河水利风景区　　赵涛 摄

孟州开仪黄河水利风景区　　于澜 摄

刘邓大军渡河纪念碑　　赵炜 摄

负图寺　于澜 摄

济渎庙　于澜 摄

嘉应观　于澜 摄

炎黄二帝

陈桥驿

开封龙亭

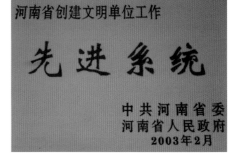

河南黄河河务局办公大楼　于澜　摄

序

由河南黄河河务局编纂的《河南黄河大事记》，经过近三年的努力工作即将付梓，这是继 20 世纪 80 年代《河南黄河志》、2009 年《河南黄河志（1984～2003）》出版之后，黄河文化建设的又一重要成果。

黄河是中华民族的摇篮，也是世界上最为复杂难治的河流之一。河南黄河段处于黄河中下游部位，千万年来，奔流不息的大河在这里孕育了裴李岗文化、仰韶文化、龙山文化、河洛文化等绚丽多彩的华夏文化，先后有 20 多个朝代建都于此。目前，黄河在河南境内流经三门峡、洛阳、济源、焦作、郑州、新乡、开封、濮阳等 8 市、28 个县（市、区），河道长 711 公里，流域面积 3.62 万平方公里。由于这一河段位置特殊、河道形态复杂、悬河形势严峻、河势游荡多变、滩区面积大、居住人口多、历史上洪水灾害频繁，自古以来，这里就是黄河治理的重中之重。

1946 年中国共产党领导人民治黄以来，河南黄河治理开发成就斐然。依靠初步建成的"上拦下排，两岸分滞"的防洪工程体系、防洪非工程措施和沿河军民的严密防守，确保了黄河岁岁安澜，扭转了历史上黄河决口改道频繁的险恶局面，保障了黄河两岸人民群众生命财产安全和经济社会平稳发展。进入 21 世纪以来，广大治黄工作者承前启后，继往开来，创新发展，在黄河防汛抗旱、水资源管理、河防工程建设、治河惠民、生态建设等方面取得显著成效。河南黄河治理开发与管理的成就，是整个黄河巨变的缩影，彰显了社会主义制度的无比优越性。

盛世修志。《河南黄河大事记》较为详尽记述了自上古时期至 2011 年河南黄河治理开发的大事，史料丰富，脉络清晰，是一部资料性、实用性较强的志书。该书的出版，对于我们进一步了解黄河，认识黄河，研究黄河，进一步把黄河的事情做好，无疑将提供有益的借鉴和参考。

是为序。

2013 年 1 月 28 日

主　　　编　牛玉国

执 行 主 编　周海燕　端木礼明

执行副主编　任海波　赵　炜

编　　　辑　成　刚　张建新　裴志强　庄　建

　　　　　　卢　伟　祖士保　李　锟　胡　彬

　　　　　　岳彩俊　张　迎　李　鹏　杨　芳

编 辑 说 明

一、指导思想:《河南黄河大事记》是《河南黄河志》的重要组成部分,其编写以邓小平理论、"三个代表"重要思想和科学发展观为指导,坚持党的基本路线、方针、政策和国家的法律、法规,突出时代特点、流域特点、行业特点,实事求是地全面记述自禹治水至2011年河南黄河治理开发的大事、要事,力求做到思想性、科学性和资料性的统一,服务当代,垂鉴后世。

二、基本原则:实事求是的原则;质量第一的原则;详今略古、详略适宜的原则。

三、体例规范:

1.志书基本框架包括图片、编纂委员会、序、编辑说明、目录、正文、后记等。

2.内容断限:自禹治水至2011年。

3.以时为经、以事为标题,以编年体结合纪事本末体的方法组织材料、编写内容。

4.采用记述性语体文,行文力求准确、朴实、简洁、流畅。

5.标点符号、简化字的使用以有关部门的规定为准。用简化字记述古地名、古人名、古文献易引起误解时,可用繁体字或异体字。

6.组织机构、会议、文件、著作等名称一般用全称,过长的名称第一次出现时用全称,后用简称,但需注明。地名用当时名称并随文夹注今名。机构、职务按当时称谓记述。译名一般按通译为准。

7.引用数据以统计部门为主、主管部门为辅,数字使用执行国家技术监督局发布的最新规定。

8.计量单位以法定标准为准。要做到计量准确,前后统一,凡见于行文的计量单位名称均用汉字表示,如15公里,25立方米。历史上使用的旧计量单位,则照实记载。

9.纪年时间,中华人民共和国成立前(1949年10月1日),一律使用历史纪年,用括号注明公元纪年。

公元前及公元1000年以内的纪年冠以"公元前"或"公元"字样,公元

1000 年以后不加。

四、记述内容:

1. 有关河南黄河治理开发重要方针、政策、法规的制定与实施。

2. 重要的查勘、规划、设计及重大计划的制订、审定与实施。

3. 重要会议的召开与决议事项。

4. 党和国家领导人及副部级以上领导视察、检查河南黄河活动和重要指示,国际友人,著名专家、学者的重大河南黄河考察活动。

5. 河南黄河建设的重大成就,包括防洪、防凌、水资源开发利用及保护、水利水电工程建设、水运、水土保持、引黄灌溉、水量调度、调水调沙、泥沙利用、工程管理及水利经济等。

6. 河南黄河重大的改道、决溢(包括扒决)和自然变迁,区域内水旱、地震灾害和抗灾斗争等。

7. 重大的抢险、堵口活动。

8. 治河机构的设置、变革及河南河务局副总工程师级以上领导干部的任免。

9. 河南黄河出现的新情况、新问题。

10. 治黄科学技术的发展,重要学术活动,重大科技成果的推广和应用。

11. 有重大贡献的英模事迹。

12. 重大的工程技术事故、安全事故。

13. 区域内发生的与黄河有关的重大历史文化事件。

14. 其他大事。

五、时期划分:按虞夏至春秋战国时期、秦汉时期、魏晋南北朝时期、隋唐五代时期、北宋时期、金元时期、明代、清代、中华民国时期、中华人民共和国时期等分为 10 大部分。

民国以前按朝代列述,民国以后按年代分别列述河南黄河大事。

六、资料来源:主要采用河南河务局原有大事记资料,同时参考原始档案、黄河史志、有关治黄专著和文献资料,以及各市(地)河务局提供的资料等。凡收录的资料,均经考证核实,一般不再注明出处。个别需加以说明的问题,采用脚注方式处理。

七、限于编者水平和经验,难免有疏漏和讹误之处,恳请广大读者予以指正。

目　　录

五、北宋时期

六、金元时期

七、明　代

八、清　代

九、中华民国时期

民国 24 年（1935 年）

民国 31 年(1942 年)

民国 32 年(1943)

十、中华人民共和国时期

1949 年

1950 年

1951 年

1954 年

1956 年

1957 年

1958 年

1959 年

1960 年

1961 年

1962 年

1963 年

1964 年

1965 年

1966 年

1969 年

1970 年

1971 年

1976 年

1978 年

1979 年

1980 年

1981 年

1982 年

1983 年

1984 年

1985 年

1988 年

1989 年

1990 年

1991 年

1992 年

1993 年

1994 年

1995 年

1996 年

1997 年

1998 年

1999 年

2000 年

2001 年

2003 年

2005 年

2006 年

2007 年

2008 年

2009 年

2010 年

2011 年

一 虞夏至春秋战国时期

（约公元前 21 世纪初 ~ 公元前 221 年）

传说时代（约公元前 21 世纪初）

【大禹治水】　　传说中的尧舜时代，黄河流域发生大洪水，为制止洪水泛滥，尧召集部落首领会议，举鲧负责平息洪水灾害。据《国语·鲁语下》记载："鲧障洪水"，采用水来土挡的方法，治了 9 年，没有成功，受到制裁。舜继尧位后，又举鲧的儿子禹继承父业。禹改过去"障水"为"疏导"，联合伯益、后稷等部族，"居外十三年，过家门不敢入"（《史记·夏本纪》），专心治水，终于把"浸山灭陵"的洪水，分疏"九河"，导流入于渤海，平治了水患。

战国时期成书的《禹贡》记载：禹"导河积石（在今甘肃省），至于龙门，南至于华阴，东至于砥柱（三门峡），又东至于孟津。东过洛汭（在今河南巩义市洛水入河处），至于大伾（一说在河南成皋，一说在河南浚县大伾山），北过降水（今漳河），至于大陆（河北大陆泽），又北播为九河（古九河为：徒骇、太史、马颊、覆釜、胡苏、简、絜、沟盘、鬲津），同为逆河（以海水逆潮而得名）入于海"。这就是后人所称的禹河。

夏代（公元前 21 世纪～前 16 世纪）

【商侯冥治河】　　据《竹书纪年》记载，夏少康帝十一年（公元前 2108 年），命商侯冥主持治河。冥忠于职守，兢兢业业，直到帝杼十三年，前后 20 余载，最后为治河献出了自己的生命，故《国语·鲁语》中有"冥勤其官而水死"之说。

商代（公元前 16 世纪～前 11 世纪）

【商都数迁】　　据《通鉴纲目》记载：商汤元年都城在亳，后因河患数迁其都。先迁西亳，仲丁六祀（公元前 1557 年）迁都于嚣，河亶甲元祀（公元前 1534 年）迁都于相，祖乙元祀（公元前 1525 年）因相毁于河，又迁都于耿，祖乙九祀（公元前 1517 年）耿毁于河，后迁都于邢，盘庚十四祀（公元前 1388 年）迁都于殷。

齐桓公三十五年(公元前 651 年)

【葵丘之会】　春秋时期,防御黄河洪水的堤防已较为普遍。据《史记·齐世家》记载:齐桓公"会诸侯于葵丘(在今河南民权境)",订立盟约,有一条规定是"无曲防"(《孟子·告子》)。规定各诸侯国之间,禁止修损人利己、以邻为壑的堤防。

周定王五年(公元前 602 年)

【禹河大徙】　据《汉书·沟洫志》记载:大司空掾(为大司空的助理官员)王横言:"禹之行河水,本随西山下东北去。《周谱》云:'定王五年河徙',则今所行,非禹之所穿也。"清胡渭在《禹贡锥指》中说:"周定王五年,河徙自宿胥口(在今河南浚县)。"一般认为这是黄河第一次大改道。河徙后的河道,大致从滑县附近向东,至河南濮阳西,转而北上,在山东冠县北折向东流,到茌平以北,折向北流经德州,渐向北,经河北沧洲,在今河北黄骅市以北入于渤海。

晋出公二十二年(公元前 453 年)

【河绝于扈】　晋出公二十二年,"河绝于扈"(古本《竹书纪年》)。扈,据《水经注》在今原阳县西。"绝",一种解释为上游决口,下游断流;另一种解释为干旱所致。

魏惠王十年(公元前 360 年)

【开鸿沟运河】　魏惠王十年,开始修建一条人工运河,叫鸿沟,沟通了黄河与淮河。从郑州北引黄河水入圃田泽(古大湖,在郑州东),然后从圃田泽开大沟到大梁(今开封),"水盛则北注,渠溢则南播"(《水经·渠水注》)。到魏惠王三十一年(公元前 339 年),又从大梁城开大沟向南折,通过颍水、涡河与淮河相连。据《史记·河渠书》记载:"自是之后,荥阳下引河东南为鸿沟,以通宋、郑、陈、蔡、曹、卫与济、汝、淮、泗会……于齐,则通菑(淄)、济之间……此渠皆可行舟。"余水尚可灌田,民享其利。

魏惠王十二年（公元前 358 年）

【楚伐魏决河】　楚国出师伐魏，决黄河水，"以水长垣之东"（古本《竹书纪年》）。

赵肃侯十八年（公元前 332 年）

【赵国决河灌齐、魏】　齐、魏联合攻打赵国，赵国"决河水灌之"（《史记·赵世家》），齐、魏兵退。

魏襄王十年（公元前 309 年）

【河水溢酸枣】　"大霖雨、疾风，河水溢酸枣（今延津县西南）郛"（古本《竹书纪年》）。

赵惠文王十八年（公元前 281 年）

【赵伐魏决河】　赵国又派军队至魏国东阳，"决河水，伐魏氏"（《史记·赵世家》）。

秦王政二十二年（公元前 225 年）

【秦灌大梁】　秦将王贲，率军攻打魏国，"引河沟（水）灌大梁，大梁城坏"（《史记·秦始皇本纪》），魏王请降。

二　秦汉时期

（公元前 221 年～公元 220 年）

秦始皇帝七年（公元前 215 年）

【整治河防】　秦始皇统一六国后，"决通川防，夷去险阻"（《史记·秦始皇本纪》），即统一管理黄河，拆掉阻水工事，以平险情。

西汉初

【"黄河"之称始见于汉初】　《史记·高祖功臣侯年表》引汉高祖封爵之誓曰："使黄河若带，泰山若厉，国以永宁，爰及苗裔。""黄河"之称即由此始。

汉文帝十二年（公元前 168 年）

【河决酸枣】　"河决酸枣，东溃金堤，于是东郡大兴卒塞之。"（《史记·河渠书》）这是汉代黄河最早的一次决口。

汉文帝十七年（公元前 163 年）

【河溢通泗】　"今河溢通泗"（《史记·封禅书》）。黄河泛淮始见记载。

汉武帝元光三年（公元前 132 年）

【濮阳瓠子河决】　《史记·河渠书》记载：元光三年"河决于瓠子，东南注巨野，通于淮、泗"。当年堵口失败，汉武帝听信丞相田蚡之言："江河之决皆天事，未易以人力为强塞，强塞之，未必应天"，故未再堵合，以致泛滥 20余年。到元封二年（公元前 109 年）汉武帝发卒数万人，亲到河上督工，令群臣从官自将军以下背薪柴填堵决口，终于堵合。

汉武帝元朔元年至元狩六年（公元前 128 年～前 117 年）

【引汾溉皮氏和开褒斜道】　关东通往关中的航道必须通过黄河三门峡险阻，漕运困难。为试图避开这条航线，河东（今山西省南部）太守番系提出

"穿渠引汾溉皮氏(今河津市西)、汾阴下(今万荣县北),引河溉汾阴、蒲坂(今永济市境)下,度可得五千顷……今溉田之,度可得谷二百万石以上。谷从渭上,与关中无异,而砥柱之东可无复漕。"(《史记·河渠书》)这项工程主要是引汾河及黄河水灌溉今河津、永济一带,发展水利,增产粮食,从而不再从三门峡以东运粮,当时发兵数万作渠田,建成后因河道移徙,渠田废弃,没有达到预期目的。于是,又有人提出绕道转运的方案,即"漕从南阳上沔入褒,褒之绝水至斜,间百余里,以车转,从斜下下渭"(《史记·河渠书》)。即将东方的粮食,改从南阳郡(鄂西及豫西南地区)溯汉水而上,一直到汉中的斜谷口,又逆褒水,辗转100余里到斜水,入渭河,顺流至长安。这一方案由御史大夫张汤转奏,武帝采纳后,派汤子张卬发数万人从事开凿,史称"褒斜道"。开成之后,因褒斜的河谷陡峻,水势湍急,不易漕运而弃用。(《史记·河渠书》)

汉武帝元封二年(公元前 109 年)

【河决馆陶分出屯氏河】　瓠子决口堵塞后,"河复北决于馆陶,分为屯氏河,东北经魏郡、清河、信都、渤海入海"(《汉书·沟洫志》)。即经今馆陶北、临清南、清河东、景县南,至东光县西复归大河。这一股河当时称屯氏河,与正河并流达六七十年之久。

汉武帝太始二年(公元前 95 年)

【齐人延年建议改河】　齐人延年提出:"河出昆仑,经中国,注勃海,是其地势西北高而东南下也。可案图书,观地形,令水工准高下,开大河上领,出之胡中,东注之海"(《汉书·沟洫志》)。该意见系指从内蒙古河套一带让黄河改道东流入海,是我国最早提出的黄河人工改道建议。

汉宣帝地节元年(公元前 69 年)

【濮阳裁弯取直工程】　光禄大夫郭昌主持举办濮阳至临清间的黄河裁弯取直工程。施工 3 年,虽未成功,却是整治黄河的一次重要实践(《汉书·沟洫志》)。

汉成帝建始四年(公元前29年)

【馆陶及东郡金堤河决】 是年河决馆陶及东郡(约当今河南省东北部和山东省西部部分地区)金堤,洪水"泛滥兖、豫,入平原、千乘、济南,凡灌四郡三十二县,水居地十五万余顷,深者三丈。坏败官亭室庐且四万所……河堤使者王延世使塞,以竹络长四丈,大九围,盛以小石,两船夹载而下之,三十六日河堤成"(《汉书·沟洫志》)。

汉成帝鸿嘉四年(公元前17年)

【孙禁建议改河】 是年渤海、清河、信都河溢,"灌县邑三十一",丞相史孙禁视察河患后提出:"可决平原金堤间,开通大河,令入故笃马河。至海五百余里,水道浚利"(《汉书·沟洫志》)。当时河堤都尉(为汉代管水之河官)许商认为孙禁建议的河道不是大禹"九河"的流经范围,予以反对,公卿皆从许商之言,孙禁建议未能实现。

【开宽三门河道】 为改善黄河航运,丞相史杨焉提出:"从河上下,患砥柱隘,可镌广之"(《汉书·沟洫志》)。成帝从其议,命杨率人劈山凿石,扩宽河面,以利航运。结果,所开的大石块堕入河中,致使河水更加湍急,未获成功。

汉成帝绥和二年(公元前7年)

【贾让治河三策】 《汉书·沟洫志》记载,是年九月贾让根据黎阳(今浚县一带)黄河堤距仅"数百步",而且"百余里之间,河再西三东"的不利形势,提出治河上、中、下三策。他的上策是改道北流,"徙冀州之民当水冲者,决黎阳遮害亭,放河使北入海"。中策是"多穿漕渠于冀州地,使民得以溉田",同时"为东方一堤,北行三百余里,入漳水中",设水门分水北流,由漳河下泄。下策是于黎阳一带"缮完故堤,增卑培薄",他认为这样势将"劳费无已,数逢其害,后患无穷"。

汉平帝元始四年(公元4年)

【张戎论黄河水沙】 大司马史(大司马的副职)张戎指出:"水性就下,行疾,则自刮除成空而稍深。河水重浊,号为一石水而六斗泥。今西方诸郡,以至京师东行,民皆引河、渭、山川水灌田。春夏干燥,少水时也,故使河流迟,贮淤而稍浅;雨多水暴至,则溢决。而国家数堤塞之,稍益高于平地,犹筑垣而居水也。可各顺从其性,毋复灌溉,则百川流行,水道自利,无溢决之害矣"(《汉书·沟洫志》)。张戎根据黄河多沙的特点,提出在春季枯水时期,停止中、上游引水灌溉,以免分水过多,造成下游河道淤积而遭决溢之患;要保持河水自身的挟沙能力,排沙入海。这是史书上关于黄河的水沙关系和利用水力刷沙的第一次记载。

王莽始建国三年(公元 11 年)

【河决魏郡】　《汉书·王莽传》记载:"河决魏郡,泛清河以东数郡",经平原、济南流向千乘入海。当时王莽以为河水东去,从此他在元城(今河北大名附近)的祖坟可不再受黄河之害,未予堵塞,以致黄河又一次大改道。

汉光武帝建武二十三年(公元 47 年)

【河南府大旱灾、蝗灾】　河南府发生大规模的旱灾、蝗灾[1]。

汉明帝永平十一年(公元 68 年)

【白马寺建成】　白马寺是汉明帝在洛阳创建的中国第一所佛教寺院,是中国最早的佛寺。位于洛阳市老城东 12 公里,坐北朝南,北依邙山,南望洛水,总面积达 4 万平方米。该寺在佛教和中外文化交流史上占有重要地位,被誉为中国佛教的"释源"和"祖庭"。寺东有金代建造的齐云塔,方形 13 层,高 25 米。山门内东侧有元代大书法家赵孟頫所书《洛京白马寺祖庭记》碑。寺山门外左右挺立石马两匹,雕刻精巧,形象温驯。1961 年国务院将白马寺定为第一批全国重点文物保护单位。

---

[1] 选自中国科学院南京地理研究所徐近之教授所整理的黄河流域各省地方志中的水旱史料。

永平十二年(公元 69 年)

【王景治河】 河决魏郡后 60 余年间,河水不断南侵,以致"汴渠决败",兖、豫一带多被水患。根据《后汉书·王景传》记载:"永平十二年,议修汴渠,乃引见(王)景,问以理水形便。景陈其利害,应对敏给,(明)帝善之。又以尝修浚仪(渠),功业有成……夏,遂发卒数十万,遣景与王吴修渠筑堤,自荥阳东至千乘海口千余里。景乃商度地势,凿山阜,破砥绩,直截沟涧,防遏冲要,疏决壅积,十里立一水门,令更相洄注,无复遗漏之患。景虽减省役费,然犹以百亿计。明年夏,渠成。"王景依靠数十万人的力量,在一年之内,修了 500 多公里的黄河大堤和治河工程,又整治了汴渠渠道,黄河与汴渠分别得到控制,从而"河汴分流,复其旧迹"(《后汉书·明帝纪》)。王景治河后的黄河河道,大致经浚、滑、濮阳、平原、商河等地,最后由千乘(今利津)入渤海。

汉安帝永初七年(公元 113 年)

【建八激堤】 《水经注》记载,是年于石门东"积石八所,皆如小山,以捍冲波,谓之八激堤"。石门即浪荡渠口受河之处,在今河南古荥一带;激堤,类似现代的乱石坝,用以防冲。

汉桓帝永兴二年至灵帝建宁四年(公元 154～171 年)

【"河水清"多次发生】 汉桓帝永兴二年,东郡河水清(《滑县志》)。
延熹九年(公元 166 年),黄河清(《怀庆府志》)。
延熹十年(公元 167 年)四月,黄河清(《开封府志》)。
汉灵帝建宁四年(公元 171 年)二月,黄河清(《武陟县志》)。

汉献帝建安九年(公元 204 年)

【遏淇水入白沟】 曹操率军渡黄河,进攻袁绍余部,于今淇、浚一带的淇水入河处筑枋堰,"遏淇水入白沟,以通粮道"(《三国志·魏书·武帝纪》),沟通了黄河、海河水系。

三 魏晋南北朝时期

（公元 220 ~ 581 年）

魏文帝黄初四年(公元 223 年)

【伊、洛河大水】 《晋书·五行志》记载:"六月,大雨霖,伊、洛溢,至津阳城门(古洛阳城)漂数千家。"又据《水经注·伊水》记载:洛阳伊阙左壁上石刻铭文:"黄初四年六月二十四日,辛巳,大出水,举高四丈五尺(约合10.9米),齐此已下。"经调查,推算这年的洪水流量为 20000 立方米每秒。

黄初六年(公元 225 年)

【沁河五龙口建石闸门】 野王(今沁阳市)典农中郎将司马孚奉诏修渠,建议将济源五龙口枋口木门改建成石门,以利引沁灌溉。魏文帝批准后,由大司农府调拨人工,于渠首"夹岸累石,结以为石门"(《水经注·沁水》)。据《沁河广利渠工程史略》一书考证,五龙口枋口堰为秦时所筑,在沁水南岸开口凿渠,引水灌溉,后世叫秦渠。

魏明帝太和四年(公元 230 年)

【伊、洛、河、汉皆溢】 八至九月,大雨霖三十余日,伊、洛、河、汉皆溢,"岁以凶饥"(《晋书·五行志》)。

魏齐王正始三、四年(公元 242～243 年)

【开挖广漕、淮阳、百尺等渠】 《晋书·宣帝本纪》载,正始三年(公元 242 年)在黄河南岸"穿广漕渠,引河入汴,溉东南诸陂"。《晋书·食货志》载,正始四年(公元 243 年)在浚仪(今开封)之南,"修淮阳、百尺二渠,上引河流,下通淮、颍,大治诸陂于颍南、颍北,穿渠三百余里,溉田二万顷"。

晋武帝泰始七年(公元 271 年)

【河、洛、伊、沁皆溢】 六月,大雨霖,河、洛、伊、沁皆溢(《晋书·五行志》)。

泰始十年(公元 274 年)

【杜预建桥】　度支尚书杜预以孟津常有覆没之患,乃"立河桥于富平津(在今孟津境)"(《晋书·武帝纪》)。

晋怀帝永嘉三年(公元 309 年)

【河南府大旱】　河南府五月大旱,河、洛当可步❶。

永嘉四年(公元 310 年)

【龙马负图寺建成】　为感念"人文之祖"伏羲的功绩,在孟津图河故道上建成第一座祭礼场所——龙马负图寺。初名"浮图寺",永嘉时改为"河图寺",梁武帝改称"龙马寺",唐高宗麟德四年更名为"兴国寺",明嘉靖四十二年仍叫"负图寺",清乾隆十九年又改"羲皇庙",民国后又称其为"负图寺"。山门两侧分立"图河故道"、"龙马负图处"两通巨碑。伏羲大殿是寺中的主殿,内塑伏羲圣像;殿右侧塑有高 3 米的龙马像。寺内存有宋、明、清历代著名学者程颐、朱熹、邵雍、王铎等人撰述的碑铭诗赋。2000 年被公布为河南省第三批重点文物保护单位。

东晋康帝建元二年(公元 344 年)

【汲县地震】　十一月,汲县(今卫辉市)东发生破坏性地震。震中烈度 8 度,震级 6 级。"先是,季龙起河桥于灵昌津(位于今延津县西北,古黄河渡口),采石为中济,石无大小,下辄随流,用功五百余万而不成。季龙遣使致祭,沉璧于河。俄而所沉璧流于渚上,地震,水波上腾,津所殿观莫不倾坏,压死者百余人"。(《晋书·载记·石季龙》)

---

❶选自中国科学院南京地理研究所徐近之教授所整理的黄河流域各省地方志中的水旱史料。

东晋海西公太和四年(公元 369 年)

【开凿桓公渎、石门】 《晋书·桓书传》记载,桓温攻燕途中,"乃凿巨野三百余里以通舟运,自清水入河"(即桓公渎)。同时,桓温还派大将率军南下,经今安徽亳州、河南商丘,"开石门(即汴口)以通运"。这条渠道也就是后来所称的汴渠。

北魏孝文帝太和十八年(公元 494 年)

【洛阳龙门石窟开始开凿】 北魏孝文帝迁都洛阳后,开始在伊阙崖壁上开窟造像,历经东魏、西魏、北齐、北周、隋、唐和北宋诸朝,连续营造长达 400 多年。据统计,两山尚存佛龛 2300 多个、佛塔 40 余座、佛像 10 万多尊,南北绵延 1000 余米。其中最大的卢舍那佛高达 17.14 米,最小的则仅有 2 厘米。主要的洞窟有古阳洞、宾阳三洞、莲花洞、药方洞、潜溪寺、敬善寺、奉先寺、万佛洞和看经寺等。石窟中的历代造像题记和碑刻 2800 余品。既是造像年代的重要佐证,又是中国传统书法艺术作品。其中驰名的"龙门二十品",鬼斧神工的雕像,则是中国人民的艺术创作,与敦煌莫高窟、云冈石窟齐名,被誉为中国三大艺术宝库。1961 年公布为全国重点文物保护单位,2000 年被联合国教科文组织列入世界文化遗产名录。

北魏孝明帝熙平元年(公元 516 年)

【崔楷议治河】 由于连年黄河泛滥,弥漫东北冀、定数州,崔楷向皇帝提出治河建议:"量其逶迤,穿凿涓浍,分立堤堨,所在疏通……使地有金堤之坚,水有非常之备……多置水口,从河入海……泄此陂泽。"即根据河势地形,该修堤的修堤,该疏通的疏通,使水有出路。为防御非常洪水,多置分水口,使涝碱地里的积水从河里排泄入海。皇帝采纳崔楷的意见,付诸实施,但工未完成,即把崔楷"诏还追罢"(《魏书·崔辩传附崔楷传》)。

北齐文宣帝天保六年(公元 555 年)

【开封大相国寺建成】 是年,开封大相国寺建成,原名建国寺。后寺院毁于战火,唐景云二年(公元 711 年)重建。延和元年(公元 712 年),唐睿宗诏改寺名为大相国寺,御书"大相国寺"。宋朝时,大相国寺作为京都最大的佛寺,受皇帝崇奉,地位日益隆高,成为名动天下的皇家寺院,鼎盛时期辖 64 禅院、占地 540 亩。北宋灭亡后,大相国寺遭到了严重破坏,以后各代屡加重修。大相国寺现在的主要建筑为清代遗物。1961 年 3 月 4 日被国务院公布为全国重点文物保护单位。

四 隋唐五代时期

（公元581～960年）

隋文帝开皇年间(公元581～601年)

【温润渠建成】　怀州刺史卢贲"决沁水东注","以灌舄卤,民赖其利"(《隋史·卢贲传》),渠道延伸到温县,叫温润渠。这是沁河下游第一条有确切记载的灌渠。

开皇二年(公元582年)

【济渎庙建成】　古时济水因独流入海,与长江、黄河、淮河并称"四渎"。隋朝廷为祭祀济渎神,在济水发源地——济源建庙,又名清源祠,全称济渎北海庙,简称济渎庙。唐贞元十二年(公元796年),鉴于北海远在大漠之北,艰于祭祀,故在济渎庙后增建北海祠。宋、元扩建,至明天顺四年(1460年)庙宇扩建到400亩,占地33万余平方米。该庙是古"四渎"唯一一处保存完整、规模宏大的历史文化遗产,也是河南省现存最大的一处古建筑群落,被誉为中原古代建筑的"博物馆"。1986年11月公布为河南省文物保护单位,1996年公布为国家重点文物保护单位。

仁寿二年(公元602年)

【河南9县发生涝灾】　沁阳、孟津、武陟、封丘、汲县、获嘉、杞县、新郑、荥阳等9县大水[1]。

隋炀帝大业元年(公元605年)

【开通济渠】　隋炀帝下诏"发河南诸郡男女百余万开通济渠,自西苑(隋帝宫殿,在洛阳西)引谷(即今涧水)、洛水达于河,自板渚引河通于淮(板渚在今荥阳汜水镇东北)"。这条渠道从洛阳开始,由洛口入黄河,再从板渚引河水,东经开封,东南流经今商丘、永城、宿县、灵璧、泗县,在盱眙之北入淮河。同年"又发淮南民十余万,开邗沟,自山阳至扬子江"(《资治通

---

[1]选自中国科学院南京地理研究所徐近之教授所整理的黄河流域各省地方志中的水旱史料。

鉴·隋帝纪》),通济渠和山阳渎共长1000余公里。

大业四年(公元608年)

【开永济渠】　正月,隋炀帝"诏发河北诸郡男女百余万,开永济渠,引沁水,南达于河,北通涿郡"(《隋书·炀帝纪》),使黄河以南通济渠来船由沁河口溯流北上,长1000余公里。隋大业六年,又加工开凿江南运河、永济渠、山阳渎,总长2500余公里,成为联系长江、淮河、黄河和钱塘江4大水系的纽带。

唐太宗贞观七年(公元633年)

【河南多县发生涝灾】　孟津、长垣、荥阳、中牟、许昌大水❶。

贞观十一年(公元637年)

【孟津等县大雨】　孟津、孟县、洛阳、陕县、尉氏大雨❷。
【河溢河北县】　"九月丁亥,河溢坏陕州之河北县(今山西平陆县东北)及太原仓,毁河阳(今河南孟州市境)中潬"(《新唐书·五行志》)。
【河水清❸】　九月陕州河清(《陕州志》)。
　　在唐代近300年间,河水清的现象时有发生。如贞观十三年十二月滑州河水清(《滑县志》),十四年二月陕州河清(《陕州志》),十六年怀州河清(《怀庆府志》),十七年十二月滑县河清(《唐书》)、开封河清(《开封府志》),二十年怀州河清(《古今图书集成》)。永徽二年(公元651年)二月,魏州河清(《新乡县志》)。宝应元年(公元762年)九月太州至陕州二百里河清见底(《文献通考》),二年九月甲午开封河清(《开封府志》)。广德二年(公元764年)五月己酉河南府上言,河南界河清(《古今图书集成》)。

---

　　❶❷选自中国科学院南京地理研究所徐近之教授所整理的黄河流域各省地方志中的水旱史料。
　　❸"河水清"是一种自然现象,但因黄河多沙,极为少见,而广受世人关注,被古人视为"祥瑞"的象征。为便于读者系统了解这一现象,编者打破体例,将有关内容合并整理。

建中四年(公元783年)五月乙巳滑州、濮州河清(《唐书》)。贞元十四年(公元798年)闰五月乙丑滑州河清(《唐书》)。元和年间(公元806~820年),洛口黄河清160里(《巩县志》)。大中八年(公元854年)正月陕州河清等(《文献通考》)。

此后的近千年中,黄河河南段仍不时发生河水清的现象:

宋太祖乾德三年(公元965年)秋,河清(《河南府志》)。

宋太宗太平兴国三年(公元978年)八月滑州河清(《滑县志》)。雍熙四年(公元987年)澶州河清三百里(《开州府志》)。端拱元年(公元988年)正月戊申,陕州言河清二百里(《古今图书集成》)。

宋徽宗大观二年(1108年)十二月陕州河清(《陕州志》)。

金贞祐二年(1214年)六月八柳树河清(《新乡县志》)。

元至正十五年(1278年)十二月河水清(《巩县志》);《元史·五行记》记载:自孟津东柏谷至汜水县蓼子谷上下八十余里,澄莹见底,数月始如故。

元至正二十年,"原武黄河清三日"(《怀庆府志》)。

元至正二十一年十一月黄河清,自陕州平陆三门至孟津500里皆清,凡七日(《河南通志》)。

元至正二十四年夏黄河清(《武陟县志》)。

明洪武五年(1372年)黄河清(《明史·五行志》)。

明嘉靖五年(1526年)十二月庚申,灵宝县黄河清。知县张廷桂上言是月庚申冯佐村河清者五日(《古今图书集成》)。

明嘉靖六年十二月,灵宝冯佐村黄河清,凡三日(《陕州志》)。

明嘉靖七年,灵宝冯佐渡黄河清(《河南通志》);阌乡黄河清(《陕州志》)。

明泰昌元年(1620年)冬,陕州黄河清,至荆家湾至上村(《陕州志》)。

明天启元年(1621年)七月,黄河清,自洪阳渡至砥柱90里(《平陆县志》)。

明天启六年,黄河清,自洛至徐三日方复(《武陟县志》)。

清顺治二年(1645年)正月,孟县渡口村至海子村河清三日(《河南通志》)。

清康熙二十三年(1684年),黄河清,自白坡以上30里,凡三日(《济源县志》)。

清雍正四年(1726年),据《黄河澄清碑文》载:"今上(即雍正)御极之四年冬十二月初九,豫省西自陕州以下,东至卢城县,澄清一千余里,至十六七等日而大清"(《武陟县志》)。

　　清雍正四年十二月初九,黄河清一日,自陕州至卢城,绵亘千里(《陕州志》);而《怀庆府志》另有"次年正月初十复故"一句。

唐高宗永徽六年(公元 655 年)

【滑县、长垣等 8 县大水】　滑县、长垣、洛阳、开封、尉氏、新郑、中牟、荥阳大水害稼❶。

唐玄宗开元二十九年(公元 741 年)

【辟开元新河】　陕郡太守李齐物"凿砥柱为门以通漕,开其山岭为挽路,烧石沃醯(即醋)而凿之,然弃石入河,激水益湍怒,舟不能入新门,候其水涨,以人挽舟而上"(《新唐书·食货志》)。这次所辟的新河,后称开元新河。

唐代宗广德元年(公元 763 年)

【引丹水溉田】　怀州刺史杨承仙"浚决古沟,引丹水以溉田"(独孤及《田比陵集·古怀州刺史太子少傅杨公遗爱碑》)。

唐德宗贞元五年(公元 789 年)

【开挖广利渠】　怀州刺史李元淳"引沁水开渠七十余里"❷,名广利渠。该渠的开挖,极大地改善了农业生产条件,"河内之人无饥年之虑"。

贞元十四年(公元 798 年)

【《吐蕃黄河录》问世】　《新唐书·贾耽传》记载,贾耽"乃绘布陇右、山南

---

❶选自中国科学院南京地理研究所徐近之教授所整理的黄河流域各省地方志中的水旱史料。
❷吴延燮《唐方镇年表》卷4《河阳节度》,下引《孟县志》转引唐潘孟阳《祁连郡王李公墓志》。

九州,具载河所经受为图。又以洮湟甘凉屯镇额籍、道里广狭、山险水原为别录六篇,河西戎之录四篇",完成了我国历史上第一部以黄河命名的专著《吐蕃黄河录》。该书现已失传。

唐宪宗元和八年(公元813年)

【黎阳开分洪道】 《旧唐书·宪宗本纪》记载:是年"河溢,浸滑州羊马城之半"。郑滑节度使薛平及魏博节度使田弘正发动万余人,"于黎阳界开古黄河河道,南北长四十里,东西阔六十步,深一丈七尺",决河分注故道,作为分洪道,下流再回到黄河,滑州遂无水患。

唐敬宗宝历元年(公元825年)

【崔弘礼修理秦渠】 河阳节度使崔弘礼修理沁河下游的秦渠,"灌田千顷,岁收八万斛",又"于秦渠下辟荒田三百顷,岁收粟二万斛"(《新唐书·崔弘礼传》)。

唐文宗大和七年(公元833年)

【温造开浚古秦渠枋口堰】 怀州节度使温造开浚古秦渠枋口堰,"役工四万,溉济源、河内、温县、武德、武陟五县田五千余顷"(《旧唐书·文宗本纪》)。这时的渠系已扩大到武陟,灌溉面积达35万亩(古时1顷相当于现在0.7亩),创历史上最高纪录。

唐昭宗乾宁三年(公元896年)

【朱全忠决河】 "夏四月,辛酉,河涨,将毁滑州城",朱全忠决其堤,成为二河,把滑州城夹在二河之中,水向东流,为害甚重(《资治通鉴》卷二百六十)。

后梁末帝龙德三年(公元923年)

【梁决河拒唐】 梁将段凝以唐兵见逼,自酸枣(在今延津县境)决河,东注于郓州(今东平西北)以阻唐兵南下,谓之"护驾水",因决口扩大,在曹州、濮州为患,后唐庄宗同光二年(公元924年)发兵堵塞,后复决(《新五代史·段凝传》)。

后唐明宗天成五年(公元930年)

【修酸枣至濮州堤防】 是年,滑州节度使张敬询"以河水连年溢堤,乃自酸枣县界至濮州,广堤防一丈五尺,东西二百里"(《旧五代史·张敬询传》)。

后晋出帝开运元年(公元944年)

【河决滑州】 "六月丙辰,河决滑州,环梁山,入于汶、济"(《新五代史·晋本纪》)。

开运三年(公元946年)

【河决澶、滑、怀诸州】 "夏六月……己丑,河决鱼池"。"秋七月,大雨水,河决杨刘、朝城、武德(在今河南武陟县西南)"。"八月河溢历亭(在今山东聊城西),九月,河决澶、滑、怀州"(《新五代史·晋本纪》)。

后周太祖显德元年(公元954年)

【杨刘至博州河溢】 是年"河自杨刘至博州百二十里,连连东溃,分为二派,汇为大泽,弥漫数百里。又东北坏古堤而出,灌齐、棣、淄诸州,至于海涯,漂没民庐不可胜计"(《资治通鉴》卷二九二)。当年十一月派宰相李谷负责修筑澶、郓、齐等州堤防。

后周世宗显德二年(公元955年)

【疏浚汴水】 后周显德二年(公元955年),柴荣"疏汴水北入五丈河,由是齐、鲁舟楫皆达于大梁(开封)。五年三月,浚汴口,导河流达于淮,于是江、淮舟楫始通"(《资治通鉴》)。

五 北宋时期

（公元 960～1127 年）

宋太祖乾德三年(公元 965 年)

【河决阳武】　"秋,大雨霖,开封府河决阳武。又孟州水涨,坏中潬桥梁,澶、郓亦言河决,诏发兵治之。"(《宋史·河渠志》)

乾德五年(公元 967 年)

【岁修之始】　正月,"帝以河堤屡决",分派使者行视黄河,发动当地丁夫对大堤进行修治。自此以后,每年正月开始筹备动工,春季修治完成。黄河下游"岁修"之制,从此开始。

宋太宗太平兴国八年、九年(公元 983 年、984 年)

【河决滑州】　八年五月,"河决滑州韩村,泛澶、濮、曹、济诸州民田,坏居人庐舍,东南流至彭城界,入于淮"。九年春,"滑州复言房村河决。帝曰:'近以河决韩村,发民治堤不成,安可重困吾民,当以诸军代之。'乃发卒五万……未几役成"(《宋史·河渠志》)。

淳化二年(公元 991 年)

【孟津、汲县等 6 县大旱】　孟津、汲县、辉县、清丰、开封、尉氏大旱❶。

宋真宗大中祥符二年(1009 年)

【新安、尉氏等 4 县大旱】　新安、尉氏、开封、荥阳大旱❷。

大中祥符五年(1012 年)

【李垂上书】　著作佐郎李垂上《导河形胜书》3 篇和图,主张在滑州以北向

---

❶❷选自中国科学院南京地理研究所徐近之教授所整理的黄河流域各省地方志中的水旱史料。

东分河 6 支,后又主张复禹河故道,提出了以人力分流治理黄河的方略,均未被采纳。

天禧三年(1019 年)

【河溢滑州】 "六月乙未夜,滑州河溢城西北天台山旁。"未几,又溃于城西南,毁岸 700 步,漫溢州城。"历澶、濮、曹、郓,注梁山泊,又合清水、古汴渠东入于淮",32 州邑受灾。当时即遣使征集诸州"薪、石、楗、橛、芟、竹之数千六百万,发兵九万人治之",于四年二月堵合(《宋史·河渠志》)。

天禧五年(1021 年)

【举物候为水势之名】 "以黄河随时涨落,故举物候为水势之名",指出立春之后,东风解冻,河水涨一寸,则夏秋当涨一尺,谓之"信水"。二月、三月涨水,桃花始开,谓之"桃华水"。春末涨水,芜菁华开,谓之"菜华水"。四月末涨水,垄麦结秀,谓之"麦黄水"。五月涨水,瓜实延蔓,谓之"瓜蔓水"。六月中旬涨水,水带矾腥,谓之"矾山水"。七月涨水,菽豆方秀,谓之"豆华水"。八月涨水,荻萑华开,谓之"荻苗水"。九月涨水,重阳节到,谓之"登高水"。十月水落安流,河水归槽,谓之"复槽水"。十一月、十二月断冰杂流,乘寒复结,谓之"蹙凌水"。非时暴涨,谓之"客水"(《宋史·河渠志》)。

【宋代卷埽】 宋代黄河卷埽工有进一步发展。据《宋史·河渠志》记载:"以竹为巨索,长十尺至百尺,有数等。先择宽平之所为埽场",在埽场上密布以竹、荻编成的绳索,绳上铺以梢料(柳枝或榆枝),"梢芟相重,压之以土,杂以碎石,以巨竹索横贯其中,谓之'心索'。卷而束之……其高至数丈,其长而倍之"。一般用民夫数百或千人,应号齐推于堤岸卑薄之处,谓之"埽岸"。推下之后,将竹心索系于堤岸的桩橛上,并自上而下在埽上打进木桩,直透河底,把埽固定起来。

　　北宋时期,普遍采用了埽工护岸,并设置专人管理,实际上它已成为险工的名称。天禧年间,上起孟州,下至棣州,沿河已修有 45 埽。到元丰四年(1081 年),沿北流曾"分立东西堤五十九埽",按大堤距河远近,来定险工防护的主次,"河势正著堤身为第一,河势顺流堤下为第二,河离堤一里内为第三"。距水远的大堤,亦按安全程度,分为三等,"堤去河远为第一,次远者为第二,次进一里以上为第三"。根据工情缓急,布置修防。

宋仁宗景祐元年(1034 年)

【河决横陇】 七月,"河决澶州(今河南濮阳)横陇埽"。庆历元年(1041年)皇帝下诏暂停修决河,从此"久不堵复"(《宋史·河渠志》)。决水经聊城、高唐一带流行于唐大河之北分数支入海。后称此道为横陇故道。

庆历八年(1048 年)

【河决商胡】 "六月癸酉,河决商胡埽(在今河南濮阳境内)"(《宋史·河渠志》)。决水大致经今大名、馆陶、清河、枣强、衡水至青县由天津附近入海,形成一次大改道,宋代称为北流。

皇祐元年(1049 年)

【开封铁塔建成】 开封铁塔原名开宝寺塔,明代称祐国寺塔。又因塔之外壁为褐色琉璃砖镶嵌,似铁色,俗称铁塔,为我国最大的琉璃砖塔。1961 年被国务院公布为全国重点文物保护单位。

嘉祐元年(1056 年)

【塞商胡回横陇故道】 皇祐二年(1050 年)河决馆陶县郭固,四年(1052年)塞郭固口而河势仍壅塞不畅。议者请开六塔河,回横陇故道。至和二年(1055 年)翰林学士欧阳修反对此举,曾上疏:"横陇埽塞已二十年,商胡决又数岁,故道已平而难凿,安流已久而难复。"九月,河渠司李仲昌建议纳水入六塔河,使归横陇旧河。当时欧阳修又上疏说:"且河本泥沙,无不淤之理,淤常先下流,下流淤高,水行渐壅,乃决上流之低处,此势之常也。然避高就下,水之本性,故河流已弃之道,自古难复。"嘉祐元年(1056 年)四月壬子朔,塞商胡北流,入六塔河,不能容,是夕复决,溺兵夫,漂刍藁,不可胜计。(《宋史·河渠志》)此为宋代第一次回河。

嘉祐五年(1060 年)

【黄河分出"二股河"】　《宋史·河渠志》称:是年"河流派别于魏之六塔"(在今河北大名县境)。即黄河向东分出一道支河,名"二股河","自二股河行一百三十里,至魏、恩、德、博之境,曰四界首河。"宋代称二股河为东流,大体经今冠县、高唐、平原、陵县、乐陵,在今无棣东入海。

宋神宗熙宁二年(1069 年)

【闭北流二股河】　六月,命司马光督修二股河工事。七月二股河通利,北流渐渐断流,全河东注,此为第二次回河。但北流虽塞,而河又自其南 40 里许家巷东决,"泛滥大名、恩、德、沧、永静五州军境"(《宋史·河渠志》)。

【制定农田水利法】　十一月,王安石制定了《农田利害条约》,通称农田水利法。此后几年之内,大修水田,"府界及诸路凡一万七百九十三处,为田三十六万一千一百七十八顷有奇"(《宋史·食货志》)。

熙宁三年至元丰三年(1070 ~ 1080 年)

【利用多沙河道大放淤】　《宋史·河渠志》记载:王安石任宰相时,利用黄河、汴河、漳河、滹沱、葫芦等河的水沙资源和涧谷山洪,进行了大放淤。从1070 年到 1080 年,共淤地 5 万顷以上,不少地区贫瘠之地变为沃壤。

熙宁六年(1073 年)

【设疏浚黄河司】　《宋史·河渠志》称:"有选人(古代候补、候选的官员)李公义者,献铁龙爪扬泥车法以浚河。"因患其太轻,王安石令黄怀信及李公义加以改造,另制浚爪耙进行疏浚。是年四月,设疏浚黄河司,大力推行。后因效果不佳作罢。

熙宁九年(1076 年)

【孟津、沁阳等 6 县旱】 孟津、沁阳、武陟、汲县、辉县、荥阳旱❶。

熙宁十年(1077 年)

【河决曹村】 据《宋史·河渠志》记载:七月,黄河"大决于澶州曹村(即曹村埽),澶渊北流断绝,河道南徙……分为二派,一合南清河(泗水)入于淮;一合北清河(大清河)入于海。"元丰元年(1078 年)四月决口塞,皇帝下诏改曹村为灵平,河复北流。

宋神宗元丰二年(1079 年)

【导洛通汴】 三月,"以(宋)用臣都大提举导洛通汴。四月甲子兴工……六月戊申,清汴❷成,凡用工四十五日。自任村沙(谷)口至河阴县瓦亭子,并汜水关北通黄河,接运河,长五十一里。两岸为堤,总长一百三里,引洛水入汴"(《宋史·河渠志》)。由于黄河在熙宁十年(1077 年)大水后,河身北移,在大河与广武山之间,留下了宽达 7 里的退滩,给导洛通汴创造了条件。引洛入汴后,减少了汴河的泥沙淤积,可以四季行流不绝。

元丰四年(1081 年)

【河决小吴埽】 四月,"小吴埽复大决"。六月,宋神宗向辅臣说:"河之为患久矣,后世以事治水,故常有碍。夫水之趋下,乃其性也,以道治水,则无违其性可也。如能顺水所向,迁徙城邑以避之,复有何患?虽神禹复生,不过如此。"(《宋史·河渠志》)这说明当时皇帝对治河束手无策。

---

❶选自中国科学院南京地理研究所徐近之教授所整理的黄河流域各省地方志中的水旱史料。

❷汴河改引洛水,比黄河水清,称为清汴。

元丰四年至宋哲宗绍圣元年(1081～1094年)

【回河东流】　元丰四年,河决澶州小吴埽,注入御河,东流断流,又恢复北流。哲宗即位,"回河东流之议起"。元祐三年(1088年),户部侍郎苏辙反对回河,他说:"河之性,急则通流,缓则淤淀,既无东西皆急之势,安有两河并行之理?"元祐五年八月,提举东流故道李伟言:"大河自五月后,日益暴涨,始由北京南沙堤第七铺决口,水出于第三、第四铺并清丰口,一并东流。"(《宋史·河渠志》)绍圣元年(1094年)春,北流断绝,全河之水,东回故道。此为第三次回河。

宋哲宗元符二年(1099年)

【东流断绝】　六月,"河决内黄口",东流复断,河又恢复北流,北宋前后回河之争达80年,至此结束。宋人任伯雨说:河为中国患,已二千年。自古竭天下之力以事河者,莫如本朝。而以人的主观愿望,来改变大河的自然趋势,亦莫如近世为甚。(《宋史·河渠志》)

宋徽宗建中靖国元年(1101年)

【宽立堤防】　左正言任伯雨提出用遥堤防洪的办法,他说:"盖河流浑浊,泥沙相半,流行既久,迤逦淤淀,则久而必决者,势不能变也。或北而东,或东而北,亦安可以人力制哉!为今之策,正宜因其所向,宽立堤防,约拦水势,使不致大段漫流。"(《宋史·河渠志》)

六 金元时期

（1127～1368 年）

金太宗天会六年(1128 年)

【杜充决河】 冬,金兵南下,宋东京留守杜充"决黄河,自泗水入淮,以阻金兵"。黄河从此南流,经豫、鲁之间,至今山东巨野、嘉祥一带注泗入淮,形成黄河长期夺淮的局面。

金世宗大定八年(1168 年)

【河决李固渡】 六月,"河决李固渡(滑县境),水溃曹州城,分流于单州之境"。当时"新河水六分,旧河水四分"。(《金史·河渠志》)

大定十六年(1176 年)

【长垣发生蝗灾】 长垣旱、蝗❶。

大定二十七年(1187 年)

【整饬河防】 每年汛期到来时,金世宗"令工部官员一员,沿河检视。"以南京府(今开封)、归德府(今商丘)、河南府(今洛阳)、河中府(今永济)等"四府十六州之长贰(府、州正副长官)皆提举河防事,四十四县之令佐,皆管勾河防事……仍敕自今河防官司怠慢失备者,皆重抵以罪"(《金史·河渠志》)。

金章宗明昌五年(1194 年)

【河决阳武】 八月,"河决阳武故堤,灌封丘而东"(《金史·河渠志》)。

---

❶选自中国科学院南京地理研究所徐近之教授所整理的黄河流域各省地方志中的水旱史料。

泰和二年(1202 年)

【颁布《河防令》】　是年,颁布《河防令》,计 11 条。其中,规定"六月一日至八月终"为黄河涨水月,沿河州县官必须轮流进行防守(《金史·刑志》)。

金哀宗天兴三年(1234 年)

【河决寸金淀】　"八月朔旦,蒙古兵至洛阳城下立寨……赵葵、全子才在汴,亦以史嵩之不致馈,粮用不继;蒙古兵又决黄河寸金淀(在今开封城北)之水,以灌南军,南军多溺死,遂皆引师南还。"(《续资治通鉴·宋纪》)河水夺涡入淮。

元世祖中统二年(1261 年)

【王允中奉诏开沁河渠】　怀孟路提举王允中奉诏开沁河渠,"一百三十余日工毕。所修石堰,长一百余步,阔三十余步,高一丈三尺,石斗门桥高二丈,阔六步。渠四道,长阔不一,计六百七十七里,经济源、河内(今沁阳市)、河阳(今孟州市)、温县、武陟五县村坊四百六十三处,渠成甚益于民,名曰广济"。次年"沁水渠成",并成立了"广济渠司","验工分水"。据《元史·河渠志》记载,中统二年修建的广济渠,经过 20 多年,"因豪家截河起堰,立碾磨,壅遏水势,又经霖雨,渠口淤塞,堤堰颓圮"。河渠司取消,广济渠又废。

至元元年至三十一年(1264～1294 年)

【登封观星台创建】　观星台是中国现存最早的天文台,位于登封县东南 15 公里告城镇。至元年间(1264～1294 年),元世祖忽必烈命太史司王恂等人进行历法改革,天文学家郭守敬在全国 27 个地方建立了天文台和观测站,多已无存,唯此台保存较好。郭守敬曾在此测过暑景,经过观测与推算,在至元十八年(1281 年)实行了当时世界先进的历法《授时历》。此历求得的回归年周期为 365.2425 日,合 365 天 5 时 49 分 12 秒,与今世界上许多国家使用的阳历(格里高里历)一秒不差,但格历是 1582 年由罗马教皇格里高里改革的历法,比《授时历》晚 300 年。它与现代科学推算的回归年周期(365 天 5 时 48 分 46 秒)仅差 26 秒。1961 年 3 月 4 日被国务院公布为第一批全国重点文物保护单位。

至元十二年(1275 年)

【郭守敬提出"海拔"概念】 郭守敬勘测卫、泗、汶、济等河,规划运河河道,测量孟门以东黄河故道、规划黄河分洪及灌溉,并提出了"海拔"的概念。

至元十九年至三十年(1282~1293 年)

【开凿运河】 据《元史·河渠志》记载:至元十九年开济宁至安山(在今山东梁山县)的济州河,"河渠长一百五十余里";至元二十六年开安山至临清的会通河,"河长二百五十余里",沟通了济州河和御河(今卫河),船可由杭州直达通州(今通县);至元二十九年春动工,开通州至大都(今北京)的通惠河,"河长一百六十四里",至元三十年秋完工。至此,由大都往南,跨过黄河、淮河、长江到达江南的南北大运河全线沟通。

至元二十三年(1286 年)

【河决开封等县】 十月,"河决开封、祥符、陈留、杞、太康、通许、鄢陵、扶沟、洧川、尉氏、阳武、延津、中牟、原武、睢州十五处。调南京(今开封)民夫二十万四千三百二十三人,分筑堤防"(《元史·世祖本纪》)。

元成宗大德元年、二年(1297 年、1298 年)

【河决浦口】 大德元年"七月丁亥,河决杞县浦口"(《元史·成宗本纪》);二年"六月,河决浦口,凡九十六所,泛滥汴梁、归德二郡"(《元史·五行志》)。

元英宗至治元年(1321 年)

【编著《河防通议》】 宋人沈立曾编《河防通议》一书,金代予以增补。是年色目人沙克什根据沈立汴本及金都水监本合编而成,流传至今。本书内分六门,是记述河工具体技术的最早著作。

元泰定三年(1326 年)

【河南多地大旱】 修武旱,武陟饥人相食。内黄旱蝗,洛阳无阳不雨,通许大旱❶。

元惠宗至正四年(1344 年)

【河决白茅口、金堤】 五月,"大雨二十余日,黄河暴溢,水平地深二丈许。北决白茅堤"。六月"又北决金堤……济宁、单州、虞城、砀山、金乡、鱼台、丰、沛、定陶、楚丘、武城(疑为成武)以至曹州、东明、巨野、郓城、嘉祥、汶上、任城等处,皆罹水患。(《元史·河渠志》)

至正十一年(1351 年)

【贾鲁堵口】 四月初四日,元惠宗诏令贾鲁以工部尚书为总治河防使,堵口治河。是月二十二日鸠工,七月疏凿成,八月决水归故河,九月舟楫通行,十一月水土工毕,诸埽、诸堤成,河乃复故道,南汇于淮又东入于海。贾鲁堵口时采取疏、浚、塞并举的措施,对故河道加以修治。黄河归故后,自曹州以下至徐州河道,史称"贾鲁河"。元翰林承旨欧阳玄撰《至正河防记》一书,详述此次堵口施工过程及主要技术措施。据记载:此次堵口动用军民人夫 20 万,疏浚河道 280 余里,堵筑大小缺口 107 处,总长共 3 里多,修筑堤防上自曹县下至徐州共 770 里;工程费用共计中统钞 184.5 万锭;动用大木桩 2.7 万根,杂草等 733 万束,榆柳杂梢 33 万公斤,碎石 2000 船,

---

❶选自中国科学院南京地理研究所徐近之教授所整理的黄河流域各省地方志中的水旱史料。

另有铁缆、铁锚等物甚多。贾鲁堵口工程规模之浩大,为封建时代治河史
上所罕见。

至正十八年(1358 年)

【永乐宫竣工】 至正十八年(1358 年)永乐宫竣工。该宫观是为纪念八仙
之一吕洞宾而建,始建于元定宗二年(1247 年)。永乐宫建筑规模宏大,是
中国道教三大祖庭之一、现存最大的元代道教宫观,占地面积 24.8 万平方
米,以建筑艺术及壁画艺术而驰名中外。整个建筑布局鲜明,主次有序。
永乐宫现存元代壁画 1005.28 平方米,分布在无极门、无极殿、纯阳殿、重
阳段四座大殿内。永乐宫壁画的精品,以无极殿的《朝元图》为代表。画面
和协自然,主次分明,表情逼真,色调优雅,衣饰千变万化,场面波澜壮阔,
气势雄伟。

永乐宫原建在山西芮城县西 20 公里的永乐镇,由于修建三门峡水库,
原址处于规划区,国家为保护这一珍贵民族遗产,于 1959～1964 年原物原
貌迁到芮城县北郊的古魏城遗址上。1961 年永乐宫公布为全国重点文物
保护单位,1998 年被列入世界文化遗产预备名录,2005 年国家旅游局评为
AAAA 景点。

七 明 代

（1368～1644 年）

明太祖洪武八年(1375 年)

【河决开封】 正月,河决开封大黄寺堤,明太祖诏河南参政发民 3 万人塞之❶。

洪武十一年(1378 年)

【河决兰考、封丘等地】 十月,河决开封府兰阳县,庄稼受灾。十一月,开封府封丘县又"河溢伤稼"。

洪武十四年(1381 年)

【河决原武、祥符等地】 河决原武、祥符、中牟。地方官请兴筑堵口,明太祖以为天灾,仅下谕护堤,未予堵塞。

洪武十五年(1382 年)

【河决荥泽、阳武】 七月,河决荥泽、阳武。

洪武十七年至三十年(1384 ~ 1397 年)

【黄河连决河南各地】 十七年八月,河决开封东月堤,自陈桥至陈留黄水横流数十里。

二十年,河决原武黑洋山。

二十二年,河决仪封(今兰考境)县治徙于白楼村。

二十三年正月,决归德东南凤池口,经夏邑、永城南流,明太祖命兴武等 10 卫士卒与归德民并力堵塞;八月,河又决于开封。

二十四年四月,河水暴溢,再决原武黑洋山,东经开封城北 5 里,又东

---

❶《明太祖实录》转引自《行水金鉴》。以下至明末多引自《明史》、《明实录》及《明史纪事本末》等书,除个别外不另注明。

南由陈州、项城、太和、颍上东至寿州正阳镇,全入于淮,贾鲁河故道遂淤。

二十五年,河复决于阳武,泛陈州、中牟、原武、封丘、祥符、兰阳、陈留、通许、太康、扶沟、杞11州县,明太祖发民丁及安吉等17卫军士修筑,因其冬大寒,役未成而罢。

二十九年,河决于怀庆等州县。

三十年八月,河复决开封,城三面受水,改作仓库于荥阳高阜。

明成祖永乐二年至四年(1404～1406年)

【修筑河南各地堤防】　五月,修河南府孟津县河堤。九月,修河南武陟县马曲堤(沁河堤),不久开封城为河水所坏,命发军民修筑。十月,河南黄水溢,帝命城池有冲决者立即修复。永乐三年二月,河决马村堤。帝命司官督民丁修治。永乐四年八月,修河南阳武县堤岸。

永乐七年至八年(1409～1410年)

【陈州、开封河决】　七年,河水冲塌陈州"城垣三百七十六丈,护城堤二千余丈"。八年,河决开封,"坏城二百余丈",受灾者"万四千余户",淹没农田"七千五百余顷"。

永乐九年(1411年)

【宋礼修浚会通河】　明成祖采纳济宁同知潘叔正的意见,决定修浚会通河,沟通南北漕运,并命工部尚书宋礼、刑部侍郎金纯、都督周长等主持这一工程。

宋礼等到现场勘查后,接受汶上老人白英的献策,在汶水下游东平戴村筑一新坝,截汶水流至济宁以北的南旺。这里地势最高,为"南北之脊",汶水引至此地后分流南北,"南流接徐邳者十之四,北流达临清者十之六"(《明史·宋礼传》),巧妙地解决了行水不畅的问题。为使会通河有所控制,便于行船,宋礼等又在元代旧闸的基础上"相地置闸,以时蓄泄",改建、新建了一些闸门,使会通河节节蓄水,适应了通航的需要。工程总计征发山东及徐州、应天、镇江民夫30万,200天完成。

会通河开通后,宋礼等又在山东境内自汶上袁家口至寿张沙湾之间开新河,将会通河道东移 50 里;在河南境内疏浚祥符鱼王口至中滦下 20 余里黄河故道,自封丘荆隆口引河水"下鱼台塌场,会汶水,经徐、吕二洪南入于淮",接济运河水量。至此,南起杭州,通过江南运河、淮扬诸湖、黄河、会通河、卫河、白河、大通河,北达京师以东大通桥,全长 3000 余里的大运河全部通运,为此后数百年的南北水运交通奠定了基础。

永乐十六年(1418 年)

【河南黄河继续决溢成灾】 十月,河南黄河溢,"决埽座四十余丈"。此后,30 年中在河南有 12 年发生决溢,多次淹及十多个州县,灾情严重。

明宣宗宣德六年(1431 年)

【浚封丘荆隆口河道】 二月,浚荆隆口,引河达徐州以便漕运。

明英宗正统二年(1437 年)

【修筑阳武等县河堤】 筑阳武、原武、荥泽等县河堤。
【河决范县】 阳武等县筑堤后,河又决濮阳范县。

正统十三年(1448 年)

【王永和奉命治河】 五月,河水泛涨,冲决陈留金村堤及黑潭南岸。七月,河决河南新乡八柳树,漫流山东曹州、濮州,抵东昌,坏沙湾堤。同时荥泽孙家渡也决口,河水东南漫流原武、开封、祥符、扶沟、通许、洧川、尉氏、临颍、郾城、陈州、商水、西华、项城、太康十数州县,"没田数十万顷"。

八柳树决口后,漕运受阻,朝廷命工部侍郎王永和主持其事。王永和至山东修沙湾堤工未成,以冬寒停役。次年正月,河复决聊城,三月王永和浚原武黑洋山、西湾,引水由太黄寺接济运河,修筑沙湾堤大半而不敢尽塞,置分水闸,设 3 孔放水,自大清河入海,且设分水闸 2 孔于沙湾西岸,以泄上流。朝廷从王之请,八柳树决口暂停堵塞,治河未竟全功。

明代宗景泰四年(1453 年)

【徐有贞治河】　王永和治河之后,又命洪英、王璞等治河,均未成功。沙湾一度塞而复决。

　　是年十月,朝廷命徐有贞为金都御史,专治沙湾,徐提出了治河三策。廷议批准后,他首先"逾济、汶,沿卫、沁,循大河,遵濮、范",对地形水势进行勘察。接着,"设渠以疏之,起张秋金堤之首,西南行九里至濮阳泺,又九里至博陵陂,又六里至寿张之沙河,又八里至东、西影塘,又十有五里至白岭湾,又三里至李堆,凡五十里。由李堆而上二十里至竹口莲花池,又三十里至大伾潭。乃逾范及濮,又上而西,凡数百里,经澶渊以接河、沁,筑九堰以御河流旁出者,长各万丈,实之石而键以铁"。至景泰六年七月,治河工程告竣,"沙湾之决垂十年,至是始塞"。从此,"河水北出济漕,而阿、鄄、漕、郓间田出沮洳者数十万顷",漕运也得以恢复。

景泰七年至明英宗天顺四年(1456～1460 年)

【河续决开封等地】　徐有贞治河后,当年黄河又决开封府高门堤。景泰七年,再决开封。天顺元年、二年、四年,开封等地连年决溢。

天顺五年(1461 年)

【开封河决】　七月,黄河决于开封,"城中水丈余,坏民舍过半","军民溺死无算"。

明宪宗成化七年(1471 年)

【专设总理河道之职】　朝廷命王恕为工部侍郎总理河道。《明史·河渠志》称:"总河侍郎之设,自恕始也。"

成化十八年(1482 年)

【沁河发生特大洪水】　六月十八日,黄河下游重要支流沁河发生特大洪水。根据山西阳城县河头村沁河渡口左岸指水碑(1941 年为日军所毁)及该渡口以下约 10 公里的九女台石壁刻字"成化十八年河水至此"的高程估算,这次洪水在此处为 14000 立方米每秒。

成化二十年(1484 年)

【河南发生大面积旱灾】 阳武(原阳)、温县、济源、孟县、延津、汲县、辉县、南乐、清丰、内黄、新安、陕县、兰考等地大旱蝗,其中有的地区出现大饥、人相食的惨状❶。

明孝宗弘治二年(1489 年)

【白昂治河】 五月,黄河大决于开封及封丘荆隆口,郡邑多被害,有人主张迁开封以避其患。九月,命白昂为户部侍郎修治河道,赐以特敕令会同山东、河南、北直隶三巡抚,自上源决口至运河,相机修筑。弘治三年正月,白昂查勘水势,"见上源决口,水入南岸者十三,入北岸者十七。南决者,自中牟杨桥至祥符界分二支:一经尉氏等县,合颍水,下涂山,入于淮;一经通许等县,入涡河,下荆山,入于淮。又一支自归德州通凤阳之亳县,亦会涡河,入于淮。北决者自阳武、祥符、封丘、兰阳、仪封、考城,其一支决入荆隆口,至山东曹州,冲入张秋漕河。去冬水消沙积,决口已淤,因并为一大支,由祥符翟家口合沁河,出丁家道口,下徐州"。根据此种情况,他建议"在南岸宜疏浚以杀河势","于北流所经七县为堤岸,以卫张秋"。朝廷同意后,他组织民夫 25 万"筑阳武长堤,以防张秋,引中牟决河……以达淮,浚宿州古汴河入泗",又浚睢河以会漕河,疏月河 10 余条以泄水,并塞决口 36 处,使河"流入汴,汴入睢,睢入泗,泗入淮,以达海"。

弘治六年(1493 年)

【刘大夏治张秋决河】 白昂治河后二年,黄河又自祥符孙家口、杨家口、车

---

❶选自中国科学院南京地理研究所徐近之教授所整理的黄河流域各省地方志中的水旱史料。

船口和兰阳铜瓦厢决为数道,俱入运河,形势严重。是年二月,以刘大夏为副都御史,治张秋决河。刘大夏经过勘察,参考巡按河南御史涂升提出的重北轻南、保漕为主的治河意见,于弘治七年五月采取了遏制北流、分水南下入淮的方策,一方面在张秋运河"决口西南卅月河三里许,使粮运可济";另一方面又"浚仪封黄陵冈南贾鲁旧河四十余里","浚孙家渡,别凿新河七十余里",并"浚祥符四府营淤河",使黄河水分沿颍水、涡河和归徐故道入淮,最后于十二月堵塞张秋决口。为纪念这一工程,明孝宗下令改张秋镇为平安镇。

　　在疏浚南岸支流、筑塞张秋决口之后,刘大夏复堵塞黄陵冈及荆隆等口门7处。并在黄河北岸修起数百里长堤,"起胙城(今延津县境),历滑县、长垣、东明、曹州、曹县抵虞城,凡三百六十里",名太行堤。西南荆隆口等处也修起新堤,"起于家店,历铜瓦厢,东抵小宋集,凡百六十里"。从此筑起了阻挡黄河北流的屏障,大河"复归兰阳、考城分流,经徐州、归德、宿迁,南入运河,会淮水东注于海"。

【河南参政朱瑄整修广济渠】　河南巡抚徐恪委派河南参政朱瑄整修广济渠,"随宜宣通,置闸启闭,由是田得灌溉。"(乾隆《怀庆府志》)此后,引沁灌区又经多次整修,灌溉面积不断扩大。嘉靖年间,"河内令胡玉玑浚之,名利丰河。"(乾隆《怀庆府志》)隆庆二年(1568年)纪诚任怀庆知府时,对引沁工程作了一次大的整修,"开创渠河五:在沁水曰通济河、曰广惠北河、曰广惠南河;在丹水(沁河支流)曰广济河、曰普济河。"万历十四年(1586年),河内令黄中色又进行了修浚。然而由于在此以前都是采用的土口引水,"土口易淤,下流淹没,利不敌害,旋兴旋废"(乾隆《怀庆府志》)。

弘治十三年(1500 年)

【河南归德连续决口】　弘治十一年,河决归德小坝子等处,经宿州、睢宁由宿迁小河口流入漕河。小河口北抵徐州,河道浅阻,影响漕运。管河工部员外郎谢缉请吅塞归德决口,遏黄水入徐州以济漕运。十三年,归德丁家道口上下河决"十有二处,共阔三百余丈,而河淤三十余里"。河南巡按都御史郑龄奉命修筑丁家道口上下堤岸。

弘治十五年(1502 年)

【濮州地震】 九月十七日,濮州发生破坏性地震。震中烈度 8 度,震级 6.5 级。"丙戌,直隶大名(河北大名)、顺德(邢台市)二府,徐州,山东济南、东昌(聊城市)、兖州等府同日地震,有声如雷,坏城垣民舍,而濮州(范县濮城)尤甚,压死百余人,井水溢,平地有开裂泉涌者,亦有沙土随水涌出者,巡抚山东御史徐源上疏言:'地本主静,而半月之间连震三次,动摇泰山,远及千里。'"(《明实录》)

明武宗正德四年(1509 年)

【黄河河道北徙】 刘大夏治河后,河道主流由亳州凤阳至清河口通淮入海。弘治十八年(1505 年)河忽北徙 300 里,至宿迁小河口,正德三年(1508 年)又北徙 300 里至徐州小浮桥。四年六月,又北徙 120 里,至沛县飞云桥,汇入漕河。此时南河故道淤塞,黄水北趋单、丰之间,河窄水溢,冲决黄陵冈、尚家等口,曹、单间田庐多淹没,丰县城郭被围。后经工部侍郎崔岩、李镗相继治理,均未奏效。李镗建议筑堤 300 余里以障河北徙,旋因所谓"盗起",堤工作罢,曹、单间河害日甚。

明世宗嘉靖二年(1523 年)

【开封禹王台建成】 开封禹王台位于开封城墙外东南部。为追念大禹治水功德,在吹台上建禹王庙一座,故吹台被改称为禹王台。此后明、清两代对台上的建筑物曾多次修葺。2006 年 11 月 14 日被河南省公布为第二批文物保护重点单位。

嘉靖五年(1526 年)

【南流北流之议纷起】 自黄陵冈决口后,开封以南无河患,徐、沛诸州县河徙不常,严重影响漕运。是年,督漕都御史高友玑请浚山东贾鲁河、河南鸳鸯口,分泄水势。大学士费宏,御史戴金、刘栾,督漕总兵官杨宏等屡请疏通涡河、贾鲁河,使"趋淮之水不止一道",以减徐、沛一带水患。章拯于是年冬出任总河,亦屡以为言。廷议后,认为浚贾鲁故道,开涡河上源,功大难成,未可轻举。嘉靖六年,章拯再议引水南流,未及兴工而"河决曹、单、城武等地","冲入鸡鸣台,夺运河,沛地淤填七八里,粮艘阻不进"。章罢职,以盛应期为总督河道右都御史。此时,光禄少卿黄绾建议,导河使北,至直沽入海;詹事霍韬以为宜于河阴、原武、怀、孟间,审视地形,引河水注于卫河,至临清、天津入海;左都御史胡世宁主张在河南因故道而分其势,择利便者开浚一道,以泄下流;兵部尚书李成勋也提出与胡世宁相类似的建议。经过讨论,嘉靖七年正月盛应期奏上,请按胡世宁策进行:一方面"于昭阳湖东改为运河",一方面"别遣官浚赵皮寨、孙家渡、南北溜沟以杀上流,堤城武迤西至沛县南,以防北溃"。至嘉靖八年六月,单、丰、沛三县长堤成。九年五月,孙家渡河堤成。不久,河决曹县,分为数支。自此,除鱼台仍有决溢外,丰、沛一带河患稍息。

嘉靖七年(1528 年)

【河南 20 余县发生旱灾】 孟津、原阳、封丘、南乐、清丰、内黄、偃师、宜阳、临颍、淮阳、鹿邑、柘城、郑州、荥阳、扶沟、尉氏发生大旱灾。延津、辉县、汲县大旱灾兼有大蝗灾。更为严重的是新安、宜阳、登封因大旱、大饥而出现人相食的惨景[1]。

嘉靖十三年(1534 年)

【刘天和治河】 刘天和以都察院右副都御史总理河道。就任不久,河决赵皮寨入淮,谷亭流绝,运道受阻。刘天和发民夫 14 万疏浚,尚未奏功,河又自夏邑大丘、回村等集冲数口转向东北,流经萧县,下徐州小浮桥。为研究治河对策,天和亲自沿河勘察,并分遣属吏循河各支,沿流而下,直抵出运河之口,逐段测量深浅广狭。针对当时情况,天和上言:"黄河自鱼、沛入漕河,运舟通利者数十年,而淤塞河道,废坏闸座,阻隔泉流,冲广河身,为害亦大。今黄河既改冲从虞城、萧、砀下小浮桥,而榆林集、侯家林二河分流

---

[1] 选自中国科学院南京地理研究所徐近之教授所整理的黄河流域各省地方志中的水旱史料。

入运者,俱淤塞断流,利去而害独存,宜浚鲁桥至徐州二百余里之淤塞。"朝廷同意了他的建议,嘉靖十四年春对河、运进行了一次全面治理,"计浚河三万四千七百九十丈,筑长堤、缕水堤一万二千四百丈,修闸座一十有五、顺水坝八,植柳二百八十余万株"。工程完成后,"运道复通,万艘毕达",取得显著效果。

刘天和治河在疏浚河、运淤积,修筑堤防,加强工程管理等方面,因地制宜采取各种不同措施。而且还主张"筑缕水堤以防冲决,置顺水坝以防漫流","施植柳六法,以护堤岸","浚月河以备霖潦,建减水闸以司蓄泄",制定了比较严密的防护措施。

刘天和著有《问水集》一书,对黄河演变概况及河道变迁原因有较详细的记述和分析,并且较全面地总结了前人河防施工和管理经验,是明代中后期的重要治黄著作。

嘉靖十九年(1540 年)

【河决野鸡冈夺涡入淮】 黄河南徙,决野鸡冈(在今河南商丘睢县境),由涡河经亳州入淮,旧决口俱塞,河患移至凤阳等沿淮州县,甚至议迁五河、蒙城县治以避水。次年五月以兵部侍郎王以旂督理河道,与因决口受"降俸戴罪"处分的总河副都御史郭持平共同主持河道治理。二十一年春,王等"浚孙继口及扈运口、李景高口三河,使东由萧县、砀山入徐济运"。秋,复于孙继口外别开一渠泄水,以济徐州以下漕运,前后历经八月,工程告成。

嘉靖二十二年(1543 年)

【周用倡沟洫治河议】 周用总理河道,倡沟洫治河之议。他认为:"治河垦田,事实相因,水不治则田不可治,田治则水当益治,事相表里,若欲为之,莫如所谓沟洫者耳。""夫天下之水,莫大于河。天下有沟洫,天下皆容水之地,黄河何所不容?天下皆修沟洫,天下皆治水之人,黄河何所不治?水无不治,则荒田何所不垦?一举而兴天下之大利,平天下之大患!"

嘉靖三十四年(1555 年)

【陕西华州发生强烈地震】　十二月十二日,陕西华州一带发生强烈地震,波及陕西、山西、河南千余里,"渭南、华州、朝邑、三原、蒲州等处尤甚。或地裂泉涌,中有鱼物,或城郭房屋陷入地中,或平地突出山阜","河、渭大溢,华岳终南山鸣,河清数日,官吏、军、民压死八十三万有奇"。永济县"黄河堤岸、庙宇尽崩坏,河水直与岸平"。《据中国地震目录》第一册称,这次地震烈度为 11 度,震级 8 级。

明穆宗隆庆六年(1572 年)

【万恭治河】　正月,万恭以兵部左侍郎兼右佥都御史总理河道。就任后,对黄河、运河作了实地考察,并与奉命经理河工的尚书朱衡一起,大修徐州至邳州的河堤,四月"两堤成,各延袤三百七十里"。同时,他还组织力量修丰、沛大堤,筑"兰阳县赵皮寨至虞城县凌家庄南堤二百二十九里",加强了黄河堤防。

万恭在职期间认真地总结了当时的治河实践经验,对黄河特点和治河措施提出了不少精辟见解,于万历元年著成《治水筌蹄》一书。他在书中根据虞城生员的建议,论证了黄河水沙运行冲淤关系,创造性地总结出筑堤束水冲沙深河的经验,指出:"河性急,借其性而役其力,则可浅可深,治在吾掌耳。法曰:如欲深北,则南其堤,而北自深;如欲深南,则北其堤,而南自深;如欲深中,则南北堤两束之,冲中坚焉,而中自深。此借其性而役其力也。"书中还记述了当时已实行的黄河飞马报汛制度:"黄河盛发,照飞报边情摆设塘马,上自潼关,下至宿迁,每三十里为一节,一日夜驰五百里,其行速于水汛。凡患害急缓,堤防善败,声息消长,总督者必先知之,而后血脉贯通,可从而理也。"

万恭任总河之职两年余,对防汛管理和施工都有一套成熟的办法。他对黄河水沙关系的认识早于潘季驯,可称我国"束水攻沙"论的先驱。

明神宗万历六年(1578 年)

【潘季驯第三次出任总河❶】 万历元年以后,河患连年不断。元年,河决房村。二年,淮、河并溢。三年,河决砀山及邵家口、曹家庄、韩登家等处;桃源崔镇大堤也决,清江正河淤淀。四年,河决韦家楼,又决沛县和丰、曹等县,丰、沛、徐州、睢宁、金乡、鱼台、单、曹等州县"田庐漂溺无算,河流啮宿迁城"。五年,河复决崔镇,宿、沛、清、桃两岸堤防多坏,黄河日形淤垫,形势严重。六年二月,经首辅张居正推荐,潘季驯以都察院右都御史兼工部左侍郎总理河漕兼提督军务的头衔,第三次肩负起治河重任。

万历六年四月,潘季驯抵达淮安,旋即与督漕侍郎江一麟沿河巡视决口及工程情况,对黄、淮、运进行全面考察研究,向朝廷提出了有名的《两河经略疏》,建议"塞决口以挽正河","筑堤防以杜溃决","复闸坝以防外河","创滚水坝以固堤岸","止浚海工程以省糜费","寝开老黄河之议以仍利涉"。朝廷采纳了他的主张,各项工程陆续展开。至七年十月,河工完成,计"筑高家堰堤六十余里、归仁集堤四十余里、柳浦湾堤东西七十余里,塞崔镇等决口百三十,筑徐、睢、邳、宿、柳、清两岸遥堤五万六千余丈,砀、丰大坝各一道,徐、沛、丰、砀缕堤百四十余里,建崔镇、徐升、季泰、三义减水石坝四座,迁通济闸于甘罗城南,淮、扬间堤坝无不修筑。费帑金五十六万有奇"。

潘季驯这次治河取得显著成效。八年秋,升南京兵部尚书。《明史·河渠志》称:"高堰初筑,清口方畅,流连数年,河道无大患。"

万历十三年至十六年(1585 ~ 1588 年)

【河南多县连续发生大旱❷】 万历十三年(1585 年),滑县、内黄、获嘉、汲县、辉县、洛宁、宜阳、陈留、临颍、杞县、长葛大旱。长垣旱蝗。

万历十四年(1586 年),怀庆、武陟、原阳、获嘉、辉县、滑县、长垣、内黄、宜阳、临颍、沈丘、登封大旱。修武雨雹伤麦。

---

❶嘉靖四十四年十一月潘季驯曾以都察院右佥都御史总理河道。隆庆四年八月,被任为都察院右副都御史总理河道提督军务。

❷选自中国科学院南京地理研究所徐近之教授所整理的黄河流域各省地方志中的水旱史料。

万历十五年(1587年),沁阳、原阳、获嘉、汲县、长垣、内黄、林县、沈丘、中牟、禹县、柘城、夏邑大旱。辉县大旱大风。濮阳霜杀稼,淮阳大雨雹杀禾。

万历十六年(1588年),温县、武陟、获嘉、汲县、长垣大旱。淮阳六月大风雨雹;杞县四月寒,甚多风霾。

万历十六年(1588年)

【潘季驯四任总河】 潘季驯第三次治河后,河患少息。万历十三年后,堤防逐渐废弛,决口日渐发生,至十五年,封丘、东明、长垣屡被冲决,上下普遍告急。十六年五月,经朝臣多人交章推荐,潘季驯第四次出任总理河道。

潘季驯于是年五月复任总河,六月初一日抵达淮安,初二正式视事。他首先以两月时间对黄、淮、运的堤防、闸坝作了详细调查,提出了加强河防工程的全面计划。他认为当前的主要任务是加强堤防修守,除在《申明修守事宜疏》中提出了加强堤防的8项措施外,在其后的2年中对上自河南武陟、荥泽,下至淮安以东的堤段普遍进行了创筑、加高和培修。仅在徐州、灵璧、睢宁、邳州、宿迁、桃源、清河、沛县、丰县、砀山、曹县、单县等12州县修筑的"遥堤、缕堤、格堤、太行堤、土坝等工程共长十三万多丈";在河南荥泽、原武、中牟、郑州、阳武、封丘、祥符、陈留、兰阳、仪封、睢州、考城、商丘、虞城、河内、武陟等16州县所筑"遥、月、缕、格等堤和新旧大坝长达十四万多丈"。至此,从河南荥泽至淮安以东靠近云梯关海口的黄河两岸,都修了堤防,河道乱流的局面基本结束。尽管此后仍不时决溢,但黄河下游经由郑州、开封、商丘、徐州、安东入海的河道一直维持了200余年。

万历十九年(1591年)

【《河防一览》刊印成书】 万历十八年,潘季驯在第四次治河之际,辑成《河防一览》一书,系统地记述他的治河基本思想和主要措施。全书共分十四卷:卷一收集了皇帝的敕谕和黄河图说,卷二编入了他的治河主张《河议辩惑》,卷三记述了《河防险要》,卷四收录了他制定的《修守事宜》,卷五为《河源河决考》,卷七至十二为潘氏的治河奏疏,卷六及十三、十四为他人的有关奏疏及奏议。万历十九年,于慎行作序的刊本问世,清乾隆时又出了何焆的校刊本。由于此书对我国16世纪前治理多沙河流的经验作了全面总结,400多年来一直受到水利史研究者和治黄工作者的重视。

万历二十八年(1600年)

【袁应泰大修广济渠】 河南引沁灌区是黄河流域古老灌区之一,明代称广济渠,曾多次整修。万历二十八年,袁应泰任河内令时,旱灾严重,袁在全境进行了广泛调查之后,认为要使灌区充分发挥作用,广济渠非修石口不可,于是会同济源令史记言,发动两县上万民众,循枋口之上凿山开洞修渠,经过3年努力,终于凿透石山,自北而南建成"长四十余丈、宽八丈"的输水洞,随后又以2年时间砌桥闸、安装铁索滑车,疏通渠系,开排洪道,建成了可灌济源、河内、温县、武陟"民田数千顷"的灌区。

万历四十七年(1619年)

【河决阳武】 九月,河决阳武脾沙冈,由封丘至考城,复入旧河。

明毅宗崇祯三年(1630年)

【尉氏、杞县等5县发生雹灾】 尉氏、杞县、永城、夏邑大雹伤稼。虞城雨雹大者如拳❶。

崇祯四年(1631年)

【河决原武、封丘等地】 夏,河决原武胡村铺、封丘荆隆,"败曹县塔儿湾太行堤"。

崇祯五年(1632年)

【孟津河决】 六月,河决孟津。

---

❶选自中国科学院南京地理研究所徐近之教授所整理的黄河流域各省地方志中的水旱史料。

崇祯十四年(1641 年)

【沿河连年大旱】　崇祯元年至三年、六至九年、十一至十四年,沿河各省多年连续发生大旱灾。陕西、山西、河南、畿南、山东赤地千里,榆林、靖边一带"民饥死者十之八九,人相食,父母子女夫妻相食者有之,狼食人三五成群"。不少地方"树皮食尽","行人断绝"。幸存的农民揭竿而起,撼动了明王朝的统治。

崇祯十五年(1642 年)

【开封为黄水沦没】　四月,李自成起义军围开封城。六七月间,明守军掘朱家寨河堤,企图水淹敌方;李自成反"决马家口以陷城"。当时因水量较小,未达目的。九月十四日,黄河水涨,"水头高丈余,坏曹门而入,南北门、东门相继沦没"。城内"举目汪洋,抬头触浪,其存者仅钟鼓二楼、周王紫禁城、郡王假山、延庆观,大城止存半耳。"

开封城解围后,崇祯帝命工部侍郎周堪赓主持堵口。次年正月,周上奏皇帝的《河工情形疏》称:"臣泛小艇上下周流探看,得河之决口有二:一为朱家寨,宽二里许,居河下流,水面宽而水势缓;一为马家口,宽一里余,居河上游,水势猛厉,深不可测。上下两口相距三四里。"经周组织人力抢修,朱家寨口于二月二十七日堵塞,马家口于十一月初六日合龙,黄河仍沿旧道东流,经归德、徐州,南下汇淮入海。

八 清 代

（1644～1911 年）

清世祖顺治元年(1644 年)

【河决温县】 秋,河决温县。❶ 命内秘书院学士杨方兴总督河道,驻济宁。

顺治二年(1645 年)

【河决考城等地】 夏,河决考城,又决王家园。七月,河决曹县流通集,下游徐、邳、淮、扬也多处冲决。

顺治五年(1648 年)

【河决兰阳】 河决河南兰阳。

顺治七年(1650 年)

【河决封丘荆隆】 八月,河决封丘荆隆及祥符朱源寨,水全注北岸,张秋以下堤尽溃,自大清河入海。九年荆隆决口堵塞。

顺治九年(1652 年)

【封丘、祥符河决】 河决封丘大王庙,冲毁县城,水由长垣趋东昌,坏平安堤。又决邳州及祥符朱源寨。

大王庙决口后,河道总督杨方兴发民夫数万治河,旋筑旋决,至十三年始塞,"费银八十万两"。

顺治十四年(1657 年)

【河决祥符、陈留】 河决祥符槐疙疸,随即堵塞。又决陈留孟家埠。

---

❶引自《清史稿》。以下多引自此书及《行水金鉴》、《续行水金鉴》、《再续行水金鉴》等书。个别条目出于他书,不一一注明。

顺治十五年（1658 年）

【河决阳武】　河决阳武慕家楼。

顺治十七年（1660 年）

【河决陈留、虞城】　河决陈留郭家埠、虞城罗家口，随即堵塞。

清圣祖康熙元年（1662 年）

【河决原武、祥符等地】　黄河大水，原武、祥符、兰阳县境均决口，东溢曹县，复决石香炉村。河道总督朱之锡命济宁道主持曹县堵口，自己亲赴河南堵塞西阎寨、单家寨、时和驿、蔡家楼等口。

康熙三年（1664 年）

【河决杞县、祥符】　河决杞县及祥符阎家寨，再决朱家营。不久即堵塞。

康熙四年（1665 年）

【河决河南】　四月，河南河决，灌虞城、永城、夏邑。

康熙十六年（1677 年）

【靳辅出任河督】　二月，河督王光裕被撤职查问，以安徽巡抚靳辅接任河道总督。三月，康熙帝赐靳辅提督军务兵部尚书兼都察院右副都御史衔，并予以节制山东、河南各巡抚的大权。

四月初六，靳辅到任。次日即偕同幕宾陈潢"遍阅黄淮形势及冲决要害"，历时两月。根据调查结果，靳辅提出了"治河之道，必当审其全局，将河道运道为一体，彻首尾而合治之"的治河主张。接着又连续向康熙帝上了八疏，较系统地提出了治理黄、淮、运的全面规划。

　　靳辅诸疏上达朝廷后,开始以军务未竣,未从所请。靳辅再上疏,除改运土用夫为车运外,同意按其计划全力进行。于是大挑清口烂泥浅引河及清口至云梯关河道,"创筑关外束水堤万八千余丈,塞于家冈、武家墩大决口十六,又筑兰阳、中牟、仪封、商丘月堤及虞城周家堤"。特别是在清口至云梯关300里河道施工中,"疏浚筑堤"并举,在故道内挖三道平行的新引河,名为"川字河",所挖引河之土修筑两旁堤防。当各口堵塞水归正河后,一经河水冲刷,三河合一,迅速刷宽冲深,开通了大河入海之路,收到良好效果。

康熙十七年(1678 年)

【靳辅治河获奖】　靳辅建王家营、张家庄减水坝,塞山阳、清河、安东3县黄河两岸张家庄、王家营、邢家口、二铺口、罗家口、夏家口、吕家口、洪家口、窦家口等数十处决口。工成后,康熙帝嘉奖靳辅:"览卿奏,黄河湖堰大小决口数十余处,尽行堵塞完竣,具见筹划周详,实心任事,有裨河工,勤劳可嘉。"

【建立河防营】　历来黄河河工所用民夫,皆地方民工,不能常年驻守河防。河道总督靳辅以为不如增募河兵,勒以军法,经奏请清帝允准,建立了这套武职机构,名为河防营,一直延续到民国年间。

康熙二十四年(1685 年)

【靳辅巡视河南堤工】　九月,靳辅赴河南巡视河工,筑"考城、仪封堤七千九百八十九丈、封丘荆隆口大月堤三百三十丈、荥阳埽工三百十丈"。

康熙二十五年(1686 年)

【工部劾靳辅治河不力】　工部弹劾靳辅治河九年无功。康熙帝认为:河务甚难,不宜给以处分,仍责令督修。康熙二十七年,朝臣刘楷、郭琇、陆祖修交章弹劾靳辅。三月,康熙帝召靳辅与于成龙、郭琇等廷辩。靳辅被免职,以王新命代。

康熙三十一年(1692 年)

【靳辅复任河督】 二月,罢王新命河督职,康熙帝指出:"朕听政后以三藩、河务、漕运为三大事,书宫中柱上,河务不得其人,必误漕运。及辅未甚老而用之,亦得纾数年之虑,令仍为河道总督。"靳辅以衰病力辞,帝命顺天府丞徐廷玺为协理,协助靳辅治河。十一月,靳辅卒。

康熙三十五年(1696 年)

【河决仪封】 河决仪封张家庄等地。荥泽逼于河水,迁县治于高阜。

康熙三十七年(1698 年)

【《河防述言》刊印成书】 张霭生整理的《河防述言》于是年成书。全书以问答的形式,由治黄专家陈潢谈了治河的 12 个问题,对明清治河思想及主要成果多有继承和阐述,不失为清代有重要影响的一部治河著作。

康熙三十九年(1700 年)

【张鹏翮出任河督】 三月,以两江总督张鹏翮为河道总督。

康熙四十一年(1702 年)

【《禹贡锥指》刊印成书】 胡渭著《禹贡锥指》刊印成书,共 26 卷,是研究《禹贡》成就较大的一部专著,也是后人研究黄河变迁史的必读书之一。他在书中指出的 5 次大改道说,对后代黄河变迁的研究有很大影响。

康熙四十八年(1709 年)

【河决兰阳、仪封等地】 六月,河决兰阳雷家集、仪封洪邵湾及水驿、张家庄各堤。

【以皮馄饨传递水情】 六月十三日,康熙帝谕:"甘肃为黄河上游,每遇汛期水涨,俱用皮馄饨装载文报顺流而下,会知南河、东河各一体加以防范,得以先期预备。"后以效果欠佳而废。

康熙五十七年(1718 年)

【河溢武陟】 河溢武陟詹家店,又溢何家营。

康熙六十年(1721 年)

【河再决武陟等地】 八月,河决武陟詹家店、马营口、魏家口,大溜北趋,注滑县、长垣、东明,夺运河,至张秋,由五空桥入盐河(即大清河)归海。九月,塞詹家店、魏家口,十月塞马营口。

康熙六十一年(1722 年)

【河决武陟马营口等地】 正月,马营口复决,灌张秋,水注大清河。六月,沁河水暴涨,冲塌秦家厂南北坝台及钉船帮大坝。九月,秦家厂南坝甫塞,北坝又决,马营口亦漫开。十二月塞。

清世宗雍正元年(1723 年)

【齐苏勒出任河督】 正月,齐苏勒出任河道总督。

【河决中牟、武陟等地】 六月,河决中牟十里店、娄家庄,由刘家寨南入贾鲁河。祥符、尉氏、扶沟、通许等县村庄田禾淹没甚多。同月,黄河北岸又决武陟梁家营、二铺营堤及詹家店、马营口月堤。九月,决郑州来童寨民堤,郑州民挖阳武故堤泄水,并冲决中牟杨桥官堤,旋塞。

雍正二年(1724 年)

【嵇曾筠任副总河】 闰四月,以嵇曾筠为副总河,驻武陟,辖河南黄河各工。当年,他督工培修"南北大堤二十二万三千余丈",使"豫省大堤长虹绵亘,屹若金汤"。

【加修太行堤】　大学士张鹏翮等奏称:"北岸太行堤自武陟木栾店起至直隶长垣止,系奉圣祖仁皇帝指示修筑之工,关系黄、沁并卫河运道重门保障。应令河南抚臣严催承修各官作速修筑。如有迟延,听其指参。"这段太行堤在长垣以下与明代太行堤相连,清代甚为重视,曾迭次加修。

【嘉应观建成】　"淮黄诸河龙王庙"(嘉应观)落成。又称庙宫,位于武陟县城东南12公里处,总面积9.3平方公里,建设风格上仿北京故宫建筑群,主要有御碑亭、风神殿、雨神殿、禹王阁等。其中,御碑亭似清朝皇冠,富丽堂皇,碑为铁胎铜面,24龙缠绕,底座为独角兽,雍正皇帝亲笔撰文书丹,制作精致,称得上中华第一铜碑,堪称国宝。嘉应观是我国历史上唯一记述治黄史的庙观,也是河南省保存最完好、规模最宏大的清代建筑群。

雍正三年(1725年)

【河决仪封】　七月十三日,河决仪封南岸大寨大堤,又漫溢兰阳板厂后大堤。

【《行水金鉴》刊印成书】　傅泽洪主编的《行水金鉴》刊印成书。全书共175卷,其中"河水"部分60卷,为系统记述全国水利的一部专著,为后代提供了系统的水利史资料。

雍正七年(1729年)

【雍正帝褒扬齐苏勒】　三月,河道总督齐苏勒卒。齐在任7年,在江南境修了许多工程,并会同副总河嵇曾筠大修了河南两岸堤防。黄河自砀山至海口,运河自邳州至江口,"纵横绵亘三千余里,两岸堤防崇广若一,河工益完整"。雍正帝以为他的功绩可与靳辅相比;《清史稿》认为,论治河功绩,"世宗(即雍正)朝,齐苏勒最著"。

【分设江南、河东两河道总督】　齐苏勒逝世后,朝命改设江南河道总督(又称南河总督)与河南山东河道总督(简称河东河道总督,也称东河总督)。孔继珣任江南河道总督,驻清江浦(今清江市);嵇曾筠任河南山东河道总督,驻济宁。副总河之职裁撤。

雍正十一年(1733 年)

【《河防奏议》刊印成书】 嵇曾筠撰《河防奏议》刊印成书,共 10 卷。嵇氏长期担任河督,对河工十分熟悉,尤以建坝出名,史有"嵇坝"之称。此书前 9 卷为嵇治河奏疏,末卷专论河工建筑和水工技术,是研究清代治河工程技术的重要文献。

雍正十二年(1734 年)

【白钟山出任东河总督】 十二月,以白钟山为河东河道总督。自此以后,他在东河、南河任职长达 22 年之久,为雍、乾时期功绩较著的河督之一。

清高宗乾隆元年(1736 年)

【沁河木栾店设水志报汛】 本年在武陟小南门及龙王庙处设水志报汛。宣统二年(1910 年)停止观测。

乾隆十六年(1751 年)

【河决阳武】 六月,河决阳武,十一月塞。

乾隆十八年(1753 年)

【河官李焞等受极刑】 秋,河决阳武十三堡。九月,决铜山张家马路,"冲塌内堤、缕、越堤二百余丈",南注灵、虹等地,入洪泽湖,夺淮而下。决后乾隆帝以尹继善任南河总督,遣尚书舒赫德偕白钟山驰赴协理。时同知李焞、守备张宾侵吞工款,为学习河务布政使富勒赫所劾,查实后问斩,任河道总督多年的高斌及江苏巡抚、协理河务张师载坐失察之罪,"缚视行刑"。冬,决口塞。

【开始用捆厢船法进占堵口】 大学士舒赫德在堵复铜山县漫决时,开始用捆厢船法(顺厢)进占堵口,在船上挂缆厢修,层土层料,使之逐层沉至河底,成为一个整体,改变了过去卷埽的施工方法。

乾隆二十六年(1761 年)

【黄河多处决口】　七月,沁黄并涨,武陟、荥泽、阳武、祥符、兰阳同时决 15口,"中牟之杨桥决数百丈,大溜直趋贾鲁河"。沁河决堤近 50 处,沁阳、武陟县城被淹。据有关部门用现代方法考证、测算,这次洪水到达花园口时约为 32000 立方米每秒。决口后,乾隆帝派大学士刘统勋、协办大学士兆惠等到工地督工堵口。十一月一日合龙成功,乾隆帝在杨桥工地建河神祠,并题诗树碑纪念。

【《水道提纲》成书】　原礼部右侍郎、翰林院编修齐召南写成巨著《水道提纲》。书中综合康熙年间对黄河源的探查成果,对河源及扎陵、鄂陵两湖位置与名称由来作了详细准确记载,两湖名称记作"查灵海"(西)和"鄂灵海"(东)。书中对江源水系亦有较全面的描述。

乾隆三十年(1765 年)

【陕州、巩县设水志报汛】　南河总督李宏奏准于陕州万锦滩、巩县(1766年)各立水志,每年自桃汛至霜降止,水势涨落尺寸,逐日查记,据实具报。万锦滩、巩县水志分别于宣统三年(1911 年)、咸丰五年(1855 年)停止观测。

乾隆三十二年(1767 年)

【《治河方略》刊印成书】　康熙二十八年,靳辅的著作曾辑印为《治河书》(《四库全书总目提要》称《治河奏绩书》)。本年,崔应阶就原书重编,改名《靳文襄治河方略》(通称《治河方略》)刊印。全书除卷首外共 10 卷,靳辅的治河主张尽入此书,对清代后期治河产生重大影响。

乾隆四十三年(1778 年)

【仪封大工费帑 500 余万两】　闰六月,决仪封十六堡,"宽七十余丈,挚溜湍急,由睢州宁陵、永城直达亳州之涡河入淮"。八月,上游迭涨,续塌 220余丈,十六堡已塞复决,十二月再塞,时和驿东西两坝又相继蛰陷。这一工程至四十五年二月始合龙,"历时二载,费帑五百余万,堵筑五次始合。"

乾隆四十六年(1781 年)

【青龙冈堵口费帑 2000 万两】 七月,河决仪封,漫口 20 余,北岸水势全注青龙冈(今河南兰考境)。乾隆帝派大学士阿桂督工堵口。次年"两次堵塞,皆复蛰塌"。至四十八年三月始塞。这次堵口,《清史稿·食货志》称:"自例需工料外,加价至九百四十五万两。"魏源在《筹河篇》称:"青龙冈之决,历时三载,用帑两千万(两)。"

乾隆四十九年(1784 年)

【河决睢州二堡】 八月,河决睢州二堡,仍遣阿桂赴工督率,十一月塞。

清仁宗嘉庆三年(1798 年)

【河决睢州】 八月二十七日,睢州上汛河水"陡长五尺三寸,出槽漫滩"。二十八日河水"复长三尺六寸","时值黑夜,雨势甚紧,北风愈猛,河溜全涌五堡以上",二十九日丑时漫溢,漫水出堤后向南分流,一入睢州城东旧河槽,向东过睢州东、宁陵西,经鹿邑至亳州,入洪泽湖;一出堤向西南流,自仪封入杞县、睢州交界惠济河,绕至睢州城南,入柘城交界,南至鹿邑、亳州入淮,次年正月二十日堵口合龙。

嘉庆八年(1803 年)

【河决封丘衡家楼】 九月十三日,封丘衡家楼(今封丘大功)因大溜顶冲,堤身塌陷决口。黄流由东明入濮州境,向东奔注,经范县、寿张沙河入运。濮州漫溢之水,西南漾至曹州郡城,入赵王河与沙河汇成一片,直达运河东岸,下注盐河(今大清河)入海。决口后,朝廷派钦差尚书刘权之、兵部侍郎那彦宝视河督工,次年二月堵复合龙,三月二十二日水循故道仍由东南入海。此次堵口耗银 730 万两(一说一千数百万两)。

嘉庆十一年(1806 年)

【嘉庆帝斥河工弊端】　八月,嘉庆帝对连年用去大量财物却不断决口极为不满,下诏斥称:"南河工程,近年来请拨帑银不下千万,比较军营支用,尤为紧迫,实不可解! 况军务有平定之日,河工无宁宴之期。水大则恐漫溢,水小又虞淤浅,用无限之金钱而河工仍未能一日晏然。即以岁修、抢修各工而论,支销之数年增一年,并未节省丝毫。偶值风雨暴涨,即多掣卸蛰塌之处。迨至水势消落,又复有淤浅顶阻之虞,看来岁修抢修,有名无实,全不足恃,此即员工等虚冒之明证。"

嘉庆十七年(1812 年)

【睢州河决】　九月,沁、黄二河暴涨,"南岸睢州下汛二堡无工处所大堤坐蛰过水"。决口后,东河总督李亨特革职。时值滑州人民起义,当年未堵,次年又未堵住,直至嘉庆二十年二月十四日才堵合。

嘉庆二十三年(1818 年)

【河工用款剧增】　三月二十四日工部就河工用款奏称:"自乾隆五十九、六十等年起,至嘉庆八、九等年止,除嘉庆十年另案用银四百六十七万余两为数较多外,其余十数年内,用银最多年份不过三百十几万及二百九十一万两,其最少年份有八十一万及七十万两不等。""自嘉庆十一年加价起,至二十一年止,除去郭家房、王营二次减坝、瓮家营、百子堂、千根旗竿、平桥、陈家浦大坝、马港口、义礼二坝等处漫口大工银一千二百四十九万余两不计外,实在另案挑培建砌各工用银至四千八百九十七万余两"。

嘉庆二十四年(1819 年)

【兰阳、武陟决口】　七月下旬,黄河盛涨(据后人推估这次洪水在河南花园口最大洪峰流量 25000 立方米每秒),二十三日兰阳汛八堡大堤过水,"堤身坐蛰数十丈,二十四日申刻夺溜成河"。另外,陈留汛七、八堡交界处所"堤顶过水两处,堤身蛰陷各十余丈,中牟上汛八堡迤下漫水塌堤约三十丈"。

八月,武陟汛马营坝决口,"大堤塌宽一百六七十丈,挚溜五分有余"。决口后,东河总督叶观潮革职。九月,传旨将叶观潮先在北岸工次枷号,北岸工竣再移至南岸枷号,候大工合龙再发往伊犁效力赎罪。同时,朝命李鸿宾任东河总督,并派吴璥至工地协助堵口。次年三月十四日马营大工合龙,共用秸料 2 万余垛,耗帑银 1200 余万两。

嘉庆二十五年(1820 年)

【仪封堵口】　三月十四日马营堵口完成,河水下泄,次日又在"仪封三堡冲决大堤三十余丈"。当年十二月七日堵塞,"耗银四百七十余万两"。

清宣宗道光元年(1821 年)

【议于东河推广石工】　十二月,道光帝谕东河总督严烺:"前据孙玉庭等奏,江境河工兼用碎石,连年已著成效。豫东黄河向未抛护碎石,以致漫决频仍,请饬东省河臣体访情形,仿照江境兼用碎石。即创始之初多费数十万金,而日后工固澜安,不惟节费,实可利用……著即将豫省黄河应否仿照江境办理之处确加体察,详细访问,或酌量试办一二段工程,是否有效,先行据实奏明。"

道光五年(1825 年)

【张井奏报东河淤积状况】　九月,东河总督张井奏:"窃维黄河自河南荥泽县出山以后,地势平衍,土性沙松,溜极迅猛,又复挟带泥沙,自昔以来河患不已,屡治屡坏,原乏久长之策。然臣考之往时载籍,验以现在情形,窃以河之敝坏与河防之费用繁多,未有如此时之甚者也。臣历次周履各工,见堤外河滩高出堤内平地至三四丈之多。询之年老弁兵,金云嘉庆十年以前内外高下不过丈许。闻自江南海口不畅,节年盛涨,逐渐淤高,又经二十四年非常异涨,水高于堤,溃决多处,遂致两岸堤身几成平陆。现在修守之堤皆道光二、三、四等年续经培筑。其旧堤早已淤与滩平,甚或埋入滩底。"

道光十年(1830 年)

【河北磁县大地震】 闰四月,河北磁县大地震,致使"漳、滏两河干涸见底",河南"南乐河水泛滥"。

道光十一年(1831 年)

【林则徐任东河总督】 十一月,林则徐任河南山东河道总督。十二月视事,次年正月初即沿河巡视,二十二日由曹考厅登上黄河大堤,循着北岸对各厅汛逐一视察。至黄沁厅后他又渡河到南岸,沿南堤自上而下继续检查。他对大堤存放的料垛虚实特别重视,每到一处,必在"每垛夹挡之中逐一穿行",对每垛都要"量其高宽丈尺,相其新旧虚实,有松即抽,有异即拆,按垛以计束,按束称斤"。他发现上南厅的料垛最实,就在上奏中给以表扬;发现兰仪厅蔡家楼料垛虚假有弊,就立即将兰仪同知于保卿撤职。二月十九日,他对虞城上汛料垛失火案又亲自作了调查,对失职人员革职查办。他在检查中还肯定了抛石护堤的经验。道光帝览奏后赞扬林则徐:"向来河工查验料垛,从未有如此认真者。""动则如此勤劳,弊自绝矣。做官者皆当如是,河工尤当如是。"

道光十二年(1832 年)

【河决祥符】 八月十八日,祥符下汛三十二堡风浪涌过堤顶,人力难施,登时堤陷,"水由堤顶下注,计宽六十丈"。经河南藩司栗毓美驻工督办,九月五日堵住决口,未酿成巨灾。

【《续行水金鉴》刊印成书】 以黎世序、张文浩、严烺、张井、潘锡恩等为总裁,举人俞正燮、副贡生董士锡、孙义钧纂修的《续行水金鉴》于是年刊印成书,共计 156 卷,其中有关黄河的 50 卷。

道光十五年(1835 年)

【栗毓美任东河总督】 五月,栗毓美任东河总督。当年栗在原武汛收买民砖,抛成砖坝数十所。工刚成而风雨大至,北岸的支河(黄河汊流)"首尾皆决数十丈而堤不伤",此为黄河上以砖代石筑坝之始。此后砖坝屡试有效,一直沿用至民国年间。

道光二十年(1840 年)

【文冲任东河总督】　二月二十三日,文冲任东河总督。

道光二十一年(1841 年)

【祥符张家湾决口】　宁夏黄河于六月初八日至十一日,"长水八尺一寸,已入硤口志桩八字一刻迹"。河南陕州万锦滩黄河于六月初五、初六、初九、十一、十四日 7 次"长水二丈一尺六寸"。武陟沁河于六月初五、初六、初七日 3 次"长水四尺三寸"。据东河总督文冲奏称:"历查伏汛涨水,从未有如此之盛者,且水色浑浊。"六月十六日祥符上汛三十一堡无工处所(张家湾附近)滩水漫过堤顶。二十二日口门已刷宽"八十余丈,掣溜七分"。黄水决堤而出后,至开封西北城角分流为二,均向东南下注至距城 10 余里之苏村口,以下又分为南北两股,北股溜约 3 分,由惠济河经陈留、杞县、睢州、柘城至鹿邑之北归涡河,注安徽亳州、蒙城至怀远境荆山口入淮,归洪泽湖。南股溜有 7 分,经通许、太康至淮阳、鹿邑交界之观武集西冲成河槽 9 处,弥漫下注清水河、茨河、濉河,直趋安徽入淮。受灾共 5 府 23 州县。

　祥符河决传至京城后,七月初四日,道光帝命大学士王鼎、通政司通政使慧成驰往河南督办大工。八月初九日以江苏淮扬道朱襄任东河总督,十一日下谕已革职责令戴罪图功的原河督文冲"枷号河干,以示惩儆"(后充军伊犁)。同时,还下诏命前往伊犁充军尚在途中的林则徐"折回东河效力赎罪"。经王鼎、林则徐、慧成、朱襄和广大河工的共同努力,决口于次年二月十四日合龙闭气,共用银 600 余万两。

道光二十二年(1842 年)

【慧成任东河总督】　九月十六日,慧成任河东河道总督。
【魏源主张改河北流】　学者魏源写成《筹河篇》,主张由河南开封以上改河东北流,下经张秋、利津入海。

道光二十三年(1843 年)

【武陟料厂失火】   三月十二日,河南黄沁厅武陟料厂失火,焚烧秸料 28 垛。该厅同知张士钰撤任,协备王才摘去顶戴。

【中牟九堡大工】   六月上中旬,沁河接连十次涨水。二十一日,陕州万锦滩又"长水五尺五寸"。水至下游后,中牟下汛九堡出险。二十六日堤身蛰陷,"口门当即塌宽一百余丈"。以后黄河、沁河、伊洛河继续涨水,至七月十九日,九堡"口门宽三百六十余丈,中泓水深二丈八九尺不等,东坝头水深五尺五寸,西坝头水深五尺"。

中牟决口后溜分两股:一股由贾鲁河经中牟、尉氏、扶沟、西华等县入大沙河,东汇淮河归洪泽湖;一股由惠济河经祥符、通许、太康、鹿邑、亳州入涡河,南汇淮河归洪泽湖。受灾 30 余州县。

朝廷收到中牟决口奏报后,七月初四命协办大学士工部尚书敬徵、户部右侍郎何汝霖赴东河查勘。七月初七日,道光帝下令将东河总督慧成革职留任,中牟县知县高钧革职。旋又传旨将慧成"枷号河干,以示惩儆",并以前任库伦办事大臣钟祥为东河总督,命工部尚书廖鸿荃会同钟祥督办中牟大工。九月二十四日,道光帝再命礼部尚书麟魁驰往东河会同工部尚书廖鸿荃、东河总督钟祥、河南巡抚鄂顺安督办大工合龙事宜。

中牟工程当年未成功,次年二月将完工时又因"坝工蛰失五占"而告失败,耗银 600 万两。二月二十三日,道光帝对督工大员分别作了处分。二十四年汛期过后堵口工程继续进行,十二月二十一日将引河启放,二十四日"两坝同时挂缆","竭两昼夜之心力赶饬抢办,所筑埽占一律高整稳实,大工合龙金门断流,全溜归故道"。总计堵口用银 1190 万两。

"道光二十三,黄水涨上天,冲了太阳渡,捎走万锦滩"。这次洪水是黄河上的一次特大洪水。水文工作者根据历史资料及洪水痕迹推算,陕县洪峰流量达 36000 立方米每秒。

【河阴决口】   七月,黄河南溢河阴沧头,滩田变为泥沙。扶沟等县均大水。

【开封城灾后重建】   道光二十一年祥符张家湾决口后,开封城被水围绕八月有余,城墙塌陷,城壕淤平,护堤大半残缺,城内各庙宇及教场亦皆被淹,多有倾圮。官绅民众捐款重建,仅开封府捐款就达"四十余万"。"一切工程次第兴举,开惠济沟,挑护城壕以疏积水,修贡院长舍一万余间,护城大堤七十余里,城垣四千一百七十五丈,五门墩座长六十丈,均高二丈六尺,炮台八十一座,各庙宇及教场等处……名为修复实与改建相等。"于九月二十日全部竣工,计"用制钱二百零八万余串,银四万五千两有零"。

道光二十五年(1845 年)

【河决荥泽】　是年,河决荥泽经郑州东北直趋中牟,大溜夹城而过,凡 40 里。平原尽成泽国。

【安排河道总督防汛】　是年,朝廷规定河东河道总督"每年桃汛期赴工,伏汛前半月移驻兰仪、庙工,霜降后周历两岸,立冬后回济"。

【阌乡封河】　冬,"阌乡县河冻,人行冰上"。

道光二十八年(1848 年)

【河道总督增添养廉银】　十一月,道光帝降旨:"除例应发给银两外,丝毫不准再拨……嗣后河督处分仍照旧例,分别漫口罚俸、决口降留办理,勿庸离任,其失事专汛厅弁从重治罪,以专责成而杜挟制,并酌添该河督养廉以资办公,河东河道总督共发给银一万两,优与正所以杜其滥取。"

道光二十九年(1849 年)

【彦以燠任东河总督】　闰四月,彦以燠任河东河道总督。

清文宗咸丰元年(1851 年)

【河决原阳】　是年,原阳越石河决,决口门宽 455 米。次年又决。

咸丰二年(1852 年)

【兰仪料垛被烧】　元月,兰仪厅料垛失火,60 余垛被烧。兰阳汛千总诸葛元因此被摘去顶戴。

【慧成再任东河总督】　六月,慧成任河东河道总督。

【福济任东河总督】　十二月,福济任河东河道总督。

咸丰三年(1853 年)

【长臻任东河总督】　二月,长臻任河东河道总督。

咸丰五年(1855 年)

【李钧任东河总督】　五月,李钧任河东河道总督。

【兰阳铜瓦厢决口黄河改道】　宁夏黄河于五月二十日至二十三日共"长水八尺三寸,已入硖口志桩八字三刻迹"。河南陕州万锦滩黄河于五月十六日、六月初三等日两次"长水六尺七寸"。武陟沁河于四月十九、五月十六、十七、二十三等日 5 次"长水一丈三尺"。六月十五日至十七日下北厅志桩"长水积至一丈一尺",上游各河汇注下游,以致洪水漫滩,一望无际。下北厅兰阳汛铜瓦厢三堡以下"无工之处登时塌宽三四丈,仅存堤顶丈余"。十九日决口过水,二十日全行夺溜,下游正河断流。

黄河决口后,先向西北斜注,淹没封丘、祥符各县村庄,再折向东北,淹及兰、仪、考城并直隶长垣等县村庄,行至长垣县兰通集溜分两股:一股由赵王河下注,经山东曹州府以南至张秋镇穿过运河。一股由长垣县小清集行至东明县雷家庄,又分两股:一股由直隶东明县南门外下注,水行七分,经曹州府以北,与赵王河下注漫水会流入张秋镇穿过运河;一股由东明县北门外下注,水行三分,经茅草河由山东濮州城及白杨阁集、逯家集、范县,东北行至张秋镇穿运河,归大清河入海。8 府 35 州县受灾。

朝廷接到奏报后,咸丰帝立即下谕:署下北河同知王熙文、署下北守备梁美、汛官兰阳主簿林际泰,兰阳千总诸葛元、兰阳汛额外外委司文端等即行革职,"枷号河干,以示惩儆"。兼辖之代办河北道事务黄沁同知王绪昆交部议处,署理东河河督蒋启敫以未能事先预防,实难辞咎,摘去顶戴,革职留任,责成赶紧督办,以赎前愆。接着又谕新河督李钧,令其核计兴工需费用若干先行驰奏。并称:"朕意须赶于年内合龙,俾被灾小民得早复业"。

七月二十五日,咸丰帝权衡形势后决定缓堵铜瓦厢口门,并在上谕中称:"黄流泛滥,行经三省地方,小民荡析离居,朕心实深轸念。惟历届大工堵合必需帑项数百万两之多,现在军务(指太平天国起义)未平,饷糈不继,一时断难兴筑,若能因势利导,设法疏消,使横流有所归宿,通畅入海,不致旁趋无定,则附近民田庐舍尚可保卫,所有兰阳漫口,即可暂行缓堵"。河督李钧旋陈奏三事:"一曰顺河筑埝:就漫水所及,劝民筑埝,高不过三尺,水小籍以拦阻,水大听其漫过,随漫随淤,地面渐高。二曰遇湾切滩:坐湾之对面,切除滩咀,以宽河势,水长即可刷直,可免兜滩冲决之虞。三曰截支流:乘冬令水弱溜平,于支流沟槽劝民筑坝断流,漫水再入,冀渐淤成平陆"。

此后十多年中,山东巡抚等不断倡导堵口使河归故道,而主张北流的较多。至同治十二年闰六月李鸿章奏称:"挽河南流,多费巨款,又遗后患"。朝廷采纳李的意见,下令不堵铜瓦厢口门,整修山东堤防。铜瓦厢决口改道遂成定局。

咸丰九年(1859 年)

【黄赞汤任东河总督】 三月,黄赞汤任河东河道总督。

【黄河两岸险情频发】 六月十七日至七月六日陕州万锦滩黄河、武陟沁河共"长水二丈三尺五寸之多",溜行湍激,险工、埽坝淘蚀坍塌严重,上南厅险情尤为突出。该厅郑州汛头堡胡家屯顺堤旧埽已多年不靠河。伏前河势南滚,大溜直射堤埽,以致旧埽间多汇塌,堤唇亦见刷动,岌岌可危。开归道调集兵夫,料土兼施,砖石并进,全力抢护,方化险为夷。

七月下旬,北岸黄沁厅拦黄堰、卫粮厅封丘汛东西圈堰、祥河十五、六堡、下北厅祥陈头堡及西坝裹头等多处发生险情,紧急厢埽抛石,转危为安。

八月中旬,中牟下汛十二堡无埽石工程处,因对岸滩嘴挺峙,大溜南趋,临河各坝埽随厢随蛰、屡抛屡卸,坝身后溃,险情危急。经 11 昼夜的奋力抢护,始保无虞。

八月二十日及二十二日,陕州万锦滩黄河两次"长水六尺四寸"。十九、二十等日武陟沁河两次"长水二尺九寸"。黄河各支流汇注,水势猛涨,中河厅发生重大险情。该厅十二堡埽坝在主溜的顶冲下,纷纷蛰塌。二十四日,正做厢埽抢护时,大溜突然下卸,将十三堡上之盖头二坝刷去,堤身立时溃塌,"宽四丈余,长至八十余丈,仅存堤顶二、三、四尺"。后随溜变化,抢帮南戗,方避免险情进一步恶化。

【黄赞汤奏报河决后情况】 九月,黄赞汤奏报河决后的情况称:"查兰阳口门当黄水初漫之时,分歧错出,大溜分为两股……历年来经该管各州县敦劝绅民或筑埝拦御或堵塞支河,黄流稍顺,清水渐分,较之五年分流漫淹情景不同。考城分支一股业经淤塞,是以定陶、郓城、曹、单、金乡等县渐无水患,民田涸复,照常可以播种……现在黄流直趋东海,尾闾通畅。计自东阿县鱼山至利津县牡蛎口约长九百余里,河面宽广,刷槽亦深,已成自然之势……盖治水必顺其性,然后能行所无事。河势本欲北行而人力必挽令南趋入淮,所以势恒不敌。今据称大清河崖高水深似可无庸设堤修守其间……惟张秋以上直至口门,因水势散漫正溜无定,各州县受灾尚重……欲求补救必须建筑长堤拦束,官为修守,使激湍之水悉归正溜,自能刷槽成河归并一股,可免泛滥为患……统筹大局,必须因势利导,难以挽黄再令南趋。”

咸丰十年（1860 年）

【沈兆霖主顺河水之势入海】 闰三月,左都御史沈兆霖奏称:河入大清河由利津入海,正现今黄河所改之道。询之东省官绅,俱称自鱼山至利津海口业经地方官劝筑民埝❶,逐年补救,民地均滋沃可耕,灾黎亦渐能复业。惟兰仪之北,张秋之南黄河自决口而出,东夺赵王河、沙河及旧引河,平原一片汪洋,田庐久被淹没。张秋高家林本有旧埝,断缺过多,工程最巨。余如在直隶境之东明、长垣,在山东境之菏泽、郓城筑堤拦御又较张秋为易,可责成地方官设法办理。又闻兰仪缺口经数年大溜冲刷,口门深不可测,即欲发帑堵筑,开引河之费势将数十倍于前。他以为“宜乘此时顺水之势,听其由大清河入海”。

【江南河道总督裁撤】 兰阳决口后,江南境河道已干涸。六月十八日,江南河道总督一职裁撤。沿河各道、厅、营、汛亦同时裁撤。

【3 省督抚请从缓筑堤】 八月,直隶、山东、河南 3 省巡抚及东河总督联名奏报称:自兰阳至张秋镇以东之鱼山,西北虽有太行、子路等旧堤,但单矮残缺,就之修补亦属非易。东明至东阿河势散漫,一遇水涨,一片汪洋,宽至 10 余里及三四十里不等。河内村庄未被冲去者均已筑埝,居住似尚安妥。若于 10 里外两岸加筑长堤,则弃各村庄庐墓于河中,必生怨望,另滋

---

❶民埝——沿黄滩地上的居民为保护田园房舍修筑的防水小堤,称为民埝。1855年铜瓦厢决口改道后,清政府号召滩区群众自行修筑民埝,官方只守南北金堤,东坝头以下的两岸堤防是光绪年间在民埝的基础上修建的。民国时期濮、范、郓、郓一带堤防仍称民埝,经多年加修,现为临黄大堤。1960 年后新修民埝称为生产堤。

事端。若饬令迁徙,何能筹此巨款。沿河筑堤一遇水涨难免冲塌,更恐水难容纳,溜缓沙停河身垫高,倘有漫溢掣溜旁趋,为害无穷,是悍患而转以贻患……此次劝捐,绅民纷纷呈诉咸谓连年被水穷苦异常,或因田庐漂没,迁徙他方,或因逼近贼氛,兼遭蹂躏,而工段延长无力捐办,俱系实在情形。他们函商后,建议"兰阳口门以下改河筑堤从缓兴办"。

咸丰十一年(1861 年)

【黄河堤防多次出险】　八月,东河总督黄赞汤奏称:七月二十四日至八月初一,万锦滩黄河两次共"长水九尺五寸",武陟沁河五次共"长水一丈五尺",溜势湍激异常,不独旧险叠生,新工复多刷蛰。祥河厅之十五六堡,上南厅之胡家屯,中河厅之三堡、十三堡尤为险要,埽段屡蛰屡厢,堤坝时见汇塌,原办料物早已用尽,处暑以后随买随用,现中河厅十二三堡埽工蛰塌多段无料加厢。九月上旬,中河厅十三堡堤防坍塌"长九十余丈",三堡"塌堤之处仅剩一丈数尺",均于"临河用料厢护,并抢帮后戗"。

清穆宗同治元年(1862 年)

【谭廷襄任东河总督】　七月,谭廷襄任河东河道总督。

【御史奏报河工弊端】　十一月,江西道监察御史刘其年奏称:国家经费向以黄河治理为大宗。"东河修防之费岁额百五十万,由河南藩库发交河道,由河道分发各厅,大厅十余万,小厅五六万,办工约不过十之一二而已。"

【范县凌汛河决】　十一月,范县唐连庄因卡凌,河水暴涨,大溜淘刷,抢修不及而决口,口门宽 400 米。当年开河以后,水归主槽,堵复口门。

同治二年(1863 年)

【裁撤干河五厅】　正月,因河道干涸,河南所属之兰仪、仪睢、睢宁、商虞、曹考等 5 厅被裁撤(山东所属之曹河、曹单 2 厅亦被裁撤)。❶

---

　　❶此前河南黄河南岸有:上南、中河、下南、兰仪、仪睢、睢宁、商虞、归河计 8 厅。北岸有:黄沁、卫粮(或上北)、祥河、下北、曹考计 5 厅。北岸以下还有曹河、曹单(或粮河)两厅属山东,由河东河道总督兼管。

【谭廷襄建议河工经费改用现银拨付】　五月,东河总督谭廷襄奏称:过去拨付河工费用"始则搭用官票,继则搭用宝钞,迨因钞价过贱不敷购料,几至贻误工程,遂酌定为三成现银,三成半局钞,三成半生钞。生钞所值无几,厅员办工每百两仅止实银五十六两二钱五,报销则连生钞统计在内徒有虚数,并非全济实用。"今按每年寻常修守及偶尔抢险拨付现银 20 万两左右,包括料银 6.5 万两,岁麻加价银 2.7 万余两,及春伏二汛防险银 11 万两(按规定应拨 30 万两)。"似此试办一年果能勉力支持,即可作为定额,较之往年约节省现银二十余万两。遇异常险工需巨银,另请专拨,以昭慎重。"

【谭廷襄主疏马颊、徒骇以减河水】　十二月,东河总督谭廷襄奏:自咸丰五年河南兰阳汛北岸溃决,经行数十州县,受灾轻重不等,然水势漫淹为患从未有如今年之重者。他建议疏浚马颊、徒骇两河以减水,堵民埝缺口培土埝以防水害。咸丰帝览奏后谕刘长佑、阎敬铭:"按该署河督所奏,严饬该管道府督令各州县趁此冬春水小源微,将可以施工之处赶紧劝令分头兴办,以资保卫"。

同治三年(1864 年)

【筹修开州、东明、长垣 3 州县堤埝】　三月,直隶总督刘长佑奏称:开州、东明、长垣三州县旧有堤埝"叠被冲刷残缺,以致田庐连年水淹"。建议将上年拨给开、东、长 3 州县的 3 万两救灾银(留银 6000 两用于对"老弱鳏寡无依不能工作者"的抚恤),改作以工代赈,培修堤埝,"既于要工有裨而灾黎亦无虞失所"。

【郑敦谨任东河总督】　七月,郑敦谨任河东河道总督。

【中牟抢险】　九月,谭廷襄奏:中河厅十三堡溃堤圈刷,陡生险情,抢修后戗,随筑随塌,拟退后数十丈修筑圈埝三百余丈,加高增厚,改为大堤。并于堤前添筑土坝四道,以备镶埽,再于上首另抛砖石坝擎托拦护,再将先年老越堤六百余丈补筑完整,以作重障。"朝廷准其所奏。

【开州河北徙抵金堤】　是年,河北徙抵金堤,渠村、郎中、清河头等庄俱被淹没。

同治四年（1865 年）

【张之万任东河总督】 四月,河南巡抚张之万调任河东河道总督,湖北巡抚吴昌寿调任河南巡抚,原河东河道总督郑敦谨调任湖北巡抚。

【修筑长垣临黄堤】 五月,长垣知县王兰厂奉命修筑土堰,由大车集起经由梁寨、东了墙、马坊、董寨、王庄、信寨、香李张、卜寨、孟岗、王村、刘村、香亭、燕庙、张拱辰、石头庄、大小苏庄、铁炉、王李二祭城、城隍庙、邵寨等村直至三桑园止,新堰"底宽六丈,高一丈,顶宽三丈三尺三寸,共计六十里有奇"。共用帑金3.8万两。此堰上接太行老堤,下至滑县交界,后经增培成为长垣临黄大堤。

【郑下汛出险】 七月,南岸上南厅郑下汛十堡因大溜淘蚀,新镶埽工先后墩蛰,堤身坍塌,堤顶仅存丈余。经全力抢护,转危为安。

【祥符大堤裂缝】 八月,受大溜顶冲,祥符汛顺堤7、8两埽陡蛰入水,8埽至16埽大堤出现裂缝,长"七十余丈",汛情紧急。经河工奋力抢护,化险为夷。

同治五年（1866 年）

【濮州城被淹】 六、七两月,范县、东阿、阳谷、寿张等处漫溢。濮州城遭洪水围困。七月二十二日,城内进水,水深丈余,数千灾民被迫迁出。

【苏廷魁任东河总督】 八月,河南布政使苏廷魁任河东河道总督,原河东河道总督张之万调任漕运总督。

【捻军掘黑岗、荥泽堤坝】 九月,捻军挖掘黑岗、荥泽堤坝,其中荥泽口门宽20余丈。经紧急抢护,未形成大的灾害。

同治六年（1867 年）

【培修开州金堤】 三月十五日,鉴于开州金堤的实际状况,户部拨银20万两予以加高培厚。这是铜瓦厢改道后首次官修北金堤。

【增拨河工银】 十一月,朝廷从历年节省的防险工费中拨银16万两,"以四万两给各厅临黄要区加帮培筑,以十二万两给各厅有工各堡尽以额拨,将应办正杂料物于岁前办足"。同时,下令"芦(长芦,今河北沧州、天津塘

沽一带)商凑银五万两,东(山东)商凑银二万两,淮(两淮,江苏长江以北,
淮河南北两岸地区)商凑银十万两,以顾要工"。

【濮州河决】　是年,濮州河决,两岸皆大水。

同治七年(1868 年)

【荥泽十堡决口】　六月下旬,上南厅胡家屯(今花园口村东隅)溜势陡然
提至荥泽汛十堡(冯庄村东),水势"登时抬高数尺,直与堤身相等"。二十
八日,洪水漫过堤顶,刷宽口门"三十余丈"。至八月十日,决口口门已达
"二百一十丈之多"。河东河道总督苏廷魁被革职留任。

决口后,洪水夺贾鲁河、沙河,至安徽入淮。河南荥泽、中牟、郑州、祥
符、尉氏、洧川、通许、鄢陵、太康、扶沟、淮宁(今淮阳)、西华、沈丘、项城、商
水、许州、鹿邑等 17 州县受灾。

十月二十一日荥泽堵口工程开工,次年正月十八日口门合龙闭气。堵
口耗银达 131.35 万两。

【沁溢赵樊】　六月,武陟县西北岸赵樊村,因溜势顶冲,大堤漫决,口门宽
约"五十余丈"。修武、获嘉、辉县、浚县等县受灾。不久,该口门即被堵复,
费银 8 万余两。

【黄河南流北流之争】　兵部左侍郎胡家玉于同治三年曾主导河由大清河
入海,湖广道监察御史朱学笃也主张"宜就北流统盘筹划",不同意挽河南
归故道。荥泽决口后,胡家玉奏请"宜趁此时将旧河之身淤淀者浚之使深,
疏之使畅,旧河堤之坍塌者增之使高,培之使厚,令河循故道由云梯关入
海。"针对胡家玉的意见,东河总督苏廷魁、漕运总督张之万、直隶总督曾国
藩、两湖总督李瀚章、两江总督马新贻、江苏巡抚丁日昌、河南巡抚李鹤年、
山东巡抚丁宝桢、安徽巡抚吴坤修等联名上奏,提出了不同看法。他们认
为:兰阳决口已 14 年,自铜瓦厢至云梯关以下两岸堤长 2000 余里,岁久停
修,堤身缺塌,欲将旧河挑浚深通,堤岸加高培厚,非数千万帑金不可。且
东河下北、兰仪各厅营及南河管黄各厅营,裁撤已久,校目兵夫大半星散,
如需复设,每年又须千百万金,当此中原军务初平之际,库藏空虚,巨款难
筹。"臣等通盘筹划,往返函商,意见相同。应俟天下休养十数年,国课充
盈,再议大举。"

【英人艾略斯考察河道】　是年,英国人艾略斯(Ney ELias)考察铜瓦厢改

道后的黄河新道,并于 1871 年 5 月在英国皇家地理学会公报第 40 卷发表了《1868 年赴黄河新道旅行笔记》。

同治九年(1870 年)

【催还商欠河工巨款】　七月,苏廷魁奏称:东河每年采办河工料物用银,除朝廷按规定拨付外,超出部分主要由长芦、山东、两淮"解到各商生息银两内发给"。"近年两淮商人原领本银五十万,以前欠息银一百十四万八千五百两,又欠解本年息银三万两;长芦商人原领本银四十万两,以前欠解息银七十一万零一百五十两,又欠本年息银二万四千两;山东商人原领本银十万两,以前欠解息银二十四万八千七百两,又欠本年息银六千两。"同治帝令两江总督马贻新、直隶总督曾国藩、山东巡抚丁宝桢督办,"迅将本年欠解息银、历年欠解银两陆续补交,以济要需"。

同治十年(1871 年)

【沁河决沁阳徐堡、武陟方陵】　七、八月沁河盛涨,河内县(今沁阳市)徐堡村漫溢过堤,口门宽"二十余丈";武陟县方陵堤防漫溢,受灾村庄较多。两决口分别于同年九月二十四日、二十五日先后合龙,堵口工程用银合计1.58 万两。另外,增培两县堤工用银 2.94 万两。

【乔松年任东河总督】　八月,乔松年任河东河道总督。

同治十二年(1873 年)

【李鸿章反对河归故道】　同治十年二月,兵部学习主事蒋作锦提出治河四策,认为"筑铜瓦厢以复黄河故道为上策"。十一年九月,河督乔松年认为"治之之法不外两策,一则堵河南之铜瓦厢,俾其复归清江浦故道仍由云梯关入海;一则就黄水现到之处,筑堤束之,俾不至于横流,由利津入海。此两者皆为正当之策,于两者之中权衡轻重,又以借东境筑堤束黄为优。"十一月,山东巡抚丁宝桢则认为:"就东境上游筑堤束黄恐济运终无把握,地方受害滋大,请仍挽复淮徐故道以维全局。"

是年闰六月初三日,直隶总督李鸿章对是否挽河归故提出了自己的看法,他认为:"铜瓦厢决口宽约十里,跌塘过深,水涸时深逾三丈,旧河身高决口以下水面二丈内外及三丈以外不等,如其挽河复故必挑深引河三丈余方能吸溜东趋。"根据历史情况,他以为挑深至三丈余是不可能的,"十里口门进占合龙亦属创建"。他还强调说:以前"河未能北流,尚欲挽使北流,今河自北流,乃转欲挽使南流,岂非拂逆水性?""今河北徙近二十年,未有大变,亦未多费巨款,比之往代已属幸事"。最后,他的结论是:"河在东虽不亟治而后患稍轻,河回南即能大治而后患甚重。"

　　闰六月初八日,朝廷采纳了李鸿章的意见,上谕指出:"河流趋重山东,自应增立堤防,著丁宝桢酌度情形将张秋、利津一带旧有民埝加培坚固,以资捍卫。"

【兰仪以下相机修筑民埝】　九月,乔松年奏称:"查得东岸长垣县楼寨起至东明县车辆集止,旧有民埝多半残缺,向东北八十余里至菏泽县并无民埝,统计长一百三十余里。西岸自祥符县清河集至长垣县大车集无民埝,以下六十里至桑园旧有民埝亦多残缺,滑县无民埝,开州海同镇至清河头长五十里,仅十里尚存基址,其余坍塌无存,再三十里至旧有太行金堤亦无民埝,统计长一百四十余里。"为节省费用,减轻灾害,他建议"由各地方官随时体察情形,择其所急,劝谕各村庄量力相机修筑民埝"。

清德宗光绪元年(1875 年)

【曾国荃任河东河道总督】　二月,陕西巡抚曾国荃调任河东河道总督。

【金堤等堤段培修完工】　六月,山东巡抚丁宝桢奏称:"自四月初旬至五月中旬,山东沿黄各地计修筑南岸长堤一百九十七里,直隶东明修筑六十余里(修培四十三里,增修十八里),培修北岸金堤一百数十里。建成南岸东明何店至菏泽新堤四十里。"该堤"顶宽三丈,底宽八丈,高一丈二尺,长垣至何店二十里新堤又酌减丈尺"。次年春,再次对该堤段进行培修,达到"顶宽三丈,底宽十丈,高一丈四尺,与山东堤相同"的标准,计完成土方46.24 万立方米,用银 1.62 万两。

【濮阳修筑民埝】　是年,"开州牧陈兆麟督集民夫,筑埝数千丈。"

【长垣梁寨扒决】　是年,梁寨东南扒决一口,口门宽 150 米,临河为前参木村。

光绪二年(1876 年)

【南北两岸续修堤防】 五月初二日,山东巡抚李元华奏:自直隶东明谢寨起,经长垣境至河南考城县圈堤止,绵长 70 余里,经派勇添夫修筑完竣。

另据潘骏文禀报:近年节次于南岸堵筑决口,建立上下游长堤,本年复于北岸修筑小堤,"河流渐已归一,不致泛滥"。

【黄河两岸多处抢险】 闰五月二十六日至六月五日,沁河龙王庙 6 次共"长水八尺"。洪水进入下游后,郑州汛五堡及石家桥、胡家屯、来童寨,中牟下汛二、三堡,祥上汛十五、十六堡和黑岗工十九、二十堡,祥下汛头二坝,北岸卫粮厅东西圈埝,以及沁河莲花池拦黄埝等多处临黄工段发生险情。据九月十三日河道曾国荃奏称:南北两岸共用抢险银 62.4 万余两。

【李鹤年任河东河道总督】 八月,闽浙总督李鹤年调任河东河道总督,原东河总督曾国荃调任山西巡抚。

【华北大旱】 光绪初年华北大旱。从 1876 年到 1879 年,旱情持续 4 年之久,旱区覆盖了整个华北地区,并波及苏北、皖北、川北和甘肃东部,总面积达百余万平方公里。据不完全统计,1876 ~ 1878 年,仅山东等华北 5 省卷入旱灾的州县总数就达六七百个,受灾民众 1.6 亿 ~ 2 亿,约占当时全国人口的一半。以致当时清廷官员每每称之为有清一代"二百三十余年未见之惨凄、未闻之悲痛",甚至说这是"古所仅见"的"大祲奇灾"。河南灵宝连续两年干旱,三分之二人口饿死、病死。山西"比年不登,粮价日腾","被灾极重者八十余区,饥口入册者不下四五百万","饿死者十五六,有尽村无遗者"。据清代户籍统计,这次旱灾全流域饿死、病死人数高达 1300 万。史称"丁戊奇荒"。

光绪三年(1877 年)

【直豫境内南北民堤修竣】 南堤"自考城圈堤,经长垣至东明县谢寨长七十里,计自三月兴工,至四月告竣。"共用银 5.1 万两。北堤"自濮州直东交界之小新庄起经范县、寿张、阳谷至东阿县境止,共长三万丈有奇(约 170 里),堤身均高一丈,顶宽一丈六尺,底宽六丈,亦同时完工。合计用银十六万二千两,另填筑支河缺口、溜沟等用银一万七千两"。

光绪四年（1878 年）

【**沁河决武陟方陵、朱原村、郭村**】　八月，据河南巡抚涂宗瀛奏称：七月间武陟县南方陵、朱原村沁河水势陡长"一丈九尺有余"，武陟县南方陵、朱原村等堤防决口，口门"宽及二十余丈，民田庐舍均已被淹"。郭村堤防发生漫溢决口，口门"约宽十数丈，秋禾房屋并被淹浸"。当年，3 处决口均被堵复。

【**开州安儿头民埝决口**】　九月十四日，开州安儿头民埝溃决，金堤以外村庄"水深二、三、四尺，幸早晚田禾均经收获，麦多未种，尚无大损"。

光绪五年（1879 年）

【**增修孟津铁谢险工**】　是年，铁谢临河一面寨垣冲毁，为保护寨内居民和河口屯运粮谷码头及汉阴后陵寝，添筑磨盘坝各工。至此，铁谢险工"增至石坝四十二道，石垛三十九座，护岸四段"。

光绪七年（1881 年）

【**荥泽十堡抢险**】　六月底，黄沁并涨，上南厅荥泽汛十堡（冯庄村东）受大溜顶冲，"将金门上首堤顶刷塌长三十余丈，宽一丈余尺，后面上有裂痕长二十余丈，宽自数尺至丈余不等"。经数昼夜奋力抢护，"厢成六段，庶保无虞"。

【**勒方锜、梅启照先后任河东河道总督**】　八月，李鹤年调任河南巡抚，贵州巡抚勒方锜调任河东河道总督。二十八日勒方锜因病乞休，兵部右侍郎梅启照调任河东河道总督。

【**荥泽接管民埝**】　是年，荥泽县成立民埝支局，接管民埝。

光绪九年（1883 年）

【**庆裕、成孚先后任河东河道总督**】　二月，梅启照缘事革职，调漕运总督庆裕任河东河道总督。十二月，调庆裕任盛京将军，河南布政使成孚调任河东河道总督。

【荣泽保合寨抢险】 秋汛到来后,荣泽保合寨无工堤段受大溜淘蚀,"民埝二百余丈塌尽无存,抢修之土坝及护坝之砖篓大坯塌入河中,陆续塌陷南圈不下数十丈"。经昼夜抢护,共建成"抛砖石大坝八道,小垛五十八座,工长二百一十余丈",转危为安。

【河内、武陟沁工请改官督绅办】 是年,河南巡抚鹿传霖奏称:每当伏秋盛涨,沁河防汛基本与黄河相同,既有岁修料麻之费,又有增培堤工之费。岁修费用主要由河内(今沁阳市)、武陟两县按亩派捐,每年不下五六万串。培堤费用为朝廷拨款。今春暂免民捐,令两县督同绅董设局试办伏秋抢险,效果良好,计用银2.4万余两,仅为多年平均费用的三分之二。因此,建议每年司库拨银2.4万两,由河内、武陟两县分领,官督绅办,确保沁河防汛。如遇异常险工,仍另行陈请款项。以后每年即照定额拨款,由两县造册报销。

光绪十一年(1885 年)

【孟津铁谢抢险】 六月,铁谢磨盘坝东第三、四、五石垛受大溜顶冲,全部塌没入河。抢护中,第六、七垛又相继冲没,堤岸塌去"五丈有余",其余各坝亦多蛰动,并冲毁民居十数家。为避免灾情进一步扩大,请旨后于"陵东添筑挑水护崖大坝二道、改作大坝五道"。

光绪十三年(1887 年)

【开州大小辛庄民堰漫口】 五月下旬,直隶开州大小辛庄民堰漫决,水灌濮、范、寿、阳谷境,至张秋穿运而过,漫及东阿、平阴,一股由茌平南淹及禹城等7州县,大堤南北皆水,濮州城外水深丈余,八月河决郑州,水乃退。

【郑州十堡大工】 八月十四日,郑州下汛十堡(即石桥)险工上首因漏洞而决口。口门逐渐刷宽至300余丈,下游正河断流。决水由郑州东北流入中牟县,100多个村庄被淹,中牟县城被水围绕,漫水由中牟入祥符县境,大溜趋向朱仙镇南流向尉氏、扶沟、鄢陵等地。通许也有漫水,深七八尺不等。其下入太康、西华、淮宁(今淮阳)、周家口。河南受灾地区以中牟、尉氏、扶沟、西华、淮阳、祥符、郑州7州县为最重,太康、项城、沈丘、鄢陵、通许次之,商水、杞县、鹿邑又次之,灾民达180多万。溃水夺淮后,直注洪泽湖,安徽、江苏两省淮河沿岸亦遭水患。

决口后,上南同知余潢、上南营守备王忻、郑州州判余家兰、署郑州下汛千总陈景山、署郑州下汛额外外委郭俊儒均"即行革职,枷号河干"。东河总督成孚摘去顶戴革职留任。九月二十九日,命李鹤年署理河东河道总督,会同河南巡抚倪文蔚筹办大工。十二月五日,命礼部尚书李鸿藻督办工程。

郑州堵口工程自当年秋冬起,至次年五月二十日,"西坝做成六十一占,长三百五十丈;东坝做成四十六占,共长二百一十五丈;口门宽三十五至三十六丈,水深六至九丈。"因捆厢船失事而致工程失败。朝廷闻讯震怒,李鹤年、成孚发往军台效力赎罪。李鸿藻、倪文蔚革职留任,另派广东巡抚吴大澂署理河督。

光绪十四年汛后,吴大澂、倪文蔚统率员工积极进堵,至十二月十日将引河开放,十七、十八两日正坝、上边坝同时合龙,十九日闭气。竣工后,德宗以吴大澂迅赴事机,实心筹划,不负委任,"着赏加头品顶戴,补授河东河道总督"。

在郑州十堡堵口工程中,除奏准架设了济宁至开封的电报线便于通信外,为迅速运料便于施工,倪文蔚先后电商北洋大臣李鸿章,为工地订购小铁路5里,运料铁车100辆,运至西坝头安设,为河工引用西方技术之始。后吴大澂以河工所用条砖、碎石易于冲散,电商李鸿章备拨旅顺所存"塞门德土"(即水泥)3000桶,并派员于上海、香港添购600桶,供下南中河各厅筑坝所用,开创了水泥在河工施工中的先例。

郑工两次堵口合计用银19606976两。堵口用秸料2.8万余垛,善后工程用秸料1500余垛,平均每垛用银264.4两。

【沁河武陟小杨庄堤溃决】　八月上旬,武陟县城西小杨庄堤身溃塌,口门刷宽"百余丈",城西南一带(指老城)三面皆堤,水无出路,护城堤外水与堤平,城关居民被迫逃避。道宪曹秉哲、知县李标凤组织河工昼夜抢护,并在方陵开堤挑滩,放水归河,县城始得无恙。

至十月二十日小杨庄堵口工程开工前,口门宽140丈。十二月二十五日金门合龙,大溜挽归故道。方陵放水缺口口宽78丈,于十一月十二日进占堵合,十二月二十七日口门堵复。堵筑两口门及两岸残缺堤补修,共计用银17.32万两。

【第一条黄河专用电报线架通】　十一月,经直隶总督李鸿章和河南巡抚倪文蔚奏请清帝批准,架通了山东济宁(河东河道总督衙门所在地)至开封(河南巡抚衙门所在地)的电报线路。经试用,电报畅通。这是黄河上第一条专用电报线路,也是河南省境内的第一条电报线路,从此大大加快了黄河通信联系和汛情传递。

【长垣中堡漫决】 是年,长垣北岸中堡漫决,并于当年堵筑。

光绪十四年(1888 年)

【长垣决口】 八月中旬,长垣小苏庄因漏洞溃决,冲口宽 102 米。为减轻水患,该村群众在上游又扒一口,口门刷宽 120 米。两口均于当年在临河修月堤时堵塞。

【吴大澂论河工用石】 十月,东河总督吴大澂在奏疏中称:“黄河之患非不能治,病在不治而已。筑堤无善策,厢埽非久计,其要在建坝以挑溜,逼溜以攻沙,溜入中泓,河不着堤,则堤身自固,河患自轻。”他在总结多年河工经验后认为,要实现“建坝以挑溜”必须重视石坝建设。同时,抢险时多用石料也非常关键,认为“水深溜急时抛石以救急,其效十倍于埽工,以石护埽,溜缓而埽稳”。

【培修开州金堤】 是年,培修开州金堤 90 里。

光绪十五年(1889 年)

【广武大坝工竣工】 正月,东河总督吴大澂奏称:“近年河流趋重南岸,淘刷过深,有北高南下之势,堤身著溜圈注不移,愈逼愈紧,埽段愈添愈多”。分析产生这一情况的原因,主要是“三十余年广武山根被黄流冲刷八九里之遥,上游无所拦蔽”所致。为此,他建议在广武山下添筑大坝一道,挑托河溜,使大溜北趋,从而使“山根不再里塌,民埝不再生险,荥泽、郑州各汛堤工籍可稍松”。三月三日广武大坝动工,五月九日完工。“先筑柴心大坝一道长六十六丈、宽八丈,继于坝头及西面抛护碎石长七十四丈,宽三丈八尺七寸五,东西填筑后戗土工长十二丈九尺”,共用银 8.79 万两。广武大坝上首河靠北岸武陟县御坝,由秦厂大坝挑溜南趋,直冲广武大坝。由于该坝可导溜护滩屏蔽堤防,荥泽、郑州堤工因此而相安数年。光绪三十年黄河京广(原京汉)铁路大桥建成。该桥位于秦厂大坝与广武大坝之间,因桥墩阻流改变了河势关系,广武大坝前淤滩渐宽,失去挑溜作用,年久废弃,现已不存。

【濮州辛寨抢险】　二月下旬,濮州辛寨对岸新生沙嘴,逼溜北趋,河滩刷尽,以致临黄埝被刷坍塌,原有埽坝先后冲走。经昼夜抢护,先筑护圈埝,又加厢料土,险情方得平稳。此后,又在该处加筑套堤一道,长610米。

【沁河河内内都庄决口】　七月初,距河内县城30里之内都庄与王贺庄交界,因河水陡涨,塌滩10余丈,以致漫决,口门刷宽20余丈,溃水流入丹河,10多个村庄被淹。

【濮州刘柳村堤冲决】　七月,濮州刘柳村堤根淘刷透气冲决,淹范县、寿张。

【长垣民埝冲决】　九月,直隶长垣县民埝冲决,口门宽250米,黄水漫入滑县。同年冬堵复。

光绪十六年(1890年)

【许振祎任河东河道总督】　二月,江宁布政使许振祎调任东河总督。

【河南至山东河道图测成】　1889年,东河总督吴大澂会同直隶总督李鸿章、河南巡抚倪文蔚、山东巡抚张曜于三月间奏请自河南阌乡金斗关至山东利津铁门关间测量河道。旋即"遴派候补道易顺鼎总司其事,分饬各员按段测绘,于十六年三月全图告竣",并"装潢成册,恭呈御览",名为《御览三省黄河图》。这是黄河上最早用新法测出的河道图。

【濮、范等州县培修金堤和临黄堤】　二月至五月,培修濮州、范县、寿张、阳谷、东阿5州县金堤长"一百一十四里一百三十八丈,今加宽六丈,加高八尺,收顶二丈五尺,共用土一百四十八万七千三百余方,合银二十三万六千余两"。金堤接筑"十八里,今加宽三丈,加高四尺,收顶二丈五尺,共用土十三万六千余方,合银二万一千五百两"。培修濮州至范县临黄堤长"九十二里一百五十五丈,今加宽三丈,加高五尺,收顶二丈五尺,共用土六十四万七千七百余方,合银十万零二千八百余两"。培修寿张至阳谷临黄堤长"五十一里三十四丈五尺,今加宽三丈,加高四尺,收顶二丈五尺,共用土三十五万九千三百余方,合银五万七千余两"。

【沁河木栾店抢险】　五月,沁河一日水涨1.8丈,涨水几乎与堤持平。武陟县城木栾店借堤为寨墙,形同釜底。木栾店险工"埽段漂没,堤岸纷纷崩塌"。城内居民纷纷将门前条石和房屋用石拆下,以供抢险。经数昼夜拼力抢护,险情方得以控制。这次抢险,共抛护石坝3道,新筑石坝3道。

【长垣河溢】 六月,长垣东了墙河溢,濮州等37州县村庄被淹。

【确定河防岁额、整顿河务】 八月,东河总督许振祎奏称:"查督抚、两道、七厅共十一衙门,自幕友委员差官至胥吏外工走卒,月领口粮者不下数千人,约计非七万五千金不敷,拟请以此垂为定额。"同时,他认为"河工积习已深,耗费亦甚",具体表现为"把持之弊"、"纠葛之弊"、"失算之弊"、"忙乱之弊"。要调动河工抢险的积极性,既能抢得住险,又要节省费用,"非改章不能行",必须"先除积弊,后明办法"。为此,他建议抽调"精细熟谙公务之人"组建"河防局",专款专用。这样,"每遇险工,河防局先有人专司,各厅之人无从蒙蔽"。光绪帝下谕河东河道总督许振祎"查革河南河工四弊,并拟改革设局以保险工而节浮费",并从光绪十七年开始实施60万两的新岁额(其中"河防局"支银12万两)。

光绪十七年(1891年)

【河内、武陟两县培修沁河堤防】 河内、武陟两县沁河堤防培修工程自光绪十六年十一月二日开工,至本年三月二十日竣工。河内县新建土坝3道,堤防培修1928丈,合计完成土方2.32万立方米,用银8051两。武陟县新建石坝6道,石垛1座,培修堤防732.6丈,共计用银1万两。

【阌乡高柏滩护坝竣工】 陕州阌乡县城位于潼关东30公里处,南靠山,北临河。道光年间,因主流南移,洪水淘蚀,旧城北门外之地逐渐塌尽。光绪五年,以北面旧城作为护城堤,靠南另筑土城墙一道。五六年后,新旧城垣皆圮于水,衙署后房亦坍塌两层,城北庙一带民房、街道每年都有塌没情况发生,情形危险。为解除这一危害,光绪十五年冬开工,本年四月上旬竣工,修筑石坝12座,用银近12万两。

【孟州城防护堤坝竣工】 距离孟州市1公里原有护城堤1道,长6公里。护城堤西南另有小金堤1道,为道光二十二年所修。光绪十六年七月,因大溜顶冲,小金堤陆续塌尽。为阻止险情进一步扩大,当年八月开工,至光绪十七年七月竣工,新修"石坝九道,石垛十六座,东西长堤四百三十五丈,格堤七十五丈,土坝二十六丈,护沿料垛九段",合计用石2万立方米,用银8.9万两。

光绪十九年(1893 年)

【武陟驾部抢险】　是年,黄河主流自南岸孤柏嘴以下北移,清风岭淘蚀仅剩数十步,武陟县驾部村寨墙坍塌 20 余丈,董宋、赵庄、西岩、东岩等村亦有房屋坍入河中。经抢护,新修"石坝八道,石垛十八座,土埝二道",合用银 8.2 万两。

光绪二十年(1894 年)

【孟州、武陟新修多道坝垛】　二月至九月,孟州小金堤新筑"石垛七座,护沿石五段,补抛旧石坝五段,磨盘坝二段,旧石垛十二段,旧挑坝护石一段,添筑土工四段",合计用银 8077 两。武陟县西岩村新筑"石坝六道,磨盘坝二道,石垛十八座,土埝四道",合计用银 8.0344 万两。

【郑州保合寨抢险】　八月,大溜直冲保合寨险工二十七坝,该坝上跨角塌入水中,下首民埝坍蛰 60 余米。经奋力抢护,险情方得以控制。当年,在下首新修坝垛 6 道。

光绪二十一年(1895 年)

【河阴河决】　闰五月中旬,河决河阴。

【郑州保合寨民埝出险】　六月中旬后,黄河主流南移,大溜顶冲保合寨险工,四至八坝相继出险,郭庙以东堤身刷去"二百五十丈,宽处仅存尺余"。六月十九、二十日,二、三坝塌陷大半,五至八坝全塌入河,四坝仅存基址,后戗被大溜冲刷,过水之处达 20 余丈,多亏后有围堤,决口之灾得以避免。二十一日夜,大溜陡移堤根,走埽二段,蛰陷五、六段,情势岌岌可危。二十七日后,大溜外移,险情趋缓。此次抢险,共修筑新堤 1 道,秸埽 15 段,磨盘大埽 1 段,大小石垛 13 座,合计用银 2.27 万余两。为进一步巩固该处堤防,当年又新修石坝 10 道、石垛 15 座,并对薄弱堤段加以培修。

【河内、武陟两县沁河堤防多处决口】　六月,汾、沁、丹河同时发大水,并出现洪峰。据《山西通志·水利志》记载,汾河紫庄最大洪峰流量 3870 立方米每秒;沁河五龙口最大洪峰流量 5940 立方米每秒;丹河(沙河)洪峰 3450 立方米每秒。沁河洪水进入下游后,河内县柳园及武陟县曲下同时漫决。

河内县伏背、鲁村亦发生决口。河内、武陟、济源、温县、获嘉、辉县、汲县、新乡、浚县等县灾民多达 28 万余人(温县未报)。灾情发生后,河内、武陟两知县一并摘去顶戴。当年,4 处口门均被堵复,共用银 3.1 万余两。

【刘树堂兼署河东河道总督】　十二月,许振祎调任广东巡抚,河南巡抚刘树堂兼署河东河道总督。

光绪二十二年(1896 年)

【任道熔任东河总督】　正月,任道熔任河东河道总督。

【任道熔反对东河总督兼管山东省河工】　光绪二十一年十月,河南道监察御史胡景桂奏称:"东河总督须辖全河宜统管河南山东河工,以固堤防。"本年正月,工部建议将山东河南两省河工变通办理(即山东河工归河督,河南河工归巡抚)。三月,任道熔奏称:"体察河南山东河工情形,碍难变通,应请将山东河工仍归巡抚办理。"河南山东河道原辖南北两岸十五厅,铜瓦厢决口后只有七厅,"南岸三厅长二百余里,北岸四厅长二百四十余里,河宽十余里",管辖工程虽短,但位置重要,险情多发,事关东南数省之安危。"河南之河,不决则已,决则其患必十倍于山东。"因此,他认为:"河督移驻济宁室碍难行。"德宗帝谕旨:"两省河工应仍照历年办法,着河道总督、山东巡抚各专责成认真经理,以免贻误"。

【增设郑中厅】　七月下旬,东河总督任道熔、河南巡抚刘树堂奏称:"查豫省开封府上南河厅经管荥泽、郑州、中牟上汛,大堤共长六十五里,地险工长,埽坝林立,修守非易。拟请将荥泽汛、郑上汛归上南厅同知、上南营协备专管;郑下汛、中牟上汛由添设郑中厅通判、郑中营协备专管。"朝廷批复同意于二十三年起增设郑中厅,计南北两岸共 8 厅。

光绪二十三年(1897 年)

【兰仪县出险】　三月,兰仪县南岸无工处(今东坝头控导工程处)主流坐弯,滩岸坍塌。为解除险情,紧急修筑拦黄坝一道,"长三百二十丈,顶宽三丈,高一丈"。汛期,又于拦黄坝前增筑土坝 2 道,头道坝长 95 丈,接抛砖坝顶长 5 丈,砖坝外抛护碎石顶长 4 丈 7 尺 5 寸";二道坝长 65 丈,接抛砖坝坝长 4 丈,砖坝外抛护碎石顶长 3 丈 8 尺。砖坝碎石高深均 2 丈余。共

用银 2.6 万余两。次年,因主溜上提,堤岸坍塌,又于该坝上游薛家庵一带
(今夹河滩控导工程处)抢抛"石埽四个,埽长三丈二尺至三丈五尺,顶宽二
至三尺,高深一丈六尺",共用银 5000 两。

光绪二十四年(1898 年)

【东河总督裁而复设】 七月,光绪帝谕:"著将东河总督裁撤,东河总督应
办事宜即归并河南巡抚兼办。"九月,慈禧懿旨:"河道总督一缺,专司防汛
修守事宜,非河南巡抚所能兼顾,著照旧设立,任道熔仍回河东河道总督之
任。"

【河防局裁撤】 七月,八厅在开封设立公所,河防局并归公所,即行裁撤。

【荥泽于庄抢修碎石护沿】 光绪二十三年,荥泽于庄民埝出险,抢厢埽工
16 段,石坝 10 道。本年汛期,为保护工程,又在该处抢抛护沿碎石 5 段。

【长垣漫决】 是年,长垣王祭城漫决后又堵筑。

【李鸿章建议沿堤安装电话】 光绪二十三年,李鸿章建议:"南北两堤,设
德律风(电话)通语"。

【首次河床地质钻探】 为修建郑州黄河铁路大桥,光绪二十四年至二十九
年(1898～1903 年)首次在黄河河床进行工程地质钻探。

光绪二十五年(1899 年)

【孟州小金堤出险】 九月中旬,河水暴涨,直逼小金堤,受水流冲刷,"蛰卸
一百一十丈,宽一丈五六尺不等,有的仅存堤顶,格堤、拦河埝亦多塌陷"。
十一月,将已塌堤埝随坦加戗,一律补齐,并在堤外择要抛石坝 3 道、石埽
12 个,另备石方,以便随时抛护。该工程于二十六年四月竣工,合计用银 3
万两。

【兰仪薛家庵增修坝埽】 是年,将薛家庵上首第一道石埽改为人字坝接长
加宽,长 10 丈 6 尺。添筑 3 坝 6 埽,3 道土芯挑水坝坝长分别为 8 丈、8 丈
1 尺、10 丈;6 个埽共长 16 丈。工程合计用银 1.27 万余两。

【长垣决口】 是年,长垣王荣城西决口。

【考古发现殷墟】 是年,在安阳市西北部小屯村一带考古发现殷墟,面积
约 24 平方公里。一个世纪以来对殷墟的发掘,不仅使它成为中国近现代

考古学的摇篮,而且为湮灭了 3300 年的殷商文化,提供了一种独有的、历史的和科学的见证。殷墟作为中国第一个有文献记载、并为甲骨文及考古发掘所证实的古代都城遗址,其重要的历史、科学、艺术和文化价值,蜚声中外而又影响深远,是人类文明史上不可或缺的一页。1961 年 3 月,殷墟被国务院公布为第一批国家重点文物保护单位。2001 年 3 月被评为"中国 20 世纪 100 项考古大发现"之首。2006 年 7 月 13 日,在第 30 届世界遗产委员会会议上被列入《世界遗产名录》。

光绪二十六年(1900 年)

【荣泽、兰仪加抛护沿、坝垛】　是年,荣泽于庄加抛护沿碎石两段共长 11 丈 8 尺,韩洞、程庄各筑石垛 1 座,郭庙村东民埝外抢筑土坝 3 道。兰仪县兰阳汛薛家庵上首加抛人字坝长 13 丈,另筑土芯坝 1 座,石垛 4 座。

光绪二十七年(1901 年)

【锡良任东河总督】　四月,任道熔调任浙江巡抚,前湖北巡抚锡良任河东河道总督。

【兰考、濮阳河决】　六月二十一日,因四明堂堤身矮小,无人防守,漫溢溃决。口门宽 300 米,过水占全河五分之一,兰仪、考城两县成灾。6 天后淤塞断流。二十八年春堵复。

　　六月二十三日,开州陈家屯冲决,口门宽 750 米。当年汛后堵复。

光绪二十八年(1902 年)

【河南山东河道总督裁撤】　光绪二十七年,河东河道总督锡良奏陈请裁总河。本年正月朝廷准奏,"河东河道总督一缺着即裁撤"。锡良调任河南巡抚兼管河工事务。二月,河南河工改称豫河。

光绪二十九年(1903 年)

【周馥治河建议】　二月二十八日山东巡抚周馥奏:"臣蒿目时艰,稍谙河务利害轻重,不得不兼权熟计。累月以来,踏勘数回,督饬工员详查博访。约得办法五条,大致仍不出大学士李鸿章等之原议,惟分别缓急,力求节省,共约估银五百六十万两。"五条办法为:(一)两岸大堤宜加高培厚;(二)险工酌改石堤,分年办理,以期节费而持久;(三)下口宜就现有河道量加疏筑,以期渐刷深通;(四)河身逼窄处所亟应量为展宽,撤去民埝,重筑大堤,以期水有容纳;(五)应设厅汛以专责成,并按里设堡置兵,以资防守。

【孟州抢险】　六月,因主流北趋,孟州海头、化工等村无工处滩地塌尽,大溜直逼护城堤根,数日间溜势又逐渐上提至小金堤之小张庄头坝,将该坝上跨角全行刷去,上首石垛亦塌卸不已。又因回溜淘蚀,堤根刷塌宽5尺,长5丈余。经20多天的紧急抢护,共筑土芯石垛10座,挑水坝1道。此后,又在下游海头、化工增筑挑水坝、顺水坝各1座,并于上下首间修筑大小石垛10座。

【郑州马渡抢险】　是年,因大溜顶冲,郑州马渡出险,堤身蛰陷,长70米,宽4米。经连续五昼夜奋力抢护,河势外移,转危为安。

【濮阳牛寨、开州白岗等处河决】　是年,濮阳县牛寨等村漫决。又决开州白岗,濮州城外大水。

光绪三十年(1904 年)

【平汉铁路郑州黄河大桥建成】　十月,平汉铁路郑州黄河大桥落成,为单线铁路桥。该桥由法国人承建,光绪二十八年开工,全长约3000米,为中国最早建成的黄河铁路大桥。1969年10月在旧桥桥面上加铺了钢筋混凝土板,可以定时单向放行汽车,方便了公路交通。1987年被拆除,只留下5孔桥梁作为文物保存在黄河南岸的原址上。

光绪三十二年(1906 年)

【沁河决武陟北樊】　闰四月下旬,沁河暴涨,因北樊村新建闸门透水而导致民堤溃决,口门陆续刷宽至48丈。七月初,口门堵复。用银2.37万两。

【濮阳河决】　是年,濮阳杜寨村漫决,旋即堵合。

光绪三十三年(1907年)

【开州王称堌河决】　九月,河决王称堌,十月堵合。次年桃汛复决,又堵合。原堤自李密城至前陈为一直线,堵口时就当时河湾,向北绕行修堤,上自开州耿密城,下至濮州温庄90度弯堤,长1850丈。

光绪三十四年(1908年)

【兴修孟州逯村工程】　是年,为保护滨河各村,自路庄至贾庄修筑磨盘坝2道,石坝1道,石垛12座。在兴修期间,因溜势上提,又于逯村旧垛下首修筑顺水坝1道,磨盘坝1道,石垛12座。共用银4.8万两。

清溥仪宣统元年(1909年)

【开州牛寨,濮州王称堌、习城集决口】　五月下旬,开州孟居牛寨村决口,口门宽94米,过水量占全河五分之一。次年五月堵复,合计用银20.3万两。

　　是年,濮阳王称堌、习城集河决。

【豫河岁额预算清单】　光绪二十八年豫河岁额确定为50万两,其中9万两由河防局支领专办河防石工,41万两为河工岁修款(含7.65万两抢险预备金)。33.35万两岁修款包括:各厅物料夫工银8.4666万两,土工银2.02万两,公费9.94万两,抚署行政费3.749万两,开归道署银2.5177万两,河北道署银2.2472万两,杂支银4.4086万两等。

宣统二年(1910年)

【8厅公所改称河防公所】　二月,8厅公所改称河防公所,委派南北二道员为总会办,并拟定豫河河防公所章程。

【长垣、濮阳漫决】　是年,长垣县二郎庙、濮阳县李忠陵漫决。

宣统三年(1911年)

【培修武陟沁河堤防】　二月至八月,培修武陟滑封、白水、虹桥、杨庄、方陵、沁阳、渠下、单营湾、陶村、赵樊、刘村等处堤防。

【荥泽、濮州抢险】　汛期,南岸保合寨受大溜顶冲,六十八号坝根石掉蛰入河,坝基陷入河内5米多。北岸濮州临黄民埝廖桥四坝第四埽平蛰入水,导致五、六埽塌没。抢险历时月余,方得恢复。

【孙宝琦主张统筹治河】　七月十九日,山东巡抚孙宝琦在奏章中提出:直隶、山东、河南三省宜筹统一治河办法,山东三游(上、中、下游)应陆续改修石坝,海口加强疏浚。同时,他还强调指出:"河工为专门之学,非细心讲求,久于阅历不能得其奥窍","臣上年设立河工研究所,召集学员讲求河务,原为养成治河人才,如(山东)设立厅汛,则此项人员有毕业资格即可分别试用,于工程实大有裨益"。此议上达朝廷后不久清亡。

【濮阳、寿张河决】　是年,濮阳习城集堤防发生决口。寿张严善人堤梁集漫决。

九 中华民国时期

（1912 年 ~ 1949 年 9 月）

民国元年(1912 年)

【河南、直隶省都督兼管河务】 1 月 1 日中华民国宣告成立。2 月,官制改革,河南省黄河河务由河南都督兼管,下设开归陈许郑道和彰卫怀道❶,并维持清朝末年的厅、汛、河营机构。直隶省❷南岸河务仍由大名府管河同知负责办理,北岸则为民修民守的民埝❸。

民国 2 年(1913 年)

【原管河务的道改为观察使】 2 月开归陈许郑道改为豫东观察使,彰卫怀道改为豫北观察使,监理黄河河务。

【河南河防局设立】 3 月 19 日设立河南河防局,以马振濂为局长,总领河南河务。5 月,将南北两岸所属的河厅改为 2 个分局及 6 个支局和 8 个河防营,将管河的同知、通判改为分局长、支局长,都司、守备为河防营长。

原有 8 厅改为 2 分局、6 支局,名称如下:

南岸分局 (开封府下南河厅)

北岸分局 (怀庆府黄沁厅)

上南支局 (上南河厅)

中牟支局 (开封府中河厅)

中北支局 (开封府祥河厅)

郑中支局 (郑中河厅)

上北支局 (卫辉府卫粮厅)

下北支局 (开封府下北河厅)

---

❶系清末行政区划。开归陈许郑道(驻开封),辖开封府(治祥符县,领禹州)、归德府(治商丘县,领睢州)、陈州府(治淮宁县)、许州直隶州、郑州直隶州。彰卫怀道,即河北道(驻武陟),辖彰德府(治安阳县)、卫辉府(治汲县)、怀庆府(治河内县)。

❷直隶省:根据当时的行政区划,黄河沿岸的长垣、濮阳、东明 3 县属直隶省管辖。直隶省黄河河务局驻地在今濮阳县坝头镇。民国 17 年 6 月 21 日,国民党中央政治会议决定直隶省改名为河北省,旧京兆区各县(今北京附近区域)并入河北省。

❸选自《黄河大事记》(增订本)。以下多引自此书及《民国黄河大事记》、《豫河志》等书。个别条目出自他书,不一一注明。

　　原荣泽、兰封、孟县、武陟、沁阳 5 工局改为 5 个支局。南岸北岸各设 4 个河防营。

【沁河多处决口】 6 月 29 日,沁阳蒋村(今属博爱县)漫溢决口,口门宽 550 米。8 月沁阳内都闸门(今属博爱县)和武陟大樊、方陵等处决口。冬季先后堵合。

【濮阳双合岭决口】 7 月,濮阳土匪刘春明在双合岭(今习城西)扒掘民埝,造成决口。泛水流向东北,沿北金堤淹濮、范、寿张等县,至陶城铺流归正河。当时口门不宽,流势平缓,本不难堵合,因正值内战,无人过问,次年口门扩宽至 800 余丈,分流八成,灾情加重,堵复困难。

【濮、范民埝多处决口】 7 月,濮县(今范县一部分)杨屯、黄桥、落台寺、周桥及范县宋大庙、陈楼、大王庄民埝先后决口,当年及次年春先后堵合。

【直隶省设立东明河务局】 夏,直隶省裁撤大名府管河同知,设立东明河务局,仍驻东明(今山东东明县)高村,以冀南观察使兼理,统辖直隶省黄河南岸上、中、下 3 汛。北岸仍属民修民守的民埝。

【沁堤改归官办】 是年,沁河堤防由过去的民修民守改为官办。次年又改为官督绅办。当时,沁河自济源以下两岸均有堤防,南北堤总长 162 公里。至民国 8 年河南河防局改组为河南河务局后,沁河堤防划归河南河务局统一管理。

民国 3 年(1914 年)

【河南河防局改组机构】 1 月,河南河防局改组支局和营的编制,组成 10 个支局、10 个河防营。不久又奉内务部令:"河工以工程为重,不应与营制牵混",将 10 个河防营和 10 个河防分、支局改为 9 个分局,下设 2 个工程队,7 个支队,并增设阳封分局和阳封支队。

【吕耀卿任河南河防局局长】 4 月,吕耀卿任河南河防局局长。

【兰封小新堤建成】 自 1855 年黄河铜瓦厢决口改道后,原河道断流。为防止洪水进入故道,是年于该处修新堤一道,与上下大堤相连,计长 580 丈(1.93 公里),称为"兰封小新堤"。民国 20 年、民国 22 年黄河先后在此漫溢决口,迭有加修。

【施测黄河流域地形图】 本年,陆军测量局依据北洋政府参谋部下达的任务,在黄河流域鲁、豫、冀、晋、陕各省施测比例尺 1∶10 万及 1∶5 万地形图。

因无统一的高程系统和规范要求,质量较差。

【沁阳马铺决口】 沁阳县马铺沁河堤因獾狐洞导致决口,口门宽 100 米。因堵合时口门未夯实,次年复决。

民国 4 年(1915 年)

【濮阳双合岭堵口】 2 月 28 日,濮阳双合岭堵口工程开工,6 月 26 日合龙,计用银 321.1 万元。工程由徐世光督办。因工程质量差,合龙后不久又决。由大名道尹姚联奎负责堵筑,10 月又合龙,费银 81.3 万元。

竣工后,工人在该地聚集而居,成为今濮阳县坝头镇。

【老大坝竣工】 直隶省境黄河北岸堤防原为民埝。双合岭口门合龙后,于口门处厢修秸料坝埽 58 段,竣工后称"老大坝"。

【姚联奎兼直隶省黄河河务局局长】 11 月 12 日,大总统袁世凯任命大名道尹姚联奎兼直隶省黄河河务局局长,兼辖东明河务局。

民国 5 年(1916 年)

【修筑温孟大堤】 春,地方集资在温县境内原修 22 公里民埝的基础上,加修上起孟州中曹坡、下至温县范庄的大堤,全长 38 公里,顶宽 9 米,高 2 米,名为"温孟大堤",并改归官守。该堤原拟上接孟县堤,下接武陟堤,因财政拮据,筑至距武陟 4 公里处未能完工,此后黄河涨水,皆由此灌入,温县屡遭水患。

【北洋政府测量局埋设石标水准线】 10～11 月,北洋政府测量局在徐州至郑县一等水准路线上埋设花岗岩标石,编号为 1936～2093。这是黄河流域最早的石标水准线。

民国 6 年(1917 年)

【濮阳民埝改为官民共守】 经国务会议决议,自民国 6 年起,将北岸濮阳民埝改为官民共守,河防事宜划归东明河务局管理。

【沁河方陵、北樊决口】 沁河决武陟方陵、北樊。当年堵合。

【范县、寿张民埝多处决口】 8 月 7 日,范县徐屯、吴楼,寿张(今台前)梁集、影堂、夏楼决口。各口当年先后堵合。

【费礼门来华研究治河】　美国工程师费礼门(John Ripley Freeman,1885～1932年),受北洋政府聘请来华从事运河改善工作,研究运河、黄河问题。费氏考察黄河后,主张在黄河下游宽河道内修筑直线型新堤,并以丁坝护之,以束窄河槽,逐渐刷深。民国8年费氏再度来华,后著有《中国洪水问题》,于1922年出版。

民国7年(1918年)

【吴筤孙任河南河防局局长】　1月,吴筤孙任河南河防局局长。

【直隶省设立北岸河务局】　1月,直隶省设立黄河北岸河务局及河防营,并将长垣、濮阳两县河堤划分为5个堤段,设立5个汛部,负责修守。

【顺直水利委员会成立】　3月20日,顺直水利委员会在天津成立;后于民国17年(1928年)10月改组为华北水利委员会,负责华北地区包括黄河流域的水利建设。

【李仪祉考察黄河】　5月,河海工程专门学校教授李仪祉(1882～1938年),受该校主任许肇南的派遣,到冀、鲁两省考察黄河实况。是为李氏实地从事黄河研究之始。

【沁河多处决口】　6月27日,沁、丹并涨,武陟赵樊及沁阳留村、孝敬、西良寺、南张茹(今均属博爱县)、寻村(今属温县)先后决口,当年堵合。

【恩格斯提出黄河治理设想】　9月7日,德国河工专家恩格斯教授(H. Engels,1854～1945年)在致中国有关人士的信中提出:"测量及制图约需三年时间,同时宜将水文测量一并实施。如此,最早在开始测量三年之后,方能为整个黄河下游订一'统一治理方案'。此项方案完成之后次年,乃可开始准备工作。虽最后之河岸线及堤线须待治理方案完成始可决定,但在此期间,重要险工之防护不可稍有停顿……就鄙人观之,黄河全部治理工作为时约需三十年,全部工程约需三亿马克"。

【孙中山在《建国方略》中提出治黄计划】　民国7～8年,孙中山在《建国方略——实业计划》中,提出了一个治黄计划。他主张利用近代科学技术来治河,着眼于上下游、全流域治理及防洪、航运、河口治理、水土保持等许多方面,是一个融黄河治理与发展流域经济于一体的综合计划,是近代较早的治黄计划。

民国 8 年(1919 年)

【河南河防局易名】 1 月,河南河防局改为河南河务局,各河防分局改为河务分局,原工程队和工程支队,一律改为工巡队。

【直隶省黄河河务局成立】 3 月 2 日,直隶省撤销直隶北岸河务局、东明河务局,成立直隶省黄河河务局,并设南、北岸两分局,辖长垣、濮阳、东明 3 县两岸堤埝。任命姚联奎兼任直隶省黄河河务局局长。

【陕县水文站设立】 顺直水利委员会在河南陕县设立水文站,观测流量、水位、含沙量、降雨量等。陕县水文站于 4 月 4 日开始观测水位,站长戈福海。民国 10 年 8 月陕县水文站改为水位站,民国 17 年冬恢复为水文站,民国 18 年 10 月又改为水位站,民国 20 年 8 月又恢复为水文观测站。

【台前民埝两处决口】 寿张县梁集、影唐(今属台前县)民埝决口,当年堵合。

【河南黄河河道地形测量开始】 顺直水利委员会从新乡用导线引测到京汉黄河铁桥北岸,设 PM249 永久测站点,后向西至沁河口再转回新乡,并用普通水准联测高程。11 月 1 日河南河务局成立测量处,开始河道测量。至民国 12 年 10 月,共完成沁河河道长 55 公里和黄河从孟州、济源交界至长垣长 190.5 公里的地形图测绘,共测 1∶6000 比例尺图 69 幅,并编绘成 1∶4 万比例尺图。高程引自京汉黄河铁桥北岸 PM249 测站点,是黄河上首次采用大沽零点高程。

【《豫河志》编纂开始】 11 月,河南河务局豫河成案编纂处成立,着手编纂《豫河志》一书。民国 12 年 12 月,由河南河务局局长吴筹孙主持编纂的《豫河志》出版。这是河南黄、沁河第一部水利专志。全志共 28 卷,29 万字。民国 15 年 10 月,由王荣揩主编的《豫河续志》出版,共 20 卷,69 万字。民国 21 年春,由陈汝珍主编的《豫河三志》出版,共分 6 册 14 卷。

【督办运河工程总局测量黄河堤岸】 为研究黄河对运河的危害,督办运河工程总局聘请费礼门为指导,测量黄河堤岸及河道大断面。自京汉黄河铁桥至山东寿张县十里堡,测图 46 幅,比例尺 1∶2.5 万。这是利用西方测量技术测量黄河堤工之始。

民国 9 年(1920 年)

【《濮阳河上记》出版】 5 月,濮阳双合岭堵口工程合龙后,工程督办徐世光著《濮阳河上记》一书,由姚联奎、车保成、赵凌云、潘德蔚、周学俊等校订后出版。该书共4编,记述双合岭堵筑工程程序、图说、料物、器用、工匠、夫役、日记、职员录等,尤其对料物、器用记述甚详。

【太行堤东柳园决口】 8月14日,太行堤东柳园决口,口门宽30米,9月3日堵合。

【张昌庆任直隶省黄河河务局局长】 11月6日,张昌庆任直隶省黄河河务局局长。

【孟津筑成铁谢民埝】 孟津县集资,以工代赈,在清末已修工程的基础上筑成民埝一道,自牛庄至和家庙,长7.6公里,称为"铁谢民埝"。次年,河南河务局投资,对此埝加高培厚。至民国20年改为官守。

【华北大旱】 冀、鲁、豫、晋、陕大旱,受灾317县,灾民2000万,死亡50万。受灾最重的河南新乡,旱期长达10个月,300多天滴雨未降,以致"二麦歉收,秋禾全无"。

民国10年(1921年)

【"华洋民埝"筑成】 河南灾区救济会(后改为河南华洋义赈会)以工代赈,由封丘贯台附近鹅湾至长垣大车集修埝一道,工程修至吴楼计长12.5公里时,南岸兰封(今兰考)绅民联名反对,遂告中止。附近群众称这段堤为"华洋民埝"。

至民国22年大水,"华洋民埝"全线漫溢。民国23年,黄河水利委员会和河南、河北两省建设厅决定将此民埝加高培厚,并延长至长垣孟岗,名为"贯孟堤",实际只修到姜堂,计长21.12公里。

【沁河武陟赵樊决口】 沁河武陟赵樊决口,当年堵合。

【考古发现仰韶遗址】 是年,瑞典人安特生考古发现仰韶遗址。该遗址位于河南省渑池县城北7.5公里仰韶村南的台地上,长约900米,宽约300米,面积近30万平方米。1980~1981年,河南省文物研究所在仰韶遗址进行发掘,发现仰韶遗址主要包括有仰韶文化中期(庙底沟类型)、仰韶文化晚期、龙山文化早期(庙底沟二期文化)和龙山文化晚期(河南龙山文化)4层互相叠压的文化堆积,其中仰韶文化晚期包含了两个层次的不同年代的遗存,其上还有东周文化的遗存。1961年11月10日国务院公布为全国重点文物保护单位。2001年,仰韶村遗址被评为"中国20世纪100项考古大发现"之一。

民国 11 年(1922 年)

【凌汛成灾】 初春,河南开封、封丘、兰封、长垣等处凌汛泛滥成灾,灾区南北长 10 余公里,东西长 20 余公里。

【培修老安堤】 4 月 28 日,河南河务局老安堤培修工程开工,至 6 月 20 日竣工。该堤系清光绪十二年(1886 年)官修,上接直隶长垣大堤,下接濮阳大堤,计长 2380 丈。

【濮县廖桥民埝决口】 7 月,濮县廖桥(今属范县)民埝决口。9 月堵合。

【邓长耀、陈善同先后任河南河务局局长】 8 月 12 日,邓长耀任河南河务局局长。次年 2 月 3 日,邓长耀辞职,陈善同继任。

【李仪祉《黄河之根本治法商榷》发表】 是年,李仪祉发表《黄河之根本治法商榷》一文,提出以科学从事河工的必要,分析黄河为害原因及中国历代治河方针,提出治理黄河的主张。这篇论文对黄河治理产生了深远影响。

民国 12 年(1923 年)

【沁河决徐堡、方陵】 是年,沁河决于温县徐堡和武陟方陵。

【恩格斯教授做黄河丁坝试验】 德国恩格斯教授(H. Engels 1854~1945 年)受美国费礼门工程师的委托,在德累斯顿工业大学水工试验室进行黄河丁坝试验,研究修筑丁坝缩窄河槽、丁坝间的距离和丁坝与堤岸所成的角度以及坝头的形式等。试验后写出《黄河丁坝试验简要报告》。这次试验有中国在德国进修水利的郑肇经参加。恩氏旋又写出《驾驭黄河论》一文,次年夏由郑肇经译成中文。

民国 13 年(1924 年)

【长垣黄河漫溢】 8 月 2 日,黄河在直、豫交界之长垣恼里集漫溢数十公里。

【河南河务局呈请沿堤种柳】 8 月,河南省林务监督任文斌,河南河务局局长陈善同,联名上呈直、鲁、豫巡阅使及河南省省长,请通令河南沿堤种柳。

【沁河范村、常乐决口】　是年,沁河在沁阳范村、常乐村等处决口。

民国 14 年(1925 年)

【张含英查勘黄河下游】　8 月濮阳县李升屯(今属山东鄄城)民埝决口后,张含英应邀查勘黄河下游。张氏查勘后提出下游险工段的埽工应改筑为石坝护岸,之后又提出试用虹吸管抽水灌溉农田和利用河水发电的倡议。

【沈怡开始编写《黄河年表》】　留学德国博士沈怡回国后,着手撰写《黄河年表》(1935 年出版)。

民国 16 年(1927 年)

【河南河务局局长更迭】　1 月,河南河务局局长陈善同升任河南省省长,任文斌接任河南河务局局长;5 月,章斌任河南河务局局长;6 月,张祥鹤任河南河务局局长。

【《历代治黄史》出版】　由山东河务局局长林修竹主编的《历代治黄史》本年秋出版。该书主要辑录民国 15 年以前的治黄史料及奏疏、公牍等。

【河南创立黄河平民学校】　国民革命军第二集团军总司令冯玉祥在河南期间,号召普及平民教育。河南河务局及沿河各分局、各造林场、购石处,先后从民国 16 年 11 月至 17 年 10 月建立了 15 个平民学校,共吸收学员382 人。此为黄河设立学校普及职工文化教育之始。

【沁河北樊、高村决口】　沁河在武陟北樊、沁阳高村 2 处决口。

民国 17 年(1928 年)

【关树人、张文炜先后任河南河务局局长】　1 月,关树人任河南河务局局长;3 月,张文炜继任河南河务局局长。

【开封柳园口建成轻便铁道】　年初,开封柳园口险工修建轻便铁道 3 公里。6 月,在天然坝一带抢险中,利用铁道从 11 堡调运石料 1000 立方米,发挥了作用。

【河南河务局建成 3 处造林场】　3 月 18 日,第二集团军总司令冯玉祥在新

乡召见河南河务局局长张文炜时指出:"植树为巩固堤防、治河之本",要求
增设造林处,限期建立苗圃。4～6月,河南河务局先后在博爱柳庄、开封斜
庙(今属中牟县)、武陟嘉应观及莲花池建立第一、二、三造林场,总面积
640亩。次年8月,3个林场分别改由西沁、下南、武原分局管理。

【举办机器抽黄灌溉工程】   11月20日,河南河务局根据冯玉祥的指令,
由河南省政府拨款1万元从上海购买发动机4台、吸水机8台。安装在开
封柳园口、开封斜庙黄河大堤上,抽黄河水灌溉老君堂、孙庄一带耕地5400
亩。是为黄河下游举办抽水灌溉之始。

【华北水利委员会测量黄河两岸地形】   11月,华北水利委员会组织测量
队测量黄河两岸地形。历时5个月,自武陟县黄沁交汇处之解封村测至中
牟孙庄,测得1:5000地形图89张,约820平方公里,河道断面120个,堤身
断面155个。次年春,奉建设委员会令停测。

【开封柳园口设立水文站】   设立开封柳园口水文站,次年停办。

【沁河下游两岸新建涵闸38座】   本年,沁河下游两岸新建涵闸38座,可
灌溉农田2000余顷。

【黄河流域大旱】   从春至夏黄河流域大部分地区滴雨未降,秋季又旱。陕
县水文站实测年径流量只有200.9亿立方米,为1919年设站以来的最低
值。

民国18年(1929年)

【国民政府公布《黄河水利委员会组织条例》】   1月26日,国民政府公布
《黄河水利委员会组织条例》,并特任冯玉祥为委员长,马福祥、王瑚为副委
员长,特派冯玉祥、马福祥、吴敬恒、张人杰、孙科、赵戴文、孔祥熙、宋子文、
王瑚、刘骥、李仪祉、李晋、薛笃弼、刘治洲、陈仪、阎锡山、李石曾为委员,组
成黄河水利委员会。3月2日,黄河水利委员会在南京的委员以黄河防御
工程刻不容缓为由,决定组成筹备处,并于4月27日在门帘桥开始办公。
"旋以经费无着,而当事者又牵于他种职务,黄河水利委员会并未成立"。
民国20年10月24日,国民政府特任朱庆澜为委员长,马福祥、李仪祉为副
委员长。但治黄经费无着,仍未正式成立。

【直隶省黄河河务局改组】   2月18日,河北省政府委员会第67次会议通
过"河务局组织规程",直隶省黄河河务局改称河北省黄河河务局,任命李

国钧为局长,管辖 3 县(濮阳、长垣、东明)黄河河务。局机关设在濮阳县坝头镇,原南岸分局改为办事处,仍住东明高村,北岸分局撤销。

【河南省创立水利工程学校】 3 月,河南省政府在开封创立河南省建设厅水利工程学校。民国 20 年改称河南省立水利工程专科学校。民国 31 年 5 月 9 日,经国民政府行政院决议,该校由省立改为国立,被教育部命名为国立黄河流域水利专科学校,刘德润任校长。民国 35 年 9 月并入河南大学,组建为河南大学水利系。

【《淮系年表全编》出版】 由武同举编著的《淮系年表全编》于本年春出版。该书共 4 册,记述唐虞至清末淮河(包括黄河)的水患、水利大事。

【花园口虹吸工程建成】 7 月 10 日,花园口虹吸工程建成,开始引水灌溉。引水渠被定名为"河平渠"。

【周致祥任河南河务局局长】 7 月,任命周致祥为河南河务局局长。

【中牟抢险】 9 月 10 日,中牟九堡一带因河水上涨河势变化,80 丈宽的河滩一夜全部塌完,大堤被水冲刷,堤顶宽只剩数尺。中牟县长白廷瑄率工日夜抢护,并截收山东的运石船赶紧抛护,都无济于事。后省政府主席韩复榘赶到,筹款赶办秸、石、麻袋,调集汽车并在工地安装电话,灵活指挥,民工拼命抢护 10 余日始转危为安。

【河南河务局改组】 9 月,河南河务局改组为河南省整理黄河委员会,以何其慎为委员长。次年 4 月,复改为河南河务局,于廷鉴任局长。沿河设上南、下南、上北、下北、东沁、西沁 6 个分局,下辖 23 汛。

【河南黄河南岸险工架设电话线】 10 月河南省整理黄河委员会委员长何其慎奉省政府谕:"于各险工处架设临时电话以期信息灵通,预防河患。"南岸险工由开封至柳园口 12 公里,由柳园口至东漳 40 公里,由东漳至来童寨 32.5 公里,由来童寨至京水镇 17.5 公里,共长 102 公里,架设电话 5 部,当月安设完竣。

【方修斯教授来华】 曾任导淮委员会顾问工程师,并在他创办的汉诺佛水工及土工试验所两次做黄河试验的德国汉诺佛大学教授方修斯(Otto Franzius 1878～1936 年)是年来华,于起草"导淮计划"之余研究黄河,返德后发表《黄河及其治理》一文。认为"黄河之所以为患,在于洪水河床之过宽",与美国费礼门的见解相近,并于 1931 年在汉诺佛水工试验所进行了导治黄河模型试验。

【黄河流域大旱】 黄河流域大旱。流域各省挣扎在死亡线上的灾民达

3400 多万。以陕西、甘肃为最重,仅陕西省饿死人口就达 250 余万。

民国 19 年(1930 年)

【王怡柯任整理黄河委员会委员长】 3 月,河南省政府任命王怡柯为整理黄河委员会委员长。

【河南黄河大堤行驶汽车】 5 月,开封至郑州公路竣工通车,其中经行黄河南岸大堤 65 公里。

【孟津土埝决口】 7 月,孟津土埝决口。孟津土埝长 8 公里,为本年春新修。次年,对铁谢大王庙至花园镇旧有土埝进行加高培厚,共长 12 公里。

【濮县廖桥民埝决口】 8 月 6 日,濮县廖桥、王庄一带民埝埽坝被溜冲刷,走失殆尽,形成决口,口门宽 230 丈,分流 4 成,溃水东北流由陶城铺回归正河,淹北金堤以南的濮县、范县、寿张、阳谷、东阿 5 县土地 4000 余顷。12 月 12 日动工堵筑,28 日合龙。

【濮阳南小堤决口】 8 月,受大溜顶冲,南小堤 7 坝(秸料埽)被冲垮,圈堤被冲开导致决口,口门宽 20 米,两天后淤塞,后用土填堵。

【陈汝珍呈报导黄入卫计划】 10 月,河南河务局新任局长陈汝珍向河南省政府呈报"河南河务计划大纲",内含导黄入卫计划。

　　该计划的主要内容是:由沁河口左近,东北直达新乡有一黄河故道,长约 42.5 公里。若就故道开挖新河并在第二道堤左近向东开一干渠,则武陟、修武、获嘉、新乡、汲、浚、内黄、原武、阳武、延津 10 县可灌田 1 万余顷,且黄河入卫,卫河航路畅通。概算建设费 108 万元。

【孙庆泽任河北省黄河河务局局长】 本年,孙庆泽任河北省黄河河务局局长。

民国 20 年(1931 年)

【濮县廖桥民埝凌汛决口】 2 月 2 日,濮县廖桥民埝因凌汛漫溢决口,4 日动工堵合。

【架设来童寨电话支线】 4 月,架设铁牛大王庙至来童寨电话支线,长 17 公里。

【台前发生扒堤决口】 6 月 14 日,范县影唐(今属台前县)群众扒口,次年

7 月 8 日用秸料填堵合龙。

【伊、洛河发生大洪水】　8 月 12 日,伊、洛河发生大洪水。经调查推算,伊河龙门镇洪峰流量 10400 立方米每秒,洛河洛阳洪峰流量 11100 立方米每秒。

【潼关、陕县等地设立水文站】　8 月,奉河南省政府指令,于潼关、阌乡、灵宝、陕县、孟津、巩县、汜水、武陟等地设置水文观测站。

【华北水利委员会组织查勘黄河】　10 月,华北水利委员会组织多名工程师实地查勘冀鲁豫 3 省黄河水势险工。这次查勘所形成的总报告称:河南境内险工最多,河北境内水道特弯,山东境内堤防虽固,但河道淤积严重。建议迅速统一黄河河政,尽早疏浚下游河道,以免同年长江水患之重演。

【内政部召开黄河河务会议】　11 月 2～5 日,国民政府内政部在南京同时召开"废田还湖导淮入海会议"和"黄河河务会议",由国内水利专家 15 人及财政、交通、实业、内政部、建设委员会、导淮委员会及苏、皖、赣、湘、鄂、绥、陕、冀、鲁、豫等省的代表参加。会议讨论了黄河防洪、治标、治本、经费等议案,并呼吁迅速成立治黄统一机构——黄河水利委员会。

民国 21 年(1932 年)

【冀鲁豫成立 3 省黄河河务联合会】　3 月 2 日,召开冀鲁豫 3 省河务联合会成立大会,22～23 日举行第一次会议,11 月举行第二次会议。次年 12 月举行第三次会议。该联合会是国民政府内政部鉴于冀鲁豫 3 省黄河为害最烈,虽然各设有河务局,但各自为政,无通盘计划,为促进协作,特组织成立的。

【恩格斯教授做黄河模型试验】　7 月,恩格斯教授在德国奥贝那赫(Obernach)瓦痕湖(Walchensee)水力试验场做治导黄河大型模型试验,研究缩窄堤距能否刷深河槽降低水位。冀鲁豫 3 省特派工程师李赋都赴德参加。试验结果表明,堤距大量缩窄后河床在洪水时非但水位不能降低,且见水位有所抬高。

民国 23 年(1934 年)2 月,全国经济委员会委托恩格斯再次做黄河水工模型试验,并派沈怡参加。

【王应榆、张含英视察黄河下游】　10 月,国民政府特派王应榆为黄河水利视察专员,从 16 日起由张含英陪同视察黄河下游利津至孟津河段,11 月 2

日结束之后,张含英写出《视察黄河杂记》。

【架设沁河两岸及黄河北岸电话线】 本年沁河两岸至河北堤界(今河南濮阳段)下界沿河各段汛,先后安设电话。

【朱延平任河北省黄河河务局局长】 本年,朱延平任河北省黄河河务局局长。

【武陟沁河决口】 本年沁河在武陟县决口。

民国 22 年(1933 年)

【李仪祉任黄河水利委员会委员长】 4 月 20 日,国民政府特派李仪祉为黄河水利委员会委员长,王应榆为副委员长,沈怡、许心武、陈泮岭、李培基为委员。5 月 23 日令许心武为筹备主任,26 日任命张含英为委员兼秘书长。6 月 28 日,国民政府制定《黄河水利委员会组织法》,规定黄河水利委员会直属国民政府,掌理黄河及渭河、北洛河等支流一切兴利、防患、施工事务。7 月 29 日,任命沿河 9 省(青海、甘肃、宁夏、绥远、陕西、山西、河南、河北、山东)及苏、皖两省建设厅厅长为黄河水利委员会当然委员。

【长垣土匪扒决石头庄大堤】 8 月 3 日,长垣土匪姬兆丰(又名姬七)率400 余人,因久攻铁炉不下,将石头庄大堤扒开两口,至 10 日洪水到达后,两口门被冲扩宽合二为一,造成巨灾。

【黄河下游大水灾】 8 月 9 日午夜,陕县水文站出现大洪峰,当时水位、流量均未测得。事后根据所遗水痕推算其最高洪水位为 298.23 米(大沽),流量为 23000 立方米每秒。后经 1952～1955 年多次整编审查计算,确定这次洪峰流量为 22000 立方米每秒。

　　洪水到达下游后,两岸堤防横遭决溢。至 11 日,计决温县堤 18 处,武陟堤 1 处,长垣太行堤 6 处,黄河堤 34 处,兰封堤 1 处,考城堤 1 处,共 61处。另外,北岸华洋堤、南岸考城堤还有数十处漫溢过水,郑州京汉铁路桥被冲毁。这次水灾波及豫、冀、鲁、苏 4 省 30 个县,被淹面积 6592 平方公里,受灾人口 273 万(其中长垣死亡 1.27 万人),财产损失 2.07 亿元(银元)。河南省受灾最重,温县、武陟、封丘、滑县、兰封、考城、民权、虞城、商丘、长垣、濮阳、濮县、范县等 13 县被淹,受灾面积达 4038 平方公里,130 万人受灾,财产损失 1.46 亿元(银元)。

【河南河务局有权指挥沿河县长办理河工事宜】 8 月 13 日,河南河务局长函请河南省主席电饬沿河县长:关于河工事宜,均受本局之监督指挥,以统一事权,裨益河防。14日省主席代电称:关于河工抢堵事宜,着沿河各县长均受河南河务局局长指挥监督。

【安立森应聘任职】 8月24日,黄河水利委员会委员长李仪祉批示:从9月1日起,聘安立森为测绘组主任工程师,月薪800元。安氏为第一位任职于治黄机关的外籍水利专家。此后,他曾任董庄堵口副总工程师、黄河水利委员会顾问等职。抗日战争爆发后,离职回国。在职期间曾有不少论著,并获得中国五等彩玉水利勋章。

【李仪祉召开6省黄河防汛会议】 8月28日,黄河水利委员会委员长李仪祉在南京筹备召开冀、鲁、豫、苏、皖、陕6省黄河防汛会议,讨论黄河流域水灾救济、防汛、抢险、堵口、善后等事项,并吁请中央尽快成立救灾委员会。

【黄河水利委员会在南京正式成立】 9月1日,黄河水利委员会在南京正式成立,并于西安、开封设立办事处。11月8日,黄河水利委员会由南京迁至开封教育馆街16号办公。

【国民政府成立黄河水灾救济委员会】 9月4日,国民政府成立黄河水灾救济委员会,宋子文为委员长,委员23人,下设总务、工赈、灾赈、卫生、财政5个组。11月改任孔祥熙为委员长。该委员会先后收到中央拨款295万元,连同国内及侨胞捐助共319万元,大部分用于工赈、灾赈,共赈济灾民101.54万人,医治伤病人员20.07万人。至次年底该委员会奉令撤销。

【黄河水利委员会举行委员会议】 9月26~29日,黄河水利委员会在开封河南省政府礼堂举行第一次委员会议。此后,于次年3月26日、10月18日和民国24年6月20日又在济南、保定、开封举行了第二、三、四次委员会议。

【黄河水利委员会第一测量队施测下游】 9月,黄河水利委员会派副总工程师许心武赴天津与华北水利委员会接洽征聘工程师,组成第一测量队。9月28日队长穆岭园率领队员18人、测工28人由天津启程到河南武陟庙宫开始施测黄河下游。至民国26年9月,完成孟津至入海口1:1万河道地形图705幅,面积约2.4万平方公里。为便于利用,缩成1:5万地形图43幅,并就调查所得资料,参照档案记载,编成《黄河地形图》一册。

【长垣冯楼堵口工程开工】 10月24日,冯楼堵口工程开工。大洪水过后,各决溢口门大都断流干涸,由黄河水灾救济委员会拨款一一堵筑,只有长垣香亭、燕庙、石头庄 3 口门仍有过流,分流约占大河一半以上。为便于施工,在冯楼附近进行堵合,称"冯楼堵口"。工程由黄河水灾救济委员会工赈组长孔祥榕主持,先后在口门西坝头做透水柳坝缓溜落淤,11 月 7 日开挖引河,次年 1 月 23 日进占,至 3 月 17 日合龙。用款 131 万元。

【航测下游灾区水道堤防图】 10 月 30 日,黄河水灾救济委员会委托军事委员会总参谋部航空测量队,在长垣大车集至石头庄测成比例尺1∶7500堤防图及长垣冯楼一带1∶2.5万水道图。以后,又在开封、兰考、巨野、长垣、东明等县灾区航空摄影 42 幅。

【秦厂水文站设立】 11 月,黄河水利委员会在黄河干流武陟秦厂村设水文站。

【沁河武陟北王村决口】 本年,沁河在武陟北王村决口。

民国 23 年(1934 年)

【长垣石头庄凌汛成灾】 1 月 14 日,长垣石头庄上年黄河决口处,冰块山积,挟流狂奔,平地水深 0.6~1 米,淹没 70 余村,灾民 3000 多人。

【《黄河水利月刊》创刊】 1 月,由黄河水利委员会编辑出版的《黄河水利月刊》在开封创刊。该刊至民国 25 年底停刊,共 36 期。

【李仪祉制定《治理黄河工作纲要》】 1 月,黄河水利委员会委员长李仪祉制定《治理黄河工作纲要》,提出以现代水利科学方法治理黄河的工作要点。

【黄河水利委员会制定报汛办法】 2 月 5 日,《黄河水利委员会报汛办法》公布,共计 7 条。其中报汛时间规定为自夏至日起至霜降日止。潼关、陕州、秦厂、泺口等水文站每日下午 1 时用电报向黄河水利委员会报水位、流量 1 次。陕州站 1 日内涨落达 1 米时,除报黄河水利委员会外,须直接电豫冀鲁 3 省河务局。秦厂水文站于 2 月 20 日,干流其他水文站于 6 月先后开始用电报拍发流量及水位等洪水警信。

【河南黄河干支流增设多处水文站、水位站】 4 月 20 日,黄河水利委员会设立孟津、高村水文站。7 月,分别在伊洛河和沁河上增设巩义黑石关、武陟木栾店水文站。另外,在干流增设孟津、英峪沟、黑岗口、东坝头、南小堤等 5 处水位站。

【滑县老安堤培修】 4~5 月,河南河务局商省政府同意,于善后工程款内拨出 6 万元,以工代赈,修筑滑县老安堤,当年竣工。

【黄河水利委员会公布《黄河防护堤坝规则》】　5 月 9 日,黄河水利委员会公布《黄河防护堤坝规则》,全文 20 条。规定:"黄河沿岸堤坝,由黄河水利委员会指挥河南、河北、山东三省河务局负责防护,依本规则执行。"并对汛兵招募、防汛岁修、沿河民众责任、堤防交通等作了详尽规定。

【河北省黄河堤工告竣】　5 月 16 日,河北省黄河善后工程处会同东明、长垣、濮阳 3 县政府,征雇民夫,动工修筑河北黄河堤防,7 月下旬先后竣工。共完成堤防培修 129 公里,土方 97 万立方米,投资 70 万元,其中长垣石头庄至大车集 30 余公里培修工程,由黄河水灾救济委员会工赈组修筑。

【《黄河修防暂行规定》施行】　6 月,经行政院核准,并转呈国民政府备案,《黄河修防暂行规定》由黄河水利委员会咨行各省政府并通令各河务局遵照施行。主要内容包括:

(1)各省河务局举办一切工程,应先将计划呈黄河水利委员会备案;

(2)黄河水利委员会于每年汛前派员沿河详细勘察各省河务局所办春工及防汛料物;

(3)春修工程应于大汛期前完竣;

(4)所有河防员工均应驻工巡防,昼夜轮守,不得疏懈;

(5)防汛期间,遇紧急抢险时,若人员不足,黄河水利委员会或各省河务局可指挥沿河县长征调民工;

(6)堤防工程如有蛰陷坍塌,主管人员应及时修筑完整,并报主管局转报备查;

(7)各省河务局举办的修防工程,黄河水利委员会需派员指挥监督;

(8)各省河务局于每年凌汛、桃汛、伏汛、秋汛之后,应将水势及工程情形报黄河水利委员会备查等。

【黄河流域进行精密水准测量】　7 月,黄河水利委员会成立精密水准测量队,开始精密水准测量。至民国 37 年,连续完成青岛至兰州 2586 公里精密水准测量。

【封丘华洋堤决口】　夏,封丘华洋堤念张决口,口门宽 165 米,深 7 米,次年 3 月堵合。

【施测秦厂、开封天文经纬度】　夏,黄河水利委员会委托原北平物理研究所代测秦厂、开封天文经纬度,作为黄河地形图施测依据。同时,又分别在开封、秦厂设置无线电报机,以传报黄河汛情。

【长垣太行堤决口4处】　8月上旬,贯台附近滩区出现串沟过水,逐渐扩大,直趋长垣太行堤。11日,在东了墙、九股路、香李张、步寨上年填筑的旧口门处又决口4处。泛水经长垣城后,过滑县、濮阳、濮县、范县至陶城铺归入黄河。经黄河水利委员会工务处分析,导致决口的原因有三:一是旧口门填筑土质多沙,堤基不固,且未做护沿工程;二是串沟引溜淘刷堤基;三是工料未备,临时抢护不及。

【首次进行悬移质泥沙颗粒分析】　8月11日15时,于开封黑岗口黄河水位最高时采取水样,由黄河水利委员会送请华北水利委员会代为进行泥沙颗粒分析,11月完毕,并绘制成图表。此为黄河上首次进行悬移质泥沙颗粒分析。

【孙庆泽被撤职查办】　8月20日,行政院电饬河北省政府将孙庆泽撤职,遗缺由滑德铭接任。黄河水灾救济委员会委员长孔祥熙,以河北省黄河河务局局长孙庆泽办理河务不力,致黄河决口,电请行政院查办。

【全国经济委员会下设水利委员会】　9月,全国经济委员会在南京召开第10次常务会议,决议成立水利委员会,以统一全国水利行政。孔祥熙任委员长,孔祥榕、李仪祉任常务委员。黄河水利委员会原属全国经济委员会,自12月1日改属水利委员会。

【邵鸿基弹劾孔祥榕】　9月,国民政府特派监察委员邵鸿基监察黄河河工。邵查访后认为,长垣决口是由于上年孔祥榕筑堤不坚及孙庆泽防守不力所致,两次上书弹劾孔祥榕虚靡国帑延误工赈。后监察院又派监察委员周利生、高友堂至工地调查,也认为孔祥榕筑堤草率难辞其咎。最后孔祥榕不但未受任何惩戒,反于次年2月升为黄河水利委员会副委员长。

【李仪祉著《黄河水文之研究》】　12月,黄河水利委员会委员长李仪祉发表《黄河水文之研究》。这是最早有关黄河水文研究的重要科学论著。

【开封黑岗口铺设河底电缆】　本年,开封黑岗口铺设河底电缆,联通两岸电信,经试验灵便无阻。

【计划引河水补给开封潘、杨二湖】　本年,河南省建设厅会同整治水道改良土壤委员会,从柳园口吸水机站开渠至开封城,引黄河水补给潘、杨二湖,输水渠与穿城涵洞虽已施工,但未通水。

【北金堤培修工程竣工】　本年,北金堤培修工程竣工,完成高堤口至陶城铺83公里堤防,培修土方137.4万立方米。次年春夏间,再次培修北金堤。完成滑县西河井至陶城铺183.68公里堤防,堤顶超1933年洪水位1.3

米,顶宽 7 米,内外边坡 1:3,实做土方 165.09 万立方米,用款 35 万元。此后,又连续 3 年对北金堤进行部分培修。

民国 24 年(1935 年)

【国联专家视察黄河】　国际联盟应国民政府经济委员会的邀请,派荷、英、意、法 4 国水利专家聂霍夫(G. P. Nijhoff)、柯德(A. T. Goode)、吉士曼(C. C. Geertsema)、奥摩度(Omodeo)来华,1 月 8 日由全国经济委员会专员蒲得利(M. Bourdrez)协助,张炯、张心源陪同到开封,视察黄河水性及埽垛工程;12 日起分别视察黄河下游、河口及陕、晋等地,在陕西视察了泾惠渠、洛惠渠、引渭工程,26 日赴宝鸡峡视察拟建渭河水库工程。3 月底结束后完成《视察黄河报告》。

【贯台堵口】　贯台堵口工程初由河北省黄河河务局主持,本来口门很小,不难堵塞。惜失去时机,以致形成大工。本年 2 月 11 日兴工进占时,口门已宽达 781 米,水深由 15 米刷深至 20 余米,堵口失败。3 月 21 日,黄河水灾救济委员会工赈组主任、黄河水利委员会副委员长孔祥榕接办堵口工程。通过加筑透水柳坝 2 道,挑溜落淤,再采取双坝进占的方式进行堵口。4 月 11 日开始在龙口抛柳石枕,20 日合龙。4 月 27 日开始修复长垣太行堤 4 处决口,亦断流填筑,4 月 27 日全部工竣,共用款 105.95 万元。

【齐寿安任河北省黄河河务局局长】　3 月 7 日,河北省黄河河务局局长滑德铭去职,齐寿安继任。

【一批大堤培修紧急工程陆续开工】　3 月 28 日,黄河水利委员会在开封召开培修豫、鲁、冀 3 省大堤紧急工程及金堤工程会议,计划对民国 22 年大水中出险堤段、薄弱堤段进行培修加厚,议决大堤紧急工程 9 项。会议前后,这些工程项目相继开工。河南黄河紧急工程建设情况如下:长垣石(石头庄)车(大车集)段大堤培修工程,3 月 21 日开工,7 月 3 日竣工。东明刘庄及濮阳老大坝整理工程,4 月 30 日开工,7 月 31 日完工。培修兰封小新堤护岸工程分两期施工,第一期于 5 月 24 日开工,8 月 2 日竣工,第二期于次年 4~6 月修竣;两期共挖填土方各 3 万立方米,用块石 1.7 万立方米,用款 11.8 万余元。中牟大堤护岸工程,5 月 19 日开工,9 月完成。开封陈桥(今属封丘)以东大堤培修工程,7 月 2 日开工。沁河口西护岸工程分两期实施,第一期 7 月 16 日开工,10 月 16 日竣工,第二期次年 4 月 25

日开工,7月17日竣工;共修沁河口西滩地护岸长4700米,用石2.71万立方米,投资13.24万元。

【李仪祉建议开挖金堤河】 4月,李仪祉发表《免除大河以北豫、鲁、冀九县水患议》,建议开挖金堤河,"由长垣之东,经濮阳之南,沿金堤出陶城铺以达于河",长180公里。估计土方7798.75万立方米,需投资1270万元。

【《黄河志》3篇志稿完成并出版】 5月,由张含英承编的《黄河志》第三篇"水文工程"完稿,次年11月由国立编译馆出版。10月,由胡焕庸承编的第一篇"气象"完稿,次年10月出版。11月,由侯德封承编的第二篇"地质"完稿,民国26年出版。

【宋涨任河南河务局局长】 5月,河南河务局局长陈汝珍辞职,宋涨继任。

【黄河水利委员会改隶全国经济委员会】 7月1日,国民政府修正公布《黄河水利委员会组织法》。组织法规定,黄河水利委员会隶属全国经济委员会,掌理黄河及渭、北洛等支流一切兴利、防患事务。

【伊、洛河大水】 7月8日,伊、洛河暴涨,两岸泛滥成灾,死亡千余人,陇海铁路轨上水深1米,偃师县城被淹(当时县城在陇海路南)。后经调查推算,这次洪水在黑石关洪峰流量为10200立方米每秒。

【封丘店集决口】 7月8日,封丘店集村贯孟堤决口,9月堵合。

【安立森查勘陕县至孟津干流河段】 8月23日至9月2日,黄河水利委员会工程技术人员和主任工程师安立森,为查勘拦洪水库坝址,由孟津白鹤溯河而上至八里胡同,再由陕县会兴镇(今三门峡市)顺河下行至三门峡。查勘后,安立森对小浪底等3座水库坝址进行了比较:小浪底坝址岩石不坚固,建筑费过大;八里胡同坝址石质良好,适于建筑高坝;会兴镇至三门,北岸上部岩石较差,淹及平陆(县),容量大,费用低。他建议修建三门峡拦洪水库,抬高水位50～70米,泄洪流量12000立方米每秒。其报告发表于民国25年《中美工程师汇刊》,名为《用拦洪水库控制黄河洪水的可能性》。

【龙门和洛阳水文站建立】 8月,黄河水利委员会建立伊河龙门水文站和洛河洛阳水文站。

【石头庄水位站建立】 9月,黄河水利委员会建立石头庄水位站。

【宋涨发表《豫省河防定策刍议》】 9月,河南河务局局长宋涨发表《豫省河防定策刍议》一文,主张确定溜线、建筑以束窄中水位之河槽、筹建泄洪工事、放淤实堤等8项措施。

【开封黑岗口虹吸建成】　10 月 20 日,开封黑岗口虹吸建成,安装虹吸管 6 条。

【李仪祉辞职】　11 月,黄河水利委员会委员长李仪祉辞职获准。因与当权者意见不合,李仪祉愤而于本年 2 月提出辞职。遗缺由副委员长孔祥榕代理,副委员长由王郁骏接任。

【《黄河年表》出版】　11 月,由沈怡、赵世暹、郑道隆编辑的《黄河年表》出版。该年表分列唐尧 80 年(公元前 2278 年)至民国 22 年(1933 年)的黄河洪水、河患、治河、通河、引河、决河、徙、溢、涨、赈灾、开渠、河议等史料,共计 13 万多字。

【日本航拍黄河下游】　日本帝国主义蓄谋进一步侵略中国,于 12 月 4~11 日,对黄河下游开封至河口段进行航空摄影。民国 27 年镶嵌成 1:30000 图 10 幅,名为《黄河线集成写真》。

【李仪祉写出大量治河论著】　李仪祉在民国 22~24 年任黄河水利委员会委员长期间,于百忙中写出《黄河概况与治本探讨》、《关于导治黄河之意见》、《治黄关键》、《治黄意见》、《研究黄河流域泥沙工作计划》、《黄河流域之水库问题》、《纵论河患》、《后汉王景理水之探讨》等数十篇治黄论著,成为后人研究治理黄河的重要文献。

民国 25 年(1936 年)

【恩格斯荣获一等宝光水利奖章】　1 月,恩格斯教授因两次主持治导黄河试验成绩显著,黄河水利委员会呈请全国经济委员会并经国民政府批准,授其一等宝光水利奖章。

【杜玉六任河北省黄河河务局局长】　4 月 24 日,杜玉六任河北省黄河河务局局长。

　　本年 3 月,河北省黄河河务局局长齐寿安辞职,河北省政府任命马庚年接任。不久马庚年又辞职,杜玉六继任。

【《中国防洪治河法汇编》出版】　4 月,杨文鼎编《中国防洪治河法汇编》出版。本书以治黄为主,辑录古今防洪治河之法于一书。分 5 章,分别为河之形势、河之防洪、修守事宜、河之料物、河之器具。

【孔祥榕任黄河水利委员会委员长】　5 月 2 日,国民政府特任孔祥榕为黄河水利委员会委员长。

【入汛日期改为7月1日】 黄河防汛向例以7月15日为伏秋大汛入汛日。自民国24年7月10日董庄决口后,从本年起改为7月1日入汛,以备不虞。

【黄河水利委员会成立督察河防处】 7月1日,黄河水利委员会成立督察河防处,以统一下游3省河防指挥。督察河防处"对于3省建设厅、河务局及沿河县长,凡与河工有关事项,均有命令指挥监督之权。"

【河南河务局调整河防组织】 10月,河南河务局对下属河防组织进行调整,计有6分局、23汛、332堡(段),见民国25年河南河务局组织结构表。

民国25年河南河务局组织结构表

分局	汛名	堡数	汛兵数	分局辖长（公里）	分局长
上南	荥泽、郑上、中上、中中、郑下	48	115	46.00	苏冠军
下南	祥河上、祥和下、陈兰、中牟下、兰考	105	117	114.75	刘宗沛
上北	温武、武陟、武荥、孟县	77	62	92.12	祝国强
下北	原阳、阳封、开封、开陈、滑县	86	62	114.64	孙镕
东沁	南汛、北汛	8(段)	37	64.12	陈炳章
西沁	南汛、北汛	8(段)	47	89.32	阎楷

【黄河水利委员会下令不准私筑滩地小埝】 本年,黄河水利委员会下令各河务局:"两岸滩地,年有增高,沿岸人民私筑小埝,亟应取缔,嗣后非经本会核准,不准私自兴筑小埝,已筑之民埝,应报会查核"。

【河南黄河两岸架设电话新线】 本年,河南黄河两岸架设新线240余公里,包括开封至长垣单线105公里,陈留至贯孟堤临时单线13公里,黑岗口至阳封单线7公里,封丘陈桥至滑县新架双线82公里,沁阳至济源五龙口单线36公里。

【《治河论丛》出版】 本年,《治河论丛》由国立编译馆出版,商务印书馆发行。该书选辑张含英所撰写的治河论文15篇,大半为探求河患的来源和治河的策略方针。

【灵宝防止土壤冲刷实验区成立】 黄河水利委员会编拟《灵宝防冲实验区初步计划》,经报请全国经济委员会批准,于本年在河南灵宝成立灵宝防止土壤冲刷试验区。这是黄河流域最早设置的水土保持试验场地。

【黄河陕县至包头段航测】 中央水工实验所水利航空测量队与国防部测绘局空军第12中队协作,在黄河流域进行航空测量,至次年完成干流包头至陕县间和部分支流(延水、汾水、涑水、北洛河、渭河、涧河)航空摄影及镶嵌图。

民国 26 年(1937 年)

【修正公布《黄河水利委员会组织法》】　1 月 16 日,国民政府修正公布《黄河水利委员会组织法》,规定沿河各省政府主席为当然委员,共负黄河修守职责,协助办理该省有关黄河事宜。

【河南河务局机构改组】　2 月 16 日,国民政府全国经济委员会以水字41423 号训令,改河南河务局为河南修防处,由黄河水利委员会领导。同时,将河南河务局下属 6 个分局改为 6 个总段和铁谢、老安堤两个直属分段。4 月 22 日,又改为黄河水利委员会驻豫修防处。5 月 4 日,再次改为河南修防处。

河北省黄河河务局未改组。

【范县、寿张多处民埝决口】　7 月 14 ~ 22 日,范县大王庄、寿张王集、陈楼(今属台前)民埝先后决口 3 处。当年秋后至次年 2 月堵塞。

【河南修防处通令沿河县长汛期协助河防】　7 月 17 日,河南修防处通令沿河各县县长在"大汛期内应随时协助河防并受本处指导监督"。8 月 12日,又委派沿河各县县长兼民工防汛专员,"以专责成,而便把守"。

【河南修防处制定南岸最险堤段防空计划】　7 月,河南修防处制定《豫省南岸大堤最险堤段防空计划》。所列堤段有荥泽汛、郑上汛、中牟中汛、黑岗口。拟于此 4 处堤上堆积土牛,储备麻袋、秸料、蛮石等料物,以备随时抢堵之用,并搭盖隐蔽工棚,作为兵夫巡查看守及临时避难之所。

【豫皖绥靖主任公署布告驻军保护堤防】　7 月,抗日战争爆发后,因军事调度频繁,时有军队车辆碾轧堤防砍伐树木及搬运备防石情况发生。为维护黄河河防,国民政府豫皖绥靖主任公署布告沿河驻军:禁止大堤行车及砍伐柳树、搬运存石,并饬加以保护。

【山东菏泽发生 7 级地震】　8 月 1 日,山东菏泽发生 7 级地震。据当时的《济南新闻》报道:"这次地震死亡 3350 人,死亡牲畜 3719 头,受伤人数12701 人,倒塌房屋 32 万间","地震时黄河堤防亦发生裂痕甚多,灾民一千余人前往抢筑,盖恐黄河一决,菏泽势必陆沉也。"菏泽小刘集、解元集一带裂度达 8 度,东明、菏泽、濮阳、长垣、鄄城等县境内黄河大堤均属 7 度区,震时大堤普遍裂缝,堤后有涌水冒沙现象。

【险要工段汛期搭防汛棚住人防守】 9月18日,南一段呈报河南修防处:在中牟6处险要工段(险工堡)搭建防汛棚,每堡驻守防汛队10人,白天填垫水沟浪窝,夜间轮班巡查。

【日机连续轰炸黄河堤坝】 12月上中旬,日本侵略军连续派飞机侦察、轰炸黄河堤防坝埽:计5日在京汉铁路桥附近投弹3枚,在郑县❶南岸大堤投弹1枚;9日在开封北岸荆隆宫大堤投弹3枚,炸死平民数十人;10日在郑县花园口郑工合龙处附近及开封柳园口、黑岗口附近侦察堤防险工;12日在开封北岸陈桥大堤投弹6枚。

【河南黄河实行汛兵制】 本年,河南黄河实行"汛兵制",各汛设汛长、汛目、副目、一、二、三等兵和临时汛兵等,统一制发灰色制服,佩戴徽章。汛兵大多为临近堤防的居民,每名汛兵月工资仅1.8元或1.2元,施工时,每天补助餐费0.12元。

【武陟沁河决口两处】 本年,沁河在武陟北王、大樊决口。

【黄河流域大旱】 本年,鲁、豫、陕、甘、宁等省大旱,"灾民食树叶、树皮充饥"。

民国27年(1938年)

【国民党军炸毁京汉铁路郑州黄河铁桥】 2月,日本侵略军沿京汉铁路南侵,进逼新乡,16日黄河北岸军事吃紧。守卫京汉铁桥的新编第8师,奉第一战区司令长官的命令,于17日晨5时开始引爆铁桥,至19日上午,将第39~83孔炸毁。

【黄河水利委员会西迁】 5月,日本侵略军进犯豫东,开封军事吃紧。15日军事最高当局电令黄河水利委员会除受经济部直辖外,并受第一战区司令长官指挥监督,以期与军事密切配合,适应抗战需要。黄河水利委员会月初迁至洛阳,旋又转迁西安。5月下旬,河南修防处迁往郑县,1939年7月迁至洛阳,后迁至西安,此后数年又有多次迁移。

---

❶1913年改郑州为郑县,1928年改郑县为郑州市,1931年撤市复改郑县,1933年为河南省第一行政督察专员公署驻地。1948年10月22日中国人民解放军解放郑县,郑县分为郑州市和郑县。1953年撤销郑县,1954年河南省人民政府由开封市迁入郑州市,郑州市成为河南省省会。

【中牟赵口黄河大堤扒决】　　6月4日晨,为阻止日本侵略军西进,军事最高当局密令在中牟、郑州一带扒决黄河大堤,放水隔断东西交通,国民党53军一个团在中牟赵口开始掘堤。5日又加派39军一个团协助,晚8时扒开口门放水,因口门处大堤土质疏松,以致倾塌堵塞,即告失败。6日复在此口门以东30米处另扒一口,7日晚7时放水,因河势变化,主流北移,决口被沙洲阻塞,不得不另选适宜地点。

【郑县花园口黄河大堤扒决】　　6月6日晚,国民党新8师在郑县花园口开始掘堤,至9日上午9时决口过水,口门越撕越大,滚滚黄水,倾泄而下,造成了黄河史上又一次大的改道。西股黄水是主流,自花园口至中牟入贾鲁河,南泛尉氏、扶沟、西华等县,于周口东折入颍河,然后分别注入茨河和沙河,再经安徽太和、阜阳、颍上及正阳关,最后汇归淮河。东股黄水是黄河水位上涨冲开赵口口门后形成的。赵口的黄水也分为两股,一股向东南直奔朱仙镇,与花园口的泛水汇合;一股绕开封城堤北面,折向东南,至陈留又分为两支,一支沿铁底河,另一支沿惠济河,先后注入涡河,于安徽怀远汇入淮河,自淮河经洪泽湖、白马湖、高邮湖注入长江,形成合流局面,进而波及江苏北部诸县市,形成了广袤的黄泛区。河南、安徽、江苏3省44个县市受灾,淹没面积5.4万平方公里。在8年泛滥中,因黄灾外出逃亡的有390万人,死亡89万人。

【王郁骏任黄河水利委员会委员长】　　黄河水利委员会委员长孔祥榕因病辞职,6月15日国民政府特派副委员长王郁骏接任委员长职务。

【抢修花园口口门裹头工程】　　7月25日,为防止花园口口门继续扩大,黄河水利委员会成立"花园口裹头工程事务所"。在日本侵略军隔河炮击和飞机轰炸下,抢筑了断堤两端的裹头工程,于11月完工。当年事务所撤销,裹头工程由河南修防处南一总段接管。

【修筑防泛西堤】　　7月,黄河水利委员会会同河南省政府及其他有关部门组织成立"防泛新堤工赈委员会",自广武李西河黄河大堤起,至郑县圃田镇东唐庄陇海铁路基止,修新堤长34公里,名为"防泛西堤"。次年,又由河南省政府会同黄河水利委员会及其他有关部门组织成立"续修黄河防泛新堤工赈委员会",续修防泛西堤。5月开工,7月底完成郑县至豫皖交界界首集新堤282公里,两次共修新堤316公里,投资约70万元。堤高1.5～3米,顶宽4～5米,临河堤坡1:1.5,背河1:2.5。明确此堤"既是河防,又是国防",沿堤险要处均筑有防御工事,并派军驻守。堤成后,河南修防处分别在尉氏寺前张、扶沟昌潭、淮阳水寨设立防泛新堤一、二、三修防段,负责修守。

【花园口设立水文站】 7月,黄河水利委员会在李西河设花园口水文观测站。

【日伪修筑防泛东堤】 8月,日伪"临时新黄河水利委员会"在开封县瓦坡北沙丘间修筑了4公里堤防。次年,又在中牟小金庄至开封郭厂间修筑堤防一道,长40公里。1941年3月中旬,日伪河南省政府征集开封、通许、杞县、扶沟等县民工分3段加修防泛东堤及坝垛。上段自开封县朱仙镇至通许县西关长40公里;中段自通许县西关经邸阁至扶沟县江村长25公里,并在扶沟县姚皇至麻里修筑大挑水坝1道长约3公里;下段自江村至杞县燕子庙长40公里。堤身高4~5米,顶宽6米。整个工程实际投资103万元。

【扒决沁堤】 国民党第97军为阻止日本侵略军西进,在武陟大樊及老龙湾下首扒决沁河堤;11月又在博爱扒决沁河堤。

【河北省黄河河务局西迁并撤销】 黄河从花园口改道南流后,长垣、濮阳、东明3县断流,河北省黄河河务局机关随河北省政府流亡西安。日本帝国主义投降后,河北省黄河河务局撤销。

【孟津堤改为官守】 本年,孟津堤坝改为官修官守。

【《中国水利史》和《中国之水利》出版】 由郑肇经编著的《中国水利史》和《中国之水利》两书,被商务印书馆列入"中国文化史丛书",先后于民国27年和29年在上海出版,两书中都设有专章记述黄河问题。

民国 28 年(1939 年)

【北岸原有黄河大堤遭大规模破坏】 1月初,针对豫北地区已成为游击战区的实际,国民党军命令温县、孟县、武陟、原武、阳武、封丘等沿黄县政府对原有黄河堤实施破坏,各县民众对所有公路予以彻底破坏。数天内,二三百公里长堤被有计划地分段挖掘,使日军无法利用进扰沿堤各地。

【日伪堵塞赵口口门】 花园口决口后,故道断流,赵口口门干涸。3月初日伪政府征集民工2000多人堵筑该口,于14日竣工。

【日本东亚研究所成立第二调查委员会】 日本侵略者为巩固其侵略地位,掠夺黄河资源,日本东亚研究所于3月组织成立第二调查委员会,下设内地、华北和蒙疆 3 个委员会,在日本、华北、蒙疆 3 地同时开展工作。主要从事黄河治理、水利等问题的调查研究,确立治黄的基本计划等。该委员会用了 3 年时间调查研究黄河中下游占领区的实地情况,整理出有关文献汇编、调查报告、设计规划 193 件,1400 多万字。1943 年将各部会的报告汇总探讨,1944 年 6 月形成《第二调查(黄河)委员会综合报告书》,内容涉及治河、航运和水电开发等约 73 万字。

【日伪筹堵花园口口口门】 3 月,日伪临时政府决定筹堵花园口口口门(日伪当时称花园口决口为中牟黄河决口或京水镇决口),并于次年 1 月提出堵口意见书,成立筹堵中牟决口委员会,但因意见分歧,终未动工。

【汴新铁路通车】 日本侵略军为沟通陇海、京汉两条铁路,于年初开工修筑汴(开封)新(新乡)铁路,亦称新开铁路。该铁路从开封大马庄、封丘荆隆宫间穿过黄河故道。5 月 5 日,汴新铁路通车。民国 36 年 3 月花园口合龙前拆除。

【孔祥榕再任黄河水利委员会委员长】 黄河水利委员会委员长王郁骏 4 月调离,5 月 31 日国民政府特任孔祥榕为黄河水利委员会委员长。

【苗振武任河南修防处主任】 6 月,河南修防处主任陈汝珍调任黄河水利委员会河防处处长,遗缺由苗振武接任。

【国民党军、日军扒决沁堤多处】 7 月 30 日,国民党第 97 军为阻止盘踞武陟木栾店的日本侵略军西进,断绝新乡与武陟之间日军的交通联系,将沁河北岸武陟老龙湾险工堤段扒开 78 米,分沁河流量 30%。泛水流向东北,经武陟、修武、获嘉,越道清铁路至新乡入卫河,淹 200 余村,泛区面积约 400 平方公里,道清铁路、新武公路被冲毁,日军交通中断。

日本侵略军企图水淹国民党沁南游击区进行报复。8 月 2~4 日,日军在老龙湾上游,沁河南堤武陟五车口掘堤,口门宽 256 米,夺沁河水 40%,泛区面积约 180 平方公里,武陟解封、方陵等村积水很深,灾情严重。国民政府武陟县县长张敬忠为减轻沁南水患,于沁堤方陵、黄河北堤涧沟、解封村 3 处破堤扒口,排泄积水入黄河。

8 月 16 日,国民党第 97 军在沁河北堤武陟大樊险工上首扒口夺流,次日又扒一口,两口共宽 157 米,溃水沿老龙湾泛道至新乡入卫河。国民党第 9 军为水淹日军,又在沁阳王曲、马坡间扒决 3 处。

【日军扩大花园口口口门】 7 月,日本侵略军为防止黄河回归故道,保护其新修的汴新铁路,在花园口口口门以东偷扒新口,当地人称之为"东口门",旋

即冲宽扩大,东西两口门之间相距 100 米,中间留一段残堤。至 1942 年 8
月大水,始将残堤冲去,两口门合而为一,最后花园口口门宽达 1460 米。

【防泛西堤决口 38 处】　7 月,周口以上防泛西堤决口 38 处,其中郑县 16
处,中牟与开封交界间 1 处,尉氏 7 处,扶沟 4 处,西华 9 处,淮阳 1 处。因
受西高东低的地形限制,加之尉氏以上沿堤背河又多沙丘高地,受灾少则
3～5 村,多则 10～20 村不等。尉氏以下至周口间,淹沙河北西华、扶沟、鄢
陵等县部分村镇,受灾面积约 100 平方公里。

【黄河水利委员会颁布防泛新堤防守办法】　9 月 12 日,黄河水利委员会
颁布经河南省政府第 800 次委员会会议议决修正通过的《黄河防泛新堤防
守办法》。规定:①郑县圃田至安徽太和界首集防泛新堤长 282 公里,由河
南修防处及沿堤各行政督察专员督促所属各县县长共同负责防守。全线
防守计划及补办一切善后工程,由修防处主持统一办理。②关于新堤修守
事项,河南省政府令沿堤各县县长受河南修防处督导,并将修防成绩列入
县政考成。

【日军航拍黄泛区】　9 月 12 日,日本侵略军对黄泛区进行航空摄影,并镶
嵌成图,名为《黄河线孟津至洪泽湖集成写真》。

【沿防泛新堤各专员、县长分别兼任河防职务】　9 月 20 日,黄河水利委员
会电河南修防处:经呈奉经济部核准,加派沿堤各有关行政专员为本会防
泛新堤联防专员,沿堤各县县长兼任防泛新堤河防委员,共负防护之责。

【防泛新堤全线分设 3 段防守】　9 月,河南修防处接管防泛新堤后,下设 3
个段,分段负责防守。自李西河黄河老堤起,经郑县、中牟、开封至尉氏下
界 126 公里为第一段,首任段长韩思道;自扶沟上界起,经扶沟、西华、淮阳
至周口护寨堤(桩号 220 公里)止,长 94 公里为第二段,首任段长李在禄;
自周口 220 公里起,经淮阳、商水、项城至沈丘豫皖交界之界首集(桩号 316
公里)止,长 96 公里为第三段,首任段长祝国强。

【加修花京军工堤】　10 月,花京军工堤竣工。黄河水利委员会曾于 4 月
间在花园口以西修筑核桃园至京水镇小辛庄长 8 公里堤防一道,因堤西的
索须河及其山溪无泄水设施,六七月间经山洪雨水冲刷大部分塌蛰,沿岸
军工设施亦暴露在对岸日军目标之下。第三集团军总部呈请第一战区长
官司令部转呈最高当局核准加修花京大堤,并加筑掩体和泄水设施,以资
军用。加修工程于本月底完成,顶宽 4 米,高出地面 2～3 米,内外坡 1:2,
自小辛庄向南延伸到贾鲁河岸,共长 9.78 公里。另外修筑掩蔽室 32 座、

泄水口 6 处,挑水坝 8 座,并加修各种埽工数十段,共用款 9.6 万元。次年,在日军的炮火袭击下,又组织抢筑了花园口口门至京水镇之间的河防御敌工程,完成柳石坝 8 道,加固旧有裹头、耳坝 3 座。

【武陟付村大惨案】 冬,武陟县政府征集民工堵筑日本侵略军扒决的五车口口门。为安全计,堵口民工住在远离工地的沁河北岸付村,日军闻讯后,于 11 月 4 日凌晨冲进该村,见人就杀,遇房就烧,将男女老幼集中起来枪杀,用烈火烧死,投入井中淹死,用刺刀捅死,制造了骇人听闻的"武陟付村大惨案"。据付村村史记载,共有村民和民工 997 人被惨杀,880 间房屋被烧。

日本侵略军又于 11 月 24 日,12 月 14 日、24 日 3 次进犯堵口工地及民工所住村庄,肆意捕杀民工,焚烧房屋。其中 12 月 14 日、24 日两次共残杀民工 147 人、伤 36 人、掳 10 人,焚死民工及居民 600 人,其残暴程度令人发指。

【日本侵略军在沁堤龙涧炸口】 本年,日本侵略军为减少沁河北岸蒋村口门的流量,于蒋村上游沁河南堤,沁阳县龙涧、马铺两村间炸开一口,溃水东南流,淹没沁南地区部分村庄。

【郑县金水河改道】 为解决金水河汛期经常泛滥问题,黄河水利委员会承担了金水河改道工程的设计施工任务。年底进行测量,次年春施工,改道由菜王北流,于北郊大石桥向东,至燕庄附近归入正河。新河道只修南堤,大水时任其北泛,次年 5 月 12 日竣工。

民国 29 年(1940 年)

【花园口修筑河防御敌工程】 1 月 1 日,黄河水利委员会在郑县设立"豫省河防特工临时工程处",下设增修花京堤坝工务所、料运站、购料委员会及整理金水河工务所,内设文书、工务、事务、出纳 4 组,主要负责修筑花园口以下的河防御敌工程。该工程在对岸敌人炮火袭击下进行,共修筑柳石坝 8 道,对挑溜冲刷对岸及保卫花京军工堤都起到了良好作用。工程于次年 7 月完成后交第三集团军防守。

【扶沟吕潭黄河凌灾】 2 月,扶沟吕潭北门外黄河串沟冰凌积结,凌水漫溢成灾,宽 10 余里,一片汪洋,军民逃避不及,多被淹冻殆毙。

【史安栋代理河南修防处主任】 2 月,黄河水利委员会派史安栋代理河南修防处主任,接替于1月底因病离职的苗振武。数月后史安栋辞职。12月1日,国民政府经济部派黄河水利委员会技正王恢先继任。

【河南修防处完成新堤造林工作】 3月7日,河南修防处开始在防泛新堤造林,4月4日竣工。共植低柳52万余棵,杂树27万余棵。河南黄河于民国19年冬曾拟有5年造林计划,民国24年在黄、沁河两岸大植保安林。

【武陟民众堵塞两处沁河口门】 4月30日,老龙湾、大樊两处沁河口门堵塞。两处堵口工程均为武陟民众自发组织完成。

【郑县村民挖开防泛新堤】 7月9日夜,郑县邢庄村民将该村附近防泛新堤挖开,以泄背河积水。8月河水陡涨,由该口汹涌而出,导致数村被淹。

【防泛东堤决口多处】 7月,河决扶沟防泛东堤,泛水东流,太康县境几乎全被漫淹。太康县城4关,仅东门可以出入。9月开封朱仙镇至扶沟白潭间防泛东堤决口两处,通许等地被淹。

【防泛新堤尉氏斗虎营抢险】 8月23~24日,尉氏斗虎营至寺前张间,先后出漏洞20多处,堤身平蛰长400米,经员兵奋力堵塞,幸未开口。

【日军在沁阳仲贤扒决沁堤】 8月,日本侵略军为堵博爱蒋村口门,在蒋村上游沁河南堤沁阳仲贤险工扒口3处,溃水由赵村、申召东流,沁南地区民众深受其害。

【黄河水利委员会举办尉氏堵口工程】 8月,尉氏县烧黄酒、寺前张、十里铺、后张铁、北曹等处防泛新堤决口,黄水泛滥于洧川、鄢陵一带,双洎河下游为黄水所夺。数口中以寺前张、十里铺口门为最大,淹没面积达1400余平方公里。为堵复口门,解除黄灾,黄河水利委员会成立了尉氏段抢堵临时工程委员会,负责实施堵口工程。至10月下旬,所决口门一律堵塞,计完成土方17万立方米,用秸料300多万公斤,麻5万公斤,柳枝15万公斤,投资71万元。

【河南修防处恢复沁西总段】 9月11日,河南修防处成立沁西修防总段,沁河修防工作在战争环境中逐渐恢复。

【扶沟王盘等多处决口堵塞】 汛期,黑旺营、水饭店、王盘、黄集等地民埝多处溃决,泛水流向东南夺涡(河)下注,原泛区水势减轻。国民党军事当局为保持河防,满足军事需要,于12月10日成立王盘阻塞工程处,实施堵口工程。至次年1月王盘、黄集、席家、罗家等10个口门堵塞完竣,水饭店、黑旺营两口暂缓施工。

【整理沙河工程】 为防止黄河泛水越过沙河继续南泛,10月初黄河水利委员会在河南周口成立整理沙河工程委员会,负责堵截黄河入沙的串沟及培修沙河北岸自周口至淮阳济桥堤防 40 公里。次年工程完工后,移交河南修防处防泛新堤第三修防段修守。

【整理双洎河工程】　为排除防泛新堤以西积水,恢复双洎河通航,以利军运,黄河水利委员会本年组织实施了整理双洎河工程。共开挖尉氏泄水沟 6 公里,疏浚洪业沟、双洎河尾闾 40 多公里,整理新郑至扶沟双洎河通航河道 140 公里。

民国 30 年(1941 年)

【防泛新堤在尉氏决口】　1 月,因凌汛水涨,防泛新堤在尉氏县城南荣村决口,泛水从鄢陵、扶沟两县间南下,淹尉氏、鄢陵、扶沟等县,扶沟县仅剩一条半岛形狭长地带。

【日伪在河南黄河北岸挑挖长沟】　3 月,日伪在北岸征集民工在黄河故道西起吴厂(花园口对岸)东至开封盐店开挖宽 4.95 米、深 2.8 米长沟一道;另在北岸大堤以北,由王禄坑塘(花园口对岸)起,与大堤平行穿原武、阳武、延津至封丘后朱乡,开挖深 4.95 米、宽 4.95 米长沟一道;又在武陟木栾店至马营一带河滩上挖长沟一道。河南修防处于 4 月急电黄河水利委员会,认为"敌挖长沟有引黄河东流或入故道使豫东泛区断流的企图"。

【河南修防处修筑河防军工】　3～4 月,日伪在防泛东堤大举修筑堤坝,企图逼溜西侵。为确保防泛西堤安全,河南修防处于 4 月 16 日至 8 月底在扶沟等沿堤县修筑军工坝 37 道、埽 2 段。全部工程共动用秫料 80 万公斤,完成土方 830 万立方米,投资 164.43 万元。

【联合侦察班潜入敌后侦察】　4 月 15 日,联合侦察班成立。日伪在泛东各县修筑堤坝,意图威胁防泛新堤及军事设施。经军事委员会西安办公厅及第一战区长官司令部研究,行政院核准,由黄河水利委员会、第三集团军司令部和河南省第一区行政督察专员公署 3 方抽调机敏干练、长于河防工程的人员共同组成联合侦察班,潜入沦陷区侦察日伪行动。联合侦察班于民国 32 年撤销。

【周口白马沟堵口】　4 月 17 日,周口白马沟口门合龙闭气。

【培修防泛新堤】　4～8 月,河南修防处在日军的飞机、大炮骚扰下,按高出上年洪水位 2 米、顶宽 6 米的培修标准,对防泛新堤及部分黄河旧堤组织实施了修复工程。第一修防段培修堤防 97.85 公里,完成土方 135 万立方米。第二修防段完成 89.52 公里,土方 121 万立方米。第三修防段完成 84.39 公里,土方 42 万立方米。3 个修防段总计培修堤防 271.76 公里,完成土方近 300 万立方米,同时修筑了一批埽坝护岸及排泄背河积水工程。

【日军在郑县沿河一带肆虐】 5 月 6 日,日本侵略军飞机 19 架轰炸郑县,投弹 80 余枚,死伤 60 余人,炸毁房屋 150 余间,警报终日未除。

5 月 21 日、23 日,日本侵略军从对岸向荥泽一带整日炮击,铁牛大王庙险工料物遭受损失。

6 月 16 日,中牟日本侵略军隔河炮击南岗、马家、黄坟等处河工。

6 月 25 日,中牟日本侵略军隔河炮击马家,炸死修防民工 2 人,伤 4 人。

【日伪再次筹堵花园口口口门】 6 月,日伪在开封成立委员会筹备堵复花园口口口门。次年 7 月,拟定出堵口计划。计划除使黄河归故以维持下游航运、灌溉外,在花园口修筑节制闸、船闸等,以维持泛区河道的航运、灌溉,并在大洪水时分洪以减轻黄河河道的洪水负担。计划两年完成,每年投资 1200 万日元。筹堵委员会维持到民国 32 年底。

【张含英任黄河水利委员会委员长】 7 月 23 日,黄河水利委员会委员长孔祥榕逝世,遗缺由万辟代理。8 月,国民政府特任张含英为黄河水利委员会委员长。

【河南修防处设立 4 个防汛处】 为便于指挥,加强防守,7 月河南修防处在旧堤荥泽汛,新堤中牟县胡辛庄、扶沟县韩寺营、淮阳县李方口等险要工段设立第一、二、三、四防汛处,会同主管段防守指定的特险工段,并代表修防处就近督导各驻在段全体员兵,办理一切防汛抢险事务。

【日军侵袭郑县】 10 月 1 日,日本侵略军由琵琶陈偷渡黄河,4 日攻占郑县。11 月 3 日国民党第三集团军 81 师逐出日军,收复郑县。

【河南修防处进行引河南流查勘】 10 月 16 日,河南修防处派员参加第一战区长官司令部在洛阳召开的会议,讨论在汜水口以下至荥泽口间开挖引河,引河南流至郑州以南仍回归泛区河道的可能性。这次会议是第一战区长官司令部遵照军事最高当局为日本侵略军在黄河下游故道以北开挖长沟,企图引河北流使黄泛区断流而寻找对策召开的。会后,河南修防处组织人员查勘了汜水河口,认为由汜水以下邙山开挖引水工程不易;后再次组织人员查勘了由汜水口、孤柏嘴、池沟、宋沟、荥泽口、李西河等处开口引河的方案。次年 1 月 17 日黄河水利委员会组成汜东勘测队,用 20 天时间完成汜郑段沟线勘测后,写出《特别军工测量报告书》,论证开挖邙山引河由郑县以南行河难以实现。

【沁河发生 4 处决口】 本年,国民党博爱县区长张凤生在蒋村扒口,该县 20 余村受灾。当年,沁河还决武陟渠下村、大樊、北王村 3 处。

【河南沿黄各县组织民工防汛总队】 遵照黄河水利委员会民国 25 年修防会议议决案规定,河南修防处于本年起每年 7 ~ 10 月在沿黄各县组织成立民工防汛总队。队员由沿堤 10 里以内村庄 18 ~ 45 岁壮丁组成,沿河各县长兼民工防汛队总队长,各区长兼防汛分队长,联保主任兼分队副。民工防汛总队长至队员均为义务工,所需雨具、工具、炊具等由队员自备。

民国 31 年(1942 年)

【加修军工挑水坝】 2 月 3 日,河南修防处奉令加修防泛新堤军工挑水坝,计在尉氏县南至马立厢加修 5 道,扶沟坡谢至西华道陵岗加修 7 道,逼水东移。

【修复日军毁坏工程】 3 月 14 日,河南修防处开始对新、旧堤防及上年日军毁坏工程进行培修加固,8 月底完工。

【日伪培修防泛东堤】 5 月,日伪培修防泛东堤工程竣工。该工程于 2 月 20 日开工。伪河南省建设厅征集开封等 11 县劳工,对河南通许县至安徽省境之间的防泛东堤及其护岸进行修筑和加固。总计修补堤防 102 公里,护岸 1.5 公里,做土方 255 万立方米。补修后的堤防,高平均为 2.5 米,顶宽 5 米,坡度 1:2。次年 4 ~ 7 月,伪河南省公署又兴工修筑了河南郑县石桥至中牟车站间 30 公里和通许县傅庄至太康南村岗间 45 公里的防泛东堤。

【日人编制《三门峡堰坝筑造计划概要》】 6 月,山东省经济建设技术人员协会(由日本技术人员组成)编制的《三门峡堰坝筑造计划概要》完成。计划在三门峡筑高 70 米混凝土重力式溢流堰坝,淹没面积 225 平方公里。水库以发电为主,兼顾灌溉、航运和防洪。水库建成后,可将 30000 立方米每秒洪水调节为 15000 立方米每秒,加之下游两岸堤防的整修、加固,洪水灾害可"完全根绝"。计划年发电量 50 多亿千瓦时,工期 6 年,概算投资 4.596亿元。

【防泛新堤多处漫决】　8月4日，黄河盛涨，尉氏岗庄，扶沟、西华间的道陵岗、张庄和刘干诚一带防泛新堤漫决17口。

【西华民众武装扒堤泄水】　9月11～12日，西华防泛新堤堤西徐营村民持枪强行将大堤挖掘两口，以泄雨水。挖掘时与堤东民众发生冲突，枪战竟日。又有村民在凹赵东拟再行决堤，泄水东流，被保安队发觉，当场击毙1人，捕获七八人。大堤内刘老家村民亦将大堤挖开，放水入堤西贾鲁河，当事人被拿获法办。

【黄河水利委员会改隶全国水利委员会】　10月17日，国民政府修正公布《黄河水利委员会组织法》，规定黄河水利委员会隶属全国水利委员会。

【临泉会议决定成立黄泛视察团】　12月，国民党苏鲁豫皖边区党政分会主任汤恩伯召集第十五集团军总司令部、黄河水利委员会、导淮委员会及有关4省的代表在安徽临泉开会，研究防范黄河泛水溃入沙河继续南泛的问题。会议决定成立黄泛视察团，以边区总司令部高参钟定军为团长。视察范围上自河南尉氏，下至安徽颍上，对泛区河势、沿河堤防工程情况作了调查研究，提出《黄泛视察团总报告书》。其中，强调豫省工程浩大，如不及时加培堤防，势必泛流改道，国防民生将两受其害；为保持原有泛区，巩固抗战国防，兼顾国民生计，在河南境内估列培修加固堤防土方600多万立方米，建议以工代赈，争取于1943年4月以前完成。

【沁河五车口决口】　本年，武陟五车口沁河决口，堵塞后次年复决。国民党武陟县区长孟新吾，为使五车口之水不冲淹他的家乡（赵明村），在上游东小虹桥扒决沁堤，沁南地区受灾惨重。

【拟订花园口堵口复堤计划】　根据行政院水利委员会的命令，本年黄河水利委员会编制出《黄河花园口堵口复堤工程计划》，以备战后实施。行政院水利委员会饬中央水利实验处在重庆进行堵口模型试验。试验后决定用打桩修建便桥抛石平堵方法堵口。

【《再续行水金鉴》出版】　本年，由郑肇经主持，武同举、赵世暹辑的《再续行水金鉴》脱稿，行政院水利委员会编入"水利丛书"印行出版。《再续行水金鉴》汇编嘉庆二十五年（1820年）至宣统三年（1911年）间的官方治河档案和有关治河文献，其中黄河水利史占大部分。

【黄河中下游大旱】　本年，陕、晋、豫、鲁、冀5省及当时黄河流经的苏、皖两省大旱。陕西全省干旱，特别是宝鸡、咸阳和汉中地区春季旱荒严重。山西省则旱、水、虫、雹数灾并发，晋中、晋南18个县春旱，3000多个村受灾,44个重灾县有近12万户、60万人无法生活。鲁北特大干旱,连续150天无雨,土地龟裂,河道干涸,树叶树皮食尽。河北省由春至夏数月未降滴雨。江苏中北部、安徽北部夏季大旱,禾苗枯死。次年,河南旱情持续发展,由春至秋连续干旱,与此同时近60个县还发生了严重的蝗灾,黄河沿岸20多个县为重灾区。当年,河南省90余县、6000多万亩农田受灾,饿死300万人❶,300万人逃离家园,濒于死亡等待救济者1500万人。

民国32年(1943年)

【防泛新堤凌汛决口】　1月27日,尉氏荣村至岗庄不足10公里的堤段,受积凌水侵袭,先后出现漏洞39个。在抢堵中有民夫3人塌入洞内,因工料不济,终致决口4处。同时,扶沟至西华境道陵岗堤段,亦因积凌水偎堤冲刷,出漏洞40处,虽大力抢堵,又决口12处。

【整修黄泛工程】　1月下旬,汤恩伯在漯河召开第一次整修黄泛工程会议。会议根据黄泛视察团估列的工程项目,决定当年麦收前完成,并成立工程总处,以苏鲁豫皖边区副总司令何柱国为总处长,负责指挥,拨军工款500万元,以军工为主,进行复堤工程。至5月中旬,大部工程基本告竣。5月下旬,汤恩伯在周口召开了第二次整修堤防会议,续拨军工款450万元。议决4项:"继续堵筑未堵塞的口门;修筑贾鲁河及鄢陵双泊河堤防工程;加修周口以西至逍遥镇的沙河北堤;重点加固周口以东沙河南堤,以防泛水越过沙河。"至7月,工程亦大部完成。7月20日再次在临泉举行第三次整修黄泛工程会议,决定由河南省政府、黄河水利委员会及边区驻军共同组建"河南整修黄泛临时工程委员会",筹款3000万元,进行堵口、复堤和防汛。本次堤防整修共分三期施工,动员河南鄢陵、禹县、密县、郑县、洧川、临颍、襄县、西平、上蔡、新蔡、汝南、淮阳、沈丘及安徽省太和、临泉等28县民工,陆军第193师等部队及地方武装共计40余万人,用工近1000万个,做土方900多万立方米,完成了防泛新堤及沙河、颍河、贾鲁河堤防的培修,实施了堵塞荣村决口工程,修筑了徐湾退堤、郭寨至刘湾圈堤等堤工。

---

❶据《河南省志・大事记》:"全省普遍受灾(主要是旱灾),全年粮食收成不及十之一二,灾民达1000万,饿死者150万人以上,逃亡者约300万人"。

一二期工程完工后,次年春又采用以工代赈的办法,组织实施了整修黄泛三期工程,先后堵塞了荣村、薛埠口、下炉口、宋双阁等决口口门,培修堤防数段,并修建了一批防洪工程。本期工程共用秸料130多万公斤,柳枝500多万公斤,完成土方350多万立方米。

【修筑沈丘东蔡河军工工程】　4～7月,鉴于沈丘县东蔡河以下泛区干涸,失去阻敌障碍的实际情况,第15集团军总司令部、黄河水利委员会于3月计划修筑东蔡河节流横堤军工工程。横堤由单庄经打鱼王、孙庄、后于凹、大李庄、王草楼、李庄至孟店桥,两端均与民埝相接。该工程于4月15日开工,因泛水大涨,料物不济,至7月底共完成单排编柳工程2公里,护岸1.2公里,用柳18万公斤,土方52万立方米。尽管横堤工程未完成,但仍起到了较好的阻敌作用。

【抢堵西华县道陵岗一带漫口工程完工】　5月7日,国民党军抢堵西华县道陵岗一带漫口工程完工。该工程是民国31年9月开始实施的,3个多月后相继堵复了道陵岗至刘干城的4处漫口。又经过5个多月的努力,完成了最后一处口门的堵塞,从而避免了大河主溜由西华蔡河沟穿过贾鲁河越沙河南泛、变更豫皖边区抗击日军防线的危险。

【防泛新堤决口48处】　5月,因水涨又遇大风浪袭击,新二段梁半庄至道陵岗堤段(桩号157～175公里),漫溢决口14处,大堤多不成堤形。同时,中牟、尉氏各决口1处。扶沟、西华两县受灾较重。

6月18日,扶沟吕潭至宾王岗间决口10处。

8月,新二段大堤桩号191～211公里间,因背河积水过高,漫溢决口10处,另在尉氏小岗杨、扶沟白潭至吕潭间及淮阳宋双阁等地先后决口12处,溃水淹及扶沟、西华、鄢陵、尉氏等县部分村镇,面积300平方公里。

【修筑尉氏里穆张军工挑水坝】　6月23日,尉氏县里穆张军工挑水坝兴工,7月25日完工,共修筑土坝6道,护岸7段,裹头4段,砖柳坦3段,柳把护坦1段。用工10.31万个,做土方94325立方米,用柳枝150万公斤,粉碎了日伪逼水西侵的阴谋。

【荣村堵口工程暂停】　堵口工程于6月11日开工。7月底,尉氏荣村堵口工程因泛水猛涨,抢堵工程暂停,决定秋后再堵。

【黄、沁河在武陟境内多处决口】　8月上旬,沁河南岸武陟五车口新工因堤底穿穴,抢护不及,将民工陷入泥内而死三四十人,堤遂溃决,一日之内决口冲宽至120多米。下旬,沁河东小虹堤段因堤身坍塌而决。黄河在武陟解封东西及方陵等处亦先后漫决。

【赵守钰任黄河水利委员会委员长】　8月21日,赵守钰任黄河水利委员会委员长。

【日伪举办引黄济卫工程】　8月21日,伪华北政务委员会建设总署水利局设计的引黄济卫工程开工。该工程计划在京汉铁路桥以西黄河北岸大堤上修闸5座,引黄河水40立方米每秒,总干渠由黄河大堤经何营、忠义、亢村、小冀至新乡东北骆驼湾入卫河,补充卫河水量,扩大卫河航运能力,并灌溉新乡一带农田28万亩。工程由伪河南总署开封工程处施工,至年底仅完成总干渠的开挖。渠首闸采用沉箱法施工,因遇流沙而停工。次年5月,在黄河滩上扒口试行放水。1945年日本帝国主义投降,干渠建筑物及灌溉配套工程等均未及施工而中途停止。

民国34~35年,国民政府河南省水利局派人进行调查、测量,把此工程定名为"引黄济卫工程",拟定修复计划,因缺资金,而未动工。

【防泛东堤多处决口】　8月,国民党"泛东挺进军"在太康、通许两县两次决堤18处,淹没村庄近千个,近万人受灾。9月26日,通许县邸阁附近决口3处。10月2日,国民政府豫东专员公署在中牟至太康高贤集的防泛东堤上决口11处,企图以黄水缩小中国共产党领导的抗日区域,并乘机抢夺财粮。

【巴里特查勘黄河】　秋季,行政院美籍顾问水利专家巴里特(Millis C. Barroit)应黄河水利委员会的邀请,由中央水利实验处技正李崇德陪同赴黄河上中游甘、陕、宁、绥、豫等省和沿河南防泛西堤查勘。11月返西安后,黄河水利委员会副委员长李书田召集该会严凯、李赋都、李燕南、吴以教、许宝农、严树楠等与之进行座谈,巴氏就黄河泥沙、下游防洪、花园口堵口、陕(县)孟(津)间筑坝拦洪等问题发表意见。

【整理豫境黄泛临时工程委员会成立】　11月22日,整理豫境黄泛临时工程委员会在许昌成立。黄河水利委员会委员长赵守钰为主任委员、河南省府委员李鸣钟为副主任委员。

民国33年(1944年)

【河南修防处造林植苇】　1~4月,河南修防处于临河坦坡及远水工段栽柳33万余棵,近水工段植苇,以防止堤坦冲刷,掩蔽军事工程。

【黄河沿河县长受水利机关指导监督】 3月30日,黄河水利委员会电令河南修防处:"奉水利委员会转奉行政院,已令行河南省政府转饬沿河县长遵照,对于修防事宜应受水利机关之指导监督,并将办理河防事务列为考成重要部分。"

【日本侵略军攻占郑县】 4月19日,日军全面出动,由郑县黄河铁路桥和中牟等地渡过黄河,22日郑县失陷。尉氏以上堤防修守工作中断。

【国民党驻军及日伪在防泛新堤扒口多处】 6~8月,国民党"泛东挺进军"驻军西华县,为防日军进攻,在扶沟吕潭、西华毕口、薛埠口、杨庄户、刘老家、淮阳李方口、下炉,贾鲁河东堤之龙池头、八里棚、栗楼岗等堤段扒口多处。

8月16日,日伪在西华葫芦湾和周口南寨之沙河南堤(黄河防泛新堤)挖口两处。

【《第二调查(黄河)委员会综合报告书》出版】 6月,《第二调查(黄河)委员会综合报告书》刊印出版。该书由日本东亚研究所组织的第二调查(黄河)委员会1940~1942年所发表的文献汇编、调查报告、设计规划等综合而成。其主要内容为:

(1)关于治河方案。主张挽复1938年以前的故道,在三门峡、八里胡同、小浪底3处建坝修库,调节流量,使最大洪水流量由30000立方米每秒减至20000立方米每秒,下游利用宽堤距滞洪,以及徒骇河分洪,修葺堤防,裁除急湾、固定中水河槽等。

(2)关于以黄河为中心的华北内河航运整理计划。大的航道计3条,一是整治黄河下游河道,利用上中游水库调蓄水量,自孟津至利津使通汽船。二是利用卫河和运河,从黄、沁河补水,自修武、新乡、临清、德县而达天津,通行300吨拖驳。三是整理黄河水道自花园口经周家口、正阳关、风台、怀远、蚌埠、洪泽湖、高邮湖与大运河汇合,沟通长江水运,行驶300吨拖驳。

(3)关于水力发电。自内蒙古清水河至河南小浪底选有近20个坝址,其中有最早的三门峡筑坝计划。筑坝分二期进行,第一期坝高61米,库水位325米,库容60亿立方米,回水至潼关;第二期坝高86米,库水位350米,库容400亿立方米,回水西至临潼,北至韩城,淹没良田200万亩,可容纳全年黄河水量,提供最大的电能。

(4)其他关于农林渔业、灌溉及排水计划。东亚研究所的治黄研究并未完成,其成果也较粗略,但其研究的系统性、深度和广度都有一定的参考价值。

【尉氏、扶沟、西华防泛新堤决口】　8月,防泛新堤于尉氏荣村,扶沟岳桥、董桥、吕潭、杜家等地决口6处,溃水淹尉氏红花、冯桥等5个乡镇及扶沟部分村镇,平地水深4~5米。

10月1日,扶沟李庄、董桥、吕潭和西华县毕口、刘老家等地决口6处。其中吕潭、毕口、刘老家3口为排积水,由国民党军扒决。

【拟订黄泛区善后救济计划】　行政院善后救济委员会编制出《中国善后救济计划书》。计划书中将对黄泛区的善后救济列为10项计划之一,其主要内容为水利建设,包括花园口堵口及下游故道修复堤防工程。而对泛区灾民的救济、复员及农田复垦等则散列于其他项目之中,缺一单独的多元目的泛区复兴计划。该计划书于9月提交联合国善后救济总署。直到日本帝国主义投降,花园口堵口合龙后,在推行泛区善后经济业务中,才不得不于民国36年6月另拟订出《豫皖苏泛区三年复兴计划》。

民国 34 年(1945 年)

【苏冠军任河南修防处主任】　3月,河南修防处主任陈汝珍去职,苏冠军继任。

【防泛东、西堤决口】　5月2日,日伪修守的防泛东堤决于中牟大吴。8月23日,又于郑县郭当口决口,次年5月两口同时堵合。防泛西堤在尉氏荣村至周家口北不足百公里内决口10处,扶沟、西华等县一些村镇受灾。

【河南修防处、黄河水利委员会相继迁回开封】　10月15日,河南修防处迁回郑州,冬迁回开封。黄河水利委员会于次年初由西安迁回开封,仍在城隍庙街旧址办公。

【花园口堵口大型模型试验在四川进行】　10月,中央水利实验处对花园口堵口工程在重庆已做多次模型试验的基础上,又在四川长寿县龙溪河完成了大比例尺水工试验。在模型试验中,研究了开挖引河、口门泄水量、河底冲刷、抛柳辊筑坝、平堵时的水力冲刷、口门壅水及冲深的计算等问题,为花园口堵口工程提供了重要参考资料。

【薛笃弼提出花园口堵口计划】　11月20日,行政院水利委员会主任委员薛笃弼提出花园口堵口计划。该计划将堵复工程分为两年完成,第一年修复下游重要堤防,并准备堵口所需的一切材料及局部动工;第二年完成全部复堤工程,并在大汛前将口门堵筑合龙,黄泛区堤防在花园口未堵合前仍应继续修守。花园口一旦堵合,即兴工泛区水道整理工程。概算工程投资为360.5亿元(按民国26年币值计算)。

【黄河水利委员会成立花园口堵口工程处】 12月,黄河水利委员会成立花园口堵口工程处,筹备堵复花园口决口。次年,花园口堵口复堤工程局成立后,该处撤销。

【《历代治河方略述要》出版】 张含英著《历代治河方略述要》由商务印书馆出版发行。该书综述历代治河方略概要,总结历代治河经验教训。1980年作者又将此书改编、补充,定名为《历代治河方略探讨》,1982年由水利出版社出版,是一部研究治河问题的重要著作。

民国35年(1946年)

【武陟沁河凌汛决口】 1月16日,武陟沁河堤防因凌汛决口。

【冀鲁豫行署调查黄河故道】 1月31日,解放区冀鲁豫行政公署令长垣、滨河(今长垣、滑县、东明、濮阳各一部分)、昆吾(今濮阳一部分)、南华(今菏泽一部分)、濮县(今范县一部分)、范县、鄄城、郓城、寿张(今台前)、东阿、平阴、长清等沿黄故道各县,立即调查黄河故道耕地、林地、村庄、房屋、户口及堤坝破坏情形等。

【花园口黄河堵口复堤工程局成立】 2月,花园口黄河堵口复堤工程局(以下简称堵复局)在郑州花园口正式成立。黄河水利委员会委员长赵守钰兼局长,潘镒芬、李鸣钟任副局长。

【中共中央就黄河归故问题作出指示】 2月中旬,中国共产党中央委员会(以下简称为"中共中央")指示冀鲁豫区党委及行署:"黄河改故,华中、华北利弊各异,但归故意见全国占优势,我们无法反对。此事关系我解放区极大,我们拟提出参加水利委员会、黄河水利委员会、治河工程局(即堵复局),以便了解真相,保护人民利益。"根据这一指示,冀鲁豫解放区党委和行署除积极准备同国民政府进行黄河问题谈判外,还决定成立解放区治黄机构,负责组织和领导修堤、防汛工作。

【晋冀鲁豫边区成立治黄机构】 2~3月,解放区晋冀鲁豫边区政府自接到黄河将回归故道的消息后,以此事关系重大,决定设立治河委员会。该

会于 2 月 22 日在菏泽成立,冀鲁豫行署主任徐达本兼任主任委员。其主要工作为:

(1)沿河各专区、县分别成立治河委员会,广为延揽治河人才,征求人民对治河的意见,以便有计划地进行工作。

(2)立即勘察两岸堤埝破坏情形及测量河身地形情况。

(3)调查两堤间村庄人口及财产数目,筹划迁移及救济事宜。

3 月 12 日,该会召开第三次会议,决定在黄河南北两岸设立修防处和县修防段。5 月底 6 月初该会改为冀鲁豫黄河水利委员会,王化云任主任,刘季兴任副主任,机关设工程、秘书、材料和会计等处,共 40 余人,分驻菏泽和临濮集两地,下设第一、二、三、四修防处。

【防泛东堤第四修防段成立】 春,河南修防处补筑郑县来童寨至杨桥西南小金庄一段防泛东堤,长约 4 公里,同时成立防泛东堤第四修防段(简称新四段),负责修守来童寨至开封郭厂村长 40 余公里堤段。民国 36 年花园口口门堵合后,该段撤销。

【花园口堵口工程开工】 3 月 1 日,花园口堵口工程正式开工。花园口口门宽 1460 米,小水时靠西坝 1000 米为浅滩,靠东坝 460 米为河槽。浅滩部分先用捆厢进占后浇戗土方法堵筑;深水部分先打排桩架设木桥,上铺双轨轻便铁路,用翻斗车运石块从桥上抛石,筑成透水石坝,石坝后修筑捆厢边坝,中间填筑土柜。

堵口前,河南省政府组成招工购料委员会,进行招工、购料。交通部从京汉铁路广武车站至花园口专门修了铁路支线。行政院善后救济总署(以下简称"行总")河南分署派出工作队、卫生队驻工地发放救济物资,办理卫生医疗。联合国善后救济总署(以下简称联总)中国分署派黄河工程顾问塔德等外籍技术人员多人,携带多种机械设备常驻工地协助施工。参加施工的职员 260 余人,工人约 900 人,最多时上民工约 5 万人。

【赵守钰求见"三人小组"】 3 月 3 日,黄河水利委员会委员长兼堵复局局长赵守钰求见正在新乡执行军事调处任务的"三人小组"中国共产党(以下简称"中共")代表周恩来、美国代表马歇尔、国民党代表张治中,商谈黄河堵口复堤问题。周恩来指示中共驻新乡军事调处执行部执行小组代表黄镇与赵洽谈,以确定各方派代表进行商谈,求得合理解决。

【开封会谈达成协议】 3 月 23 日,解放区晋冀鲁豫边区政府派出代表晁哲甫、贾心斋、赵明甫等首次前往开封,同黄河水利委员会赵守钰、联总塔德、行总马杰等,就黄河堵口复堤问题举行会谈,于 4 月 7 日达成《开封协议》。其主要内容为,堵口复堤同时并进,合龙日期待会勘下游河道、堤防情形之后再行决定。

【黄河水利委员会设立河北修防处】 4 月 1 日,黄河水利委员会设立河北修防处,任命齐寿安为修防处主任,负责河北省境的黄河河务。机关暂驻郑县北郊东赵村,后迁开封刘家胡同。

【白崇禧、刘峙视察花园口】 4 月 8 日,国民政府军事委员会副总参谋长白崇禧,偕郑州绥靖区主任刘峙及随员 30 余人视察花园口堵口工程。

【菏泽协商达成协议】 4 月 8 日,黄河水利委员会赵守钰、孔令瑢、陶述曾和联总塔德、范明德等 9 人,会同解放区代表赵明甫、成润等,由开封出发对下游故道进行联合查勘,历时 8 天,共查勘 17 县,直到入海口。往返约 1000 公里,15 日返抵菏泽。解放区冀鲁豫行署主任段君毅、副主任贾心斋、秘书长罗士高等,同赵守钰、陶述曾等协商后达成《菏泽协议》。其主要内容为:复堤、整险、浚河、裁弯取直等工程完成以后再合龙放水。河床内村庄迁移救济问题,由黄河水利委员会呈请行政院拨发迁移费,并请联总拨发救济费。

【行政院聘请外国专家成立黄河顾问团】 4 月 27 日,行政院院长宋子文致函马立森克努生(Morrison – Knudsen)公司总工程师杜德(Ralph A. Tudor),要求代聘专家组织治黄顾问团。7 月 8 日在美国科罗拉多州的丹佛城召开预备会,组成顾问团。聘请的顾问团成员有:雷巴德(Eugene Reybold)中将、葛罗同(J. P. Growdon)中校、萨凡奇(John L. Savage)博士、欧索司(Peroy M. Othus)先生。12 月 12 日至次年 1 月,顾问团与中国专家自河口向上游飞行视察流域全貌,并重点进行实地勘察。经研究后,顾问团于 1947 年提出《治理黄河初步报告》,内容包括下游防洪、开发计划等,认为防洪是重点,应修筑水库,使洪水及泥沙得以控制。报告选用八里胡同坝址,拟筑高坝 170 米,形成山峡水库,坝底设置口径巨大的排沙设备,利用变动水位,调节流速与输沙。预计水库每年放沙一次,其寿命可维持永久。同时造就一固定河道,输送受控的水沙入海,保持河道稳定,比降历久不变,初估河道平均比降为 1:6000,河宽 500 米,河深 5 米,含沙量达 20% 而不致淤积。"报告还建议由孟津至海口,造就固定而较狭的河道以利通航",河道最小流量约为 500 立方米每秒,可行驶 500 吨驳船。

【宋子文反对延缓堵口】 《菏泽协议》达成后,国民政府强调堵口而不提复堤,塔德主张加速堵口尤力。堵复局及以总工程师陶述曾为代表的中方技术人员则认为:在下游堤防未复、石料运集工地甚少的情况下,汛前堵口绝无可能,主张延缓堵口。5月1日水利委员会主任委员薛笃弼在郑县审核并批准堵复局的计划。5月2日行政院院长宋子文致电薛笃弼,不同意暂停堵口。指出:"黄河堵口关系重要,未宜遽定缓修,且国际视听所系,仍应积极兴修。已电令交通部迅速修筑未完工之铁路,准备列车,赶运潞王坟之石方前至工地,希速饬依照原定计划积极提前堵口。如有实际不能完成堵口时,届时可再延缓,此时未宜决定从缓也。"薛接电后,决定堵口继续进行。

【晋冀鲁豫边区政府负责人就黄河堵口发表谈话】　5月5日,新华社播发了解放区晋冀鲁豫边区人民政府负责人就国民政府违反《菏泽协议》,决定两个月内完成花园口堵口工程一事发表谈话。指出:此举系有意放水淹没冀鲁两省沿河15县人民,我们坚决反对。如当局不顾民命,违反协议,则百姓必起而自卫。引起之严重后果,应由国民党当局负完全责任。

【中共中央发言人发表谈话】　5月10日,中共中央发言人就黄河堵口问题发表重要谈话,重申了先修复下游堤防,后进行花园口堵口的合理主张。指出:黄河改道8年,千里堤坝破败不堪,决非几个月所能修复,国民党当局违背先复堤、浚河,后堵口放水的协定,坚持两个月内在花园口合龙放水,这只是借治河为名,蓄意放水淹冀鲁豫三省同胞。如果国民党当局一意孤行,人民将采取自卫措施。要求国内外人士主持正义,制止国民党花园口堵口,彻底执行《菏泽协议》。

【南京会谈达成协议】　5月15日,在中共代表周恩来的领导下,晋冀鲁豫边区代表赵明甫、王笑一同国民政府行政院水利委员会、行总和联总的代表在南京进行会谈,于18日达成《南京协议》,协议规定:

(1)下游急要复堤工程尽先完成,复堤争取6月5日前开工,所需器材及工程粮款由联总、行总和水利委员会尽速供给。

(2)下游河道内居民迁移救济从速办理。

(3)堵口工程继续进行,以不使下游发生水灾为原则。解放区代表对协议提出如下保留意见:大汛前口门抛石,以不超过河底2米为限;不受军事政治影响;暂不拆除汴新铁路,暂不挖引河。同时,解放区派工程师驻花园口密切联系。

【周恩来同联总代表达成口头协议】　5月18日,中共代表周恩来同联总驻中国分署主任福兰克芮、工程师塔德为执行《南京协议》达成口头协议 6 条:下游复堤,从速开工;复堤工程所需器材、工粮由联总、行总供给,不受军事政治影响;行总为办理物资供应在菏泽设立办事处;河道居民迁移救济,由国、共及联总、行总组成委员会负责;6 月 15 日前,花园口以下故道不挖引河,不拆汴新铁路及公路,6 月 15 日以后视下游工程进行情况,经双方协议后始得改变;打桩继续进行,抛石与否,须待 6 月 15 日视下游工程进行情形经双方协议决定,如果抛石,亦以不超过河底 2 米为限等。

【整修豫境黄泛工程招工购料委员会成立】 5 月 24 日,由黄河水利委员会、河南省政府、省党部、省参议会及行政院善后救济总署 5 机关共同组织的整修豫境黄泛工程招工购料委员会在周家口成立,黄河水利委员会委员长赵守钰兼主任委员,河南修防处主任苏冠军、宋恒忠兼副主任委员。主要职责为:工料分配、价格调整、督催运送等。

【解放区人民武装夜袭新乡潞王坟石厂】 5 月 25 日,为挫败国民政府汛前(花园口)合龙、水淹解放区的阴谋,解放区人民武装夜袭潞王坟石厂,炸毁开山机。

【解放区开展复堤工程】 5 月 26 日,渤海解放区动员 19 个县的 20 万民工开工复堤,各县指挥部说服群众麦收期间不停工,争取 7 月 15 日前完成复堤工程,以抵御洪水的袭击。6 月 1 日解放区冀鲁豫行政公署命令沿黄故道各专署、县政府、修防处、段,立即动员和组织群众即日开工,将堤上獾洞、鼠穴、大堤缺口等修补完毕,在旧堤基础上加高 0.66 米,堤顶加宽至 7.98 米。截至 7 月,两解放区共完成土方 1230 万立方米。

【冀鲁豫黄河水利委员会第一、二、三、四修防处成立】 5 月,冀鲁豫黄河水利委员会第一、二、三修防处先后成立。第一修防处驻地东明县城,下辖考城、东垣(今东明一部分)、东明、南华 4 个修防段;第二修防处驻地濮阳马屯,下辖长垣、濮阳、昆吾、曲河 4 个修防段;第三修防处驻地鄄城大渚潭,辖北岸的濮县、范县、寿北(今台前县)、张秋(今山东阳谷县一部分),南岸的鄄城、郓北(今山东郓城县一部分)、寿南(今郓城县一部分)、昆山(今山东梁山县)等 8 个修防段。第四修防处亦于当年春季成立,驻地平阴县城,辖平阴、河西、东阿、齐禹 4 个修防段。

【国民政府故意拖拨复堤粮款】 《南京协议》签订后,按照双方商定的供给办法,第一期国民政府应该供给解放区工款 100 亿元(法币),面粉 6000 吨。但是直到 6 月 27 日,仅向两解放区供给面粉 1500 吨,工款刚拨出 40

亿元,还未送交解放区,至于河床居民迁移费,行政院还未批准。解放区经过8年抗日战争,已到民穷财尽的程度,要支持如此巨大工程,实是力不从心。6月7日、14日,解放区代表成润、赵明甫与联总人士分别赴开封和南京催拨工粮、工款,而水利委员会与行总却互相推诿,均不认账,未获任何结果。6月20日,晋冀鲁豫边区政府电告南京行政院暂停堵口,速拨粮款。

【塔德等评论国共两区复堤】 6月20日,联总塔德由开封抵菏泽,会同范明德、张季春察看鄄城临濮集以下复堤情形。塔德对解放区政府忠实执行《南京协议》及群众积极工作的精神表示赞佩。范明德、张季春也赞扬解放区群众的复堤精神。而济南附近国民党辖区迄今仍未动工。张氏在评论各方时说:解放区百分之百执行了《南京协议》,联总执行了百分之五十,至于国民政府则等于零。

【花园口堵口工程受挫】 6月21日,花园口堵口打桩架桥工程完毕,共打木桩119排,全长450米。开始在口门抛石。27日,因水位猛涨,溜势汹涌,4排木桩被冲,到7月中旬东部又有44排全被冲走,堵口工程受挫,汛前合龙计划落空。

【黄河水利委员会建立无线电通信系统】 6月黄河水利委员会在开封设立无线电总台,并在陕县、孟津、武陟木栾店、郑县花园口、扶沟吕潭、淮阳水寨、尉氏设立电台,建立了中上游各主要水文站及泛区修防段等地的通信系统。

【周恩来向马歇尔提出暂停堵口】 7月8日,周恩来致马歇尔备忘录指出:至6月27日冀鲁豫边区仅收到面粉500吨,使复堤无法进行。国民政府在其统治区,只修南岸不修北岸,显然企图淹没解放区。请转告政府,供应款项须尽快送达解放区。花园口以下工程未完成前,不能挖引河、拆汴新铁路。堵口工程应暂为停止,黄河暂不归故。

【上海会谈达成协议】 7月18日、22日,中共代表周恩来、伍云甫等同国民政府代表薛笃弼,行总代表蒋延黻,联总代表福兰克芮、塔德、张季春等为拨付解放区复堤工程粮款、河床居民迁移救济费和复堤面粉等事项,在上海举行会谈,22日签署了《上海协议备忘录》。主要内容是:

(1)为修复堤坝中共地方当局所支付全部工料款项,应由国库支款还付。

(2)行总应出面粉8600吨付给中共管理各区黄河工程工人。

(3)河床居民救济款在11月底以前拨给150亿元。并确定洪水期不再堵口,9月中旬再继续进行。

【周恩来向张玺等部署工作】　7月19日《上海协议》签字前,周恩来由王笑一、成润等人陪同由沪飞豫,察看花园口堵口工程,当夜在汴接见了冀鲁豫区党委书记张玺、行署主任段君毅,冀鲁豫黄河水利委员会主任王化云等,向他们分析了形势,告诫他们不要把希望寄托在一纸协议上,要抓紧赶修堤防工程,争取时间,避免被动。20日,周恩来又专程赴郑县视察花园口堵口工程,并返汴出席黄河水利委员会组织的开封各界人士黄河问题座谈会,发表长篇讲话。21日飞返上海。

【河南黄河多处决口】　7月22日,郑县郭当口防泛东堤决口,口门宽1公里,郑县、中牟等地受灾。9月26～27日,西华颍河南堤马穆桥、朱湾、枣口、驻庄、徐桥等处漫溢决口,西华县大片土地被淹。汛期,孟津野鸡王村附近堤防决口,淹没20余村。

【朱光彩接任花园口堵复局局长】　7月30日,花园口堵口工程因桥桩被冲,汛前合龙计划失败,局长赵守钰引咎辞职。8月11日,由朱光彩继任。

【国民党军队掠夺解放区治河物资】　国民党军队自6月26日向解放区大举进攻以来,抢去大量治河物资。至8月底,仅菏泽、考城、东明3县计被抢去面粉100余万公斤、麻绳24.5万公斤、汽油18桶、机油5桶、柴油7桶、面袋19.2万条、秸料100万公斤、木桩7万根,炸毁吉普车3辆。

【花园口堵复局恢复堵口】　汛后,花园口堵复局恢复堵口,国民政府限50天完工。行政院水利委员会副委员长沈百先、技监须恺到花园口工地连续开会,决定改变堵口地点,选择距口门以下350米处另筑新堤,重新打桩架桥。11月5日新线打桩受阻,又移原口门处打桩。至12月15日补桩完竣开始抛石。17日水位上涨,部分桥桩冲斜,20日晨又有4排桥桩被水冲倒。

【国民党军炮轰救济物资】　11月22日,联总由上海运抵山东石臼所转冀鲁豫解放区首批救济物资卸船后即遭国民党军舰炮击,遭受重大损失。

【商定故道居民迁移救济费拨付办法】　11月23日,中共代表同联总、行总、水利委员会的代表就故道河床居民迁移救济费拨付办法举行座谈。决定迁移救济费150亿元,1/3拨付物资,2/3拨付现款。1947年1月5日前拨付现款100亿元,其余50亿元月底付清。

【导黄入卫测量完竣】　11月23日,河南省水利局组织测量队测量日本侵略军规划的引黄灌区及入卫总干渠。测量范围为黄河北岸、沿京汉铁路两侧的获嘉、新乡、汲县、延津等地。测量于 12 月中旬结束。

【蒋介石电促堵复花园口口门】　11 月 29 日,花园口堵复局接黄河水利委员会转水利委员会密电称:"奉蒋主席戌(11 月)梗(23 日)代电称,希饬所属昼夜赶工(指花园口堵口工程),并将实施情形具报"。

【张秋会谈无结果】　12 月 18 日,联总塔德,堵复局齐寿安、阎振兴等抵冀鲁豫解放区张秋镇。当晚与冀鲁豫行署段君毅、贾心斋、罗士高,冀鲁豫黄河水利委员会王化云、张方,解放区驻开封黄河水利委员会代表赵明甫,就延长堵口时间进行会谈,会谈至次日晨历经 7 小时未获任何结果。

【治黄顾问团查勘黄河】　12 月 10 日,治黄顾问团到达南京,12 日出发查勘黄河。查勘工作由全国经济委员会公共工程委员会主任沈怡主持,事前由中央水利实验处技正谭葆泰、中央大学教授谢家泽组织 60 余工程技术人员从事黄河研究及资料收集整编工作,以供顾问团参考。全国水利发电工程处总工程师柯登(John S. Cotton)及中国水利界人士也参加了查勘。顾问团先后查看了入海口、黄河下游故道、黄泛区、八里胡同、三门峡、龙门、鄂尔多斯高原、宁夏、兰州附近坝址、水土保持、青海及陕西关中灌溉工程。于次年 1 月 10 日回到南京。之后写出了《治理黄河初步报告》。柯登写出《开发黄河流域基本工作概要》。

【河南修防处全面整修防泛东、西堤】　本年,河南修防处对防泛东、西堤进行了全面整修。截至 12 月,共整修坝垛 98 道,埽 74 段,护岸 154 段,挂柳 9 处,培修土方 280 多万立方米。

【黄河水利委员会测量黄泛区和三花间地形】　本年,黄河水利委员会调 10 个测量队,分 5 个测区开始测量黄泛区地形,次年秋因受战争影响而停测。另外,国民政府建设委员会航测队与国防部测绘局空军第十二中队协作,完成了三门峡至花园口间的航空摄影,并绘制成部分 1:2.5 万地形图。次年,又拍摄了三门峡至孟津以及黄泛区的航空相片。

民国 36 年(1947 年)

【蒋介石再次督促花园口堵口工程】　1 月 2 日,水利委员会电示堵复局:"奉主席(蒋介石)谕,堵口工程,务须按照原拟进度所订元月 5 日完工,不可拖延,并派赵守钰临工督导。"

【邯郸会谈】　1 月 3 日,中共中央特派饶漱石会同联总驻北平执行部代表兰士英、联总驻华卫生专员卜敦、联总塔德、联总驻河南区代表韦士德,前往邯郸同晋冀鲁豫边区代表滕代远、戎伍胜、赵政一、董越千就黄河堵口放水及下游复堤问题举行会谈。会上戎伍胜提出 3 项最低要求:

(1)迅速拨发所欠第一期复堤款 49 亿元。

(2)速拨河床居民迁移救济费 150 亿元。

(3)去年 8 月国民党军大举进攻冀鲁豫区使复堤工程被迫停止 5 个月,故合龙放水亦应推迟到 5 月底或 6 月初进行。

塔德等同意,即派工程师调查河堤并即刻拨款;先将流入故道之水堵住不让再流;到上海立即拨付解放区救济费 150 亿元,并与联总艾格顿将军商量延期堵口问题。

【周恩来就黄河堵口发表声明】 1 月 8 日,周恩来就黄河堵口发表严正声明,指出目前陇海路东段内战正异常紧张之际,在故道复堤尚未完成、裁弯取直尚未开始、河床居民尚未迁移之际,国民党政府突于上月底严令郑州军事当局及黄河堵复局,在花园口强行堵口。其目的在于利用黄河水淹没解放区人民和军队,割断解放区的自卫动员,破坏解放区的生产供给,以达到军事目的。望全国同胞与全国舆论,共同制止这一阴谋。

【河南举行泛区善后建设会议】 1 月 9 ~ 10 日,由河南省政府、联总驻豫办事处及行总河南分署召开的泛区善后建设会议在开封举行。国民政府内政部、社会部、交通部、卫生部、地政署、黄河水利委员会、中国农民银行及河南省有关厅局都派出代表参加。会议讨论、部署黄泛区公共福利、农村建设、农业善后、工业善后、行政、土地、教育事项很多。会后因受经济、物资、人员等条件限制,实施者甚少。

【上海会议未获结果】 1 月 11 ~ 17 日,解放区代表董必武、伍云甫、成润、赵明甫、王笑一同行总代表霍宝树,联总代表艾格顿、毕范理、塔德,水利委员会代表薛笃弼等在上海会谈 4 次无结果。

解放区代表强调因国民党进攻解放区、延拨工款和迁移费,使解放区的复堤、迁移工作停止 5 个月,主张堵口工作亦应推迟 5 个月进行,并迅速供应解放区工粮、工款、迁移费,以加快解放区复堤、迁移工作。国民党和联总代表则坚决反对,会谈未达成任何协议。

【艾格顿向宋子文提出堵口复堤建议】 1 月 15 日,联总驻中国办事处艾格顿将军致函国民政府行政院院长宋子文,就黄河堵口、复堤问题提出如下建议:立刻建筑临时性水闸以堵闭流入故道之水,3 月 15 日前堵口抛石不得增加高度,5 月底以前全部完工。在此期间可进行河床居民迁移和复堤工作;国民政府应宣告 6 月 15 日前黄河故道及两岸各 5 英里之地区作为非军事区,以完成各项工程及救济工作。共产党亦须作同样声明并受同样约束。此建议提出后,未见反应。

【花园口堵口再次受挫】　1 月 15 日夜,花园口堵口工程因大溜将坝身冲塌,桥桩被冲走 7 排,险情扩大,架桥平堵再次受挫。

【国民党军政要人视察花园口】　1 月 16 日,国民党军总参谋长陈诚与陆军总司令顾祝同到花园口视察堵口工程。27 日陆军副总司令范汉杰亦抵花园口视察。水利委员会主任薛笃弼 28 日率工程技术人员奔赴花园口,连续召开会议研究堵口措施,强调堵口关系重大,蒋介石"垂注甚殷",务于桃汛前合龙。

【再次举行上海会谈】　2 月 7 日,中共代表董必武、伍云甫、林仲等,同联总艾格顿、毕范理,水利委员会薛笃弼,行总霍宝树等在上海就黄河堵口、复堤工程举行会谈,会谈记录 3 项:

(1)解放区黄河复堤工作即刻开始,堵口工作仍照常进行,合龙日期,至 3 月中旬视下游抢修险堤及抢救工作以及合龙工程实际需要,再由水利委员会、行总、联总与中共会商确定。

(2)联总即刻通知塔德工程师,会同水利委员会及中共工程人员协同救济队携带器材进入解放区勘察复堤及救济工作。

(3)水利委员会于月内先拨行总 40 亿元转中共复堤工程垫款。

【晋冀鲁豫边区政府嘉勉冀鲁豫区黄河复堤工作】　2 月 21 日,晋冀鲁豫边区政府嘉勉冀鲁豫区黄河复堤工作,对沿河人民完成这一历史上少有的伟大工程致以亲切的慰问,对该署及各级干部予以嘉奖并通报全区予以表扬。

【冀鲁豫解放区黄河河防指挥部成立】　3 月 3 日,冀鲁豫区军区和行署在山东寿张县常刘村成立冀鲁豫解放区黄河河防指挥部(群众称为"黄河司令部"),王化云兼任司令员,后由曾宪辉接任司令员,郭英任政委。任务包括保卫黄河两岸大堤;征集、建造和管理船只,建立渡口,保证战时交通;组织并训练水兵等,为刘邓大军渡黄河做前期准备。

河防指挥部实行军事编制,下设政治处及作战、供给和船管等部门。沿黄各县设立船管所 10 处,招集水兵 2000 余人,拥有船只 200 余艘。同年夏,各船管所改编为 5 个水兵大队及 1 个警卫营,分别驻扎濮阳县、范县、东阿县、齐河县。另外,在濮阳县、濮县、范县和昆吾县等地设造船厂4个;在濮阳相城、濮县李桥、范县李翠娥、寿张孙口等沿黄村建立4个军渡渡口。该指挥部于1949年8月14日撤销,10月初指挥部的干部、工人和船只分别组建为平原省河务局石料运输处和平原省航政管理局。

【花园口引河放水】　3月8日,花园口堵复局在口门下游增挖的3条引河竣工放水。据测量,过水流量占全河800立方米每秒的二分之一。

【郭万庄治黄会议召开】　3月11日,冀鲁豫黄河水利委员会在东阿县郭万庄召开治黄工作会议。根据区党委的指示,会上提出"确保临黄,固守金堤,不准开口"的方针。要求务于汛前完成复堤工程,要做到坚固、耐水,适时下埽。开展群众性的献石运动,教育群众把所有废弃碎石、无用碑块、封建牌坊、破庙基石自愿献出,支援治黄,并提出"多献一块石,多救一条命"的口号。

【花园口堵口工程合龙】　3月15日4时,花园口堵口合龙,4月20日闭气,黄河回归故道。5月堵口工程全部完成。计用柳枝5000万公斤,秸料2065万公斤,片石20万立方米,麻绳112.5万公斤,大小木桩21万余根,铅丝14万公斤,做土方301万立方米,人工300多万工日。

　　5月4日,堵复局在工地举行合龙典礼。国民政府水利部部长薛笃弼主持。堵复局在合龙处修建纪念亭1座,亭中间竖立合龙纪念碑,上刻蒋中正的题词和薛笃弼撰写的碑文。不久,堵复局又印制了《黄河花园口合龙纪念册》。

【冀鲁豫解放区部署造船】　3月15日,奉冀鲁豫解放区党委、行署指令,行署秘书长罗士高和冀鲁豫解放区黄河水利委员会主任王化云组织召开沿河各专员、县长和黄河修防处主任会议,部署建立造船厂和筹料造船工作。

【《黄河治本论》出版】　3月20日,成甫隆编著的《黄河治本论》在北平出版,由《平明日报》印刷、笃一轩发行。该书共4章,着重论述各种治河方策,强调"山沟筑坝淤田为治理黄河的唯一良策"。

【冀鲁豫解放区将治黄列为中心工作】　3月20日,冀鲁豫解放区行署训令沿河各专、县和修防处、段,今后必"把治黄工作作为经常的重要的中心工作"之一,加强修防处、段的干部配备,明确规定赏罚原则,争取黄河不开口。要求立即迁移滩区群众,修补大堤水沟浪窝,整理险工,筹集料物,抓紧造船。

【董必武就花园口合龙发表声明】　3月25日,中国解放区救济总会主任董必武就国民政府违约堵口合龙发表声明。指出:黄河历次协议均规定堵口合龙,必须俟故道复堤移民的工作完成以后方得实施,而此项工作的经费明确由国民党政府供给。可是经费犹未供给一半,复堤整险工程因国民党发动军事进攻已近10个月无法进行,行总、联总对此从未阻止,因此国民党政府遂赶于3月15日在花园口违约合龙。我谨代表解放区受灾人民向世界呼吁:声讨蒋介石政府这一罪行。联总苟有丝毫救济中国人民之意,应立践前言,停运一切救济物资给行总,撤回一切参加黄河工程的技术人员及器材。救济物资直接送给解放区,救济黄河故道被难居民。至于蒋介石政府水淹故道居民的罪行,我们保有一切声讨的权利。

【黄河水利委员会设立夹河滩水文站】　3月,黄河水利委员会设立兰封县夹河滩水文站❶。

【晋冀鲁豫边区政府召开治黄会议】　4月上旬,晋冀鲁豫边区政府在副主席薄一波的主持下,在河北武安县冶陶村召开有冀鲁豫、冀南、太行、太岳等4个解放区行署负责人参加的治黄会议。经讨论,作出如下决定:"治黄经费由全边区统一筹措,全区1850万人民,每人增加负担小米二市斤,不足之数用救济物资弥补;修堤主要修临黄堤,金堤只作修补。临黄堤主要修北岸,南岸放次要地位,乘国民党军队活动间隙进行。金堤修补由冀南解放区的元朝(今莘县一部)、冠县、莘县负责;要求每工完成土方2立方米,不浪费一个工。"

【河南修防处接管沁黄旧堤】　4月25日,河南修防处接管由堵复局负责修复的豫境沁河、黄河老堤,并宣布防泛新堤已无防守任务,自即日起撤防,所有职工移驻老堤修守。

【行政院授予修防处汛期指挥沿河县政府之权】　4月26日,黄河水利委员会转行政院致冀、鲁、豫3省政府令,黄河防汛期间修防处有权指挥沿河县政府,以收通力合作之效。

【冀鲁豫解放区召开复堤会议】　4月28日,冀鲁豫解放区行署和冀鲁豫黄河水利委员会在阳谷县赵庙村召开沿河专员、县长、修防处主任、修防段段长联席会议,贯彻晋冀鲁豫解放区政府对治黄工作的决定和指示,总结一年来黄河谈判的成绩,部署1947年的复堤工作。会议要求要从思想上

---

❶夹河滩水文站今位于开封县刘店乡王明垒村。

明确"治黄工作已从谈判转上内政,从推迟堵口转上不准开口,要认真执行'确保临黄,固守金堤,不准开口'的方针"。王化云布置了复堤工作。会后冀鲁豫解放区组织 25 万人,冀南解放区组织 3 万人,在北岸金堤与临黄堤展开全面复堤工作。

【孟津铁谢直属分段成立】 4 月 30 日,河南修防处孟津铁谢直属分段成立。

【冀鲁豫行署号召群众复堤自救】 5 月 3 日,冀鲁豫解放区行署主任段君毅、副主任贾心斋发布布告,号召全区人民"立即行动起来修堤自救","一手拿枪,一手拿锨,用血汗粉碎蒋、黄❶的进攻"。

【沁河第一总段成立】 5 月 5 日,河南修防处沁河第一总段在广武县古荥镇宫王庄村成立。

【赵明甫撤离开封】 5 月 17 日,冀鲁豫解放区驻开封代表赵明甫于国民党关闭和谈之门后,撤回解放区。

【解放区进行大复堤】 5 月,解放区人民在共产党领导下,掀起了修堤整险新高潮。"5 月 10 日,30 万人组成的治黄大军开上了黄河大堤,开展了复堤劳动竞赛。各县还掀起了献石献砖献料的群众运动,自愿献出了大量急需的治黄料物、器材。至 7 月 23 日,西起长垣大车集、东至齐河水牛赵,长达 300 余公里的大堤(包括金堤)普遍加高 2 米,培厚 3 米,共修土方 530 万立方米。"为了加强险工,群众献石献砖 11.2 万立方米。

【黄河水利委员会改组为黄河水利工程局】 6 月 12 日,行政院改组黄河水利委员会为黄河水利工程局,由陈泮岭任局长,同时公布《黄河水利工程局组织条例》。条例规定,黄河水利工程局掌理黄河兴利防患事宜,隶属于水利部,下设工务、河防、总务 3 处。

【刘邓大军渡黄河】 6 月 30 日晚,刘伯承、邓小平率领中国人民解放军晋冀鲁豫野战军 12.6 万人,下从东阿上至东明 150 公里的黄河线上,突破国民党军的黄河防线,渡过黄河,挺进大别山,拉开了战略反攻的序幕。刘邓首长签发嘉奖令表彰黄河各渡口员工协助大军过河之功绩。冀鲁豫黄河水利委员会及所属南岸修防处、段乘势动员 10 万民工迅速开展复堤整险工作,当工作将要完成之际,国民党军又反扑回来,治黄员工即返北岸。

【复堤混合委员会会议无结果】 7 月 7 日,冀鲁豫黄河水利委员会主任王

---

❶"蒋、黄"指蒋介石的军事进攻和黄河洪水造成的威胁。

化云与黄河谈判代表杨公素前往东明,同国民党国防部代表叶南、水利部代表阎振兴、行总代表丁致中,及山东、河北修防处的代表,联总的代表举行黄河复堤工程混合委员会会议。国民党方面的代表以解放军渡河为由硬说解放区违反"不受军事影响协议"。解放区代表指责国民党军首先向解放区进攻,并派飞机沿河狂轰滥炸,致使复堤无法进行。并申明此次赴会目的是讨论修堤,未授权讨论军事。国民党代表则坚持讨论军事。最后,无果而散。

【王汉才等为人民治黄捐躯】　7月16日,冀鲁豫解放区第二修防处长垣修防段段长王汉才、工程队队长岳贵田、工程队员李光山,在复堤时被国民党军逮捕后杀害。1987年4月,中共长垣县委、县政府在就义地点建烈士纪念碑一座,并举行了纪念碑揭幕典礼大会。

【冀鲁豫黄河水利委员会增设第五修防处】　7月28日,冀鲁豫行署发出通令,为增强两岸黄河修防工作,决定增设冀鲁豫黄河水利委员会第五修防处。各处段领导关系重新确定如下:

第一修防处辖东垣、东明、南华3个修防段,归冀鲁豫区五专署领导;

第二修防处辖长垣、濮阳、昆吾3个修防段,归四专署领导;

第三修防处辖鄄城、郓北、寿南、昆山4个修防段,归二专署领导;

第四修防处辖东阿、平阴、河西、齐禹4个修防段,归六专署领导;

第五修防处辖濮县、范县、寿北、张秋4个修防段,归八专署领导。

其中,第一、三修防处在黄河南岸,二、四、五修防处管理黄河北岸。

【冀鲁豫解放区部署防汛】　7月,冀鲁豫行署及冀鲁豫黄河水利委员会召开紧急防汛会议,要求沿河各县、区、村一律建立防汛指挥部,沿河7.5公里以内村庄划为护堤村,一旦出险全村群众上堤抢救。沿堤每隔200米搭一防汛窝棚,平时每窝棚驻守2人传递水情、修补水沟浪窝,大水时增人,并携带铁锨、箩筐、布袋、门板、铁锤、榔头等工具,每人带秸秆等软料15公斤,以备抢险。

【史王庄群众抢堵漏洞】　8月2日,冀鲁豫解放区濮县史王庄村妇女委员史秀娥,在巡堤查险时发现背河堤坡出现漏洞,立即大声疾呼,村里群众和正在巡堤的副段长廖玉璞闻讯赶来,附近20余村千余群众闻警后也迅疾赶来,冒雨实施抢堵。经过一天多的紧急抢护,终于将漏洞堵住,化险为夷。

【张含英写出《黄河治理纲要》】　8月上旬,黄河治本研究团团长张含英写出《黄河治理纲要》,对黄河的治理和开发提出工作要点。

【冀鲁豫黄河水利委员会揭露国民党军破坏治黄】 8 月 12 日,冀鲁豫黄河水利委员会发言人揭露国民党军一年来破坏治黄的罪行,列举了冀鲁豫解放区遭受的巨大损失。冀鲁豫解放区有 570 余名干部、治黄员工被国民党军逮捕。长清修防段段长张元昌、濮县修防段段长刘杰、长垣修防段段长王汉才等 115 人牺牲。在敌机狂轰滥炸中牺牲员工 375 人、致伤 910 人。在隔岸炮击中伤亡员工 380 人。物资损失尤重,仅去年国民党军进攻菏泽东明时,一次就劫去修堤器材价值 5 亿元。国民党飞机直接炸毁孙口、杨集、国那里等险工 47 次,炸毁船 273 只、大车 356 辆,炸死牛 780 头等。

【国民党军扒决贯孟堤】 8 月 18 日,国民党"开封游击队"赵振廷部过河在贯孟西大堤和贯孟堤南端连扒两处决口。洪水分两股奔流,一股直扑长垣大车集临黄堤,一股流向西北黄陵、赵岗一带,导致 60 余个村庄被淹,3.9 万人受灾。决口后,长垣、曲河等地群众多次前往堵口,均遭国民党军武力镇压,有 7 名请愿堵口的代表还被残忍杀害。冀鲁豫解放区四专署闻讯后,迅疾行动,组织曲河、卫南、滑县、长垣等县群众在部队的掩护下,抢修太行堤、临黄大堤,全力实施堵口工程。冀鲁豫黄河水利委员会也委派多名干部和技术人员赶赴现场,进行指导。至 9 月 1 日两处扒口相继堵塞合龙。

【冀鲁豫解放区调查黄河归故后所受损失】 10 月,冀鲁豫解放区对沿河 16 县(东明县为国民党军占领未统计)在花园口堵口后故道居民遭受的损失进行调查,计受灾村庄 1014 个、74309 户,共 266283 人,土地 910583 亩,倒塌房屋 64972 间。

【冀鲁豫解放区召开黄河安澜大会】 11 月 20 日,冀鲁豫解放区黄河安澜大会在观城县北寨村召开,总结人民治黄以来的成绩。共计修复两岸临黄堤和金堤 900 公里,完成土方 1009 万立方米,群众献出砖石 15 万立方米,造船 216 艘,集运秸料和柳枝 2250 万公斤,麻 80 万公斤,木桩 16.5 万根,翻修破旧坝埽 479 道,整修砖石护岸 559 道,动员复堤群众 30 万人,冀鲁豫参加复堤的有 22 县,冀南 5 县。总计支出小米 526 万公斤,小麦 449 万公斤,柴草 1748 万公斤,冀钞 31 亿元,另外沿河人民担负治黄小米 1000 万公斤,确保了大堤的安全,配合刘邓大军渡过黄河,支援了解放战争。

【黄河水利委员会设立电信所】 本年,黄河水利委员会电信所成立。当时河南省有总机 5 部,单机 33 部,至新中国成立前夕,均被破坏。

民国 37 年（1948 年）

【黄泛区复兴事业管理局成立】　1 月,国民政府中央善后事业委员会成立黄泛区复兴事业管理局,办理豫皖苏 3 省黄泛区复兴建设事业,驻地安徽蚌埠。该局自成立至 9 月一直未拨经费,加之泛区战事频繁,业务终未展开。

【水利部公布冀鲁豫 3 省修防处组织规程】　2 月 26 日,水利部公布经由行政院呈准国民政府备案的《黄河水利工程局所属冀鲁豫三省修防处组织规程》。规程规定,修防处办理各该省河防事宜,下设工程、总务两科。修防处设处长,以下设总段长、分段长,均应以技术人员充任。

【冀鲁豫黄河水利委员会召开复堤会议】　3 月 1 日,冀鲁豫黄河水利委员会在观城百寨召开春季复堤会议,提出了“确保临黄,固守金堤,不准决口”的方针。确定的复堤标准为:超出 1935 年最高洪水位 1～1.2 米,顶宽 7米。会上批评了过去动员群众献工资粮、虚报工效等错误。

【河南修防处开展植树护堤工作】　3 月,河南修防处共植低柳 90 多万棵,高柳 53 万棵,植草 33 万平方米。

【开封解放】　6 月 21 日,开封第一次解放。8 月,黄河水利工程局及其下属单位部分人员迁往南京。

【冀鲁豫黄河水利委员会布置防汛】　6 月 24 日,冀鲁豫黄河水利委员会紧急布置防汛工作,规定县、区设指挥部。重点堤段每 5 公里设一指挥点,500 米设一防汛屋;平工段每 1 公里设一防汛屋。每屋备铜锣一面,防汛工具 15 种。沿堤 5 公里以内村庄为防汛区,2.5 公里以内村庄组织护堤抢险队,队员备圩草捆、布袋、铁锨、箩筐等工具,平时在家生产,闻警钟鸣锣,立即上堤抢险。

【黄河水利工程局改称黄河水利工程总局】　7 月 27 日,黄河水利工程局呈请将机关名称改为黄河水利工程总局一案,经行政院 7 月 17 日第五次临时会议决议准予照办。水利部于 7 月 27 日令知该局遵照执行。

【冀鲁豫行署规定黄河抢险可直接调用民工】　7 月 27 日,冀鲁豫行署向沿河各级政府、修防处、段,各级战勤指挥部等机关发出通令:在紧急情况下,各修防处主任、段长,可不经过县以上战勤指挥部,直接调用抢险防汛区的民工和大车,以适应防汛抢险的急需。

【冀鲁豫解放区党委作出黄河防汛决定】　8 月 12 日,鉴于黄河南、北岸解放早晚不同,为协调一致,搞好防汛,冀鲁豫解放区党委对黄河防汛作出决定:要求黄河南岸沿河地、县委要有一人经常考虑黄河问题,一旦出险,主要负责人必须亲自领导抢护。黄河两岸地、县委要树立全局观念,北岸必须支援南岸,反对本位主义和地方主义;南岸要自力更生,不依靠外援,如因延误抢险造成决口,责任由南岸地、县委承担。

【冀鲁豫黄河水利委员会首次考察黄河】 8月15日至9月27日,冀鲁豫黄河水利委员会组成以张方为团长、袁隆为政委,40多名修防处主任、段长、工务科长参加的黄河下游工程查勘团,实地查勘了河南封丘至山东济南的黄河河道及堤防工程。

【堵复引黄济卫进水口】 日伪统治时期在京汉铁路桥附近开挖的引黄济卫进水口并未建控制闸,且曾一度放水。花园口堵口合龙后,铁桥附近水流北趋,渠道引溜泛滥,险象环生,且因进入汛期,水位上涨,串水湍急,时有夺溜之虞。黄河水利工程总局饬令河南修防处将渠口堵复,遂于8月2日由东向西进占堵筑,至25日下午合龙,动用秸柳16.5万公斤。

【冀鲁豫黄河水利委员会隶属关系变更】 9月25日,华北人民政府委员会第一次会议选举董必武为政府主席,薄一波、蓝公武、杨秀峰为副主席,并宣布晋冀鲁豫、晋察冀两边区政府同时撤销。冀鲁豫黄河水利委员会属华北人民政府和冀鲁豫行署双重领导。王化云为华北水利委员会副主任、冀鲁豫黄河水利委员会主任。

【郑县解放】 10月22日,郑县解放。

【冀鲁豫黄河水利委员会设立驻汴办事处】 10月24日,开封第二次解放,华北人民政府冀鲁豫黄河水利委员会接收了开封、郑州国民政府治黄机构,并设立驻汴办事处。共接收黄河水利工程总局及附属单位1062人,经过整编保留655人,其中一半是各类技术人才。

【河南第一修防处成立】 11月,华北人民政府水利委员会在开封成立河南第一修防处,办公地址设在开封市火神庙后街,主任邢宣理,下设秘书、总务、工务3科,编制36人。管辖南一总段、南二总段、北一总段、沁阳总段等。

【西柏坡会议筹建统一治黄机构】 12月15日,华北人民政府水利委员会在河北省平山县西柏坡村附近召开有华北、华东和中原3区治黄机关代表参加的治黄工作会议,研究建立统一的治黄机构和审查3区治黄岁修计划。会上确定了黄河水利委员会组织章程草案和由王化云、江衍坤、赵明甫组成的筹备委员会,筹备建立统一的治黄机构。

民国 38 年(1949 年)

【中原区治黄会议召开】　2 月 16 日,冀鲁豫黄河水利委员会驻汴办事处在开封召开第一次中原区治黄会议。沿河各专、县负责人和河南第一修防处主任及所属广郑、中牟、开封、陈兰修防段段长共 20 余人参加会议。华北人民政府冀鲁豫黄河水利委员会副主任兼驻汴办事处主任赵明甫,在会上作了治黄工作报告和总结。开封市市长兼政委吴芝圃到会作了报告。会议要求各级政府和修防部门必须坚决执行“确保大堤,不准决口”的方针,完成修补大堤和集料任务。会上确定的任务是:修补大堤土方 29.2 万立方米,集运石料近 24 万立方米,砖 4600 立方米,柳枝 22 万公斤,木桩7945 根。

【冀鲁豫黄河水利委员会调整下属治河机构】　2 月 20～27 日,冀鲁豫黄河水利委员会在菏泽召开修防处主任、段长、工程科科长联席会议,王化云主任传达华北人民政府治黄会议关于建立统一治黄机构的精神,公布冀鲁豫黄河水利委员会所属机构的调整方案:确定中原区河南(岸)所辖堤段为第一修防处,直接受驻汴办事处的领导,下属广郑(驻地花园口)、中牟(驻地辛寨)、开封(驻地柳园口)、陈兰(驻地东坝头)4 个修防段;原冀鲁豫区第一、二修防处合并为第二修防处,主任张惠僧,管辖堤段南岸上起四明堂下至马堂,北岸上起陈桥下至彭楼,下属东明、南华、曲河、长垣、昆吾 5 个修防段;原冀鲁豫区第三、五修防处合并为第三修防处,主任刘传朋,管辖堤段南岸上起马堂下至耿山口,北岸上起彭楼下至陶城铺,下属鄄城、郓北、昆山、濮县、范县、寿张 6 个修防段;原冀鲁豫区第四修防处不变,主任韩培诚,辖徐翼、东阿、河西、齐禹 4 个修防段;设第五修防处,负责豫北黄、沁河的修防管理,辖温孟、武原、阳封 3 个黄河修防段和武陟、温沁博 2 个沁河修防段。为同行政区划一致,一般一个县设一个修防段。因此,原东明一、二段合并为东明修防段,郓北一、二段合并为郓北修防段,长垣一、二段合并为长垣修防段,寿北、张秋段合并为寿张段。会议还总结了 1948年的治黄工作,部署了 1949 年的治黄任务。确定了“修守并重”的方针和“包工包做”的工资政策。

【冀鲁豫行署制定《黄河大堤留地办法》】　4 月 5 日,冀鲁豫行署制定《黄

河大堤留地办法》。该办法规定:

(1)金堤:在范县、徐翼、寿张3县境内者,除现在堤压之地外,在临河方面再留出6米,背河方面再留出4米划为公地。范县以西部分一般仅将堤压地留作公地,其堤身过分狭窄或堤身与沿堤耕地界线不清者,以留足26米宽为准(连堤压地在内)。

(2)临黄堤:为照顾工程需要,不论上下一律以留41米为准。一般堤的宽度为27米,自堤根量起,向临河方向扩展10米,向背河方向扩展4米,作为堤界。如现有堤宽不足或超过27米者,扩展之宽度可适当增减,以保持总宽度41米为准。

(3)圈堤、隔堤及堤旁坝背:以现占地划为公地,两坝间之地,亦划为公地。

(4)险工:分为3个等级。一等险工向背河扩展30米划为公地;二等险工向背河扩展15米划为公地;三等险工向背河扩展12米划为公地。险工处必须另划一部分公地作为窑厂、料场、工程人员住房地基。险工原有公地者尽量清理利用,原无公地者应于土地调剂时划出一部分民地供使用。

【冀鲁豫黄河水利委员会印发《复堤须知》】 5月2日,冀鲁豫黄河水利委员会印发《复堤须知》。内容包括:组织领导、估工、分工、工具、劳力分配、上土、硪工、收方等。该文件总结了冀鲁豫区1945~1948年的复堤经验,对复堤工作起到了指导作用。

【沁河大樊堵口合龙】 5月3日,沁河大樊堵口工程竣工。大樊位于武陟县城西20公里处,是沁河上的一处重要险工、险段。1947年夏,沁河涨水时在大樊决口,溃水夺卫入北运河,泛滥面积约400余平方公里,受灾120余村,20余万人。因当时国民党军队利用泛水加强新乡外围防御,而不予堵复。1948年11月,武陟县解放。在深入调查的基础上,太行四专署、冀鲁豫黄河水利委员会、武陟县政府抽调人员组建了大樊堵口工程处,本年2月22日正式开始堵口工程。3月20日开始实施合龙工程,但终因料物准备不足,运土跟不上,水位不断抬高(临背水位差3米),口门埽占蛰陷速度加快而导致第一次堵口失败。赵明甫、马静庭、徐福龄等赶赴工地,认真调查,帮助总结,吸取教训,并在堵口技术上改单坝合龙为双坝进堵,加宽和疏浚引河。同时,对堵口料物也作了充分准备。第二次堵口于4月下旬开始进占,5月3日正坝、边坝相继合龙、闭气,堵口告竣。

【冀鲁豫行署颁发《保护黄河大堤公约》】 5月,冀鲁豫行署颁发《保护黄河大堤公约》。规定:"沿河人民均有保护堤、坝、电线及工程材料,检举破坏分子之义务;堤顶禁止铁轮大车通过,对违犯禁例,损坏堤防,砍伐树木,擅自在堤上挖土、割草、放牧牲畜,在堤坦上耕种作物使大堤受损者,给予批评并处以罚金。对大量或结伙砍伐树木,偷挖堤土招致损失,纵放牲畜,窃取工程料物屡教不改者,或破坏已修工程,汛期扒堤,破坏治河电线及交通者,视情节处以罚金、修复破坏之工程直至送县政府治罪。"这是人民治黄以来第一个具有法律性质的保护黄河堤防的文件。

【冀鲁豫黄河水利委员会在菏泽召开防汛会议】 6月3～6日,冀鲁豫黄河水利委员会在菏泽召开防汛会议,总结了黄河归故以来的防汛工作经验,制定了《1949年防汛办法》和《防汛查水及堤防抢险办法》。

【3大区联合治黄机构成立会议在济南召开】 经过半年的筹备,华北、华东、中原3大解放区联合性的治黄机构——黄河水利委员会成立大会于6月16日在济南召开。中央派财政部黄剑拓、华北人民政府邢肇堂到会指导。会议由山东省政府副主席郭子化主持。参加的委员有王化云、张方、江衍坤、钱正英、周保祺、彭笑千、赵明甫,袁隆、张慧僧2人因事缺席。黄剑拓同志传达了董必武主席的指示。各地委员分别报告了1949年春修、运石、防汛部署等方面的工作情况。大会推选王化云为主任,江衍坤、赵明甫为副主任。

7月1日,黄河水利委员会(以下简称"黄委")在开封城隍庙街正式办公,冀鲁豫黄河水利委员会驻汴办事处同时撤销。

【贯台抢险】 6月下旬,贯台险工在大溜的顶冲下,发生了两道坝相继掉蛰入水的重大险情。黄委立即派工程处处长张方、第二修防处副主任仪顺江赶赴工地主持抢险。同时,黄委会同地委迅速组成了抢险指挥部,由副专员李立格任指挥,张方、仪顺江、陈玉峰任副指挥。在认真调研的基础上,指挥部制定了"重点修守龙口以上二道坝及五段护岸,并防护曹圪垱老滩"的抢险方案。为防万一,又组织开挖了圈堤的东南角,引水放淤,以固险工。7月初,黄河第一次洪峰到来后,因主溜外移,险情有所好转。

7月中旬,大河水落,贯台险工再次靠溜,一至三段护岸掉蛰2～3米,接着溜势上提,再次顶冲二、三坝,二坝约有15米掉蛰入水。此后,险情继续恶化。三坝秸埽上新加修的柳埽,因大溜顶冲,坝岸淘刷而掉蛰入水。二、三坝间的堤坦,亦因回溜淘刷而迅速坍塌。虽经奋力抢护,一昼夜间,

二、三坝之间的埽和堤坦几乎塌尽,其余坝埽也大部分入水,险情告急。

在此危急时刻,地委和专署的负责同志亲赴工地指挥抢险。由行署和黄委抽调的干部也星夜赶赴工地投入抢险斗争。在5000多名民工的艰苦努力下,不到3天时间就在险工后完成了一道长1399.5米、高2米、顶宽7米的新防护堤。同时,还开挖了一条宽18米、深1米、长1795米的引河。新修砖柳护岸4段,长66米。7月下旬,黄河第二次涨水,溜势外移,险工转危为安。

贯台抢险,历时50余天,共用秸柳料235万公斤,砖130万块,石料1000立方米,木桩4100根,用工8万多个工日,还动用了东明、南华、长垣、昆吾、曲河等修防段的6支工程队。

【中共河南省委作出黄河防汛决定】 7月1日,中共河南省委对河南新解放区的黄河防汛工作作出决定。指出:"黄河防汛是河南沿河各地党政军民最紧迫的任务之一,决不能忽视。豫境河段因国民党长期统治,河道荒乱,堤线多沙,獾洞狐穴没有清除,险工连绵不断,没有经过洪水考验,群众未经发动,干部对防汛没有经验,这些都增加了第一年防汛的困难。沿河党政军民必须以最大力量,结合剿匪反霸,有计划地组织起来,防汛防奸,完成不决口的任务。"

【《奖励捕捉獾狐暂行办法》印发执行】 7月4日,河南黄河第一修防处制定《奖励捕捉獾狐暂行办法》。该办法规定:凡挖掘捕捉獾狐(事前估计挖掘土方在10立方米以上者,须经修防处批准)在堤上者,或距堤1公里以内者,每只奖小麦5市斤;凡在大堤上捕捉之鼢猪(鼠)不论大小,每只奖小麦1市斤。

【黄委首次向沿河机关发出通知】 7月,黄委迁至开封办公后,首次向沿河治黄机关发出通知,指出:"现大汛将届,根据华北先旱后涝的特点,战胜黄水,完成不溃决的任务,仍需经过艰苦的斗争,希望各区治河机关,提高警惕,加强防汛组织检查,并与本会密切联系,交流经验,以完成人民赋予我们的任务。"

【冀鲁豫黄河水利委员会撤销】 七八月间,中共中央决定撤销冀鲁豫行署,建立平原省,冀鲁豫黄河水利委员会同时撤销。冀鲁豫黄河水利委员会的干部分成3部分:一部分调黄委,一部分留平原省组成平原省黄河河务局,另一部分调河南黄河第一修防处。

【平原省黄河河务局成立】 8月20日,平原省黄河河务局(以下简称"平原省河务局")在新乡成立,局长张方、副局长袁隆,驻地新乡市,辖第二、三、四修防处。不久,随太行行政公署区划的变动,沁、黄河第五修防处亦属平原省河务局领导。共管辖21个修防段、5处水文站、6处水位站,以及石料厂、电话队、航运大队等单位,计有职工809人。

【孙口水文站设立】　8月21日,位于山东省梁山县赵堌堆乡蔡楼村的孙口水文站设立。

【黄委向华北人民政府报送《治理黄河初步意见》】　8月31日,黄委主任王化云、副主任赵明甫向华北人民政府主席董必武报送了《治理黄河初步意见》。其主要内容为:大西北即将解放,全河将为人民所掌握。治河的目的应该是防灾与兴利并重,上中下三游统筹,干支流兼顾。同时对1950年下游防洪、引黄灌溉、水土保持、水文站的设置等各项工作提出了意见和实施步骤。10月8日董必武主席批示:《治理黄河初步意见》交华北水利委员会研究后提出以下意见,认为明年度修防工程8项任务极其重要,水土保持及观测工作亦属必要。

【枣包楼民埝决口】　9月16日,寿张县枣包楼民埝决口,金堤与临黄堤间受灾面积130平方公里,400余村被淹,房屋倒塌近半,受灾人口18万。当年汛后堵塞。

【平原省建立省、地、县3级防汛指挥部】　9月18日,中共平原省委决定:为加强黄河防汛的统一领导,明确分工负责,确保大堤不准溃决,立即建立省、地、县3级防汛指挥部。省防汛指挥部以韩哲一、王化云为正副指挥,刘晏春为政委,并已在濮阳坝头办公。各地专级按照行政辖区,结合修防机关建立分指挥部,并根据需要在地区指挥部下设立分指挥部。县级指挥部以县长为指挥长,段长为副指挥长,县委书记为政委。

【战胜1949年大洪水】　7～10月,黄河汛期共出现5次洪峰,两次大于10000立方米每秒,7月27日花园口出现11700立方米每秒洪峰,9月14日花园口又出现12300立方米每秒洪峰流量,水位92.84米,其间10000立方米每秒以上洪水持续49小时。9月14～18日,贯台至齐禹两岸坝埽连续出险,共出现漏洞200余处,堤坦脱坡、堤顶塌陷、堤背河渗水224处,长5000多米,加之风雨交夹,风浪袭击,临河堤坡被刷入水竟日达百里。洪水期间,河南黄河险工坝岸发生蛰动、溃裂、坍塌等险情共45起,计长3.29公里。为确保堤防安全,平原省调集干部4000余人、民工15万余人组成抗洪抢险大军,加修子埝,堵塞漏洞,修筑防风护岸工程。经过40个日日夜夜的艰苦奋战,战胜了黄河归故后的首场大水。

【**国民政府撤销其治黄机构**】　本年,黄河水利工程总局由南京迁至湖南衡阳,不久迁往广西桂林。9 月 30 日,黄河水利工程总局及其河南、河北、山东 3 省修防处被国民政府下令撤销。

十 中华人民共和国时期

（1949 年 10 月 ~ 2011 年）

1949 年

【黄委改属水利部领导】 10 月 1 日,中华人民共和国诞生。10 月 30 日,华北人民政府主席董必武给黄委主任王化云、副主任赵明甫的指示电称:中央人民政府业已成立,决定自 11 月 1 日起黄委改属政务院水利部❶领导。

【沁阳、博爱、温陟、武陟修防段成立】 10 月,沁河设立沁阳、博爱、温陟、武陟 4 个修防段。

【《新黄河》杂志创刊】 11 月 1 日,由黄委编辑出版的《新黄河》杂志在开封创刊。该刊于 1956 年改名为《黄河建设》,1979 年改名为《人民黄河》。

【平原省河务局第二修防处区划界定】 11 月 5 日,根据平原省政府《关于修防处、段组织与区划问题》的文件精神,平原省河务局第二修防处受濮阳专署及河务局领导,管辖封丘(原曲河、封丘两段合并为封丘修防段)、长垣、濮阳、濮县、范县 5 个修防段,其中濮阳修防段设 1 个分段。

【查勘引黄济卫灌溉工程线路】 11 月 1~18 日,黄委与平原省水利局联合查勘原引黄济卫灌溉工程,对建筑物的状况、灌溉效益和济卫通航前景提出查勘报告。同时,建议成立灌区测量队,测绘万分之一地形图。

【全国水利会议在北京举行】 11 月 8~18 日,全国水利会议在北京举行。水利部部长傅作义在会议总结中摘要列举了各省(区)、各流域 1950 年应做的工程,其中黄河工程列举两项:一是复堤,一是引黄灌溉济卫。

【豫、平、鲁 3 省联合考察修防工程】 12 月 11 日,黄委与河南、平原、山东 3 省河务局组成考察组,对黄河下游进行考察,次年 1 月 6 日结束。这次考察由山东向上游经平原、河南,考察了 29 个修防段,听取了各修防处、段的情况介绍,查勘了堤防和河道工程,拟出全河 1950 年统一的修防标准和工程计划。

---

❶成立于 1949 年 10 月。1958 年 2 月 11 日第一届全国人大第五次会议决定撤销电力工业部和水利部,设水利电力部。1979 年 2 月 23 日第五届全国人大第六次会议决定撤销水利电力部,分别设水利部和电力工业部。1982 年机构改革将水利部和电力工业部合并设水利电力部。1988 年 4 月,七届人大一次会议通过国务院机构改革方案,确定成立水利部。水利部于 1988 年 7 月 22 日重新组建。根据第九届全国人大一次会议批准的国务院机构改革方案和《国务院关于机构设置的通知》(国发[1998]5 号),设置水利部。

1950 年

【河南黄河第一修防处召开安澜庆功会】　　1 月 6 日,河南黄河第一修防处为庆祝黄河归故后战胜黄河首次大洪水,在开封召开安澜庆功大会,到会的有战胜洪水的功臣、各机关代表及来宾。黄委副主任赵明甫到会讲话,他高度赞扬党、政、军、民在与洪水斗争中,英勇顽强,战胜洪水,完成"不准决口"的任务。

【治黄工作会议在汴举行】　　1 月 22 ~ 29 日,黄委在开封召开治黄工作会议,水利部副部长张含英到会祝贺。黄委主任王化云作 1950 年治黄方针、任务的报告和会议总结。平原省河务局局长张方、山东省河务局副局长钱正英、河南第一修防处主任邢宣理等介绍了 1949 年治黄情况和经验。会议讨论通过 1950 年治黄方针与任务、1950 年工作计划和预算方案、黄委组织编制草案等。1950 年的治黄工作方针是:以防御比 1949 年更大的洪水为目标,加强堤坝工程,大力组织防汛,确保大堤不准溃决;同时,勘测、水土保持、灌溉等工作,亦应认真迅速地进行,收集黄河资料,加以分析研究,为根治黄河创造足够的条件。

【黄委改为流域机构】　　1 月 25 日,水利部转发政务院水字第一号令:黄委改为流域性机构,统筹全河水利事业,所有山东、平原、河南 3 省之黄河河务局机构归黄委直接领导,并仍受各省人民政府指导。

【引黄灌溉济卫工程处建立】　　1 月,黄委在平原省武陟县庙宫建立引黄灌溉济卫工程处。主要负责引黄灌溉济卫工程的规划设计、施工管理、计划财务、科学试验等。5 月上旬,接受苏联专家库拉依次夫的建议:以灌溉济卫的实际需要确定引水数量,不能盲目按照日本人的计划引水。5 月下旬,进行灌区社会经济调查,7 月底完成设计计划,11 月 23 日向黄委报送了施工计划书。工程计划主要内容是:引水闸址定在黄河北岸京汉铁桥以上1500 米处,渠首闸 5 孔,每孔宽 3 米,进水深 2.15 米,钢筋混凝土结构,闸基下打钢板桩一周。渠首闸为张光斗教授领导清华大学学生设计,工程处负责施工。总干渠自渠首起至新乡市东卫河边止,全长 52.7 公里,计划引水流量 40 立方米每秒,灌溉、济卫各半。京汉铁路以西一个灌区,以东两个灌区,可灌土地 36 万亩。济卫流量 20 立方米每秒,加上卫河本身水量,保证新乡至天津可行驶 200 吨汽船和 150 吨木船。计划工程费为小米 4382 万公斤。

【河南黄河第一修防处改组为河南省黄河河务局】 2 月 16 日,经水利部批准,河南黄河第一修防处改组为河南省黄河河务局(以下简称"河南河务局"),局长袁隆、副局长孙占彪。下设秘书、人事、工务、财务 4 科。辖广郑、中牟、开封、陈兰 4 个修防段及黑石关石料厂,共有职工约 400 人。

【王化云任黄委主任】 2 月 24 日,经政务院批准,任命王化云为黄委主任。

【春修工程开工】 3 月 1 日起春修工程相继开工,于 5 月 20 日结束。春修结合救灾,以工代赈,以陕县流量 20000 立方米每秒为标准,共整修坝 61 道、垛 27 座、护岸 34 段,平垫水沟浪窝 42 处,积土牛 76 座,总计完成土方 6.1 万立方米(主要是陈兰段),砖 682 立方米,块石 2.3 万立方米,用柳 64.7 万公斤,秸料 2500 公斤,用工 3.2 万工日。

【封丘段锥探大堤隐患试验成功】 3 月 6 日,平原省河务局封丘段工人靳钊,把过去在黄河滩用 8 号钢丝锥找煤块的技术,用于探摸堤身隐患取得成功。之后原阳修防段职工 1952 年试验成功的大锥亦逐步得到推广。从此,黄河下游全面开展了锥探大堤消灭堤身隐患的工作。

【濮县修防段首次在堤上种植葛巴草成功】 3 月 15 日,濮县修防段桑庄护堤员吴清芝,首次在他所管理的 5 公里长的黄河大堤上种植葛巴草。雨后长势茂盛,蔓延迅速,对保护堤身不受风吹雨打效果明显,随即得到推广。

【广利灌区管理局成立】 春,新乡专区广利灌区管理局成立,统一管理沁河广济、利丰、永利、广惠、大利、小利、甘霖等 7 条渠道。

【下游沿堤设置公里桩】 4 月 20 日,黄委通令豫、平、鲁 3 省河务局,在南北岸堤线上统一设置石质公里桩,以显示堤线长度,便于工作。

【平原省河务局第二修防处更名为濮阳黄河修防处】 5 月 20 日,平原省河务局根据黄委颁发的《平原省黄河河务局编制草案》发出通知,平原省河务局第二修防处改组为濮阳黄河修防处,下设工程、财务、秘书科,干部 36 人,杂务人员 10 人,共 46 人。

【中央决定建立各级防汛指挥部】 6 月 6 日,中央人民政府政务院作出《关于建立各级防汛机构的决定》,明确以地方行政为主,邀请驻地解放军代表参加,组成统一的防汛机构。黄河上游防汛,由所在各省负责,山东、平原、河南3省设黄河防汛总指挥部,受中央防汛总指挥部领导,主任1人,由平原、山东、河南3省人民政府主席或副主席兼任,副主任3人由其余两省人民政府主席或副主席及黄委主任兼任。3省各设黄河防汛指挥部,主任由省人民政府主席或副主席兼任,副主任2人由军区代表及黄河河务局局长兼任,受黄河防汛总指挥部(以下简称"黄河防总")领导。

6月26日,黄河防总成立大会在开封举行。河南省政府主席吴芝圃任黄河防总主任,山东省政府副主席郭子化、平原省政府副主席韩哲一、黄委主任王化云任副主任。

【黄委发出防汛指示】 6月7日,黄委发出《1950年防汛工作指示》。防汛的任务是以防御比1949年更大洪水为目标,在一般情况下,保证陕县17000立方米每秒、高村11000立方米每秒、泺口8500立方米每秒洪水不发生溃决。同时,要求做好防汛的思想动员和组织工作,并规定本年汛期自7月1日至10月31日止。

【河南黄河防汛会议在汴举行】 6月12~17日,河南省召开黄河防汛会议,成立河南省黄河防汛指挥部(以下简称"河南省防指"),省政府副主席牛佩琮任主任,军区办公室刘鹏旭、许西连及河南河务局副局长孙占彪任副主任,政委由张玺兼任。下设4个县指挥部,区、乡防汛指挥部于6月20日左右先后成立。由于开封市濒临黄河,有黑岗口、柳园口两处险工,黄河安危对其影响重大,特于8月20日成立开封市防洪委员会,增加防汛力量。

【河南省防指发布防汛工作决定】 6月17日,河南省防指发布《关于防汛工作的决定》,规定:

(1)迅速建立沿河各级防汛指挥部;

(2)进行全线大检查,消灭堤身隐患;

(3)抢险堵漏,必须勇敢,人力物力的供应必须迅速及时;

(4)各级武装部队,如遇黄河出险,必须迅速支援;

(5)加强调查研究,掌握工情、水情、河势变化;

(6)加强防汛治安工作;

(7)广泛宣传,深入群众,建立组织,分工明确,相互支援;工具齐全,以应急需。

【黄河龙孟段查勘结束】 6月23日,黄委龙门至孟津河段查勘队结束外业工作。该队于3月26日自龙门而下进行查勘,对龙门、三门峡、八里胡同、小浪底4处坝址,测绘了地形、地质图;对与坝址有关的河道冲淤、河岸坍塌、沟壑发展、河系关系、交通航运情况都作了观察和记载,并在三门峡和八里胡同之间发现了槐坝、傅家凹、王家滩3处新坝址;对各坝址可能筑坝的高度、浸水范围内的自然情况和社会经济情况进行了调查。地质专家冯景兰参加了查勘。

1952年春,燃料工业部、黄委有关领导陪同苏联专家乘船查勘潼关、三门峡、王家滩、八里胡同等坝址。在进一步对三门峡两岸的地势、地质情况进行考察后,认为这里建坝条件优越,应做比较详细的勘察工作,并为坝址指定第一批地质钻探孔位。

【黄委制定防汛办法】　6月,黄委印发《1950年防汛办法》,内容包括防汛的组织领导、防汛的规定(防汛员上堤时间及人数,防汛工具、信号、堤屋、堤庵等)、报汛制度、通信及供给制度等。

【下游春修实行"按方给资"】　6月,黄河下游春修工程完成。在春修中实行"以工代赈"和"按方给资"、"按劳记工"、"按工分红"等办法,工效逐步提高。平原省第1期复堤人均日工效标准方2.47立方米,第2期达到3立方米。涌现出10~16立方米的小组7个(共计45人),鄄城的夏崇文、吴崇华小组于5月12日前后,分别创造了27.65和25.3立方米的全国最高纪录。豫、平两省硪工日工效达到80~100立方米,最高达到145立方米。山东部分地方改用碌碡夯实,筑堤质量显著提高。春修中共动员民工51万人,其中有灾民22万人,完成土方1000万立方米。

【黄河防总发布防汛工作决定】　7月4日,黄河防总发布《关于防汛工作的决定》,指出:防汛工作应依靠群众,加强领导,建立统一的强有力的各级防汛指挥部,逐级分段负责,互相支援,全线防守,重点加强,掌握工情、水情变化,经常反对麻痹思想,是战胜洪水的保证。对下游堤防政策,应当维持堤距现状,不许缩窄,并尽量利用可以蓄洪的地方,必要时实行蓄洪,以济堤防之不足。废除民埝,应确定为下游治河政策之一。

寿张、梁山蓄洪问题:枣包楼、大陆庄民埝堵复标准应限制在一般情况下,陕县流量15000立方米每秒上下,挡小水不挡大水。南岸金线岭,北岸寿张金堤,如遇较大洪水实行蓄洪时,必须尽力防守,不使溃决。

东平湖区及长平地区,有调节洪水作用,在上中游水库未建之前,仍应利用此区蓄洪。

对防汛任务,确定以保证陕县流量17000立方米每秒时,不发生溃决,如遇更大洪水到来,则应采取紧急措施,加筑子埝,修培后戗,征集料物,动员军民,全力防守,争取胜利。

【傅作义、张含英等查勘潼孟河段】　7月5~11日,水利部部长傅作义、副部长张含英,清华大学水利系教授张光斗,水利部顾问苏联专家布可夫等在黄委副主任赵明甫陪同下,查勘黄河干流潼关至孟津河段,对潼关、三门峡、八里胡同、王家滩、小浪底等水库坝址进行了对比研究。另外,还了解了黄河防汛情况,对引黄灌溉济卫工程渠首闸进行了勘定。

【武陟黄河修防段建立】　因原阳段堤线长达百余里,并有新修防工程,7月10日经平原省河务局批准,同意增设武陟黄河修防段。

【河南省防指检查防汛】　8月4~5日,河南省防指主任牛佩琮等检查沿黄各县的防汛准备工作。随后,河南省防指发出指示:要提高警惕,克服麻痹,继续深入发动群众,进一步加强防汛工作。

【查勘黄河故道】　8月23日至9月10日,黄委和河南河务局共同组织两个小组,对兰封、考城、民权3县黄河故道和郑州花园口至尉氏黄泛区进行查勘,了解蓄洪滞洪的可能性。最后认为兰封、考城、民权故道有蓄洪面积414平方公里,可蓄水9.3亿立方米,在小新堤筑滚水坝,坝顶高程70.5米(大沽);花园口至尉氏黄泛区只能蓄水5.7亿立方米,效果不大,且进水、退水与陇海铁路矛盾甚多。

【河南省防指公布防汛抢险奖惩办法】　8月,河南省防指公布《河南省黄河防汛抢险奖惩办法》,规定对在防汛抢险工作中做出成绩者,给予奖励;对工作失职和犯有破坏防汛抢险行为者,按情节轻重,给予处分或以法惩治。

【河南省黄河工会建立】　8月,建立河南省黄河工会。下属基层工会有广郑段、中牟段、开封段、陈兰段、黑石关石料厂、河务局机关工会等,共有会员300人。

【黄委第五修防处更名为新乡黄沁河修防处】　9月,黄委第五修防处更名为新乡黄沁河修防处(驻地在武陟庙宫)。

【东平湖蓄洪问题达成协议】　12月9日,水利部召集山东省水利局局长江国栋、平原省水利局办公室主任奉乐亭及黄委主任王化云,就东平湖蓄洪问题达成协议。主要有:

(1)黄河水位至1949年洪水位时,山东省新、旧临黄堤之间及平原省运河西堤与金线岭之间两地区应同时开放蓄洪。

(2)同意平原梁山二道坡及山东东平旧临黄堤缺口附近分别为放水蓄

洪地点。

（3）放水部分堤顶修至 1949 年洪水位。

12 月 25 日,水利部发函,要求平原、山东两省水利局和黄委执行上述协议。

【治黄机构迅速壮大】　本年,治河机构和人员迅速发展。黄委机关设有秘书处、人事处、财务处、规划处、测验处、研究室;下属有河南、平原、山东 3 省黄河河务局,西北黄河工程局,引黄灌溉济卫工程处,中游水库工程筹备处,宁绥灌溉工程筹备处。3 个河务局下属新乡、濮阳、菏泽、聊城、清济、济南、齐蒲、惠垦等 8 个修防处和 39 个修防段。全河共有干部 2696 人,勤杂人员 537 人,技术工人 3434 人,合计 6667 人。

【王化云考察桃花峪等坝址】　本年,黄委主任王化云为选定拦洪库坝址对河南郑州桃花峪和陕西韩城芝川等坝址进行了考察。经考察分析认为:桃花峪坝址以上,需在温孟滩上修筑围堰长约 60 公里,淹没损失与渗漏也不易解决;芝川坝址,河面太宽,筑坝困难,且与邙山桃花峪水库相距太远,不易配合运用。为了解黄河洪水、泥沙和水土保持情况,黄委主任王化云带领工程师耿鸿枢等,对陕北无定河流域进行考察,收集了暴雨、山洪和水土流失资料。

【广花黄河铁路专用线重新修建】　本年冬,广花黄河铁路专用线开工重新修建。自广武车站至花园口东大坝,长 15 公里,至 1951 年建成。1957年 11 月,广花黄河铁路专用线移交河南河务局管理。

【考古发现郑州商城遗址】　本年,考古发现郑州商城遗址。该遗址位于郑州市老城区周围,面积约 25 平方公里,城址周长近 7 公里,为新中国成立初期重大考古发现之一。遗址始建于公元前 1610 年至公元前 1560 年,距今已有 3600 余年的历史。1961 年 3 月 4 日,国务院公布郑州商代遗址为全国第一批重点文物保护单位。1973～1976 年发掘出 3 座保存较好的大型宫殿遗址。1982 年在郑州商城东南城角外发现青铜器窖藏,出土铜方鼎、铜圆鼎等 13 件青铜器。1990 年在南城墙和西城墙外发现商代外城墙。1996 年 2 月,在郑州商城西城墙中段外侧,发掘一座商代青铜器窖藏坑,出土大方鼎等 12 件青铜器。遗址内涵丰富,为研究早商文化、先商文化以及为夏商周断代工程打下坚实的基础。2003 年 11 月 30 日,中国殷商学会专家认为,郑州是中国现存商代最早和最大的都城,即商汤所建的亳都,并倡议郑州列为中国 8 大古都之一。

1951 年

【黄委成立大会在开封举行】　1 月 7～9 日,黄委成立大会在开封举行,并召开第一次委员会议。会上讨论通过《1951 年治黄工作的方针与任务》、《1951 年水利事业计划方案》、《黄河水利委员会暂行组织条例方案》。1951 年的治黄方针是:在下游继续加强堤防、巩固坝埽,大力组织防汛,在一般情况下,保证发生比 1949 年更大洪水时不溃决。在中上游大力筹建水库,试办水土保持,加强测验查勘工作,为根治黄河创造足够条件。继续进行引黄灌溉济卫工程,规划宁绥灌溉事业,配合防旱发展农业生产,逐步实现变害河为利河的总方针。

【河南省在开封召开治黄劳模大会】　1 月 25～28 日,河南省在开封召开治黄劳模大会。水利部特派代表参加大会。省政府主席吴芝圃及黄委副主任赵明甫到会讲话。会议表彰劳动模范 79 名,有 14 位劳动模范在大会上作了事迹报告。

【治黄爱国劳动竞赛广泛开展】　1 月 30 日,黄河总工会筹委会号召全河职工响应马恒昌小组❶的友谊挑战,开展抗美援朝爱国主义生产运动。全河职工积极响应,广泛开展治黄爱国劳动竞赛。

【河南省政府发出复堤工作指示】　2 月 24 日,河南省政府发出复堤工作指示,要求沿黄各专县配合修防段,结合抗美援朝、生产救灾工作,搞好修堤,于小满节前完成任务。

【河南河务局召开春修会议】　3 月 1～3 日,河南河务局召开春修会议。会上提出的各项复堤工程指标为:堤顶高程超过 1949 年洪水位 4 米,堤顶宽 10 米;加高或帮宽一律按原坡顺下,不再增培,帮宽包淤以 3～5 分米为准;盖顶包淤,以 2 分米为准。计划上半年复堤土方 50 万立方米,植树 3 万株,整修坝埽护岸 145 段,新修 7 段,护滩工程 1 段,架设电话线 88 公里,修建仓库及办公房各 15 间,开采石料 10 万立方米。强调复堤工作要做到

---

❶马恒昌小组创建于 1949 年,2010 年为齐齐哈尔二机床(集团)有限责任公司铣床分厂轴齿车间的一个车工小组。在国民经济恢复时期,小组向全国发起爱国主义劳动竞赛,有力地支援了抗美援朝战争,表现了中国工人阶级一心为公、无私奉献的主人翁精神。

"四要":即要质量保证够标准,要效率"三方落一斤"(每人每天完成土方 3
立方米,除吃外落 1 斤粮食),要爱国竞赛心劲高,要工完结账赔偿清。在
整险方面,要求质量与效率并重。

【黄河水利专科学校开学】　　3 月 8 日,黄河水利专科学校(其前身为河南
省水利工程学校)举行开学典礼,5 月 17 日水利部任命黄委主任王化云兼
校长。1952 年全国院系调整时更名为黄河水利学校。1958 年升格为黄河
水利学院,1961 年经济困难时停办本科,校名恢复为黄河水利学校。

【黄委发出春季工作指示】　　3 月 21 日,黄委发出《关于春季工作的指
示》,要点如下:

(1)掌握标准,提高效率,确保质量。

(2)推行包工包做、按方给资、多做多得的工资制度。

(3)加强民工政治工作,普遍深入地开展抗美援朝的思想教育,发动爱
国主义劳动竞赛。

(4)进一步改进坝埽,有重点地研究坝埽结构、方位、型式、料物等,提
倡发明,奖励创造,改进技术,巩固坝埽,节约开支。

【查勘下游预筹滞洪区】　　4 月 9~25 日,为了防御下游 30000 立方米每秒
以上洪水,黄委派徐福龄、王甲斌、张信、任有茂等人组成查勘组,对黄河北
岸上自延津胙城、下至封丘黄德集大堤和太行堤之间可能滞洪的地区进行
查勘。经过查勘认为,封丘县大功一带是一个较好的滞洪区,可在大功修
建滚水坝作为分洪口。然而,该区内将有 1211 村、649193 人、2277398 亩
地、454435 间房受淹。

【中央财经委发出预防黄河异常洪水决定】　　4 月 30 日,中央人民政府财
政经济委员会发出《关于预防黄河异常洪水的决定》。决定指出:目前黄河
下游堤防以防御陕县 18000 立方米每秒为目标,但 1933 年曾发生 23000 立
方米每秒,1942 年曾达到 29000 立方米每秒❶的大洪水,超过目前河道安全
泄量很多。经本委召集水利部、黄委、铁道部、华北事务部及平原省政府反
复研究,特作出如下决定:

(1)防御异常洪水,在中游水库未建成前,同意在下游各地进行滞洪工
程。

---

❶"1942 年曾达到 29000 立方米每秒的大洪水"——因观测有误,后考证为 17700
立方米每秒的洪水。

（2）第一期工程以防御陕县23000立方米每秒洪水为目标。在沁河南堤与黄河北堤中间地区（在武陟县境内），北金堤以南地区及东平湖地区，分别修筑滞洪工程，北金堤滞洪区关系较大，其溢洪口门应筑控制工程，并要求于1951年汛前完成，投资1800万元。

（3）第二期工程以防御陕县29000立方米每秒洪水为目标，在平原省的原武、阳武一带结合放淤，计划蓄洪工程，以期改善该区沙碱土地，并分蓄黄河过量洪水。应立即进行勘测，拟具计划，准备于1951年秋季开始施工，1952年汛前完成，初估投资2500万元。

【黄委和河南省水利局查勘伊、洛河】　4～7月，为研究控制洪水措施，保证黄河下游防洪安全和解决伊、洛河流域的防洪灌溉问题，黄委和河南省水利局共同组成查勘队对伊、洛河流域进行查勘。经研究认为，应先修洛河故县和伊河任岭两座堆石坝水库，初步控制洪水后，再考虑修建范蠡、长水、石家岭、龙门等水库。

【兰坝铁路支线建成】　5月17日，为满足长垣石头庄溢洪堰工程运石的需要，从兰封火车站至东坝头兴建的兰坝铁路专用线建成，全长15.9公里。1957年11月，兰坝铁路专用线移交河南河务局管理。

【黄委召开豫、平、鲁3省防汛会议】　6月10～12日，黄委召开豫、平、鲁3省防汛会议，布置1951年防汛工作，作出《关于防汛工作的决定》，提出以保证完成陕县23000立方米每秒，争取29000立方米每秒洪水不发生溃决为年度防洪目标。

【河南省黄河防汛会议在开封召开】　6月17～20日，河南省黄河防汛会议在开封召开。省政府及黄委领导参加会议，并作了指示。河南河务局局长袁隆作了春修总结及防汛意见的报告。会议明确保证陕县23000立方米每秒，争取29000立方米每秒洪水不发生溃决。要求迅速建立各级防汛指挥部，充分发动群众，组织防汛队伍，确保安全。同时强调，锥探大堤、消灭隐患是防汛重要工作之一。

【刘希骞任河南河务局副局长】　6月26日，刘希骞任河南河务局副局长。

【锥探大堤工作全面展开】　6～8月，河南省锥探大堤、消灭隐患工作全面展开。锥探工作由险工到平工，个别堤段锥探2～3遍，锥探深度3～6米，并请来平原河务局封丘段几位熟练的技工进行指导。至7月底，4个修防段先后锥探完毕。600多人共锥探207万眼，发现洞穴5552个，填垫土方2.8万立方米。这次锥探采用的主要工具为6号、8号钢丝锥。中牟段职工又改进用粗锥锥探、灌沙寻找隐患的办法,增加了隐患发现率。

平原省黄河堤线锥探工作于 8 月初展开,沿河 17 个县共有 2300 多人参加。至 8 月 20 日,计发现大、小洞穴 2696 个,最大洞穴(抗日洞)30 米长,直径 1.2 米。封丘曹岗险工锥出 3 道 24 米长、4 分米宽的裂缝。

【防御黄河陕县 23000 立方米每秒洪水工程设计完成】 6 月 30 日,黄委完成防御黄河陕县 23000 立方米每秒洪水工程设计。对防御陕县 23000 立方米每秒洪水,一方面采取分洪减盈办法,修建长垣石头庄溢洪堰,分洪 6000 立方米每秒,使下泄流量为 12000 立方米每秒(据推算,陕县出现 23000 立方米每秒流量到石头庄相应为 18000 立方米每秒);适当掌握运用东平湖蓄洪区,使艾山顺利通过 8500 立方米每秒;沁黄三角地区作为滞洪区,在沁、伊洛河两支流并涨受京汉铁桥逆壅时,当作缓冲地带。另一方面,加高加固堤防,增强防洪能力。黄河两岸堤防超高 1933 年洪水位 3 ~ 4 米,沁河东堤超高 1933 年倒漾水 1.5 米,北金堤超高 1933 年洪水位 1.5 米。

【三门峡水文站设立】 7 月 1 日,三门峡水文站设立。该站位于三门峡市史家滩(距三门峡水库大坝上游约 1900 米),为基本水文站,称三门峡(一)断面。1952 年 8 月至 1953 年 12 月下迁 140 米,称三门峡(二)断面。1951 年 7 月至 1954 年 12 月在三门峡(一)断面下游 2800 米处设三门峡(三)断面,进行水位比测。1955 年 7 月下迁约 2400 米(距大坝下游约 500 米),称三门峡(四)断面。1964 年 1 月下迁约 900 米(距大坝下游约 1500 米),称三门峡(五)断面。1968 年 1 月上迁约 100 米(距大坝下游约 1400 米),称三门峡(六)断面。1974 年 1 月上迁 50 米(距大坝下游约 1350 米),称三门峡(七)断面。

【金堤修防段成立】 7 月 1 日,金堤修防段成立,直属濮阳专署领导,驻地濮县葛楼,管辖滑县、濮阳、濮县、观朝、范县金堤修防工作,全段职工 20 人。

【河南省防指发出紧急指示】 7 月 10 日,河南省防指发出紧急指示,要求各级领导重点掌握,组织力量,限期完成各项工程及防汛决议。尚未完成防御陕县 23000 立方米每秒整险工程的,只要能做的,要于 7 月 15 日前完成;锥探堤坝,消灭隐患,力求 7 月底前全部完成;结合夏征入仓工作,深入发动群众,迅速做好防汛员组织及料物准备,并集中防汛员进行 3 ~ 5 天的培训。

【晁哲甫、刘晏春检查防汛工作】　7月,平原省政府主席、防汛指挥长晁哲甫、政委刘晏春等检查黄河防汛工作。

【陕县水文站首次驾驶机船测流】　7月,陕县水文站首次使用排水10吨的汽油机船进行测流。在船上用流速仪测流一次仅用1小时,投放浮标测流仅需20分钟,比用木船测流缩短时间四分之三至五分之四。

【黄河防总发出防汛指示】　8月1日,黄河防总发出《关于深入检查防汛,提高警惕并介绍河南锥探经验的指示》,指出:入汛以来,长江下游降雨已经超过历年降雨量的最高纪录,黄河下游艾山、高村也都超过以往的降雨纪录,要求各地提高警惕,再检查一下防汛工作,做到有备无患。同时,提出"大力进行锥探大堤,彻底消灭隐患"的任务。

【龙门水文站误报水情】　8月15日,黄河干流龙门一带洪水暴涨,龙门水文站水尺被冲毁,19时零7分估报流量25000立方米每秒。下游3省防汛指挥部接到水情通知后,立即召开紧急会议,动员沿河群众迅速上堤严密防守。河南省政府主席吴芝圃,省军区正、副司令员陈再道、毕占云,平原省政府副主席韩哲一,山东省财委副主任王卓如等均亲临第一线。兰封、开封、孟津等地群众抢收了滩区的部分庄稼。实际上水到下游各站并不大,花园口站为9220立方米每秒,高村站为7300立方米每秒,利津站5780立方米每秒。经汛后核实,龙门站实有13700立方米每秒,造成了不必要的紧张和损失。

【石头庄溢洪堰竣工】　8月22日,26000名干部、民工、技工在石头庄溢洪堰工地举行大会,庆祝溢洪堰胜利竣工。

　　石头庄溢洪堰位于黄河北岸河南省长垣县石头庄临黄大堤上,担负的任务是:当陕县发生23000立方米每秒洪水时,可以从堰身分溢出洪水5000～6000立方米每秒,流入北金堤滞洪区,以保证下游窄河段堤防的安全。该工程由主堰、两端裹头、下游导流堤、上游丁坝石护岸、堰前控制堤组成。堰长1500米,堰顶高程64.27米,过水能力5100立方米每秒。该工程于4月30日经中央批准兴建,5月4日建立机构进行筹备,6月初开工,8月20日竣工,共完成土方1267万立方米,石方7.8万立方米,投资704.8万元。

【锥探经验交流会在开封召开】　9月1～3日,河南河务局在开封召开锥探经验交流会。各修防段负责锥探工作的干部、有经验的工程队员及长期防汛员等参加。会上,交流了锥探方法及如何判断洞穴土层的经验,分析了各种洞穴的规律。

【黄河硪工支援广东】 9月21日,为吸取黄河上修堤打硪的经验,加强珠江流域的堤防,珠江水利工程总局聘请平原省寿张四区八里庙吕端起模范硪工组去该局实地教练和推广。

【石头庄溢洪堰管理处成立】 9月,石头庄溢洪堰管理处成立,隶属平原省河务局。

【险工坝岸调查统计工作完成】 10月,河南黄河险工、坝岸调查统计工作完成。该工作自2月开始,4月完成险工长度、种类及数量的统计,8～10月又作了坝岸工程高度(高程)统计。河南黄河险工长43790米,占堤线长度的28%,共有坝197道、垛151座、埽16段、护岸81段。

【黄河下游河道大断面实测工作完成】 10月,黄河下游河道大断面实测工作完成。为了掌握黄河下游河道冲淤及安全泄量,增强修防的预见性,本年2月黄委颁发黄河下游河道大断面施测办法。河南、平原、山东3省河务局共需实测大断面19处,河南河务局实测了京广桥、花园口、申庄、中牟、柳园口、夹河滩6处。10月,黄委根据实测资料,进行了分析整理。

【柳园口、夹河滩水文站建立】 11月12日,柳园口、夹河滩水文站建立。

【创筑陈兰新小新堤】 本年,为防御异常洪水,陈兰修防段创筑新的小新堤,从三义寨西至老小新堤南头,长4190米。堤顶超出1949年洪水位4米,堤身高2.5米,顶宽7米,临坡1:3,背坡1:2,共完成土方14803立方米。

1952 年

【河南河务局开展"三反"运动】　1月,河南河务局组织开展以"反贪污、反浪费、反官僚主义"为主要内容的"三反"运动。运动分3个阶段进行,6月结束。

【政务院对治黄工作提出具体任务】　3月21日,政务院第129次会议通过《关于1952年水利工作的决定》,指出从1951年起,水利建设在总的方向上是由局部的转向流域的规划,由临时性的转向永久性的工程,由消极的除害转向积极的兴利。对黄河提出的任务是:加强石头庄滞洪及其他堤坝工程,应保证陕县站流量23000立方米每秒,争取29000立方米每秒的洪水不致溃决。引黄灌溉工程应争取春季灌溉20万亩,年内达到40万亩。

【平原省河务局印发护岸护坡、闸坝工程施工办法】　3月,平原省河务局制定印发《1952年护岸护坡、闸坝建设工程施工办法》。

【黄委审定1952年防洪工程标准】　3月31日,按照河南、平原、山东3省防洪工程计划,以防御目标为准,黄委核定1952年防洪工程标准如下:河南堤防以填垫地面凹形包淤及修补残缺为主;石坝的石坦坡超高1949年洪水位2.5~3米,坝基土高于石坦坡0.5米为标准。平原省南岸大堤自东明县小温庄至高村加高0.3米,堤顶高出1949年洪水位2.8米;自高村下首至郓城李进士堂加高0.3米,堤顶高出1949年洪水位2.5米;自李进士堂至梁山十里铺加高0.5米,堤顶高出1949年洪水位2.5米。北岸择要修筑后戗及零星土工、埽坝工程,在石头庄以下一律加至高于1949年洪水位2米,石头庄以上曹岗险工埽坝加修高于1933年洪水位2米。沁河武陟小董以上北岸及南岸全部险工埽坝修筑高出1933年洪水位0.5米;小董以下北岸各险工埽坝修筑高出1933年洪水位1米。

【人民胜利渠举行放水典礼】　4月12日,引黄灌溉济卫第一期工程竣工,放水典礼在武陟县秦厂渠首闸举行。平原省政府副主席罗玉川到会讲话并剪彩。水利部,黄委,山东、河南、平原3省水利、河务部门,新乡、获嘉、汲县、原阳、延津灌区代表200余人参加典礼。罗玉川剪彩后,闸门徐徐提起,黄河水进入总干渠。他提出:"把引黄灌溉济卫工程,改为人民胜利渠吧!"群众欢呼赞成。"人民胜利渠"即由此得名。引黄灌溉济卫第一期工程1951年3月开工,工程包括渠首闸、总干渠、东一灌区和西灌区等。

本年12月底,引黄灌溉济卫工程完成第二期工程:东二灌区、东三灌区、新磁灌区、小冀灌区及沉沙池扩建工程。至此,该工程基本完成,灌溉面积可达72万亩,为黄河下游开辟了临黄堤建闸引黄灌溉的先河。

【平原省河务局进行沁河查勘】　　4月19日,平原省河务局组成查勘队,对沁河五龙口至河源长330公里的河线及丹河进行查勘。查勘队在野外工作54天,于6月12日结束。据统计,沁河下游沁丹灌溉面积为68.65万亩。另外,还重点调查了历史洪水,勘测了济源河口村和阳城县南庄两处干流水库坝址。

【春修工作全面展开】　　5月10日,河南黄河春修全面开工。至7月10日,共完成复堤土方58万立方米,植树20万株、植草97万平方米,锥探大堤10万眼,整修坝、垛、护岸183道。7月12日,河南河务局及有关单位组成检查组对沿河春修计划执行情况、工程质量、防汛工作等进行了检查。

广郑修防段在大堤锥探工作中,创造了三角架扶锥法,为使用大锥、灌沙发现隐患创造了条件。

【开封高朱庄护滩工程竣工】　　5月,位于开封黑岗口和柳园口之间滩地上的高朱庄护滩工程竣工。

【河南省政府发出防汛工作指示】　　5月,河南省政府发出《关于1952年黄河防汛工作的指示》。确定黄河防汛的方针是:强化堤防,彻底消灭隐患,掌握重点,防守全线,互通情报,全面动员,大力组织防汛,充分组织抢险,确保大堤不溃决。同时,对防汛的组织领导、准备工作、查水与信号等提出要求。

【黄河防总作出防汛工作决定】　　6月14日,黄河防总作出《关于1952年黄河防汛工作的决定》。要求6月底完成修防工程,7月1日前建立沿黄各级防汛指挥部。汛期要大力进行大堤锥探,处理消灭隐患;要组织群众护堤,进行植树、种草、培植活柳护岸等工作。溢洪堰、东平湖、沁黄等分滞洪水区域,必须做好准备,以便在必要时,经过中央批准,坚决在预定地点放开,以防止更大的灾害。水情工作要注意研究预报,以增强预见,争取主动。

【黄河防总改变防洪标准】　　7月6日,黄河防总通知本年防汛任务改为:保证陕县站1933年同样洪水(水位299米)的情况下,两岸大堤不发生溃决。

【河南省政府颁发《保护黄河、沁河大堤公约》】　　7月8日,河南省政府颁发《保护黄河、沁河大堤公约》。公约指出:凡沿河人民均有保护堤坝、电线及工程材料和检举破坏分子之权利与义务。堤顶平时禁止铁轮大车通行,雨后禁止一切车辆通行。对擅自砍伐树木,擅自在堤上挖土、开路、割草放牧、耕种作物及窃取工程材料、挖毁堤身、拆毁坝埽、破坏沿河电线和交通者,汛期扒堤决口殃民者,依情节轻重,送区政府教育、追回原物,并修复破坏之工程;情节严重者,送县人民政府或人民法院依法处理。凡积极报告大堤隐患、努力捕捉害堤动物及爱护河堤、坝埽、堤草、电话线路、工程料物有显著成绩者,尤其报告、捕获破坏堤坝工程、损毁工料电线的破坏分子者,均得按照奖励办法,予以奖励。

【罗玉川检查滞洪准备工作】　　7月20日,平原省政府副主席罗玉川赴滑县、濮阳、濮县、范县、寿张、长垣等县检查北金堤滞洪区滞洪准备工作。7月31日,罗玉川在接受《平原日报》记者采访时指出:"滞洪区县、区干部严重存在着麻痹思想和侥幸心理,满足于去年有了个滞洪工作计划,滞洪准备工作很不够。我们必须做好滞洪区的一切准备工作,保证大水到来以后不死一个人,并尽最大努力做到使人民财物少受损失"。

【郑州保合寨抢险】　　9月28日至10月6日,广郑修防段保合寨堤段发生重大险情。保合寨是一处多年不着河的老险工。本年汛期,因河心滩阻流,主流转向东南,直冲邵庄与保合寨之间。9月上旬,花园口站流量由1875立方米每秒涨至3810立方米每秒,大溜外移,险情缓和。9月28日流量降至1770立方米每秒,河面缩窄至百米左右,溜势集中,大溜再次顶冲大堤。30日晚,45米长、6米宽一段大堤塌入水中,堤身只剩很少,堤顶上广花铁路悬空扭曲,险情危急。开封地委主要负责人、河南河务局局长袁隆等赶赴工地,调集中牟、开封、陈兰、广郑修防段工程队130余人,民工、长期防汛员880人,分日夜两班抢护,10月6日转危为安。这次抢险,共抢修新坝垛6个,新、老坝岸长423米,用石6000立方米,柳50万公斤,工日5437个。

【黄委整编历年黄河水文资料】　　9月,黄委在水利部、燃料工业部的指导帮助下,组织70余人的技术队伍,第一次对1919年以来的黄河水文资料进行整编,并刊印发行。

【黄委推广武陟县雨后抢种葛芭草经验】　　10月3日,黄委对武陟县雨后抢种葛芭草的经验给予肯定,并向全河推广。9月6~9日,连续降雨。7日,武陟县防指及时发出"雨后种植葛芭草"的紧急通知,动员32000多人(占参加防汛人数的67%)于9~12日完成临河堤防110公里(占该县堤线总长的98%)的种植任务。

【河南河务局治黄工作会议召开】　　10月28~31日,河南河务局召开治黄工作会议。会议总结1952年治黄工作,布置冬季任务,修订了春工开支标准。会议还部署了清仓工作,要求各修防段成立清仓委员会,于11月20日完成。

【毛泽东视察黄河】　　10月29~31日,中共中央主席、中央人民政府主席毛泽东,在公安部部长罗瑞卿、铁道部部长滕代远、第一机械工业部部长黄敬、中共中央办公厅主任杨尚昆等陪同下,乘火车出京,先在济南看了黄河,在徐州看了明清故道,10月29日下午抵达河南兰封车站。30日,在河南省委书记张玺、省政府主席吴芝圃、省军区司令员陈再道、黄委主任王化云等陪同下,视察兰封县(今兰考)1855年黄河决口改道处东坝头和杨庄,同当地农民交谈,询问土改以后的生产、负担情况,向河南河务局局长袁隆、陈兰修防段段长伍俊华了解治黄情况。在火车上听取了王化云关于治黄工作情况与治本规划的汇报。而后到开封柳园口视察黄河。31日晨乘专列由开封前往郑州,行前嘱咐"要把黄河的事情办好"。毛泽东抵达郑州京汉铁路桥南端时下车登上邙山,察看拟建的邙山水库坝址和黄河形势。然后乘专列到达黄河北岸,由平原省委书记潘复生、省政府主席晁哲甫、黄委副主任赵明甫等陪同,视察新建的人民胜利渠渠首闸、总干渠、灌区和引黄入卫处。

【调查发现道光二十三年特大洪水】　　10月,水利部水文局与黄委组成调查组,对陕州、潼关、三门峡、八里胡同等地的历史洪水进行调查,发现清道光二十三年(1843年)的历史洪水痕迹,据考证,为唐代以来最大洪水。根据洪水痕迹推算,陕州洪峰流量为36000立方米每秒。因洪水异常大,当地群众流传着民谣:"道光二十三,黄河涨上天"。

【北金堤滞洪区开始修围村埝】　　11月中旬,平原省政府指示对滞洪区内1米以下的浅水村庄,实施修筑护村埝。濮阳专署及有关县先后召开会议,布置任务,建立各级指挥部,组织动员民工近3万人参加施工,共完成村埝202个。

【河南河务局石料转运站成立】　　11月,河南河务局石料转运站成立,专门负责办理石料运输工作,编制7人,隶属偃师石料厂。1957年8月,偃师石料场撤销,治黄所需石料改由巩县陉山石场供给。

【抢修电话线路】 11 月,因连遭几次风雪袭击,广郑下界至平原省东明段上界 150 公里电话线路全部被摧毁,电话中断 50 余天。经 100 余人 20 天的紧急抢修,通话恢复正常。

【平原省河务局撤销】 11 月 30 日,平原省建制撤销,平原省河务局随之撤销。新乡黄沁修防处及所属各修防段,濮阳修防处及所属封丘、长垣、濮阳修防段,石头庄溢洪堰管理处等单位划归河南河务局。

【黄委发出防凌通知】 12 月 5 日,黄委发出防凌通知,要求各地迅速组织群众,做好一切防凌准备;加强水情联系,提高警惕,严加防范。

【河南河务局测量队成立】 12 月,河南河务局测量队成立,主要负责堤防、河道、滞洪区的测量任务。该队原为平原河务局测量队,始建于 1949 年 7 月。1981 年 3 月更名为"河南黄河河务局勘探测量队"。

【河南河务局改组】 年底,河南河务局改组,张方任局长,刘希骞任副局长。局机关设办公室、人事科、财务科、器材科、工务科。下辖新乡黄沁修防处(原阳、武陟、温陟黄河、温陟沁河、沁阳、博爱 6 个修防段)、濮阳修防处(濮阳、长垣、封丘 3 个修防段),广郑、中牟、开封、陈兰、东明修防段,以及溢洪堰管理处、航运大队(1953 年其驻地由台前孙口迁至郑州花园口)、测量队、电话队等,共有职工 1295 人。管辖堤段包括:北金堤 39.9 公里,北岸临黄堤 380.6 公里,南岸临黄堤 61.15 公里,太行堤 44 公里,沁河堤 148.98 公里,共计 674.63 公里。

【"除害兴利 蓄水拦沙"治河方略首次提出】 本年,黄委主任王化云在其撰写的《关于黄河治理方略的意见》中,首次明确提出"除害兴利,蓄水拦沙"的治河主张。期望通过修筑干、支流水库,同时在西北黄土高原上进行大规模的水土保持,造林种草,把泥沙和水拦蓄在高原上、沟壑里,以及干支流水库里,最终实现黄河"除害兴利"的目标。次年,王化云在向中央领导的呈文中进一步提出以"一条方针,四套办法"为今后根治黄河的方策。"一条方针",即"蓄水拦沙";"四套办法",是在干流上建大水库,在较大的支流上建中型水库,在小支流上建小水库,并加强中上游的水土保持工作。时任政务院副总理邓子恢在听取治黄汇报时,对这一方策给予肯定,并归纳为"节节蓄水,分段拦泥"。

【河南河务局党分组成立】 本年,根据河南省委指示,河南河务局成立党分组❶。刘希骞任党分组书记,党分组成员陈渊、刘海通。

---

❶中共河南河务局党组的组织沿革分以下几个阶段:1952～1965 年设河南河务局党分组;1972～1978 年为河南河务局党的核心小组;1979 年以后为河南河务局党组。

1953 年

【黄委作出治黄任务决定】　2 月 15 日,黄委作出《1953 年治黄任务的决定》。主要内容为:继续加强下游修防工作。强化堤坝,组织防汛,肃清堤身隐患,绿化大堤,准确运用溢洪堰,保证发生 1933 年同样洪水时不决口,不改道。为解除洪水、凌汛威胁,对已选定的三门峡、邙山两水库,须大力进行规划工作,提请中央抉择。治本准备工作是中心任务之一,要以更大力量、更大规模进行干支流查勘,按照"蓄水拦沙"的方略和工农业兼顾的方针提出全流域规划。水土保持工作,要贯彻普遍查勘、重点试办的方针。

【毛泽东接见王化云询问治黄情况】　2 月 16 日,中共中央主席毛泽东乘火车南下路经郑州,在站台与火车上接见黄委主任王化云,询问不修邙山水库的原因,修建三门峡水库能使用多长时间,移民到什么地方? 并询问从通天河调水怎么样? 当听到可能调水 100 亿立方米时,毛泽东说,引 100 亿立方米太少了,能从长江引 1000 亿立方米就好了。此外,还谈了西北地区的水土保持问题。在座的有中共河南省委书记潘复生。

【河南河务局拟出堤防建设工资办法草案】　2 月 18 日,河南河务局拟出《1953 年堤防建设工资办法草案》,并报送黄委鉴核。草案规定:土方以运距 100 米为标准,每立方米工资 2100 元(旧币,以下同),运距超过或短于 100 米的相应增减工资,挖取土料较难的,增加工资。硪工以硪重 35 公斤、8 人打为标准,根据组织纪律、打实程度、工作效率等分为五等,每工工资 7000 ~ 11500 元。边铣工分三等,每工工资 7000 ~ 9000 元。锥工分三等,每工工资 7000 ~ 9000 元,同时结合锥探发现洞穴隐患的大小、深浅、危害程度奖励 3000 ~ 30000 元。植树在保植保活的原则下,檊柳每株 45 元,高柳每株 6 元,果树每株 280 元。

【河南河务局机关增设监察室】　3 月 19 日,黄委决定河南河务局设监察组,编制 3 人,各修防处、石料厂、航运大队各设监察员 1 人。7 月 2 日,黄委报请水利部批准,河南河务局监察组改为监察室。1955 年 11 月监察室撤销,各修防处监察员建制亦随之撤销,所属人民监察通讯员由黄委监察专员办公室直接领导。

【广郑修防段更名为郑州修防段】　3 月 27 日,因广武、郑县撤销,所辖堤段归郑州市,广郑修防段遂改名郑州修防段。

【黄委设立秦厂水文分站】　　3月,黄委设立秦厂水文分站。该站位于武陟县秦厂村南。分站设立后,管辖河南黄河干支流水文站19个,水位站13个。1956年6月秦厂水文分站改为秦厂水文总站,管辖河南黄河干支流水文站29个,水位站11个。

【河南省政府发出治黄春修工作指示】　　3月,河南省政府发出《为加强我省治黄春修工作的指示》。指出春修工作要加强领导,大力发动群众,坚决贯彻包工包做、按件计资的政策;在修好工程的原则下,结合救灾,组织灾区群众参加这一工作;努力改进操作方法,以竞赛的方法完成春修计划,为战胜洪水奠定物质基础。

【石头庄溢洪堰管理处划归濮阳修防处】　　4月10日,河南河务局直属的石头庄溢洪堰管理处划归濮阳修防处。

【河南省防指在南北两岸分设办公地点】　　5月27日,遵照上级把河南省防汛重点放在北岸的指示精神,经批准确定指挥部两岸办公,南岸办公地点设在开封市,北岸办公地点设在封丘县城,分别由张方、刘希骞负责日常防汛事宜。

【王化云向邓子恢报告黄河防洪和根治意见】　　5月31日,王化云给中共中央农村工作部部长邓子恢呈送了《关于黄河的基本情况与根治意见》及《关于黄河情况与目前防洪措施》两份报告。《根治意见》的主要内容是:黄河下游决口泛滥的情况和原因,治理黄河的目的和一条方针四套办法。治河目的应是变害河为利河。总的方针是蓄水拦沙。从贵德至邙山修建二三十座大水库、大水电站,在支流上修建五六百座中型水库,在小支流上修建二三万座小水库,可发电二三千万千瓦时,灌溉1.4亿亩土地,用农林牧相结合的方法发展水土保持,使黄河变清流,变水害为水利。6月2日,邓子恢向中共中央主席毛泽东推荐了王化云的报告:认为当时最急迫的任务是防止道光二十三年那样洪水的袭击。中央如同意王化云对黄河情况的分析和采取的方针,由水利部和黄委作出规划,发陕、甘、晋、宁、豫各省(区)研究。

【水利部检查黄河防汛】　　6月1日,水利部派员会同黄委组成检查组,对豫、鲁两省黄河堤坝工程质量标准和防洪能力,河势变化,石头庄溢洪堰工程、东平湖滞洪区准备工作及分洪口门工程情况等进行检查,并对检查中发现的问题提出处理意见。这次检查,历时24天,行程1500余公里,经过

25 个修防段。

【河南省召开黄河防汛会议】 6 月 13～17 日,河南省召开黄河防汛会议。河南省政府主席吴芝圃到会讲话。河南河务局局长张方作了防汛计划布置的报告,提出 1953 年黄河防汛的任务是:防御陕县 1933 年洪水位299.14米为目标;沁河堤顶高出水面 1 米,不准溃决;贯孟堤只防小洪水,不防大洪水。发生异常洪水时,开放滞洪区,分滞洪水。

【河南省委发出防汛工作指示】 6 月 24 日,河南省委发出《为加强防汛工作的指示》,强调省防指重点应设在北岸,要求新乡、濮阳两地委应特别注意,并组织足够的人力和运输队伍,河务部门也要充实力量,以便加强对溢洪堰的掌握和指挥北岸防守。沿河各地要做到防汛、生产两不误,如遇特大洪水,即应以防汛为压倒一切的中心任务。

【黄河防总召开防汛会议】 6 月 27 日,黄河防总在开封召开黄河下游防汛会议,河南省政府主席吴芝圃致开幕词,黄委主任王化云报告黄河防汛工作的决定(草案)。会议指出:1953 年的防汛任务应是以防御陕县 1933年 299.14 米洪水位为奋斗目标。以此推估各地保证水位是:花园口为93.60米,高村为61.50 米,泺口为31.00 米;要贯彻有备无患的方针。发生异常洪水要坚决及时开放滞洪区。如果超过 1933 年的洪水,发生道光二十三年的洪水,也应有足够的估计和预防措施。

【秸埽改石坝统计工作完成】 6 月,河南河务局完成 1949～1952 年改草埽为石坝的统计工作。据统计,原有的 1103 座草埽、护岸,1949～1952 年改建成石坝的有331 座,84 座正在改建。

【河南省防指编印防汛宣传手册】 7 月初,河南省防指编印《防汛宣传手册》。内容包括:黄河防汛的任务和方针、防汛的重要意义、防汛抢险技术等。

【吴芝圃检查黄河防汛】 7 月 16 日,为了解各地防汛工作的组织、工具料物的准备,以及河势工情的变化,河南省政府主席吴芝圃带领检查组,赴沿河各专、县进行检查。

【《防汛工作通讯》首发】 7 月 17 日,河南省防指印发第一期《防汛工作通讯》。

【黄委检查沁河防汛】 7 月 17～20 日,黄委防汛检查组检查沁河的河势工情及防汛情况。

【河南省政府发出防汛工作紧急指示】 7 月 18 日,河南省政府发出《关于迅速发动群众,加强黄河防汛工作的紧急指示》,指出:自入汛以来,阴雨连绵,各河先后发生不同洪水,黄河洪水也较往年为早。同时,由于河底抬高,高村1952年流量7000立方米每秒,低滩串沟尚未过水,而今年4000立方米每秒即有3道串沟过水,部分坝埽掉蛰出险,这说明在工程方面尚存在一些弱点。最后强调,各地要认真研究分析河势工情,深入发动群众,做好防汛工作。

【战胜8月洪水】 7月下旬以来,由于陕州以下干流及伊洛、沁河流域普降暴雨,8月初伊洛河黑石关站与沁河小董站分别出现5210立方米每秒和1960立方米每秒洪峰,8月3日武陟秦厂站出现11200立方米每秒洪峰。洪水期间,沁河的沁阳高村一带大堤仅出水0.4米,一般出水1.2米,有31处坝埽部分或全部下陷,10余处闸口及漏洞过水,武陟东小虹老闸口及朱原村漏洞口径在1米以上。濮阳洪水漫滩,大堤出现漏洞2处,封丘曹岗、中牟九堡发生严重险情。洪水期间,全河共出险55处(河南黄河30余处),发生漏洞106处;堵塞滩区串沟213道,使30余万亩秋苗免遭水淹。

为战胜此次洪水,沿河各级党政领导干部亲临堤线指挥,组织数万群众严密防守,经过6昼夜的紧张战斗,使洪水安全度过。

【河南省防指、公安厅联合发出防汛保卫工作指示】 8月10日,河南省防指、省公安厅联合发出《关于加强沿黄河各县防汛保卫工作的指示》,要求沿河各县公安部门应根据当地防汛指挥部的工作任务,结合实际情况,制定防汛治安保卫计划,在各级指挥部的统一领导下,坚持保卫防汛工作。对破坏河堤或趁抢险造谣破坏者,均应依情节轻重,依法惩处。

【中牟九堡抢险】 8月10日,中牟九堡险工第114、115、116号坝由于受大流淘刷,根石蛰入水中长20～40米,坝前水深5～6米。险情发生后,中牟县防汛指挥部立即采取紧急措施,动员民工、长期防汛员、工程队员300余人紧急抢护,动员群众为抢险运柳。河南省防指领导、中牟县县长等到现场指挥。经过7天的连续抢护,至8月16日,险情得到控制。

【《检举隐患及捕捉害物奖励办法》颁发】 8月17日,河南河务局颁发《检举隐患及捕捉害物奖励办法》,规定:凡报隐患深度在堤顶下2～4米者,按危害大小给予1万～6万元(旧币,下同)奖金;凡报隐患深度在堤顶4米以下者,按危害大小给以3万～10万元奖金;锥探发现的隐患,按锥探奖励办法执行。在距大堤2.5公里以内捕捉的獾、狐等,根据捕捉地点、难易,每只发2万～5万元奖金;在堤身或柳阴地内捕捉地鼠、黄鼠狼等,每只发 3000 元奖金。

【引黄灌溉济卫工程竣工】   8 月,引黄灌溉济卫工程全部完成。经过两年多的施工,计建成渠首闸、总干渠、西灌区、东一、东二、东三灌区,小冀灌区、新磁灌区和沉沙池等大小建筑物 1999 座,修筑斗渠以上渠道长达 4945 公里,可灌溉黄河北岸新乡、汲县、延津等县 72 万亩农田。8 月中旬,黄委撤销引黄灌溉济卫工程处,将引黄灌溉济卫工程全部移交给河南省政府管理。

【建立陈兰、花园口石料转运站】   9 月 21 日,经黄委同意,在河南河务局原编制内增设陈兰、花园口石料转运站。

【部署开展增产节约工作】   10 月 31 日,河南河务局制定增产节约计划:

(1)增加生产增加收入。石料厂、航运大队要加强生产管理,提高效率,降低成本 5%;沿堤公有土地、树木及河产应根据政府规定,加强管理,做好苗、河产等收入,及时上解;所有废品废料等及时处理,及时上解。

(2)励行节约紧缩开支。在今年已节约节余 86 亿元(旧币)的基础上,争取年底节约节余 100 亿元。

【开封黑岗口虹吸工程建成】   11 月,开封黑岗口虹吸工程建成。该虹吸为双管道,采用双层 8 号钢丝帆布橡胶软管,可随河水位仰俯活动,设计吸程 6.3 米,流量 5.5 立方米每秒。这是新中国成立后黄河下游建成的第一处虹吸工程。

【防凌工作全面展开】   12 月 9 日,河南河务局发出防凌通知,要求各修防处、段要根据河势工情具体布置,紧要堤段派专人检查流凌情况,遇有特殊情形,及时上报。对卡凌壅水严重堤段,应事先妥为防范,保证凌汛安全度过。

【郑州黄河修防处成立】   12 月 16 日,郑州黄河修防处成立,下设工务、财务、秘书 3 个科,辖郑州、中牟、开封、陈兰、东明 5 个修防段。办公地址在开封市火神庙后街 9 号。

【全国水利会议对黄河提出任务】   12 月 31 日,水利部在全国水利会议上提出的《四年水利工作总结与方针任务》中,对黄河、长江提出的任务是:"黄河、长江不发生严重的决口或改道,以防打乱国家的建设部署。"对黄河提出的具体要求是:"为防止异常洪水的袭击,避免大的灾害,根据人力、物力、财力、技术等条件,近五年内应在已挑选的芝川、邙山两个水库中选修一个;在上游黄土高原地区应有步骤地大力开展水土保持工作,同时在支流上修筑小型水库以减少泥沙和洪水下泄。在上述水库工程未完成前,仍应继续加强堤防岁修与防汛工作,并继续研究制定黄河的流域规划"。

【黄委、河南河务局由汴迁郑】 12月,河南省省会由汴迁郑,黄委、河南河务局随即由开封市迁至郑州市金水路办公。

【施测京广铁桥至兰考三义寨河道地形图】 本年,京广铁桥至兰考三义寨河道地形测量工作开始,至1954年河南河务局测量队共完成1∶10000比例尺测图共54幅,1620平方公里。高程采用大沽高程系统。

1954 年

【黄委提出黄河流域开发意见】 1 月,黄委提出《黄河流域开发意见》,指出宁夏黑山峡以上,以发电为主,结合灌溉、航运和畜牧;内蒙古清水河以上以灌溉为主,结合航运、发电;河南孟津以上,以防洪、发电为重点,结合灌溉与航运;孟津以下,以灌溉为重点,结合航运和小型发电,各段都要结合工业用水。同时,选择龙羊峡、龙口、三门峡 3 大水利枢纽工程,以控制调节各段干流水量。

【黄委作出治黄任务决定】 2 月 12 日,黄委作出《关于 1954 年治黄任务的决定》,主要内容是:1954 年是由修防转入治本的过渡阶段,治黄任务应以黄河流域规划、下游修防、邙山和芝川水库技术准备、水土保持为中心。

下游修防任务,仍以防御陕县 1933 年同样洪水不决口、不改道为目标,避免大的灾害,保卫国家建设。在修堤工作上,要结合生产救灾,继续贯彻"包工包做"、"按件计资"的工资政策,合理调整工资,推广长期包工制,改进工具与操作技术,保证质量提高效率。在整险工作上,要认真推行联系合同与流水作业法,改进埽坝基础,防止根石走失,加强抗洪能力。在防汛工作上,要大力组织防汛,贯彻以农业生产为中心,生产与防汛密切结合,并做好滞洪、蓄洪准备工作,注意民埝政策,进一步消灭隐患,提高警惕,加强戒备,防止任何麻痹侥幸心理。

【中央黄河查勘团沿河查勘】 为编制黄河综合利用规划,听取流域各地对治黄的意见和选定第一期工程,中央黄河查勘团于 2 月 23 日从北京赴济南开始现场查勘。查勘团由中央有关各部的负责人、专家、工程技术人员和苏联专家组成,共计 120 余人。水利部副部长李葆华为团长,燃料工业部副部长刘澜波为副团长。25 日由河口溯源而上到达乌金峡、刘家峡,而后由上往下进行查勘,于 6 月 15 日结束。查勘历时 90 余天,行程1.2万公里,查勘堤防险工 1400 公里、干支流坝址 29 处、灌区 8 处,还查勘了不同的水土保持类型区。沿途多次召开座谈会,听取地方领导人对治黄的意见和要求,为进行流域综合利用规划奠定了基础。

【黄委发出春修指示】 2 月 27 日,黄委发出《1954 年下游春修指示》,要求复堤工作要在加强量的原则下,提高效率,平衡发展。山东手推胶轮车是先进的运土工具,应积极推广,并帮助解决修理中的困难问题。锥探工作的重点在 5 米以下,要改细锥为粗锥,改短锥为长锥,改稀锥为密锥,并继续创造新的工具和技术,以彻底消灭堤身隐患。

【春修工作会议召开】 3 月 1~6 日,河南河务局召开春修工作会议。黄委主任王化云到会讲话。会议总结 1953 年的修防工作,明确 1954 年的治黄方针与任务,讨论通过了《1954 年定额草案》《1954 年民工工资办法草案》《1954 年治黄工程征用挖压土地及牲畜、船只补偿办法》《1954 年水利事业财务管理办法草案》等。

【春修工程全面开工】 3 月上旬,春修工程全面开工,10 万民工参加施工。春修中,土工施工推广了碌碡碾和胶轮车等先进工具,提高了施工效率;进一步改进了锥探工具及操作方法与劳力组合,紧紧抓住深锥密锥、灌沙灌浆、挖彻底、填土夯实、检举隐患、捕捉害物 6 个环节,大堤锥探消灭隐患工作有了很大发展;整险工作推行流水作业法,并根据根石走失的情况,提出"巩固根石,防止走失"的方针。春修工作中,还结合生产救灾,采用互助换工、提前耕作等办法,妥善安排了生产。

【河南省政府发出做好北金堤滞洪区防洪工程指示】 3 月 19 日,河南省政府发出《关于汛期以前做好石头庄滞洪区防洪工程的指示》。指出石头庄滞洪区(即北金堤滞洪区)约 700 余村需新修防洪工程,用土数百万立方米,需动员大量民工,必须在汛前完成。要求行洪区各级抽调得力干部成立专门机构,负责此项工作的具体领导;合理调配劳力,做到生产与防洪两不误;合理规划工程,保证规格质量;溜势缓慢有防守条件的村打围埝,溜大水深的地区,主要应做好避水迁移工作;修工挖地中尽量结合兴修公共水利。

【北金堤滞洪区修筑避水工程】 3~7 月,中央给河南拨款 209 万元在北金堤滞洪区内修筑围村埝、避水台,以便滞洪时保护群众生命财产安全。河南省政府为此专门发出《关于汛期以前做好石头庄滞洪区防洪工程的指示》。此后,滞洪区各地相继开工,至 4 月底完成,河南共修筑护村埝 345 个,用土 620 余万立方米。山东省于 7 月 20 日完成,修围村埝 243 个,避水台、急救台 42 个,用土 170 万余立方米,开支款 53.7 万元。

【河南河务局总结 1950~1953 年治黄工作】 5 月 20 日,河南河务局作出 4 年来的治黄工作总结。1950~1953 年,河南治黄共投资 2150 余亿元(旧币),用工 1200 万工日,完成土方 2200 万立方米,石料 65 万立方米,锥探

2400 万眼,填实洞穴 3.7 万处,捕捉害物 1.54 万只,植树 740 万株,植草 2100 万平方米。

【河南省黄河防汛会议召开】 5 月 27 日至 6 月 4 日,河南省黄河防汛会议在郑州召开。河南省政府主席吴芝圃到会讲话。会议总结了春修工作,安排部署 1954 年的防汛工作,讨论并通过了防汛办法。

【河南河务局党分组调整】 6 月 5 日,河南省委组织部通知,河南河务局党分组由陈东明、刘希骞、李献堂、孟洪九、田子玉、陈玉峰、孔甡光、孙逸民等组成,陈东明为书记,刘希骞任副书记,李献堂任第二副书记。

【黄河防总作出防汛工作决定】 6 月 19 日,黄河防总作出《关于 1954 年黄河防汛工作的决定》,明确 1954 年防汛任务仍以防御陕县 1933 年的洪水位 299.14 米的洪水为目标,努力争取防御更大的洪水不发生溃决。

【黄委检查黄河防汛】 6 月 19 日,黄委与河南、山东两省组成以王化云为团长、江衍坤为副团长的防汛检查团,由郑州出发,深入两省检查河势工情和防汛布置情况。检查工作历时 23 天,检查了 8 个专区、27 个县和 3 个滞洪区,对发现的一些主要问题提请两省党政领导及时解决。

【陈东明任河南河务局局长】 6 月 29 日,河南河务局局长张方调离,陈东明接任。

【贾心斋检查黄河防汛】 7 月 14 日,秦厂站发生洪峰 7200 立方米每秒洪水,相应水位 97.20 米。15 日黄河防总主任、河南省政府副主席贾心斋率省委农工部、省政府财经委员会等有关部门负责人,在开封市市长姜鑫陪同下,冒雨检查柳园口、黑岗口堤防及险工防守情况,并听取开封县及黑岗口河务部门的情况汇报。贾心斋要求沿河各级政府及防汛机构与群众要紧急行动起来,进行抗洪抢险。

【战胜沁河小董站 3050 立方米每秒洪水】 8 月 4 日 22 时,沁河小董站出现 3050 立方米每秒洪水,是 1895 年以来的最大一次洪水。由于洪水来势凶猛,将沁阳大桥、武陟木栾店桥冲断,沁河武陟五车口堤顶出水 1.3 米,沁阳高村堤顶出水 0.4 米,部分坝埽顶与洪水位平,形势相当严峻。新乡专署组织 6 万防汛大军上堤与洪水搏斗,终于取得胜利。计抢护坝埽 59 道,新修坝岸 38 道,堵塞漏洞 1 处,围堵闸口 28 处,抢修子埝 2165 米,共计用石 6267 立方米,土方 11.2 万立方米,柳 135 万公斤。

【战胜秦厂站 15000 立方米每秒洪水】 7 月以来,黄河干支流流域先后降大雨,伊洛河、沁河暴涨。8 月 4 日伊洛河黑石关站洪峰流量 8420 立方米每秒,沁河小董站洪峰流量 3050 立方米每秒。双峰汇流,黄河秦厂站 8 月 5 日洪峰流量 15000 立方米每秒,为新中国成立以来首次大水,在濮阳一带比 1949 年的最高洪水位低 0.5～0.7 米。洪水发生后,河南省防指要求沿黄党政军民紧急动员起来,组织群众防守,确保安全。千余名干部赶赴一线,组织 1.47 万人上堤防守;组织滩区救护队,调配大批船只进行滩区救护,广大群众得以安全迁出。洪水期间,两日内发生漏洞 4 处,以濮阳丁砦、孟居两处较为严重。堤防险工有 39 道坝、2 处护岸掉蛰生险,中牟九堡、封丘曹岗尤为严重。中牟九堡险情发生后,经 300 余人连续 7 天 6 夜抢护,用石 2028 立方米,柳 50 余万公斤,抛枕 573 个,方转危为安。

因东明串沟过水,濮阳洪水偎堤,部分滩区被淹,计淹没村庄 104 个,落入河内村庄 1 个,淹耕地 46.52 万亩,受灾人口 6 万余人,倒塌房屋 838 间,损失粮食 210 万公斤。滩区救护发挥了重要作用,共计迁出滩区群众 1527 人,运出粮食 11.1 万公斤,包袱 913 件,牲口 368 头,抢收庄稼 1767 亩,抢堵串沟 80 条,保秋苗 10 余万亩。洪水过后,对迁出的困难户,政府部门进行了救济。

至 10 月 31 日,秦厂站共出现 4000 立方米每秒以上洪峰 14 次,7000 立方米每秒以上的洪峰 8 次,10000 立方米每秒以上的洪峰 3 次,各次洪峰持续时间共计达 520 个小时。

【河南省政府通报表扬全体防汛人员】　8 月 13 日,河南省政府发出通报,对参加黄河、卫河、沙河防汛抢险的工人、农民、部队指战员和全体工作人员进行了表扬。表扬他们自 8 月以来,在防汛抢险中艰苦奋斗,英勇顽强地同洪水搏斗 10 余昼夜,战胜了洪水,保证了 3 条河流沿岸数百万人民生命财产的安全。

【黄河防总制定防御异常洪水紧急措施】　根据 8 月 5～12 日 8 天内秦厂站连续出现 4 次洪峰的异常现象及中央气象台预报的雨情分析,考虑秦厂站可能出现更大的洪水,按照"有备无患"的精神,8 月中旬黄河防总制定了紧急防洪措施:当秦厂发生流量 20000 立方米每秒时,须在范县张庄分洪 2000 立方米每秒;当秦厂发生 23000 立方米每秒时,须开放石头庄溢洪堰,分洪 4000 立方米每秒,濮阳习城寨分洪 2000 立方米每秒;当秦厂发生 26000 立方米每秒时,在长垣九股路一带及石头庄各分洪 4000 立方米每秒。以上 4 处分洪后,均使下游孙口站保持通过 9500 立方米每秒为标准,并按具体情况,考虑开放梁山滞洪区。

【河南省防指发出防御更大洪水指示】 8月21日,由于黄河干支流域仍不断降雨,6000立方米每秒以上洪水已持续较长时间,黄河有可能出现更大洪水。河南省防指发出指示,要求各级指挥部紧急动员起来,再接再厉,争取防汛最后胜利。

【东明霍寨、闫潭两分段建立】 8月24日,经报黄委同意,在堤线较长、防守力量薄弱的东明修防段增设霍寨、闫潭两个分段,每分段设干部5人、勤杂人员1人。

【河南省委作出废除民埝指示】 10月12日,河南省委作出《为确保黄河安全贯彻废除民埝政策的指示》,指出:为扩大黄河河道排洪能力,增强堤防安全,保卫国家和广大人民的利益,必须继续贯彻废除河床民埝政策,未修者杜绝再修;新修者立即有步骤地废除;对年久的老民埝,不修不守。

【黄委调查1933年洪水】 10月底至11月上旬,黄委、河南河务局组成南北岸两个调查组,山东河务局亦组成南北岸两个调查组,4组共52人,对1933年洪水在黄河下游的实际情况进行全面调查。调查后,各组分别写出调查报告,大量充实了1933年洪水及决口灾害的资料。

【防凌工作办法出台】 12月14日,河南河务局制定《防凌工作办法》,规定本年凌汛期为自12月10日起至1955年春天河内冰凌全部融化后止;报汛方式主要用电话传报;一般情况下,每日7时至7时30分,修防段向修防处报汛,7时30分至8时,修防处向河南河务局报汛,遇严重凌情加报;局、处、段3级均成立防凌办公室,指定专人负责;各修防段在险工地段及卡水、坐弯处,要加强对凌情的检查和防护工作。

【黄河流域规划编制完成】 12月23日,黄河规划委员会编制完成《黄河综合利用规划技术经济报告》,对黄河下游的防洪和开发流域内的灌溉、工业供水、发电、航运、水土保持等问题提出规划方案,并提出第一期工程开发项目。其中重要的工程项目有三门峡和刘家峡水利枢纽。

【兰封、考城两县合并为兰考县】 本年,兰封、考城两县合并为兰考县,陈兰黄河修防段名称不变。

【北金堤滞洪区部分地形图测绘完成】 本年,河南河务局测量队完成北金堤滞洪区960平方公里地形图测绘任务。测图范围为濮阳渠村至范县彭楼,占滞洪区总面积的32%,共完成1∶10000比例尺地形图32幅,高程采用大沽高程系统。该项工作于1953年启动。

1955 年

【全国水利会议明确治黄任务】 1 月 4 ~ 17 日,全国水利会议在北京召开。会上对黄河治理提出的任务为:黄河流域规划已经拟就,还应继续编制主要支流的流域规划。其中,汾、伊、洛、沁河流域规划争取在第一个五年计划内完成;第一期灌溉工程的勘测工作亦应积极进行;目前应积极准备三门峡水库的设计资料;在三门峡水库完成前,为防止异常洪水的袭击,1955 年再增修临时防洪措施,保证秦厂发生 29000 立方米每秒洪水的情况下,不发生严重决口或改道。同时,在中上游干支流黄土高原地区,有步骤地大力开展水土保持工作,以减少泥沙洪水下泄。

【黄河干流封冻到荥阳氾水口】 1 月 15 日,黄河干流封冻到荥阳氾水。1 月 18 ~ 20 日先后开河,受冰块壅水,兰考东坝头水位达 71.95 米。东坝头以下地区漫滩,兰考四明堂段大堤偎水深 3 米。滩区金庙、代寨两乡 19 个村被水包围,有的村内进水深 1.5 米,因救护及时,无人畜伤亡。

【濮阳专区建制撤销】 2 月 1 日,濮阳专区建制撤销,分别划归安阳、新乡地区。原濮阳黄河修防处和濮阳黄河滞洪处分别改为安阳黄河修防处和安阳黄河滞洪处,原濮阳修防处所属的封丘黄河修防段划归新乡修防处。

【河南省政府颁发堤防管理养护办法】 2 月 2 日,河南省政府颁发《河南省黄、沁河流域堤防管理养护办法》,内容包括组织、禁止事项、管护范围、奖惩规定、受益分成等。

【黄委召开治黄工作会议】 2 月 12 ~ 18 日,黄委在郑州召开治黄工作会议。会议传达全国水利会议精神和《黄河综合利用规划技术经济报告》,总结 1946 ~ 1954 年的治黄工作,部署 1955 年治黄工作任务,即"根据治标与治本相结合的方针,继续加强下游堤防,增修临时防洪措施;三门峡水利枢纽工程积极准备,争取按设计程序如期施工,伊、洛、沁河水库在两年内编出规划;大力进行水土保持工作;引黄淤灌与引黄发电,应按计划完成"。

【国家计委、建委同意黄河规划报告】 2 月 15 日,黄河规划委员会将《黄河综合利用规划技术经济报告》和苏联专家组对报告的结论等文件报送国务院。经国家计划委员会及国家经济建设委员会审查,认为报告中提出的黄河综合利用远景规划和第一期工程都是经过慎重研究的,是现阶段的最好方案。国家计委提出:三门峡水库泄量标准是否定为 8000 立方米每秒,正常水位定为 350 米或 355 米、360 米等问题,建议由黄河规划委员会向苏联专家提出,在初步设计中研究确定。国家计委、建委党组向中共中央和毛泽东主席报告审查意见。

【孟津黄河管理段成立】 2 月,孟津黄河管理段成立,驻地孟津县铁谢村。

【春修工程开工】 3 月初,河南黄河春修工程开工。沿河各县动员民工 11 万余人,干部、技术人员 2600 余人参加春修。根据河南省委及省人民委员会❶(以下简称"河南省人委")"春修与农业生产、救灾工作相结合"的指示精神,优先组织灾民上堤,以工代赈。至 5 月 27 日结束,共计完成土方 969 万立方米,整险石料 4.96 万立方米,锥探 197 万眼。修堤中普遍推广碌碡碾碾和胶轮车,总计出动胶轮车 3000 辆,平均日工效标准方 4.38 立方米。

【郑州黄河修防处改称开封黄河修防处】 3 月 10 日,郑州专署由荥阳县迁至开封市,并改为开封专署,郑州黄河修防处改称开封黄河修防处。

【黄委组织干支流洪水调查】 为了向三门峡工程初步设计和拟订伊、洛、沁河技术经济报告提供水文及水利计算资料,3 月 20 日黄委组织 8 个水文调查组,对干流山西保德至河南孟津段和伊、洛、沁河流域进行水文调查。晋、陕两省水利局也派出 3 个调查组对渭、泾、北洛河和汾河进行水文调查。干流上在潼关至三门峡段又调查到道光二十三年(1843 年)洪水痕迹 23 处,及陕县水文站因日军侵略和解放战争缺测的 1944、1945、1947、1948 年的洪水痕迹。伊、洛河各组根据洪水痕迹校核了 1931、1935、1937 年的历史洪峰流量。沁河组发现了明成化十八年(1482 年)洪水新的洪水痕迹。此外,三门峡孟津组、伊河组和沁河组都发现了记述 1761 年特大洪水的碑文。

【黄委制订修堤土方工程施工技术规范】 3 月,黄委制订出《黄河下游修堤土方工程施工技术规范(草案)》,并印发豫、鲁两省试行。

【黄委编出伊洛沁河规划】 3 月,黄委组成伊洛沁河流域查勘队,于 4 月

---

❶河南省人民政府成立于 1949 年 5 月。在 1955 年 1 月 29 日至 2 月 4 日召开的河南省第一届人民代表大会第二次会议上,根据《宪法》规定,决定将省人民政府委员会改为省人民委员会,省人民政府主席、副主席改称省长、副省长。1968 年 1 月 27 日河南省革命委员会成立,发出第一号通告宣布:"自即日起,中共河南省委、河南省人民委员会的党、政、财、文大权,统统归河南省革命委员会"。1979 年 9 月,河南省革命委员会撤销,恢复为河南省人民政府。

10~27 日对伊洛河河道、坝址进行查勘。

同月,又组成沁河查勘队,自沁河干流郭道镇至五龙口河段进行查勘。4月,组成伊洛河防洪枢纽工程踏勘组,编写出《伊洛河防洪枢纽踏勘报告》。8月,以黄委为主,地质部水文地质工程地质局941队、河南省农委、洛阳专署等单位参加,组成《伊洛沁河综合利用规划报告》编写组,于次年2月完成报告的编写,3月上报水利部,水利部于9月下达鉴定意见。

【开展修堤土壤压实试验】 4月1日,河南河务局组织测验小组赴春修工地进行修堤土壤压实试验。至5月6日,共取土样518个,作了验碰锤配碰、上下方折比率、坯头压实、含水量简易鉴别、坯头接头质量、适宜筑堤土壤与含水量,以及新堤、老堤、裂缝灌浆质量对比等项目的试验。获取的试验结果为:0.3米坯头碰实为0.2米,可以保证达到大堤质量;灌浆质量略高于新堤,采用灌浆消灭裂缝是一种有效的办法;适用于筑堤土壤含水量范围为沙土16%~23.5%,两合土15%~24%,淤土17%~25%,黏土32.1%~38%。

【治黄成就和黄河规划展览在郑州举办】 4月17日,黄委在郑州举办"治黄成就和黄河规划展览"(黄河博物馆的前身)。1957年,改名为"治黄陈列馆"。20世纪60年代初,因国家经济困难而闭馆。1972年为纪念毛泽东视察黄河20周年重新开馆,并举办"治理黄河成就"展览,同时改名为"黄河展览馆",郭沫若题写馆名。1987年6月,正式更名为"黄河博物馆",馆名由舒同题写。黄河博物馆是中国唯一以黄河为主题陈列内容的自然科技类博物馆。1996年被郑州市委宣传部首批命名为"郑州爱国主义教育基地";1998年被黄委命名为"黄河系统爱国主义教育基地";2002年,又被共青团中央、全国青联命名为"中国青年科技创新行动基地"。

【李赋都查勘大功滞洪区】 4月23日,黄委副主任李赋都、河南河务局局长陈东明等8人组成查勘组,根据防御黄河秦厂站200年与2000年一遇洪水需进行分洪的情况,赴封丘大功、曹岗一带,查勘临时分洪地点及可能建闸地点,并至封丘、滑县、长垣、浚县查勘分洪后是否夺卫河及淤灌的可能性,研究扩大滞洪面积,提高滞洪能力,准确控制分洪量,以便提出分洪方案。

【小浪底水文站设立】 4月,位于济源县坡头乡泰山村的小浪底水文站设立。

【黄委公布河产管理暂行办法】 4月,黄委公布《河产管理暂行办法》。办法规定:凡黄河所有柳阴地、各种树木、土地、房屋、庙基、砖瓦窑、池塘(水坑)、苗圃等均属河产管理范围,应由各基层单位成立河产管理委员会,负责养护好现有河产,并在维护大堤的前提下,绿化堤防,培养财源,增加国家收入。

【中共中央政治局通过黄河规划报告】　5月7日,中共中央政治局召开会议,刘少奇主持,朱德、陈云、董必武、彭真、邓小平、薄一波、谭震林等46人参加,会上听取了水利部副部长李葆华关于《黄河综合利用规划技术经济报告》的汇报,政治局基本上通过了规划方案,决定将规划提交第一届全国人民代表大会第二次会议讨论,责成水利部党组起草关于黄河综合利用规划的报告和决议草案,送中央审阅。关于黄河上中游的水土保持问题应制定具有法律性质的条例,责成水利部提出草案,交中央审查。

【黄河防总制定防汛工作意见】　5月20日,黄河防总制定《关于1955年防汛工作几项意见》,要求各级防汛指挥部切实贯彻"有备无患"的精神,做到黄河在发生任何类型洪水情况下,均有对策、有准备。根据确保重点的要求,先开放大功、石头庄、罗楼、大陆庄,尽量利用南、北金堤,东平湖蓄滞洪水和大河排洪能力,保证木栾店至越石坝、京汉铁桥至东坝头南北两岸大堤及济南市的安全。大力开展堤防加固工程,消灭隐患,处理弱点,加宽培厚,进一步巩固堤防。

【河南黄河防汛会议召开】　5月26～31日,河南黄河防汛会议在郑州召开。会议讨论通过了1955年黄河防汛工作报告和计划。明确1955年的防汛任务为:以防御秦厂25000立方米每秒为目标,保证不发生严重决口和改道,遇超标准洪水,本着"避重就轻,舍小就大"的原则,做到有准备、有对策。河南省副省长邢肇棠及黄委副主任江衍坤到会作了指示。

【黄委召开防汛抢险技术座谈会】　6月1～6日,黄委在郑州召开黄河防汛抢险技术座谈会。黄委工务处,河南、山东两省黄河河务局及所属修防处、段技术负责人、工程师和富有防汛抢险经验的老工人参加了会议。会上,各单位介绍了人民治黄以来8次伏秋大汛战胜洪水的经验。黄委根据会议讨论的堤防抢险、险工抢护、巡堤查水、探摸险工根石等技术,编写出版了《黄河防汛抢险技术手册》。

【河南省人委批准黄河防汛措施】　6月18日,河南省人委第五次会议批准河南河务局《关于河南省1955年黄河防汛措施的报告》。报告的主要内容是:根据中央及黄委指示精神,确定今年黄河在与1933年同样洪水,即秦厂水文站相应洪峰流量 25000 立方米每秒、水位 99.14 米,高村水位 62.20 米不发生严重决口或改道。沁河保证小董站洪峰流量 4000 立方米 每秒,北岸堤顶高出水位 1.5 米,南岸高出 1 米不溃决。对可能发生的超 标准特大洪水,依据"牺牲局部,保全大部"的原则,采取固守两线,重点保 证,有计划蓄洪、滞洪的办法,拟妥防洪措施,做到不论任何类型洪水的情 况下均能有对策、有准备。

【加固堤防老口门】 6 月 20 日,河南河务局选择花园口、赵口、秦厂、小新 堤等 7 处老口门进行加固。加固前先用洛阳铲或土钻取土样,摸清堤身基 础,而后采用锥探灌浆办法填实隐患。采用铺盖层截渗或修筑围堤加固老 口门,共计用土方 39.39 万立方米,锥探 8.68 万眼,8 月竣工。

【王化云再次向毛泽东汇报治黄工作】 6 月 22 日,王化云在河南省委北 院二楼会客室再次向毛泽东主席汇报黄河规划和在人民胜利渠灌区扩大 排水工程防止盐碱化问题。

【堤防土质普查开始】 7 月中旬,河南河务局各修防处、段组织经验丰富 的锥探工人参加,使用钢锥和洛阳铲对所辖堤段进行土质普查。河南河务 局组织土钻队,对沿堤老口门处进行土质钻探,对土样进行重点分析试验。 该工作于 9 月中旬结束,共普查堤线长 694 公里,钻探断面 2830 个、钻孔 1.74 万多个。

【一届全国人大二次会议通过黄河治理规划决议】 7 月 18 日,国务院副 总理邓子恢代表国务院在第一届全国人大代表大会第二次会议上作了《关 于根治黄河水害和开发黄河水利的综合规划的报告》。这个报告在中国历 史上第一次全面地提出了彻底消除黄河灾害,大规模地利用黄河发展灌 溉、发电和航运事业的富国利民的伟大计划。综合规划包括远景计划和第 一期计划两部分。远景计划的主要内容是"黄河干流梯级开发计划",同时 在甘肃、陕西、山西 3 省和其他黄土区域开展大规模的水土保持工作。第 一期计划提出,首先在陕县下游的三门峡和兰州上游的刘家峡修建综合性 水库工程。7 月 30 日人大代表会议通过了《关于根治黄河水害和开发黄河 水利的综合规划的报告的决议》。批准规划的原则和基本内容。

【毛泽东观看治黄展览】 7 月中旬,在一届全国人大二次会议期间的一天 晚上,毛泽东主席专程参观设在中南海怀仁堂的黄河展览。引导、陪同毛 泽东参观的是黄河展览负责人王镇山。毛泽东看完展览"前言"后对王镇 山说:"黄河是世界上有名的。"当毛泽东看到国民党统治时期黄河决口、人民流离失所、无家可归的照片后说:"此种情景不能再发生!"王镇山说:"解放后,咱们还没有让黄河决过口。"毛泽东表示满意。当毛泽东看完展览第二部分新中国成立后黄河治理情况时,他说:"还得继续治理啊!"毛泽东在看大型图表——黄河每年从陕州流过时的含沙量以及泥沙造成的严重灾害时说:"泥沙是一大害,要解决,任务艰巨。"

【河南省人委发出滞洪蓄洪区迁移、安置工作紧急指示】 8月17日,河南省人委发出《关于为防御黄河特大洪水努力做好滞洪蓄洪区迁移、安置工作的紧急指示》。指出:根据最近发现的黄河水文资料分析,黄河下游的特大洪水可能超过1933年类型洪水的一倍以上,洪峰有达36000~40000立方米每秒的可能,而河南省黄河两岸的堤防工程,均以防御1933年类型为目标。为了防御黄河特大洪水,本着"牺牲小部,保全大部"的原则,除扩大原有的金临(北金堤滞洪区)、沁黄(沁南滞洪区)两滞洪区外,并决定必要时在封丘大功扒口,扩大封丘滞洪区,以削减洪峰,保证黄河下游广大地区的安全。据此,河南省黄河沿岸滞洪、蓄洪及行洪区的受淹群众将有160万人。因此,要求各地加强领导,发动群众,努力做好滞洪区的迁移安置工作,以保证群众的生命安全和减少财产的损失。

【黄河规划委员会提出三门峡工程设计任务书】 8月,黄河规划委员会提出《三门峡水利枢纽工程设计任务书》和《初步设计编制工作分工》两个文件,上报国家计委。大坝和水电站委托苏联电站部水电设计院列宁格勒分院设计,其余项目由国内承担。国家计委审查任务书时提出3点意见:

(1)考虑水库寿命可能延长的问题,要求提出正常高水位在350米以上几个方案供国务院选择。

(2)为保证下游防洪安全,在初步设计中应考虑将最大泄量由8000立方米每秒降至6000立方米每秒。

(3)应考虑进一步扩大灌溉面积的可能性。

1956年上半年,列宁格勒设计分院提出初步设计要点报告:推荐下轴线混凝土重力坝和坝内式厂房;正常高水位选择,从345米起,每隔5米做一方案,直到370米,初步设计要点报告推荐360米高程,设计最大泄量为6000立方米每秒。1956年7月国务院审查初步设计要点,决定大坝和电站按正常高水位360米一次建成,1967年正常高水位应维持在350米,要求第一台机组1961年发电,1962年全部建成。按照以上意见,列宁格勒设计分院于1956年底完成初步设计。

1957 年 2 月,国家建委组织各方面的专家对三门峡工程初步设计进行审查,并报国务院审批。国务院在吸取专家意见的基础上,根据国务院总理周恩来的指示提出:大坝按正常高水位 360 米设计,350 米是一个较长时期的运用水位;水电站厂房定为坝后式;在技术允许的条件下,应适当增加泄水量与排沙量,因此要求大坝泄水孔底槛高程尽量降低。

【河南省人委批转黄河临时防洪措施方案】 9 月 1 日,河南省人委批转河南省防指《关于执行 1955 年黄河临时防洪措施方案的几项具体意见》。意见分 6 个方面:

(1)关于新滞洪区的宣传动员工作;

(2)关于执行开堤分洪的组织分工;

(3)关于开堤分洪的方法;

(4)滞洪区的领导安全;

(5)分洪口门的料物供应与保存问题;

(6)分洪治安保卫问题。

【全面开展三门峡地质勘察】 为收集三门峡工程坝址的地质资料,由黄委、地质部 941 队、水电总局及北京勘测设计院共 800 余人组成三门峡地质勘察总队,于 9 月进行三门峡工程初步设计、技术设计和施工详图阶段地质勘察。

【冬修工程开工】 10 月下旬,河南河务局冬修工程开工,至 12 月中旬共完成堤防培修加固及北金堤滞洪区、封丘滞洪区避洪围村埝等土方 303 万立方米。

【河南河务局组织开展河防查勘】 11 月 1 ~ 29 日,河南河务局抽调局机关及修防处、段干部 70 余人组成查勘大队,分河势、险工、两岸堤线 3 个分队,分别查勘了孟津至河南省下界黄河两岸堤线及沁河东堤,调查老口门 42 处,薄弱堤段 19 段,发现道光二十三年(1843 年)洪水位两处,实地了解了河势工情及滩面串沟分布情况。查勘期间,各分队还听取修防段的情况汇报,并通过走访沿河群众,查阅《豫河志》及县志、碑记等,获取大量的历史资料,为河南黄河修防规划的制定奠定了基础。

【全河水文工作会议在郑州举行】 11 月 21 日,黄委在郑州召开全河水文工作会议,总结 1955 年的工作,布置 1956 年的任务。1955 年全河基本上贯彻了水文测站规范,扭转标准不统一和操作方法混乱的现象;水文资料整编工作改革为"在站整编",克服了测验与整编脱节的现象;水情工作由洪水估报洪水改为由气象预报洪水、雨量预报洪水及洪水预报洪水的三步预报方法,提高了预见性;设站工作,按照先查勘后设站的要求,新建水文站11处,水位站47处,雨量站18处,在青海高原设立黄河沿和唐乃亥两个水文站,黄河水文控制范围又向上游水文空白区延伸了900余公里,汶河水文测站也划归黄委领导。截至年底已有水文站92处,水位站82处,雨量站167处,共有职工892人。

【花园口引黄闸开工】 12月2日,花园口引黄闸开工,次年6月竣工。该闸为钢筋混凝土结构,涵洞式,3孔,设计引水流量20立方米每秒,设计放淤面积41391亩,并可灌溉中牟县30万亩农田,实际投资36万元。1980年改建。

【刘子厚任三门峡工程局局长】 12月6日,经国务院常务会议批准,刘子厚任黄河三门峡工程局局长,王化云、张铁铮、齐文川任副局长。1956年1月3日,三门峡工程局在北京原黄河规划委员会开始办公,7月27日移驻三门峡工地。

【黄河首届劳模会议在郑州举行】 12月13~19日,黄委、黄河水利工会在郑州召开黄河首届职工劳模代表会议,河南河务局封丘修防段工程队员靳钊、黄委地质勘探三队机长李汉兴等劳动模范和代表140人出席会议。黄委主任王化云,副主任江衍坤、赵明甫,黄河水利工会主席吕华分别作了报告。

【防凌工作展开】 12月22日,河南河务局发出《防凌工作意见》,要求各修防处、段立即建立防凌组织,固定专人掌握情况,做好防凌准备。兰考东坝头以上河段,除注意险工防守外,应以观测凌情为主;东坝头以下河段两岸串沟较多,时有过水淹地可能,应注意堤线险工防守,对可能过水的串沟进行一次普遍检查,在不形成民埝的原则下,可作适当填堵,以免临时冻土抢堵不易,造成滩地被淹。对东坝头、堡城、高村、曹岗、贯中、青庄、南小堤、王密城等河湾或险工卡冰壅水的地方,应做好人力、物力、破冰打凌的准备。

【王化云提出"宽河固堤"治河方略】 本年,黄委主任王化云在《九年的治黄工作总结》中强调指出:"总结治河历史经验,我们认为在治本前对下游治理方策,不应沿用'束水攻沙',而应采取'宽河固堤'的方策,九年的治河实践证明这个方策是正确的。""宽河固堤,就是黄河要宽,堤防要巩固,即在干流没有有效的控制性工程之前,仍有可靠的排洪排沙手段。"他还进一步指出:"即使上、中游有了控制性工程,宽河固堤仍然是今后黄河下游防洪长期的指导思想"。

1956 年

【河南黄河堤防绿化初步规划完成】 1月22日,河南河务局编制完成《关于绿化堤防的初步规划》。该《规划》主要是为解决种植数量分布不平衡、种植不规格、不系统而提出的。据统计,至1955年底,河南黄、沁河堤防植丛柳420余万株、葛芭草4500余万丛。

【河南黄河修防工作会议召开】 1月24日,河南河务局在郑州召开黄河修防工作会议,各修防处、段,各滞洪处,及有关沿河专、县治黄科的负责人参加了会议。会上,副局长刘希骞作了《关于河南黄河修防工作规划及1956年工作方针任务》的报告,讨论了堤防施工组织领导与施工管理及堤防绿化、发展淤灌等问题。明确1956年黄河修防工作的方针是:继续加固堤防,加强滞洪区设施建设,争取提前完成工程计划;做好防汛工作,保证不发生严重决口和改道,保卫社会主义建设顺利进行;大力发展淤灌事业,支援农业生产高潮。

【黄河勘测设计院成立】 2月上旬,黄河勘测设计院成立。

【黄委发出春修工作指示】 3月28日,黄委发出《关于1956年春修工作的指示》,强调春修工作应以"农业社为单位进行包工",以"加固为主,培修为辅",重点做好堤防加固工程。在施工中推行计划管理,改进工具和操作技术,执行《土工技术规范》,确保工程质量。

至6月底,春修工作结束。河南河务局共完成土方995万立方米,整险石料4万立方米,锥探273万眼,植树44万株。堤防加固中推广了"抽槽换土"、"黏土斜墙"新方法。

【黄河淤灌工程办公室成立】 3月,经河南省委研究决定,由水利厅、黄委、河南河务局抽调技术干部组成淤灌工程办公室,隶属河南河务局,技术审批由黄委负责。

【封丘大功分洪口护底工程开工】 4月29日,封丘大功分洪口护底工程开工。工程位于封丘县大功村南黄河滩上。工程结构为铅丝笼块石护底,口门两侧修有抛石裹头。设计分洪水位81.00米,水深3米,口门护底工程宽1500米,长40米,堰顶高程78.0米。河南河务局组织东明、兰考、原阳、濮阳4县民工7874人参加施工,于7月4日完工。共做土方40.1万立方米,石方 4.64 万立方米,用铅丝 203.70 吨、工日 22 万个,投资 208.46 万元。

该工程是根据黄委 1955 年黄河临时防洪措施方案确定的,由中央批准。当秦厂站出现 40000 立方米每秒洪水时,由大功分洪 10500 立方米每秒;当秦厂站出现 36000 立方米每秒洪水时,由大功分洪 6000 立方米每秒,配合石头庄、杨小寨、罗楼分洪工程解除下游危机。洪水分洪后,一部分穿太行堤入北金堤滞洪区,由陶城铺归黄河;一部分由长垣归黄河,历时 7～8 天,与大河洪峰形成错峰后,可保障艾山以下窄河道安全下泄 9000 立方米每秒洪水。

【大型画册《黄河》出版】　4 月,黄委编辑的大型《黄河》画册由河南人民出版社出版。这是第一部用图片资料形象地反映黄河自然面貌变化和人民治黄成就的历史画册。

【人民胜利渠新乡引黄水力发电站落成典礼举行】　5 月 1 日,人民胜利渠新乡引黄水力发电站落成典礼举行。河南省副省长邢肇棠为工程剪彩,黄委副主任江衍坤到会祝贺。该电站位于新乡市南郊田庄附近,是利用引黄济卫工程总干渠第三号跌水落差而兴建的。电站装机容量 450 千瓦。1955 年 10 月 31 日开始施工。

【黄河防总在郑州召开防汛会议】　6 月 5 日,黄河防总在郑州召开防汛会议。会议研究了 1956 年的防洪任务及措施,明确当年的防汛任务为:保证秦厂百年一遇的洪水不决口、不改道,对于超标准的特大洪水,亦应预筹临时措施,做到有对策、有准备,努力防止发生严重灾害。

【黄河防总检查黄河防汛】　6 月 19 日,黄河防总检查组开始检查黄河防汛。至 7 月 26 日,完成了秦厂至洺口河段及南 4 湖(即南旺、南阳、独山、微山 4 湖)的检查任务。在检查中发现了河势下延及高村至秦厂间河床淤积严重等新情况,并据此对各分洪口门及堤防工程薄弱环节,以及南四湖的分洪路线等问题提出了处理意见。

【秦厂出现 8300 立方米每秒洪峰】　6 月 27 日,武陟秦厂站出现流量为 8300 立方米每秒洪峰。其特点是流量小、水位高,且 6 月间发生洪水,亦为过去所罕见。这次洪水共计出现小洪峰 10 次,6000 立方米每秒以上 5 次,8000 立方米每秒以上 2 次。但是水位很高,秦厂至洺口普遍超出警戒水位,高村以下普遍漫滩靠堤。河南组织 3 万余人,突击抢收抢运夏粮、迁移人员。

【黄河防总制定《防御秦厂各级洪水分洪掌握办法》】 6月,黄河防总制定出《防御秦厂各级洪水分洪掌握办法》。《办法》结合气象、雨情、水情预报洪峰流量大小,提出了分洪措施、步骤、方法及应掌握的事项等。

【黄委组织下游河道查勘】 7月2~27日,为开展黄河下游河道演变测验研究,黄委邀请华东水利学院和北京水科院专家张书农、钱宁,以及黄委技术人员共18人组成查勘组,对黄河下游河道京广铁桥至河口进行查勘。选定京广铁桥至来童寨(属郑州郊区)为河床演变测验河段,长35公里,其中郑州后刘至东大坝的10公里为重点段。

【刘希骞任河南河务局局长】 7月3日,河南河务局原局长陈东明调黄委工作,中共河南省委农村工作部通知,中共中央政治局会议批准刘希骞任河南河务局局长。

【田绍松任河南河务局副局长】 7月23日,河南省人委第18次会议决定,调新乡专区副专员田绍松任河南河务局副局长。

【河南省防指作出防汛工作计划】 7月25日,河南省黄河防指作出《河南省黄、沁河1956年防汛工作计划》,明确1956年的防汛任务是:保证秦厂站流量25000立方米每秒,相应上限水位99.14米,高村水位62.20米,沁河小董站流量4000立方米每秒,北岸堤线高出洪水位1.5米,南岸高出1.0米,不准溃决。对超标准的特大洪水,应加强防守,确保东坝头以上南岸大堤、越石以上北岸大堤及北金堤不生溃决。

【沁河路村发生严重险情】 8月4日,沁河沁阳路村堤防发生重大险情。7月31日沁河小董站出现2480立方米每秒洪水,路村堤防受主溜顶冲,有280多米堤段发生严重坍塌。沁阳防指组织干部121人、工程队员102人、民兵1242人、群众近万人,投入紧张的抢险工作。8月2日抢修1号护岸、14坝,3日抢修2号垛,4日抢修3号护岸、11号护岸。至10日,险段扩展到470多米长,12号垛以下10米长堤顶全部塌入河内,只剩下背河堤坦,13号护岸、12号垛全部塌没。为防患于未然,指挥部决定在险工后抢修围埝,形成第二道防线,同时在对岸坐弯滩面挖引河两道,以缓解溜势。8月15日,引河过水,流量降至542立方米每秒,路村险情方得以控制。这次抢险,计抢修新坝2道、垛1个、护岸3段,总长473米,共用石料1040立方米、柳料1万公斤、土方1200立方米,工日8800个,耗资9.77万元。

【郑州花园口潭坑引黄放淤】 8月20日至9月3日,花园口引黄灌溉工程利用潭坑作沉沙池引黄入潭,14天时间落淤100万立方米,大潭坑淤了11

米深,阻止了潭坑堤段渗水,减少了堤防临背悬差,为灌溉处理了泥沙,对治黄工作很有启发,它为以后放淤固堤工作的开展做出了示范。郑州花园口潭坑,系 1947 年花园口口门堵复时遗留的潭坑,面积 2500 亩,最大水深 13 米,郑州修防处为解决该潭坑堤段渗水问题,汛前修筑大堤后戗,做土方 19 万立方米,不到 1 个月,全部滑入潭内。

【濮阳于林护滩堵串工程开工】 8 月 27 日,濮阳于林护滩堵串工程开工。8 月 21～22 日,秦厂站 7200 立方米每秒洪水通过时,于林湾发生冲刷,河水顺串沟流进堤河,随时可能过大流而危及堤防安全。工程于 9 月 15 日完工,计做挂柳工程 4 道,长 1463 米,透水柳坝 30 道,长 3734 米。

【刘希骞任党分组书记】 8 月,河南省委农村工作部(〔1956〕党组字 16 号)通知:刘希骞任中共河南河务局党分组书记,田绍松任副书记,成员有李献堂、甘瑞泉、邢省三、张兆吾。

【冬修开工】 10 月下旬,冬修开工。工程主要分布在濮阳、东明、滑县、封丘、武陟、沁阳等 12 个县,动员民工 5.9 万人,干部、技术人员 340 人,至 12 月中旬完工。共完成培堤加固与滞洪区村埝土方 272 万立方米,植树 292 万株,锥探 37 万眼,整险石方 2000 立方米。

【增设杨小寨、大功管理段和太行堤分段】 11 月 12 日,经黄委报请水利部批准,同意增设杨小寨口门管理段、大功溢洪管理段和太行堤分段。

【首届先进工作者表彰会在郑州召开】 12 月 10～15 日,河南黄河首届先进工作者表彰会在郑州召开。会议表彰先进工作者 100 名、先进生产者 58 名及工会积极分子 22 名,总结交流了施工管理、防汛、整险、堤防养护、采石运石,以及工会工作等方面的先进经验。

【郑州黄河修防段改组为郑州黄河修防处】 12 月 12 日,郑州黄河修防段改组为郑州黄河修防处。

【黄委完成全河水文站网规划】 12 月,黄委完成全河水文站网规划。水利部同意黄委在全河已设水文站 94 处、水位站 16 处、蒸发站 49 处、雨量站 161 处的基础上,增设水文站 66 处、水位站 21 处、蒸发站 27 处、雨量站 114 处。其中,河南省境内设基本流量站 25 个、基本水位站 17 个。这是新中国成立后黄河系统开展第一次站网规划工作。

【黄委泥沙研究所更名】 12 月,经水利部批准,黄委泥沙研究所更名为水利科学研究所。为研究黄河泥沙,1950 年黄委成立泥沙研究室。1953 年改为泥沙研究所。

【探摸花园口险工根石】　本年,郑州修防处组织工人在花园口进行根石探摸。该项工作为险工整险加固根石提供了科学依据。此后,根石探摸技术在黄河上逐渐推广开来。

【开封县高滩大面积坍塌】　本年,开封大辛庄高滩大面积坍塌,塌滩长3000 米、宽1500 米,小翟庄落入河内。

1957 年

【黄委规范修防工程建设与管理】 1 月 29 日,黄委制订并印发了《黄河下游修防工程安全技术及工地卫生规程草案》和《黄河下游修防工程施工计划管理实施办法》,还对《黄河下游修堤土方工程技术规范》进行了修订,对现行的两种砑实工具(碌碡砑与石磙砑)及砑实密度测验方法提出了改进意见。

【河南黄河修防工作会议召开】 2 月 6 日,河南黄河修防工作会议在郑州召开。会议传达全国水利会议精神,认真总结 1956 年修防工作,制定本年度修防工作的方针任务,提出完成各项任务的具体措施,讨论确定了增产节约指标。

【黑岗口引黄闸开工】 2 月 25 日,黑岗口引黄闸开工。该闸位于开封市西郊北 14 公里黄河大堤上。1 月,河南省人委决定修建黑岗口引黄淤灌济惠工程,并成立了引黄淤灌济惠工程指挥部。黑岗口闸为该工程的渠首闸,建筑结构为钢筋混凝土厢型涵洞式,共 5 孔,设计引水流量 50 立方米每秒,设计放淤面积 10 万亩,灌溉面积 55 万亩,并为开封市工业及生活用水提供水源。7 月 20 日竣工,共完成土方 5 万立方米,石方 2000 立方米,混凝土 1400 立方米,投资 44 万元。

【黄河凌汛安全度过】 2 月 27 日,黄河凌汛安全度过。1 月中旬郑州铁桥以下至入海口全河封冻,冰厚 20 ~ 30 厘米,总冰量达 8700 万立方米。1 月下旬气温回升,孙口以上河段解冻,下游冰封未开,大量冰凌阻塞在孙口河段形成冰坝壅水,延长开河时间达 1 个月之久,凌情严重。河南、山东河务局组织爆破队进行爆破、打冰,人民解放军派飞机、炮兵轰炸,促使冰凌顺利下泄。

【春修全面开工】 3 月中旬,春修全面开工。至 5 月下旬,总计完成土方 292 万立方米、石方 1.2 万立方米,锥探 116 万眼,消灭隐患 5784 处,植树 3.8 万株。土方任务主要集中在濮阳、东明、金堤等 3 个单位,共计土方 233 万立方米。锥探施工有郑州、中牟、开封、陈兰、东明、濮阳 6 个修防段。为适应河势的变化,新修东明温七堤和濮阳青庄 2 处护滩工程。

【组织开展坝埽鉴定】 3 月,郑州修防处对所属险工逐坝进行了调查、访

问、统计、分析研究和考证。具体做法是:

(1)澄清工程现状(包括编号、名称、位置、分类、尺寸、结构、坝档间距等),填写工程情况表,绘制平面图;

(2)调查历史修建和抢险情况,了解修筑的年限、缘由、修筑方法和坝身基础情况,了解出险的时间、原因、河势、抢护方法、用料等;

(3)统计1949年以来整修加固资料数字;

(4)锥探根石基础,绘制根石断面图;

(5)拟定鉴定意见(坝基好坏、抗洪能力强弱等);

(6)设立资料袋,建立档案。

此鉴定方法经河南河务局修订后于1964年被黄委推广至全河。

【温陟黄河修防段和温陟沁河修防段合并】 3月,温陟黄河修防段和温陟沁河修防段合并为温陟黄沁河修防段(驻武陟岳庄)。1960年10月,温陟黄沁河修防段撤销并入武陟黄沁河修防段。1961年8月28日,恢复温陟黄沁河修防段。

【堤防土质钻探试验开始】 4月12日,河南黄河堤防土质钻探试验开始。为研究堤防强度和抗洪能力,由河南河务局土壤研究室主持,黄委设计院503钻探组参加,抽调郑州修防处和封丘修防段工程技术人员共同组成野外钻探试验组,选择篦张、曹店、西格堤、花园口、四明堂、郭庄6个重点堤段进行取样,并在花园口、曹店及西格堤安设测管,进行浸润线观测。6月11日野外工作结束,返回后进行了室内试验。

【三门峡水利枢纽工程开工】 4月13日,三门峡水利枢纽工程隆重举行开工典礼。该工程位于河南陕县与山西平陆县交界处黄河干流上,控制流域面积91.5%,拦河坝为混凝土重力坝,最大坝高106米,坝长713米,坝顶高程353米。枢纽担负着防洪、防凌、灌溉、发电和供水任务,建成后有利于解除下游洪水威胁。开工典礼在三门峡的鬼门岛上举行,水利部部长傅作义参加开工典礼。

【河南黄河防汛会议召开】 5月16日,河南黄河防汛会议在郑州召开。会议贯彻中央防汛指示精神,部署了黄河防汛工作。

【黄委颁发下游河道普遍观测办法】 5月23日,黄委颁发《黄河下游河道普遍观测工作试行办法》。观测研究三门峡水库建成后,由于"蓄水拦沙"、下泄清水,引起河道冲刷以及下游河道在平面及纵剖面上的演变特性,为提高修防工作的预见性和将来治理下游河道创造条件。观测工作主要包括河势查勘、大断面测量、弯曲河段观测、凌汛观测与堤防工程观测等,大断面测量及弯曲河道的观测由专门成立的测验组实施,其余由各修防处、段集中技术人员、工程队员进行。

【变更黄河防汛开始日期】　6月15日,黄委变更黄河防汛开始日期。自从民国25年(1936年)执行每年7月1日为黄河汛期的开始日以来,20年来一直未变。1956年6月下旬黄河涨水,下游河道漫滩,根据水文史料,6月下旬黄河涨水屡见不鲜,故从1957年开始,黄委将黄河汛期开始日期改为6月15日。以后还有部分年份实行6月1日开始防汛,1985年以后仍执行6月15日为黄河汛期的开始日。

【《黄河变迁史》出版】　6月,岑仲勉著《黄河变迁史》由人民出版社出版。该书对黄河河源、商朝迁都与黄河的关系、周定王五年河徙、禹河及东周黄河未徙以前的河道分别作了考证,并对西汉以后一直到民国年间的黄河灾害、河道变迁、治理得失作了较深入的研究和辨析,是民国以来系统研究黄河问题的一部巨著。

【秦厂站出现11200立方米每秒洪峰】　7月19日,秦厂站出现11200立方米每秒洪峰。20日秦厂站又出现10300立方米每秒洪峰。沁河小董站7月19日出现最大洪峰流量1610立方米每秒。黄河防总在洪水到来之前发布了水情预报,河南省人委向沿河各级发出"立即行动起来,向黄河洪水作斗争"的紧急指示。洪水期间,开封、兰考及东坝头以下长垣、东明、濮阳等低滩区,漫水偎堤,滩面水深0.3～1.5米,偎堤水深1.0～3.0米,350个村庄受灾。部分堤段出现了脱坡、裂缝、塌陷、根石蜇动等险情,由于抢护及时,未造成重大影响,确保了堤防安全。河南省副省长彭笑千连夜冒雨赴前线指挥防汛。各级防汛指挥部动员群众12000人上堤,夜以继日地进行巡堤查水和抢险。同时,积极开展滩区救护,濮阳、长垣、东明及蓄滞洪区安全撤出5万多人,抢运粮食109.5万公斤。7月22日洪水安全出境。

【河南省委发出分洪、滞洪准备紧急指示】　7月25日,河南省委发出《关于防御黄河特大洪水　做好分洪、滞洪准备工作的紧急指示》。要求各级党委加强黄河防汛工作的领导,按照"有备无患"的方针,按照预定方案做好分、滞洪准备工作;积极组织群众做好村埝养护、防守、抢救及安全设备的准备,做好迁安计划和物资储备,以便在需要滞洪时能保证人民生命安全,并尽量减少财产损失。

【黄委发出防凌指示】　11月3日,黄委发出《关于黄河下游防凌工作的指示》,指出战胜凌汛是一项艰巨的斗争任务。新中国成立以来凌汛在山东利津两次决口,应引起各级领导高度重视。要求继续采取防、泄、分相结合的对策,积极推行打冰、爆破等措施。在上下冰壅水严重不畅时,要坚决执行分水减凌措施,缩小灾害。

【陈兰黄河修防段更名为兰考黄河修防段】 12 月 8 日,陈兰黄河修防段改为兰考黄河修防段。本年陈留县撤销并入开封县,原陈留县境内的黄河堤防工程移交开封黄河修防段管理。

【第一次大复堤结束】 本年,黄河第一次大复堤结束。从 1950 年开始,经过 8 年时间,完成复堤土方 3868 万立方米。复堤标准:南岸临黄大堤郑州上界至兰考东坝头,超出秦厂 25000 立方米每秒洪水位 2.5 米,北岸临黄大堤长垣大车集至前桑园 30 公里一段超出洪水位 3 米,其余堤段均超洪水位 2.3 米。堤顶宽:濮阳孟居至濮阳下界为 9 米,其余堤段为 10 米。临背河坡度均为 1:3。

【河南河务局精简机构】 本年,根据河南省委、黄委精简机构、紧缩编制的指示精神,河南河务局开展了机构精简工作,至次年完成。全局共 24 个单位 843 人(不包括修防工人,下同),经研究撤销东明、封丘、温陟 3 个修防分段,以及偃师石料场、溢洪堰管理处(与长垣修防段合并)共 5 个单位,减少 197 人,占原编制的 23.6%。河南河务局机关撤销电话队,人员下放基层,业务相关的科室合并。精简后,河南河务局机关编制为办公室、人事科、行政科、工务科、财务科、测量队,共计 172 人,精简 67 人,占原编制 189 人的 35.45%。

1958 年

【修防工作会议召开】 2 月 28 日,河南河务局修防工作会议在郑州召开。会议总结了第一个五年计划期间和 1957 年的修防工作,研究修订了 1958 年修防工作和第二个五年计划修防工作规划。

【兰考三义寨引黄闸开工兴建】 3 月 20 日,兰考三义寨引黄闸开工兴建。该闸位于兰考三义寨附近,是三义寨人民跃进渠渠首闸。该闸为开敞式,钢筋混凝土结构,共 6 孔,设计引水流量 520 立方米每秒,利用黄河故道蓄洪 40 亿立方米,设计灌溉豫东、鲁西南耕地 1980 万亩,放淤 146 万亩。豫、鲁两省联合建立施工指挥部,动员 1 万多人参加施工,于 8 月 15 日竣工。建成后,由三义寨人民跃进渠工程管理局负责管理,隶属河南河务局。因设计效益与实际不符,多未见效。1974 年改建。

【黄委作出堤防渗流观测意见】 3 月 24 日,黄委作出《关于开展堤防渗流观测工作意见》。河南河务局确定岗李、曹岗、彭楼等堤段为重点,选择断面进行观测。黄委水科所负责地质钻探试验与观测管的设计、安装技术指导工作。河南河务局有关修防处、段负责观测,观测资料每月向河南河务局报送一次,汇总后报黄委。

【中央防总检查黄河防汛】 4 月 16 日,中央防总组织湖南、湖北、河南、山东、河北、辽宁、黑龙江、内蒙古等省(区)和淮河水利委员会共 30 名代表,组成黄河防汛检查团,开始对黄河下游防洪、分滞洪工程、滩区治理、河道河势等进行检查,并听取豫、鲁两省沿河 12 个修防处、段和 3 个县的防汛工作、堤防与险工管理、滞洪区和滩区的迁移安置、防汛抢险技术传授等情况汇报。5 月 5 ~ 8 日,检查团在济南举行了黄河防汛准备中的经验和问题座谈会。

【黄委召开堤防管理现场会】 4 月 21 日,黄委召开堤防管理现场会。河南、山东河务局及其所属修防处、段的代表 70 余人参加了会议。与会者首先参观了郑州修防处及开封、长垣、封丘、原阳、武陟等修防段的堤防管理养护情况,听取了重点修防段及乡社的汇报。27 日在新乡修防处进行座谈讨论。会议总结了堤防管理养护工作的经验,并就沿黄水利工程大量兴建的情况,要求进一步做好堤防管理养护和防汛准备工作,提出 5 ~ 6 月普遍进行大堤坝埽检查鉴定工作。

【周恩来主持召开三门峡工程现场会议】 4月21～25日,国务院总理周恩来在三门峡主持召开三门峡工程现场会议,传达了毛泽东主席关于三门峡工程的设想和指示,而后周总理发动大家提意见,展开争鸣。陕、晋、豫3省和水电部、黄委、三门峡工程局的负责人都发了言,国务院副总理彭德怀、秘书长习仲勋也讲了话。周恩来总理在总结讲话中指出:三门峡工程以防洪为主,其他为辅,确保西安和下游安全;进一步制定水土保持规划、三门峡以上干支流规划和下游河道治理规划。

【封丘大功引黄闸开工兴建】 4月27日,封丘大功引黄闸(红旗闸)开工兴建。该闸位于封丘大功村附近,为封丘红旗渠的渠首闸,担负着蓄灌双重任务,计划蓄水面积825平方公里,可蓄洪19亿～24亿立方米,设计灌溉河南、山东101万亩土地。该闸为开敞式钢筋混凝土结构,共3孔,每孔高5米,宽10米,钢质弧形闸板,设计引水280立方米每秒。9月29日竣工放水,共投资402万元。由于规划设计不符合实际,并未发挥原设计效益。建成后,成立大功引黄蓄灌管理局,隶属河南省水利厅。1979年改建,2003年重建。

【东风渠渠首引黄闸开工】 5月5日,东风渠渠首引黄闸开工。该闸位于郑州市北郊岗李村黄河南岸大堤上。该闸为开敞式钢筋混凝土结构,共5孔,每孔高5米,宽10米,钢质弧形闸门,设计流量300立方米每秒,设计灌溉郑州市、开封、许昌、周口地区等15个县的806万亩土地,并可供应郑州市工业用水。9月11日建成放水。共完成土方22万立方米,石方3万立方米,混凝土1.2万立方米。工程竣工后由东风渠引黄管理局管理,隶属河南河务局。1963年花园口枢纽工程破坝废除后,该闸随之停灌。2004年黄河南岸标准化堤防建设时拆除。

【安阳黄河修防处改为新乡黄河第二修防处】 由于行政区划变更,安阳地区合并到新乡地区,5月6日将原新乡修防处改为新乡第一修防处,安阳修防处改为新乡第二修防处。

【黄委组织查勘滞洪区】 为了解滞洪区水利化实施对分洪滞洪的影响,黄委与河南河务局共同组成查勘组,于5月14日前往封丘、长垣、濮阳、滑县查勘,对大功、小罗庄、孟岗以西临河滩区九棘、渠村、秦堤进行了重点查勘。19日结束后,根据水利与分滞洪相结合的原则,提出了查勘报告。

【黄河防总召开防汛会议】 5月21～26日,黄河防总在郑州召开防汛会议。会议传达了周恩来总理在三门峡工程现场会上的讲话,明确 1958 年的防汛任务仍是防御秦厂流量 25000 立方米每秒洪水不决口、不改道,对超标准洪水,做到有对策、有准备,争取在超过保证水位 0.3～0.5 米的情况下,不滞洪不成灾。

【黄委编制黄河"三大规划"】　5 月,根据"大跃进"❶形势和周恩来总理在三门峡工程现场会上的指示,黄委决定成立规划办公室,负责"三大规划"的编制工作。黄委设计院承担此项工作,7 月分别提出《黄河下游综合规划初步意见》、《黄河三门峡以上干支流水库规划草案》和《1958～1962 年黄河中游水土保持规划草案》。经汇总后提出《关于治理开发黄河"三大规划"的简要报告》。8 月,黄委主任王化云赴北戴河,在中央政治局扩大会议期间向周恩来总理作了汇报。12 月,正式提出《关于治理开发黄河"三大规划"的简要报告》。年末编制完成《黄河综合治理"三大规划"草案》。

【鲁布契可夫查勘黄河】　6 月 10 日,苏联专家鲁布契可夫来黄河查勘和指导渗流研究工作。16 日作了题为《黄河下游大坝安全措施问题》的报告,返回北京后,7 月中旬黄河发生大水,鲁布契可夫又返回黄河,同中国技术人员一道观察武陟白马泉、东平湖大堤渗流情况,提出防治措施,帮助黄河水利科学研究所的科研人员进行渗漏研究。

【黄委组织下游查勘】　6 月 16 日至 7 月 11 日,以黄委为主,由水电部、交通部和河南、河北、山东、江苏水利厅,河南、山东两省黄河河务局参加的共 30 余人的查勘队,在黄委主任王化云的率领下,上起郑州邙山下至山东青岛,对黄河下游河道、梯级开发坝址、滞洪蓄洪区、引黄闸址等进行了查勘。途中征求了有关省、地(市)领导对黄河下游规划的意见,召开了规划座谈会,对是否利用河道或另辟新渠道系统发展下游灌溉网进行了讨论。

【河南省防指下达紧急防汛指示】　7 月 6 日,河南省防指下达紧急防汛指示:据气象预报,7 月黄河流域多雨,明日将普降大雨和暴雨,要求各级防汛指挥部立即动员起来,做好防汛准备。新乡、开封地委和专区防汛指挥部,郑州市防汛办公室均于当夜召开了紧急电话会议,进行防汛部署。7 日花园口站出现洪峰流量 7740 立方米每秒,9 日洪水安全出境。

【共产主义渠渠首闸竣工】　7 月初,人民胜利渠渠首闸以上新修的共产主

---

❶1958 年 5 月,中共八大二次会议,正式通过了"鼓足干劲、力争上游、多快好省地建设社会主义"的总路线。"大跃进"运动,在生产发展上追求高速度,以实现工农业生产高指标为目标,要求工农业主要产品的产量成倍、几倍、甚至几十倍地增长。

义渠渠首闸基本竣工。该闸设计引水流量 280 立方米每秒,设计灌溉河南、河北、山东 3 省土地 1000 多万亩,实灌河南武陟、获嘉等县 12 万余亩。该闸于 1957 年 11 月 29 日开工。1981 年改建。

【黄河防总发出防汛指示】 7 月 17 日,黄河防总电示:由于黄河中下游普降大雨,三花区间连降暴雨,干支流相继出现洪峰,预计 18 日 2 时花园口站将出现 22000 立方米每秒洪峰,与 1933 年洪水相似,情况相当严重。要求河南、山东两省立即做好石头庄、张庄的分洪准备工作。如果情况不再发展,可全力防守,争取不分洪。

【河南省紧急布置防汛工作】 7 月 17 日,河南省人委召开会议紧急布置黄河防汛工作。会议要求沿河党政军民紧急动员起来,全部上堤,昼夜苦战,坚决防守,保证堤防安全,任何地方都不能决口。交通、邮电等部门要积极支援。会后,省防指指挥兼政委史向生驻黄河防汛办公室指挥。副指挥彭笑千、施德生、陈东明、田绍松,副政委李玉亭分别赴东坝头、石头庄、庙宫第一线指挥。

【花园口站出现 22300 立方米每秒大洪水】 7 月 17 日 24 时,黄河花园口站出现 22300 立方米每秒大洪水。7 月 13 ~ 18 日,陕西渭河流域,三门峡至花园口之间的伊洛河、沁河流域连降暴雨,雨量一般在 100 ~ 200 毫米之间,多的达 400 ~ 500 毫米。17 日 6 时伊河龙门镇洪峰流量 6850 立方米每秒,17 日 11 时洛河白马寺洪峰流量为 7230 立方米每秒,汇至黑石关站,洪峰流量 9450 立方米每秒。17 日 20 时沁河小董站流量 1050 立方米每秒,17 日 10 时干流小浪底洪峰流量 17000 立方米每秒,汇合至花园口站,17 日 24 时洪峰流量为 22300 立方米每秒,相应水位 94.42 米,为黄河实测水文记载中的最大一次洪水。19 日洪水传至高村站流量为 17900 立方米每秒,水位 62.96 米,20 日孙口流量 15900 立方米每秒,水位 49.28 米。7 日洪水总量达 61 亿立方米,其中三门峡以上来水 33 亿立方米,占 54%;三门峡以下来水 28 亿立方米,占 46%,10000 立方米每秒以上洪水在花园口站持续 81 小时。洪水通过高村站时超过保证水位 0.38 米,孙口站超过保证水位 0.78 米,情况十分严重。

这次洪水来势迅猛异常,一进入下游就把京广黄河铁桥冲垮两孔,使南北交通陷于中断,对黄河下游造成严重威胁。黄河防总认真分析了当时的雨情、水情和工情,认为花园口出现洪峰后,主要来水区的三花间雨势已减弱,后续水量不大,而且汶河来水亦不大;堤防经过 10 年培修,有了较大增强,人防组织坚强。据此黄委主任王化云提出不分洪、加强防守战胜洪水的意见,征得河南、山东省委同意后,报请国务院批准,决定采取"依靠群众,固守大堤,不分洪,不滞洪,坚决战胜洪水"的方针。18日,中共中央向河南、山东两省发出指示,要求动员一切必要力量,一定战胜黄河洪水,保卫两岸丰收和人民的生命财产安全。下午周恩来总理由沪飞郑,指挥防洪,并批准了黄河防总拟订的防洪方案,要求两省全力以赴,保证这次防洪斗争的胜利。当晚,周恩来总理又来到京广黄河铁桥抢险工地了解情况,冒雨会见了修桥职工,勉励大家与暴雨和洪水作斗争,尽快修复黄河铁桥。

河南沿河组织防汛大军100多万人同洪水展开搏斗,在堤线和滩区参加抢险救护的解放军各兵种部队4000多人,空军向滩区投橡皮舟22只,救生圈750个,辽宁、江苏运来草袋40万条,郑州铁路局赶运防汛物资,省邮电部门接通过河电线。全省出动船只500余只,汽车500多辆,马车千余辆,党、政、军、民同心协力,艰苦奋斗,抗洪抢险,奋战3昼夜,在不分洪的情况下,使洪水安全通过,取得史无前例的重大抗洪胜利。

洪水期间,东坝头以上堤线大部靠水,东坝头以下全部漫滩偎堤,一般水深1~3米,深者达4~5米。堤线出现渗漏、蜇陷、脱坡、裂缝等130多处;北坝头有90米长大堤发生严重纵横裂缝,险工出险12处71坝次,最严重的贯台险工12个坝全部坍塌掉蜇,由于发现及时,坚决抢护,控制了险情的发展,保证了工程安全。

此次洪水淹没滩区村庄527个,耕地120万亩,24万人受灾。洪水到达前,黄河滩区迁出群众23.2万人,转移粮食1136.5万公斤、牲口11918头,以及其他大批财物。

至10月31日汛期结束,黄河洪水总量达458.3亿立方米,比多年同期平均值偏多65.8%。7、8两月花园口站连续出现5000立方米每秒以上洪峰12次,10000立方米每秒以上洪峰5次。

【温县县城被淹】 7月18日,因黄河支流蟒河堤多处决口,温县滩区8万亩土地全部被淹,洪水流入温县县城,菜园沟及城内大街进水,倒塌房屋207间。洪水发生后,温县县委书记、县长亲自指挥,城内机关300多名干部,温县中学师生800多人与群众一起参加抗洪救灾,调集群众4000多人进行堵口,于19日堵复全部口门。在抗洪期间,上级派飞机为温县滩区群众空投橡皮艇5只,救生轮胎293只,孟县、沁阳等邻县给予了大力支援。

【郑花公路动工铺筑】 7月20日,郑花公路动工铺筑。该公路是郑州通往黄河铁桥、花园口的主要公路,全长 20 余公里,其中 10 余公里为土路。为支援防汛和黄河铁桥抢险,河南省、郑州市决定从速铺修该段公路。

【小浪底水文站测得最大流速】 7 月 25 日,小浪底水文站用国产 25 型高速流速仪,在长 10.5 米的测船上,测得最大流速 8.67 米每秒,创造了当时世界最高纪录,受到水电部水文局及黄委、黄河总工会、潼关水文总站的电贺和表扬。

【组织应急造船】 7 月,黄河京广铁桥被大洪水冲断后,周恩来总理指示河南省和黄委除迅速修复黄河铁桥外,赶造木船 160 只,以备铁桥再次冲毁时架设浮桥,确保南北交通。8 月中旬,成立了河南黄河造船委员会,河南省人委从交通厅、省木材公司和黄委抽调干部 81 人,组成河南黄河造船办公室,具体处理造船事宜。许昌、开封、信阳、南阳和新乡 5 个专区沿黄河铁桥上下两岸各设造船厂 1 个,迅速开展造船工作。自 8 月 22 日起至 10 月 22 日止共计造船 75 只,后河南省委通知停止建造,各厂随之解散。

【黄河防总召开紧急防汛会议】 8 月 1～3 日,黄河防总在郑州召开紧急防汛会议,讨论制定了本年防御更大洪水的紧急措施。紧急措施包括扩建东平湖,增加蓄洪量;加速引黄灌溉蓄水工程施工,争取多削洪峰;加修不够标准的堤坝,增强抗洪能力;加强防守,保证黄河安全。

【中央防总电贺豫、鲁两省人民战胜特大洪水】 8 月 2 日,中央防汛总指挥部致电河南、山东两省防汛指挥部及黄河两岸防汛人员,热烈祝贺征服黄河特大洪水的胜利,并要求保持高度警惕,继续做好各项防汛准备,严防洪水再度袭击,确保防汛的彻底胜利。

【京广黄河铁桥修复通车】 8 月 2 日,抢修黄河大桥胜利通车庆祝大会在黄河南桥头召开。自 7 月 17 日黄河铁桥被特大洪水冲坏两孔南北交通中断后,广大修桥职工日夜奋战,仅用 17 天时间修复被冲毁的两孔铁桥。

【周恩来视察黄河】 8 月 5 日,周恩来总理来郑州视察黄河和修复后的黄河铁路大桥,并在黄河大堤上步行 5 公里多。6 日,周总理在济南视察了黄河泺口铁桥。

【黄委完成《沁河治理规划意见》】 8 月 9 日,黄委组织编写的《沁河治理规划意见》完成,提出沁河治理要以防洪为主,结合灌溉、发电和工业用水。治理工程以小型为主,大中小相结合。拟修建润城、五龙口水库,可控制流域面积 72%,保证沁河下游小董站百年一遇洪水不超过 2800 立方米每秒。

【东坝头引黄蓄灌管理局建立】 8 月 11 日,河南省东坝头引黄蓄灌管理局建立,隶属河南河务局,负责兰考县境内渠首闸、总干渠控制工程的管理养护和山东、河南两省3个专区的配水工作。该管理局下设茨蓬、青龙岗、张庄3个管理段,编制59人。

【武陟花坡堤险工抢险】 8月14日花园口站出现10800立方米每秒洪峰,位于武陟县沁河口上游方陵村附近的黄河花坡堤险工因受大溜顶冲,致使3、4坝,11垛,10、12、14、16护岸相继掉蛰坍塌,出险长396米,塌宽2~4米,蛰深2~3米。险情发生后,新乡地区与武陟县防指立即组织1万多名民工进行抢护,河南河务局及新乡地区的有关领导亲临工地指挥。抢险主要采用推柳石枕、柳石搂厢、修草袋垛等方法。经过10个日夜的拼搏,终于使1200米的堤线转危为安。共计用柳86万公斤,绳1.2万条,木桩1600根,草袋6200条,石料1400立方米。

【治黄技术革命促进会召开】 8月21日,黄委黄河工会在郑州召开治黄技术革命促进会议,来自治黄各条战线上的技术革新先进集体的代表和个人,以及各基层单位的负责人共256人参加了会议。黄委副主任江衍坤在会议上作了关于治黄工作的报告,黄河工会主席吕华作了关于治黄技术革命运动开展情况的报告,黄委秘书长陈东明作了大会总结。与会代表还参观了治黄技术革命展览。

【周恩来听取"三大规划"汇报】 8月30日,周恩来总理在北戴河中央政治局扩大会议结束时,召集河南、河北、山东、山西、江苏、安徽、甘肃、宁夏、青海、内蒙古、陕西等省(区)的党委第一书记和国务院七办、经委、铁道部、水电部负责人,听取黄委主任王化云关于黄河"三大规划"的汇报。周恩来总理指出大中型工程要推迟,以中小型土坝为主。黄河干流枢纽要先修岗李,后修桃花峪,沵口枢纽建在津浦铁路桥以下,龙羊峡以上继续查勘。关于水土保持方针,他总结了大家意见后提出:"三年苦战,两年巩固、发展,五年基本控制"。

【下游河道及三门峡库区大比例尺模型试验研究】 为研究三门峡水库投入运用后下游河道演变趋势及整治措施,1958年8月至1959年8月,黄委水利科学研究所和北京水利水电科学研究院河渠研究所,在郑州花园口淤灌区内制作了野外大比例尺下游河道模型并进行试验。试验范围为京广郑州铁桥以下25公里处至兰考东坝头,长约100公里。模型采用自然法制作,水平比例尺为1∶160,垂直比例尺为1∶18,模型长600米,宽30米。放水形式为借用引黄淤灌土地的自流黄河水。

　　与此同时,西北水利科学研究所、河渠研究所、黄委水利科学研究所及西安交通大学、西北工业大学、西北农学院,为研究三门峡水库投入运用后排淤数量和回水范围,在陕西武功亦进行大比例尺模型制作和试验研究工作。三门峡水库整体大模型、小模型和渭河局部大模型的面积4万平方米,占地10万平方米。大模型水平比例尺为1:300,垂直比例尺为1:50。放水形式是引用渭惠渠自流水试验。

【河南河务局组建炼钢厂】　9月22日,在"大跃进"的形势下,响应"全民大办钢铁"的号召,河南河务局及各修防处、段、航运队等共同抽调人员,在沁阳柏香、紫陵、西向、王召公社协助下组建炼钢厂。次年5月该厂撤销。

【黄委组织引汉济黄查勘】　9月28日至10月12日,遵照中央指示,黄委会同水电部、交通部、长江流域规划办公室、河南省水利厅、交通厅和沿途许昌、南阳、开封专署共20余人对引汉济黄郑州至丹江口段的引水路线进行查勘。经过5次座谈讨论和地方交换意见,确定:引水枢纽选在陈岗,经方城缺口,至燕山水库经调节后沿线经鲁山、宝丰、郏县、禹县、新郑、郑州,在桃花峪或岗李入黄。黄委王化云、水电部肖秉钧、交通部刘远增、水利厅郭培鋆、交通厅彭祖龄等参加了查勘。

　　郑州至北京段引水线路,黄委于1959年派第五勘测设计工作队进行了查勘。

【台前刘楼闸开工】　10月,台前刘楼闸开工,12月竣工。该闸为8孔涵洞式,设计引水流量28.5立方米每秒,灌溉面积92万亩,实际灌溉面积13万亩。1983年11月改建。新闸为单孔涵洞,设计引水流量15立方米每秒,灌溉面积7万亩。

【河南省委决定建立任家堆❶工程局】　11月20日,河南省委决定建立黄河任家堆工程局和中共黄河任家堆工程局委员会,由齐义川任党委书记兼局长,杨志新任副书记,仪顺江、吕华任副局长。后随着工程布局的调整而撤销。

【三门峡水利枢纽工程截流成功】　12月13日,三门峡水利枢纽截流成

---

　　❶1954年编写的《黄河综合利用规划技术经济报告》工程布局中,将三门峡至桃花峪河段划分为任家堆、八里胡同、小浪底、西霞院、花园镇、荒峪、桃花峪7级开发,后调整为小浪底、西霞院、桃花峪3级开发。任家堆位于三门峡水利枢纽工程下游39公里处,南岸为河南渑池县,北岸为山西垣曲县。

功。该工程分两期施工,第一期施工在左岸,第二期施工在右岸。1958 年
2 月左岸基坑开挖到预定高程 278 米,3 月开始浇筑主体工程,10 月完成左
岸溢流坝浅水底孔、隔墩、隔墙、护坦和挑水鼻坎诸项工程。汛后修筑了神
门和鬼门泄水道,为截流做了准备。按照截流设计,首先截断神门河主流,
次截神门岛泄水道,后截鬼门泄流道。

　　黄河三门峡神门河宽 60 米,截流时流量为 1730 立方米每秒,比设计
流量大 730 立方米每秒,最大流速 6.86 米每秒,水头落差 2.5 米。11 月
17 ~ 19 日,进行了截流演习,20 日正式截流,22 日完成。神门河截流后,又
于 23 ~ 25 日完成神门河泄流道截流。最后转向鬼门泄流道截流。该泄流
道上设有闸门,但因流量过大不能下闸,直至 12 月 10 日流量降至 960 立方
米每秒时方落下闸门,同时在闸门下游两岸用石块进占,修筑鬼门戗堤,12
月 13 日戗堤合龙,至此,截流全部完成。

【朱德视察花园口】　12 月 16 日,中华人民共和国副主席朱德视察黄河花
园口,陪同视察的有中共河南省委第一书记吴芝圃、黄委主任王化云等。

【黄委成立工程局】　12 月 25 日,黄委工务处与河南河务局合并成立工程
局,河南河务局仍保留名义,黄委秘书长陈东明兼局长,刘希骞、田浮萍、田
绍松任副局长。工程局下设办公室、工务处、河道管理科、财务科,闸坝管
理科、工程总队。主要任务有防洪、施工、河道整治、闸坝管理等。

【黄委研究总结根石走失问题】　黄河险工坝岸出险,主要因根石受大溜顶
冲、河底淘深引起的走失,在过去历年整险中,抛护根石占有很大比重,多
的达险工所用石料的 80% 以上。为防止不同河段的根石走失,12 月黄委
根据近年来的探摸经验,对根石走失的部位、原因、去向及防护方法进行了
总结。防止根石走失的方法主要有抛柳石枕、扣根石、网护根石、抛铅丝笼
护根、抛大块石护根等。

【洛河故县水库开工】　12 月,故县水库开工兴建。该水库是黄河支流洛
河上的一座综合利用工程,位于洛宁县西 25 公里的洛河中游,可控制流域
面积 5760 平方公里,担负着防洪、灌溉、发电、供水等任务。枢纽工程共分
4 大部分,即大坝(堆石坝)、发电隧洞、溢洪道、水电站。黄委工程局施工
总队参加了施工。1960 年秋因国民经济困难,缩短基建战线而停工。1977
年冬,水电部把故县水库列为部属工程项目。1978 年 4 月故县水库恢复施
工。1993 年竣工,1994 年正式投入拦洪运用。大坝为混凝土实体重力坝,

坝顶高程 553 米;电站为坝后式,装机 3×2 万千瓦,初期年发电量 1.82 亿千瓦时,具有防洪、灌溉、发电的综合效益。

【河南河务局干部下放劳动锻炼】 本年,根据中共中央和国务院关于干部下放劳动锻炼的指示,于 1957 年 12 月以后河南河务局分批下放 105 名干部到沿河各地参加体力劳动锻炼。

1959 年

【河南省水利建设表彰大会召开】　1 月 24 日,河南省水利建设先进单位和积极分子代表大会在郑州召开。参加会议的有先进单位、积极分子代表,各专区、县的专员、县长及工具改革办公室主任、水利局长,黄河各修防处、段的负责人等 900 余人。水利电力部派代表参加会议。河南省委书记史向生、副省长彭笑千出席会议并讲话。河南河务局副局长刘希骞作了题为《动员起来,加速黄河治理,为促进农业生产的更大丰收而奋斗》的报告。大会表彰特等先进单位 8 个、甲等先进单位 39 人,红专工程师 367 名、积极分子 675 名。

【河南省治黄工作会议召开】　1 月 30 日,河南省治黄工作会议在郑州召开。会议总结了 1958 年治黄工作,明确 1959 年治黄方针任务为:以防洪为主,同时积极开展治本工作,并加强闸坝工程管理,充分发挥工程效益,服务于工农业生产的更大跃进。黄委副主任江衍坤到会作了治黄形势、任务和远景规划的报告。

【河南河务局组织河道查勘】　2 月中旬,为了解重点河段的河势变化情况,研究本年度重点整治工程,并为修订规划治导线及科学试验研究提供材料,河南河务局组织河道查勘组对郑州岗李至濮阳密城湾进行了查勘。这次查勘提出了初步整治工程 10 处,堵串工程 1 处,裁弯取直工程 1 处。

【黄委提出河南黄河干支流枢纽工程开发意见】　2 月 18 日,黄委向河南省委报送了《关于河南黄河干支流枢纽工程的开发意见》,提出于 1961 年前后同时修建任家堆、小浪底、西霞院、桃花峪、岗李、柳园口、东坝头、故县、陆浑、五龙口等 10 座枢纽工程,以解决三门峡至秦厂间可能出现的千年一遇 69.2 亿立方米洪水问题,解除黄河下游的洪水威胁,并调节水量,防止河床下切,保证河南黄河两岸 5540 万亩土地不同季节的引水,同时还可能获得装机容量 272.1 万千瓦的电力,年发电 111.22 亿千瓦时。上述规划基本未实现,岗李水库建成又破除,陆浑水库直至 1965 年才基本建成,故县水库几经周折也未按上述计划执行。

【堤防绿化现场会在濮阳召开】　3 月 10 日,河南河务局在濮阳北坝头召开堤防绿化现场会。各修防处、段及山东聊城、菏泽、鄄城修防段的负责人参加了会议。会议期间参观了濮阳沿河堤及滩区的绿化,听取了濮阳等修防段关于堤旁、滩区园林化规划和春季植树造林情况汇报,总结了绿化工作经验,讨论了今后堤旁和滩区园林规划的发展方向。

【黄委召开用水协作会议】 3月20日,受水电部委托,黄委在郑州召开冀、鲁、豫3省用水协作会议。会议对黄河水资源及各省灌溉用水情况进行了分析,通过协商提出了1959年下游枯水季节用水初步意见,即按照秦厂流量以2∶2∶1的比例由河南省委、山东、河北省分别引用。

【黄河防汛检查团检查防汛工作】 4月5日,由黄委与河南、山东两省共同组成的黄河防汛检查团,在黄委主任王化云的带领下,对黄河下游堤防、涵闸、河道冲淤变化、滩区生产堤的修建,滞洪区工作,人民公社化后的防汛组织、防汛料物准备等进行了检查。检查历时14天,于18日结束。检查后向水电部、河南省委、山东省委作了报告。

【黄委要求确保涵闸度汛安全】 4月9日,黄委发出《及早作好防汛准备的通知》,指出:1958年"大跃进"以来,下游建成引黄涵闸13座,和以前修建的17座,多未经洪水考验,有的还存在不少问题,每座涵闸都直接关系到黄河防汛的安全。要求河南、山东河务局及沿河各引黄施工、管理单位,抓紧处理尾工和遗留问题,进行停水大检查,备足料物,制定措施,保证涵闸安全度汛。

【濮阳青庄修建柳石沉排坝】 4月,濮阳青庄修建柳石沉排坝。这是继1957年原阳黑石5垛修建沉排坝之后,又修建的柳石沉排护底坝。青庄柳石沉排坝10、11坝,坝长120米,坝顶宽10米,坝高3.2~3.8米,背河边坡1∶2,临河边坡1∶0.7,全坝裹护长173米。沉排结构施工系枯水季节,旱地施工。

【河南省防汛工作会议召开】 5月4日,河南省召开防汛工作会议。参加会议的有专员、县长80余人,黄河修防处、段主任及专、县水利局长,各大型水库、灌渠管理单位领导等130余人,省直各部门和省、专、县工程师、技术人员等270余人,共486人。会议传达了中央防汛会议精神,明确年度防汛工作的方针是:全面防守,重点加强,蓄灌结合,充分发挥工程效益,从最坏处打算,向最好处努力,战胜更大洪水,保障农业更大丰收。会议还提出了汛期"不倒坝,不决口,大雨不成灾,无雨保丰收"的口号。

　　河南省副省长彭笑千在会议总结中提出:沿黄所有引黄闸门、虹吸统一交河南河务局管理。防守组织、料物、经费、人员供给,由河南河务局负责。

【河南省人委作出防汛工作计划】 5月26日,河南省人委作出《1959年黄河防汛工作计划》,确定1959年黄河防汛任务为:以防御1958年型秦厂洪峰流量30000立方米每秒,相应水位99.59米为目标,对超过30000立方米每秒的任何类型洪水,必须做到有对策、有准备,保证不决口,不改道;沁河仍以防御小董站4000立方米每秒的洪水,在北堤超出洪水位1.5米、南堤超出洪水位1米的情况下,保证不决口、不改道。根据"防小水、不防大水"的原则,确定生产堤的防洪标准以防御秦厂站流量10000立方米每秒为宜,超过这个标准,应有计划地开放生产堤和影响排洪的渠堤,以利洪水下泄。

【邓子恢主持研究黄河防洪问题】 6月5日,国务院副总理邓子恢主持会议,研究黄河防汛和东平湖水库的运用问题。中共中央农村工作部副部长陈正人,水电部副部长钱正英,黄委副主任江衍坤,河南、山东两省副省长彭笑千、邓辰西,黄委黄河工程局副局长田浮萍,山东水利厅副厅长王国华参加了会议。邓子恢听取了黄委和河南、山东两省负责人的汇报后,确定黄河防汛任务以保证花园口流量25000立方米每秒,争取防御30000立方米每秒洪水为目标。东平湖水库按二级运用作蓄洪准备,石护坡工程增派部队支援施工,投资由中央安排。

【黄河防总检查防汛工作】 6月15~30日,由黄河防总及河南、山东两省防指的主要负责人组成的黄河防汛检查团,在黄河防总副主任江衍坤、河南省副省长彭笑千、山东省副省长李澄之带领下,重点检查了各滞洪区和东平湖的堤线、渠道、围村埝,以及下游堤防、涵闸、生产堤及河势等,听取了两省及专、县防汛指挥部的汇报。

【河南省人委批复治黄民工工资办法】 6月20日,河南河务局转发河南省人委《关于1959年治黄民工工资办法的批复》,批复意见为:民工工资按每人每日0.8元的标准执行;民工参加施工期间的劳保、福利待遇,按照劳动保险条例中有关临时工的规定执行;凡由农村人民公社调出的民工,应按个人每月工资的10%向原生产大队交纳,作为家属生活费用公积金、公益金;船工、医生等人员均应分别按照交通、卫生部门的规定执行。在汛期大规模地动员群众上堤防守时,可不按上述意见处理。

【郭沫若视察花园口】 7月2日,全国人大常务委员会副委员长、中国科学院院长郭沫若在郑州参观了黄河陈列馆,随后视察了花园口和东风渠。

【河南省防指检查防汛工作】 7月20日至8月3日,河南省防指副指挥刘希骞率领检查组,对新乡一、二修防处、开封修防处及6个重点修防段,以及跃进、东风、共产主义渠等进行了检查,沿途考察了7月24日花园口站6000立方米每秒洪水经过情况,听取了各专、县防指防汛工作汇报。检查中重点解决了3个问题,即选定贯孟堤分洪口门、研究了共产主义渠渠首闸管涌问题的处理,提出了生产堤防守运用方案。

【郑州至关山通信干线修复】 7月,因遭遇8~10级狂风和大暴雨,郑州至山东东阿关山通信干线被摧垮5处,断杆25棵,经奋力抢修,及时排除了障碍。

【花园口站发生9480立方米每秒洪峰】 8月22日,花园口站发生流量为9480立方米每秒的洪峰,相应水位93.42米。由于三门峡工程部分开始拦洪和滩区修筑大量生产堤,受河床淤积和生产堤的影响,水位表现较高,部分河段的洪水位超过1958年洪水位。而以生产堤作为第一道防线,进行防守,则是本年防汛的突出特点。因此,险情主要发生在生产堤与护滩工程上,堤防较安全。生产堤共发生渗、漏、蜇、裂、塌各种险情3549次,濮阳白岗、王称固、东明永乐3处生产堤决口。受生产堤的保护,滩区近百万亩农田免受水淹。洪水期间,开放生产堤引水浇地50多万亩。

【黄河防总提出处理生产堤原则】 9月3日,黄河防总对豫、鲁两省黄河滩区生产堤及渠堤提出处理原则:在不影响全面防汛安全和滩区农业生产的前提下,由省防指灵活掌握;扒口时,要及时裹护口门两端的堤头,防止口门扩大;既要贯彻破除生产堤计划,又要做好生产堤防守的准备工作。

【博爱九府坟石料厂建立】 9月28日,河南河务局在博爱县尚庄乡建立九府坟石料厂,名为河南黄河河务局石料厂。1962年7月28日,由于机构精简,九府坟石料厂撤销。

【《人民黄河》出版】 9月,黄委编辑的《人民黄河》由水利电力出版社出版。该书叙述了黄河流域的自然经济情况,分析了黄河灾害成因及历代治理的经验教训,着重总结了中华人民共和国成立后10年的治黄成就。该书写成于"大跃进"时期,部分内容有夸大、失实之处,但由于是一部前所未有的系统介绍黄河的书,仍受到社会各界人士的重视。

【长垣杨坝修复工程竣工】 9月,长垣杨坝修复工程竣工。杨坝原称杨耿坝,系1933年冯楼堵口时的大坝,一直起着护滩导流的作用,后为周营控导工程的一部分。1958年特大洪水时坝根被冲毁过水,若听其自然发展,将有害滩区和临黄堤安全。该工程 6 月动工,经过 1 万多人的紧张施工,于本月底完成。

【黄委提出于林湾与密城湾治理意见】　10 月 9 日,由于河势变化,濮阳南小堤以下、苏泗庄以北分别形成于林、密城两个大湾。于林湾在 8 月下旬花园口 9480 立方米每秒洪水时,河势发生裁弯取直的变化,导致对岸山东刘庄引黄闸脱河不能引水,南小堤、东明高村虹吸亦受到影响。同时,流路改变后,老险工脱河,新险发生,也不利于堤防的防守。密城湾自 1949 年以来,已塌入河中 30 余个村庄,受灾人口万余人,且仍在继续坍塌。为扭转这种被动局面,黄委召集豫、鲁两省河务局有关负责人开会研究,并提出了治理意见。

【周恩来再次召开三门峡现场会议】　10 月 13 日,周恩来总理再次召开三门峡工程现场会。会上讨论了三门峡枢纽 1960 年拦洪发电以后继续根治黄河的问题。参加会议的有中央有关部门、黄委、长江流域规划办公室及河南、陕西、山西、湖北 4 省的负责人等。

【黄委报送继续根治黄河的报告】　10 月 21 日,黄委向周恩来总理、水电部和豫、鲁、陕、晋、甘、青、宁、内蒙古 8 省(区)党委,报送《关于今后三年内继续根治黄河问题的意见的报告》。报告称:1960 年三门峡水库拦洪后,在一般情况下下泄流量为 6000 立方米每秒,同时拦蓄 50 亿立方米水量保证下游灌溉。但是也将年均 14 亿吨的泥沙大部分拦在库内,这将对水库寿命产生严重威胁。另外,水库下泄清水后,必将引起河道发生剧烈的下切,对堤防和引水造成困难。要求做到全党动手,全民动员,3 年大解决,5 年基本解决,8 年全部解决黄河问题。在干支流上除正在兴建的刘家峡、盐锅峡、青铜峡、三盛公工程外,建议在中游再修建龙门、小浪底、桃花峪 3 大枢纽。在支流上除已建的水库以外,在无定河、泾河、延河、伊河、洛河、沁河上修建 14 座大型水库、20 座中型水库和一批小水库群,建成水库网体系。关于水土保持工作,要求陕、甘、晋、豫从 1960 年起苦战 3 年,2 年巩固与发展,5 年做到基本解决,8 年全部解决。为控制下游河道游荡和下切,需要修建岗李、柳园口、东坝头、刘庄、位山、添口、王旺庄等 7 座拦河闸坝,河道整治要在 3 年内修筑生产堤 500 公里,把 3～10 公里的宽浅式河槽逐步改造为 300～500 米的窄深河槽,为了保护生产堤,每隔相当距离修筑若干道坝埽。报告中提出的工程项目,绝大部分未能实现。

【河南省委提出河南黄河开发方案】　10 月 28 日,河南省委提出河南黄河开发方案。遵照周恩来总理在三门峡现场会上关于进一步根治黄河的指示,依据黄委关于今后3年内继续根治黄河的意见的报告,河南省委向中央报送了《关于今后三年内综合开发治理黄河河南段的方案的报告》。方案提出:

(1)今后3年内,干流除三门峡外,再修建小浪底、桃花峪、岗李、柳园口(大功)、东坝头5座枢纽,支流除故县水库外,再兴建洛河长水、伊河陆浑(或东湾)及沁河五龙口3座水库,以防御黄河千年一遇的洪水,同时满足河南6000万亩左右农田及河北、山东等部分农田灌溉需要,并可获得总装机容量394.8万千瓦的电力(包括三门峡、故县水库)。

(2)水土保持,今冬明春初步控制;明冬后春基本控制60%~70%,3年内全部基本控制。

(3)继续加固堤坝工程,开展堤防管理养护工作,消灭隐患弱点,加强人力防守,确保千年一遇25000立方米每秒洪水安全下泄。同时进行河道整治,采取"梯级控制,束水攻沙"的方策,逐步治理成一条窄、深、顺的稳定河道。修建桃花峪、岗李、柳园口、东坝头4个枢纽,作为河道的纵向控制,对两枢纽间自由段的平面控制采取"以点定线,以线束水,以水攻沙"的治理方策,修做坝垛工程,建点定线,控制河势,发动滩区群众以社办为主,修筑生产堤,生产堤以防秦厂15000立方米每秒为标准。

【东风渠灌溉管理局成立】 11月14日,东风渠灌溉管理局成立,隶属河南省水利厅,下设花园口、中牟、扶沟3个灌溉管理分局和一个渠首管理段。

【花园口水利枢纽开工】 11月29日,花园口水利枢纽(又名岗李枢纽)开工典礼在工地举行。河南省委第一书记吴芝圃到会并讲话。花园口水利枢纽工程位于郑州市北郊花园口上游4公里岗李村北。工程担负的任务是:抬高黄河水位,防止河床下切,保证北岸的共产主义渠、人民胜利渠和南岸的东风渠3个灌区2500万亩农田的灌溉引水,并可供给天津工业用水;保证京汉铁路黄河大桥的安全,联系南北水陆交通,促进物资交流,还可装机10万千瓦。河南省花园口枢纽工程指挥部组织施工,指挥长张方、政委彭晓林。

次年6月8日花园口枢纽工程竣工。主要建筑物有:拦河土坝,全长4822米,坝顶高程99米,顶宽20米;溢洪堰,全长1404米,最大泄量10000立方米每秒;泄洪闸,全长209米,18孔,泄水量4500立方米每秒;北岸防护堤 8.6 公里。完成土方 855.54 万立方米,石方 39.87 万立方米,混凝土 11.78 万立方米,工日 1400.54 万个,投资 5080.9 万元,有 14 万人参加了工程建设。

1961 年 1 月由黄委组织验收,12 月交付使用。

【开封至柳园口窄轨铁路动工兴建】　12 月 13 日,开封至柳园口窄轨铁路动工兴建,计长 17.89 公里,分两期建成。开封市至马庄 14.23 公里由开封市于本日开工修建。马庄接轨至柳园口险工处 3.66 公里由河南河务局于 1963 年建成。后移交给开封市运输公司管理。20 世纪 90 年代废除。

【河南河务局恢复建制】　12 月 30 日,黄委工程局撤销,河南河务局恢复建制,局长刘希骞、副局长田绍松,设办公室、河道科、工管科、人事科、计划财务科、行政科、工程总队。

【台前王集闸开工兴建】　12 月,台前王集闸开工兴建,次年 3 月竣工。3 孔涵洞式,设计流量 30 立方米每秒,灌溉面积 70 万亩,实际灌溉面积 13 万亩。1986 年改建。

【陆浑水库开工兴建】　12 月,陆浑水库开工兴建。1960 年 1 月 1 日,举办了陆浑水库开工仪式。该水库位于嵩县伊河中游,距洛阳 60 公里,控制流域面积 3492 平方公里,占伊河总流域面积的 57.9%,总库容为 12.9 亿立方米。工程建筑物有大坝、溢洪道、输水洞、灌溉洞、渠首、电站等。水库以防洪为主,发电、供水、灌溉综合利用。1965 年 8 月建成。1970 年增建灌溉及发电工程。1976 年用挡土墙将大坝垂直加高 2 米,1978 年又加高 1 米。2003 年 12 月进行了除险加固。

【大规模河道整治展开】　本年,河南河务局大规模进行河道整治。至年底,河南黄河修筑滩区生产堤 322 公里,做土方 600 万立方米;根据"因势利导,控制有利河势,保证引黄灌溉"的精神,修筑护滩工程 15 处,堵截大小串沟 40 处,用石 2.7 万立方米,柳 832 万公斤;推广永定河植树治河的经验,在张庄湾、马占、芟河等处修做柳盘头 12 个、雁翅林 1139 道。

【引黄水量剧增】　本年,平原地区贯彻"以蓄为主,以小型为主,以社办为主"的水利建设方针,导致引黄灌溉发展过快,引黄水量剧增。1959 年河南黄河两岸引水达 133 亿立方米,1960 年为 112.7 亿立方米,分别比 1957 年引水 1.6 亿立方米增长 82.1 倍和 69.4 倍。

1960 年

【三门峡水电站成立】 1 月 14 日,根据水电部和河南省委工业部的指示,成立三门峡水电站。后因库区淤积,不能正常蓄水发电,水库改变运用方式,工程确定改建,1962 年 5 月 3 日三门峡水电站撤销。

【治黄工作会议召开】 1 月 22 日,河南河务局召开治黄工作会议。会议总结交流了 1959 年治黄工作经验,分析了三门峡拦洪后可能出现的新情况,确定本年的治黄工作方针:以防洪为主,大力治理河道,加强工程管理,并大力开发黄河滩区,综合利用,为工农业生产服务。主要任务有:

(1)防洪工作。以黄委提出的"在任何类型洪水的情况下,确保堤防安全"为目标,堤防采取"维修养护,重点加强"的方针,险工采取"维护坝体,加强根石"的方针,汛前完成加固土方 39.24 万立方米,险工加固石方 7813立方米。同时继续加强人防队伍建设。

(2)河道整治。在 1959 年的基础上,继续以花园口到柳园口河段为整治重点,新修马庄、六堡、杜屋、杨桥、黄练集、韦滩、大张庄、马合庄、贾庄、谢辛庄等 10 处重点控制工程,并整修加强原有控制工程,堵截黄练集、韦滩、杨桥 3 道较大串沟,一般串沟通过修筑生产堤进行堵截。本着"全面规划,社办为主"的原则,继续修筑生产堤 21.9 公里,高度以防御花园口10000 立方米每秒左右为宜。

(3)滩区开发。1960 年开发利用 73 万亩,兴建滩区水利大小建筑物424 座。

(4)工程管理。做好堤防坝埽及涵闸工程管理,充分发挥工程效益,并在防洪护堤的原则下,利用工程开展多种经营生产。

(5)财务、供应工作。要勤俭治河,大力开展技术革新,推广代用品,节约原材料。

(6)支援重点工程建设。抽出人力物力支援花园口枢纽施工。

【邓小平等视察花园口枢纽工程】 2 月 17 ~ 18 日,中共中央总书记邓小平,书记处书记彭真,候补书记刘澜涛、杨尚昆,在河南省委书记处书记杨蔚屏、史向生陪同下,视察了花园口水利枢纽工程。

【黄委召开黄河下游治理工作会议】 2 月 23 日,黄河下游治理工作会议在郑州召开。会议总结交流了治黄工作经验,研究确定了今后的治理方针和任务。

【豫、鲁、冀3省用水协商会议举行】　2月25日,豫、鲁、冀3省在郑州举行灌区用水协商会议。会议由黄委主任王化云主持,对当前的旱情和黄河水情进行了分析,并就统筹安排枯水季节3省用水量分配问题达成协议。协议的主要内容为:黄河枯水季节3省水量的分配一律按2:2:1的比例分配给河南、山东、河北3省;由黄委主持,3省派代表组成配水协作小组,负责提供黄河水情预报,收集和交流各省灌区需水情况,制订配水计划,并在特殊情况下协商解决调剂各省的用水。

【京广铁路黄河新桥建成通车】　4月21日,京广铁路黄河新桥建成通车。该桥位于郑州原京广铁桥以东500米处,于1958年5月14日动工兴建。全桥共有71孔,每孔跨度40.7米,全长2889.98米。桥面宽5.5米,桥墩基础深30米,设计过水流量25000立方米每秒,是当时黄河上最大的铁路复线桥。此桥建成后,老桥改为单线公路桥。

【刘少奇等视察三门峡工程】　4月23日,中华人民共和国主席刘少奇视察三门峡水利枢纽工程。视察中,接见了帮助建设三门峡工程的苏联专家,并指示:"这样大的工程要培养和训练一些技术人员,培养技术人员也是一个重要任务"。

　　由于三门峡工程是在黄河干流上修建的第一座拦河控制性枢纽工程,在国内外影响很大,国家领导人都非常关心工程的建设并相继来工地视察。1月12日,全国人大副委员长班禅额尔德尼·确吉坚赞和全国政协副主席帕巴拉·格列朗杰视察。3月23日,全国人大副委员长罗荣桓、国务院副总理聂荣臻视察。5月22~23日,国家副主席董必武前来视察,并挥笔为三门峡建设者题词:"功迈大禹",还欣然命笔成诗《观三门峡枢纽工程》一首。10月24日,国务院副总理陈云视察。1961年3月2日中共中央总书记邓小平视察,3月27日,全国人大常务委员会委员长朱德视察。1962年4月4日,国务院副总理李富春视察。

【黄委作出堤防建闸审批规定】　4月28日,黄委作出规定:今后各省沿黄破堤建闸统由黄委审批,虹吸工程亦需经河务局同意后始得兴建。

【河道整治工作现场会召开】　4月,河南河务局召开河道整治工作现场会。参加会议的有各修防处主任、工务科长及主要工程技术人员,各修防段段长、工务股长及工程队队长。会议交流了各单位河道整治工作中技术革新的经验,推广了利用树、泥、草工程进行河道整治的方法(包括柳淤、草淤、纯淤等各种坝工结构的施工方法,形式,工程布置,堵串截流和各种杂草的利用,料物的加工及储备等)。黄委主任王化云出席会议并讲话,提出新的整治方针,即纵向控制与束水攻沙工程并举,纵横结合,堤坝并举;泥柳并用,泥坝为主,柳工为辅,控制主流,淤滩刷槽;3年初控,5年永定。

【水电部检查豫、鲁、冀3省用水协议执行情况】 5月7日,水电部派出检查组会同黄委,对豫、鲁、冀3省用水协议执行情况进行了检查。检查组认为:3月以来,3省配水协议执行情况基本上是好的,对于农业抗旱、保证丰收起了很大的作用。同时还就引用水量不平衡问题协商了解决办法。

【花园口站出现断流】 6月2~8日,因5月31日花园口枢纽成功截流,花园口站出现断流。12月3~20日,因三门峡水库关闸及渠道引水,花园口站又断流18天。

【于林湾截流坝建成】 6月3日,于林湾截流坝建成。该坝位于濮阳县习城集南小堤险工下首,坝长2000米,顶宽12米,大坝前修有15道丁坝。因大坝与大河主流呈垂直顶冲之势,建成后即开始抢护,4000余人紧张抢险达2个月之久,至9月中旬方趋于稳定。工程建设以山东为主。次年汛期,该坝移交河南河务局管理。

【河南省人委印发黄河防汛方案】 7月24日,河南省人委印发《1960年黄河防汛方案》。《方案》对黄河洪水、工程进行了分析,认为在三门峡、花园口枢纽工程投入运用后,花园口站仍有可能出现25000立方米每秒洪水的可能。提出的黄河防汛任务为:以防御黄河千年一遇洪水花园口站达到25000立方米每秒不滞洪、不决口为目标,防汛与抗旱相结合。

【李献堂任河南河务局副局长】 7月26日,李献堂任河南河务局副局长(列田绍松之前)。

【河南河务局河道观测队建立】 8月5日,经黄委同意,建立河南河务局河道观测队,负责中牟杨桥至高村段河道的观测研究工作。

【河南河务局党分组调整】 8月,经河南省委组织部批准,河南河务局党分组调整:党分组书记刘希骞,副书记李献堂,成员田绍松、孔牲光、刘俊彩、张绍林、安笑兰。9月,河南河务局并入河南省水利厅,党分组同时撤销。

【三门峡水利枢纽蓄水运用】 9月14日18时,三门峡水利枢纽关闭施工导流底孔,正式开始蓄水运用。

【河南河务局与省水利厅合并】 9月24日,河南省人委第三次会议决定,经国务院批复同意,河南河务局并入河南省水利厅(名义保留),机关名为"河南省水利厅黄河河务局"。10月30日,河南河务局迁至郑州市纬五路河南省水利厅办公。

【三门峡水利枢纽开闸泄水】 10月20日,三门峡水利枢纽开闸泄水。这是自9月蓄水运用后的第一次开闸泄水,流量一般为800～1200立方米每秒,最大1690立方米每秒。河南河务局各修防处、段成立科研小组,对三门峡水库蓄水、泄水后的水流规律变化、河势演变、坝埽作用、材料性能等进行了观测研究。

【三门峡水库管理局建立】 11月28日,根据水电部党组的指示,建立三门峡水库管理局,刘华生任局长,原三门峡库区实验总站撤销。管理局的业务工作和干部管理由黄委领导,党的政治思想工作由中共三门峡市委领导。1962年6月该局撤销。1963年1月恢复三门峡库区水文实验总站。

【刘希骞任省水利厅副厅长兼黄河河务局局长】 12月28日,河南省人委第十四次会议通过,任命刘希骞为省水利厅副厅长兼黄河河务局局长,所任副厅长职务报请国务院任命。次年1月28日国务院全体会议第108次会议通过,任命刘希骞为河南省水利厅副厅长。

【黄河堤防工程遭受严重破坏】 12月28日,河南省水利厅向省人委报送《关于黄河堤防工程遭受严重破坏情况的紧急报告》。报告称:近来沿河部分群众任意砍伐堤防树木,破坏护滩工程,盗窃防汛料物,情况严重。为此,请求省人委迅速采取有效措施,加以制止,保证堤防工程安全。据不完全统计,11、12月间全省黄河堤防被砍伐树木2.5万株,损失防汛料物24万公斤,部分工程遭到严重破坏。

【载波机应用于黄河通信】 12月,河南河务局开通郑州至开封匈牙利进口BBO型三路载波机,使有线线路通信的利用率、音质、音量等得以改善。

【新修开封韦滩、兰考姚寨等护滩工程】 本年,新修开封韦滩、兰考姚寨、原阳黄练集3处护滩工程,以及原阳北裹头工程(即花园口枢纽大坝北段),郑州花园口东大坝接长550米。

【三门峡坝下公路桥建成通车】 本年,三门峡坝下公路桥建成通车。该桥左岸位于山西平陆县三门乡寨后村,右岸位于河南省三门峡市高庙乡,上距三门峡大坝500米,桥长204米,为5孔41米跨钢结构桥,桥面宽度8.5米。于1957年开工兴建。

1961 年

【田绍松、孔甡光任河南省水利厅黄河河务局副局长】 1月3日,田绍松、孔甡光任河南省水利厅黄河河务局副局长。

【冀、鲁、豫3省引黄春灌会议召开】 1月20日,冀、鲁、豫3省引黄春灌会议在郑州召开。会议由水电部主持,农业部,山东、河南、河北3省水利厅,黄委、三门峡工程管理局、漳卫南运河工程管理局等单位参加。会议对引黄春灌中的分水、协作及管理等问题进行了研究,水电部副部长钱正英作会议总结。

【黄委组织河道查勘】 3月12~22日,由黄委水科所、水文处、河务局及郑州修防处、新乡第一修防处等共同组成勘查小组,对孟津至花园口枢纽河道进行查勘,了解三门峡枢纽运用后浑水和清水的河势演变,以及灌溉工程与滩区农业情况,研究如何保证共产主义渠和人民胜利渠灌溉引水及花园口枢纽防洪、滩区开发等问题。

【调研堤防管理养护工作】 3月14~26日,河南省水利厅黄河河务局抽调11人组成南北岸两个小组,深入沿黄两岸,通过访问、座谈、现场查看、听汇报,调查研究堤防管理养护工作的组织领导、劳力使用、收益分配、树木管理等问题。

【花园口枢纽工程灌溉管理分局成立】 3月27日,根据河南省人委指示,水利厅撤销花园口淤灌管理局,成立"河南省东风渠灌溉管理局花园口枢纽工程灌溉管理分局",与郑州黄河修防处合并办公,负责黄河防洪和花园口枢纽工程、郑州境内东风渠输水总干渠、淤灌总干渠的管理养护工作,以及郑州、中牟地区的灌溉管理指导工作。12月花园口枢纽分局与郑州修防处分开办公,修防处负责黄河堤防、枢纽、东风渠渠首闸及闸下200米以内总干渠的检查维修、管理养护和防汛工作;东风渠灌溉管理局负责索须河、贾鲁河的管理养护。

【黄委召开河南、山东河务局局长座谈会】 3月下旬,为贯彻中央对黄河防洪工作提出的"保持警惕,继续加强"的指示,黄委在郑州召开河南、山东河务局局长座谈会。会后,组织调研组对河南、山东堤防管理、春修、防汛料物的储备及滞洪区,花园口、位山枢纽工程等进行了调查。

【河南省引黄灌区泥沙防治研究工作组成立】 4月上旬,河南省引黄灌区泥沙防治研究工作组成立,并分别以开封、新乡专署水利局,黄委科学所、花园口枢纽灌区管理分局为主建立4个研究小组,开展泥沙研究工作。

【黄委检查下游堤防工程】 4月27日,根据中央防总指示,黄委组织检查组开始对下游堤防工程进行全面检查,对发现的问题提出处理意见。

【花园口枢纽库区南岸大堤培修工程开工】 4月27日,花园口枢纽库区南岸大堤培修工程开工,全长5800米,培修标准为:堤顶超高千年一遇洪水位以上3米,一般加高1米左右,堤顶宽9~10米,临背坡度为1:3。7月26日竣工,共计完成土方9.3万立方米,7月28日进行了工程验收。

【河南省防汛抗旱会议召开】 5月2日,河南省防汛抗旱会议在郑州召开。会议分析了抗旱、防汛、防涝情况,提出兴修水利、防汛、防涝的方案和措施。河南省副省长王维群作了会议总结。黄委主任王化云出席并讲话,他指出:由于三门峡库区移民及闸门启闭机没有安装完毕等原因,三门峡水库还不能全部拦洪,即使三门峡水库全部拦洪,花园口仍有发生25000立方米每秒左右洪峰的可能,强调"决不能有一点麻痹,要充分作好黄河防汛准备,确保安全"。

【河南省防指召开办公会议】 5月10日,河南省防指召开办公会议,副省长王维群主持会议,刘宴春、杨宏猷、彭晓林及河南省农委、计委、财委、黄委,军区司令部,郑州铁路局,河南省商业厅、物资厅、粮食厅、财政厅、交通厅、水利厅、气象局、邮电局等有关厅(局)长参加了会议。会议明确了防汛任务及器材的准备工作,对重点工程的防护、重要物资的准备及责任分工进行了研究部署。

【河南省印发黄河防汛工作方案】 5月20日,河南省人委印发《河南省1961年黄河防汛工作方案》。明确1961年的防汛任务是:以防御花园口站千年一遇洪水25000立方米每秒为目标,相应水位94.60米,确保黄河不决口。沁河仍以防御小董站4000立方米每秒洪水为目标,北堤超出洪水位1.5米,南堤超出洪水位1.0米的情况下,保证不发生溃决。当花园口站发生15000~20000立方米每秒时,花园口枢纽工程需破坝泄洪,下游生产堤应全部开放,以便削减洪峰。花园口枢纽是防汛的重点工程,枢纽以上临黄南堤务于汛前完成培修加固,汛期应严加防守。方案要求各地要充分发动群众,健全各级防汛指挥机构,整顿充实防汛队伍,加强工程整修养护,加强洪水预报和观测研究,准备好防汛物资,制订出防汛工作方案。

【中央在北京召开北方防汛会议】 5月22日,中央在北京召开北方防汛会议。黄河防汛作为重大问题专门作了研究,并根据周恩来总理、谭震林副总理的指示,对各种可能的洪水情况和处理方案作了较详细的分析。6月9日,谭震林副总理召集中央有关部门及豫、鲁、陕、晋、冀5省省委负责人、水利厅厅长,对黄河度汛方案进行了讨论,并取得一致意见。

【河南省水利厅部署沿黄涵闸度汛工作】 5月26日,河南省水利厅提出《关于沿黄涵闸汛前检修和汛期防汛工作的意见》。要求各涵闸管理单位迅速开展汛前工程大检查,做好工程、设备维修和加固工作;做好各涵闸的汛期控制运用计划;加强汛期工程运用状态的观测工作。根据当年防汛任务,提出了各闸的保证水位和最高运用水位。

【河南省防指等联合发出做好防汛工作通知】 6月2日,河南省防指、交通厅、邮电管理局,铁道部郑州铁路局联合发出《关于做好防汛工作的通知》,要求铁路、公路、邮电等部门对防汛料物的运输及防汛电话、水情、灾情、气象的传递等有关防汛事宜,要优先及时给予解决,不得延误。

【黄委开展三门峡水库清水下泄观测工作】 6月7日,黄委发出《关于开展观测工作的通知》。通知指出:为有利防洪蓄洪,三门峡水库从6月15日起,将有计划地增大下泄流量、腾空库容,在此期间河南、山东河务局要全面开展观测工作,了解三门峡水库清水下泄对下游河道、枢纽冲淤变化情况及利用清水冲洗引水渠道的可能性。

【中共中央作出黄河防汛问题指示】 6月19日,中共中央发出《关于黄河防汛问题的指示》,强调决不能因为三门峡工程已经建成,黄河就万事大吉了,必须认识到治理黄河仍然需要一个较长时间,三门峡工程尚需经过几个汛期的考验,三门峡以下的许多工程需要8年到10年时间才能分别做成。因此,黄河下游堤防每年应做的岁修工程和保护工程,以及保护的各项规定必须继续贯彻执行,决不允许破坏。同时,在黄河沿岸和黄河防汛有关的堤防(如金堤)沿岸,需要修建任何工程时,必须经过黄委的审查,并报请水利电力部批准。

【引黄灌区泥沙防治研究工作会议召开】 7月24日,河南省引黄灌区泥沙防治研究工作会议在郑州召开。会议对1961年上半年工作进行了总结,并安排了1961年下半年任务。上半年的主要成绩是:①各重点灌区普遍开展了泥沙观测;②进行了三义寨人民跃进渠总干渠及黑岗口、惠北灌区的查勘工作,并按以往的资料作了初步分析研究,提出初步报告;③进行了浚深器胶泥抗冲性能试验,以保证引水为主的局部河道整治模型的试验工作;④查勘了孟津至辛寨段河道情况,进行了三门峡水库下泄清水的原型试验;⑤对花园口枢纽工程管理运用进行了查勘和资料收集工作,并分析研究了三门峡水库蓄水后,下游出现的新情况和1961年防汛措施;⑥对共产主义渠、人民胜利渠(有坝引水)和红旗渠(无坝引水)做了调查,提出引水河段整治的初步规划意见。会议于26日结束。

【河南省防指检查防汛工作】　7月27日至8月1日,河南省黄河防汛检查组对封丘、长垣、濮阳3县黄河防汛工作进行检查,发现普遍存在着"三门峡水库建成,防汛到头"的麻痹思想;防汛组织不严密,分工不明确,连年灾荒,工具料物缺乏;生产堤战线长,基础差,人力、料物不足,遇险防守困难等问题。检查组对存在的这些问题提出解决办法。

【河南省防指研究滞洪区问题】　7月29日,刘宴春、王维群主持研究滞洪区的迁移赔偿、防汛料物、运输工具、滞洪用粮,以及恢复兰坝、广花铁路支线等问题。河南河务局局长刘希骞及黄委工务处处长田浮萍参加了会议。

【郑州东大坝等工程相继出险】　7月初开始,因三门峡水库下泄清水,冲刷力强,郑州东大坝,开封府君寺,东明林口、高村,原阳马合庄,长垣油房寨等8处工程32道坝相继生险。各地积极组织进行抢护,但因劳力、料物缺乏,新工程战线过长,基础薄弱,特别是国家处在困难时期,石料严重缺乏,不少护滩工程被水冲掉。如长垣油房寨护滩工程共有29道坝,自6月以来,相继冲掉22道。经过大力抢护,到7月底险情得以初步控制。

【长垣杨坝等多处工程出险】　8月4日,因部分护滩工程被冲垮,失去控制作用,河势发生变化,致使长垣杨坝、封丘曹岗、原阳三官庙、黑石4处工程出险,其中杨坝险情较大。新乡黄河防汛指挥部组织力量,积极进行抢护,才转危为安。

【中央向滞洪区调拨8000辆架子车】　8月,为解决滞洪区的运输问题,中央向封丘、长垣滞洪区调拨8000辆架子车,以供滞洪时迁移群众使用。

【水电部研究黄河防洪问题】　9月12日,水电部召集黄委,河南、山东河务局,陕西省水利厅、三门峡工程局等单位有关人员研究黄河防洪问题。会议确定由黄委组织开展大堤、生产堤测量工作。

【尼泊尔国王马亨德拉参观三门峡工程】　10月8日,尼泊尔马亨德拉国王、王后、公主等一行18人,由周恩来总理,陈毅副总理和夫人张茜,中国驻尼泊尔大使张世杰,外交部俞沛文、章文晋陪同,参观三门峡工程。

【河南省水利工作会议召开】 10 月 28 日,河南省水利工作会议在郑州召开。会上,对河南黄河 3 年来(1958～1961 年)的工作进行了总结。主要成绩是:三门峡水库提前建成,控制了黄河 90% 以上的流域面积,减轻了下游洪水的威胁;先后建成东风、跃进、红旗等 8 处引黄灌区和花园口枢纽工程,为发展灌溉发挥了重要作用;修建了河道整治工程与生产堤工程,堵截了串沟,规顺了河势,便利了闸门引水,保护了滩区生产。然而,由于对建设进程估计过于乐观,满足于防洪工程已经过 1958 年洪水考验,轻视泥沙淤积问题,普遍滋长了"修了三门峡,防洪问题已经解决"的麻痹思想,从而导致一些问题的产生:

(1)防洪工程失修,修防机构削弱,工程管理放松,护堤树木遭到大批砍伐,堤防工程和防汛料物发生破坏损失现象,害堤动物和堤身隐患有新的发展,堤防抗洪能力受到一定损伤。

(2)在河道整治工程中贪多贪快,急于求成,把整治工程看得过于简单,已作的树、泥、草工程在洪水考验中大部失败。工程摊子铺得过大,人力、物力、运输困难,形成很大被动。

(3)不实事求是的浮夸风表现严重,重数量、轻质量,植树不仅成活率很低,且数量夸大。在技术革新和技术革命运动中,讲求形式,不求实效,革新项目很多,实用很少。

根据以上经验教训,提出 1961 年冬季及 1962 年春季治黄工作意见。

【河南省农委研究黄河防汛问题】 11 月 21 日,河南省副省长王维群主持召开农委党组扩大会议,研究黄河防汛抢险工作。会议对防汛船只、石料、堤防岁修用粮、船工吃粮标准等作了具体规定。同时决定,省、专、县防汛指挥部仍应继续办公,不得撤销。强调必须加强领导,提高警惕,克服麻痹思想,积极整修堤防,确保黄河安全。

【刘宴春检查抢险工作】 11 月 22 日至 12 月 1 日,河南省委常委刘宴春在河南河务局局长刘希骞、副局长田绍松、黄委工务处处长田浮萍等陪同下,先后检查了郑郊、中牟、开封、兰考、东明、濮阳、长垣、封丘、原阳等县(市)的抢险工作,并研究了抢护措施。

【河南省防指研究抢险工作】 12 月 3 日,河南省委常委、省防指副政委刘宴春,副省长、省防指指挥王维群主持召集有关部门研究抢险工作。会议确定原阳黑石、封丘禅房、长垣油房寨、东明堡城为本年冬季重点抢护工程。

【黄委组织河道查勘】　12月7~21日,由黄委组织,水电部水利科学院及河南河务局参加的查勘组,在黄委副主任韩培诚带领下,对花园口至濮阳密城湾长250公里的河道进行了查勘。结束后,根据河势变化和出险情况,提出紧急防护措施和整治意见。

【《河南省黄河、沁河堤防工程管理养护办法》颁发】　12月18日,河南省人委颁发《河南省黄河、沁河堤防工程管理养护办法》,要求沿黄各地(市)、县、公社、乡村进一步做好堤防工程管理养护工作,保持黄河、沁河堤防工程的巩固与完整,充分发挥堤防的抗洪能力。

【河南河务局恢复原建制】　12月26日,经水电部和河南省委批准,恢复河南黄河河务局原建制,受河南省人委与黄委的双重领导,并建立党分组。河南河务局于12月22日迁回郑州市金水河路原办公楼办公。局机关设办公室、人事处、工务处、计划财务处。刘希骞任局长、党分组书记,田绍松任副局长、党分组副书记,孟晓东、孔甡光、赵又之、甘瑞泉、艾计生为党分组成员。

【河南黄河塌滩出险严重】　本年,因三门峡水库"拦沙蓄水"运用,水库下泄清水,河南段河床平均刷深0.6米,冲走泥沙6.8亿吨。受冲刷影响,中牟、开封、兰考、原阳、封丘、长垣、濮阳7县冲失滩地152205亩,其中封丘、长垣塌滩最为严重。封丘禅房滩长9.5公里,后退3.2公里,长垣油房寨滩长7公里,后退3公里多。由于清水长时间冲刷,河势摆动不定,加之原来所修护滩工程多为树、泥、草结构,工程无基础,不少护滩工程被冲垮,共计冲垮坝垛85个。

6~12月,全河险工和护滩工程共有27处172个坝岸出险,抢险342次。其中,14处险工生险,一般水深10米,青庄最深达17米,险情发展快,抢险时间长。如高村抢险达16天,孙堤、三官庙、马合庄、黑石先后出险23次,抢险达149天。全年抢险共用石料5.71万立方米,柳杂料927万公斤,木桩1.26万根,绳缆7.44万条。

【尹庄4坝拆除】　本年,按照尹庄至营房新的整治线,尹庄4坝的全部、3坝坝头被拆除。依据1959、1960年河势查勘规划,经黄委研究对密城湾进行裁弯取直治理。方案为:从尹庄修坝截河,使之直趋营房险工。施工期间,工程进展困难,加之石料缺乏,1960年汛前所修截流工程被水流冲断,未能实现裁弯目的。本年7月12日山东省人民委员会电告水电部、黄委要求立即拆除尹庄4坝及马章庄1坝,经过水电部副部长钱正英召开会议,确定了拆除尹庄工程的原则。黄委据此协商重新绘制了河道整治线。

【华北、西北地区持续大旱】 从 1959 年秋开始就缺少雨水的山东、河南、河北、山西、内蒙古、甘肃、陕西等华北、西北地区持续大旱,有些地区甚至三四百天未下雨,受灾面积近 3.5 亿亩,成灾 2 亿多亩。其中山东、河南、河北 3 个主要产粮区合计受灾 2.4 亿亩,成灾 1.2 亿亩,分别达整个旱灾地区的 68.9% 和 56.9%。干旱持续到 1960 年 3 月下旬,黄河、淮河流域近 2 亿亩农田遭受大旱,4～6 月旱情扩大到长江流域广大地区,年内全国旱区受灾面积达 5.8 亿亩,成灾面积 2.8 亿亩。其中河北、山东、河南 3 个主要产粮区小麦 1961 年比 1960 年减产 50%。国人将 1959～1961 年的连续大旱称为"三年自然灾害"。

1962 年

【恢复和调整部分机构】　1月24日,河南河务局局务会议研究机构设置,决定恢复金堤修防段和温陟黄沁河修防段;建立河南河务局原武修防段,负责花园口枢纽北岸原阳、武陟两县境内防护堤等工程的管理养护及防洪工作,受原阳、武陟县人委和新乡黄河修防处的双重领导;建立河南河务局工程队;根据安阳专署的恢复,将新乡黄河第一修防处改为新乡黄河修防处,新乡黄河第二修防处改为安阳黄河修防处。

【引黄渠首闸划归河南河务局】　2月10～17日,引黄渠首闸交接会议在郑州召开。会议决定将花园口枢纽及共产主义渠、人民胜利渠、东风渠、花园口、黑岗口、红旗渠、人民跃进渠、南小堤、渠村、黄砦等10个渠首闸交由河南河务局统一管理。各渠首闸灌溉引水计划由河南省水利厅提出。

【黄委调查引黄灌区次生盐碱化状况】　3月5日,黄委开始对豫、鲁两省引黄灌区次生盐碱化状况进行调查。据调查统计,截至1961年底,两省引黄灌区次生盐碱化面积1363.72万亩,其中河南省971.78万亩、山东省391.94万亩。

【黄委组织河道查勘】　3月12日,黄委组织河道查勘。河南、山东河务局派人参加了查勘,并邀请国家计委工程师郭斯瑞,水电部水科院河渠所副所长钱宁、工程师李保如参加。查勘组在查勘河南黄河河道时,重点研究了兰考东坝头控导工程方案。认为由于东坝头以上桐树园河势坐弯较死,出湾后河挑北岸导致禅房、姚砦、油房寨等处坐弯塌滩严重,不仅损失大量滩地,甚而威胁堤防安全。经反复研究,建议在丁圪垱或扬圪垱做导流工程,由河南河务局作出计划报黄委审批。

【范县会议确定暂停引黄】　"大跃进"以来,河南、山东两省引黄灌区由于错误地执行了大引大灌的方针,有灌无排,土地盐碱化加重,粮食产量降至新中国成立以来的最低水平。3月17日,国务院副总理谭震林在山东范县研究引黄的会议上指出:"3年引黄造成了一灌、二堵、三淤、四涝、五碱化的结果","在冀、鲁、豫3省范围内,占地1000万亩,碱地2000万亩,造成严重灾害"。会议确定:

(1)由于引黄中大水漫灌,有灌无排,引起大面积土地盐碱化,根本措

施是停止引黄,不经水电部批准不准开闸;

(2)必须把阻水工程彻底拆除,恢复水的自然流向,降低地下水位;

(3)积极采取排水措施。

水电部副部长钱正英、山东省委书记周兴、河南省委书记刘建勋、黄委副主任韩培诚及两省水利厅厅长、有关地委书记参加了会议。

范县会议后,河南省除人民胜利渠保留 20 万亩继续灌溉,黑岗口闸因供应开封市用水,继续少量引水外,其余各灌区一律停灌。

【三门峡水库改变运用方式】 3 月 19 日,国务院决定三门峡水库的运用方式由"蓄水拦沙"改为"防洪排沙"(后改称"滞洪排沙")运用,汛期 12 孔闸门全部敞开泄流。

三门峡水库自 1960 年 9 月开始蓄水运用以来,库区淤积严重。截至 1961 年底,库区淤积泥沙 13.62 亿吨,连同 1959、1960 两年淤积的 3.68 亿吨以及库区塌岸 1.8 亿吨,共达 19.1 亿吨,下泄泥沙仅为 1.12 亿吨,致使潼关河床严重淤积,渭河河口形成"拦门沙",加之淤积末端迅速上延,严重威胁到西安及关中平原和渭河下游的工农业生产安全。国务院据此决定改变三门峡水库运用方式,减轻泥沙危害。

【中牟万滩等多处工程出险】 3 月中旬,三门峡水库为腾空库容防桃汛,开闸 10 孔下泄清水,花园口站流量达到 2500～3000 立方米每秒,两岸滩地坍塌加剧,到 3 月底,花园口枢纽拦河坝,申庄,中牟万滩,开封韦滩、府君寺,东明林口、堡城,原阳马合庄、黑石等 9 处工程 19 道坝垛,出险 22 次。各地均积极进行抢护,保证了工程安全。

【河南河务局治黄工作会议召开】 5 月 3 日,河南河务局治黄工作会议在郑州召开。会议总结了 1958 年以来的治黄工作,对今后的治黄任务和恢复堤防的抗洪能力等问题进行了研究和安排。

【东风渠渠首管理段更名】 5 月 10 日,由于花园口枢纽工程管理机构领导关系的改变和业务范围的扩大,决定将"花园口枢纽工程分局东风渠渠首管理段"改名为"河南黄河河务局郑州花园口枢纽工程管理段",负责花园口枢纽工程和东风渠渠首工程的管理养护及防洪工作,隶属郑州黄河修防处。

【黄委提出引黄涵闸在暂停使用期间管理意见】 5 月 17 日,黄委印发《关于黄河下游引黄涵闸工程在暂停使用期间的管理意见》,提出对暂停使用的涵闸,其原有管理单位可适当缩小,但不应撤销;对工程进行一次全面检查,作出鉴定,及早处理存在问题;做好经常性的观测、检查、养护、保卫工作,保证工程的完整与安全。

【中央防总就相邻省边界水利问题电告黄委】　6月13日,中央防总电告黄委认真处理相邻省边界水利问题。电文指出,为最大限度地减免灾害,凡平原地区关系到两省边界的引水涵闸,应按照中央批示的水电部《关于五省一市平原地区水利问题的处理原则的报告》和1962年春双方达成的协议,认真地检查处理。电文对黄河流域内边界地区涵闸的归属作如下规定:金堤河上的五爷庙闸、濮阳南关公路桥、濮阳金堤闸、樱桃园闸、古城闸,应由河南、山东两省水利厅移交给黄委管理。

【兰坝与广花铁路支线全部修复通车】　6月14日,兰坝、广花两铁路支线同时举行通车仪式。两铁路支线于5月1日开工,分别于5月28日及6月3日先后修复。修复后的兰坝支线自陇海铁路兰考车站西端出岔,终点为东坝头车站,全长14.006公里,广花支线自京广铁路广武车站北端出岔,终点为花园口车站,全长14.3公里。

【河南省黄河防汛会议召开】　6月18日,河南省黄河防汛会议在郑州召开。会议分析了黄河防汛工作面临的形势,明确了黄河防汛工作的方针与任务。

【三义寨人民跃进渠管理局撤销】　6月25日,黄委批复同意河南河务局《关于撤销三义寨人民跃进渠管理局建制的报告》。报告称:根据范县引黄会议及河南省除涝治碱会议精神,在近三五年内停止使用人民跃进渠,今春该渠一、二、三蓄水灌区已废渠还耕。为此,该局应予撤销。管理局撤销后,成立三义寨人民跃进渠管理所(后改为管理段),编制6人,负责管理养护渠首闸,归兰考修防段编制。

【河南省防指提出生产堤运用方案】　7月20日,河南省防指向黄河防总报送了《1962年河南黄河滩区生产堤运用方案》。根据“防小水,不防大水”的原则,按防御花园口站流量10000立方米每秒为标准,提出运用方案:东坝头以上滩地坍塌较多,生产堤被冲垮多,已残破不全,互不连接,不需再破口;东坝头以下生产堤需破除16个口门。为适时破口,采用削堤顶预留口门的方法。7月31日,黄河防总批复两点意见:

（1）生产堤预留口门削平(与守护标准流量的相应水位平)长度,应不小于计划口门总长度的二分之一。所留临河子埝,埝顶宽度不大于2米。同时做好人力破除的准备,必要时,进行人工破除,分滞洪水。

（2）为了河南、山东两岸生产堤防洪运用标准一致,高村以下均按当地流量 8000 立方米每秒,相应高村水位 62.17 米,进行布置和运用。

【河南省人委发出黄河防汛工作指示】 7 月 21 日,河南省人委发出《关于黄河防汛工作的指示》,要求充分认识到黄河的新变化及黄河防洪的长期性和复杂性,迅速恢复与健全群众性的防汛队伍,加强各级防汛组织的领导,抓紧进行岁修工程,确保防汛胜利。同时,印发《河南省 1962 年黄河防汛工作方案》,提出以防御花园口流量 18000 立方米每秒不决口为目标。

【孟晓东任河南河务局副局长】 7 月,河南省政府任命孟晓东为河南河务局副局长。

【国务院同意 1962 年黄河防汛任务】 8 月 1 日,国务院批转同意黄河防总《关于 1962 年黄河防汛问题的报告》,指出:根据三门峡水库淤积过快及下游河道排洪能力有所降低的情况,1962 年防洪任务确定为:在中央的正确领导下,全河一条心,4 省（陕、晋、豫、鲁）一条心,密切协作,上下兼顾,加强修防,运用好三门峡和东平湖水库,以防御花园口站洪峰流量 18000 立方米每秒为目标,保证黄河不决口。沁河仍以防御小董站 4000 立方米每秒为目标,确保防洪安全。

【原阳黑石护滩工程抢险】 8 月 7 日,由于中牟太平庄滩塌坐弯,受大溜顶冲原阳黑石护滩工程发生重大险情。8 月 16 日花园口站流量 6020 立方米每秒,坝前水深达 14 米,险情急剧恶化。至 9 月 19 日的 43 天中有 10 个坝垛接连出险,抢险反复进行。抢险期间,河南河务局、新乡地委调拨船只、汽车,新乡修防处抽调各修防段工程队支援抢险,原阳县县长坐镇指挥。由于人力料物不足,采取重点守护,有 5 个垛被冲走。经过 1651 人 24 个昼夜的连续奋战,转危为安。这次抢险,共用石料 1.13 万立方米,柳秸料 257 万公斤。

【黄委开展堤防管理调查】 8 月,黄委与河南河务局共同组织调查组,到郑州、中牟、开封、封丘等堤段,深入重点社、队,对堤防管理中的组织领导、收入分配等问题进行调查。调查认为,护堤组织形式上以生产队出工护堤为好,收益归生产队,护堤员记工分配,工分定期评定,以工代粮（菜）;让护堤员利用业余时间,适当开垦柳阴地种植,收入归护堤员,作为奖励。

【黄河下游治理学术讨论会召开】 10 月 23 日至 11 月 3 日,由黄委主持,水电部技术委员会、水管司、水利水电科学研究院、黄委所属设计院、科学研究所、工务处、水文处、河南及山东河务局等单位或部门参加的黄河下游治理学术讨论会在郑州召开。会议收到论文 28 篇,就黄河下游治理、位山枢纽改建、东坝头工程、密城湾工程等课题展开讨论。清华大学教授、水利专家钱宁及其他水利工作者52人参加了会议。

【河南治黄工作暂行办法出台】 11月5日,河南河务局印发《河南治黄工作暂行办法》。主要内容包括组织领导勘测与调查研究、防汛抢险、设计与施工、工程管理养护、劳动工资、财务计划、物资供应、机械管理等。

【安排部署今冬明春治黄工作】 11月14日,河南省人委批转河南河务局《关于今冬明春治黄工作安排报告》,要求土方工程和备料任务集中的地区、专(市)、县要加强领导,妥善安排人力、物力,保证按时完成任务。交通厅在安排黄河航运力量时,应尽量照顾防洪石料运输。各地应教育群众保护黄河大堤树木,对于破坏者要及时处理,并积极有计划地在大堤和黄河滩区植树造林,防风固沙,保护农业生产。河南河务局应密切配合有关部门,积极进行引黄放淤改良盐碱地的规划,选择条件较好的作出设计后,交由地方施工。

今冬明春主要治黄工程为:复堤土方220万立方米,补残土方30万立方米,共计250万立方米;整险备石9.9万立方米,备柳杂料262万公斤;植树251万株。

【黄委颁发堤旁植树暂行办法】 11月20日,黄委颁发《黄河下游堤旁植树暂行办法(草案)》。办法规定:堤旁植树以"临河防浪,背河育材"为原则,在大堤临背河堤坡、柳阴地、废堤、废坝、空隙地带、堤肩附近以及沿黄各渠首闸附近,均可尽量种植。植树品种以成活率高、成材快、又适于沿河生长的树木(如柳类)为主。树木栽植后,交沿堤社、队抽专人(护堤员)管理养护,并从林木收入中给予适当报酬。

【1919~1960年黄河干支流水量、沙量资料集出版】 11月,由黄委主编的《黄河干支流各主要断面1919~1960年水量、沙量计算成果》资料集正式出版。根据水电部指示,黄委于1960年11月至1961年1月会同水电部水文局,北京勘测设计院,西北勘测设计院,水利水电科学研究院,甘肃、山西省水利厅等单位对黄委过去刊印的"年鉴"进行审查和修正。在此基础上,又对部分站缺测年份作了插补和分析计算,经水电部组织有关单位审查通过,刊印出版。该资料集首次提出黄河陕县站多年平均输沙量为16亿吨。

【修防段增设公安特派员】 本年,河南河务局各修防段增设公安特派员1名,受修防段和当地公安部门双重领导。

1963 年

【《河南省黄河滩地管理使用办法》颁发】　1 月 22 日,河南省人委颁发《河南省黄河滩地管理使用办法》,明确黄河滩地为国家所有,持土地证,历年负担征购任务的滩地,属生产队所有,其余滩地,各社、队只有使用权,不得自行处理。

【新乡修防处组织查勘沁、丹河流域】　2 月 11 日至 3 月 6 日,新乡修防处组织查勘小组,分别查勘了沁河上游、丹河上游、沁河五龙口以下 3 个区域。库容在 500 万立方米以上的水库和五龙口以下至丹河口的左岸支流,为查勘的重点。通过查勘,进一步了解了流域内的水文、自然地理及河道情况,澄清了水库工程状况及存在问题,并分析了对下游防洪的影响。

【开展重点险工根石探摸工作】　2 月,利用三门峡水库关闸的有利时机,有关修防段及时组织开展根石探摸工作。重点对南岸赵口、九堡、黑岗口、柳园口,北岸周营、青庄、南小堤共 7 处险工 28 道坝进行根石探摸,探摸断面 121 个。分析认为:根石表面坡度是有规律的,即上陡下缓中间凹。上陡是指中水位以上部分保持着原来设计坡度较陡;下缓是指靠河床以上高度的一段坡度,其数值为 1:2～1:3;中间凹指中水位以下 2～6 米一段坡度向内凹,常小于设计坡度,这是因位处水中流速最大部位而造成的。根石走失的主要原因为河底冲刷。该结果为加固根石提供了依据。

【开封韦滩护滩工程抢险】　3 月 5 日,受大溜顶冲,韦滩护滩工程 2 坝开始生险。因河势上提,1 坝也相继出险,先后坍塌掉蛰 51 次,抢险达 94 天,采用抛石、抛枕、抛石笼、搂厢等方法抢护长达 667 米。

【部分堤段树木遭破坏】　3 月 13 日,黄委通报堤防树木遭受破坏情况,指出 1962 年 11 月以来全河损坏丛柳近 6 万墩,损失大小树木近 2 万株,其中河南 1.45 万株、山东 5000 余株。要求各地对已发生的案件尽速查明处理,加强堤防树木的管理,制止破坏事件的继续发生。

同月,河南省人委批转河南河务局《关于沁河堤防树木破坏情况和处理意见的报告》,批示有关专、县要根据中央、省委有关林业工作的指示,进行处理。对于少数带头破坏树木或屡教不改的,必须严肃处理。

【黄河干支流水文站网形成】　3 月 16 日,黄委印发《水文工作十年总结及

1963 年工作任务》,指出:截至 1962 年底,建有流量站 117 处、水位站 34 处、实验站 5 处,除黄河上游和中下游一些小河测站不足外,黄河干支流已初步形成一个比较完整的水文站网。

【黄委提出"上拦下排"治黄方策】　3 月,黄委在郑州召开治黄工作会议,黄委主任王化云作了《治黄工作基本总结和今后方针任务》的报告,提出"在上中游拦泥蓄水,在下游防洪排沙",即"上拦下排"的治黄方策。

【春修工作全面展开】　3 月,河南黄河春修工作全面展开,包括复堤、整险、植树、备料等工程。15 个县(市)61 个公社 2.6 万人参加了春修。至 6 月底,完成土方 173 万立方米,整修险工 20 处,坝垛 181 道,新修坝 2 道;植树 44 万株;植草 133 万平方米。

【东明修防段归山东河务局管辖】　4 月 1 日,根据行政区划调整,黄委决定将河南河务局东明修防段划归山东黄河河务局,隶属菏泽修防处。

【黄委要求花园口枢纽在汛前破坝泄洪】　4 月 5 日,黄委向水电部、河南省委上报花园口枢纽 1963 年度汛方案。方案称:自花园口枢纽建成后,历年度汛方案是在洪水超过 15000 立方米每秒时,采取闸堰坝并泄的办法,临时破坝,宣泄洪水。由于泄洪闸下游消力部分破坏,已不能过水,而溢洪堰泄洪能力仅为 10000 立方米每秒左右,需要在汛前破坝泄洪。

【郑—济通信干线更换水泥电杆】　郑州至济南黄河通信线路原为木杆支撑,经 10 余年使用,已多半腐朽,倒杆断线的现象时有发生。为保证通信畅通,决定将木杆全部更换为水泥电杆。河南河务局负责郑州至兰考路段的改建任务,4 月 18 日开工,到年底完成,计 167 杆公里。

【河南省人委印发防汛工作方案】　5 月 27 日,河南省人委印发《1963 年黄河防汛方案》。要求各地迅速建立健全各级防汛指挥机构和群众性的防汛组织,积极做好防汛器材、料物的筹备,做好防大洪水的各项准备。各项度汛、岁修、除涝工程必须于 5 月底前完成。明确防汛工作任务为:以防御花园口站流量 20000 立方米每秒为目标,相应水位 93.54 米(大沽),沁河仍以防御小董站流量 4000 立方米每秒为目标,保证黄、沁河不决口。

【金堤河治理工程局成立】　6 月,国务院批准成立金堤河治理工程局。7 月改为金堤河工程管理局,韩培诚兼任局长。1964 年 3 月该局撤销。

【围堵停用涵闸】　6~8 月,河南河务局对停用的东风渠、人民跃进渠、渠村、南小堤及沁河停用的渠首闸进行了围堵。围堵标准,以当地黄河大堤抗洪标准为准,围堵方法采用闸前围堵。

【花园口枢纽废除】 7月17日,三门峡水库改为滞洪排沙运用后,黄河下游河道恢复淤积,花园口枢纽系低水头壅水工程,工程效益不仅未能全面发挥,河道排洪能力反而受到严重影响,淤积日渐加重。加之工程建成后,管理单位几易隶属,管理运用不善,致使泄洪闸下游的斜坡段、消力池、混凝土沉排及防冲槽均出现严重损毁,不得不停止使用。本年5月提出破除拦河大坝的工程计划,经水电部和河南省委批准,7月17日6时将拦河坝爆破废除,大河逐渐恢复了自然流路。

【河南省防指在郑州召开滞洪会议】 7月8~11日,河南省防指在郑州召开滞洪会议。根据黄河防汛会议关于黄河花园口超过20000立方米每秒洪水和沁河小董站超过4000立方米每秒洪水时,结合当地情况,使用封丘(贯孟堤)、武陟(沁南)滞洪区的决定,具体研究部署滞洪的准备工作及滞洪后可能出现的问题以及善后处理工作。参加会议的有新乡专区及封丘、武陟、长垣等县黄河防汛指挥部负责人,黄委和有关修防处、段负责人等。省民政厅也派人参加了会议。

【黄河防总组织验收生产堤预留分洪口门】 7月30日,黄河防总责成黄委测量队四队与河南、山东河务局共同组织测量验收生产堤预留分洪口门。8月20日,验收完毕,对破除不够标准的限期完成。

【河南省防指重视沁、丹河上游水库度汛安全】 7月,河南省防指向黄河防总报送了《关于处理沁、丹河上游水库遗留问题并加强联系的报告》,指出:自1958年以来,沁、丹河上游修建中小型水库181座,总蓄水量达2.54亿立方米。这些水库建成后对蓄水灌溉起了一定的作用,但不同程度地存在溢洪道断面偏小,施工质量差,勘测设计资料不完整,管理运用水平低等问题,部分水库坝身发生纵向、横向裂缝及渗漏、滑坡,一旦发生溃坝,将直接影响沁河下游安全。

黄委就此向水电部作了报告,并提出安全度汛意见。水电部批转了该报告,要求山西、河南两省水利厅对有关水库度汛安全,立即研究处理;对有关水库报汛问题,与黄河防总联系解决。

【试行推广班坝责任制】 7月,新乡修防处在总结以往工程管理经验的基础上提出了班坝责任制。班坝责任制是在修防段的统一领导下,以工程队、班为基础,建立管理组织,将工程逐坝明确到班进行管理。管理任务是包抢险、包整险、包观测、包养护,一般情况下各负其责,较大抢险,服从修防段统一调动。8月底,河南河务局要求所属各管理单位试行推广。

【开展海河流域"63·8"暴雨模式研究】　8月,海河流域出现有记载以来的特大暴雨,10天总雨量达2051毫米。由于暴雨中心距黄河三花间不足300公里,且同属一个气候区,天气系统稍有变动,在黄河三花间出现海河"63·8"式暴雨的机遇是存在的。为此,黄委组织有关人员进行海河"63·8"暴雨模式移植黄河的计算。以两地相等的降雨面积和平均雨量为依据,求出三花干流区间可能产生的洪峰流量为16000立方米每秒,伊洛河黑石关站约10500立方米每秒,沁河小董站约1600立方米每秒,汇流到花园口站约可出现22000立方米每秒。若黄河、沁河同时发生特大洪水,三门峡水库最大下泄流量按5000立方米每秒考虑,花园口站洪峰流量可达25000立方米每秒。如果再考虑三花间汇流时间短,在三门峡水库维持现状,遇一般洪水下泄4000~5000立方米每秒,则花园口洪峰流量可达30000立方米每秒。

【河南河务局接管引黄涵闸】　8月,河南河务局与河南省水利厅会同有关专、县,修防处、段开始办理沿黄涵闸、虹吸和拦河枢纽工程的移交工作,10月底基本完成。

具体接管情况为:共产主义闸和人民胜利渠闸计划由黄委直接管理;水利厅提出,因红旗灌区近期没有考虑引水灌溉,要求将红旗闸前原临黄大堤按原标准恢复起来,该闸不再办理移交手续;花园口枢纽(包括东风渠闸)、黑岗口闸、跃进闸由河南河务局管理(其中花园口枢纽与跃进闸原已由河南河务局管理),花园口枢纽成立管理处,黑岗口、跃进闸成立管理段;其余各涵闸虹吸由所在修防段管理,成立管理所。

【河产调查结果公布】　8月,河南河务局公布河产调查结果。河南黄河堤坡、柳阴地、废堤、废坝可利用面积为4.7万亩。自人民治黄以来到1963年5月,在堤防范围内共植树2359万株次,现存352万株(其中果树22万株)。

【丹河上游任庄水库抢险】　9月20日,位于山西晋城县的任庄水库出现重大险情。该水库控制丹河流域面积1240平方公里,土坝高35.3米,设计库容9359万立方米,相应水位777米。本日,水库蓄水4400万立方米,水位769.77米,因水库设计、施工存在问题,以及溢洪道开挖不够标准等原因,背水面大坝滑坡高32米、长80米,塌方4万立方米,临水面坡坍塌长20米、宽3米,沉陷0.5米,背水面滑坡地方漏水约0.4立方米每秒,险情危急。山西省委指示尽力抢护,力挽危局。晋城县动员1万余人,采取在大坝滑坡部位的下面打木桩阻滑、修筑反滤工程、削低大坝顶减压、开挖临时溢洪道放水等措施,奋力抢护。9月27日,溢洪道挖通放水,险情得到控制。抢险期间,黄委、河南河务局多次派人查看险情。河南河务局还组织人员作了溃坝流量推演,并据此部署了丹、沁河下游防洪准备及有关县的迁安救护工作。后经查找,这次险情是因坝基岩石上有鸡爪裂缝所致。

【沁阳北关沁河桥交付使用】 10月1日,沁阳北关沁河桥正式交付使用。该桥始建于1958年。至1959年9月,完成全部墩台及两岸护坡水下工程,后因钢材、资金缺乏停工。1962年12月再次开工。本年8月15日竣工。

【黄河下游工程管理会议召开】 10月7~13日,黄河下游堤防、闸坝工程管理会议在郑州召开。会上交流了经验,对黄河堤防工程及大堤树草遭到的严重破坏进行了分析,研究了接管引黄涵闸后的管理工作任务,并制定了规章制度。

【《黄河下游闸坝工程管理规范(试行)》印发】 10月,黄委依据水电部颁发的《闸坝工程管理通则(试行)》,结合黄河下游闸坝工程情况,制定并印发了《黄河下游闸坝工程管理规范(试行)》。

【国务院发布《关于黄河下游防洪问题的几项决定》】 11月20日,国务院以国水电字第788号文件发布《关于黄河下游防洪问题的几项决定》:

(1)当黄河花园口发生22000立方米每秒洪峰时,经下游河道调蓄后到寿张县孙口为16000立方米每秒。在位山拦河坝破除后,应利用东平湖进洪闸,必要时辅以扒口,分入东平湖4000立方米每秒,使艾山下泄流量不超过12000立方米每秒。考虑到山区来水,艾山以下堤防应按13000立方米每秒的排洪标准设计,分期完成培修加固工程。

(2)当花园口发生超过22000立方米每秒的洪峰时,应利用长垣县石头庄溢洪堰或河南省的其他地点,向北金堤滞洪区分滞洪水,以控制到孙口的流量最多不超过17000立方米每秒左右。在孙口以下,分洪入东平湖5000立方米每秒,使艾山下泄洪水仍保持在12000立方米每秒左右。

(3)大力整修加固北金堤的堤防,确保北金堤的安全。在北金堤滞洪区内,应逐年整修恢复围村埝、避水台、交通站以及通信设备,以保证滞洪区内群众的安全。

(4)继续整修和加固东平湖水库的围堤。东平湖目前防洪运用水位按大沽基点高程44米,争取44.5米。整修加固后,运用水位提高到44.5米。

【花园口枢纽工程管理处成立】 11月30日,郑州花园口枢纽工程管理处成立,隶属河南河务局,负责花园口枢纽工程管理工作(包括东风渠渠首闸)。管理处下设秘书、工务、财务3个科和原武管理段。

【河南河务局印发1964年机构人员编制】　11月30日,河南河务局印发1964年机构人员编制,增加了各涵闸管理单位,恢复电话队,全局总编制人数1999人,其中行政干部553人、工程技术干部165人、工人1175人、勤杂人员106人。

【水电部提出金堤河治理问题意见】　北金堤地区在行政区划上分属河南省长垣、滑县、濮阳3县和山东省范县、寿张2县,面积5000平方公里。这一地区的涝水过去顺金堤河下泄入黄河。1949年入黄出路被堵后,因无正常排水出路,以致连年涝灾严重,上下游水利纠纷增多。

为了便于金堤河的统一治理,水利电力部12月17日向国务院的报告中提出关于金堤河的治理意见:把金堤以南山东省的范县、寿张一部分地区约1000平方公里(包括黄河滩地)划归河南;金堤河恢复原有入黄出路,濮阳到陶城铺的金堤仍为黄河大堤;金堤河向北泄水的张秋闸恢复到1949年前的使用惯例,不泄汛期涝水,每年白露以后排泄金堤河积水,最大流量不超过20立方米每秒,该闸由黄委管理。

1964 年

【黄河第三届先进代表大会召开】 1 月 13 ~ 23 日,黄委和中国水利电力工会黄河委员会在郑州召开黄河第三届先进集体与先进生产者代表大会,出席会议的代表 190 多人。中共河南省委书记杨珏、河南省总工会副主席姚策、黄委主任王化云等参加会议并讲话。会议表彰了先进单位和先进人物,通过了告全河职工书,并按业务系统分别提出了倡议。

【黄委治黄工作会议召开】 2 月 19 日,黄委治黄工作会议在郑州召开。会议明确和布置了近期和 1964 年的治黄任务。河南省委书记杨珏出席会议并讲话。

黄河下游近期治理主要任务为:继续培修大堤,力争两个冬春完成下游培堤整险计划,使下游防洪能力达到防御花园口洪峰流量 22000 立方米每秒的水平。同时完成东平湖续建工程、北金堤滞洪工程,以防御更大的洪水,确保黄河不决口、不改道。积极研究改进堤坝的修筑方法,消灭堤身隐患,解决堤基渗流问题,继续提高堤防抗洪能力。在总结下游已建河道整治工程经验的基础上,选择适当河段进行重点整治,稳定河势,减少游荡,以利防洪排沙。有计划地兴办放淤工程,巩固堤防,改良下游两岸盐碱沙荒洼地,发展农业生产。

【开封转运站建立】 2 月 26 日,报请河南省人委批准,河南河务局建立开封转运站,编制 8 人,主要负责开封至柳园口小铁路的石料转运工作。

【推广拖拉机碾压修堤】 3 月 4 日,黄委提出在复堤中推广拖拉机碾压的意见,要求复堤中凡有条件的,均应大力推广。9 月,黄委制定《黄河下游修堤土方工程拖拉机碾压试行办法》,翌年 2 月 27 日颁发执行。黄河下游复堤土方工程使用拖拉机碾压始于 1963 年。

【三门峡水电站第一台机组发电】 3 月 5 日,三门峡水电站原设计安装的第一台 15 万千瓦水轮发电机组发电。不久因水流含沙量太高,机组损坏,于 5 月 1 日停止运用。该机组随即移往丹江口水电站。

【引黄涵闸新规定出台】 3 月 19 日,河南省水利厅与河南河务局发出《关于引黄涵闸有关用水和闸门启闭的联合通知》,要求各地凡需引黄河水放淤、灌溉和城市工业用水者,应编造年度、季度用水计划,报水利厅批准,闸门启闭由河南河务局根据批准文件,通知各涵闸管理单位按计划供水。未经批准用水计划的,各引黄涵闸管理单位,不得擅自开闸放水。

【《黄河埽工》出版】　3月,黄委组织编写的《黄河埽工》一书由中国工业出版社出版。该书详细介绍了修埽的材料、方法和埽工的应用及改进。

【东坝头控导工程开工兴建】　4月5日,东坝头控导工程开工,11月30日竣工。计完成丁坝6道,土方43.13万立方米、石料6.8万立方米。8月7日,在工程基本完成时发生大险,抢险至11月10日,用石3万立方米。

【王化云向邓小平汇报工作】　4月中旬,黄委主任王化云在西安向中共中央总书记、代总理邓小平(当时周总理正出访非洲,由邓小平代理总理职务)汇报以拦泥工程解决三门峡库区淤积问题。

【险工根石探摸现场会在开封召开】　4月27～30日,河南河务局在开封修防段大马庄召开了根石探摸现场会。开封修防段用船、竹筏、钢锥等工具探摸险工坝垛根石,通过探摸断面资料对比分析,发现根石存在上陡下缓中间凹的普遍规律。同时发现水缓处的根石顶面存在一层淤沙层,它使枯水整险的石料抛不到根石面上,需要深水整险一次抛石到位,对中间凹部分应重点补铅丝笼以防走失。此后,河南河务局又制定了险工根石探摸办法,推广了这一经验。

【河南省人委颁发防汛工作方案】　5月20日,河南省人委发出《关于颁发1964年防汛工作方案的通知》,要求在汛前做好河道修复、水库度汛、拆除阻水工程等工作;建立健全各级防汛指挥机构,在汛前对河道堤防普遍进行一次维修,积极筹措防汛料物,确保防汛胜利。

【部署石头庄溢洪堰分洪工程汛前准备工作】　5月27日,河南河务局发出《关于汛前做好石头庄溢洪堰分洪工程准备工作的通知》,要求汛前做好以下工作:

　　(1)石头庄溢洪堰控制堤全部削低至高程69.00米(大沽),即超出花园口站22000立方米每秒洪水时,围堰顶宽削为10米,边坡1:3,并将爆破口门处预先削为顶宽5米,边坡1:3。

　　(2)整修石头庄溢洪堰堰面及下游导水堤。

　　(3)清除行洪障碍。

　　(4)堵复张庄闸下游临黄堤上退水口门,以防倒灌。

　　(5)备石料1万立方米,铅丝40吨,以防口门向两侧扩大。另外,张庄闸备石料5000立方米,铅丝15吨。

【河南省人委召开北金堤滞洪工作会议】　5月27日,河南省人委在郑州召开北金堤滞洪工作会议,研究讨论《北金堤滞洪区工作方案》《黄河滞洪区迁移、安置和赔偿救济工作意见》等。黄委主任王化云、河南河务局局长刘希骞及有关地、县和部门负责人参加了会议。会议结束后,河南河务局组织力量进行查勘,规划设计,着手滞洪区恢复工作。

【引黄涵闸和虹吸工程引水审批办法颁发】　6月8日,黄委颁发《关于黄河下游引黄涵闸和虹吸工程引水审批办法(试行)》,要求已停用的引黄涵闸,如需恢复使用时,使用单位应向涵闸管理机构提出经其上级地方政府批准的恢复使用设计方案和用水计划,经河务局审查并转报黄委同意后,方准动用;已停止使用的虹吸工程,如需动用时,应由使用单位向虹吸工程管理机构提出申请书,报请河务局同意后,方准动用,并报黄委备查;经批准动用的涵闸和虹吸工程,引水运用时,均应按照正在使用的引黄涵闸和虹吸工程的规定执行。

【国务院召开黄河防汛会议】　6月10日,国务院副总理谭震林在北京主持召开黄河防汛会议。水电部副部长刘澜波、钱正英,河南省委第一书记兼黄河防总总指挥刘建勋,陕西、山西、山东及黄委负责人参加了会议。会上听取了黄委主任王化云关于黄河防总1964年黄河防汛工作意见的说明,并进行讨论,原则上通过这个文件。会议确定黄河防洪任务,仍以防御花园口站洪峰流量22000立方米每秒洪水为目标,保证黄河不决口。

【河南河务局拟订生产堤运用方案】　6月30日,河南河务局拟订了《1964年黄河滩区生产堤运用方案》,要点如下:

(1)生产堤以防御花园口站流量10000立方米每秒为标准。当花园口站流量在10000立方米每秒以下时,应组织群众进行防守,保护滩区农业生产;当花园口站流量超过10000立方米每秒时,必须坚决破除生产堤,以利排洪。

(2)按黄委生产堤预留口门计划,东坝头以下河南段需预留口门24处,各生产堤口门,除临河留一子埝(顶宽不大于2米,顶部高程超出设计水位0.3米)外,多余部分按设计要求全部削除。

(3)一旦需要开放生产堤时,必须在接到通知8小时内破堤过水,同时应做好滩区群众的迁安工作,保证人畜安全,财产少受损失。

【三门峡水库人造洪峰试验结束】　6月30日,三门峡水库人造洪峰试验结束。试验从1963年11月1日开始,历时8个月,分两次进行。该试验主要是鉴于三门峡水库全部改建工程一旦付诸实施,黄河下游河道的淤积将趋于一致,旨在通过人造洪峰,寻求冲刷下游河道的途径。

试验结果,花园口以上河段淤积泥沙3300万吨,花园口以下冲刷泥沙3600万吨,下游河道仅冲刷泥沙300万吨,且局部河段发生塌滩现象,以致老险工脱河,新险增多,而花园口以上河段由于淤积严重,主槽淤浅,水流散乱。

【原武管理段划归新乡修防处】 7月18日,河南河务局决定将花园口枢纽工程管理处原武管理段划归新乡修防处。

【广花铁路专用线路移交郑州铁路局管理】 7月18日,河南河务局将所辖的广花铁路专用线无偿移交给郑州铁路局管理。移交后,郑州铁路局仍须保证黄河防汛用料运输,原河南河务局车站人员改为花园口石料转运站,隶属河南河务局。

【花园口站出现9430立方米每秒洪峰】 7月28日,花园口站发生9430立方米每秒的洪峰,同日伊洛河黑石关站和沁河小董站分别出现2900立方米每秒和1600立方米每秒洪峰。由于河道冲刷,引起塌滩剧烈,两岸工程出险多而危急,共有22处工程、126个坝垛出险552次,其中以花园口枢纽溢洪堰及大坝口门南裹头、花园口、青庄险工、府君寺、贯台、周营、常堤、东坝头控导工程等出险较为严重。府君寺、东坝头、贯台、周营控导工程抢险达67~195天之久。在抗洪抢险期间,全省组织防汛队伍34万人,备柳料1715万公斤,及时抢护出险工程,取得防汛的胜利。

汛期,三门峡水库库区淤积泥沙19.5亿吨,出现"翘尾巴"现象。花园口站输沙量虽较常年偏多,但水量较大,下游河道处于冲刷状态,花园口至孙口河道冲刷3.3亿吨。

【滞洪机构恢复】 7月30日,河南省人委批复同意安阳专署《关于恢复滞洪机构增加编制的请示》,恢复长垣、滑县、濮阳、范县滞洪机构。专、县均称滞洪办公室,滞洪任务大的区、公社配备专职滞洪助理员,编制共111人,所需经费由治黄事业费供给。

【河南省防指检查引黄涵闸】 7月,河南省防指对河南引黄涵闸闸门和启闭设备进行全面检查。对已围堵的涵闸,重点检查了围堵工程。

【开封韦滩控导工程被冲毁】 花园口站洪峰流量9430立方米每秒过后,由于中水流量(5000立方米每秒左右)持续近10日,韦滩工程上首滩岸剧烈坍塌,工程被抄后路。该工程出险后,河南河务局会同黄委派出检查组于 8 月 7 日赴工地检查指导抢护工作,与开封修防处、段负责人交换意见后,认为该工程防守困难,防守投资远大于工程投资,建议不予固守。河南河务局报请黄委批准停止防守,8 月底工程塌入河内。

【花园口枢纽溢洪堰被冲坏】 8 月 7 日,花园口枢纽溢洪堰部分被冲坏。黄委报请水电部及河南省人委同意,对溢洪堰破坏部分不予抢护,对溢洪堰北裹头及大坝口门南裹头加强守护。10 月,大坝口门南裹头受大河顶冲,连出大险,经奋力抢护,转危为安。

【水电部研讨黄河综合利用规划】 8 月,水电部召集鲁、豫、皖、苏、晋 5 省及黄委有关负责人在北戴河研讨 1955 年拟定的黄河综合利用规划和已投入运用的三门峡工程。黄委在会上提出《关于近期治黄意见的报告(讨论稿)》。会议经过反复研讨与争论,归纳了 7 条统一意见:

(1)原规划拟定的水土保持方向和主要措施是正确的,但对于治理速度和拦泥效益的估计偏于乐观。

(2)原规划选定的支流拦泥水库多半是口小肚大,要淹没大片稳产高产的川台地。在西北地区用淹没大量粮田换取库容的办法是不适宜的。

(3)综合利用、梯级开发的原则,对于黄河上游基本上是正确的。对于泥沙最多的晋、陕间干流河段,也一律综合利用、梯级开发,很少注意拦泥是不适当的。

(4)对三门峡水库的淤积速度和淤积位置以及渭、北洛河下游的影响缺乏详细的研究,库区末端"翘尾巴"现象和后果是原先没有估计到的。

(5)原规划拟定的在多沙支流上修建拦泥水库来配合水土保持减少三门峡入库泥沙,这一指导思想是符合黄河情况的。但原来选定的"五大五小"拦泥水库控制面积小,工程分散,离三门峡远,即使如期完成也不能有效地解决问题。

(6)对黄河水少沙多的特点,以及平原地区盐碱化问题的认识不足。

(7)1958 年以来干流工程的修建,在进度和规模上超越了原规划的指标,发生一些问题,特别是下游修建花园口、位山、泺口、王旺庄拦河枢纽,对防洪排沙十分不利,并造成很大浪费,但东平湖水库仍有很大作用。

【黄河号首批机动拖轮开航】 9 月 1 日,由交通部船舶工业设计院设计,哈尔滨江北船舶修造厂制造的黄河号首批机动拖轮在花园口开航。这批机动拖轮包括 270 马力的钢质机动拖轮 2 艘和载重 80 吨的甲板铁驳船 10 只。

【国务院调整金堤河地区行政区划】　9月9日,国务院国内字〔1964〕第421号文件批示山东、河南两省金堤河地区按下列内容调整行政区划:

(1)将山东省范县、寿张两县金堤以南和范县县城附近地区划归河南省领导。具体省界划法:山东省寿张县所属跨金堤两侧的斗虎店等13个村庄划归河南。

(2)将山东省范县划归河南省,范县所属金堤以北除范县县城及金村、张夫两村以外的地区划归山东莘县。

随着行政区划的调整,黄委将原属山东的范县、寿张两修防段交由河南河务局管辖,确定原范县修防段为范县第一修防段,原寿张修防段为范县第二修防段,隶属安阳修防处。

【石头庄溢洪堰管理机构恢复】　9月26日,恢复石头庄溢洪堰管理机构,名称为"河南黄河河务局石头庄溢洪堰管理段",隶属安阳修防处。

【整顿、更新全河水文基本设施】　9月,黄河33个水文站的过河缆改建和新建工程(其中黄河干流站有石嘴山、龙门、三门峡、小浪底、泺口5站)完成。过河缆支架形式,除泺口、黑石关、石嘴山、杨家坪为钢结构外,其余大部分站更新为钢管支柱(12处)或砌石支柱(11处),另建大小测船9只、钢质升降缆车10只、铁水力绞关9部,提高了测洪能力与测报精度。

【水电部组织黄河下游查勘】　10月6~24日,水电部、黄委及河南、山东河务局组成工作组,自孟津至海口,对黄河下游河道、堤防、河口及滞洪区进行了查勘。工作组听取了各方面的情况介绍和治黄意见,对下游防洪问题提出6种措施,拟提交北京治黄会议讨论。

【引黄放淤稻改在花园口试验成功】　10月,河南省农委组织科研部门,在郑州北郊花园口沙碱地上试验引黄种稻1041亩,其中插秧360亩、旱播681亩。秋季试验田获得丰收,平均每亩单产257.5公斤。同时,开封郊区群众利用黑岗口闸门试验种小片水稻,也获得了亩产250~300公斤的大丰收。引黄放淤稻改试验成功后,河南省成立引黄淤灌稻改办公室,有计划地进行推广,为改变沿黄盐碱沙荒地区的贫困面貌起了示范作用。

【周恩来在北京主持召开治黄会议】　12月5~18日,国务院为三门峡工程改建问题在北京召开治理黄河会议。周恩来总理主持会议,并对三门峡工程改建及黄河治理等问题作了重要指示,提出"总的战略是要把黄河治理好,把水、土结合起来解决,使水土资源在黄河上中下游都发挥作用,让黄河成为一条有利于生产的河"。

　　参加这次会议的共 100 余人,有中央有关部委和有关省(区)的负责人,有张含英、汪胡桢、黄万里、张光斗等水利界知名专家,有长期研究黄河、从事治黄工作的科技人员。黄委主任王化云代表黄委在会上作了《关于近期治黄意见》的汇报。

　　会上以三门峡改建为中心,形成各种治黄思想的大交流与大争论,使这次会议成为当代治黄史上一次重要的会议。

　　会议决定,为有利于泄流排沙,批准三门峡工程"两洞四管"改建方案,即在左岸增建两条泄流排沙隧洞,改建坝身 4 条发电引水钢管为泄流排沙钢管,在坝前水位 315 米时下泄流量 6000 立方米每秒。

【《沁河 20 年与百年一遇洪水推演成果说明》印发】　12 月 11 日,河南河务局印发《沁河 20 年与百年一遇洪水推演成果说明》。为了给沁河防洪和修建工程提供依据,河南河务局对沁河河道近几年来的冲淤情况、小董站 20 年与百年一遇洪水沿程水位状况、沁阳公路桥以上沁北自然滞洪区的削洪作用、丹河最大排洪能力等作了分析计算。

【河南河务局在安徽肖县建立石料采运站】　12 月中旬,河南河务局在安徽省肖县建立石料采运站,编制 17 人。石料开采由肖县协助采运站就地组织群众,采用亦工亦农的方式生产石料。

【河南河务局发出防凌工作通知】　12 月 28 日,河南河务局发出《关于切实作好防凌工作的通知》,要求各地加强领导,并以修防部门为主,成立防凌指挥部或办公室,负责防凌工作;濮阳、范县、兰考等县修防段,除加强临黄大堤、险工防守外,还要做好滩区必要的迁移安置工作;做好防凌观测工作,除黄委规定的报凌站外,再增设柳园口、东坝头、石头庄、花园口大坝口门、青庄等 12 处凌汛观测辅助站。各观测站从 1965 年 1 月 1 日开始,每日 8 时测报一次,在发生寒流、封河、阻水、壅水和漫滩等重大变化时,每隔 4 小时加报一次。

【偃师、巩县石料采购站建立】　12 月,河南河务局在偃师、巩县建立石料采购站,编制分别为 7 人与 10 人。负责组织民工利用农闲时间,开采运输石料,以供黄河修防使用。

1965 年

【中共河南河务局政治部建立】 1 月 15 日,"中共黄河水利委员会河南河务局政治部"成立,下设办公室、组织处、宣传处、干部处。同时撤销河南河务局人事处,建立人事科,管理劳动工资、职工福利和业余教育、安全劳动保护等工作,由局办公室领导。

安阳、新乡、开封黄河修防处和局直机关建立政治处,郑州修防处设政治教导员,各修防段和局属各基层单位设政治指导员。

各级治黄政治工作机构管理所属单位的思想政治工作,受同级党分组(党委)的委托,领导(代管)工会、共青团的工作。

【水电部提出金堤河治理工程意见】 1 月 15 日,水电部提出《关于河南省金堤河治理工程安排意见》。根据国务院历次对金堤河问题的批示,明确规划原则如下:

(1)在不影响黄河下游和金堤安全的前提下,金堤河应尽可能争取入黄,入黄流量可利用张庄闸控制。

(2)除白马坡、金堤二级水库(均在五爷庙以上)等 4 处利用洼碱地滞蓄外,其余来水尽量自流入黄,当黄河顶托时,在寿张下游三角地带集中滞蓄。

(3)近期治理标准可按 3 年一遇除涝,20 年一遇防洪考虑。

(4)红旗总干渠以西原金堤河流域的 1000 平方公里地区,汛期洪涝仍由金堤河入黄。

(5)金堤向北泄水的张秋闸,恢复 1949 年前的使用惯例,不泄汛期涝水,白露以后排泄金堤河积水,最大流量不超过 20 立方米每秒。

金堤河自本年开始干流河道疏浚,到 1970 年完成五爷庙至道期 43 公里、古城至梁庙 27 公里,并修筑了古城至张庄的南北小堤 72 公里,开挖了耿庄至张庄的子槽,修建桥梁 49 座,涵洞 11 座,共做土方 3500 万立方米,投资 1760 万元,提高了金堤河的排洪能力,初步解除金堤河流域的涝灾,为引黄灌溉退水创造了条件。

【三门峡水库改建工程"两洞四管"动工】 1 月,国家计委、水电部根据国务院总理周恩来指示精神,批准"两洞四管"改建方案,并责成施工单位立即施工。"两洞"即在大坝左岸增挖两条隧洞,洞长分别为 393.883 米及 514.469 米,当进水口水位 310 米时,每条隧洞下泄流量 1140 立方米每秒。"四管"系指电站左侧 4 条发电引水钢管改为泄流排沙钢管,当进水口水位 310 米时,每条钢管泄流 192 立方米每秒。

隧洞于 1964 年 11 月动工,1 号洞在 1967 年 8 月 12 日运用,2 号洞在 1968 年 8 月 16 日运用,整个工程于 1971 年竣工。四管于本年 1 月动工,1966 年 5 月竣工,汛期运用。

【河南河务局机构编制调整】 2 月 23 日,河南河务局在全局定员 2106 人的原编制内进行调整。按调整计划,全局政治工作人员 84 名,行政工作人员 432 人,技术工作人员 175 人,财务工作人员 84 人,医务工作人员 11 人,工人 1151 人,警卫勤杂 128 人。

【春修工程全面开工】 3 月,春修工程全面开工。河南黄、沁河计划修堤土方 206 万立方米,整险、河道整治石方 10.9 万立方米,植树 286 万株。春修工程期间,各地动员民工 1.5 万人上堤,出动拖拉机 25 台,胶轮车、架子车万余辆,硪 120 盘。在推广拖拉机碾压的基础上,重点试验了机械牵引爬坡、硬化路面等新技术、新方法。同时,加强施工管理,自愿包工,按劳取酬,于汛前全部完成。

【编制黄河治理规划】 3 月,根据周恩来总理在 1964 年 12 月北京治黄会议上的指示精神,水电部决定由钱正英、张含英、林一山、王化云组成 4 人小组,领导编制黄河治理规划。下设 13 人规划小组,王雅波为规划小组组长,谢家泽、张瑞瑾为副组长,成员有郝步荣、刘善建、王源、王咸成、钱宁、叶永毅、顾文书、张振邦、温善章、李驾三等。本月临时规划办公室在郑州成立,下设 6 个工作组,即综合组(6 人)、基本资料组(40 余人)、水文泥沙组(45 人)、下游大放淤组(30 人)、下游组(30 余人)、中游组(80 余人),共约 250 人。南京大学地理系师生 40 余人协助进行粗沙来源调查。各组按照各自的规划方案进行工作,分别到三门峡库区、陕北和晋西北的黄河支流及黄河下游进行查勘并收集资料。下游大放淤组选择了两处试点进行调查,在山东梁山县修了陈垓引黄闸,做了渠道衬砌设施。中游组调查了渭河下游及陕北、晋西北群众用洪用沙经验,查勘了支流拦泥库坝址,研究了拦泥库开发方案。下游组进行了河道整治、堤防培修与东平湖分洪、滞洪等有关黄河下游综合治理规划。本年 10 月黄委开始"四清运动",黄河治理规划中断。

【探摸研究险工根石走失规律】　4月,黄委组织春修整险工作组,选择花园口、申庄、九堡、黑岗口、柳园口、府君寺、东坝头等工程116个坝垛和76段护岸,对根石的深度、宽度、坡度、断面形态及分布现状进行了探摸。同时,结合调查统计资料,分析研究水下根石走失的规律。

【《黄河下游河床演变》出版】　4月,钱宁、周文浩合著的《黄河下游河床演变》由科学出版社出版。该书是在系统分析黄河水文和河道资料,并参阅考证有关历史文献的基础上写成的。全书共分8章。书中还综合分析了游荡性河流的成因、游荡性指标及多沙河床的演变特点。

【黄(沁)河险工坝垛鉴定卡片建立】　5月24日,河南河务局制定3种险工坝垛鉴定卡片,要求逐年填写。该卡反映险工修建年代,新修、整修、抢险3种用料情况,着河情况,根石深度,河床土质,洪水位等情况。卡片分3张,一为综合全段或全处险工情况汇总卡,二为每处险工坝垛变动用料数量汇集卡,三为每个坝垛的各部位情况卡。

【张庄入黄闸竣工验收】　5月30日至6月30日,张庄入黄闸竣工验收。该闸位于范县金堤河入黄口,兴建于1963年3月。工程的主要作用为排涝挡黄,排涝流量按270立方米每秒设计,挡黄设计水头差7米。当黄河遭遇稀有洪水须在石头庄分洪时,张庄闸兼作北金堤滞洪区分洪入黄的出口,最大洪水流量1000立方米每秒。

【引黄涵闸供水水费征收办法印发】　6月3日,河南河务局印发《河南省引黄涵闸水费征收试行办法》。水费征收标准:工业用水2～2.5厘每立方米,城市生活用水1.5厘每立方米,水产和城市洗污1厘每立方米,农业用水暂不征收。水费收入全部上缴国家。

【国务院同意1965年黄河防汛工作安排】　6月3日,国务院同意水电部《关于1965年黄河防汛工作安排的报告》。水电部对本年防御各类洪水的安排,原则上仍按照1964年中央召开的黄河防汛会议上所作决议办理,即艾山下泄流量仍按10000立方米每秒进行控制,但由于河槽刷深,东平湖进水能力降低,艾山下泄流量有可能超过10000立方米每秒,部署防汛工作按艾山下泄11000立方米每秒进行准备。

　　1964年原安排当花园口站发生22000立方米每秒洪水时,如果向东平湖分洪分不到6000立方米每秒,则利用北金堤滞洪区下端倒灌1000～2000立方米每秒(包括张庄及临时扒堤倒灌)。至于北金堤滞洪区使用标准,由黄河防总根据汛期出现的情况具体掌握。

【《河南省 1965 年黄河防汛工作方案》印发】　6 月 5 日,河南省人委印发《河南省 1965 年黄河防汛工作方案》,黄河防汛仍以防御花园口站流量 20000 立方米每秒为目标。当黄河发生超过 22000 立方米每秒洪水时,运用北金堤滞洪区分滞洪水,使孙口流量不超过 17000 立方米每秒。

【《堤防隐患处理试行技术规范》初稿编成】　6 月 10 日,黄委主持编写的《堤防隐患处理试行规范》(初稿)完成。该规范是受水电部的委托而开展的。参与编写的单位有广东、辽宁、江西、河北、安徽省水利厅及湖北荆江修防处等。编写前,各单位进行了专题总结,收集了有关资料,黄委草拟了规范讨论稿。5 月 31 日,各单位选派熟悉该项工作的技术干部到黄委进行编写。河南河务局重点总结了锥探和抽水泅堤方面的经验。

【黄河防汛会议召开】　6 月 15 日,黄河防汛会议在郑州召开。会议认真贯彻国务院批准的《关于 1965 年黄河防汛工作安排的报告》,并通过了黄河防总《关于 1965 年防汛工作中的几个具体问题的意见》。

【国务院批复同意建设北金堤滞洪区避水工程】　1963 年国务院决定在黄河发生特大洪水时,使用北金堤滞洪区分滞洪水。1964 年在滞洪区内恢复了一些围村埝、避水台工程,但数量很少,多数村庄无避水工程。为此,本年 6 月河南省人委向国务院报送了《关于建设北金堤滞洪区避水工程设施等问题的请示》。6 月 29 日,国务院批复同意建设北金堤滞洪区避水工程设施,避水台按每人 5 平方米修建,土方单价按每立方米补助 0.3 元计算,投资 551 万元;滞洪区其他建设投资 76.5 万元,全部工程和设施在 3 年内分期完成。

【天然文岩渠整治工程第一期工程竣工】　天然文岩渠为黄河支流,起源于武陟张菜园,至濮阳三合村入黄,是河南省北岸主要排水河道之一,流域总面积 2514 平方公里。天然文岩渠整治工程按 5 年一遇除涝标准和 10 年一遇防洪标准设计,分两期施工。第一期工程按 3 年一遇除涝标准、10 年一遇防洪标准施工。经过 1963 年春至 1965 年春组织 6 个县 12 万人的施工,6 月完成第一期工程,整治干流 166.9 公里,完成河道疏浚、培修堤防等土方 1590.8 万立方米,投资 1501.83 万元。

【河南省防指部署防汛工作】　7 月 12 日,河南省防指主要领导成员举行会议,研究黄河防汛工作。会议指出:由于前段全力进行抗旱,黄河防汛未能充分准备,现雨区已移至黄河流域,据预报本月中、下旬雨量较大,因此防汛准备工作必须迅速做好,争取主动。次日,河南省黄河防汛办公室召开沿河各修防部门与有关单位负责人参加的电话会议,进行了部署,并发出《立即行动起来迅速作好黄河防汛准备工作的指示》。要求沿河各地在加强秋田管理的同时,立即把工作中心转移到防汛方面来,采取措施,在短时间内突击做好防汛与滞洪准备工作。

【国务院批准利用渠村闸进行引黄放淤试验】　8月2日,国务院批复同意利用渠村闸进行放淤试验,面积3300亩。本年放淤一次到两次,每次引水总量不超过150万立方米,由于退水出路不好,采取静水放淤,控制退水,避免给下游造成不利影响,对淤区内群众生活、生产、房屋、安全和交通等问题妥善安排。

【抽水洇堤试验座谈会召开】　上半年,中牟赵口、兰考四明堂、原阳筐张进行了抽水洇堤试验。为总结经验,河南河务局于8月3日在郑州召开抽水洇堤实验座谈会。对抽水洇堤的标准、施工、效果、经济合理性及存在问题进行了讨论。根据3处洇堤结果,认为抽水洇堤可以发现漏洞隐患,提高堤身密实度,但也存在引起堤防沉陷和局部裂缝及投资较大等问题,有待进一步试验研究。

【清除石头庄溢洪堰前分洪障碍】　8月上旬,清除石头庄溢洪堰附近分洪障碍和堵复张庄排涝口门等7项工程全部完成。计破除王辛庄生产堤2600米,削除杨坝连坝680米,马占副坝平除口门3个,平除红旗一、二干渠共长1000米,清除马占串沟废土,加修了南丁坝、南导水堤,堵复了张庄闸北排涝口门。

【黄河修防工人列为特别繁重体力劳动工种】　8月21日,劳动部以[1965]中劳动护字第62号文批复同意黄河修防工人列为特别繁重体力劳动工种。黄河修防工人担负黄河修防任务,常年在大汛、凌汛期间进行抢险堵漏、搂厢、抛石、抛枕、抛笼,非汛期进行锥探根石、砌石、扣石、整修石坝等繁重劳动,消耗体力较大,劳动条件艰苦,且有一定危险性。根据这一情况,黄委提出将修防工人列为繁重体力劳动工种,经水电部报国家劳动部得到批复。

【黄委组织检查修堤整险计划执行情况】　8月,黄委组织检查组,有山东、河南两河务局及两省建设银行参加,对黄河下游5年(1963～1967年)计划执行情况进行全面检查。检查重点以土石方工程数量、工程标准和投资完成情况,以及今冬和明春各项工程的初步安排为主,并结合了解其他工程完成情况。检查以修防处为单位,并重点了解一些修防段。通过检查,发现执行计划、财务制度方面的一些问题,黄委责成河南、山东两河务局进行处理。

【河南省沿黄稻改工作全面展开】 9月24日,河南省农委组织沿黄各市、县及省直单位共13人沿黄河先后考察了郑州市郊区、中牟、开封市郊区及山东菏泽、梁山、历城等县的引黄稻改区。10月5日,在郑州召开河南省稻改工作座谈会,郑州、开封两市和开封地区,以及中牟、封丘、濮阳、范县、开封县派人参加。会议讨论了《河南省沿黄地区稻改工作规划(草案)》,规划1966年全省引黄稻改发展12万~15万亩,1970年发展到120万~150万亩。

不久,河南省引黄种稻委员会成立,在河南河务局设立引黄种稻办公室。沿黄有关县(市)也成立引黄种稻领导机构。根据河南省委提出的"积极慎重"的原则,建立试点,有计划地发展引黄种稻。同时,对试点给予优良品种、化肥指标等优惠条件。

【河南河务局党分组成员调整】 10月18日,经河南省委批准,河南河务局党分组由刘希骞、田绍松、孟晓东、刘乃武、孔甡光组成,刘希骞任书记,田绍松任副书记。

【黄委颁发职工劳保用品发放使用管理办法】 10月26日,黄委颁发《所属单位职工劳动保护用品发放使用管理试行办法》,对黄河地质勘探、地形测量、水文测验、黄河修防及闸坝管理等单位计61个不同工种制定了所需配备的劳动保护用品和使用管理办法。

【封丘辛店险工抢险】 11月初,辛店险工一、二、三坝,因坝裆距过大,受大溜顶冲,河岸剧烈坍塌,先后出险38次。经新乡修防处与封丘县组织人力、料物积极抢护,抢修新垛6个,稳住了险情。抢险共用石料4763立方米,柳枝51.8万公斤。抢险期间,大河流量为1300立方米每秒左右。

【引沁济蟒总干渠动工兴建】 12月10日,引沁济蟒总干渠一期工程破土动工。一期工程渠首位于济源紫柏滩村沁河右岸,干渠全长30.35公里,由济源县组织兴建,1966年7月12日竣工通水,可灌溉耕地10万亩。总干渠二期工程于1966年8月1日开工,1969年6月1日竣工。渠道由济源蟒河口西侧起,到孟县槐树口止,全长82.77公里,设计引水流量20立方米每秒,灌溉面积40万亩。1971年后又进行引沁济蟒蓄灌工程总干渠扩建和灌区配套工程。1990年8月,经河南省计划经济委员会批准,灌区规模确定为设计灌溉面积40万亩,总干渠设计流量23立方米每秒。

【国务院批准运用三门峡水库配合防凌】　为确保黄河下游防凌安全,水电部在向国务院的报告中提到,必要时还要考虑三门峡水库适时关闸蓄水防凌。按严重情况关闸 30 天考虑,需要库容 13.7 亿立方米,相应水位不超过 326 米。

　　12 月 20 日,国务院国农办字[1965]第 426 号文件批示:国务院同意水电部《关于黄河下游防凌问题的报告》。对运用三门峡水库配合防凌关闸蓄水问题,责成水电部密切注意,严格控制。在确保防凌安全的原则下,尽量压低蓄水位和缩短蓄水时间,力争避免或减少因水库关闸蓄水所引起的不利影响。

【河南省防指总结 1965 年防汛工作】　12 月 28 日,河南省防指作出《1965 年防汛工作总结》。本年汛期,黄河水少沙少,汛期花园口站总水量 165 亿立方米,比多年同期平均值偏小 40.32%。7 月 22 日,花园口站最大洪峰流量为 6440 立方米每秒。伊洛河黑石关 7 月 22 日发生最大流量 2920 立方米每秒;沁河流域旱情严重,由于抗旱用水,小董站断流 53 天,平时流量只有 8 立方米每秒左右,7 月 23 日出现最大流量 124 立方米每秒。全年共有 15 处工程(包括沁河)66 道坝垛护岸出险 160 次,抢险用石料1.6万立方米。

【河南黄河河道逐渐回淤】　三门峡水库蓄水运用以来的几年间,下游河道一度呈现冲刷状态。1961 年冲刷 8.02 亿吨,1962 年冲刷 3.78 亿吨,1963 年冲刷 3.17 亿吨,1964 年 10 月以前冲刷 4.6 亿吨,从 1964 年 11 月起下游河道开始回淤,至本年 12 月底,黄河下游河道共淤 6.03 亿吨,多淤在河槽中。

【黄河下游堤防完成第二次大培修】　三门峡工程建成前后,曾一度放松了下游修防工作,防洪能力有所下降。三门峡水库由"蓄水拦沙"改为"滞洪排沙"运用以后,为继续加强防洪工程,从 1962 年冬至本年底历经 4 年进行了黄河下游堤防的第二次大培修。

　　这次工程主要以防御花园口站洪峰流量 22000 立方米每秒为目标,按照 1957 年的堤防标准,培修临黄大堤和北金堤 580 公里,整修补残堤段 1000 公里,一些比较薄弱的险工坝岸工程也进行了重点加固,共完成土石方 6000 万立方米,实用工日 3721.99 万个,投资 8146.19 万元。

1966 年

【黄委治黄工作会议召开】 1月28日,黄委在郑州召开治黄工作会议。会议总结了1965年治黄工作,研究确定了1966年工作重点,同时安排了上半年政治工作任务。

【黄委同意《沁河涵闸改建加固规划》】 2月9日,黄委对1965年12月河南河务局报送的《关于报送沁河涵闸改建加固规划的请示》作出批复,提出以下意见:

(1)同意以民办为主,国家适当补助。对规划中所列工程,可由黄委补助20万元,但物资供应及其余一切费用均由地方解决。

(2)对每处改建、接长、加固工程尚须作出具体设计,沁河北岸刘村闸以下大小涵闸均由黄委审批,刘村以上和沁河南岸刘村闸以下的由河南河务局审批,报黄委核备。

(3)工程标准,应按二级水工建筑物,防御小董站5000立方米每秒的设计标准进行设计。

(4)因各涵闸引水量很小,为了便利灌溉运用和防汛管理,凡有条件的,可考虑与地方研究,适当合并。

【开封县魏湾电灌站兴建】 3月3日,经黄委、河南河务局批准,在开封县魏湾大堤上兴建电灌站。该站从柳园口引黄闸引水,灌溉临河高滩地,当年建成。由于机电配套和运转费问题,未发挥效益。

【水电部对恢复引黄灌溉作出指示】 3月21日,水电部批转部工作组《关于山东省恢复和发展引黄灌溉问题的调查报告》,对恢复发展引黄作出指示:恢复和发展引黄灌溉应坚持"积极慎重"的方针。凡灌溉面积在20万亩以上的设计任务书,应报国家计委或水电部审批,特别重大的工程要报国务院审批;规划设计文件应由省农林办公室会同省河务局负责编制,征求黄委意见,经省人委审查后报水电部审批。灌溉面积在20万亩以下的工程,亦应征求黄委意见后由省审批。

恢复和新建涵闸及虹吸工程时,必须确保质量,并应由省河务局会同省农林办公室提出设计,报黄委审批,特别重大的或技术复杂的工程报水电部审批。

凡属黄河大堤上的引水工程,由黄委所属机构负责管理,灌区由省或专、县管理,注意解决泥沙问题,防止再次发生盐碱化。

【河南省人委对引黄灌溉问题作出批示】 3月25日,河南省人委批转水利厅《关于引黄灌溉的报告》。报告指出:去年秋天,河南沿黄地区发生较大旱灾,经批准全省有12处引黄工程投入了抗旱灌溉。据最近检查,发现不少地方没有接受过去引黄的教训,仍然利用排水河道节节打坝,引黄漫灌。凡漫灌地区,地下水位升高,出现返碱苗头。对此,河南省人委批示:绝不要因为抗旱重犯引黄灌溉引起土地盐碱化的教训,一定要做好渠系、田间配套工程,经常观察地下水位和土壤的变化情况,注意总结经验,改进工作。

【河南河务局工作会议召开】 4月1日,河南河务局工作会议在郑州召开。参加会议的有各修防处、政治处正副主任,各修防段(队、站)长、政治指导员,以及部分单位学习毛泽东主席著作积极分子、五好职工等共60余人。会议以突出政治为中心,强调政治统帅业务,并开展了"大鸣、大放"。在此基础上,讨论制定了1966年工作要点。

【中牟三刘寨引黄涵闸竣工放水】 5月5日,中牟三刘寨引黄涵闸竣工放水。为改造中牟县北部沿黄盐碱沙涝地区,河南省人委决定引黄种稻,修建三刘寨引黄工程。该工程主要建筑物230座,干支渠总长120余公里,计划种稻12万亩。三刘寨引黄渠首闸,系3孔钢筋混凝土箱式压力涵洞,设计引水25立方米每秒,于2月25日开工修建,5月1日基本建成。放水前,在工地召开了庆祝大会,河南省副省长彭笑千到会并讲话,黄委、长江流域规划办公室等派人出席庆祝大会。1989年改建。

【河南黄河系统开始"文化大革命"】 5月,全国"文化大革命"开始,河南黄河系统也相继开展"文化大革命"。8月,河南河务局成立了"文化大革命"领导小组,随后各单位出现了一些群众组织,局机关有"红色造反团"、"河南河务局造反司令部"等。汛后,河南河务局的工作中心是搞"文化大革命"运动。

【河南河务局提出防汛工作要点】 7月5日,河南省人委批转河南河务局《关于1966年黄(沁)河防汛工作要点》,要求各地抓紧做好防汛的一切准备工作,对堤防工程和引水涵闸普遍进行一次检查,落实防守措施,确保防汛胜利。

黄河下游防汛仍以防御花园口站20000立方米每秒洪水为目标。根据国务院批转水电部关于 1966 年黄河下游防汛的报告,当花园口站发生20000～22000 立方米每秒洪峰时,应充分利用东平湖及陆浑水库和北金堤滞洪区下端倒灌分洪。当花园口站流量超过 22000 立方米每秒洪峰时,再利用石头庄溢洪堰分洪。

【花园口枢纽工程管理处改为花园口枢纽管理段】 7 月 21 日,花园口枢纽工程管理处改为花园口枢纽管理段,并缩减编制,划归郑州修防处领导。

【石头庄溢洪堰架设特高频无线通信设备】 为了滞洪后保持石头庄与以下滞洪区的电信联系,经河南省人委批准,7 月,在石头庄溢洪堰至滞洪区内安设一套 4 路特高频无线电话。这是新中国成立后河南黄河安设的第一部无线通信设备。

【开封柳园口引黄闸动工兴建】 10 月 17 日,开封柳园口引黄闸动工兴建。该闸位于开封市北郊 9 公里黄河大堤上,系钢筋混凝土箱型涵洞,共 5孔,设计引水流量 40 立方米每秒,设计灌溉面积 19.7 万亩,投资74.70 万元。工程于 1967 年 6 月 4 日竣工,1981 年改建。

【三义寨渠首闸管理段等领导关系变动】 12 月 3 日,河南河务局发出通知,将三义寨引黄渠首闸管理段、黑岗口渠首闸管理段、花园口枢纽工程管理段分别划归开封、郑州修防处领导。兰坝铁路专用线车站、开封石料转运站、花园口石料转运站的业务工作,仍归河南河务局直接领导,其政治思想工作、干部管理(按职权范围)、基层工会组织、人事工作分别划归开封、郑州修防处领导。

【郑州岗李电灌站兴建】 本年,为解决郑州市供水问题,在东风渠渠首闸下游 600 米处,兴建电灌站 1 座,装机 11 组,提水 6.5 立方米每秒,通过 4级提水泵站,送水到柿园水厂。

1967 年

【黄河封冻至郑州铁桥以上】　自 1966 年 12 月 24 日封冻以来,至 1967 年 1 月 20 日,黄河由下而上封冻至荥阳孤柏嘴,全长约 610 公里,大部分河段水面全部封冻,最大冰厚达 0.35 米以上,夹河滩河段冰上行人 11 天。

三门峡水库自 1 月 20 日起关闸蓄水防凌,共关闸 28 天,蓄水 11.5 亿立方米,有效减轻了下游的防凌压力。

【引黄种稻委员会提出稻改工作意见】　4 月 9 日,引黄种稻委员会提出《关于 1967 年黄河两岸稻改工作意见》,指出:去年沿黄 7 县(市)在 6.7 万亩低洼盐碱地上改种水稻获得丰收,计划今年扩大稻改面积,增加到 10 县(市)20 万亩。要求各县(市)健全稻改领导班子,贯彻稻改工程的自力更生方针和负担政策,做好工程管理和用水管理,重视发挥外地来河南省支援稻改的农民技术员的作用,积极培育优良品种,抓好工程、面积、劳力、技术、种子、肥料、农药和农具的准备等。当年实际完成 14.1 万亩。

【国务院、中央军委发出防汛工作紧急指示】　4 月 20 日,国务院、中央军委发出《关于防汛工作的紧急指示》,要求各省(区)、市防汛指挥部应即由有关军区负责组织,有防汛任务的专、县防汛指挥部,分别由军分区和县人民武装部负责组织。黄河防汛总指挥部由河南省军区负责组织,并由济南军区、陕西省军分区分别指定一位负责人担任副指挥。对有关防汛工作,凡能抢得上的,应积极组织力量抢上去。汛前没有把握完成的分洪或引水工程,大堤不能扒开。防汛工程的检查落实工作,中央直属的由防汛指挥部负责,地方大型工程由省(区)、市防汛指挥部负责。

【河南省防汛抗旱农田水利建设会议召开】　5 月 13 日,河南省防汛抗旱农田水利建设会议在郑州召开。会议在省军区党委的领导下,由河南省抓革命促生产第一线指挥部主持召开。参加会议的有各军分区、专(市)抓革命促生产第一线指挥部的负责人和部分群众组织代表,以及黄河修防处及大型水库、主要河道管理单位负责人等,共 110 人。会议传达贯彻了国务院、中央军委关于防汛工作的紧急指示,通过了《河南省 1967 年黄(沁)河防汛工作方案》和《河南省 1967 年防汛工作方案》,确定黄河防汛标准为防御花园口站 22000 立方米每秒,保证不决口。沁河仍以防御小董站 4000

立方米每秒为标准。对超标准的更大洪水也必须做到有准备、有对策,确保黄河防洪安全。

【黄河防总发出支援抗旱抢种工作通知】 6月24日,黄河防总发出《支援抗旱抢种工作通知》,要求河南、山东两省及所属各专、县防汛机构,各黄河修防处、段,要把防汛准备和抗旱斗争紧密结合起来,充分利用涵闸虹吸引黄抗旱,坚持防汛、抗旱两不误,夺取抗旱、防汛双胜利。

【国务院、中央军委发出做好防汛工作通知】 6月25日,国务院、中央军委发出《关于保证做好防汛工作的通知》,要求:

(1)各防汛组织迅速建立健全起来,防汛职工必须坚守岗位做好工作,不得用任何借口擅离职守。

(2)水文站工作人员,必须按照规定及时向所有原受报单位发报水情、雨情,任何团体、个人都不能对测报工作进行干扰,不得对测报设备、水文资料进行破坏。

(3)任何团体和个人对堤防、水闸、水库等一切水利工程设施都有责任进行保护,不得用任何借口进行破坏。

(4)邮电部门对防汛、报汛的电报、电话要迅速传递,不得借故拖延。紧急情况时交通运输部门的车、船应服从防汛指挥机构统一调动。

(5)应积极筹措防汛料物,妥善保管,任何团体、个人不能擅自挪用。

【原阳韩董庄引黄闸建成】 7月1日,原阳韩董庄引黄闸建成。该闸于3月3日开工,系3孔钢筋混凝土涵洞,设计引水流量25立方米每秒,设计灌溉面积34.3万亩。1987年改建。

【黄委两个群众组织签订防汛6点协议】 7月7日,国务院总理周恩来担心"文化大革命"中的黄河度汛安全,指示水电部负责人召集黄委群众组织的代表到北京协商解决黄河安全度汛问题,并嘱水电部负责人转告:"不论在任何情况下,对黄河防洪问题都要一致起来,这个问题不能马虎"。

黄委两个群众组织的代表遵照周总理的指示集会北京,经过协商于7月7日签订了共同遵照执行的6点协议:

(1)立即将中央有关防汛指示,向黄委全体职工原原本本地传达,保证坚决贯彻执行。

(2)双方一致同意,黄河防汛办公室由王生源、张存舟、汪雨亭组织领导班子。办公室主任由王生源担任,负责办理黄河防汛工作,保证服从其正确领导。

　　(3)重申坚持贯彻7月5日《河南省各方赴京汇报团关于贯彻执行中央"六·二四"通知及周总理指示的协议书》。

　　(4)动员外单位群众立即撤离黄委,保证"四大民主"正常开展,迅速恢复正常的工作、生活秩序,不准打、抓、抄防汛人员,保证全体职工、家属人身安全。

　　(5)不准挪用防汛专用资金、器材、材料等,即使一件器材、一块石头、一堆土、一条麻袋、一根木头也不能动用,各方过去挪用的立即全部退还。

　　(6)此协议书自7月12日起生效。

　　各方严格要求自己,自觉遵守上述协议。当发生某些争议时,应相互协商解决。

【长垣石头庄引黄闸建成】　9月28日,长垣石头庄引黄闸建成。该闸于1月19日动工,系3孔混凝土厢形翻水涵洞,设计流量20立方米每秒,担负长垣县17万亩的淤灌任务。1991年改建。

【黄河下游部分滩地坍塌严重】　8~9月,山陕区间连降暴雨,龙门站先后出现17500立方米每秒和21000立方米每秒的洪峰,由于三门峡水库拦蓄,花园口站10月2日出现最大洪峰流量为7280立方米每秒。汛期河势变化较大。因花园口枢纽拦河坝南裹头挑溜,主流直趋原阳马庄,使60年未靠河的马庄村危在旦夕。河出马庄后直抵南岸赵兰庄,大堤被逼,抢修6道坝。河势的急剧变化,致使部分老险工脱河,平工段出险,共有23处老险工、4处堤防(赵兰庄、辛集店、影堂、旧城)、4处控导护滩工程、228道坝垛出险312坝次,抢险用石8.5万立方米,柳864万公斤,铅丝65.8吨。受河势变化的影响,滩地坍塌比较严重,原阳张恒庄、长垣杜寨、范县陈庄塌入河内,另有原阳赵厂、郑州赵兰庄等6个村庄部分塌入河内,共塌滩地16万亩。

【封丘于店引黄闸建成】　10月8日,封丘于店引黄闸建成。该闸于5月8日开工,为单孔钢筋混凝土箱形涵洞,设计流量9.7立方米每秒,3.5万亩的放淤和稻改任务。1979年改建。

【国务院批转水电部防凌问题报告】　12月24日,国务院批转水电部军管会《关于黄河下游防凌问题的报告》,要求有关部门、有关地区在凌汛期,要充分发动群众,做好防凌工作,保证三门峡库区和下游安全战胜凌汛。关于必要时运用三门峡水库配合防凌关闸蓄水的问题,责成水电部军管会严加控制。

【黄委革命委员会成立】 12 月 26 日,黄委革命委员会("革命委员会"以下简称"革委会")成立,由 25 名委员(常委 10 名)组成,其中群众组织代表 18 名,领导干部 7 名。周泉任主任委员。宣布黄委一切党政财文大权统一归革委会。

【河南河务局发出防凌工作通知】 12 月 27 日,河南河务局发出《关于做好防凌工作的通知》,指出:河南黄河防凌的重点是范县、濮阳、长垣等地的险工堤段及两岸的引黄闸门。要求各地建立健全防凌组织,加强凌情观测,做好料物准备,并迅速组织力量对所有闸门及河道情况进行一次认真调查,了解闸门引水及容易卡冰河段,做到任何情况下,都要有准备、有对策,确保凌汛安全。

1968 年

【黄委召开黄河下游工作座谈会】 1 月 16 日,黄委在郑州召开黄河下游工作座谈会。会议讨论了黄河下游治理规划和本年治黄工作。

【河南治黄工作会议召开】 2 月 12 日,河南治黄工作会议在郑州召开,参加会议的有各修防(管理)处、段,各直属站、队革委或生产领导班子负责人,以及安阳专区和有关县的滞洪办公室负责人。会议对本年治黄工作进行了安排部署。

【《河南黄河资料手册》编纂完成】 2 月,《河南黄河资料手册》编纂完成。主要内容包括河南黄河概况、花园口简介、河道、堤防、险工、涵闸、水文、防汛、滞洪区等 9 部分。它是河南黄河第一部比较全面系统的资料手册。

【黄委发出加强堤防树木管理通知】 3 月 14 日,黄委发出《关于加强堤防树木管理的通知》。通知指出:最近一个时期,山东章丘、东阿和河南开封等修防段堤防树木被盗现象严重,个别地方还出现了聚众偷伐堤防树木的严重情况。为此,要求下游各修防单位依靠群众,加强管理,迅速采取措施,杜绝类似事件的继续发生。

河南河务局转发了该通知,开封市革委发出《关于加强黄河堤防管理问题的通告》,沿堤张贴。

【国务院在北京召开黄淮海平原治理会议】 3 月,国务院在北京召开黄淮海平原治理会议,冀、鲁、豫 3 省和中央有关单位参加了会议。钱正英在会上指出:黄河今后几年内要重点研究中游的水土保持、三门峡库区淤积、下游河道整治,及防洪、河口整治、引黄灌溉、放淤稻改和黄河水量分配等问题。

【黄河下游涵闸基本恢复引水】 4 月 24 日,黄委向水电部军管会报送的《关于 1967 年黄河下游引黄灌溉调查报告》中指出:黄河下游引黄涵闸目前基本上已恢复引水,较早的从 1963 年即已开始,且又新建数座引黄工程。截至 1967 年 12 月,引黄灌溉面积 880 万亩(其中河南 390 万亩,山东 490 万亩),稻改面积 37.1 万亩(其中河南 14.1 万亩,山东 23 万亩),放淤面积 21.5 万亩(其中河南 14 万亩,山东 7.5 万亩)。

【中共中央、国务院等联合发出防汛工作紧急指示】 5 月 3 日,中共中央、国务院、中央军委、中央文革小组联合发出《关于1968年防汛工作的紧急指示》,要求立即成立各级防汛指挥机构。黄河防总由河南省革委负责组织,指定一名负责人指挥,并由山东、山西、陕西省革委和黄委分别指定一名负责人任副指挥,统一领导黄河防汛工作。各级防汛领导机构及有关部门,要立即组织力量,对有关防汛工程进行逐项检查,抓紧完成岁修工程,落实防汛措施。任何团体和个人对堤防、水闸、水库等一切水利工程设施都有责任保护,不得用任何借口进行破坏。对水情、雨情要按时上报,不得以任何借口延误。

【河南河务局革委会成立】 5月4日,经河南省革委会批准,河南河务局革委会成立,行使原河南河务局的一切权力。田绍松任主任委员。局机关设政工组、生产组、财务组。全局职工2307人,局机关编制126人。

本年河南河务局所属各单位相继成立革委会。

【河南河务局提出黄(沁)河防汛工作意见】 5月24日,河南河务局制定出《1968年黄(沁)河防汛工作意见》,防洪任务仍以防御花园口站洪峰流量22000立方米每秒为目标,对超标准洪水必须做到有准备、有对策,保证不决口。

【武陟沁河公路桥建成】 5月,武陟沁河公路桥建成通车。该桥于1967年动工兴建,位于武陟县沁河木栾店卡口处(堤距340米),共11孔,每孔跨度30米。

【黄河上中游1922～1932年枯水期调查】 为了解陕县站1922～1932年枯水段在黄河上中游是否存在,由水电部水电总局组织北京勘测设计院、西北勘测设计院、黄委、北京水科院、中科院地理研究所、冰川冻土沙漠研究所等单位,组成协作组,于1968年6月3日至8月底进行上中游枯水径流调查,并访问450位农牧民群众,调查后确认1922～1932年枯水段在黄河上中游也存在。11月编出《黄河上中游1922～1932年连续枯水段调查分析报告》。

【黄委与新乡地区提出修建沁河河口村水库】 6月,黄委同新乡地区对沁河下游过去规划过程中提出的有关问题作了进一步研究,编写了规划,提出修建沁河河口村水库,解决沁河下游防洪、灌溉以及黄河下游防洪的要求。后于1985年5月完成河口村水库可行性研究报告,报告中提出坝高117米,坝长503米,坝型为黏土心墙堆石坝,库容3.3亿立方米,投资3.85亿元,减少黄河洪水1200～2200立方米每秒,可将沁河洪水20年一遇标准提高至 200 年一遇,灌田 81.2 万亩,发电装机容量 1.2 万千瓦。该报告经水电部规划院审查,暂不修建。

【范县李桥险工出现严重险情】　9 月 18 日,在高村水文站流量 6800 立方米每秒以及 10 月 15 日 7000 立方米每秒流量时,范县李桥险工 46 号坝与 47 号坝后溃,46 号坝坝身被冲开宽 35 米、深 2 米的缺口,47 号坝坝身被冲开宽 53 米、深 8 米的缺口,大河直冲堤脚,情况非常严重。经组织抢护,直到 11 月,才将缺口堵复。

【军宣队与工宣队进驻河南河务局】　9 月,根据河南省革委会的安排,解放军某部派军代表进驻河南河务局。同月,由国棉三厂工人数人组成毛泽东思想宣传队进驻河南河务局。工宣队于 1969 年底、军宣队于 1973 年初撤离。此期间,河南河务局政治、业务工作安排须经两队同意。

【安阳修防处和濮阳、金堤两个修防段合并】　9 月,安阳修防处和濮阳、金堤两个修防段合并,成立安濮总段革委会。1970 年 3 月撤销安濮总段,恢复安阳黄河修防处、濮阳修防段、金堤修防段。

【各级防汛指挥部停止办公】　10 月 25 日,各级防汛指挥部停止办公,防汛工作交由各修防部门负责。

【黄委普查下游堤防、涵闸】　11～12 月,黄委派人协同河南、山东两河务局及各修防处、段对黄河下游堤防、涵闸进行普查。普查中发现河南、山东两省堤段有 68 处裂缝,总长 5.78 万米,其中河南堤段(包括沁河)有 27 处裂缝,长 1.36 万米。山东的济南、阳谷、东明、鄄城,河南的濮阳、范县、原阳堤段裂缝比较严重。此外,还发现一些堤段存在渗水隐患和涵闸上的问题。普查后,黄委提出推广压力灌浆、引黄淤背的方法,加固堤防,处理堤身裂缝、渗水,对其他问题也提出处理意见。

1969 年

【河南河务局机关职工赴淮阳"斗、批、改"】 1 月 5 日,根据河南省革委会的安排,河南河务局机关职工从本日起赴淮阳县郑集公社进行"斗、批、改"❶运动,历时 75 天,于 3 月 20 日返回郑州。

【濮阳董楼顶管引水工程竣工】 1 月,董楼顶管引水工程竣工。该工程是河南黄河首次引进顶管技术修建的引水工程。工程总长 54 米,洞身长 38.8 米,两排,共用 40 节钢筋混凝土圆管,设计引水流量 4.5 立方米每秒。该工程于 1968 年 3 月 9 日开工。6 月 30 日经验收后交安阳修防处管理。

【黄河下游出现严重凌情】 1 月初以来黄河下游有 8 次冷空气活动,郑州、济南、惠民等地降温期间日平均气温达零下 10 摄氏度。在冷暖气流交替侵袭的气候条件下,山东泺口以上黄河河段形成 3 次封河 3 次开河的局面。全河两次封冻总冰量 1.03 亿立方米,河谷蓄水 8 亿立方米,封冻长度 703 公里。利津自 1 月 3 日封河到 3 月 16 日开河,封河期达 73 天,泺口站 3 次封河总封冻期 45 天,接近历年平均封河天数的一倍。

在冰凌"三封三开"过程中,山东齐河李隒和邹平河段梯子坝形成冰坝,冰坝共长 20 余公里。由于冰坝卡冰壅水,使冰坝上游水位陡涨,超过了 1958 年洪水位,堤防出现渗水、管涌、漏洞等险情。黄委革委会生产指挥部根据形势,分析情况,运用了三门峡水库。沿黄各级防汛指挥部组织干部、群众大力防凌,在泺口上下和利津窄河段、弯曲段等壅冰卡水河段进行打冰及爆破,计炸冰数十万平方米。济南部队工程兵某部独立营张秀廷等 9 名官兵在平阴滩区抢救被冰水围困群众时壮烈牺牲。

三门峡水库在凌情严重时,关闸断流 19 天,控制运用 52 天,最高库水

---

❶注:1966 年 8 月毛泽东主持召开党的八届十一中全会,根据他的意见制定了《中国共产党中央委员会关于无产阶级文化大革命的决定》(即"十六条"),其中规定"文化大革命"的目的"是斗垮走资本主义道路的当权派,批判资产阶级的反动学术权威,批判资产阶级和一切剥削阶级的意识形态,改革一切不适应社会主义经济基础的上层建筑,以利于巩固和发展社会主义制度"。这就是"斗、批、改"的内容。党的九大(1969 年 4 月)后,"斗、批、改"的内容有变化,改变为:建立三结合的革命委员会、大批判、清理阶级队伍、整党、精简机构、改革不合理的规章制度、下放科室人员。

位为 327.72 米,蓄水 18 亿立方米,减轻了下游凌汛威胁。

【封丘堤湾引黄闸建成】 3 月,封丘堤湾引黄闸建成。该闸于 1968 年 8 月开工,为两孔钢筋混凝土涵洞,设计流量 20 立方米每秒,设计灌溉面积 20 万亩。1987 年该闸因防洪标准低堵复,并在原闸位修建虹吸 1 座。

【黄委检查汛前工作】 4 月 24 日至 5 月 20 日,黄委对北金堤滞洪区、沁南滞洪区的汛前准备工作和黄(沁)河堤防隐患处理、涵闸维修等项分头进行了检查,督促各单位力求在汛前解决存在问题。河南河务局参加了检查工作。

【河南省黄河防汛工作会议召开】 6 月 6 日,河南省黄河防汛工作会议在郑州召开,参加会议的有沿黄各地、市革委会及修防处、段负责人,省直有关部门和单位的负责人,共 70 余人。会上传达并讨论了水电部军管会和黄委有关做好今年防汛工作的通知和意见,布置了 1969 年防汛工作。会议强调各群众组织要搞好团结,同心协力,共同做好防汛工作;关于单位"斗、批、改"运动中的问题,应由本地区、本单位解决,其他任何个人和单位不得插手和干涉。

会后,有关地(市)、县都先后召开会议,研究布置本地区的防汛工作。河南省黄河防汛办公室于 7 月 2～18 日对沿黄地(市)、县黄河防汛工作进行了检查。

【黄河防总发出防汛工作意见】 6 月 13 日,黄河防总发出《关于 1969 年黄河防汛工作意见》,提出黄河防洪任务仍以防御花园口站 1958 年型洪峰流量 22000 立方米每秒,保证黄河不决口,对超过上述任务的各级洪水也要做到有准备、有对策。沁河以防御小董站洪峰流量 4000 立方米每秒为标准。

【晋、陕、鲁、豫 4 省治黄会议在三门峡市召开】 6 月 19 日,国务院委托河南省革委会主任刘建勋在三门峡市主持召开晋、陕、鲁、豫 4 省治黄会议,主要研究三门峡工程的进一步改建和黄河近期治理问题。同时还布置了 1969 年的黄河防汛工作。会议决定三门峡水库在"两洞四管"的基础上作进一步改建。改建原则:"在确保西安、确保下游的前提下,实现合理防洪,排沙放淤,径流发电"。

改建规模:一般洪水位以下淤积不影响潼关,打开 8 个施工导流底孔,当坝前水位 315 米时下泄流量 10000 立方米每秒。

运用原则:当上游发生特大洪水时,敞开闸门泄洪;当下游花园口可能发生超过 22000 立方米每秒洪水时,根据上游来水情况,关闭部分或全部闸门,增建的泄水孔原则上应提前关闭,以防增加下游负担。冬季继续承担下游防凌任务,水库发电应在不影响潼关淤积的前提下,汛期控制水位305 米,必要时降到 300 米,非汛期为 310 米。

会议提出,黄河近期治理要依靠群众,自力更生,小型为主,辅以必要的中型和大型骨干工程,积极地控制与利用洪水泥沙,防洪、灌溉、发电、淤地综合利用。措施是拦(拦蓄洪水、泥沙)、排(排洪、排沙)、放(放淤改土)相结合,除害兴利,力争 10 年或更多一点的时间改变面貌。对下游近期治理的意见:①在近 3 年内应有计划地加固堤防,并积极进行堤背放淤,以利备战;②治理三门峡以下支流,兴建洛河(故县)、沁河(河口村)、汶河支流水库;③发展引黄淤灌;④整治河道;⑤结合油田开发,研究河口治理规划;⑥研究干流枢纽的改建和修建。

【原阳祥符朱引黄闸建成】 6 月,原阳祥符朱引黄闸建成。该闸于 1968 年 10 月破堤动工,系 3 孔明流涵洞式钢筋混凝土结构,设计引水流量 30 立方米每秒,灌溉 27 万亩,并担负祥符朱等堤段放淤固堤任务。1986 年改建。

【李先念对黄河防汛工作作出指示】 7 月 21 日夜,黄河防总电话传达国务院副总理李先念对黄河防汛工作的指示。指示强调:长江决口并不是大水,是思想麻痹,中小水都可以决口,问题在于堤防。黄河修防处、段要分工负责,认真进行检查,有问题进行处理,有问题解决不了要及时上报。

河南省黄河防汛办公室当晚向沿黄地、市黄河防汛指挥部发出《关于进一步加强黄河防汛准备工作的紧急电话通知》,要求各地(市)、县迅速深入布置防汛工作,组织检查组对堤防、险工等进行检查和解决处理存在问题。

【黄河防总传达《河北省革命委员会布告》】 7 月 28 日,中共中央以中发〔1969〕44 号文件颁发由毛泽东主席批准的《河北省革命委员会布告》。《布告》共 9 条,主要是针对两派群众武斗地区如何加强堤防、水库的安全问题。如“各派武斗人员后撤二十华里”、“对破坏防汛的坏人,严加惩处”等。

黄河防总下发紧急通知向沿黄各级防汛指挥机构进行了传达,要求以《布告》为武器,联系当地实际,采取有效措施,切实做好黄河防汛工作。

【沁南滞洪方案拟订】 8 月 2 日,新乡地区防汛指挥部拟订了沁南滞洪方案。

（1）滞洪标准：当沁河小董站流量超过4000立方米每秒或水位超过保证水位（北堤低于堤顶2米），黄河顶托下泄困难，或北堤确有危险时，在确保北堤的原则下，可在沁南五车口进行分洪。需要分洪时，由武陟县防汛指挥部报请地区防汛指挥部批准后执行。

（2）分洪措施：以人工扒口为主，辅以爆破，作两手准备，具体执行由武陟县防汛指挥部负责。

【黄委提出东坝头至位山河段河道整治意见】　根据三门峡4省治黄会议精神，黄委会同河南、山东两河务局有关修防处、段组织查勘组对东坝头至位山两省交界的河段进行了查勘，9月2日提出了该河段河道整治的意见。

【兰坝铁路支线移交郑州铁路局管理】　9月10日，兰坝铁路支线移交郑州铁路局管理，同时撤销河南河务局兰坝车站，51名职工由铁路部门接收，其余人员由河南河务局安置。同月，成立河南河务局兰考石料转运站。1989年6月兰考石料转运站撤销。

【河南河务局提出河南黄河近期治理规划】　根据三门峡4省会议关于黄河近期治理的意见，河南河务局于10月21日提出河南黄河近期治理规划。规划要点为：

（1）从备战出发，加固堤防。主要采取两项措施：一是修建战备堤防，即建立两道防线，利用临黄大堤作为一道防线，再利用太行堤、北金堤、贾鲁河堤和1855年前形成的高滩修建部分备战大堤组成一道防线（未实现）；二是引黄淤背加固堤防，急需放淤堤段有11处，长83公里（南岸39公里），淤背标准按1958年22300立方米每秒洪水设计，淤背宽度100～200米，按先自流后提灌、先有引黄（工程）后兴建、先险工后平工、先易后难的次序分期逐步完成，淤背沉沙后的清水结合灌溉使用。

（2）河道整治。孟津白坡至濮阳青庄河段分3段同时进行，自下而上逐步全面控导，铁桥至东坝头为河道整治的重点河段，将主流摆幅控制在1.1～1.5公里范围内。计划新建工程21处，续建7处。

（3）引黄放淤稻改。①搞好现有工程配套，充分发挥工程效益；②新建引黄渠首涵闸7处，虹吸1处，灌区提灌站6处。

（4）开辟新石厂，兴建运石铁路。

（5）建议暂不改建恢复花园口枢纽。

【巩县米河石料厂建立】　根据河南省革委会决定，原供黄河修防用石料的巩县米河公社草店石料场，划归国防建设开采使用。为解决黄河料源问

题,经河南省革委会与黄委同意,10 月在巩县米河公社水头山建立石料厂,
同时修建了铁路专用线7.9公里。次年 8 月,经河南省革委会和黄委同意,
巩县石料厂(包括职工)移交开封地区,铁路专线仍归河南河务局,由开封
地区统一管理使用,铁路维修费用及职工工资仍由黄河经费列报。该厂移
交后,仍为黄河治理服务,保证黄河防汛用石。1979 年 1 月 19 日巩县石料
厂收回,由河南河务局直接经营管理,同时将水头火车站列入石料厂建制,
归属石料厂领导。1983 年 9 月 25 日巩县米河石料厂移交郑州修防处管
理。2005 年 1 月,建制撤销,整体划归新成立的荥阳黄河河务局。

【河南河务局“五七”干校在巩县建立】　11 月,河南河务局在巩县孝义镇
坞罗水库建立“五七”干校❶。该干校开办 1 年左右撤销。

【黄委发出防凌工作通知】　12 月 4 日,黄委发出《关于做好防凌工作的通
知》,要求河南、山东两河务局在两省革委会的领导下,在解放军的支持下,
切实做好 1969 ~ 1970 年度的防凌工作。

【郑州水文总站、河床演变测验队划归河南河务局】　12 月 6 日,黄委革委
会在“精兵简政”中决定下放各水文总站的隶属关系,将郑州水文总站、花
园口河床演变测验队划归河南河务局领导;位山水文总站、前左河口水文
试验站划归山东河务局领导;兰州、吴堡、三门峡库区水文总站在业务上暂
归黄委革委会生产组领导。1975 年 12 月郑州水文总站收归黄委领导。

【河南河务局大批机关干部下放】　本年底至次年 1 月,根据中央干部下放
的精神和河南省革委会的安排,河南河务局组织大批机关干部下放,分赴
沿黄各修防处、段。黄委亦有部分干部下放到河南沿黄修防处、段。大部
分下放干部于1978 年后陆续调回,也有少数干部在 1978 年前调回。

---

❶注:“五七”干校,是文化大革命期间,为了贯彻毛泽东“五七指示”和让干部接
受贫下中农再教育,将党政机关干部、科技人员和大专院校教师下放到农村,进行劳动
的场所。

1970 年

【河床演变测验队与测量队合并】　1 月 29 日,河床演变测验队与测量队合并,组成新的河南河务局测量队,驻地郑州花园口。

【打开三门峡施工导流底孔工程开工】　1 月,打开三门峡溢流坝 1~3 号施工导流底孔工程本月动工,4 月底完成,其余的 4~8 号底孔于 1971 年 10 月全部打通。三门峡"两洞四管"改建工程投入运用后,枢纽泄流规模较前增大一倍,水库淤积有所减轻,但因泄流规模偏小,潼关以上库区仍继续淤积,为解决这一问题,三门峡工程仍需进一步改建。改建方案经反复论证,最终确定打开已堵塞的溢流坝 1~8 号施工导流底孔,并改建电站 1~5 号机组,扩大泄流。

【北金堤滞洪区管理移交河务部门】　2 月 2 日,安阳地区革委会决定将原属安阳地区滞洪办公室和长垣、滑县、濮阳、范县 4 县滞洪办公室所管的黄河滞洪工作交由安阳黄河修防处及各县修防段管理,并决定设立滑县黄河防洪管理段(4 月 10 日成立,隶属河南河务局),担负滑县的滞洪和金堤修防工作。

【凌汛安全度过】　2 月 18 日,凌汛安全度过。1 月 2 日后,河南沿黄地区气温连续下降,平均气温达零下 10℃以下,黄河河道自下而上封至开封黑岗口。1 月 14 日,壅水河段上移至封丘辛店险工以上,夹河滩站最高水位达 74.14 米(7 日 8 时),接近 1958 年特大洪水水位(74.31 米),封丘、开封部分地段漫滩,有 8 个村庄被水包围,淹地 1.8 万亩。封丘红旗闸闸前水位达 80.00 米,超过设计最高水位 0.4 米,闸身维护处于紧张状态,经积极抢护,保证了涵闸安全。

【黄委作出下游河道整治工程设计审批暂行规定】　3 月 16 日,黄委作出下游河道整治工程设计审批暂行规定,主要内容为:

(1)位山以下河段流路基本控制,工程布局大体已定,今后不论新修和续建河道工程,一律由山东河务局审批,新修工程报黄委备案。

(2)兰考东坝头以上河段,河道流路尚未确定,新修河道整治工程设计仍由黄委负责审批,续建工程由河南河务局审批,报黄委备案。

(3)兰考东坝头至位山河段,河道工程事关两省,为使两岸工程兴建协调起见,不论新修和续建工程,一律报黄委审批。

(4)年度计划以外,临时增加工程项目,均应报黄委审批。

【组织开展河南沿黄地区农业状况调查】 3月,河南河务局组建黄河流域农业调查河南组,分赴洛阳、开封、商丘、新乡、安阳5个地区和洛阳、郑州、开封3市,调查了7.67万平方公里的农业状况,6月完成《河南沿黄地区农业状况调查报告》的编写。

【组织开展引黄灌区调查】 3~5月,河南河务局组织有关人员深入人民胜利渠灌区进行调查,6月完成调查报告,总结出人民胜利渠引黄灌溉4条经验:一是排灌配套;二是渠灌与井灌结合;三是沉沙、淤改、耕种相结合;四是专业管理与群众管理相结合。

7月18日,向河南省革委会生产组报送《引黄人民胜利渠灌区调查报告》,得到肯定。认为人民胜利渠灌区的经验很好,值得推广,建议组织沿黄有关地(市)、县及引黄灌区,参观其先进经验,推动引黄淤灌工作健康发展。同年,即组织引黄人民胜利渠灌区经验展览宣传。与此同时,还完成开封黑岗口稻改经验、范县稻改情况等多份调查报告。

【组织开展河道整治调查】 4月2日至5月18日,河南河务局组织开展河道整治调查。6月完成调查报告。主要内容包括:

(1)基本情况。京广铁桥以下至河南省下界河道长344.5公里,两岸堤防长487.5公里。东坝头以下低滩区修筑有生产堤长150.5里❶。本河段修筑堤防险工、护滩控导工程共68处,坝垛护岸1685座,工程长143.12公里,占河流长度的41.6%,工程用石150万立方米,柳8558万公斤,铅丝1029吨。

(2)经验与教训。①认为"控导主流、护滩保堤"的方针是正确的,但要防止冒进,如"三年初控,五年永定"的错误方针和"树、泥、草"错误做法。②"以坝护湾,以湾导流"的治理方法是成功的。经过调查,青庄以下144公里22个河湾,凹岸一侧整治工程成功稳定了河势、固定了滩区、稳定了险工,特别是东坝头湾、密城湾、梁路口湾的治理,成效明显。③抓住有利河势和有利滩岸及时修筑工程,可以节约投资和工料,否则水中进占筑坝费工费时。④要积极推广群众护坝员经验。⑤"树、泥、草"治河失败,教

---

❶据1959年底调查统计,河南黄河滩区有生产堤322公里,山东菏泽至长清河段有161.2公里。又据1971年调查统计,黄河下游滩区生产堤总长823.81公里,其中河南黄河滩区361.5公里、山东黄河滩区462.31公里。

训深刻。究其原因,主要是材料质地轻,不能抗冲。调查统计,中牟杨桥、兰考姚寨,长垣油房砦,原阳黑石、马合庄等 10 处工程被冲失坝垛 38 个。

(3)滩区社经调查。据调查统计,京广铁桥至范县张庄,共有 4 个地市、10 个县、35 个公社、992 个自然村,11.29 万户,55.15 万人,耕地面积 112.79 万亩。

(4)意见和建议。①应按照"控导主流,护滩保堤"的方针积极进行河道整治,为保障防洪安全、发展农业生产服务。②有计划有步骤地开展河道整治,可分段整治,重点治理。青庄以下河段应积极进行配套治理,从整体上讲应该实行弯曲性方案,方法上采取"以坝护湾,以湾导流"。③对现行的传统治河手段应进行革新,如修沉排坝,或管柱深基做坝等,逐步代替传统做坝方法。

【开展三门峡水库运用以来冲淤研究】　4 月中旬至 8 月底,黄委水科所、规划大队、三门峡库区水文实验总站,河南、山东河务局,水电部第十一工程局、陕西省水利科学研究所、陕西省渭南地区三门峡库区管理局、清华大学水利系等单位共同组成研究组,通过现场查勘、调查访问和分析研究,对三门峡水库修建前后库区及下游河道的水沙特点和冲淤情况进行总结。

据调查分析,1960 年 9 月至 1970 年 6 月,三门峡库区共淤积 25.54 亿吨;下游河道在建库后经过冲刷回淤,到 1970 年 6 月,河道净冲刷 0.27 亿吨,其中高村以上净淤 0.65 亿吨,高村以下净冲 0.92 亿吨。

【沁河公路桥严重威胁防洪安全】　4 月 24 日,河南河务局向河南省革委会生产指挥组报告沁河公路桥威胁防洪安全问题,指出武涉沁河公路大桥地处沁河下游卡口、大堤薄弱地段,且大桥设计和施工中存在不少问题:

(1)对桥墩荷重计算有误,导致桥墩实际担负上部结构重量为设计重量的两倍;

(2)桥址河床是 15 米厚的沙层,极易冲刷,而设计冲刷深度偏浅。1968 年 2900 立方米每秒流量时,实际冲刷深度已接近设计冲刷深度;

(3)桥拱圈和右桥台产生裂缝,且有可能继续扩大或产生新的裂缝;

(4)桥身超高比洪水位低,严重阻水。由于存在上述问题,严重威胁沁河堤防安全。为此,建议批转新乡地区,对大桥于汛前进行加桩加固处理。

【组织检查堤防工程】　5 月 4~20 日,河南河务局组织检查黄、沁河堤防工程。检查以各修防处、段为主,河南河务局派人参加。检查中发现护堤组织削弱、工程失修、堤防隐患增多等严重问题。5 月 31 日河南河务局发出通知,要求各修防处、段对所发现问题认真进行处理。

【中牟杨桥引黄闸竣工】　5月,中牟杨桥引黄闸竣工。该闸于本年1月开工兴建,为3孔压力式钢筋混凝土涵洞,设计流量32.4立方米每秒,设计灌溉面积30万亩。

【焦枝铁路黄河桥建成通车】　6月5日,位于河南省济源县连地与孟津县柿林之间的焦枝铁路黄河桥建成通车。该桥于1969年10月开工。桥长917.6米,主桥桥孔12个,设计过水流量22400立方米每秒,桥跨除1孔长31.7米外,其余11孔均为80米。这是黄河中游地区20世纪50年代以来建成的第二座黄河铁路桥,也是河南境内自20世纪50年代以来建成的第二座黄河铁路桥。

【黄委通报郑州修防处在临黄大堤上开挖防空洞】　6月18日,黄委就郑州修防处擅自决定在临黄大堤上开挖防空洞问题发出通报。郑州修防处擅自决定在其所管辖的黄河堤坝上开挖防空洞5处。其中,花园口险工的将军坝和116号坝坝头上挖地下防空洞2个,各长10余米,深3~4米,宽1~3米;花园口航运队在郑州黄河圈堤上挖地下防空洞1处,长30余米,宽1.5~3.0米,深3~4米;郑州西牛庄邮电所在背河堤坦上挖防空洞1处,长约7米,宽0.8米,深2.5米;郑州铁路局某基层单位在西大王庙附近的堤后挖长10米、宽1米、深3米的防空洞1处。这些防空洞严重影响堤防安全。黄委通报严禁在黄河堤坝及其附近开挖防空洞及其他洞穴,责成河南河务局对上述问题认真处理,限期回填夯实。

【第一台电动打锥机研制成功】　7月,河南河务局武陟第二修防段职工(以曹生俊、彭德钊等为主)研制成功第一台电动打锥机。该打锥机以2.8千瓦电动机驱动,1~2人操作,每台日锥深8米、直径30毫米的孔洞200个,较人力锥孔提高工效5倍。1974年4月又改进为自动打锥机,并由黄河机械修造厂定型生产(744型自动打锥机),在黄河系统内外推广。

【开封修防处利用挖泥船淤背固堤】　8月1日,开封修防处在黑岗口利用挖泥船淤背固堤。本年开封市水厂租借两艘挖泥船进行黑岗口沉沙池清淤,开封修防处借此机会在黑岗口4个淤区修做围堤,向淤背区排泥,当年淤筑土方35万立方米。这是河南黄河首次进行较大规模的机淤固堤。

【花园口站出现405公斤每立方米高含沙水流】　8月9日,花园口站在4950立方米每秒的洪峰过后,高含沙量的沙峰接踵而来,断面平均含沙量达405公斤每立方米,泥沙主要来自三门峡以上的中游地区。高含沙水流过后,下游河道淤积严重,8 月上旬自小浪底至孙口共淤积泥沙 5.403 亿吨,大部淤积在河槽内。

【引黄淤灌工作会议召开】　9 月 9 日,河南河务局在郑州召开引黄淤灌工作会议,各修防处、段和有关单位的负责人参加会议。会议中心任务是研究引黄淤灌管理工作,并就如何将管理工作由堤防、渠首扩展到灌区进行了讨论。会上,拟定了引黄管理工作试行意见,要求各修防处、段不仅要管好堤防、渠首工程,而且还要积极参加灌区管理。

【赵口引黄闸建成】　10 月 30 日,赵口引黄闸建成。该闸于 4 月破堤动工,为三门峡 4 省治黄会议确定的黄河下游大型放淤试点工程赵口引黄淤灌工程的渠首闸,系 16 孔钢筋混凝土箱式压力涵洞,为一级建筑物,设计流量 200 立方米每秒,设计放淤面积 88 万亩。1981 年改建。

【河南黄河首只浅水自动驳造成】　为适应河南黄河河道的特点,满足抢险救护、运输治黄物资的需要,河南河务局委托交通部船舶设计院设计浅水自动驳,由无锡造船厂建造。本年,黄河首只浅水自动驳造成。该船命名为"黄河 5 号",船长 36.9 米、宽 7 米,吃水 0.7 米,载重 80 吨,由两台 120 马力柴油机带动。至 1978 年,河南河务局航运队发展到 24 只。

1971 年

【水电部主持召开治黄工作座谈会】 1 月 14 日,水电部主持召开的治黄工作座谈会在京结束。这次会议于 1970 年 12 月 5 日召开,持续 1 个多月。流域 8 省(区)及有关单位共 65 人参加了会议。会议期间,学习了毛泽东主席对兴建长江葛洲坝工程所作的重要批示,开展"革命大批判",初步总结过去的经验,讨论了今后治黄规划。中央政治局候补委员、解放军总政治部主任、北京军区司令员李德生❶到会讲话。

【赵口渠首管理段建立】 3 月 20 日,赵口渠首管理段建立。

【河南治黄会议召开】 4 月 10 日,在河南省计划会议期间,专门在郑州召开了治黄专业会议。参加会议的有沿黄地、市、县和河南河务局所属修防处、段负责人,共 60 人。会议传达了水电部治黄工作座谈会精神,总结了20 年来治黄的成就和基本经验,分析了近两年河槽大量淤积的新特点,防守任务加重的新形势,明确今后工作方向和任务,并对 1971 年河南治黄工作进行了具体安排。

20 年来河南黄河加高培厚大堤 794 公里,石化险工 121 处,修建坝垛2583 道,完成土方 7000 万立方米,石 200 万立方米,确保了黄河安澜。同时兴建引黄闸门 24 座、虹吸 4 处、电灌站 3 处。1970 年淤灌面积发展到200 多万亩,引黄种稻 32 万亩,放淤改土面积 80 多万亩。

【孟县黄河修防段建立】 4 月 15 日,孟县黄河修防段建立。1970 年 10 月15 日,新乡地区革委决定建立孟温黄河修防段,撤销原武管理段。孟温黄河修防段在本年组建中改为孟县黄河修防段。

【《人民日报》报道河南引黄灌溉典型】 5 月 28 日,《人民日报》用一个整版的篇幅,在毛泽东主席语录"要把黄河的事情办好"的通栏标题下,报道了河南人民胜利渠、郑州市北郊花园口公社、孟津县宋庄公社等地利用黄河水沙资源引黄灌溉发展农业生产的经验。

【黄河防汛会议召开】 经国务院批准,1971 年黄河防汛会议于 6 月 10 ~30 日在郑州召开。会议由黄河防总总指挥刘建勋主持。参加会议的有水

---

❶协助周恩来总理分管水利部和国家体委工作。

电部,晋、陕、豫、鲁4省负责人,黄河下游沿河地、市、县革委负责人,还有河南、山东河务局和修防处、段、水文站的负责人等共212人。这次会议是新中国建立以来规模最大的一次防汛会议。

会议分两个阶段进行,6月10~18日召开预备会议,研究制订《1971年防汛工作意见(草案)》和《黄河下游修防工作试行办法(草案)》。6月20~30日为正式会议,讨论处理各类洪水的措施,安排防汛工作。

《黄河下游修防工作试行办法(草案)》中,对黄河下游修防工作体制作了重大变动,即原属黄委建制的山东、河南两个河务局和修防处、段改归地方建制,是所在省、地、市、县革委主管黄河修防工作的专职机构,实行以地方为主的双重领导。

会议期间,河南温陟修防段介绍了该段试制成功电动打锥机的经验,北金堤滞洪区濮阳海通大队介绍了依靠群众管好围村埝的经验。

【黄河水库泥沙观测研究工作座谈会在郑州召开】　7月12~20日,水电部委托黄委在郑州召开黄河水库泥沙观测研究工作座谈会。参加会议的有水电部第四、第十一工程局,刘家峡、盐锅峡、青铜峡水电厂,黄河上中游水量调度委员会办公室,清华大学水利系,黄委所属兰州水文总站、三门峡水文总站、水科所和规划大队的科研技术人员。会议分析了三门峡、刘家峡、青铜峡、盐锅峡各大水库的淤积情况,认为必须进一步加强黄河水库泥沙的观测研究工作,并决定当前首要任务是:围绕三门峡工程改建,本着"确保西安,确保下游"的原则,研究制订合理运用方案,并通过实际运用,研究在新的泄流排沙条件下,潼关高程的冲淤变化、有效库容的变化和对下游河道的影响,提出合理的运用意见,同时为黄河其他已建枢纽的合理运用提供依据,为今后黄河新建水库提供经验。

【河南省成立小浪底工程筹建处】　7月,河南省成立小浪底工程筹建处。至1973年,因小浪底筹建工作缓办,筹建处撤销。

【李先念批示黄河下游修防办法可先试行】　8月2日,水电部转发《1971年黄河防汛工作意见》和《黄河下游修防工作试行办法(草案)》两个文件。《黄河下游修防工作试行办法(草案)》经李先念副总理批示可先试行。

【修复改建原花园口枢纽工程泄洪闸设想提出】　9月23日,河南河务局向黄委报送《关于修复改建花园口枢纽工程方案设想的报告》,对修复改建花园口枢纽工程提出3个方案:一建新桥方案;二建新闸方案;三只修复,不新建工程。3个方案的共同特点是修复泄洪闸和堵临时溢洪堰。由于多种原因,3 个方案都未能实施。

【国务院批准成立黄河治理领导小组】 9 月 24 日,国务院以国发[1971]70 号文批转水电部关于黄委体制改革的报告。批示指出:水电部的报告经征得各省(区)同意,现批准试行,希在试行中继续总结经验,提出修改意见。黄河治理领导小组的成员由刘建勋、李瑞山、杨得志、张文碧、冀春光、窦述、张怀礼、吴涛、熊光焰、刘开基、白如冰、王维群、钱正英等 13 人组成。刘建勋任组长,杨得志、李瑞山、张文碧任副组长。

水电部关于黄委体制改革的报告中将黄委下属的山东和河南河务局下放山东和河南两省,实行以地方为主的双重领导。

【河南河务局转发《堤防工程压力灌浆技术初步总结》】 11 月 10 日,河南河务局转发新乡修防处《堤防工程压力灌浆技术初步总结》。新乡修防处在电动打锥机试制成功后,又组织各修防段积极探索,逐步完善压力灌浆机械化施工,并对堤防压力灌浆中锥孔、拌浆、灌浆等环节的技术经验进行了系统的总结。

【高村水文站划归山东河务局管理】 11 月 29 日,黄委决定将原属河南河务局郑州水文总站管辖的高村水文站,自 1972 年 1 月起,划归山东河务局水文总站领导。

【河南黄河进行大规模引黄淤背固堤】 本年,根据三门峡 4 省治黄会议精神,经过多次规划,本年开始大规模的引黄淤背固堤。全年淤背长 21.24 公里,淤土方 630 万立方米。除利用闸门自流放淤外,郑州修防处有两处电灌站投入使用,开封修防处利用挖泥船淤背 185 万立方米。

1972 年

【水电部批复黄委体制改革实施意见】　3 月 21 日,水电部《关于黄委体制改革实施意见的批复》下发,同意按此方案试行,希认真办好体制改革中的交接工作,黄河治理领导小组办公室的工作人员,同意按 350 人编制。以上方案正准备开会贯彻时,5 月 4 日黄河治理领导小组组长刘建勋指示:停一下,不要急。于是暂缓贯彻。以后因形势变化,除山东、河南两河务局曾下放归山东和河南两省领导外,其余下放计划均未予实施。

【治黄民工工资试行办法印发执行】　3 月 16 日,河南河务局向河南省革委报送《河南黄河民工工资调整意见》。5 月 15 日,河南省革委生产组批复同意。河南河务局根据批复精神,制定《河南省治黄民工工资试行办法》,于 5 月 16 日下发执行。

　　调整后的民工工资标准:非定额工(包括普通工、技工、船工、锥探工、防汛员等)每工日工资 1.00～1.60 元;土方每标准立方米(包括挖、装、起卸、平距运输 100 米)单价为 0.22 元;砸实每平方米单价 0.045～0.05 元;拖拉机碾压每平方米 0.03 元;边铣每平方米 0.0045～0.005 元。

【河南省防汛抗旱会议召开】　5 月 16 日,河南省防汛抗旱会议在郑州召开。河南省水利局、河南河务局,各地(市),黄(沁)河修防处、段的负责人共 170 人出席会议。郑州铁路局,黄委,河南省建委、交通局等单位也派人参加会议。会议讨论通过河南省 1972 年防汛抗旱工作方案和黄(沁)河防汛工作意见,及河南河务局编写的《河南黄河近期治理规划》(草稿)。会议期间,河南省革委领导听取了黄河防汛情况的汇报,并主持专门会议,逐项解决有关问题。

【河南河务局制定险工、护滩工程设计标准】　5 月 31 日,河南河务局印发《险工、护滩工程设计标准》。险工设计标准:坝基顶部一律高出保证水位 1.5 米,孟津至濮阳青庄河段坝垛根石顶部高出当地流量 8000 立方米每秒水位 0.5 米,青庄至省下界河段与当地 8000 立方米每秒水位平,根石顶宽 1～1.5 米,根石坡度主坝 1:1.2～1:1.5,一般坝 1:1～1:1.3。护滩控导工程设计标准:坝基顶部高出当地流量 8000 立方米每秒水位 1 米,根石顶部与当地流量 8000 立方米每秒水位平。根石顶宽、坡度与险工标准同。

随文附发 1972 年设防花园口流量 22000 立方米每秒各地相应水位和当地 8000 立方米每秒各地相应水位。

【黄委布置科研任务】 5 月 31 日,根据水电部《关于 1972 年水利电力科学技术研究项目的初步安排》,黄委对治黄科学技术重点研究项目作了分工。河南河务局参加的项目有:黄河下游河道泥沙冲淤变化及发展趋势的分析研究、引黄淤灌的调查研究。11 月 16 日黄委又安排了 1973 年的科研任务,河南河务局除继续参加上述项目研究外,还参加三门峡水库合理运用方式的研究、黄河防凌问题研究、黄河下游混凝土管柱基础建闸的试验总结等。

【黄河 4 省防汛会议召开】 6 月 17 日,经国务院批准,河南省委在郑州主持召开黄河 4 省防汛会议。参加会议的有晋、陕、豫、鲁 4 省负责人,及黄委、水电部第十一工程局,河南、山东河务局,沿黄地、市防汛指挥部负责人。会议分析了治黄工作的形势及出现的新情况、新问题,讨论修订《1972 年黄河防汛工作意见》,研究制定安全度汛措施,同时总结了《黄河下游修防工作试行办法(草案)》的执行情况和经验。在讨论中,对修防处、段的领导关系问题,出现了主张以地方为主的双重领导和以河务局为主的双重领导的两种意见。

【开封市黄河修防处成立】 由于开封地、市行政区划和建制变化,撤销开封黄河修防段,成立开封市黄河修防处。开封市黄河修防处担负开封市郊区和开封县沿黄堤段的治理任务,隶属河南河务局,实行河南河务局和开封市革委的双重领导。黑岗口闸门管理段和开封石料转运站隶属该处领导。开封市黄河修防处设在开封市北郊大马庄,于 6 月 24 日正式开始办公。原开封黄河修防处改为开封地区黄河修防处。

【河南河务局接收北金堤滞洪区机构人员编制】 6 月 29 日,河南省革委会批复同意河南河务局接收北金堤黄河滞洪区机构,人员编制列入黄河事业费指标,隶属安阳地区黄河修防处。

【白马泉、王庄、大庄 3 座引黄闸建成】 武陟白马泉引黄闸于 1971 年 9 月开工兴建,5 月建成,为单孔混凝土涵洞,设计流量 10 立方米每秒,设计灌溉面积 10 万亩。孟津王庄引黄闸于 1970 年 11 月开工兴建,系 3 孔开敞式,设计流量 25 立方米每秒,设计灌溉面积 25 万亩,6 月建成。1987 年对该闸进行改建。大庄引黄闸坐落在封丘贯孟堤上,本年 4 月开工兴建,6 月建成,单孔混凝土涵洞,设计流量 4 立方米每秒,设计灌溉面积 5 万亩。

【河南黄河近期治理规划编写完成】　6月,《河南黄河近期治理规划报告》编写完成。除总报告外,另有7个附件。

附件一,水文泥沙、初步分析计算。根据断面等资料分析,夹河滩到高村河段主槽河底平均高程与滩面平均高程相平,有些地方槽高于滩,河底平均高程高于堤根洼地3.0米多,形成了滩上的"悬河"。

附件二,孟、温、武引洪淤滩工程规划。将孟县、温县及武陟县的黄河滩区划分5个区域,总容积20亿立方米,分期输流沉沙,轮流耕种。

附件三,河南黄河河道初步整治规划。规划河湾71个,其中河南辖属54个河湾。河宽2.5～3.0公里。

附件四,引黄淤临淤背加固堤防。

附件五、滩区生产堤❶。根据控导工程标准,提出流量8500立方米每秒,超高0.3米(子埝)的生产堤顶高度的意见。

附件六,沁河下游防洪规划。提出木栾店卡口展宽意见。后经水电部批准进行设计,并列入年度计划,武陟县嫌投资少,未能实施。

附件七,引黄淤灌规划意见。

此外,鉴于石头庄溢流堰分洪无控制,运用不灵活等,总报告中还提出建设北金堤滞洪区渠村分洪闸方案。

【成立河南河务局党的核心小组】　经中共河南省委批准,8月成立河南河务局党的核心小组,睢仁寿任组长,张方、田绍松任副组长。

【新华社编发治黄取得巨大成绩专稿】　9月25日,在毛泽东主席视察黄河20周年即将到来之际,新华社发出关于治黄取得巨大成绩的新闻稿,全文约2500字,标题是"在毛主席的号召指引下,我国根治黄河水害开发黄河水利取得巨大成绩"。其主要内容是:20多年来,河南、山东两省每年冬春都要投入三四十万以上的劳动力,加高培厚下游长达1800多公里的大堤,仅堤防工程就动用土石方3.8亿多立方米。同时,修建了东平湖水库和其他分洪滞洪工程,初步整治了河道。每年冬春两季,都对堤防进行岁修,夏秋洪水季节,下游沿河地区,都有上百万的防汛大军,检查水情,抢修堤段。黄河历史上"三年两决口"的险恶局面已经得到扭转,黄河丰富的资源正广泛地被用来为发展农业生产服务。现在,黄河下游两岸已建成引黄

---

❶1972年通过对1/50000河道地形图量取,黄河下游滩区生产堤总长538.2公里,其中河南黄河滩区382.7公里、山东黄河滩区155.5公里(长清县以下未统计)。

涵闸 60 多座,虹吸(抽水灌溉)工程 80 多处,灌溉面积达到 800 多万亩。黄河中上游水土流失地区的许多领导干部,深入现场,进行调查研究,依靠群众,摸索泥沙流失规律和控制的办法,带领群众开展水土保持,变害为利,发展生产。同时,大力发展水电事业,在黄河干流建成一座座大型水利枢纽,在支流上修建了上千座大、中、小型水利电力工程,为城市、农村提供了大量电力,灌溉了 4800 多万亩农田,使历史上多灾低产的黄河流域面貌有了很大变化。1971 年全流域粮棉产量分别比 1949 年增长 79% 和 137%。有 69 个县和一大批社、队的粮棉产量,达到或超过《全国农业发展纲要》规定的指标。

以上新华社专稿,全国各报纷纷刊用。《人民日报》于 9 月 26 日在头版头条位置登出。

【郑州邙山提灌站竣工】 10 月 1 日,郑州邙山提灌站竣工。该提灌站是郑州市水源开发"引黄入郑"的一项重要工程,1970 年 7 月 1 日开工,总投资 728 万元。该提灌站为二级提灌,渠首位于郑州广武岭东端岳山脚下的枣榆沟,一级提灌扬程为 33 米,提水能力 10 立方米每秒,二级提灌扬程为 53 米,提水能力 1 立方米每秒。提灌站建成后,提水能力由小到大,逐年增长,1982~1985 年,平均每年提水达 1.5 亿吨。其中每年为郑州市供水 1 亿吨。20 世纪 70 年代末,以提灌站为基础,建设成邙山黄河游览区。

【黄委召开下游河道整治经验交流会议】 10 月 9 日至 11 月 10 日,黄委在郑州召开下游河道整治经验交流会议。河南、山东河务局及各修防处负责人、工程技术人员,还有清华大学等单位的科技人员参加。会议首先用 20 天时间察看孟津至河口宽窄河道的整治工程,然后组织经验交流,并座谈讨论了黄河下游整治近期规划,商定 1972 年河道整治任务。

【黄河系统隆重纪念毛泽东视察黄河 20 周年】 为纪念毛泽东主席 1952 年视察黄河 20 周年,黄河系统各单位举行隆重的纪念活动。10 月 30 日至 11 月 1 日在郑州召开了有全河各单位代表参加的落实毛主席"要把黄河的事情办好"指示的经验交流会,同时还举办了治理黄河展览。沿黄各基层单位,结合各地情况,就地展开纪念活动,包括召开纪念会、座谈会、经验交流会,举办小型文艺演出或举办图片展览等。此外,流域各省新闻单位还开展了较大规模的有关治黄成就的宣传报道。

【开展三花间最大暴雨及最大洪水分析工作】 10 月,黄委革委会与华东水利学院、河南省气象局协作,引进美国传统使用的水文气象法,开展黄河三门峡至花园口区间可能产生的最大暴雨和最大洪水的分析计算工作。1975 年提出成果,供水电部召开的黄河特大洪水分析成果审查会审查。在工作过程中,总结了一套结合中国实际且易于推广的最大洪水推算方法。

【国务院决定从人民胜利渠引黄济津】　11 月 11 日,为解决天津市的水源危机,国务院决定从河南省人民胜利渠引黄济津,途经卫河、卫运河、南运河至天津九宣闸。并决定水电部负责实施,在引黄之前,先将卫运河基流送给天津。11 月 17 日由水电部、河北省、天津市成立联合调水检查组,保证送水任务的顺利进行,并通知黄委做好黄河来水预报和调度工作。12 月 25 日至 1973 年 2 月 15 日人民胜利渠正式为天津市引送黄河水 1.614 亿立方米,天津市九宣闸收水 1.0272 亿立方米。2 月 16 日,河南人民胜利渠停止放水,27 日天津九宣闸关闭,首次引黄济津圆满结束。

【黄河水库泥沙观测研究成果交流会召开】　12 月,黄委革委会在三门峡市召开黄河水库泥沙观测研究成果交流会。参加会议的有 38 个单位共 81 人,会后将会议交流的研究成果刊印为《黄河水库泥沙报告汇编》。

【数百名外宾参观访问河南黄河】　本年,随着中国外交政策在国际上赢得胜利,访华外宾日益增多,年内到河南黄河参观访问的外宾达 600 多人次。人民治黄的伟大成就,受到了国际友人的赞扬,并通过他们在国外报刊上宣传报道。

1973 年

【巩县修防段建立】 2月1日,巩县黄河修防段建立,隶属开封地区修防处。

【河南河务局进行治黄工程大检查】 2月14日至5月20日,河南河务局组织开展以修防段或灌区为单位的治黄工程大检查。据此,河南河务局向水电部报送了《关于检查情况和今后十年主要工作任务的报告》,请求解决滩区一水一麦的生产问题;治黄职工人员差额过大,年龄老化的问题;治黄3材(钢材、木材、水泥)的批拨问题;滞洪区迁安救护问题;引黄淤灌机构与管理体制问题等。

【河南河务局更名为"河南省革命委员会黄河河务局"】 3月24日,经河南省革委会批准,河南河务局归属河南省直接管理,正式启用"河南省革命委员会黄河河务局"印章。原"黄河水利委员会河南黄河河务局"印章同时作废。下属各修防处、段也陆续由所在地方直接管理。

【黄委决定恢复小董水文站】 4月16日,黄委批复同意恢复小董水文站。沁河小董水文站1969年迁至武陟县城,经3年多的运用检验,不能适应防洪工作的要求,且武陟水文站所处断面因河道展宽,观测困难。经河南河务局和郑州水文总站等单位共同查勘沁河有关河道断面,认为将武陟水文站迁回大虹桥比较合适。大虹桥断面于1976年起用,但站名仍为武陟站。

【中央决定再次实施引黄济津】 1973年春,天津用水再次处于严重紧张状态,中央决定实施引黄济津。5月3日开始,从人民胜利渠以40立方米每秒的流量向天津送水,途经卫河、卫运河、南运河至天津九宣闸。6月22日人民胜利渠停止引水,至此共向天津送水50天,总引黄水量1.248亿立方米。天津九宣闸收水为1.08亿立方米。

【河南省黄河防汛会议召开】 5月27日,河南省黄河防汛会议在郑州召开。沿黄(沁)河各地、市、县的有关负责人,各修防处、段及直属单位负责人参加了会议,省军区、黄委、新华社河南分社、河南日报社、郑州铁路局及省交通、民政、商业、气象、水利等部门也派人参加。会议分析了当前黄河防洪所面临的严峻形势,具体研究布置了河南省1973年黄河防汛工作,确保防汛安全。

【黄河下游治理规划座谈会召开】 7月5日,黄委在郑州召开黄河下游治理规划座谈会,河南、山东河务局及两省水利局的负责人参加了会议。会议讨论了《黄河下游近期治理规划意见》,研究了下游近期防洪方案、引黄淤灌规划和南水北调等。

【放淤固堤现场会召开】 8月23日,河南河务局在郑州召开淤建战备堤防放淤固堤现场会。参加会议的有各地、市修防处、段负责人,黄委和新华社河南分社也派人参加了会议。会议听取了郑州修防处、开封修防处和武陟、中牟修防段放淤固堤的经验介绍,并组织进行了参观学习。会议认为引黄淤临、淤背,可缩小临背悬差,防止渗透变形,是加固堤防的有效措施。强调"先自流,后提灌(淤);先险工,后平工;先重点,后一般;先易后难"是放淤固堤工作应遵循的原则,要求正确处理整体与局部、当前与长远、引水和退水、固堤与工农业生产等关系。

【花园口站出现特大沙峰】 8月29日,花园口站出现特大沙峰。8月28日11时花园口站出现4710立方米每秒洪峰,含沙量为118公斤每立方米。洪峰过后31个小时,出现特大沙峰,最大含沙量449公斤每立方米,相应流量为2990立方米每秒。8月30日22时,花园口站出现洪峰流量5020立方米每秒时,含沙量为181公斤每立方米。

这次洪水导致河南兰考、山东东明滩区生产堤破口,村庄进水,近百里平工靠溜行洪。大堤偎水深一般1~2米,最深2.79米。马庄等5处护滩控导工程有23座坝垛被洪水漫溢或坦石顶与水位平。

【辉县黄河石料厂建立】 10月18日,辉县黄河石料厂筹备小组成立并开始办公,翌年初动工兴建,1975年开始采石。该厂建立于辉县常村,主要解决新乡地段黄河工程用石。

【李先念对兰考、东明滩区受灾调查报告作出批示】 花园口站8月下旬连续出现3次洪峰,花园口至夹河滩河段低滩全部淹没,部分高滩上水,河南河段滩区淹没耕地43万亩。9月1日晨东明、兰考滩区生产堤破口后,88个村庄进水,66个村庄被水包围,受灾群众7万多人,其中河南滩区受灾人口4万多人。灾情发生后,中央和地方党委十分重视,积极组织救灾。周恩来总理就对滩区群众的安全关心不够和掌握情况不灵等问题对水电部进行批评。水电部9月12日发出《关于兰考、东明县黄河滩地群众被淹事件的检查通报》。中共黄委核心小组9月13日也发出《关于兰考、东明滩区受灾问题的检查报告》。之后,水电部、农林部和黄委联合组织调查组,到灾区调查灾情及黄河滩区生产堤的情况,10 月 12 日向水电部、农林部及国务院写出《关于东明、兰考黄河滩区受淹情况和生产堤问题的调查报告》。李先念副总理 10 月 22 日在调查报告上批示:"假使哪一年(或者明年)来历史最高水位的时候,能否保证大堤不出问题? 水电部要严格和充分考虑这个问题,决不能马虎。"

【黄委提出下游滩区修建避水台初步方案】 10 月 24 日,黄委提出黄河下游滩区修建避水台的初步方案。方案提出修建避水台的标准为:高程超过 1958 年实际洪水位 2~2.5 米,每人按 3 平方米修建。要求河南、山东两省于今冬明春组织人力,完成滩区避水台修建任务。11 月 13 日,河南省革委生产指挥部发出《关于在黄河滩区修建避水台的通知》,进行安排部署。

【黄河下游治理工作会议召开】 11 月 22 日,黄河治理领导小组在郑州召开黄河下游治理工作会议。参加会议的有水电部,河南、山东沿黄 13 个地、市及所属有关部门负责人和工程技术人员 100 余人。会议总结了治黄工作的主要成就和经验教训,针对下游出现的新情况和新问题,提出下游治理的措施意见:

(1)确保下游安全措施。首先,大力加高加固堤防,5 年内完成加高土方 1 亿立方米,10 年内把险工薄弱堤段淤宽 50 米,淤高 5 米以上,放淤土方 3.2 亿立方米;并抓紧完成齐河、垦利展宽工程,确保凌汛安全;其次,废除滩区生产堤,修筑避水台,实行"一水一麦,一季留足全年口粮"的政策。

(2)发展引黄灌溉,今后 3~5 年内建设高产稳产田达到 1200 万亩。

(3)做好 1974 年防汛工作。

(4)加速中游治理。

【自制浅水自动驳试航成功】 12 月 1 日,河南河务局航运队自制浅水自动驳试航成功。1971 年航运队委托 708 所设计了浅水自动驳图纸一套。翌年 7 月,航运队组织人力、材料,在花园口建起临时场地,自做造船平台,使用该图纸造船。船长 35.96 米、宽 7 米,吃水深 0.8 米,动力为两台 240 马力柴油机,可载货 80 吨。

由于该船体强度不够,加之造船技术较差,缺乏经验,投产 1 年后船体发生变形,停用。此后,又请天津造船厂制造。该船型为河南河务局航运队主船型。

【黄委发出下游滩区生产堤实施初步意见】 12 月 5 日,黄委发出《关于黄河下游滩区生产堤实施的初步意见》,指出黄河滩区修筑的生产堤,对保护滩区生产起了一定作用,但由于生产堤挡水,加重河槽淤积,排洪能力显著降低,给防洪带来严重威胁。因此,从大局出发,应废除生产堤,滩区生产采取"一水一麦,一季留足全年口粮"的政策。滩区可修筑避水台,以利安全度汛。

【三门峡工程改建后电厂开始发电】　12月26日,三门峡水利枢纽第一台4号国产5万千瓦双调轮发电机组并网发电。此后,第二台至第五台机组陆续安装,第二台3号机组于1975年12月29日并网发电,第三台2号机组于1976年11月14日并网发电,第四台1号机组于1977年10月30日并网发电,第五台5号机组于1979年11月5日并网发电。

【孟县白坡至兰考东坝头三角点布设任务完成】　本年,河南河务局测量队完成由孟县白坡至兰考东坝头74个五等三角点的布设任务。经纬度系北京坐标系,高程为新大沽,三角标为钢结构,高5～15米。三角标下埋设有混凝土标志。该项工作于1971年启动。

1974 年

【河南河务局机关机构设置变动】 2月1日,经河南省委、省革委批准,河南河务局设立办公室、人事处、财务器材处、河防处、引黄淤灌处。10月5日又成立基建办公室。

【黄河泥沙研究工作协调小组成立】 3月20~25日,黄河泥沙研究工作第一次协调会议在郑州召开。参加会议的有甘肃、陕西、山西3省水利(水电)局,河南、山东两省河务局,清华大学水利系,水电部科研所,第四、第十一工程局及黄委等单位的代表共30人。会议确定近期黄河泥沙研究的主要课题和分工协作意见,同意成立"黄河泥沙研究工作协调小组",并由龚时旸任组长,全允杲任副组长,牟金泽任总联络员。协调小组负责协调各单位黄河泥沙研究计划,推动黄河泥沙研究工作,并出版不定期刊物《黄河泥沙研究动态》。

【国务院批转黄河下游治理工作会议报告】 3月22日,国务院批转黄河治理领导小组《关于黄河下游治理工作会议报告》,同意报告中对1974年黄河下游防洪工程计划的安排。指出从全局和长远考虑,黄河滩区应迅速废除生产堤、修筑避水台,实行"一水一麦,一季留足全年口粮"的政策,对薄弱的堤段、险工和涵闸要加紧进行加固整修。

【《关于加强黄、沁河堤防植树造林的通知》发出】 4月2日,河南省农林局、河南河务局联合发出《关于加强黄、沁河堤防植树造林的通知》。要求林业和河务部门应密切配合,根据"因地制宜,因害设防,适地适树"和"临河防浪,背河固堤,同时积极培育料源"的原则,搞好造林规划,既要保证加固堤防,又要充分利用土地。通知还对植树造林的组织形式、林权、采伐、收益分配等作了规定。

【河南黄河防汛会议召开】 5月18日,河南黄河防汛会议在郑州召开,沿黄各地、市、县主管黄河防汛的负责人和各修防处、段负责人,省直有关局委,以及铁路、航运、石料生产等单位负责人参加了会议。会议布置1974年黄河防汛工作,落实防汛组织、工程料物等项度汛措施。河南省、黄委革委会负责人到会讲话。

【放淤固堤现场会召开】 6月9~24日,黄委在山东齐河县召开放淤固堤现场会议。参加会议的除河南、山东河务局及所属修防处、段的代表外,郑州、开封、济南、武陟、齐河、博兴、东阿等市、县和清华大学、黄河水利学校的代表也应邀参加了会议。6月9~16日,会议代表先后参观了郑州、开封、武陟、齐河、济南、博兴等堤段放淤固堤成果。17~24日在山东齐河进行讨论总结。会议期间,学习国务院对黄河下游治理工作会议报告的批示,总结交流先进经验,肯定成绩,找出差距,并研究了进一步加速放淤固堤的措施。

【黄河新的流域特征值使用】 6月11日,黄委通知使用新的流域特征值。根据量算成果:黄河流域9省(区),即青海、四川、甘肃、宁夏、内蒙古、山西、陕西、河南和山东,流域面积为75万多平方公里,黄河干流长5464公里。

【长南治黄铁路建设指挥部成立】 7月2日,长垣县城到濮阳南小堤治黄窄轨铁路建设指挥部成立,隶属安阳修防处。该铁路线本年动工,1977年完成长垣至渠村43.67公里线路后停工,渠村至南小堤段未修。1977年该线路为修建渠村分洪闸运石11.36万立方米,1978年后为险工运送石料。1987年拆除。

【河南省引黄淤灌座谈会召开】 11月1日,河南省引黄淤灌座谈会在郑州召开。参加会议的有沿河各地、市、县及修防处、各灌区管理单位,以及省直有关局委、科研单位和新华社河南分社的代表,黄委和山东河务局也派人参加了会议,共83人。会议传达全国抓革命、促生产会议精神,总结交流了近几年引黄淤灌经验,并提出如下工作要点:要全面规划,搞好排灌配套;大力提倡井渠结合;因地制宜放淤改土,种植水稻;妥善处理和有效利用黄河泥沙;加强工程管理,健全管理机构和管理制度;统筹兼顾,团结用水。

【水电部批准黄河下游进行第三次大复堤】 11月25日,黄委完成《黄河下游近期(1974~1983年)加高加固工程初步设计》,报经水电部批准,自本年度开始进行黄河下游第三次大复堤。

黄河下游近期加高加固工程确定以防御花园口站1958年型22000立方米每秒洪水为目标,大堤埽坝等防洪工程的修筑均以预测的1983年设计洪水位为标准。加高加固工程设计包括人工加高帮宽大堤、引黄放淤固堤、险工埽坝改建加高和涵闸改建加固等。上述任务分10年完成,总计土方4.8亿立方米,石方175万立方米,混凝土15.7万立方米。总投资4.5

亿元。

【河南河务局仓库开工兴建】 12 月 3 日,河南河务局在郑州市二里岗开工兴建仓库,建房面积为 6800 平方米(其中仓库 3 幢 6480 平方米),征购土地 45 亩。

【周恩来病中过问三门峡改建问题】 12 月 20 日,新华社报道了《三门峡水利枢纽工程改建获得初步成功》的消息,周恩来在重病中看到这一报道,感到一丝欣慰。周恩来病情一天比一天加重,可是他还惦记着黄河,多次询问三门峡改建后的效果及三门峡水库的泥沙问题。一天,纪登奎去医院看望,周恩来要纪登奎打电话问钱正英:"三门峡改建成功的报道是否属实?"这是周恩来一生中对我国水利事业的最后一次过问。

【纪录片《黄河万里行》公映】 12 月,纪录片《黄河万里行》在全国公映。1970 年 12 月在北京召开治黄工作座谈会期间,中央领导李德生指出黄河宣传不够,并提出要拍摄一部治黄的电影。据此,黄委于 1971 年 6 月向中央新闻纪录电影制片厂提供一份关于拍摄治理黄河纪录片的参考材料。1972 年新影派编辑屠椿年、摄影方振久等到黄河采访,拍摄大量黄河资料。1973 年 5 月,新影确定由著名编导姜云川执导这部影片。本年秋,全片摄制完成。

【河南治黄工程施工大规模开展】 本年,河南沿黄 13 个市、县组织 28 万人开展了规模浩大的治黄工程施工。至年底,共复堤 141 公里,淤背 20 公里,修筑避水台 874 个、台街 77 条;加高险工 26 处,控导工程 8 处;续建、新建河道整治工程 32 处,完成坝垛 151 座;完成三义寨闸门改建第一期工程;防串工程两处,共 15 道坝。总计完成土方 1519 万立方米,石方 20 万立方米。

1975 年

【陆浑水库移交洛阳地区管理】 2 月 5 日,黄委革委会将所属陆浑水库管理处移交洛阳地区领导。

【黄委举办治黄规划学习班】 3 月 3 日至 5 月 13 日,水电部委托黄委革委会党的核心小组在郑州举办治黄规划学习班。来自水电部及第四、第十一工程局,清华大学水利系,黄委及山东、河南河务局等单位共 151 人参加了学习班。学习班组织学员到治黄第一线进行学习调查,总结了历次黄河规划工作的经验教训,最后写出《二十年来治黄规划的主要经验》和《治黄规划任务书》两个初稿以及作为规划任务书的附件工作计划等。

【查勘潼关至三门峡河段】 4 月 25 日,水电部和黄委革委会派员会同晋、陕、豫 3 省水利局有关人员,对潼关至三门峡的河势、塌岸情况以及近期应做防护工程的地段进行现场查勘和讨论协商,对潼关河段的重要性和两岸工程修缮情况及今明两年防护工程项目取得一致意见,并提出查勘报告。此次查勘,历时 12 天。

【荥阳、温县修防段建立】 4 月,温县黄沁河修防段和荥阳县黄河修防段建立,分别归新乡地区黄沁河修防处和郑州黄河修防处领导。温县黄沁河修防段建立后,将原温陟黄沁河修防段改为武陟第二修防段,原武陟黄沁河修防段改为武陟第一黄沁河修防段。1977 年 12 月,荥阳县修防段撤销。

【刘一凡、马静庭分别任河南河务局党的核心小组组长、总工】 4 月,睢仁寿调离,刘一凡接任河南河务局党的核心小组组长(张方为副组长)。同月,马静庭任总工程师。

【组织开展引黄春灌及盐碱化问题调查】 4 月中旬至 5 月中旬,河南河务局商请黄委、河南省水利局、河南地理研究所、新乡农田灌溉研究所,以及安阳、新乡、开封地(市)修防处派人参加,组成南岸和新乡、安阳 3 个调查组,对引黄灌区春灌及盐碱化问题进行调查。据统计,河南引黄灌区共 25 个,其中中型灌区 22 个,大型灌区 3 个;引黄工程 39 处,其中闸门 27 座,虹吸 8 处,提灌站 4 处,设计引水能力达 2300 立方米每秒,实际引水一般只有 200~300 立方米每秒;引黄控制面积约 800 万亩,灌溉旱作物、保证稳产高产的面积约 200 万亩,引黄种稻 50 万亩,引黄放淤改土累计 80 万亩,加上远距离引黄补充地下水的面积,引黄总效益约500万亩。调查中发现存在较突出的问题是:第一,次生盐碱化仍然存在;第二,灌排渠道淤积较为严重;第三,黄河枯水季水量不足,影响稻田和抗旱用水突出。

【水电部、铁道部发出黄河防汛石料运输问题意见】　5月24日,水电部、铁道部发出《关于黄河防汛石料运输问题的意见》,要求郑州、济南铁路局将黄河防汛石料列入国家物资运输计划,做到每年按季度均衡运输,并保证完成计划。

【黄河防汛会议召开】　5月27日至6月2日,黄河防汛会议在郑州召开。参加会议的有晋、陕、豫、鲁4省负责人,豫、鲁两省河务局以及下游沿黄地、市革委会和修防处负责人,三门峡库区负责人等共105人。水电部派人参加了会议。会议研究部署1975年防汛工作,总结了废除滩区生产堤和实行"一水一麦"政策的情况和经验,以及三门峡库区治理。

【马渡引黄闸建成】　5月30日,马渡引黄闸建成。该闸于2月27日动工兴建,位于郑州北郊花园口马渡村北,为两孔钢筋混凝土涵洞,设计流量20立方米每秒,设计灌溉面积9.8万亩。

【水电部向中央呈送有关黄河简易吸泥船的简报】　6月12日,水电部编印的第37期《水利简报》刊载了题为《黄河下游自制简易吸泥船放淤固堤》的报道。水电部特将简报呈送毛泽东主席,中央政治局各委员,国务院有关部委,总参、总政、总后等军事系统有关单位,新闻单位等。简报中概述了利用简易吸泥船放淤固堤的显著成果和比人工加高培厚大堤有节约劳力、投资、粮食及减少开挖耕地等优点。

【黄河防汛办公室紧急研究防御特大洪水问题】　8月5～8日,河南中部和南部降特大暴雨,淮河流域的沙颍河、洪汝河和汉江流域的唐白河均发生特大洪水。洪汝河水系的板桥水库、石漫滩水库发生垮坝。

8月10日,河南省黄河防汛办公室召集沿黄地、市防汛指挥部负责人,紧急研究防御特大洪水问题。会议介绍了淮河水情及抗洪斗争情况,传达省领导"要提高警惕、严加戒备,充分估计水情,防止突然袭击,确保大堤安全"的指示,分析了黄河防汛形势,安排部署了防御特大洪水的准备。

8月15日,黄委向全河通报"75·8"河南特大暴雨洪水情况,同时转发水电部《水利简报》增刊第54期,要求认真吸取这次特大洪水的经验教训,做好黄河防汛工作。

【濮阳王称堌引黄闸竣工】　8月,濮阳王称堌引黄闸竣工。该闸于1974

年7月开工,为两孔顶管型,设计流量6.6立方米每秒,灌溉面积9.5万亩。

【武陟沁河红旗大桥建成】 9月25日,武陟沁河红旗大桥竣工通车。该桥于1973年10月15日动工,为沁河上最长的双曲拱桥,全长721.4米,设计负荷载重标准为汽—13吨,拖—60吨。

【花园口站出现7580立方米每秒洪峰】 10月2日,花园口站出现7580立方米每秒洪峰。4日花园口站再次发生7420立方米每秒洪峰。这次洪水,持续时间长,花园口站7000立方米每秒以上流量延续70多个小时,大部分河段水位表现较高。两次洪峰在夹河滩重合后,夹河滩站最大洪峰流量为7700立方米每秒,水位高于1958年大洪水水位0.81米。

　　由于洪水位表现高,两岸大堤偎水长141公里,60万亩滩地被淹,134个村庄、18万人受灾,倒房3.5万多间,长垣、濮阳、台前、范县、兰考等县较为严重。洪水期间,沿黄各级党委和防汛指挥机构高度重视,组织6万多人上堤防守。安阳、开封地委组织工作组赶赴抗洪前线,指挥抗洪斗争。投入滩区救护的民兵、解放军达4万多人,各类船只500多只,运输车1000多辆,迁出或转移到避水台的有3万多人,牲口1000多头,粮食378万公斤。

【首次进行水力冲填培修大堤试验】 10月16日,原阳修防段开展水力冲填帮宽加高大堤试验。水力冲填法是用高压水枪冲土造浆,再用泥浆泵抽送到人工修好的小围堤内沉淀、固结,以代替人工培修大堤。同期,武陟第一、中牟修防段也采用水力冲填法进行大堤培修,取得显著效果。此后,该方法成为放淤固堤的主要方法之一。

【第三次引黄济津开始】 10月18日,新乡地区开始通过人民胜利渠引水40立方米每秒注入卫河,向天津市送水。此后,流量逐渐加大,最大流量为105.4立方米每秒。放水期间,为解决河北省用水,从11月17日停止为天津市放水约1个月,12月16日再继续为天津市放水。1976年1月31日第三次引黄济津结束,历时105天,人民胜利渠渠首张菜园闸共放水2.28亿立方米,卫河基流5.37亿立方米,至1976年2月15日天津市九宣闸实收水4.37亿立方米。

【赵口闸开展泥浆泵清淤试验】 10月19日至11月7日,赵口闸利用泥浆泵进行清淤试验成功。两台泥浆泵(动力为13千瓦的小型泥浆泵)在20天中运转309台时,抽出泥浆2.36立方米,最高含沙量为62%,最低为10%,共清出泥沙6041立方米。

【10 万民工掀起冬季修堤高潮】 范县、南乐、濮阳、长垣、封丘、武陟、博爱、兰考、开封、尉氏等 10 县民工 11.6 万人,自 11 月 5 日起先后奔赴治黄工地投入复堤施工,共出动架子车 4.7 万多辆、拖拉机 400 多台、碾 600 多盘。黄委派 30 多名干部、河南河务局组织 5 个工作组分赴两岸复堤工地,了解施工情况,帮助地、县解决施工中出现的问题。至 12 月 5 日,完成土方 557 万立方米。

【河南省革委会发出复堤树木处理问题通知】 11 月 11 日,河南省革委会发出《关于黄河复堤树木处理问题的通知》,通知指出:黄、沁河堤防树木为国家所有,任何单位、集体和个人都不准侵占,任意砍伐。对于影响复堤的树木,要在县革委的领导下,由黄(沁)河、农林、计划、公安部门组成小组,共同负责,按施工计划,分期分批地采伐和处理。这次复堤中采伐的堤防树木仍按过去"国六社四"规定的分成比例执行(属于国家管理的除外)。在国家分成的木材中,可售于县三分之一,其余木材应用于治黄工程,由黄、沁河部门统一调拨。

【《河南黄(沁)河土方工程施工规范》印发执行】 11 月,河南河务局印发《河南黄(沁)河土方工程施工规范》,对施工的组织领导、施工测量与计划、清基、取土、填筑、压实、检查等作了具体规定。

【河南河务局学大寨工作组赴原阳工作】 11 月,河南河务局农业学大寨工作组赴原阳官厂公社大李厂和东风两大队蹲点。次年 11 月 26 日结束。

【黄河下游防洪座谈会召开】 12 月 13～18 日,水电部在郑州召开黄河下游防洪座谈会。参加会议的有水电部、石油化工部、铁道部、黄委及河南、山东两省革委会负责人。会议遵照国务院领导要严肃认真对待特大洪水的指示,研究讨论黄委提出的关于防御黄河特大洪水的方案和 1976 年紧急度汛措施。经过会议讨论分析,一致认为黄河下游花园口站还可能发生 46000 立方米每秒的洪水,在第五个五年计划期间,建议采取重大工程措施,逐步提高下游防洪能力,努力保障黄、淮、海大平原的安全。

【防御黄河下游特大洪水的报告报送国务院】 12 月 31 日,水电部和河南、山东两省革委会联名向国务院报送《关于防御黄河下游特大洪水意见的报告》。报告依据黄河实测和历史洪水,以及海河"63·8"、淮河"75·8"暴雨,经综合分析,提出当前黄河防洪标准偏低,河道逐年淤高,远不能适应防御特大洪水的需要。今后黄河下游防洪应以防御花园口 46000 立方米每秒洪水为标准,拟采取"上拦下排,两岸分滞"的方针,建议采取重大工程措施：

(1)在三门峡以下兴建干支流水库工程,拦蓄洪水。

(2)改建北金堤滞洪区,加固东平湖水库,增大两岸分滞能力。

(3)加大下游河道泄量,增辟分洪道,排洪入海。

(4)加速实现黄河施工机械化。

次年5月,国务院以国发[1976]41号文件对《关于防御黄河下游特大洪水意见的报告》批复如下:国务院原则同意。可即对各项重大防洪工程进行规划设计。希望在抓紧规划设计的同时,切实做好今年的防汛工作,提高警惕,确保河防安全。

【自造简易吸泥船下水】 年底,河南河务局制造的简易吸泥船下水。根据放淤固堤的需要,河南河务局决定从1974年开始制造简易吸泥船,分别由开封市、开封地区、安阳地区修防处组织在开封黑岗口和长垣两地进行,到本年年底造成6只,其中开封市修防处完成4只、开封地区修防处完成1只、安阳地区修防处完成1只。次年自制简易吸泥船投入运用,在放淤固堤中发挥了重要作用。至1983年,发展到46只。

【原阳双井混凝土灌注桩护坝试验】 本年,原阳修防段在双井进行混凝土灌注桩护坝试验,完成混凝土灌柱47根,裹护长度25米。

1976 年

【黄委出台改建和新建引黄涵闸设计标准】 1月19日,黄委印发《黄河下游引黄涵闸改建和新建几项设计标准暂行规定》。由于河道淤积抬高,在加高大堤的同时,要有计划、有步骤地对引黄涵闸逐个进行改建加固。为此,黄委制定了统一的设计标准:

(1)下游两岸引黄涵闸的防洪标准应以花园口站22000立方米每秒洪水作设计,以可能最大洪水46000立方米每秒作校核。

(2)小改建涵闸均采用1985年为设计水平年,大改建和重(新)建涵闸均采用1995年为设计水平年。[1]

(3)艾山以上改建和新建涵闸的校核防洪水位采用设计防洪水位加1米;艾山以下改建和新建涵闸的校核防洪水位采用设计防洪水位加0.5米。

规定要求:凡属大改建和新建工程的设计任务书及初步设计需报送黄委审批,其他技术、施工详图和竣工验收文件等分别由河南、山东河务局审批,并报黄委备查;小改建的设计任务书需报黄委审批,其他设计文件书、竣工验收文件等分别由两局审批,并报黄委备查。

【石料采运处成立】 1月,经河南省委批准,河南河务局机关增设石料采运处。

【黄委提出北金堤滞洪区改建规划实施意见】 2月5日,黄委规划办公室编制完成北金堤滞洪区改建规划实施意见,提出的主要措施是:修建濮阳渠村和范县邢庙两座分洪闸,废除石头庄溢洪堰;加高加固北金堤;落实滞洪区的群众避水台和临时撤离措施等。在黄河发生特大洪水时,要求滞洪区能分滞洪水20亿立方米左右,渠村分洪闸分洪流量10000立方米每秒。

【黄委通报春修施工伤亡事故】 4月27日,黄委发出《关于今春修堤施工和运输工作中发生伤亡事故的通报》,指出在今年春修施工中,河南、山东等工地发生数起伤亡和火灾事故,死亡12人,重伤15人,轻伤39人,给国

---

[1]花园口站1985年设计洪水位为97.00米,1995年设计洪水位为97.80米。改变原主体工程属大改建,不改变原主体工程属小改建。

家和人民的生命财产造成了不应有的损失。发生这些事故的主要原因是领导对安全生产重视不够,思想麻痹,安全措施不力所造成的。要求各单位引起高度重视,认真总结经验教训,采取有效措施,立即扭转当前安全生产上的被动局面。

【河南省防指印发防汛工作意见】 5 月 29 日,河南省防指印发《河南省 1976 年黄河防汛工作意见》,提出今年黄河防汛的任务是:确保花园口站 22000 立方米每秒洪水大堤不决口,遇特大洪水时,尽最大努力,采取一切办法,缩小灾害。沁河以防御小董站洪峰流量 4000 立方米每秒为目标,确保北堤安全。在确保度汛安全的同时,积极利用黄河泥沙资源进行淤临、淤背和淤灌。

【航运大队划分为"三队一厂"】 6 月 7 日,航运大队撤销,新组建为 3 个航运队和 1 个造船厂。航运一队和造船厂设在花园口,航运二队设在范县杨集,航运三队设在兰考东坝头。"三队一厂"都直接归河南河务局领导。1978 年 7 月,航运大队恢复为河南河务局直属单位,下设航运一、二、三队和造船厂,拥有浅水自动驳 24 艘,机动拖轮 4 艘(带 12 艘铁驳),木帆船全部被淘汰。1984 年 6 月,航运大队撤销。原航运大队一队、三队和船厂合并,划归开封市修防处建制,称开封市黄河修防处航运队,队址设在开封市柳园口,船厂仍驻花园口(1988 年该厂又划归郑州修防处领导);原航运大队运输二队划归濮阳市修防处建制,称濮阳市黄河修防处航运队。

【4 省黄河防汛会议在济南召开】 6 月 19 日,豫、鲁、晋、陕 4 省黄河防汛会议在济南召开。水电部袁子钧司长、黄委革委会主任周泉等参加会议。会议讨论了防御黄河下游特大洪水方案,研究确定 1976 年防汛任务为:确保花园口站 22000 立方米每秒洪水大堤不决口;遇特大洪水时,尽最大努力,采取一切办法,缩小灾害。

【河南河务局接收花园口木船队】 6 月 20 日,河南省交通局与河南河务局签订移交花园口木船队协议。协议明确河南省交通厅将黄河航运处花园口国营木船队移交开封市黄河修防处航运队;130 名职工的工资、基金、劳保福利指标于 7 月划拨。

【河南河务局招待所建成使用】 6 月,河南河务局招待所建成使用。该招待所于 1975 年开始兴建。1997 年 9 月,河南河务局招待所撤销。

【小浪底、桃花峪水库工程规划技术审查会召开】 8 月 14 日,水电部工作组在郑州主持召开小浪底、桃花峪工程规划技术审查会。36 个单位 142 人出席会议。会议听取黄委关于小浪底、桃花峪两个工程规划的汇报,并深入现场调查研究,审查讨论。

1981年11月,水利部对小浪底、桃花峪工程规划比较审查后认为,小浪底优于桃花峪,决定不再进行桃花峪水库的比较工作,责成黄委抓紧小浪底水库的设计工作。

【花园口站发生 9210 立方米每秒洪峰】 8月27日,花园口站发生9210立方米每秒洪峰,9月1日花园口站再次发生9100立方米每秒洪峰。这两次洪峰具有水位高、水量大、持续时间长的特点。开封柳园口以下洪水位超过1958年洪水位0.5～1米,花园口站15天洪量达89亿立方米,8000立方米每秒以上流量历时7天。洪水通过时,河南段有400多公里大堤偎水,堤根水深一般1～3米,封丘倒灌区倒灌,险工与河道整治工程有157个坝垛出险。洪水期间,黄河滩区有595个村庄进水,河南31人死亡,54万人受灾,淹没耕地107万亩。

洪水发生后,河南省委、省革委会、省军区向沿黄人民发出慰问电,并向灾区派出慰问团和医疗队。在抗洪抢险的紧张时刻,全省有3万多军民守护黄河大堤,2万多军民进行抢险,10多万军民运送防汛料物,20多万军民投入滩区迁安救护。

整个汛期,黄、沁河共有49处工程415个坝垛出险,大部分发生在控导及护滩工程,垮坝6道,冲断坝12道,11道坝漫顶,共抢险766坝次,抢险用石12万立方米,柳1468万公斤。

【黄委加强无线电通信网络建设】 截至10月,全河共架设各种类型电台42部。鉴于淮河"75·8"大水期间有线通信失灵造成的教训,3月,水电部、黄委决定在现有有线设施基础上,再增设一套无线通信设备。河南、山东两河务局随即配备了无线电通信人员并组织技术学习,在郑州—原阳—庙宫,原阳—封丘安设A—350无线电台,在郑州—庙宫安设208型电台。同时,黄委在四机部的协助下,拟订了龙门到黄河河口区间的建网计划,并对三花间部分水文站进行电台选型试验和郑州—济南的干线设计。

【尹义任河南河务局党的核心小组副组长、副局长】 12月3日,河南省委决定,尹义任河南河务局党的核心小组副组长、副局长。

【北金堤滞洪区改建工程计划编制完成】 12月,河南河务局编制完成北金堤滞洪区工程改建计划,并对1977年急需完成的工程提出安排意见。该计划由河南省革委会转报国务院。

改建工程计划包括:滞洪区临时撤离区划分;修建临时撤退道路;濮阳城防护工程及北金堤的加固;修建防护堤和避水台埝;滞洪迁安工具和通信设施;扩建退水闸。

【新乡地区治黄窄轨铁路建成】　　12月,新乡地区治黄窄轨铁路新辉线和封清线建成并投入运用。新辉线由辉县共山石场引出,与新乡至封丘线连接,全长34.03公里。该线建成后,对渠村分洪闸的建设发挥了作用。封清线由封丘站东南引出,止于清河集大堤上,全长24公里。两线均于1973年开工兴建,主要是为了运输河工石料,但由于运石成本过高及料源不足等原因,1985年被迫停运,无偿移交地方。

【大规模复堤继续进行】　　本年,共完成复堤及险工坝基加高土方2743.47万立方米,完成堤线长235.21公里。自1974年第三次大复堤以来,累计完成土方4024.06万立方米,完成堤线长324.9公里,分别占需复堤土方、长度的54%、52%。

1977 年

【洛阳黄河公路桥建成通车】 1月2日,洛阳黄河公路桥建成通车。该桥位于孟津县的雷河与对岸的吉利区之间,全长3428.9米,桥面净宽11米,总造价4037.3万元。1973年7月开工,1976年12月27日竣工,12月31日通过验收。该桥的建成通车,对沟通黄河两岸交通,促进工、农业生产的发展和洛阳城市建设,起到重要的作用。

【黄河下游凌汛严重】 从1976年12月25日起,黄河下游气温大幅度下降,到2月5日,低气温持续40余天。12月27日首先在河口地区封河,然后节节向上插封,最上封至开封黑岗口,封河总长404公里,总冰量为7104万立方米,河槽最大蓄水量达3.56亿立方米,冰量较新中国建立后封河年份平均值偏多39%。河口段封河初期就壅水漫滩,12月29日,西河口水位壅高到8.99米(高程),比当年汛期最高洪水位还高0.07米,西河口到利津河段水位抬高2米左右,影响滨县、利津、博兴、垦利4县,10万亩滩地进水,14个村庄被水围困,160多公里大堤偎水。山东省组织46个爆破队,在开河前于泺口以下5段河道内爆破冰凌9800米。三门峡水库自1月1日开始控制下泄流量,河南、山东引黄涵闸也及时开闸引水。2月中旬气温回升,3月8日全河开通,防凌工作结束。

【春季复堤开工】 3月25日,春季复堤开工。施工堤线长173公里,分布在长垣、濮阳、范县、台前、武陟、原阳、封丘、中牟、开封县、开封市、兰考、郑州市共12个县、市。各地从3月25日至6月24日陆续开工,有111个公社、2189个大队,10万余人参加施工,出动各种车辆5.3万辆、拖拉机288台。6月2日至8月24日陆续完工,共完成土方659万立方米。

黄河大堤经过近几年的加高培修,南岸大堤已基本按防洪标准完成。自1974年开始大复堤以来,共完成土方4726.36万立方米,占总计划土方的63.6%。险工加高,共加高坝224道、垛211座、护岸131段。

【河南省防汛会议召开】 5月20日,河南省防汛会议在郑州召开。各地、市防汛指挥部指挥长、水利局长,沿黄河各县,各大型水库、重点中型水库,黄河修防处、段和其他主要河道管理单位负责人等参加了会议。会议安排了防汛工作,讨论通过《河南省1977年防汛工作方案》和《河南省1977年黄河防汛工作意见》。

【宋劭明、杨甫、尹义分别任河南河务局局长、副局长】 5月27日,河南省委任命宋劭明为河南河务局党的核心小组组长、局长,杨甫、尹义任副组长、副局长。6月和11月,杨甫、宋劭明先后调离。

【河南省委批转加强黄河修防处、段领导的请示】 6月9日,河南省委批转河南河务局《关于加强黄河修防处、段领导的请示报告》,并转发沿黄各地、市、县委,省直有关单位。报告提出:各修防处、段实行地方党委与河南河务局双重领导,业务工作以河南河务局领导为主,党的工作、干部配备等以地方党委负责为主;对主要领导干部的任免调动,修防处一级由地、市委与河南河务局协商后办理,修防段一级由县委与修防处协商后办理;建议恢复安阳滞洪处。

【《黄河流域特征值资料》出版】 6月,黄委出版《黄河流域特征值资料》。该书对黄河流域集水面积、干流长度、流经省(区)均有新的提法。黄河流域集水面积原为737699平方公里,新量为752443平方公里;黄河干流全长原为4845公里,新量为5464公里;以往黄河流经8省(区)的提法不准确,应加上四川,改为黄河流经9省(区),即青海、四川、甘肃、宁夏、内蒙古、山西、陕西、河南、山东。黄河流域特征值的量算工作从1972年3月开始,黄委水文部门与沿黄各省(区)水文总站共同协作进行。其量算成果上报后,水电部于1973年批复同意将新量成果专册刊印,并指示黄河水文年鉴从1971年起改用新量成果。

【开封县黄河修防段成立】 7月4日,开封县黄河修防段建立,隶属开封地区黄河修防处。

【李先念称赞用吸泥船加固黄河大堤】 7月4日,水电部第606期《值班简报》上报道了"用简易吸泥船加固黄河大堤效果好"一文,指出"黄河下游自1970年开始用简易吸泥船加固黄河大堤以来,到现在黄河下游已有吸泥船166只(山东142只,河南24只),累计放淤固堤已达3700多万立方米。船淤比人工筑堤节省劳力80%,投资少50%"。7日,国务院副总理李先念阅后批示:很好,继续总结提高。

【河南沿黄组织起百万防汛大军】 7月6~7日,河南省军区召开沿黄驻军会议,部署黄河防汛工作。会后各部队随即上堤查认责任堤段,了解堤防、险工等情况。据统计,至7月底河南沿黄组织起各种防汛人员102万人,其中一线防守力量38万人,二线防守力量33万人,滩区迁安救护8万人,滞洪区迁安救护18万人,城市后备人员5万人。备防石料36万立方米,草捆28万个,木桩48万根,柳杂料1.98亿公斤,麻草袋80万条。自5月下旬河南省防汛工作会议后,各地、市、县先后召开会议,传达会议精神,部署安排防汛工作。社、队防汛机构在6月底7月初建立健全。

【花园口站出现高含沙水流】　7月9日,花园口站出现8100立方米每秒洪峰。10日6时花园口站最高含沙量达546公斤每立方米,为该站有记载以来的最大含沙量。在落水过程中,夹河滩以上210公里河段发生冲刷,铁谢至夹河滩河段峰前峰后同流量(5000立方米每秒)水位下降0.4~1.3米。夹河滩以下河段峰前峰后同流量水位升高。这次高含沙洪水在河南段河道总的表现为淤积,夹河滩以上为淤滩刷槽,夹河滩以下为淤滩淤槽。由于洪水位高,滩区384个村庄进水,2万间房屋倒塌,28万人受灾,7人死亡,66万亩耕地被淹。

抗洪期间,封丘荆隆宫附近电话线被大风刮断,无线通信因准备不足无法启用,致使河南省黄河防汛办公室与封丘以下5县黄河防汛办公室在7月10日8~13时联络中断。

洪峰过后,由于河势变化及"揭底"冲刷,河床下切,引起多处工程发生严重险情。7月9日,中牟杨桥险工17~21坝及护岸坝基底淘空,坍塌200余米,其中数处塌陷距堤根仅有二三米。此前,该工程已80年没靠过大溜。7月19日,开封柳园口险工19~21坝土胎出现裂缝80多米,20坝护岸50浆砌护坡全部塌入水中,经数千人奋力抢护,化险为夷。

【东传钧检查防汛工作】　7月15~22日,河南省防指副指挥长、省军区副司令员东传钧率检查组检查防汛工作。检查组实地察看了两岸的堤防、险工、涵闸、虹吸、分滞洪工程,分别听取了各地关于防汛情况的汇报。

【开封市修防处船舶修造厂建立】　7月23日,开封市修防处船舶修造厂建立,隶属开封市修防处。该厂于1979年3月撤销,期间共造吸泥船18艘。

【武陟县发生擅自扒开沁河大堤事件】　7月28日,武陟县阳城公社为排除背河积水,擅自在沁河堤73公里处将堤身扒开1.6米,并在背河挖了两条引水沟。正值大汛时期,如遇黄、沁河涨水,必将酿成决口大患。但武陟第二修防段革委会主任王合仁发现此事达10日之久不向上级报告,是严重的失职。为此,武陟县常委会9月17日研究决定:撤销王合仁党内外一切职务。

【花园口站发生 10800 立方米每秒洪峰】　8 月 8 日,花园口站发生 10800 立方米每秒洪峰。这次洪水不仅峰高,且含沙量大。8 月 7 日 21 时,小浪底站出现最大流量 10100 立方米每秒,在此之前 1 小时出现 941 公斤每立方米含沙量,为该站记载的最大含沙值。高含沙量自小浪底站以下沿程递减,8 月 8 日到花园口站为 437 公斤每立方米。

洪水进入下游河道后,夹河滩以上河段在涨水过程中出现水位突落、陡涨等异常现象。水位突落、陡涨的幅度自赵沟到驾部逐渐加大,自驾部到夹河滩逐渐减小,驾部控导工程水位 6 小时内落水 0.8 米,接着又在 1.5 小时内猛涨 2.84 米;花园口站洪峰出现时间较正常传播时间晚 5～6 小时,洪峰流量比正常洪水推演值大 2400 立方米每秒。

在这次洪水过程中,河南黄河滩区 456 个村庄、37 万人受灾,72 万亩耕地被淹,12 处工程 42 道坝出险,抢险 46 次。中牟赵口闸 47～45 坝坝基被冲塌 200 余米,根石下陷 3 米。地、县领导迅速采取措施,组织群众防汛队伍 1000 多人,并出动人民解放军一个连投入抢险,经 6 个多小时的紧张抢护,控制了险情发展。

继赵口闸出险后,万滩、杨桥险工相继出险。万滩险工 35～58 坝及 3 段护岸相继坍塌下蛰。

纵观整个汛期,高含沙水流给防汛工作带来许多新问题:第一次高含沙水流在夹河滩以上河段发生不同程度的"揭底"冲刷,主槽冲深,造成工程出险急而严重;第二次高含沙水流,在花园口以上铁谢至驾部间出现泥沙停滞堆积阻水、数小时后又被冲开的现象,引起赵沟至夹河滩水位突降、陡涨,对工程十分不利。此外,由于含沙量大,洪水漫滩淤积,形成主槽窄深、"高滩不高"的严重局面。东坝头以上两岸低滩由于大量淤积,北岸原阳、封丘一带 1855 年铜瓦厢决口改道时形成的较高滩唇,一般只剩 0.5～1.0 米,位居高滩上的原阳大张庄等 8 个村庄进水。高村以上河势变化剧烈,临堤险工险情严重。汛期黄河河南段共有 147 道坝垛出险,抢险 215 坝次,其中临堤险工出险 91 道,抢险 103 次,大部分险工出险是由于根石冲失所引起。

【张菜园新闸通过竣工验收】　9 月 1 日,张菜园新闸通过竣工验收。该闸位于武陟县何营乡张菜园村西,于 1975 年 3 月 28 日开工,结构为 5 孔涵洞式,设计流量 100 立方米每秒。

【组织调查高含沙量洪水】　9 月 8～14 日,河南河务局组织有关人员赴京广铁桥上游南、北岸及中牟、开封等河段进行调查访问,并编写了《1977 年汛期黄河下游出现高含沙量水流情况的调查报告》,报告对花园口 7 月 8 ~ 10 日及 8 月 7 ~ 12 日两次洪水过程中出现的异常现象进行了较全面系统地分析,阐述了对防洪的影响,并提出进一步研究高含沙水流的建议。

9 月 16 ~ 28 日,黄委组织调查组先后到郑州、中牟、开封、东明、长垣、封丘、原阳、新乡、武陟、孟县等修防处、段了解情况,收集高村、夹河滩、花园口等水文站有关测验资料,并通过现场查勘和询问当地群众,详细调查了本年 3 次洪水的河势、工情和漫滩等情况。

【国家 5 部委局到黄河下游调研】 9 月,黄委邀请国家计委、建委、物资总局、一机部和水电部 5 部委局组成联合调查组,赴黄河下游调研治黄工程建设。调查后,鉴于黄河防洪任务迫切、重大,建议国家计委、建委自 1977 年开始,将治黄工程列入国家建设的重点,投资、材料、设备按国家重点项目供应。同时,提出要加速发展简易吸泥船;扩大石料料源,提高开采能力;加快涵闸建设;提高运输能力,加强设备维修;尽快实现沿黄地、县农业机械化。

【金堤滞洪区管理机构建立】 10 月 17 日,建立安阳地区金堤滞洪区管理机构。机构设置:地区设滞洪处,县设滞洪办公室,人员编制 121 人。

【三门峡至入海口河段查勘结束】 10 月 22 日至 11 月 25 日,黄委与水电部规划设计院等单位共同组织查勘组,对黄河三门峡至入海口进行查勘研究,重点讨论桃花峪、小浪底工程选点,山东黄河分洪道工程查勘审查意见,南水北调穿黄工程,北金堤滞洪区退水等问题。

【隆重纪念毛泽东视察黄河 25 周年】 10 月 30 日,在毛泽东主席视察黄河 25 周年之际,沿黄各地及治黄单位纷纷举行隆重纪念集会,并广泛开展纪念活动。黄委在郑州召开座谈会,邀请河南、山东两省河务局代表及治黄先进单位和个人代表,共同座谈人民治黄的成就。《人民日报》、中央电台及黄河流域各省(区)的报刊、电台都发表了治黄方面的有关文章。开封市委组织驻汴部队,市直各局、委、区,各大厂和郊区各公社代表等 3000 多人,在毛泽东视察过的柳园口险工 42 号坝举行隆重纪念大会。

【姚哲任河南河务局党的核心小组组长、局长】 11 月 25 日,河南省委决定姚哲任河南河务局党的核心小组组长、局长。

【安阳、新乡、开封地区修防处建立运输队】 12 月 5 日,安阳、新乡修防处运输队建立,开封地区修防处运输队于 1978 年 4 月建立。

【**河南省革委会发出不准擅自在滩区修建挑水和阻水工程通知**】　12 月 22 日,河南省革委会发出《关于不准擅自在黄河滩区修建任何挑水和阻水工程的通知》。指出:自 1968 年以来,河南黄河有计划地修建控导工程 20 余处,经洪水考验,效果显著。但近几年沿黄个别县、社为了局部利益,不经黄河主管部门批准,擅自在黄河滩区修建挑水和阻水工程,严重影响河南黄河河道整治的统一规划和部署,影响两岸群众的团结。这种现象必须坚决制止。对已修的工程,应由河南河务局作出审定,凡属危害严重者,要责成施修单位坚决予以拆除。今后如需修建河道工程,必须经河南河务局审查批准。

1978 年

【黄河下游修防单位归属黄委建制】 1月5日,经国务院批准,将山东、河南两省河务局及所属修防处、段仍改属黄委建制,实行以黄委为主的双重领导。业务领导、干部调配由黄委负责,党的关系仍由地方党委负责。

【黄委更名及新任领导成员】 1月,经水电部同意,将"文化大革命"中改为"水利电力部黄河水利委员会革命委员会"的名称,更名为"水利电力部黄河水利委员会"。同时任命了新的领导班子成员:主任王化云,副主任杨宏猷、杨庆安、辛良、李玉峰、李延安。3月,取消修防处、段"革命委员会",各修防处、段恢复原名。

【黄委治黄工作会议召开】 2月17日,黄委在郑州召开治黄工作会议。王化云主任主持会议,会议总结了经验,找出了差距,研究了在新的形势下如何加快治黄建设速度等问题。

【两项科技成果获全国科学大会奖】 3月18日,全国科学大会在北京召开,河南河务局组织完成的引黄淤灌治碱治沙及山东河务局的引黄放淤固堤经验等科技成果荣获全国科学大会奖。

【参加全国水利管理会议】 3月20日,全国水利管理会议在湖南省桃源县召开,1300多名代表出席会议。会议根据党中央的战略决策和搞好各条战线整顿工作精神,认真总结经验,肯定成绩,找出差距,表彰先进,制定措施,以大力提高管理水平和技术水平,迎接水利建设的新高潮。水电部部长钱正英主持会议并作了报告。黄委主任王化云带领山东、河南河务局及修防处和部分修防段负责人共27人参加了会议,并向大会提交《黄河下游治黄工程管理规划》和《黄河下游工程管理总结》等报告。

【花园口水文站建造施测大洪水机船】 为吸取1975年8月淮河大洪水的严重教训,适应黄河下游防御特大洪水的需要,3月,花园口、夹河滩水文站开始建造施测大洪水的水文测船。花园口的测船1981年10月建成,船长38米,宽6米,造价81.3万元。这是黄河河道水文测验中最大的机船。

【堤防险工及控导护滩工程管理会议召开】 4月下旬,河南河务局召开堤防险工及控导护滩工程管理会议。参加会议的有各修防处、段的负责人,具有抢险、整险经验的技术干部和工程队长、老工人等。会议传达了全国水利管理会议精神,进行了整险、抢险技术及防止根石走失的经验交流,讨论研究抢险骨干队伍的组织建设和民工工资,险工和河道工程管理制度,以及汛前要抓紧完成的有关工作。会议经过认真讨论,恢复并修订了《河道工程管理养护暂行规定》《险工及控导护滩工程标准的意见》《河势观测及报抢险办法的规定》《堤防险工探摸根石的几点规定》等。

【安阳修防处进行铲运机修堤试验】 4月,安阳修防处在濮阳白堽段进行铲运机加高大堤试验。经过近两个月的施工试验,完成土方1.7万立方米。据实验结果,在运距100米内,一般每台(班)可完成土方400立方米左右,与人工修堤比较有两大特点:一是能完成挖土、装土、运土、卸土和平土全部工序,还可代替一部分压实,节约压实费60%;二是提高工效,降低成本,减轻劳动强度,每立方米综合单价可节约0.4元。

【河南省水利管理及防汛会议召开】 5月2日,河南省水利管理及防汛会议在郑州召开。参加会议的有各地、市、县主管农业、水利和黄河工作的负责人,水利部门和黄河修防部门负责人。会议的中心任务是贯彻全国水利管理会议精神和部署黄河与内河防汛工作。河南河务局总工马静庭在会上作了关于《河南黄沁河工程管理规划意见》的报告。会议讨论修改了《河南黄沁河工程管理办法》和《1978年黄沁河防汛工作意见》。黄委主任王化云和河南省委副书记郑永和到会并讲话。

【商丘黄河修防处成立】 由于兰考县划归商丘地区管辖,为便于对治黄工作的领导,经黄委批准,5月18日建立商丘黄河修防处。商丘黄河修防处与兰考修防段合署办公,三义寨渠首管理段和东坝头石料转运站划归商丘修防处领导。

　　1980年10月因行政区划变更,商丘黄河修防处撤销,兰考修防段、三义寨渠首管理段和东坝头石料转运站仍归属开封地区修防处。

【郭林、李献堂分别任河南河务局局长、副局长】 5月22日,河南省委任命郭林为河南河务局党的核心小组组长、局长。李献堂任核心小组成员、副局长。

【渠村分洪闸主体工程建成】 5月,渠村分洪闸主体工程建成。该工程于1976年11月开工。

　　渠村分洪闸全部工程包括大闸主体工程和公路、输电线路、小铁路等,本年秋全部完成,总投资7900万元。9月3日对该闸进行了充水试验。次年1月22日,渠村分洪闸通过竣工验收。

渠村分洪闸的建成,标志着北金堤滞洪区改建工作基本完成。改建后的滞洪区长 141 公里,总面积 2316 平方公里,比原来减少 602 平方公里,进洪口门下移 19 公里,分洪流量由原来的 6000 立方米每秒提高到 10000 立方米每秒。

【5 项科技成果获河南省科学大会奖】 5 月,在河南省科学大会上,河南河务局有 5 项科技成果获奖,分别为机械打锥压力灌浆、机动驳船运输防汛石料、利用黄河水沙淤临淤背巩固堤防、引黄种稻改良盐碱地和防止次生盐碱地、引黄淤灌压沙治碱改土及种稻等。

【黄河防汛会议召开】 6 月 6 日,经国务院批准,1978 年黄河防汛会议在郑州召开。水电部副部长李伯宁,黄委主任王化云,河南、山东、陕西、山西省委负责人及河南、山东两河务局与修防处等单位负责人出席了会议。河南省委第二书记胡立教主持大会。会议主要内容为部署黄河防汛工作和讨论黄河下游防洪规划。

6 月 12 ~ 17 日,各省负责人到北京继续开会。

7 月 16 日,中共中央副主席李先念、国务院副总理纪登奎和陈永贵听取了水电部部长钱正英、黄委主任王化云的汇报。李先念副主席指示:①防汛文件发给 4 省贯彻执行;②铁道部保证抢运防汛石料 30 万立方米;③破除生产堤由各省负责;④组建下游机械化施工队伍;⑤龙门、小浪底、桃花峪等大型工程先搞设计;⑥黄河滩区治理纳入黄河计划。

【1983 年堤防、险工加高培厚工程设计标准提出】 6 月 10 日,河南河务局完成《1983 年河南黄沁河堤防、险工加高培厚工程设计任务书》的编制。根据黄委颁发的 1983 年花园口站 22000 立方米每秒设计水位和河南河务局计算的沁河小董站 4000 立方米每秒设计水位,任务书提出的工程设计标准为:黄河临黄大堤超高设计水位 2.5 ~ 3 米,顶宽 9 ~ 10 米,险工堤段宽 11 ~ 12 米,边坡 1:3;沁河堤堤顶超高设计水位 1 ~ 2 米,顶宽 6 米,险工段顶宽 8 米,边坡临河 1:2、背河 1:3。险工标准:黄河险工坝顶比堤顶低 1 米,坝顶宽 8 ~ 10 米,主坝顶宽 10 ~ 15 米,边坡 1:1.5 ~ 1.2;沁河险工坝顶超高设计水位 0.5 ~ 1 米,顶宽 6 ~ 8 米。设计工程量:黄河堤防,复堤长度 579.9 公里,加高幅度为 0.2 ~ 3.8 米,总土方为 6401.7 万立方米;沁河复堤长度 108.2 公里,加高幅度为 0.3 ~ 1.5 米,总土方为 568 万立方米。黄河险工加高 37 处(包括金堤新修 2 处),坝垛护岸 1218 个,工程总长 99.6 公里,石护坡总长为 64.1 公里,土方 354.7 万立方米,石方 49.3 万立方米;

沁河险工加高 27 处,坝垛护岸 525 个,工程总长 31.5 公里,石护坡总长 18.7 公里,土方 32.8 万立方米,石方 8.4 万立方米。总计土方7357.5万立方米,石方 57.7 万立方米,投资 1.21 亿元。

【刘希骞任河南河务局副局长】　6 月 22 日,刘希骞任河南河务局党的核心小组副组长、副局长。

【河南省革委会颁发黄沁河工程管理办法】　6 月 23 日,河南省革委会向沿河县、村、镇颁发《关于加强黄沁河工程管理的布告》和《河南省黄沁河工程管理办法》。

【黄河防总检查河南黄河防汛】　7 月 7 ~ 19 日,黄委副主任杨宏猷带领黄河防总检查组深入河南黄河第一线检查黄河防汛工作。检查中听取各地、市、县委对防汛准备工作的汇报,并实地查看了大部分险工和部分控导工程、引黄涵闸。

【渠村分洪闸管理处建立】　8 月 8 日,渠村分洪闸管理处建立,隶属河南河务局。

【河南省贯彻落实黄河滩区政策】　8 月 17 日,河南河务局、河南省粮食局在郑州主持召开贯彻落实国务院黄河下游滩区政策会议。河南沿黄 16 个地(市)、县的农办负责人、粮食局长及各修防处、段负责人参加了会议。会议强调应坚决迅速废除黄河滩区生产堤,认真执行"一水一麦,一季留足群众全年口粮"的政策。要求加速滩区规划治理,努力把生产搞上去。27日,河南省黄河滩区规划治理会议在郑州召开。会议听取各市、县关于滩区规划意见的汇报,并对 1979 年的计划安排进行了逐项研究。规划的重点是淤、灌、排等水利建设。主要工程包括:修筑避水台和护滩控导工程,淤堤河、淤滩和发展灌溉等。

【黄委印发《放淤固堤工作几项规定》】　8 月 27 日,黄委印发《放淤固堤工作几项规定》。规定近期放淤固堤的标准为:淤宽 50 米,淤高到设计 1983年水平防洪水位。布局要本着先险工、后平工,先重点、后一般,先自流、后机淤的原则。

【恢复程致道等工程师职称】　9 月 19 日,河南河务局决定恢复程致道、刘于礼、罗宏、罗常五、赵尚敏、王法炤、王政新、沈启麒、郭耀华、刘仁颐、王辑绪、刘国鉴 12 人的工程师职称。"文化大革命"期间,河南河务局技术人员的技术职称曾被错误地取消。

【赵三唐、马静庭任河南河务局副局长】　9 月,经河南省委和水电部批准,赵三唐任河南河务局党的核心小组副组长、副局长,马静庭任副局长兼总工程师。

【程致道任河南河务局副总工】 10月,程致道任河南河务局副总工程师。

【日本访华代表团参观黄河】 10月12日,应中国水利学会邀请,以日本香山县土木部部长三野田照男为团长的"日中友好治水利水事业访华代表团"一行16人来黄河参观访问。代表团先后参观黄河展览馆、花园口堤防及邙山提灌站,对新中国成立以来黄河治理所取得的成就表示钦佩,并提出一些治河工程的建议。

【法国代表团考察小浪底】 10月19日,以法兰西共和国工业部水电设备区域局副局长让·彼得为组长的法国电力代表团大型水利电力工程组一行7人,到黄河小浪底水库工程坝址考察,为时4天。黄委邀请该组来此考察的目的,主要就小浪底水库工程中的技术问题征询意见。

【《河南省黄河涵闸管理办法》印发执行】 10月26日,河南河务局召开涵闸工程管理会议。参加会议的有各修防处、段负责人、技术干部和闸门管理人员,并邀请黄委、新乡人民胜利渠管理局和地方有关部门参加。会议总结交流涵闸管理工作的经验,讨论修订涵闸管理的规章制度,研究管理组织和机构、隶属关系,提出今后管理工作的任务。会后,河南河务局印发《河南省黄河涵闸管理办法》。

【河南河务局机械化施工总队成立】 12月1日,河南河务局成立机械化施工总队。以运输队、建筑队为基础,到1989年发展为汽车队、建筑安装一队、建筑安装二队、基础工程队、房屋建设队,并拥有独立的机械修理车间,总人数898人。1989年11月河南河务局机械化施工总队更名为"河南黄河工程局"。

1979 年

【国家批准在黄河下游组建机械化施工队伍】 2 月 15 日,水利部转发国家计委的意见,同意建立治黄机械化施工队伍。8 月 12 日,国家劳动总局给水利部的文件指出:"国务院领导同志批示黄委在河南建立一支两万人的常年施工队伍。"9 月 10 日,黄委给山东、河南两省河务局下达劳动指标1.26 万人。9 月 11 日,黄委在《关于组建黄河下游施工专业队伍的意见》中指出,常年施工专业队伍担负以下任务:①黄河大堤、险工、涵闸等防洪工程施工;②担负防汛、防凌的工作;③发展多种经营,增加生产收入。

经河南省委、黄委同意,河南河务局本年计划招收新职工 4000 人,从10 月开始,到 1980 年 3 月完成招工任务。新招收职工除部分扩大施工总队外,其余分别由各修防处、段组建常年施工队伍。

【黄河水利技工学校建立】 2 月 17 日,黄河水利技工学校正式建立并开学。黄河水利技工学校是经水电部批准,由黄委于 1978 年在开封开始筹建的。

【河南河务局治黄工作会议召开】 2 月 19 日,河南河务局在郑州召开治黄工作会议。会议总结 1978 年治黄工作,部署 1979 年基建、防汛岁修任务,并讨论计划财务管理、物资供应、治黄机械化、生产单位企业管理等问题。黄委主任王化云到会并讲话。

【黄河下游通信线路遭暴风雨破坏】 2 月 21 ～ 22 日,风雨交加,最大风力9 级,有的地区持续 20 多小时,电话线和水泥电杆的冰层厚度达 4 ～ 6 厘米,超过电线杆承压的设计标准,导致大范围的断线、倒杆,造成有线通信瘫痪。共刮断水泥电线杆 448 根,刮断木杆 1590 根,两处过河飞线被刮断,烧毁电缆 3700 米、电话总机一部、单机 2 部,造成直接经济损失 50 多万元。河南安阳及山东菏泽、德州、聊城 4 个地区的 12 个修防处、段最为严重,长达 1 个多月不能顺利通话。

灾情发生后,山东、河南河务局及有关修防处、段,集中 4000 多名职工,全力以赴抢修,经过一个多月奋战,线路相继修复通话。

【春修工程全面开工】 3 月 30 日,春修工程全面开工。各地组织民工 5.6万多人参加,汛前完成土方 1194 万立方米、石方 14.32 万立方米、混凝土

5066 立方米,其中大堤加培土方 575 万立方米,险工加高改建石方 9 万立方米,滩区避水台土方 385 万立方米。

【《黄河下游工程管理条例》印发试行】 4 月 29 日,《黄河下游工程管理条例》印发试行。该条例是黄委根据 1978 年全国水利管理会议精神制定的,包括总则,堤防工程管理,险工、控导护滩工程管理,涵闸、虹吸工程管理,滩区、水库分(滞)洪工程管理与安全保卫,共 6 项 36 条。

【水利部及晋陕豫鲁 4 省向中央报告防汛问题】 5 月 11 日,水利部及豫、鲁、陕、晋 4 省联名向党中央、国务院上报了《关于黄河防洪问题的报告》,提出解决黄河下游防洪问题的 3 条措施:

(1)在三门峡以上和以下的干流兴建龙门和小浪底水库。

(2)控制伊、洛、沁 3 条支流的洪水。

(3)建立常年施工队,加快堤防建设。

本月,在国务院副总理余秋里、王任重主持下,山西、陕西、河南、山东 4 省领导在北京听取了黄委关于黄河防洪问题的汇报。1981 年,国务院总理赵紫阳批准了这个报告。

【张林枫任河南河务局副局长】 5 月 22 日,根据水利部水干字[1979]第 8 号批复和河南省委组织部豫组[1979]252 号通知:张林枫任河南河务局副局长、党的核心小组成员。

【河南河务局党组成立】 5 月,河南省委组织部通知,撤销河南河务局党的核心小组,成立中共黄委河南河务局党组,郭林任党组书记,刘希骞、赵三唐任党组副书记。

【安阳地区北金堤黄河滞洪处成立】 5 月,在濮阳县设立安阳地区北金堤黄河滞洪处,下设台前、范县、长垣、濮阳滞洪办公室和滑县滞洪管理段。该机构的人员编制和经费均由黄委解决,实行河南河务局和安阳地区的双重领导。滞洪处 1953 年创建,至 1958 年归属安阳专署;1964~1970 年改为滞洪办公室,仍属于安阳专署;1971~1978 年划归安阳黄河修防处领导,改为滞洪组;1979 年隶属河南河务局;1985 年与濮阳修防处合并。

【河南省防指检查黄河防汛】 6 月 5~13 日,由河南省军区副司令员李杰和河南河务局局长郭林等组成的黄河防汛检查组,检查了郑州、中牟、开封、兰考、濮阳、长垣、封丘、原阳、武陟等市、县的防汛工作。沿途听取各地的汇报并实地察看了大堤、生产堤、主要险工和控导工程,正在施工的度汛工程,以及防洪料物准备等。6月18日,河南省防指召开会议,对这次检查中发现的问题进行重点研究。会议要求要抓紧落实各项防汛措施,组织好抢险队伍,度汛工程汛前一定要完成,坚决破除生产堤。铁路局要想办法保证石料运输,商业局帮助解决防汛铅丝,防汛软料也要及早筹划;对任意砍伐树木、偷盗防汛石料的典型案件要公开进行处理。

【《人民黄河》杂志刊行】   6月,由黄委主办的《黄河建设》杂志在停刊13年后经国家科委批准复刊,易名为《人民黄河》。该刊以治黄科技为主要内容,双月刊,第一期于本月出版。1984年下半年起向国内外公开发行。

【郑州市召开处理堤防案件大会】   8月7日,郑州市在花园口召开处理堤防案件大会,公开处理偷盗、乱砍滥伐堤防树木案件8起,追退、赔偿、罚款1495起,依法拘留2人;处理挖取堤坡和堰身土案件3起。

8月20日,郑州修防处与郑州市公安局郊区分局共同发布有关堤防管理规则的通告,沿堤张贴宣传。

【河南河务局机关增设劳动工资处和石料运输处】   10月8日,河南河务局机关增设劳动工资处和石料运输处,两处不设科,编制各10~12人。

【黄河中下游治理规划学术讨论会召开】   10月18~29日,中国水利学会在郑州召开黄河中下游治理规划学术讨论会,来自全国水利界的知名人士、有关学科的专家、教授和从事治黄工作的领导干部、工程技术人员共220人出席会议。

会议收到学术论文和资料140余篇。张含英理事长致开幕词,有47人在大会上作学术报告或发言。水利部部长钱正英参加会议并听取各方面的意见和建议。

【黄河流域水力资源普查工作结束】   12月,黄河流域水力资源普查工作结束。黄委、西北勘测设计院以及黄河流域9省(区)水利局(电力局、水电局),根据水电部《关于开展全国水力资源普查的通知》要求,从1977年3月至1979年12月进行黄河流域水力资源普查工作。全流域汇总工作由黄委设计院负责,于1981年8月按《中华人民共和国水力资源普查成果》要求填报了普查结果。

据普查汇总,黄河水力资源理论蕴藏量约计:干流3000万千瓦,支流

1000万千瓦,合计4000万千瓦。可能开发资源干流装机容量在1万千瓦以上的水电站有42座,共可装机2500万千瓦;支流1万千瓦以上的水电站58座,共可装机210余万千瓦。总计黄河流域可能开发水力资源装机1万千瓦以上的水电站100座,总装机容量约2700万千瓦。

【长垣杨小寨引黄涵闸建成】 本年,长垣杨小寨引黄涵闸建成。该闸为单孔涵洞式,设计流量10立方米每秒,灌溉面积10万亩,实际灌溉面积4万亩。

1980 年

【治黄表模大会召开】 1 月 22 ~ 29 日,黄委在郑州召开治黄总结表模大会,总结 30 年治黄经验,表彰先进集体和劳动模范,共商新时期治黄大计。来自各级治黄单位的领导干部、先进单位的代表、劳动模范和先进生产者共 450 人出席了会议。大会提出新时期的治黄任务是:加快治黄步伐,除害兴利,综合利用黄河水土资源,为实现"四化"作出贡献。河南河务局有 34 名先进生产(工作)者,5 名治黄劳动模范,11 个先进集体受到大会表彰。

【引黄灌溉工作会议召开】 1 月 23 日,黄河下游引黄灌溉工作会议在新乡市召开,会议由水利部主持。农业部、黄委,山东、河南两省水利厅、黄河河务局,两省引黄地、市、县水利局和引黄重点灌区等单位 155 人参加了会议。水利部副部长王化云、史向生出席会议并讲话。会议主要内容是:交流引黄灌溉经验,讨论如何加强引黄灌溉工作,研讨《关于引黄灌溉的若干规定》等。另外还着重强调要实行计划用水、收缴水费等问题。与会代表还参观了山东刘庄灌区和河南人民胜利渠灌区。4 月水利部印发《黄河下游引黄灌溉的暂行规定》,共 18 条,总的精神是搞好引黄灌溉,促进农业生产,兴利避害,不淤河、不碱地。

【金堤河流域规划会议召开】 1 月 24 日,金堤河流域规划综合组在郑州召开第一次会议,河南、山东两省水利厅(局)、河务局及安阳、新乡、聊城地区水利局,水利部农田灌溉研究所,黄委设计院等单位参加了会议。会议由综合组组长郝步荣主持,内容如下:

(1)审查黄委设计院提出的金堤河流域水文数据计算方法和成果。

(2)各单位汇报查勘后规划工作进展情况和各自工作大纲,以及分工协作问题。

(3)对规划有关标准进行研究,作出了规定。

(4)讨论综合组成员的任务和分工。

【黄委颁发引黄涵闸、虹吸工程设计标准有关规定】 2 月 19 日,黄委颁发《黄河下游引黄涵闸、虹吸工程设计标准的几项规定》,确定在临黄堤的涵洞、虹吸工程均属一级建筑物,设计和校核防洪水位以防御花园口站 22000

立方米每秒的洪水为设计防洪标准,以防御花园口站 46000 立方米每秒的洪水为校核防洪标准等。

【春修工程全面展开】　3 月中旬,春修工程全面展开,上工最高人数达 1.5 万人,出动铲运机 39 台,拖拉机 45 台,吸泥船 8 只,胶轮车 6000 辆。安阳、新乡铲运机队在修堤中发挥了作用,每台铲运机日产量达 200 立方米左右。长垣修防段利用 3 台绞吸式挖泥船进行培堤,效果显著。

【开封修建欧坦灌注桩试验坝】　3 月,开封欧坦灌注桩试验坝开工。该试验工程位于欧坦控导工程 28 号坝,平面长 160 米,桩径 0.55 米,深 24.2 米,其中设计冲刷深 19 米,埋深 4 米,超高 1.2 米。桩与垂线夹角 31°,斜长 28.24 米,总投资 41.55 万元。由新乡修防处灌注桩队施工,采用新研制的斜孔组合钻机造孔,汛前完成。该坝为原阳黄河双井混凝土灌注桩坝的进一步试验工程。

【11 个国家的学者参观黄河】　出席河流泥沙国际学术讨论会的 11 个国家的学者,从 4 月 1 日起,先后参观了黄河展览馆、水科所、邙山提灌站、花园口大堤、三门峡水利枢纽和水文站。

河流泥沙国际学术讨论会,是由中国水利学会和国际水文计划中国委员会共同发起召开的,是 1949 年以来在中国举行的第一次泥沙研究方面的国际性学术会议。

【洛阳地区三门峡库区管理局成立】　5 月 22 日,河南省政府批准成立洛阳地区三门峡库区管理局,人事归洛阳行署领导,业务由黄委领导。后改称三门峡市三门峡库区管理局。

【第一批工程技术干部职称评定工作完成】　5 月 24 日,河南河务局工程技术干部技术职称评定委员会在先行套改技术职称基础上,通过全面考核、评定,晋升了第一批工程技术干部的技术职称。套改为工程师的 12 人;套改为助理工程师的 34 人,其中套改后晋升为工程师的 15 人;套改为技术员的 24 人,其中套改后晋升为助理工程师的 10 人。5 月 31 日,又评出 10 名会计师,9 名助理会计师。11 月 18 日,又有 35 人获得技术职称,其中工程师 30 人、助理工程师和技术员 5 人。

【濮阳青庄进行杩杈工程试验】　杩杈工程试验,是学习西方工程型式的一种尝试。工程位于濮阳市西南 40 余公里渠村乡黄河青庄险工上首,距险工约 800 米,准备作为河道整治工程的缓溜落淤工程。杩杈坝的型式是用预制钢筋混凝土角板长 3~4 米,角板两边宽 20 厘米,厚 5 厘米,由 3 支角板互相垂直用螺栓联结紧固成一体,枬权中心用钢丝绳系住,枬权间距4米,用船抛入水中,绳的始端拴至预埋的混凝土桩上。

青庄枬权试验工程长365米,顺水流方向双排布置,在双排枬权的里侧,垂直水流方向单排布置减速坝6道,间隔64米,河中投放190个4米长枬权,河岸上投放111个3米长枬权,总投资7万元。该工程于本年6月20日开始施工,7月5日结束。枬权坝施工后,控制水面2.78万平方米,长365米,宽76米。施工期间高村站流量184~1590立方米每秒,枬权区水深0.5~2.5米,枬权坝外大河水深2.0~2.5米,表面流速1.84~3.0米每秒。枬权区内流速减为0.34~1.33米每秒。大河主流顺坝行溜,明显外移,达到了缓溜落淤、保护河岸的目的。

7月6~8日,高村站流量上涨至2350~3690立方米每秒,水位上升1.3米,大河流速4米每秒,河底有所冲刷,枬权全部沉入水中,顶部淹没水深1.0~1.5米。7月10日探摸,纵向导流枬权坝起点下移至第三减速坝,各减速坝相继下沉0.5~1.5米,末端两条减速坝已沉入河底以下,边溜进入枬权区。7月10~19日由于河势上提塌岸后,固定桩枬权坝沉没,工程丧失殆尽,试验失败。究其原因,主要是冲刷深度大于枬权的总高度。

【崔光华等检查防汛工作】　6月23日至7月3日,河南省防指副指挥长、副省长崔光华,省军区副司令员王时军,河南河务局局长郭林等对沿黄6个地、市和10个县以及北金堤滞洪区的防汛工作、度汛工程进行了检查。黄委副主任李延安带领黄河防总检查组参加了检查。

【工会组织恢复活动】　"文化大革命"期间,河南河务局系统工会组织全部停止了活动。根据黄河水利工会的指示,1979年以来,通过积极筹备,河南区工会于本年6月恢复活动。各基层单位工会从7月1日起相继恢复。至年底,黄河水利工会河南区委员会所属的46个基层工会组织全部恢复,其中有36个单位按照工会章程经过会员大会或会员代表会议民主选举产生了基层工会委员会,10个单位由党组织研究确定建立了工会委员会,工会会员人数达6383人。1988年4月,黄河水利工会河南区委员会更名为"黄河水利工会河南河务局委员会"。

【李献堂任河南河务局党组副书记】　7月31日,李献堂任河南河务局党组副书记,程致道、刘华洲任党组成员。

【联合国防洪考察团来黄河考察】　联合国亚太经社台风委员会防洪考察团于8月3日到三门峡枢纽进行考察,5~6日参观了黄河展览馆、黄委水科所及花园口大堤险工和水文站,8 日前往济南,14 日结束对黄河的考察。考察团对黄河 30 年没决口及黄委在除害兴利方面所作的工作给予高度评价。

【水利基建和事业费试行新的管理办法】 9 月 3 日,河南河务局决定对水利基建和事业费试行投资包干、预算包干、结余提成、超支不补的办法。

【河南河务局主持解决白鹤滩区纠纷】 受河南省委、省政府委托,河南河务局主持,省民政厅参加,9 月 5 日在郑州召开新乡、洛阳行署,孟津、孟县、济源和洛阳市负责人会议,协调解决白鹤滩区纠纷。黄河北岸洛阳市吉利公社和南岸孟津白鹤公社分别于 1977 年 11 月和 1979 年底在黄河滩区私修阻水工程及堆石顺埝 3 道,有碍黄河洪水的正常宣泄,并导致两岸矛盾和纠纷。经过充分讨论,商定 11 月 20 日前拆除在黄河滩区修建的非法工程,同时确定了拆除标准。

【治黄工作会议召开】 10 月 10 日,1980 年黄委治黄工作会议在郑州召开。会议讨论了《关于试行黄河工程投资包干的暂行规定》、《机构编制管理暂行办法》、《下游施工队伍组建和经营管理的几项暂行规定》等。

【国际防洪座谈会召开】 10 月 17 日,联合国技术合作发展部和中国水利部共同主办的国际防洪座谈会在郑州召开。参加会议的有联合国邀请的 16 个国家的 24 位外国代表及长江、黄河、淮河、珠江、海河、钱塘江等河流治理机构的代表 39 人。会议由联合国技术合作发展部的代表、水资源处负责人阿拉加潘主持。

会议就防洪工程规划布局、堤防养护和加固措施、河道整治规划和工程结构、分洪工程、防汛抢险技术措施、防汛组织等 6 个方面的问题交流了经验。中国专家向大会提交了 12 篇论文。会议于 10 月 20 日结束,河南省委书记刘杰和水利部副部长王化云举行宴会并讲话。会后一些国家的代表考察了黄河和长江。

【故县水利枢纽工程截流】 10 月 19 日,洛河故县水库工程经过两年多的施工胜利截流,从此转入主体工程的施工。

【故县水库枢纽工程管理处建立】 10 月 20 日,河南省政府批准建立故县水库枢纽工程管理处,由黄委和洛阳行署双重领导,以黄委为主。管理处驻洛宁县寻峪村。

【水利部批复《沁河杨庄改道工程初步设计》】 10 月 27 日,水利部批复《沁河杨庄改道工程初步设计》,同意该项工程及所选线路、堤防设计标准;

原则同意驾部引黄工程,补充设计由黄委审批;武陟公路桥标准改为汽—15,挂—18,桥面行车道宽7米;穿沁排水工程暂不安排。1979年12月1日,河南河务局在向黄委呈报的"关于加强黄沁河木栾店至京广铁桥堤段防洪能力方案"中,通过多种方案比较,推荐杨庄改道方案。黄委将此方案推荐上报水利部。本年1月21日,水利部水规总院同意黄委推荐的方案,即继续完成有关堤防的1983年标准,加固老龙湾至铁桥的堤防;杨庄改道解决木栾店卡口及左堤问题。7月11日,河南河务局向水利部报送了《沁河杨庄改道工程初步设计》报告。

【XZQ—1型斜孔组合钻机获河南省科技成果二等奖】 XZQ—1型斜孔组合钻机是新乡修防处灌注桩队在河南河务局科技办和河北省新河钻机厂等单位的协助下研制成功的,主要完成者彭德钊、辛长松。经过1979年、1980年分别在原阳、开封欧坦护滩工程上试验证明,该机在自行导向、无振动,保证设计斜度(钻孔斜度可达30°)、孔壁不坍塌等几个主要技术问题上基本满足了钻斜孔的要求,且定位简单、操作方便、钻进率较高。本年6月24日通过技术鉴定,10月在河南省召开的科技成果奖励大会上获奖。

【航运大队机械化装船试验成功】 石料的机械化装船是黄河下游石料运输中的难题,水利部、黄委对此十分重视,先后召开了济南、郑州两次石料机械装卸船专题技术座谈会,并邀请一机部、国家建委、水利部等研究单位的专家到会指导。根据会议的座谈意见,航运大队在河南河务局科技办公室的协助下,经过一年多的努力,完成了资料收集、初步规划、制订方案、选型配套、设计制造工作。本年10月装船试验。试验选择花园口东大坝作为主码头,采用挖掘机和翻斗车配套装石上船的方法。据试验结果,机械化装船与人工相比,装船成本从2.48元每立方米下降到1.63元每立方米,且具有用人少、劳动强度小、装船速度快等优点。

【黄委工程管理和综合经营交流会召开】 11月2日,黄委工程管理和综合经营交流会在山东济阳召开。河南、山东河务局及所属修防处、段,涵闸管理所负责人参加了会议。会议听取了山东、河南两河务局及济阳、邹平、东阿、中牟、台前等8个修防单位的经验介绍,研究了进一步搞好工程管理,开展综合经营的有关政策等。会议提出了安全、效益、综合经营3项基本任务,要求把堤防、涵闸工程建设成防洪的屏障,生产的基地。

【沁河杨庄改道工程指挥部成立】 11月18日,河南省政府决定成立沁河杨庄改道工程指挥部,由副省长崔光华任指挥长。指挥部下设迁安办公室和施工办公室。施工办公室下设政工、行政、财供、工程4个职能科室。

【水利部同意黄委《金堤河流域综合治理规划》】 12月18日,水利部水规〔1980〕第101号文原则同意黄委《金堤河流域综合治理规划》,并提出金堤河治理规划应重点突出滞洪区的安全运用,所做工程应尽可能在滞洪和平时都能发挥作用。安排工程如下:

(1)张庄抽排站工程,按抽排流量200立方米每秒的规模进行设计,并提出分期实施方案。

(2)北金堤加固工程,应首先加固险工及薄弱堤段,并结合金堤河干流开挖进行,以节省投资和劳力。

(3)金堤河干流开挖,要分期分段进行,逐步达到规划标准,近期先按1965年开挖的标准,进行清淤。

(4)滞洪区撤退道路及桥梁,应先从干线做起,逐年增修。

(5)滞洪区通信设施和报警系统,要有重点地逐步建设。

(6)避水工程要根据不同情况,分区逐年进行。

【彩色《河南黄河河道地图》印制完成】 12月,彩色《河南黄河河道地图》由上海中华印刷厂印制完成。该图呈折叠式,比尺为1∶10万,黄海高程,系按1973年黄委印制的1∶5万黄河下游河道地形图缩绘制成。该图上起孟津白鹤下至台前张庄,河道长444公里。图中河势为1979年河势流路。堤防、险工、涵闸、河道整治工程均从上述1∶5万黄河下游河道地形图上摘编入图,并补充了1974~1980年间新增的河道整治工程和涵闸、虹吸工程。

【三门峡至黄河口无线电通信网基本建成】 12月,三门峡至黄河口无线电通信网基本建成。该无线电通信网于1976年开始架设,微波干线以郑州为中心,西至三门峡,用12路接力机;东至济南,用24路微波机等组成,全长680公里,沟通干线两侧的一些水库、主要修防处和37个修防段(所)、53个水文站。

【东银窄轨铁路基本完工】 12月,东银(河南兰考县东坝头至山东梁山县银山)窄轨铁路基本完工。这是供黄河防汛用石的专线铁路,设计正线铺轨205.5公里,其中山东189.0公里,河南16.5公里;支线36.5公里。1972年11月开工以来,已完成路基190公里,铺轨183.6公里,完成投资3566.99万元。1984年7月1日菏泽地区行署将东银窄轨铁路管理局建制全部移交给山东黄河河务局。

【河南、山东河务局试用新材料新方法筑坝】 本年,河南河务局濮阳黄河修防段进行了杩杈坝试验;开封黄河修防处进行了旋喷法构筑黄河河工建筑物试验;新乡黄沁河修防处灌注桩施工队连续 7 年进行混凝土灌注桩筑坝试验。山东河务局菏泽修防处进行了"压管坝"和"透水坝"试验等。

【航空遥感技术应用于治黄】 黄委于 1978 年利用美国地球资料卫星(ERTS—1,ERT—2)获取的卫片图像编制了《黄河流域卫星像片镶嵌图》,利用该图可以宏观地了解黄河流域的地质构造、地貌形态、水系分布和植被界区状况。本年用该图修订了 1955 年出版的《黄河规划技经报告》附图一《黄河流域中游土壤侵蚀区域图》。本年还用 100 万分之一卫片比较了 100 万分之一比例尺《青海水系图》、《玉树幅地形图》,发现有几处明显差异,从而印证各种版本的黄河河源区地图水系分布的真伪。同时,还完成了北干流无定河口至龙门段 1∶1 万航测图,为龙门库区提供了可靠的测绘资料。

【筹建黄河三花间实时遥测洪水预报系统】 为改善黄河三花间(三门峡至花园口区间)雨、水情数据收集的手段和洪水预报方法,黄委组成"三花项目组",开展"改善黄河三花间实时遥测洪水预报系统"研究。5 月,中国与世界气象组织、联合国开发计划署商定,请英国赫尔西博士来华担任水文顾问,赫尔西在京同有关人员就黄河三花间的自动测报系统等外援项目进行了讨论。7 月以来,黄委抽调人员,进行签署项目文件准备工作,并和世界气象组织代表涅迈兹、计算机专家帕施克进行了谈判,项目文件原则通过。12 月,"三花间暴雨洪水自动测报系统"正式列为联合国开发计划署援款项目,金额 30 万美元。该系统由陆浑遥测示范系统、陆浑经洛阳到郑州的通信系统、郑州预报中心等 7 个数据收集站、200 多个遥测站构成。

1981 年

【《黄河水系水质污染测定方法》试行】 1 月 1 日,由黄河水资源保护办公室制定的《黄河水系水质污染测定方法》开始在黄河流域各水质监测站试行。方法包括水样的采集和保存、水样中的泥沙处理、测定要求、水质污染测定的方法和步骤及附录。

【黄委机械修造厂移交河南河务局】 1 月 1 日,黄委机械修造厂按建制全部人员和设备、厂房划归河南河务局,并与河南河务局广武修配厂合并。厂址位于郑州市伏牛路。

【刘于礼任河南河务局副总工程师】 1 月 17 日,经黄委批准,刘于礼任河南河务局副总工程师。

【范县、台前县滩区凌汛受灾】 1 月中旬以来,由于强冷空气侵入黄河下游,气温急剧下降,安阳地区河段出现严重凌情。范县、台前两县河段因封河卡冰壅水,加之三门峡水库泄流超过规定要求(1 月 18~20 日下泄流量 500 立方米每秒,超过 400 立方米每秒的要求),造成 5 个公社的滩区漫滩进水,水深一般 1~1.5 米,深者达 3 米多,淹地 5.34 万亩,77 个村庄 5 万余人受灾,倒塌房屋 298 间。由于大多数村庄修有避水堰台,没有人员伤亡。灾情发生后,河南省、地、县和河务部门的领导及时赶赴灾区,了解情况,帮助解决群众生产、生活上的困难。河南省委、省政府派工作组赴灾区进行慰问,并拨去救灾棉指标 1 万公斤、布 3 万米和部分救灾款。三门峡水库从 1 月 30 日起下泄流量减少到 200 立方米每秒,使下游河段槽蓄量逐渐减少,水位普遍回落。2 月气温上升,至 19 日全河基本开通。

【国务院同意三门峡水库春灌蓄水意见】 2 月 23 日,国务院发出《关于三门峡水库春灌蓄水的意见》。为解决黄河下游春灌用水和配合防凌,水利部建议:三门峡水库凌汛期间最高水位控制在 326 米以下,凌汛后春灌蓄水位可控制在 324 米以下。国务院同意水利部的建议,要求河南、山东两省加强引黄管理工作,水利部要做好水库的调度运用,同时要抓紧组织力量研究库区的治理问题。

【沁河杨庄改道工程动工】 3 月 14 日,沁河杨庄改道工程动工。该工程分两期施工。第一期工程包括堤防、护岸、迁安等项目,第二期包括武陟沁

河公路桥、赵庄引黄工程等,1981～1982 年安排第一期工程,1982～1983
年安排第二期工程。工程施工由河南河务局负责,群众搬迁由武陟县负
责。河南河务局组织施工总队、测量队、电话队,新乡和安阳铲运机队,新
乡灌注桩队,武陟第一、二修防段共 900 多人,出动施工机械 135 台,其中
铲运机 76 台、自卸汽车 27 部、挖装机械 7 台、碾压推土机 25 台投入施工。
至 1982 年 7 月 20 日第一期工程竣工,完成新右堤长 2417 米,新左堤长
3195 米,左堤险工 1640 米,坝垛护岸 23 道,改道后河宽扩大至 800 米。共
做土方 310.19 万立方米,石方 4.89 万立方米。第二期工程沁河公路桥于
1982 年 3 月下旬开工,1983 年 5 月 20 日竣工。两期总计完成土方353.6万
立方米,石方 6.35 万立方米,混凝土 1.16 万立方米,工日 58.8 万个,工程
用地 3800 亩,迁移人口 4675 人,投资 2836 万元,较水电部批准概算节约约
70 万元。1984 年 9 月,该工程以"明确的指导思想,合理的工程设计,优良
的施工质量,突出的社会效益"荣获国家优质工程银质奖。

【河南河务局机关机构设置变动】　3 月 16 日,经黄委批准,河南河务局成
立人事处、工务处、企业管理处、规划设计室,同时撤销政治处、河防处、石
料运输处、引黄淤灌处。

【水利部成立三门峡工程大修领导小组】　3 月 21 日,水利部决定成立三
门峡工程大修领导小组,由副部长冯寅任组长,黄委副主任杨庆安、第十一
工程局副局长陈德淮任副组长,组织对泄水底孔进行全面检查及修复。

【小浪底初步设计要点报告编制完成】　3 月,黄委勘测规划设计院根据
1978 年 8 月 15 日水电部水电规字第 127 号文的要求,编制完成了《黄河小
浪底水库工程初步设计要点报告》。该报告初步选定工程坝型为心墙堆石
坝,开发目的是防洪、减淤、发电、供水和防凌。8 月及 9 月,水利部副部长
冯寅先后在北京和郑州主持对此报告的审查。

【河南河务局职工学校成立】　经黄委批准,3 月河南河务局在广武(原修
配厂址)建立职工学校。1986 年职工学校搬迁到郑花路,1991 年 2 月更名
为"河南黄河河务局干部学校"。

【沁河杨庄改道区内发现古墓】　3 月,沁河杨庄改道工程右堤施工中,在
改道区内取土 2～4.5 米深,发现汉墓 120 个、宋墓 4 个、明墓 2 个。发现古
墓后,工程指挥部召开专门会议,布置对文物严加保护,河南省、新乡地区、
武陟县文物研究单位进行了发掘,出土文物 400 余种,统由武陟县文化局
保管,其中有罕见的大型汉代陶楼,高 138 厘米,宽 82 厘米,由 19 块组成,

为五节四层三重檐歇山式建筑。这些古墓及文物的发现,不仅对古代历史研究有重要作用,也对研究沁河河道变迁、决溢、淤积等有很大作用。

【治黄民工工资调整】 4月8日,根据黄委《关于提高治黄民工工资标准的通知》精神,河南河务局对1974年制订的《河南省治黄工程民工工资试行办法》作了修订,民工每日工资由1.2元提高到1.4元,民技工工资为1.6元,人工培堤土方工资由每标准方单价0.3元提高到0.35元。

【水利部要求加强黄河下游引黄灌溉管理】 4月15日,水利部发出《关于加强黄河下游引黄灌溉管理工作的通知》(以下简称《通知》)。要求黄河下游引黄灌区采取有效措施加强管理,把规划工作与管理紧密结合起来。水利部决定把黄河下游引黄灌区作为灌溉管理的重点,同时又对1980年颁发的《黄河下游引黄灌溉的暂行规定》作了补充。27日,黄委根据《通知》精神,决定由黄委副主任杨庆安、工务处处长汪雨亭、河南黄河河务局副局长赵三唐、山东黄河河务局副局长齐兆庆为黄河下游引黄灌溉管理工作负责人。11月7日,水利部颁发《灌区管理暂行办法》。

【三门峡水电厂5台机组全负荷发电】 4月15日,三门峡水力发电厂总装机容量25万千瓦的5台机组正式投入全负荷运转发电,并通过郑(州)洛(阳)三(门峡)和三(门峡)运(城)输电线并入大电网。

【国务院批准黄河下游1981~1983年防洪工程投资】 5月4日,国务院批准国家计委提出的《关于安排黄河下游防洪工程的请示报告》,对1981~1983年最急需工程投资作了安排,决定3年投资3亿元,每年1亿元,大体上使下游堤防达到防御花园口站22000立方米每秒洪水标准。1981年所需投资,由国家预备费中拨5000万元作为基建投资,增拨水利部,专用于黄河下游治理工程建设。

【河南省政府批转黄河防汛工作意见】 6月12日,河南省政府批转《河南省1981年黄河防汛工作意见》,指出:通过对太阳黑子活动和历史水文资料分析,近几年黄河可能发生较大洪水,必须引起高度警惕和重视,贯彻"以防为主,防重于抢"的方针,立足于防大水、抢大险,战胜可能到来的各类洪水。明确1981年的防汛任务是:黄河仍为防御花园口站22000立方米每秒洪水,确保大堤不决口;遇超标准特大洪水,也要有准备,有对策,尽最大努力缩小灾害。沁河仍为防御小董站4000立方米每秒洪水,保证大堤不决口;遇超标准洪水,在武陟县五车口漫溢滞洪,确保北岸大堤安全。

【黄河防总与河南省防指检查防汛工作】 6月12~17日,黄委副主任杨庆安、省军区副司令员王时军带领黄河防总和省防指防汛检查组,深入河南沿黄第一线检查防汛工作。

【黄委颁发《黄河下游防洪工程标准(试行)》】　6月20日,黄委颁发《黄河下游防洪工程标准(试行)》,要求以往有关规定与本标准有矛盾的,一律按本标准执行。该标准包括大堤、险工改建、控导工程及其他工程标准。其中,大堤培修标准为:临黄堤以防御花园口站22000立方米每秒洪水为目标,艾山以下按10000立方米每秒控制,堤防按11000立方米每秒考虑设防,设防水位按1983年水平。北金堤按渠村分洪10000立方米每秒滞洪运用设防。沁河防御小董站4000立方米每秒。

【郑州修防处发生沉船事故】　6月25日,郑州修防处"吉林"号挖泥船在花园口转移挖泥工地时,因搁浅引起拖船断缆。该船失去控制后打横,受水流淘刷冲压发生倾斜,船舱进水,致使沉船,直接经济损失50万元。事故发生后,因时值汛期,加之缺乏打捞机具、浑水中潜水员作业困难,未进行打捞工作。黄委、河南河务局组织联合调查组进行了调查,认为事故发生的主要原因是思想麻痹、管理不周、措施不当,对主要责任者给予严肃处理,并发出通报。

【黄河防总办公室检查生产堤破除情况】　7月7~19日,黄河防总办公室会同河南、山东省防指组成联合调查组,对东坝头至位山河段生产堤进行了检查。黄河下游现有生产堤长550余公里❶,位山以上长约366公里,其中近几年新修生产堤106公里,多数生产堤与护滩工程相接,总长460余公里,缩窄了河道,对排洪不利。据检查,东坝头至位山河段生产堤除过去破除7处口门外,其余均未按要求破除。为此,黄河防总要求各级防汛指挥部采取措施,坚决破除,并严禁新修生产堤。

【河南治黄施工会议召开】　8月25日,河南治黄施工会议在郑州召开。黄委原安排河南本年治黄基建投资2124万元(包括沁河杨庄改道工程1000万元),为尽快完成1983年设防标准,河南省委、黄委向国务院报送了《关于调整和加强黄河下游防洪工程的报告》。经国务院批准,1981年除水利基建投资已安排外,动用国家预备费5000万元作为基建投资,下半年增批河南治黄工程投资2531万元。新增任务主要是堤防土方800万立方

---

❶据1981年汛前调查统计,黄河下游滩区生产堤总长510.64公里,其中河南黄河滩区388.74公里,山东黄河滩区121.9公里(梁山以下未统计)。

米,险工石方6万立方米。由于新增任务下达晚,任务大,时间紧,为保证按计划完成,经河南省政府同意,召开了这次会议。会议由河南河务局主持,沿黄地、市、县主管农业的专员、市长、县长和农委主任,以及黄河各修防处、段负责人参加了会议。会议具体布置了下半年治黄工程施工任务。

【封丘曹岗险工出险】　8月26日,花园口站发生6210立方米每秒洪峰,30日因河势变化,导致脱河5年的封丘曹岗险工靠河,致使28道坝、垛、护岸先后出险,共出险45次。经50天的紧张抢险,控制了险情。抢险共用石料1.5万立方米,柳料5.92万公斤,铅丝23.36吨(铅丝笼2400个)。

【花园口站出现8060立方米每秒洪水】　9月10日,花园口站出现8060立方米每秒洪水。洪水特点是峰型较胖,含沙量较低。花园口站7000立方米每秒流量持续两天多,5000立方米每秒流量持续5天,洪水后沿河同流量水位略有下降。这次洪水,河南临黄大堤共偎水长度125.19公里,占两岸大堤总长的24%。洪水期间黄河有13处险工,18处控导工程,共375个坝垛出险203次,经及时抢护,均转危为安。共用石料3.73万立方米,柳料251万公斤。洪水期间,台前、范县、濮阳、长垣、封丘、原阳、武陟、温县、孟县、兰考、中牟、开封12个县滩区漫滩受灾,淹地78万亩,受灾村庄287个,人口21万,倒塌房屋1.17万多间,死亡4人,伤147人,损失秋粮0.7亿公斤。

【河南引黄灌区试行用水签票制】　为控制引水量、节约用水,水利部下发《关于加强黄河下游引黄灌溉管理工作的通知》,要求"两省引黄灌区从今年开始试行按已定的用水计划由灌区负责人签票开闸放水责任制"。河南引黄灌区从10月1日起,开始试行用水签票制。用水签票由黄委统一印制,各修防处(段)管理。

【黄河下游工程"三查三定"】　10月13日,黄委转发水利部《对水利工程进行"三查三定"的通知》,要求河南、山东黄河河务局和张庄闸,按黄河下游工程管理实际情况,到1982年汛前,从"三查三定"(即查安全定标准,查效益定措施,查综合经营定发展计划)入手,进一步摸清每项工程管理状况,然后逐项制定加强管理的计划和措施。同时下发了水利工程现状登记表。1983年6月,"三查三定"工作结束。

【渠村分洪闸增建启闭机房】　渠村分洪闸设有2×80吨启闭机56台,原设计无启闭机房,影响闸的安全运行。经黄委、水利部同意,增建启闭机房于1980年2月开工,本年10月完工,总建筑面积3722平方米,投资92.82

万元。

【河南河务局成立生产办公室】 11 月 14 日,河南河务局成立生产办公室,负责工程施工的指挥调度,督促检查各项工程进展情况,解决施工中出现的问题,以确保工程顺利施工。各修防处、施工总队、滞洪处和各施工指挥部也相应成立了机构。

【水准测量又有新进展】 1973～1981 年河南河务局测量队完成黄沁河两岸水准测量 803.3 公里,其中测设二等水准 357.7 公里、三等水准 445.6 公里。上述测量成果均系黄海高程,其中沿黄地区换算为 1955～1957 年新大沽高程。

1982 年

【河南河务局召开治黄总结表模大会】 1 月 5～10 日,河南河务局召开治黄总结表模大会,所属各单位负责人及先进集体代表、先进个人、劳动模范共 350 人参加了会议。会议总结 1981 年治黄工作,交流经验、表彰先进,并安排了 1982 年工作。水利部副部长王化云、河南省副省长崔光华出席会议并讲话。

【第四次引黄济津结束】 1 月 20 日,第四次引黄济津结束。河南省张菜园、山东省位山及潘庄 3 个引水口共引水 10.08 亿立方米,进入卫河水量 7.34 亿立方米。其中河南省人民胜利渠引水 4.17 亿立方米(包括河北省水量 3500 万立方米),进入卫河 4.02 亿立方米;山东省位山及潘庄两渠共引水 5.91 亿立方米,进入卫运河 3.32 亿立方米。截至 2 月 4 日,天津市九宣闸实收水量 4.472 亿立方米。国家为这次调水拨付经费总计 2.642 亿元。

【《黄河下游修防单位十条考核标准》颁发】 1 月 22 日,黄委颁发《黄河下游修防单位十条考核标准》。考核标准内容包括:施工、防洪、工程管理、引黄淤灌、综合经营、科学技术、职工队伍建设、领导班子、安全生产、增产节约等 10 条。考核办法:上级考核下级,逐级考核,每年考核 1～2 次,考核结果逐级上报。据此,河南河务局决定每年汛前、年终对基层修防单位各考核一次。考核结果作为干部考核和评选先进单位的主要依据。

【黄委治黄总结表模大会召开】 2 月 10～14 日,黄委召开治黄总结表模大会。河南河务局有 14 个先进集体、8 名劳动模范和 67 名先进生产(工作)者受到表彰。

【黄河大堤进行抗震加固试验】 黄河大堤郑州至开封段和济南段的抗震加固,是国家重点抗震项目。1981 年水利部下达任务后,2 月 15 日黄委决定,由河南河务局负责郑州至开封段的勘探,山东河务局负责济南段,土工试验由黄委水利科学研究所负责。此后,河南、山东两河务局共选择 7 个典型堤段断面,进行外业勘探和土壤的物理力学指标等常规性实验,1985 年 7 月完成试验报告,9 月完成这两段大堤和险工坝岸的抗震加固设计。

【河南河务局设立基本建设施工管理处】 3 月 1 日,经黄委批准,撤销企业管理处,设立基本建设施工管理处,下设施工科、定额科、机电设备管理科。

【1.5 米孔径多功能潜水钻机试制成功】 3 月 8 日,1.5 米孔径多功能潜水钻机试制成功,并正式投入施工。为解决武陟沁河大桥桩基施工问题,河南河务局科技办、新乡修防处灌注桩队与河北新河钻机厂联合研制了1.5 米孔径多功能潜水钻机。该设备由塔架、起吊、钻管、钻头、排沙泵、电机、变速器组成,整体为钢结构,置于钢轨上作业。钻进方法以回转为主,亦可冲抓;在完成桩基钻孔的同时,还可进行吊钢筋骨架、浇筑混凝土等作业。钻机设计主要由河南河务局彭德钊工程师担任。经试钻,成功完成直径 1.5 米、深 50 米的钻孔。该设备在沁河大桥施工中运用后,平均 5 天完成一棵大桥桩基(钻孔直径 1.5 米、深34～38 米),提前 11 个月完成了桩基施工任务,节约投资 31.16 万元。1983 年该设备获黄委科技成果二等奖。1984 年 1 月分别获河南省政府科技成果三等奖和水电部科技成果四等奖。

【开封欧坦混凝土灌注桩坝塌断】 3 月 10 日,夹河滩站流量 2020 立方米每秒,欧坦混凝土灌注桩坝发生断塌,断长 63.7 米。事后,河南河务局组织有关人员到场观测检查。分析其原因,主要是施工工艺不够完善、施工质量不高造成的。断桩部位用柳石工进行了加固。

【黄委编制《1982～1990 年三门峡库区治理规划》】 3 月 15 日,黄委向水电部报送了《1982～1990 年三门峡库区治理规划》,提出库区治理范围为:335 米高程以下及受水库蓄水回水淤积影响的地区。治理目标是:渭河下游堤防达到 50 年一遇的设防标准,基本控制渭河耿镇桥以下河道,保证两岸堤防、村庄、扬水站的安全;解决潼关以下库区严重塌岸段的防护问题,一般塌岸段初步得到治理,沿岸村庄、扬水站一般不受塌岸威胁,初步安置好新移民,解决好人畜吃水问题。

【黄委安排 1984～1985 年黄河治理工程】 3 月 26 日,黄委向水电部并国家计委报送了《关于黄河治理工程"六五"计划后两年安排意见的报告》。"六五"计划前 3 年黄河下游防洪工程 3 亿元的投资计划正在实施,此计划完成后,尚需完成的工程量有:大堤加固土方 2056 万立方米,险工加高改建石方 74 万立方米,放淤固堤土方 6580 万立方米,改建加固涵闸 18 座、虹吸管 22 条及其他相应的配套工程等,共需投资 2.02 亿元。报告还提到小浪底枢纽工程施工准备、故县水库建设、中游重点支流治理等问题。

【高压旋喷桩❶应用于闸基加固】 黄河下游涵闸地基加固的方法主要有换土法、钢板桩和混凝土灌注桩加固法等。1981 年 7～9 月河南河务局科技办、开封地区修防处引进旋喷新技术在中牟赵口闸打实验桩 108 根,基本掌握了成桩参数、防渗墙工艺及旋喷桩的技术经济数据。山东河务局派人到赵口闸考察研究后,认为旋喷法筑闸基承载桩技术可行,并可节约投资,加快施工进度。经方案比较,山东河务局决定将东明县阎潭闸由原设计混凝土灌注桩改为旋喷桩,由开封地区修防处旋喷桩队施工。1981 年11 月开工,本年 3 月完工,完成旋喷桩 157 根,提前 17 天完成,工程质量符合要求,比原设计混凝土灌注桩节约投资 25% 以上。1984 年旋喷桩在闸基加固中的应用获河南省科技成果三等奖。

【国务院转发涡河淤积和引黄灌溉问题处理意见】 4 月 12 日,国务院转发原水利部《关于涡河淤积和引黄灌溉问题处理意见的报告》。由于引黄灌溉的退水进入涡河河道,使河床逐渐淤高,排涝能力降低了 40%～50%。水利部要求制止黑岗口、柳园口两处灌区带来的泥沙。黑岗口引黄闸可继续供给工业和城市用水,暂停农业用水;柳园口灌区抓紧沉沙池的施工,经验收后才能开闸放水。同时在豫、皖两省交界和有关地段设水沙监测站,并规定了灌区退水的含沙量标准。关于河南、山东两省的引黄灌溉,决定由两省水利厅设立机构,统一规划和管理。引黄涵闸由黄委负责管理。闸门启闭严格按照用水计划执行,任何单位和个人都不得干预。

【人民胜利渠引黄 30 周年纪念会召开】 4 月 12 日,新乡地委和行署主持召开人民胜利渠引黄灌溉 30 周年纪念会。水电部、黄委、河南省水利厅、河南河务局及有关大专院校、科研机构等单位的领导、学者及科技人员 130多人出席会议。会议对灌区的规划设计、建设配套和管理运用进行了全面的总结。

人民胜利渠建成 30 年来,已发展成为高产、稳产的大型灌区,为改变新乡地区面貌、发展工农业生产以及向天津和卫河两岸城镇供水发挥了巨大作用。

【袁隆任黄委主任】 5 月 20 日,中共中央组织部通知:中央同意袁隆任黄委主任。

---

❶旋喷桩是用钻机钻至设计深度后,利用高压泥浆泵把水泥浆通过高压管、钻杆,由钻头的喷嘴射出,在钻杆旋转提升的同时,高压射流连续不断地搅动土体,并与其混合,最终形成圆柱状的水泥固结体。

【《黄河防汛管理工作若干规定》颁发】　6月1日,黄河防总颁发《黄河防汛管理工作若干规定》。内容包括防汛指挥机构、组织防汛队伍、巡堤查险与抢险、水情与工情观测、防汛物资储备管理、财务管理、通信交通、施工工程的管理、分洪与滞洪工程、汛情联系等。

【河南省防指检查黄河防汛】　6月25日至7月11日,河南省防指副指挥长、副省长崔光华,省军区副司令员赵举,黄委主任袁隆,河南河务局局长郭林等带领检查组赴河南沿黄各地全面检查防汛工作。检查的主要内容有:

(1)各级防汛指挥机构的建立,群众防汛队伍组织发动,防汛抢险料物、器材准备。

(2)防汛工作方案,重点是堤线、涵闸、险点工程的防守计划和度汛措施制定,各级领导分工和建立责任制情况。

(3)堤防、险工、涵闸及薄弱堤段等各项度汛工程处理加固和施工完成情况,生产堤的破除❶和沁河清障工作进行情况。

(4)渠村分洪闸启闭设施检修、试验,闸前围堤爆破方案和分洪管理操作方法,滩区、滞洪区群众迁安救护准备。

(5)防汛工作中存在的问题,计划采取的措施和意见等。

【河南省人大常委会批准《河南省黄河工程管理条例》】　6月26日,河南省第5届人民代表大会常务委员会第16次会议批准《河南省黄河工程管理条例》。该《条例》分总则、组织管理、堤防管理、河道工程管理、涵闸管理、防汛管理、绿化与经营管理、奖励与惩罚、附则,共9章41条。

【水电部颁布《黄河下游引黄渠首工程水费收缴和管理暂行办法》】　6月26日,水电部颁布《黄河下游引黄渠首工程水费收缴和管理暂行办法》,自即日起施行。规定水费标准为:灌溉用水在4~6月枯水季节每立方米1.0厘,其余时间每立方米0.3厘;工业及城市用水在4~6月枯水季节每立方米4.0厘,其余时间每立方米2.5厘。通过灌区供水的,由灌区加收水费,超计划用水的加价收费,用水单位应向黄河河务部门按期交纳水费。

【《黄河水利史述要》出版】　6月,黄委组织编写的《黄河水利史述要》,由水利电力出版社出版,共33.5万字。该书获1982年度全国优秀科技图书

---

❶1982年汛前,通过对1/50000河道地形图量取,黄河下游滩区生产堤总长512.1公里,其中河南黄河滩区322.4公里,山东黄河滩区189.7公里(长清县以下未统计)。1982年汛前河南河务局调查统计,河南黄河滩区生产堤总长338.2公里。

二等奖,1984年再版。

【黄河防总发出做好防汛工作紧急通知】 7月15日,黄河防总发出《关于做好防汛工作的紧急通知》。据气象水情预报,7月下旬黄河干、支流将有两次较大降雨。要求各地务必引起警惕,防汛队伍要在20日前全部组织起来,各项度汛工程采取措施突击完成。滩区生产堤限期破除口门,同时做好群众的迁安救护工作。防汛抢险料物器材必须准备齐全,以备抢险使用。各地、县防汛指挥部要在7月20日前到现场检查防汛准备情况,发现问题,及时解决。

【河南省防指办公室发出迅速做好迎战洪水紧急通知】 7月30日,河南省防指黄河防汛办公室发出《关于迅速做好迎战洪水的紧急通知》。《通知》指出:由于三花间(三门峡至花园口区间)降大雨和暴雨,伊洛河、沁河相继出现较大洪峰,预计31日晨花园口站将出现10000立方米每秒左右洪峰,三花间仍有大雨。据此,各级防汛指挥部要迅速做好迎战洪水的准备。一线防汛队伍做好上堤防守准备,待命上堤;应围堵、拆管封口的涵闸虹吸限期完成;生产堤按原定计划破口,并做好群众迁安救护工作;险工防守要按照班坝责任制安排,搞好查水摸水工作,加强防守,保证不出问题。

【沁河小董站发生4130立方米每秒超标准洪水】 由于7月29日至8月2日沁河流域普降暴雨到大暴雨,8月2日18时,小董站出现洪峰流量4130立方米每秒洪水,超过沁河4000立方米每秒的防御标准。这是新中国成立以来沁河发生的最大洪水,也是清光绪二十一年(1895年)发生6900立方米每秒以来最大一次洪水。这次洪水主要来自山西润城,济源五龙口以下两岸堤防全部偎水,堤脚水深1~10米,堤顶出水0.5~3.0米,武陟五车口上下有1200米长的堤段洪水位高于堤顶0.1~0.2米。8月2日凌晨1时,河南省防指办公室值班负责人张林枫、程致道电话询问武陟第二修防段段长陈文儒堤防出水情况,得知五车口一带堤防出水只剩几分米了,认为当洪峰到来时,洪水可能漫顶,当即要求陈文儒动员群众上堤抢修子埝,确保安全。随后,上报黄河防总下达新乡防指。新乡地区和沿河各县组织防汛大军10万余人,冒雨上堤防守,并在10小时内抢修子埝21公里,保住了沁河大堤的防洪安全。沁河杨庄改道工程汛前如期完成,洪峰期及时发挥了重大作用,降低了木栾店卡口以上壅水高出大堤1.8米,避免了沁南一次漫溢决口分洪,使沁南17万人、16万亩土地免受洪灾,减少经济损失1.5亿元,相当于工程总投资的5倍。

洪水期间,沁河右堤在武陟县东小虹出现直径20厘米的漏洞,400多人紧张抢险7个小时,用麻袋900条,筑起了高5米、厚1.5米、直径4米的养水盆,解除了险情。沁河全堤线发生裂缝12处,总长374米;大堤脱坡7处,总长391米;渗水6处,总长240米;有7处险工21座坝垛出险,上述险情经及时抢护,均转危为安。杨庄改道工程经受洪水考验,安然无恙。

武陟沁河公路桥在汛期施工中,因来洪迅猛,撤退不及,部分设备、料物(如浮筒、枕木、钢轨等)被洪水淹没冲失,损失69.85万元。

【花园口站出现15300立方米每秒洪峰】　8月2日19时,花园口站出现流量15300立方米每秒洪峰,相应水位94.64米(大沽),为1958年以来的最大洪水。7月29日至8月3日三花间(三门峡至花园口区间)连降暴雨和大暴雨,局部特大暴雨。伊河中游石锅镇站12小时最大暴雨量为652毫米,最大5日雨量为904毫米。整个三花间降雨量均大于100毫米,300毫米以上的面积占四分之一,干支流相继涨水。

这次洪水,花园口站10000立方米每秒以上流量持续52小时,7日洪量49.7亿立方米。洪水进入下游河道,河南段临黄堤有310公里长堤线偎水,郑州京广铁桥以下各站最高水位高于1958年最高水位0.17~2.11米。洪水发生后,党中央、国务院十分关心,中央领导召开紧急会议,做出"加强防守,保证黄河安全"的指示。中央防总分别向河南、山东发出电报,要求河南立即彻底破除生产堤,建议启用山东东平湖分洪。为战胜洪水,河南省委常委及时召开会议分析防洪形势,紧急部署抗洪力量。7月30日、31日和8月1日,省委、省政府、省防指接连向沿黄各地发出了迎战黄河洪水的紧急代电通知。省委书记李庆伟、副省长崔光华、省军区副司令员赵举、黄委主任袁隆等领导亲自坐镇河南河务局指挥,并冒雨赶赴郑州、开封市及中牟县的险工堤段了解汛情,沿河各地、市、县党政领导上堤指挥防守。河南黄沁河两岸大堤上有群众防汛队伍25万人,人民解放军2.8万人,与洪水展开了英勇搏斗。8月7日洪峰安全通过河南。山东东平湖分洪流量2400立方米每秒,洪量4亿立方米,8月9日洪峰安全入海。

在这次洪水中,第三次大复堤工程为战胜洪水奠定了物质基础,堤防险情较1958年为轻,计堤坡出现裂缝18处,最大的是濮阳58+400处,缝长400米,宽2米,深3.0米;堤防出现陷坑13处,最大的长、宽各2米,深1.3米;大堤背河渗水两处,总长560米;险工出险13处,计83道坝岸,较严重的是黑岗口险工险情;控导工程多数失去守护条件,有18处工程140

道坝垛出险,局部漫溢的有 14 处工程 121 道坝垛,受破坏较严重的有 4 处,冲毁坝垛 50 道,多数工程控导作用良好;涵闸围堵 8 座,全部涵闸均未出现险情。抢险共用石料 5.05 万立方米,柳杂料 345 万公斤,铅丝 4.8 吨。

洪水通过时,滩区生产堤共有 89 处破口进水,口门总长 24.6 公里。其中,人工破除的 46 处,长 14.5 公里;其余为洪水冲决,低滩区全部进水。东坝头以下滩区水深一般 2~4 米,进水约 16.02 亿立方米,发挥了蓄洪削峰沉沙的作用。河南黄河滩区共淹没耕地 135 万亩,受灾村庄 674 个、人口 53 万人(其中伤 380 人,死 3 人),倒塌房屋 29 万间。洪水期间各级人民政府对受灾滩区十分重视,组织 1.5 万多人参加滩区救护,迁出人口 12.25 万人,有 29.11 万人上了避水堰。

【长垣生产堤破除】 8 月 2 日,洪峰到来后,河南滩区生产堤已基本破除(包括人工破除和自然冲决),唯长垣生产堤高大未破除,严重影响河道排洪。为此,中央防总,河南省委、省政府接连发出紧急通知,指示破除长垣生产堤。8 月 4 日 12 时,长垣县领导带领人员用爆破法破除,破除口门总长 6000 多米,保证了洪水顺利排泄。

【黄委批复安阳修防处沉船事故处理意见】 8 月 11 日,黄委批复河南河务局《关于安阳修防处沉船事故处理意见》。1981 年 12 月 28 日至本年 2 月 15 日仅 50 天时间内,安阳修防处发生两起简易挖泥船沉没的重大责任事故,造成 11 万元的经济损失。发生事故原因均为管理不善,遇风浪造成船底阀管道进水沉船。为严明纪律,教育群众,河南河务局提出对有关责任者进行严肃处理。黄委批复基本同意河南河务局提出的处理意见,并要求将处理意见通报全河所有单位,认真对职工进行教育,切实做好各项安全生产工作的落实。

【国务院电贺沿黄军民取得抗洪抢险斗争重大胜利】 8 月 12 日,国务院发出慰问电,祝贺河南、山东沿黄军民在迎战 8 月 2 日花园口 15300 立方米每秒洪水中,团结抗洪,取得重大胜利。高度赞扬沿黄军民发扬"一不怕苦,二不怕死"的革命精神,昼夜连续作战,屡建功绩;滩区、东平湖区人民群众顾全大局,承担牺牲,及时铲除生产堤,蓄洪滞洪,为洪水安全入海作出贡献。同时,要求沿黄军民再接再厉,夺取今年黄河抗洪斗争的全面胜利。

【刘华洲任河南河务局副局长】 8 月 16 日,经水电部批准,刘华洲任河南河务局副局长。

【黄委黑岗口抢险调查结束】　8月31日,黄委黑岗口抢险调查结束。8月7~11日,黑岗口险工19~29护岸间,护岸6段、垛5座计长440米,先后发生坦石下蛰及坦石整体滑塌入水的严重险情。险情发生后,开封市政府、河南河务局领导极为重视,亲临现场组织抢险。人民解放军、开封市工交系统职工及郊区民工共2200余人,经过3天3夜的紧张抢险,使工程转危为安,抢险用石6550立方米。8月11日后,黄委工务处对这次抢险进行了调查,并撰写了调查报告。该段工程自1974年以来进行过两次加高改建,1974年顺坡加高2米;1981年在坦石帮宽时,未采取退坦帮宽,而是在原有坦石外加宽,使坦坐在淤滩上,是这次出险的主要原因。为吸取经验教训,调查报告提出3点意见;一是要坚持退坦加高改建,留足根石台顶宽;二是坦石厚度不易过大;三是要重视次要坝岸的防护,及时探摸根石,增抛根石。

【黄委引黄试验站在新乡建立】　9月9日,黄委引黄试验站在新乡建立。1963年底,水电部在新乡市建立豫北水利土壤试验站,1969年初撤销。1980年经国家科委和国家农委批准,恢复并改名为引黄试验站,隶属黄委。后并入黄河水利科学研究院。

【黄委批复加高沁河右岸堤防】　9月21日,黄委批复河南河务局《关于加高沁河右岸堤防的报告》,指出沁河仍按防御1983年小董站4000立方米每秒为目标。按此标准尚未完成的堤防工程,平工段堤顶宽由原5米改为6米,超高设防水位1.5米,临河边坡改为1:3,其他标准不变。

【河南省抗洪抢险庆功表模大会召开】　10月17日,河南省抗洪抢险庆功表模大会在郑州召开。全省抗洪抢险先进单位和英雄模范人物代表及各地区行政公署、市人民政府、驻豫部队和郑州铁路局的负责人等,共480多人出席了会议。黄委、淮委、海委等流域机构的负责人也参加了会议。副省长崔光华致开幕词,省委书记李庆伟作会议总结。大会表彰了模范单位143个,模范个人265人。

【河南省政府要求不准在黄河滩区重修生产堤】　11月5日,河南省政府发出《关于不准在黄河滩区重修生产堤的通知》。汛期,黄河滩区认真贯彻执行国务院和中央防总关于彻底废除生产堤的指示,花园口以下的生产堤基本破除,这对淤滩削减洪峰、保障全局安全起到了重要作用。为了巩固成果,河南省政府要求各地继续贯彻废除生产堤,滩区实行"一水一麦,一季留足群众全年口粮"的政策,加强避水台建设,严禁以堵串沟为名堵复生产堤。

【黄河下游工程管理经验交流会在原阳召开】　11月5~8日,黄河下游工程管理经验交流会在原阳召开。会议由黄委副主任杨庆安主持,河南、山东河务局及各修防处、段、所主管工程管理的负责人共百余人参加。会议检查了济阳会议以来工程管理的情况,交流了经验,大会最后颁发了《黄河下游工程管理考核标准(试行)》。

【李献堂任河南河务局党组书记、代理局长】 11 月 23 日,水电部党组〔1982〕水电党字第 173 号文任命李献堂为河南河务局党组书记、代理局长,刘华洲为党组副书记、副局长,岳崇诚为副局长、党组成员,叶宗笠为副局长。原河南河务局的党组书记、副局长、党组成员、顾问职务一律免除。10~12 月原河南河务局局长郭林,副局长赵三唐、张林枫、马静庭离休。

【引黄济津、京线路查勘】 12 月,黄委顾问王化云、副主任龚时旸和王锐夫等分别查勘了引黄济津、京的白坡引水线路和位山引水线路。白坡引水线路是从河南孟县白坡引黄河水,经人民胜利渠、延津县大沙河沉沙池,由滑县淇门入卫河,再沿南运河北上至天津、北京。位山引水线路从山东省东阿县位山闸引黄河水,沿三干渠穿徒骇、马颊二河于临清入南运河,再北上天津、北京。

【程致道任河南河务局总工程师】 12 月,经水电部党组批准,程致道任河南河务局总工程师、党组成员。

【济源沁河修防段、张菜园闸管理段成立】 本年,成立济源沁河修防段、张菜园闸管理段。

1983 年

【河南河务局颁发 1982 年度治黄科技成果奖】 1 月 21 日,河南河务局颁发 1982 年度治黄科技成果奖 13 项,其中 1.5 米孔径多功能潜水钻机的研制应用和高压旋喷法在涵闸基础加固工程中的应用获一等奖。

【马静庭、程致道、刘于礼获高级工程师职称】 1 月,马静庭、程致道、刘于礼获高级工程师技术职称。这是职称评定恢复以来,河南河务局首次获得高级工程师职称人员。

【河南河务局机关机构设置调整】 2 月 18 日,经黄委同意,河南河务局机关设办公室、工务处、工程管理处、政治处、财务器材处、规划设计室、科技办公室、机关党委和黄河河南区工会。

【小浪底工程论证会在北京召开】 2 月 28 日至 3 月 5 日,国家计委和中国农村发展研究中心在北京组织召开小浪底水库工程论证会。参加会议的有国家计委主任宋平,副主任何康、吕克白,国家经委副主任李瑞山,中国农村发展研究中心主任杜润生,副主任郑重、杨珏、武少文,水电部部长钱正英,以及陕、晋、豫、鲁 4 省水利厅厅长,国内知名专家、教授、学者和水利工作者近百人。会议由宋平主持,根据 5 项论证内容进行了分组讨论。会议认为:小浪底水库处在控制黄河下游水沙的关键部位,是黄河干流在三门峡以下唯一能够取得较大库容的重大控制性工程,在治黄中具有重要的战略地位。兴建小浪底水库,在整体规划上是非常必要的,黄委要求尽快修建是有道理的。与会同志提出一些值得重视的问题,如要重新修订黄河全面治理开发规划,小浪底水库何时兴建、开发目标、工期、投资等,目前尚未得到满意的解决,难以满足立即作出决策的要求。

【河南黄河春修工程全面动工】 4 月,河南黄河春修工程全面动工。本年是黄(沁)河防洪工程建设 1974~1983 年 10 年规划实施的最后一年,为保质保量完成各项任务,河南河务局除召开春修电话会议进行具体布置外,并派出 3 个工作组与各修防处、段一起深入现场,共同核定工程计划,解决具体施工问题。至 4 月 10 日,各地已有 1 万多名民工投入大堤土方工程施工,4.7 万名民工投入避水台施工。

【黄河防总颁发《黄河防汛管理工作暂行规定》】 5 月 8 日,黄河防总颁发

《黄河防汛管理工作暂行规定》。内容包括:防汛指挥机构,组织防汛队伍,巡堤查险与抢险,水情工情观测,施工工程管理,水库、分洪、滞洪和行洪,防汛物资储备管理,财务管理,通信、交通,汛情联系共 10 项。

【李伯宁检查河南防洪工程】 5 月 5~9 日,水电部副部长李伯宁在河南省委第一书记刘杰、省长何竹康陪同下,检查了黄河大堤及北金堤滞洪区。

【河南省黄河防汛工作会议召开】 5 月 10 日,河南省黄河防汛工作会议在郑州召开。河南省委书记于明涛、副省长纪涵星、省军区副司令员赵举、黄委顾问王化云等出席会议并讲话。沿黄各地、市、县的专员、市长、县长及修防处、段负责人参加了会议。

【黄委进行机载雷达全天候成像试验】 5 月,由黄委遥感组与中国科学院电子所协作,用该所研究的合成孔径侧视雷达在黄河孟津至郑州和伊、洛河夹滩地区进行试飞成像试验,用以研究解决洪水期全天候成像问题。此次飞行覆盖面积 4990 平方公里,每条航线图像宽度约 6 厘米,比例尺约 1:15 万。侧视雷达为 X 波段,地面分辨率 15 米,对黄河河道及其整治工程,图像判释情况良好。河流、水库、水塘等水陆边界尤为明显。经试验认为,机载雷达全天候成像是监测洪水和进行洪灾调查的有效方法之一。

【纪涵星检查黄河防汛】 6 月 8~17 日,河南省副省长纪涵星在河南河务局代局长李献堂陪同下,检查了沿黄各地、市、县的防汛准备工作和黄河堤防、险工、控导工程,以及北金堤滞洪区各项防洪工程设施,并察看了山东省部分河段、堤防险工、淤背工程和东平湖滞洪区以及小浪底坝址等。

【国务院调整黄河防总领导成员】 6 月 14 日,国务院下发通知,调整黄河防汛总指挥部领导成员。河南省省长何竹康任总指挥,山东省副省长卢洪、山西省副省长郭裕怀、陕西省副省长徐山林、黄委主任袁隆任副总指挥。

通知指出,为保证防汛工作不间断,今后不再因人事变动而逐年任命,均由接任的同志任职,报国务院、中央防汛总指挥部备案。

【郑州市、开封市黄河修防处组建完成】 由于行政区划调整,实行市带县的领导体制,经上级批准,6 月 16 日河南河务局决定将原开封地区修防处与开封市修防处合并,组建新的开封市黄河修防处,并建立开封市郊区黄河修防段。新建开封市修防处管辖郊区、开封县、兰考县 3 个修防段和黑岗口、三义寨 2 个渠首管理段,及开封、东坝头 2 个石料转运站。郑州黄河修防处重新组建为郑州市黄河修防处,辖原开封地区修防处所属的巩县、中牟县修防段,赵口闸管理段、施工大队、石料转运站、巩县石料厂、东风渠农场,及新成立的郑州郊区黄河修防段。

【陈德坤任河南河务局副总工程师】　6月16日,经黄委同意,任命陈德坤为河南河务局副总工程师。

【黄委研究原阳大张庄控导工程填湾工段施工问题】　6月24日,黄委召开会议专题研究大张庄控导工程填湾工段施工问题。河南河务局代局长李献堂、副总工程师刘于礼汇报了大张庄控导工程的河势、滩岸及有关问题。根据王化云的意见,黄委领导确定大张庄控导工程填湾工段立即动工。30日,该工程开工。

【黄委批复《渠村分洪闸运用操作办法》】　7月6日,黄委批复《渠村分洪闸运用操作办法》,规定:围堤爆破时机由黄河防总下达命令,河南省防指组织实施。闸门启闭时机和分洪指标,由黄河防总报请中央防汛指挥部批准后下达指令。河南省防指调度运用。爆破作业时间按5小时,爆破损坏清理时间2~4小时。

【三门峡水利枢纽管理局成立】　7月15日,经水电部批准,黄委三门峡水利枢纽管理局正式成立,下设电厂、大坝工程、库区治理分局等。

【黄河防总检查渠村分洪闸闸门启闭情况】　7月25日,黄河防总副总指挥、黄委主任袁隆,河南省防指副指挥长、河南河务局代局长李献堂,安阳地区防指副指挥长、安阳行署副专员安占范等到渠村分洪闸检查防御特大洪水措施落实情况。检查闸门启闭按分洪10000立方米每秒的开启试验,分7个操作组进行,开闸56孔147个档次用时24分17秒,关闸用时15分钟,达到了准确、及时、安全、适量分洪的要求。

【河南省防指召开滞洪物资储备工作会】　7月27~28日,河南省防指召集安阳地区和濮阳、长垣、滑县、范县、台前5县防指、各滞洪办公室及省直有关单位负责人在郑州开会,研究落实中央追加北金堤滞洪区特大防汛补助费300万元的安排和物资储备调运工作。会后,河南省商业厅、物资局、木材公司和黄委、河南河务局迅速组织调运竹竿9万根,木材5000立方米,救生衣5700件,滞洪区组织修复浅水区村台、村埝土方11.5万立方米。

【武陟北围堤大抢险】　武陟黄河北围堤建于1960年,是花园口枢纽工程围堤,该堤对保护北岸大堤、原阳滩区、郑州市供水及郑州黄河公路大桥建设有着重要作用。8月2日,黄河花园口站8180立方米每秒洪峰过后,河势发生变化,上游南岸邙山靠溜,主溜北移,特别是京广铁桥以下滩地挑溜,淘刷北围堤堤前滩地,9日主流紧逼北围堤,经黄委、河南河务局、新乡修防处、武陟第一修防段共同查勘后,河南河务局决定"临堤下埽,以垛护堤"。中共河南省委、黄河防总发出了"保证安全,不准溃决"的指示。10日抢险开始。由于河势不断上提,导致险情不断上延,直至10月23日才抢护稳定。整个抢险历时53个昼夜,大河流量在2400~6880立方米每秒之间,其中9月1日险情最重,有20米受水冲坍至背河堤坡,先作柳石混砸,后急调部队抛枕80个,才控制住险情。

河南省委、省政府高度重视,省委第一书记刘杰、书记刘正威、省长何竹康、省军区司令员战景武、副省长纪涵星、省委顾问委员会副主任李宝光等,先后赴工地视察险情、指挥抢险。9月9日,省委、省政府、省军区和黄委组成联合慰问团,由纪涵星副省长、孟亚夫副司令员、袁隆主任等带领,前往工地慰问。

这次抢险,先后动员新乡修防处7个修防段的技工356人,武陟县民工5000多人,原阳县600人,人民解放军出动700余人支援抢险。共抢修工程长1772米,柳石垛26座,护岸25段,用石3万立方米,柳秸料1500万公斤,铅丝44吨,麻料333吨,用工日16万个,投资326万元。抢险方法采用枕上搂厢、柳石搂厢、柳石滚厢、捆大懒枕、放柳枕堆等5种结构。重点采用搂厢、抛枕、抛笼堆3层防护,水深达10~14米,流速2.5~3.5米每秒。

【气垫船在花园口水文站试航成功】　为了解决黄河下游漫滩部分的洪水水文测验问题,经批准花园口水文站购买气垫船1艘。8月19日,气垫船在该站测验河段的主流、浅滩、草滩等不同地段试航成功。

【安阳黄河修防处更名为濮阳市黄河修防处】　9月1日,经国务院批准,撤销安阳专署,成立濮阳市。安阳黄河修防处更名为濮阳市黄河修防处。1984年10月,濮阳市黄河修防处由坝头搬迁至濮阳县城南关。

【中牟黄河防洪工程受暴雨袭击】　9月7日,中牟沿黄地区普降暴雨和特大暴雨,暴雨中心位于中牟万滩公社附近,19~24时,5个小时降雨量达387毫米,最大降雨强度100毫米每小时。暴雨造成中牟大堤出现大小水沟浪窝1822个,在227道坝垛护岸中坦石塌陷、严重塌陷的占191道,为工程总数的84.1%,淤背戗堤冲失土方4.5万立方米。

【渠村分洪闸前围堤模拟爆破试验】　9月15~20日,在渠村分洪闸下游1

公里处修筑模拟堤段试爆。试验由渠村分洪闸管理处组织进行,安阳驻军
33990 部队 52 分队参加了爆破试验。试验先按原方案进行,分 5 个口门药
室(两个主药室、两个副药室和一个松动药室),装炸药 1219 公斤,二响起
爆。据分析,原方案药室深 6 米,用药多、震动大、作业时间长,影响闸的安
全。接着又提出新方案进行试验,新方案分 4 个药室(两主两副)。药室深
改为 4 米,装药 256 公斤,四炮一响起爆,试验结果较好。试验后,黄委对
原爆破方案作了修改。

【河南黄河修防机构调整】　9 月 19 日,河南省委、省政府同意黄委《关于
调整驻豫修防机构的报告》,并转发沿黄各地、市、县及省直有关单位执行。
为适应地方行政区划的变更,河南黄河修防机构调整如下:

(1)河南黄河河务局为省直厅(局)级单位,驻郑州市,在黄委和中共
河南省委、省政府领导下,负责河南黄河修防和治理工作。

(2)沿黄地、市和北金堤滞洪区设修防处或滞洪处,均为地(市)属局
(处)级单位,在河南河务局和所在地(市)党委领导下,负责本地区黄河的
修防和治理工作。这些单位是:郑州市黄河修防处(驻郑州市),开封市黄
河修防处(驻开封市),新乡黄沁河修防处(驻新乡市),濮阳市黄河修防处
(驻濮阳市),濮阳黄河滞洪处(驻濮阳市),渠村分洪闸管理处(驻濮阳县
渠村闸)。

(3)修防处在沿黄县、滞洪区各县和重要闸门设修防段(或管理段)、
滞洪办公室,均为县属科(局)级单位,在上级治黄部门和所在县党政的领
导下,负责所辖地段的黄河修防管理等工作。这些单位是:博爱、济源、沁
阳沁河修防段,孟县、封丘、原阳、长垣、濮阳、范县、台前、巩县、中牟、郑州
郊区、开封、兰考、开封郊区黄河修防段,温县、武陟第一、武陟第二黄沁河
修防段,张菜园引黄闸管理段,濮阳、长垣、台前、范县滞洪办公室,滑县滞
洪管理段,濮阳金堤管理段,赵口、黑岗口、三义寨闸门管理段,孟津黄河管
理段共 30 个。

【河南河务局设立治黄研究室】　10 月 10 日,经黄委批准,设立治黄研究
室并与河南河务局科技办公室合署办公,属局二级机构按一级机关管理。
1985 年撤销。

【菏泽地震波及黄河防洪工程】　11 月 7 日 5 时 9 分 49 秒,菏泽地区发生
5.9 级地震,烈度在 7 度以上,震中位于北纬 35°3′,东经 115°6′,波及山东
东明、定陶、成武、单县、曹县、菏泽 6 县,影响范围约 350 平方公里。震后

调查,菏泽刘庄,东明冷寨、黄庄、高村等处大堤有蛰裂现象,刘庄险工第 13 号、14 号、16 号、18 号坝坝身有 1~3 毫米裂缝,鄄城苏泗庄引黄闸上游桥墩土石结合部发生裂缝,菏泽修防处有 150 多间房屋出现裂缝,菏泽修防段倒塌围墙 30 米。受地震影响的有节制闸 109 座,涵洞 85 座,扬水站 198 座,灌溉建筑物 294 座,桥梁 807 座,机井 1516 眼。据地质构造和历史资料分析,黄河下游沿岸的兰考、东明、菏泽、濮阳、鄄城、郓城、垦利、利津等县,均位于 7 度地震区范围内。

【张吉海舍己救人】　郑州市黄河修防处郊区修防段青年工人张吉海,11 月 11 日在花园口黄河急流中为抢救一名落水女青年英勇献身(女青年后被机船救出),年仅 18 岁。黄委作出决定,号召全河向"舍己救人的优秀青年张吉海学习"。共青团郑州市委授予他"舍身救人好青年"荣誉称号,共青团河南省委批准追认张吉海为中国共产主义青年团团员。1985 年 10 月河南省政府授予其烈士称号。

【辛庄引黄闸竣工】　11 月 21 日,辛庄引黄闸竣工。共完成土方 9.35 万立方米,石方 3598 万立方米,混凝土与钢筋混凝土 1611 立方米,用工 11.99 万个,投资158.70万元。

【河南河务局召开放淤固堤工作会议】　11 月 22 日至 12 月 4 日,河南河务局召开放淤固堤工作会议。参加会议的有各修防处主任、工务科科长及郑州郊区、中牟、开封郊区、台前、长垣等修防段挖泥船队负责人和部分县水利部门代表。与会人员首先到山东、河南黄河放淤固堤的先进单位参观学习,之后在原阳进行座谈讨论。黄委主任袁隆和河南河务局代局长李献堂到会讲话。会上,还拟订了《河南黄河放淤固堤十年规划》。

　　原封丘黄河堤上的堤湾闸及贯孟堤上的大庄闸,因河道治导线调整,两闸引水困难,且防洪标准不足,列入计划废除。经地、县要求,新建贯孟堤上辛庄引黄闸供原来两灌区引水。新建辛庄引黄工程包括贯台渠首闸(3 孔敞式)、辛庄穿堤闸(2 孔涵洞式)、高滩排涝防洪闸、引渠交通桥、滩区灌溉闸、东西灌区分水闸以及老闸的拆除与堵复,设计引水能力 20 立方米每秒,设计灌溉面积 19.27 万亩。该工程于本年 3 月 19 日开工。

【濮阳南小堤引黄闸竣工】　11 月,濮阳南小堤引黄闸竣工。该闸为 3 孔涵洞式,设计流量 50 立方米每秒,控制灌溉面积 50 万亩。该闸于 1982 年 12 月开工,总投资 162.75 万元。

【濮阳市滞洪工作会议召开】　12 月 18 日,濮阳市政府召开滞洪工作会议。参加会议的有濮阳、滑县、长垣、范县、台前 5 县及 53 个乡负责滞洪、分洪和防汛工作的各级领导,中原油田和张庄闸的有关领导也应邀参加了会议。濮阳市市长赵良文主持会议,黄委主任袁隆和河南河务局代局长李献堂出席会议并讲话。会议认真总结和交流了北金堤滞洪区建设的经验,并结合滞洪区范围广、人口多、分洪预见期短、迁移桥路稀少、情况复杂等特点,提出加强滞洪区建设,执行"撤离、防守并举,以防为主"的方针。

【多项基本建设工程管理办法出台】　12 月 23 日,河南河务局印发《河南黄河基本建设工程施工质量检验办法》、《河南黄河基本建设工程竣工验收办法》、《河南黄河基建工程土方、涵洞施工创优质工程评选办法》。

【大型彩色《河南黄河地图》印制完成】　12 月,大型彩色《河南黄河地图》印制完成。该图比尺为 1∶25000,黄海高程,由 6 幅组成,高 1.46 米,宽 2.64 米,显示了黄河横贯河南省的全貌。图中对干支流水系、防洪水库、水文站网、河道堤防、分滞洪区、引黄灌区、黄河故道、地形地貌、主要高程等均有显示,为了解河南黄河全貌、防洪指挥调度、布置引黄灌区等提供了方便。全图清绘由黄委设计院测绘处完成,上海中华印刷厂印刷。

【1981～1983 年地质勘探完成情况】　1981～1983 年,河南河务局勘探测量队共完成桥梁、涵闸地质钻探 13 处,钻孔 92 个,钻探进尺 1712.8 米,取原状土 321 组,试验 475 次,野外测试土壤物理性能 333 个。

【少林寺被国务院确定为全国重点佛教寺院】　本年,国务院确定少林寺为全国重点佛教寺院。位于登封市西北 13 公里的中岳嵩山南麓,因处少室山脚密林之中,故名少林寺,又名僧人寺。该寺始建于 495 年(北魏太和十九年),32 年后印度名僧菩提达摩来到少林寺传授禅法,敕就少室山为佛陀立寺,供给衣食。此后,寺院逐渐扩大,僧徒日益增多,少林寺声名大振。

1984 年

【柳园口渠首闸管理段建立】 1 月 1 日,柳园口渠首闸管理段建立,隶属开封市修防处。

【美国专家查勘小浪底】 1 月 11 ~ 23 日,美国柏克德公司副总裁安德逊等 6 位专家,应水电部部长钱正英的邀请,由黄委副主任龚时旸等陪同,查勘黄河小浪底、龙门坝址,参观三门峡水利枢纽,听取了工程设计和情况介绍。

【河南省政府批转放淤固堤工作报告】 1 月 23 日,河南省政府批转河南河务局《关于黄河放淤固堤工作的报告》。《报告》指出:河南黄河放淤固堤工作已完成淤临背土方 1.22 亿立方米,其中在规定范围内土方 4620 万立方米,放淤堤线长 202 公里,有 11.7 公里已达到规定标准。根据《河南黄河放淤固堤十年规划》,河南黄河堤线总长 530 公里,需要放淤固堤长 471 公里。放淤高程:南岸东坝头以上,北岸原阳箄张以上,与 1995 年设计洪水位平;南岸东坝头以下,北岸原阳箄张至台前王集,超出 1995 年设计洪水位浸润线逸出点以上 1 米;王集至下界,考虑滞洪区群众迁安上堤,高出滞洪水位 1 米。放淤宽度:险工段 100 米,平工段 50 米。河南黄河 10 年放淤固堤总工程量为 1.2 亿立方米,需购地 4 万多亩,逐年分批实施,力争 1995 年完成。

【黄河防护林绿化工程动工】 2 月 25 日,共青团中央、林业部、水电部决定,组织宁夏、内蒙古、陕西、山西、河南、山东 6 省(区)的青少年建设黄河防护林绿化工程。这项工程西起宁夏中卫县,东至山东滨州市,全长 3000 多公里,1986 年全面铺开。

【《黄河三门峡水库调度运用暂行办法》印发】 2 月 27 日,黄委印发《黄河三门峡水库调度运用暂行办法》。水库调度指令,一般情况下,汛期由黄河防总,非汛期由黄委直接下达;遇特大洪水或非常运用情况时,由黄河防总报请中央防总或水电部批准后下达。

【修防处、段设公安特派员】 2 月 27 日,经河南省政府批准,河南省公安厅和河南河务局联合发出通知,要求从沿黄修防处、段及渠村闸管理处抽出 33 人作为市、县公安局的特派员,并设立郑州市公安局黄河桥分局黄河派出所(由中牟、巩县、郑州郊区修防段和郑州市修防处派人组成)和开封市公安局郊区分局黄河派出所(由兰考、开封县、开封市郊区修防段和开封市修防处派人组成),定编分别为6人和7人。河南河务局共46人,担负各段黄河防洪工程的治安保卫任务。

【第四期堤防加固与河道整治可研报告编制完成】　2月,河南河务局编制完成《河南黄河第四期堤防加固河道整治可行性研究报告》。第四期堤防加固仍以防御花园口站1958年型洪峰流量22000立方米每秒洪水为目标,保证大堤不决口,对超标准大洪水,做到有措施、有对策,尽最大努力缩小灾害。1985年9月,经水电部、黄委批示同意,开始编写设计任务书。1986年11月编制完成《河南黄河第四期堤防加固河道整治设计任务书》,上报黄委。

【河南黄河通信系统机构改革】　3月20日,河南黄河通信系统进行机构改革。改革后实施以条为主、条块结合、分级管理的体制。河南河务局设通信站,负责全局通信系统的业务。修防处设通信分站,修防段设通信班。河南黄河通信系统编制为370人,其中干部41人、工人329人。

【直径2.2米潜水钻机试钻成功】　为适应郑州黄河公路桥桥基施工,以河南河务局治黄研究室主任工程师彭德钊为主的工程技术人员,会同河北新河钻机厂,通过降低转速、加大动力、改进钻架等技术措施,将直径1.5米多功能潜水钻机改制为2.2米钻机。3月23日,改进后的新钻机在郑州黄河桥工地北岸试钻成功,82小时钻深80.2米。

【修订黄河规划工作展开】　4月9日,国家计委向国务院报送了《关于审批黄河治理开发规划修订任务书的请示报告》。后经国务院批准,下达水电部、黄委等有关部门。规划的主要任务是提高黄河下游的防洪能力,治理开发水土流失地区,研究利用和处理泥沙有效途径,开发水电,开发干流航运,统筹安排水资源的合理利用以及保护水源和环境。8月22~24日,水电部在河北省涿县召开了各有关单位参加的修订黄河规划工作会议,明确了分工。11月,以黄委为组长单位的修订黄河规划协调小组在郑州成立。自1985年起至1987年底,由地矿部、煤炭部、石油部、农牧渔业部、林业部、交通部、城乡建设环境保护部及有关省(区)、黄土高原水土保持专项规划工作小组、西北勘测设计院、天津勘测设计院、长江流域规划办公室和黄委承担的各项专题规划或开发意见陆续完成。1989年8月完成《黄河治理开发规划报告》(送审稿)。

【中央领导听取治黄汇报】 4月,中共中央总书记及国务院总理在河南视察工作期间,分别听取了黄委原主任王化云关于治理黄河的汇报。3日下午,胡耀邦总书记在平顶山市听取王化云汇报后指出:修小浪底水库,我是赞成的,这件事我一直记着,长江、黄河的问题解决了,对世界都是有影响的。10日晚和11日在濮阳市,国务院总理赵紫阳接见了王化云,在听取小浪底工程汇报后指出:当前黄河上重要的是解决防洪问题。认为建小浪底水库,在经济上是合理的,国家对黄河的总投资是节约的,同时对与外国合作、引进先进技术、引进外资等问题作了具体指示。

【3处石料转运站下放管理】 4月12日,河南河务局花园口石料转运站划归郑州市修防处领导,开封、兰考石料转运站划归开封市黄河修防处领导。

【黄委严格审批穿越堤防工程】 5月17日,黄委发出《关于重申对穿越堤防修建工程严格审批手续及统计各类穿堤建筑物的通知》。通知指出,凡穿越黄河下游堤防的涵洞、管线等各类建筑物,必须报送设计,严格审批手续。破堤施工时,必须报经黄委批准,严禁任意破堤埋设临时穿堤涵管等。1987年8月6日,黄委颁发《黄河下游穿堤管线审批及管理暂行规定》,对审批权限、标准、穿堤管线的管理和防汛等作了明确规定。

【河南省黄河防汛工作会议召开】 5月20~24日,河南省黄河防汛工作会议在郑州召开,副省长胡廷积、纪涵星到会讲话。沿黄地、市、县负责黄河防汛工作的市长、专员、县长,省直有关单位的负责人,黄河修防处主任、修防段段长和主管业务的同志,共230人参加了会议。会议讨论修改了《河南省1984年黄河防汛工作方案》,明确了本年的防汛任务,布置了防洪措施。黄河防洪任务仍为确保花园口站22000立方米每秒洪水大堤不决口。遇特大洪水,尽最大努力,采取一切办法缩小灾害。沁河仍为防御小董站4000立方米每秒洪水,保证大堤不决口,遇超标准洪水,确保北堤安全。

【用爆破法埋设濮阳至开封输气过河管道】 中原油田至开封的输气管线,需要穿越河南濮阳和山东东明之间的黄河河床9036米,其中有940米通过主河槽。这部分管道施工采用爆破成沟、底拖牵引、气举沉管的施工方法。爆破施工地点在濮阳习城集和东明县菜口屯之间,爆破段中心距北岸黄河大堤最近点1900米,距南小堤闸2300米,距南小堤险工下端坝头700米,距南岸大堤最近点3400米。经水电部同意,于5月26日下午3时42分正式起爆,用炸药61.43吨,完成一条上口宽20米、深2米的大沟,同时埋管施工。爆破前后,河南河务局勘测队对濮阳南小堤险工大坝、临黄大堤、南小堤引黄闸进行了变形观测,认为爆破对黄河工程影响不大。濮阳市修防处对黄河防洪工程进行了加固和整修,所需费用 150 万元(包括山东黄河防洪工程加固费用)由国家计委批准,石油工业部拨给。

【济源黄河索道桥移交地方管理使用】　6 月 1 日,济源黄河索道桥移交河南省交通部门管理使用。该桥于 1982 年 8 月由解放军建成,位于新安、济源两县境内,属柔性单行索道桥,跨度 320 米,桥面行车道宽 3.8 米,可同时承受 7 辆解放牌卡车成单线通过。

【纪涵星检查黄河防汛】　6 月 26 日,河南省副省长纪涵星、省军区副参谋长孟庆福、黄委副主任刘金,在河南河务局代局长李献堂陪同下,检查了郑州市、开封市、濮阳市、新乡地区的黄河防汛工作。沿途听取了地、市和部分县(区)的防汛准备工作汇报,实地察看了黄河堤防、险工、涵闸以及度汛工程的施工和北金堤滞洪区避水台、埝的建设。纪涵星强调要切实做好人防工作,进一步落实好滞洪区、滩区的迁安救护准备工作,抓紧完成度汛工程,特别是加快淤背工程的施工进度。

【京广铁路詹店防洪闸竣工】　6 月 30 日,詹店防洪闸竣工。该闸位于黄河北岸黄河大堤与京广铁路交叉处。由于原闸设计为黄河来洪时临时屯堵,因洪水预报期短,已不能满足防洪要求,经报请铁道部同意,对该闸进行改建。改建后,防洪闸口两侧加闸墩,下叠梁钢闸板防洪。改建工程于 1983 年 9 月开工。

【郑州黄河公路大桥动工兴建】　7 月 5 日,郑州黄河公路大桥动工兴建。该桥南起郑州市花园口、北抵原阳县刘奄村,全长 5549.86 米,桥面总宽 18.5 米,设计洪水为 300 年一遇流量 36000 立方米每秒,并预留 50 年淤积。1986 年 9 月 30 日建成通车。邓小平为该桥题写了桥名。

【北金堤滞洪区无线通信网建成】　7 月 15 日,北金堤滞洪区无线通信网建成。该通信网设基地站 1 个、中继站 3 个、中心站 5 个、终端站 37 个,共设电台 85 部,网络控制面积 2316 平方公里。该工程于 1983 年开工。

【中美联合设计小浪底工程】　7 月 18 日,中国技术进出口总公司与美国柏克德土木矿业公司联合进行小浪底工程轮廓设计的合同在北京签订。8 月 7 日,对外经济贸易部批复同意,合同生效。联合设计的领导单位是中华人民共和国水电部,项目经理是黄委副主任龚时旸。从 1984 年 11 月 15 日起,黄委派出高级工程师和工程师共 28 人,分 3 批飞赴美国。1985 年 10

月完成小浪底工程的轮廓设计。

【黄河小浪底工程可行性研究报告审查会在北京召开】 8月13日,黄河小浪底工程可行性研究报告审查会在北京召开。会议原则同意《黄河小浪底水利枢纽可行性研究报告》。

【施工总队参加郑州黄河公路桥施工】 8月15日,河南河务局施工总队承担郑州黄河公路桥施工进场任务,主要承担大桥58~98号桥墩共41个墩82棵桩的桩基施工。1985年7月完工,比计划提前9个月。1986年该工程获国家优质工程奖。

【水电部答复全国人大的提案】 8月21日,水电部对河南省代表团在六届全国人大二次会议上提出的《建议停止使用北金堤黄河滞洪区》的提案答复如下:黄河下游现有的工程按防御花园口站洪峰流量22000立方米每秒的洪水(约相当于60年一遇洪水)设防。据水文气象分析,黄河花园口站有可能发生46000立方米每秒的特大洪水。当花园口站发生超过22000立方米每秒的洪水时,从全局考虑,必须使用北金堤滞洪区。北金堤滞洪区的防洪设施已建设多年,保护中原油田的方案措施正在拟订,黄河下游大堤第四次加高工程已安排在"七五"计划进行。若小浪底水库建成,可大大减少使用北金堤滞洪区的机会。滞洪区的长远建设规划,要与小浪底水库的建设统筹考虑。

【河南河务局增设系统安全监察干部】 根据黄委《关于建立劳动安全机构和人员编制问题的通知》,8月28日河南河务局决定:濮阳市、新乡黄沁河修防处配备安全监察干部2~3人;郑州、开封市修防处,滞洪处,施工总队,修造厂配备安全监察干部1~2人。各修防(滞洪)处下属修防段、队、厂和局直属修防段一级单位,凡职工人数200人以上的配专职安全干部1人;200人以下的设兼职安全干部1人;生产班组设不脱产安全员。各级劳动安全机构负责安全生产管理和安全监督检查。

【温县大玉兰抢险】 9月13日,温县大玉兰上延工程由于河势下挫坐弯,工程背后形成了布袋形河,主溜入袖,工程背侧迎水,回流淘刷,出现险情,严重时14~16坝背面连坝和埝基土胎全部塌入水中,经数百人日夜抢护,到10月6日控制了险情。

【黄委提出第四期修堤方案】 9月,根据小浪底论证会后的部署,黄委向水电部提出《黄河下游第四期堤防加固河道整治可行性研究报告》。第四期堤防加固仍以防御花园口站1958年型洪峰流量22000立方米每秒洪水为目标,保证大堤不决口,对超过这一目标的大洪水,做到有措施、有对策,尽最大努力缩小灾害。1985 年 9 月水电部批示同意并要求编报设计任务书。黄委即组织力量,进行设计任务书的编写工作。1987 年 2 月,《黄河下游第四期堤防加固河道整治设计任务书》编制完毕,上报水电部。

【三门峡钢叠梁围堰沉放成功】　10 月 17 日,三门峡水利枢纽溢流坝 2 号底孔进水口钢叠梁深水围堰整体沉放成功,11 月 1 日开始挡水,进行施工改建。围堰在水头 40 米的情况下,止水良好,结构稳定。至 1985 年 6 月21 日,完成施工任务后全部拆除。此后又于 1985 年 10 月至 1986 年 6 月、1986 年 10 月至 1987 年 2 月 26 日完成 6 号和 5 号底孔的改建。1987 年 10月同时沉放 3 号和 8 号底孔两套钢叠梁围堰成功。1989 年 10 月,4 号底孔钢叠梁围堰沉放成功。

【《河南放淤固堤实施办法(试行)》颁发】　10 月 18 日,河南河务局颁发《河南放淤固堤实施办法(试行)》。共 5 章 30 条,内容包括实施原则、工程标准、施工准备、施工管理和工程验收等。

【河南河务局领导班子调整】　10 月 27 日,黄委党委决定:王渭泾任河南河务局党组副书记、副局长,主持工作;叶宗笠、赵献允、李青山、陈德坤任副局长、党组成员,赵天义任总工程师、党组成员,李天松任工会主席、党组成员。岳崇诚调黄委任黄河工会主席,刘华洲任河南河务局巡视员(副局级),李献堂离休。

【汛期出现水丰沙少现象】　汛期(7～10 月),黄河流域雨季来得较早,盛夏少雨,秋雨充沛。黄河下游花园口站出现 4000 立方米每秒以上洪峰 11次。8 月 6 日发生的最大洪峰流量 6900 立方米每秒,主要来自渭河和伊、洛河,含沙量小。整个汛期花园口站总水量为 338 亿立方米,比历年平均值 272 亿立方米偏多 25%,相应输沙量 7.4 亿吨,较常年偏少 30%,平均含沙量 21.9 公斤每立方米。由于出现了水丰沙少现象,造成三门峡库区和下游河道略有冲刷。三门峡库区汛期冲刷约 2.25 亿吨,扣除上半年库区淤积量 0.43 亿吨,净冲 1.82 亿吨,黄河下游河道花园口至利津段冲刷1.48 亿吨,其冲淤分布是:花园口至夹河滩和高村至孙口段为淤积,夹河滩至高村和孙口至利津段为冲刷。

【龚时旸任黄委主任】　11 月 8 日,中共水电部党组水电党字[1984]第 195号文通知:经党组讨论并商得河南省委同意,黄委党委改为党组,龚时旸任黄委主任、党组书记。

【水电部批复凌汛期间三门峡水库调度运用办法】 12 月 5 日,水电部批复黄委《关于 1984～1985 年黄河下游防凌运用三门峡水库的请示》。指出:为确保黄河下游防凌安全,同意凌汛期间三门峡水库调度运用的 4 条办法。今后,如没有新的变动,不再每年报批。4 条办法为:

(1)为了避免宁蒙河段封河后出现的小流量过程造成下游小流量封河的威胁,或起到推迟下游封河日期的作用,凌前运用水位一般为 315 米。当宁蒙河段小流量过程入库时,水库补水调平控泄流量 500～400 立方米每秒。

(2)当下游封河后,水库一般均匀泄流控制运用。

(3)结合开河预报和下游情况,控泄小流量,必要时关闸。

(4)下游封河至开河时段,库水位运用一般不超过 326 米,若超过,届时报请中央防总决定。

【《黄河的治理与开发》出版】 12 月,黄委组织编写的《黄河的治理与开发》由上海教育出版社出版并公开发行。该书总结了治理和开发黄河的经验,提出了治理黄河的见解和论点。

1985 年

【河南河务局治黄工作会议召开】 1月24日,河南河务局在郑州召开治黄工作会议。会议总结1984年各项治黄工作,布置1985年治黄任务,研究制订了继续搞好管理体制、人事制度、岗位责任制和经济责任制等项改革方案。明确1985年的工作重点为:密切联系河南黄河实际,探索适合治黄工作特点的管理体制,搞活事业单位"转轨变型"、建安生产单位走向社会这个中心环节,优质高效地完成各项治黄工作,在确保黄河安全的同时,大力开展综合经营,提高经济效益。

【1974～1983年防洪工程验收完成】 1月,河南黄河1974～1983年防洪基建工程,即第三次大复堤工程验收结束。1984年2月成立专门验收委员会,6月开始自检验收,12月河南河务局在各修防处验收的基础上组织工作组进行初步验收。1974～1983年河南黄河防洪基本建设共完成投资32150.24万元,土方17431.20万立方米,石方131.77万立方米。

【万里听取治黄汇报】 3月5日,国务院副总理万里在河南省委书记刘杰、副省长刘玉洁等陪同下,听取了省政协主席王化云、黄委副总工程师王长路关于黄河下游防洪和小浪底工程设计情况的汇报。

【李鹏视察花园口防洪工程】 3月5日,国务院副总理李鹏,水电部副部长杨振怀、顾问李伯宁,在河南省省长何竹康,黄委副主任陈先德、副总工程师杨庆安,河南河务局副局长王渭泾等陪同下,视察了黄河花园口防洪工程,重点检查了黄河防汛准备工作。

【河南河务局机关机构部分调整】 3月15日,河南河务局机关机构部分进行调整,撤销工管处,成立生产经营处,下设生产财务科、建安管理科、生产管理科;原工管处改为工务处,下设计划科、水情科、堤防科、河道科、涵闸科,黄河防汛办公室的业务由工务处代管。

【濮阳市滞洪处、渠村闸管理处与濮阳市修防处合并】 3月19日,濮阳市黄河修防处、濮阳市黄河滞洪处、渠村分洪闸管理处3单位合并,合并后的名称为"河南黄河河务局濮阳市黄河修防处"。修防处设滞洪办公室(科级),负责濮阳市的滞洪业务;渠村闸改为段级单位,负责渠村闸的管理和运用任务。

【河南河务局颁发 1984 年度科技成果奖】　4 月 2 日,河南河务局颁发 1984 年度科技成果奖。"ZK24 型"锥孔机研制及"744 型 G 型"打锥机改制、黄河下游涵闸改建工程新老洞接头设计更新、简易吸泥船技术管理和灌浆机具改革等分获二、三等奖,一等奖空缺。

【国家计委、水电部审查河南黄河防洪规划】　4 月 11 日,河南河务局在郑州向国家计委、水电部审查组汇报了规划防洪工程,12 ～ 20 日审查组就规划项目查勘了河南黄河堤防、河道工程及沁南、大功、封丘、北金堤等分滞洪区。

【彭德钊获全国"五一"劳动奖章】　4 月 28 日,黄委总工程师龙毓骞、河南河务局科技办公室主任工程师彭德钊被中华全国总工会授予"全国优秀科技工作者"称号,并颁发"五一"劳动奖章和证书。1986 年 12 月,彭德钊被国家科委批准为国家级有突出贡献的专家。他的主要成果有大孔径潜水钻机、斜孔组合钻机和 744 型打锥机等。

【土工织物布沉排坝试验工程开工】　5 月 1 日,土工织物布沉排坝试验工程在封丘大功控导工程开工。5 月 25 日完工。

【河南省黄河防汛工作会议召开】　5 月 22 日,河南省黄河防汛工作会议在郑州召开。河南省省长何竹康、副省长纪涵星、省军区副司令员孟庆夫到会并讲话。省直有关单位,有关地、市、县的领导及各修防处、段负责人共 230 余人参加会议。

【长垣滞洪办公室并入长垣黄河修防段】　6 月 6 日,撤销长垣黄河滞洪办公室,人员和业务并入长垣黄河修防段,增设滞洪股,负责本县的滞洪业务。

【冯寅等查勘黄河下游】　6 月 10 ～ 20 日,水电部总工程师冯寅、副总工程师徐乾清和技术咨询崔宗培、高级工程师尹学良,在黄委总工程师龙毓骞和高级工程师徐福龄陪同下,赴黄河下游对堤防、分滞洪工程和河口现状等进行查勘。主要对 2000 年、2030 年或更远黄河下游防洪、引水规划安排及河口治理进行调查研究。

【杨析综察看小浪底水库坝址】　6 月 22 日,河南省委书记杨析综察看小浪底水库坝址,并听取黄委副主任陈先德和副总工程师王长路关于黄河下游防洪问题和小浪底工程规划设计情况的汇报。

【国务院批转黄河、长江等河流防御特大洪水方案】　6 月 25 日,国务院批转水电部《关于黄河、长江、淮河、永定河防御特大洪水方案的报告》,明确

"当花园口站发生 30000 立方米每秒以上至 46000 立方米每秒特大洪水时,除充分利用三门峡、陆浑、北金堤和东平湖拦洪滞洪外,还要努力固守南岸郑州至东坝头和北岸沁河口至原阳大堤。要运用黄河北岸封丘县大功临时溢洪堰分洪 5000 立方米每秒,再运用豆腐窝和李家岸两座分洪闸,向山东齐河北展宽区分洪 2000 立方米每秒,再由北展宽区的大吴闸向徒骇河分洪 700 立方米每秒。"并规定:"黄河北金堤滞洪区的滞洪运用和大功临时溢洪堰的分洪运用,需经国务院批准"。

【水电部重视胜利、中原油田防洪安全】　6 月 25 日,水电部向石油工业部、国家计委、经委、黄河防总办公室,豫、鲁防汛指挥部等发出《关于黄河下游胜利、中原油田防洪安全问题的函》。指出:胜利油田为解决油田用水,可以在垦利西双河黄河堤上建闸,跨汛施工,垦利以下要保护好油田北大堤,除尽力防守孤东油田外,还要做好必要的撤离准备;南展工程要做好运用准备。中原油田要做好必要的保护措施。

【纪涵星检查黄河防汛】　6 月 26 日至 7 月 4 日,河南省副省长纪涵星、省军区副参谋长孟庆夫等深入新乡、濮阳、开封、郑州等地、市,检查防汛准备情况。

【电话总机改建工程竣工】　6 月底,河南河务局完成电话总机改建工程,磁石交换机由 420 门纵横制自动交换机所取代,河南河务局机关总机实现自动化。

【河南省政府就大功分洪问题召开座谈会】　7 月 25 日,河南省政府召开座谈会,就大功分洪区的设立和运用问题与黄委领导交换意见。参加会议的有:河南省省长何竹康,副省长纪涵星、胡廷积,黄委顾问王化云、原主任袁隆、副主任杨庆安等。河南河务局副局长王渭泾列席会议。会议认为,应就大功分洪存在的问题向上级作出专题汇报。

【长垣大车集闸建成】　7 月,长垣大车集闸建成。该闸位于长垣县境内太行堤 1+410 公里处,为单孔涵洞式,设计引水能力 10 立方米每秒,灌溉面积 12 万亩,投资 79.40 万元。

【《河南黄河志》编纂完成】　7 月,《河南黄河志》编纂完成。该书由黄河志总编辑室组织编纂,共 5 篇 15 章,65 万字。该书系统翔实地介绍了河南黄河的洪水灾害,治河历史进程,以及新中国成立后战胜洪水,发展引黄灌溉、供水、发电,兴建防洪工程体系等业绩,并总结了治河的经验与教训。1986 年印刷出版,1987 年 2 月该书获河南省地方史志成果一等奖。

【黄河工程受强飑线袭击】　8月3日傍晚,黄河下游大部分地区遭受一次强飑线袭击,濮阳、范县风力达10级以上,阵风12级。在飑风暴雨的袭击下,一些黄河工程、电话线路、树木和房屋遭到不同程度的破坏。河南黄河毁坏树木12.5万棵,损坏房屋607间,冲坏堤肩边埂长63公里,堤防出现水沟浪窝、坑穴8695个。电话线路损坏150公里,水泥电线杆倒181根、断裂78根、断线631档(每档50米)。

【济南军区首长视察河南黄河】　8月7日,济南军区司令部参谋长郭辅助、副参谋长陆俊义由省军区副参谋长林长群陪同,视察河南黄河,重点视察了黄河花园口的汛情。这是河南省军区归属济南军区后,济南军区首次对河南黄河的视察。

【濮阳岳辛庄金堤河公路桥建成】　8月15日,濮阳岳辛庄金堤河公路桥建成。桥长178.11米,总宽10米,共11孔,设计荷载为汽—20,设计流量为金堤河20年一遇763立方米每秒。该桥为北金堤滞洪区迁安桥梁,于1984年12月1日开工。

【濮阳南关金堤河公路桥建成】　8月26日,濮阳南关金堤河公路桥建成。桥长176.54米,共11孔,桥面总宽12米,设计荷载为汽—20,设计流量为800立方米每秒。该桥为北金堤滞洪区迁安桥,1984年6月1日开工。

【花园口站出现8260立方米每秒洪峰】　9月17日,花园口站出现流量8260立方米每秒洪峰。这次洪峰主要是由山西、陕西及三门峡至花园口区间普遍降雨形成,洪峰到达夹河滩站流量为8300立方米每秒,高村站流量为7500立方米每秒,孙口站流量为7120立方米每秒。洪峰通过河南时,大堤偎水长120公里,淹没滩区耕地58万亩,受灾村庄378个,人口17.7万(其中有212个村,16.5万人受洪水包围),倒塌房屋3395间,出现危房1.37万间。由于中水流量持续时间长,含沙量小(最大含沙量53.3公斤每立方米),冲刷力强,河势变化剧烈,出现多处横河、斜河。受大溜顶冲工程,有26处工程76道坝出险127次,较严重的有封丘禅房,郑州花园口东大坝,原阳双井,武陟驾部,长垣大溜寺、于林,孟县黄河堤,温县大玉兰,经及时抢护,保证了工程安全。洪水期间,中央防总办公室主任、水电部副部长杨振怀到花园口视察水情,指导防洪。河南省委、省政府及沿黄各地、县及河务部门负责人深入一线,部署、组织防守及抗洪救灾。

【花园口东大坝抢险】　郑州花园口险工东大坝下延新修的5道坝,由于工程基础差,受大溜顶冲,自9月5日开始,险情连续不断,9月17日花园口站8260立方米每秒洪峰过后,险情加剧,至19日新修的3号、4号、5号坝分别被冲走37、40和60米长。险情发生后,河南省副省长胡廷积、省军区参谋长李学思、黄委副主任刘连铭、庄景林,以及郑州市副市长彭甲戌、军分区副司令员张立阁等先后到工地察看险情,研究抢护方案。险情严重时,河南河务局副局长王渭泾、赵献允和当地防汛指挥部领导坐镇指挥。参加抢险人数最多达1200多人,解放军600多人。经过45天的艰苦奋战,用柳石搂厢进占,抛枕护根,并首次使用装载机抛石,控制了险情。抢险共用石料1.32万立方米,柳料263万公斤。

【温孟堤大抢险】　9月19日,大河主流在温县、孟县交界处塌滩坐弯,出现横河,导致滩岸大面积坍塌。塌滩速度最快时横向每日达30～40米,顺河方向每日达50～60米。塌滩直接危及孟县黄河堤,有穿入蟒河、抄大玉兰工程后路的危险。险情最严重时,温县滩塌滩弯底距蟒河堤仅有200米,孟县黄河堤靠溜段长475米,下段塌入水中长度170米。9月25日黄委作出决定:要控制险情,一不过蟒河,二不抄大玉兰工程后路。河南河务局副局长王渭泾、李青山、陈德坤,总工赵天义先后赴工地组织抢修护滩工程,刘于礼副总工现场负责抢险技术指导。抢险期间,河南省省长何竹康、副省长胡廷积,黄委副主任杨庆安等多次深入抢险工地,同新乡地区、孟县、温县及河务部门的负责人及技术人员一起研究抢护措施,指挥抢险。这次抢险先后调集解放军1800名,民工1000多名,经过26天的顽强奋战,取得了胜利。共抢修护滩工程坝、垛14个,其中孟县堤抢护工程段长305米,新修垛4个,护岸4段。共修筑土方8.82万立方米,用石1.01万立方米,柳秸料465万公斤。

【英国BBC广播公司到河南黄河采访】　为制作纪录片《水与土》,英国BBC公司杰米、哈第尔等6位工作人员于9月27～28日到郑州花园口、中牟杨桥拍摄了黄河堤坝工程、黄河水沙、吸泥船淤背、引黄稻田、邙山风景区等镜头。该纪录片涉及12个国家,旨在介绍、分析世界范围内的水土流失、水资源管理等问题,以及面对这些问题人类所作的努力、取得的成就。

【原阳双井控导工程抢险】　9月28日,由于主溜移动,双井控导工程36道坝全部靠河,其中8～19号的12道坝险情严重。原阳县委书记、县长等亲临指挥,调集抢险物资,组织群众与解放军1500人参加抢险,经过26天的紧张奋战,控制了险情。

【《河南黄河防汛资料手册》出版】　9月,《河南黄河防汛资料手册》出版。

该书由河南河务局组织编纂,共计 30 万字,较为全面、系统地收集整理、汇编了河南黄河河道概况及河道整治、堤防建设、引黄涵闸、分滞洪工程、防汛抢险、水文泥沙等资料。

【大孔径多功能潜水钻机获国家科技进步三等奖】　10 月 8 日,经国家科技进步奖评审会第二次会议评定,由河南河务局彭德钊等完成的"大孔径多功能潜水钻机的研制和应用"获国家科技进步三等奖。

【河南河务局组织检查治黄设备】　10 月,河南河务局组织检查治黄设备。截至 1985 年底,河南河务局共有各类机械设备 4133 台(件),总功率 11.39 万马力,原值 5653.95 万元。

【印度防洪考察组参观花园口】　11 月 6 日,印度防洪方法考察组参观郑州花园口堤防、险工及引黄工程。考察组一行 4 人,由印度布拉马普特拉河委员会主席马克玛尼带队,成员有印度中央委员会的兰河查理、恒河防洪委员会主席巴哈杜尔、水资源防洪委员会副秘书长蒂尔查尼。7 日,在黄委水科所进行了座谈。

【黄河下游及其他多沙河流河道整治学术讨论会召开】　12 月 2 日,黄河下游及其他多沙河流河道整治学术讨论会在郑州召开。会议由黄委和中国水利学会泥沙专业委员会联合举办,共交流学术论文 60 余篇,其中黄河下游河道治理论文 29 篇、黄河中上游河道治理论文 12 篇。著名泥沙专家谢鉴衡等人对多沙河流及河道整治发表了意见。会议期间,代表们参观了郑州花园口河段,观看了黄委水科所的东坝头至高村河段的模型试验。

【三门峡水利枢纽工程竣工初检结束】　12 月 17～20 日,黄委在三门峡市召开了三门峡水利枢纽工程初检工作会议。参加会议的有水电部基建司、水管司、第十一工程局、天津勘测设计院,三门峡市建设银行和三门峡水利枢纽管理局。会议通过了《黄河三门峡水利枢纽工程竣工初检报告》。

【河南河务局进行劳动工资改革】　12 月,河南河务局进行劳动工资改革。新的工资制度是以基础工资加职务工资为主要内容的结构工资制。参加这次工资改革的职工 8524 人,除勘测队的 126 人由于等待执行地质部的标准暂未改外,其余全部顺利完成。

【彩色《河南沁河河道图》印制完成】　12 月,彩色《河南沁河河道图》由河南省测绘局印刷厂印制完成。该图比尺为 1∶5 万,黄海高程,根据原有 1∶5 万沁河河道地形图,参照新航测地形图绘制而成。该图上起济源河口村,下至武陟方陵入黄河口,河道长 100 公里左右。该图对河道、堤防、险工、涵闸、历史决口、滞洪区、桥梁、水文站等均有显示。该图首页有沁河流域简况,尾端附有历史决口险工、堤防、涵闸、大洪水调查等统计表。该图折叠成一册,长40厘米,宽25厘米,外装蓝色塑料封皮。

【黄河下游第三次大复堤竣工】 12月,黄河下游第三次大复堤竣工。该工程自1974年开始,按防御黄河花园口站22000立方米每秒洪水的标准制定1974~1983年防洪水位及防洪工程规划。在规划实施过程中,结合实际有所调整。如沁河口以上堤段取消加高任务,沁河口至铁桥堤段调增水位0.8米,渠村闸以上增加前戗10米宽。由于工程调整,工程实施从原来的1983年推延至1985年。1986年4月由黄委正式通过竣工验收。河南黄河在这次大复堤中,实际完成投资约4.14亿元,土方约2.17亿立方米,石方154.22万立方米,混凝土6.92万立方米。其中大堤加培长656.03公里(其中沁河113.9公里),完成土方7646.82万立方米;大堤加固长183.24公里,完成土方1229.19万立方米;放淤固堤长317.57公里,完成土方4794.90万立方米;险工加高改建47处1442道坝岸(其中沁河21处470道坝岸),完成土方301.93万立方米,石方86.31万立方米;河道整治完成新建续建工程23处,426道坝垛,完成土方831.60万立方米,石方54.84万立方米;涵闸改建新建26座;滩区完成避水堰台土方5099.25万立方米;北金堤滞洪区完成避水堰台土方1116.82万立方米;沁河杨庄改道工程完成土方328.91万立方米。

【新菏铁路长东黄河大桥竣工通车】 12月,新菏铁路长东黄河大桥竣工通车。该桥位于新菏铁路长垣至山东东明间,全长1万余米。该桥1983年10月开工。1989年获国家优质工程银质奖。

【长垣孙东闸建成】 本年,长垣孙东闸建成。该闸位于长垣县境内太行堤11+600处,为单孔涵洞式,设计引水能力5立方米每秒,灌溉面积7.5万亩。

1986 年

【河南河务局进行堤防普查】 3月,河南河务局对所辖堤防进行普查。经调查落实,共发现各类险点56处,其中黄河34处、沁河22处。

【外国专家对小浪底工程进行技术咨询】 3月18～28日,美国柏克德公司专家3人到黄委勘测规划设计院对小浪底水工方面的部分工作进行了技术咨询。19～28日,加拿大两位地质专家到黄委勘测规划设计院就小浪底左岸山体的稳定等问题进行了技术咨询。

【河南河务局调整机构】 3月20日,根据河南省行政区划调整,经河南河务局党组研究,黄委批准,调整部分修防机构,成立焦作市黄河修防处,负责焦作市境内的黄河、沁河防洪及引水灌溉、供水等任务。机关设工务、政工、财务、多种经营、审计科及办公室、纪检、工会8个职能部门,编制43人。原新乡黄沁河修防处所属的温县、孟县、济源、沁阳、博爱、武陟第一、武陟第二修防段,张菜园闸管理段及运输队、铲运机队划归焦作市黄河修防处,总计人员976人。

"新乡黄沁河修防处"更名为"新乡市黄河修防处",除管辖原阳、封丘黄河修防段,辉县石料厂外,将原安阳黄河修防处长垣黄河修防段划归新乡市黄河修防处管辖。

【宋平视察黄河】 4月8～17日,国务委员、国家计委主任宋平,国家计委副主任黄毅诚等一行8人视察黄河。在黄委主任龚时旸陪同下,沿途察看了桃花峪、温孟滩、小浪底坝址、三门峡水库及下游临黄大堤、北金堤滞洪区和东平湖水库。在郑州观看了黄委水利科学研究所的黄河下游河道动床模型试验和小浪底水利枢纽工程的整体与单体模型试验。

【刘玉洁检查黄河防汛】 4月30日至5月3日,河南省副省长刘玉洁在河南河务局副局长王渭泾陪同下,考察黄河堤防、险工等防洪工程,听取了各县及修防段防汛准备情况的汇报,要求各地及河务部门抓紧完成防洪工程建设任务,全力做好防汛准备。

【河南河务局机关设立老干部处】 5月8日,经河南河务局党组研究决定,黄委批复,设立老干部处,内设管理科、福利科,负责管理老干部工作。

【河南黄河防汛会议召开】 5月9～11日,河南黄河防汛会议在郑州召开。参加会议的有沿黄各市、县主管治黄工作的副市长、副县长、河务部门的领导及省直有关单位的负责人,共 180 人。会议分析、讨论了本年度防汛工作的问题、形势,通过了《河南省 1986 年防汛工作意见》。河南省省长何竹康、副省长刘玉洁,黄委副主任杨庆安出席会议并讲话。

【黄河白浪索道桥通载成功】 7 月 28 日,位于河南省渑池县和山西省平陆县之间的黄河白浪索道桥通载成功。该桥单跨总长 438 米,行车道宽 4 米。

【范县彭楼引黄闸竣工】 8 月 20 日,范县彭楼引黄闸完工。该闸位于范县黄河大堤 105 + 500 处,为 5 孔涵洞式水闸,设计流量 50 立方米每秒,设计灌溉面积 6.67 万公顷,工程投资 189 万元。

【河南人民治黄 40 周年纪念暨表模会召开】 8 月 28 ~ 29 日,河南治黄劳模代表和各级领导在郑州隆重聚会,纪念河南人民治黄 40 周年。河南省副省长胡廷积,黄委原主任王化云、袁隆,副主任杨庆安,及河南省军区等有关党政领导应邀出席会议并讲话。河南河务局副局长王渭泾作了《继往开来、开拓前进》的报告。会上,对 69 名治黄模范和 21 个先进集体进行了表彰。

【汛期水枯沙少】 7 ~ 8 月,黄河流域降雨量偏少,其中晋陕区间平均降雨 131 毫米,为新中国成立以来的倒数第二位,三花区间平均降雨 173 毫米,为新中国成立以来最少。两月间,黄河花园口站总水量 95 亿立方米。其中,8 月份水量只有 34.3 亿立方米,比常年同月平均水量 77.8 亿立方米少 55%。花园口站最大流量仅 2340 立方米每秒,来沙量仅有 0.44 亿吨,比常年平均数 4.02 亿吨少 89%,为新中国成立以来同月来沙量最少的月份。

【河南河务局机关增设审计处】 10 月 7 日,经河南河务局党组研究,黄委批复,河南河务局机关增设审计处,撤销财务器材处监察科。

【刘于礼被授予全国水利电力系统劳动模范称号】 11 月,河南河务局副总工程师刘于礼被水利电力部和中国水利电力工会全国委员会授予全国水利电力系统劳动模范称号。

【郑州至三门峡区间黄河数字微波通信电路开通】 12 月 25 日,郑州至三门峡区间黄河数字微波通信电路正式开通试用。该工程技术合同由水电部与日本电气公司签订,1985 年 8 月兴建,本年 10 月 25 日全线调试完毕。经过两个月的试运行,各项技术指标均达到设计要求,为全面建成水电系统综合数字通信网和实现三门峡至郑州花园口区间防洪自动测报奠定了基础。

【原阳柳园引黄闸竣工】 本年,原阳柳园引黄闸完工。该闸为 3 孔涵洞式,设计流量 25 立方米每秒,灌溉面积 23 万亩。

1987 年

【李鹏谈黄河问题】 1 月 12 日,国务院副总理李鹏在中南海接见参加水电部工作会议的部分代表。黄委主任龚时旸汇报黄河情况后,李鹏说:黄河的问题是党中央、国务院和全国人民心中的一件大事。黄河既是我们中华民族的摇篮,又在历史上多次泛滥,造成灾害。在过去科学技术不发达的时候,只能搞一些土堤,质量不高,将来我们能不能更现代化些,如打点混凝土的防渗墙,使堤防固若金汤。在 5 月上旬召开的陕、晋、豫、鲁 4 省黄河防汛会议上,李鹏副总理明确今后在全国范围内,防汛工作由国务院负责,中央防总负责具体工作;跨省、市、区的河流由中央防总负责,对一个省、一个地区,防汛总责就落在省长、市长、专员、县长身上。

【国家计委批复小浪底工程设计任务书】 2 月 4 日,国家计委以计农字[1987]177 号文件批复水电部《关于审批黄河小浪底水利枢纽工程设计任务书的请示》,要求抓紧编制初步设计文件。

【河南治黄工作会议召开】 2 月 7～10 日,河南治黄工作会议在郑州召开。会议总结了 1986 年治黄工作,讨论确定了 1987 年各项治黄任务和防洪安全、基建工程、工程管理、增产节约、精神文明建设工作目标。会议还提出了 10 项措施和 8 项改革意见,其中一条主要措施是在河南河务局普遍实行目标管理和岗位责任制。

【钮茂生检查防洪工程和职工队伍建设】 2 月 16～22 日,黄委第一副主任、党组第一副书记钮茂生在河南河务局副局长叶宗笠陪同下,对河南黄河防洪工程和职工队伍建设进行了检查,并就防洪安全、机构设置、目标管理责任制、生产经营改革,及稳定治黄队伍,提高干部、工人的政治业务素质,改善职工生活等问题,与修防处、段的同志进行了座谈。

【黄河下游河道发展前景及战略对策座谈会召开】 4 月 9～12 日,国土规划研究中心在郑州召开黄河下游河道发展前景及战略对策座谈会。会议讨论交流的课题有黄河下游河道整治目标、现行河道使用寿命评价、来水来沙预测、利用干流水库调水调沙减少河道淤积、整治河道加大泄洪排沙能力、黄河下游河道最终改道的必要性和可行性以及新河道选线的设想及工程预估等。

【河南河务局颁发 1986 年度科技成果奖】　5 月 11 日,河南河务局颁发
1986 年度科技成果奖,共有 3 项成果获奖。

【黄河特大洪水防御方案模拟演习举行】　6 月 21 日 8～17 时,中央防总办
公室会同黄河防总举行黄河特大洪水防御方案模拟演习。这次演习主要
检验当黄河中游或三门峡至花园口之间发生特大洪水,需要执行黄河特大
洪水防御方案时,有关雨情、水情测报及水文自动测报系统、数据传输工作
情况。

【刘华洲任河南河务局代理局长】　6 月 23 日,经黄委党组研究,征得水电
部及河南省委组织部同意,任命刘华洲为河南河务局代理局长、代理党组
书记,主持河南河务局全面工作。12 月 21 日,刘华洲任河南河务局局长、
党组书记。

【滩区生产堤破除口门工作全部完成】　7 月 9 日,中央防总派员会同河
南、山东两省和黄河防总的负责人对黄河下游河道清障工作进行检查
验收。自 6 月下旬开始至 7 月 22 日全部完成规定的滩区生产堤破除口门
工作,共破口门 478 个,破口长度 98.75 公里❶,并完成清除阻水片
林6748.1 亩。

【杨析综检查黄河防汛】　7 月 13～14 日,河南省委书记杨析综在河南河
务局副局长叶宗笠陪同下,检查郑州、开封防汛工作。杨析综就黄河防汛、
引黄灌溉、滩区治理几个方面的问题,作了重要指示。

【钱正英检查北金堤滞洪区及黄河防汛】　7 月 12～22 日,水电部部长钱
正英受国务院副总理李鹏委托,检查北金堤滞洪区及黄河防汛,并就北金
堤滞洪区、破除生产堤、大功分洪、堤防管理和金堤河治理等方面发表了
意见。

【国务院批准拆除郑州、济南两座铁路黄河老桥】　7 月 21 日,根据黄河防
洪的需要,国务院批准京广铁路郑州黄河老桥和津浦铁路济南泺口黄河老
桥拆除。批复要求京广铁路郑州黄河老桥的拆除任务于 1988 年 6 月底前
完成。济南泺口黄河老桥的拆除任务于 1989 年 6 月底前完成。

【水电部批复三门峡库区移民遗留问题处理计划】　7 月 30 日,水电部对
黄委《关于 1987 年河南、山西省三门峡库区移民遗留问题处理修正计划的

---

　　❶据 1987 年汛前调查统计,黄河下游滩区生产堤总长 511.41 公里,其中河南黄
河滩区 144.2 公里、山东黄河滩区 367.21 公里。

报告》予以批复。主要内容是:为解决库区移民生活、生产的实际困难,核定 1987 年河南、山西两省三门峡库区移民遗留问题处理经费 838 万元,从部库区建设基金中安排,由黄委统一安排,妥善使用。根据批复精神,8 月18 日,黄委印发了《关于解决河南、山西两省三门峡库区移民遗留问题计划管理暂行办法》。

【分洪口门爆破模拟试验在花园口举行】 8 月 8 日,中国人民解放军 54 集团军、南京工程兵工程学院和河南河务局联合采用新型液体炸药,在郑州花园口南裹头附近进行分洪口门爆破模拟试验。试验证明,新型液体炸药较过去沿用的 TNT 固体炸药具有稳定、安全、可靠和运输方便、作业量小、节省经费等优点。

【国务院批准黄河可供水量分配方案】 9 月 11 日,国务院办公厅转发国家计委和水电部《关于黄河可供水量分配方案的报告》,原则同意并批准南水北调工程生效前黄河可供水量分配方案。各省(区)耗用水量分配方案如下:青海 14.1 亿立方米,四川 0.4 亿立方米,甘肃 30.4 亿立方米,宁夏40 亿立方米,内蒙古 58.6 亿立方米,陕西 38 亿立方米,山西 43.1 亿立方米,河南 55.4 亿立方米,山东 70 亿立方米,河北、天津 20 亿立方米,总计耗用水量 370 亿立方米。

【段克敏任河南河务局副总工程师】 9 月 17 日,段克敏任河南河务局副总工程师。

【大樊险工试验防渗连续墙竣工】 9 月,武陟沁河堤大樊险工试验防渗连续墙竣工。该墙长 200 米、深 25 米、宽 9.4 米。

【中美黄河下游防洪措施学术讨论会召开】 10 月 17～21 日,由中国科学院地理研究所和黄委组织的中美黄河下游防洪措施学术讨论会在郑州召开。美国霍普金斯大学地理与环境工程系主任伏尔曼教授一行 11 人,水电部、中科院、水科院、清华大学、黄委等有关单位 100 多人参加会议。与会代表对黄河的洪水特性及治理、水资源利用、黄河下游防洪措施、流域产沙及土壤侵蚀、黄河下游河道冲淤基本规律、河床淤积及现行河道寿命预测等专题进行了学术交流和实地考察。

【钮茂生任黄委主任】 11 月 2 日,水电部水电党字[1987]第 68 号文通知:钮茂生任黄河水利委员会主任、党组书记。

【水电部表彰黄河下游引黄灌区首届评比竞赛优胜者】 11 月 18 日,水电部表彰黄河下游引黄灌区首届评比竞赛优胜者。山东省梁山县陈垓灌区,河南省人民胜利渠、原阳县韩董庄灌区和山东省聊城地区位山灌区分别荣获第一、第二和并列第三名。

【河南河务局领导班子部分调整】　12 月 26 日,黄委黄任字[1987]23 号文通知,任命赵天义为河南河务局副局长,免去总工程师职务;免去赵献允副局长职务。黄党字[1987]61 号文通知,赵献允任黄河水利工会河南区委员会主席,免去局党组成员职务;免去李天松黄河水利工会河南区委员会主席、党组成员职务。

1988 年

【河南河务局治黄工作会议召开】　1 月 13 日,河南河务局治黄工作会议在郑州召开,总结 1987 年工作,部署 1988 年任务。在这次会议上,河南河务局首次实行目标管理责任制,刘华洲局长代表主管单位与所属修防处、施工总队、黄河机械修造厂、孟津修防段的负责人在年度承包任务书上签字,任务书明确提出了应完成的主要任务和达到的指标,以及考核、奖罚办法。2 月 25 日,王渭泾、叶宗笠、李青山、赵天义副局长又分别与职工学校、测量队、通讯站、仓库等单位签订了 1988 年目标管理责任书。

【济源轵国故城被确定为全国重点文物保护单位】　1 月 13 日,轵国故城被国务院确定为全国重点文物保护单位。位于河南省济源市轵城镇,始筑于春秋时期,战国时期为轵国,一度为韩国国都,是中原历史文化名城之一。公元前 358 年属魏。据《盐铁论·通有篇》记载,文帝元年,封薄昭为轵侯。北朝亦曾封国,故有"古轵国"之称,石额犹存。公元 627 年,轵县并入济源县。从公元前 633 年延至公元 627 年废弃,故城经历了 1260 年的沧桑历史。轵国故城总面积约 32.5 万平方米,平面呈方形,东西稍宽,唯南城墙微向外折。城内西北角圪塔坡(古称金銮殿)为宫殿区。城中心有古轵国祖庙,北宋时为大明寺。1986 年 11 月,公布为省级文物保护单位。

【河南河务局机关机构部分调整】　1 月 22 日,经河南河务局党组研究,并报黄委同意,将政治处更名为劳动人事处;科技办与规划设计室合并为科技设计处;成立工程管理处、工务处,原办公室划分为办公室、行政处,撤销原生产经营处。

【彭德钊、顾有弟任河南河务局副总工程师】　1 月 22 日,经河南河务局党组研究决定,并报黄委同意,彭德钊、顾有弟任河南河务局副总工程师。

【郑州郊区黄河修防段易名】　2 月 29 日,鉴于郑州市行政区划调整中已将郊区撤销,将原郑州市郊区修防段易名为"郑州市邙(邙山区)金(金水区)黄河修防段"。

【《黄河基本建设项目投资包干责任制实施办法》颁发】　3 月,黄委颁发《黄河基本建设项目投资包干责任制实施办法》。《办法》共分总则、包干范围和条件、包干的形式和内容、包干合同的签订、工程价款的结算、权益和奖罚、包干条款的检查、附则等。

【东坝头以下滩区治理工作会议在濮阳召开】 4月6~9日,由河南河务局和省水利厅共同筹办的河南黄河东坝头以下滩区治理工作会议在濮阳召开。会议主要研究讨论了滩区治理规划和有关政策、措施。黄委主任钮茂生、省农经委主任张永昌出席会议并讲话。省民政厅、农牧厅、林业厅、河南沿黄各市及兰考、长垣、濮阳、范县、台前县和有关修防处、段的领导共80人出席会议,山东河务局领导应邀参加。

【河南河务局贯彻黄委经济工作会议精神】 4月15日,河南河务局召开机关职工及局直单位科以上干部会议。会上,播放了黄委主任钮茂生在西安经济工作会议上的讲话录音,强调要认真贯彻落实黄委西安会议精神,解放思想,提高认识,增强改革意识和经营观念,提高经济效益,积极推进各方面的工作。5月7日,河南河务局召开各修防处主任会议,传达贯彻黄委西安会议精神。会议指出:实现黄河单位由事业型向事业经营型发展,必须把竞争机制引入经营管理,用经济手段管理经营。要求各级领导要转变观念,把综合经营提高到与防汛同等重要的高度,统筹安排,理顺机构,建立防汛与经营两大管理体系。

【河南黄河防汛工作会议召开】 5月4~6日,河南黄河防汛工作会议在郑州召开。河南省副省长宋照肃、省军区副司令员王英洲、20集团军顾问郁萍、50集团军参谋长蒋于华、黄委副主任杨庆安、庄景林及省防指领导成员出席会议,沿黄各市和修防处负责人及河南日报社、河南广播电视新闻中心等单位共150余人参加会议。省防指副指挥长、河南河务局局长刘华洲传达《1988年黄河防汛工作意见》。宋照肃强调要克服麻痹思想,加强组织领导,严格防汛责任制,立足于来大水,防大汛,做好群众迁安救护准备,团结协作,确保黄河安全度汛。

【土工织物布沉排护底试验坝在封丘开工】 5月20日,利用土工织物布沉排护底做丁坝在封丘禅房工程34坝进行试验。

【杨振怀检查河南黄河防洪工程】 5月20~21日,水利部部长杨振怀在河南河务局局长刘华洲、副局长叶宗笠陪同下,检查了白马泉至原阳和郑州至开封固守堤段的河道、堤防、险工、涵闸以及度汛工程施工情况,并就防汛工作与各有关市、县领导交换了意见。

【《黄河防汛工作正规化、规范化若干规定》印发】 6月9日,黄河防总印发《黄河防汛工作正规化、规范化若干规定》。

【河南河务局组建机动抢险队】 6月20日,河南河务局郑州、新乡机动抢险队组建完成。每队编制40人,主要担负堤防、险工、控导工程、涵闸虹吸紧急险情的抢护任务。

【防大水指挥调度演习举行】 7月7~8日,河南省防指黄河防汛办公室与54集团军联合举行了防大水指挥调度演习。省防指副指挥长、副省长宋照肃亲临现场指挥。54集团军副军长余鲁生,以及省农经委、无线电管理委员会、建设厅、交通厅、省军区、武警总队和黄委、河南河务局及沿黄各市、县300余位领导参加演习。这次演习以1982年大洪水为依据,经过放大、时间概化后模拟设计的。

【世界银行专家古纳等考察黄河】 7月10~13日,世界银行专家古纳及驻华办事处主任戈林等由水利部、财政部和黄委有关人员陪同查勘了小浪底坝址,参观了黄河博物馆,听取了黄委有关人员对黄河干流开发总体布局、小浪底水利枢纽工程基本情况的介绍。

【河南河务局再次动员部署防汛工作】 7月19日,河南河务局再次动员部署防汛工作。刘华洲局长要求全局上下紧急动员起来,提高警惕,随时准备迎战可能到来的各类洪水。

【钮茂生检查黄河防汛】 7月20日,水利部副部长、黄委主任钮茂生在河南河务局局长刘华洲陪同下,察看了郑州黄河河势、防洪工程,涵闸引水和机动抢险队等。钮茂生要求沿黄各级政府及河务部门要严密注视水、雨、工情变化,全力以赴,确保黄河安全度汛。

【辛长松任河南河务局副总工程师】 7月25日,河南河务局党组研究决定,辛长松任河南河务局副总工程师。

【黄河下游滩区水利建设协议书签订】 7月30日,黄河下游滩区水利建设协议书签字仪式在郑州举行。黄委副主任杨庆安、副总经济师宋建洲和河南河务局局长刘华洲、副总工程师段克敏分别代表甲、乙双方在协议书上签了字。河南河务局(乙方)向黄委(甲方)总承包,负责河南段滩区水利建设事宜。协议中就水利建设原则、内容、目标、投资安排、双方责任及其他作了明确规定。

为了落实国务院"一水一麦,一季留足全年口粮"的政策,改善河南黄河滩区群众的生产、生活状况,1988~1990年国家投资土地开发建设资金2400万元,河南省投资1170万元,沿黄各市、县匹配资金1176万元,安排黄河滩区水利建设。

11月24日,第一期河南黄河滩区水利建设承包协议书签字仪式在郑州举行。河南河务局局长刘华洲受省政府委托,分别和新乡、焦作、郑州、开封、洛阳5市副市长在第一期河南黄河滩区水利建设承包任务书上签字。副省长胡笑云出席签字仪式。

【黄河下游航测洪水图像远距离传输试验成功】 8月1~22日,水利部和中科院等10余个单位协同在黄河下游开展防汛遥感应用试验。使用里—2型飞机和日立彩色摄像机,从黄河下游东坝头至艾山航空遥感监测洪水图像远距离传输试验,经4架次飞行,取得满意结果,实现了用通信卫星和地面微波中继把黄河洪水图像实时传到位于北京的水利部和位于郑州的黄委。图像经远程传输后仍非常清晰,控导工程的坝垛、大堤险工及受淹村庄等均能辨认,并可快速编绘河势及洪水图件。

【原阳双井控导工程发生较大险情】 8月13日,原阳双井控导工程32号、33号坝,因大溜顶冲,两坝坝基发生坍塌,危及工程安全。险情发生后,黄河专业抢险队与驻豫某部及当地群众200余人,经过5天紧张抢护,险情基本控制。8月16日,国家防总秘书长、水利部副部长钮茂生亲临现场指挥,部署抢险工作。

【花园口站出现6900立方米每秒洪峰】 8月16日,受三门峡至花园口区间降雨影响,花园口站出现流量为6900立方米每秒的洪峰,相应水位93.40米。东坝头以上水位普遍偏高,黄沁河有260公里大堤偎水,部分低滩漫水,受淹村庄34个,受灾人口2.6万,造成危房2050间,淹没耕地5.2万亩,61处工程308道坝、垛出险,抢险771次,由于指挥得当,抢护及时,保证了工程安全。

【沁河沁阳尚香险工出现严重险情】 8月17日,因受大溜顶冲,沁河尚香险工上首平工段临河堤长约70米、宽2米、高3米蛰陷入水,经过3昼夜的奋力抢护,控制了险情。8月19日,河南河务局局长刘华洲亲赴抢险工地具体部署,指挥抢险工作,并冒雨慰问参战干部、群众。

【开封、濮阳市修防处组建水上抢险队】 8月26日,河南河务局决定撤销开封、濮阳市修防处所属的航运队,分别组建水上抢险队,主要承担汛期水上抢险和防汛运石任务,其隶属关系不变。每支水上抢险队定员80人,配备船只5艘,剩余人员由修防处安排。同时,原开封市修防处花园口船舶修造厂,划归郑州市修防处领导。

【河南河务局机关被授予"省级精神文明单位"称号】 8月,河南河务局机关被河南省委、省政府授予"省级精神文明单位"称号,并颁发奖金与奖状。

【科技档案微机管理系统通过技术鉴定】 10月11日,由黄委、河南省档案局、国家科委情报局、中国人民大学、水利部档案处和情报所等单位的13名专家、学者组成的鉴定委员会对河南河务局研制开发的科技档案微机管理系统进行鉴定。专家们认为:该系统符合机关档案管理的实际和系统工作原则,著录、标引技术、主题词分类组卷功能有创新。

【技术岗位规范印发执行】 10月22日,河南河务局制定并印发了《河南黄河河务局技术岗位规范》。

【河南河务局颁发本年度科技进步奖】 11月27日,河南河务局颁发1988年度科技进步奖。有4项成果获奖,其中河南河务局科技处、办公室完成的"科技档案自动化管理系统"获二等奖。次年12月,该成果又荣获全国水利水电科技情报成果二等奖。

【赵口引黄灌区续建配套工程动工】 11月,经河南省政府批准,中牟赵口引黄灌区续建配套工程动工,1990年完成,总投资2650万元,发展灌溉面积70万亩。

【亢崇仁任黄委第一副主任】 12月31日,经水利部批准,任命亢崇仁为黄委第一副主任。1991年5月17日,人事部函[1991]3号文任命亢崇仁为黄委代主任。1992年8月28日,国务院国任字[1992]61号文任命亢崇仁为黄委主任(副部级)。

【范县邢庙闸建成】 本年,范县邢庙闸建成。该闸为单孔涵洞式,设计引水流量15立方米每秒,灌溉面积10万亩,实际灌溉面积17万亩。

【黄河湿地自然保护区建立】 本年,经河南省政府批准,建立黄河湿地自然保护区。该保护区位于新乡市东部,卫辉市和延津县接壤的黄河故道以及封丘县境内的黄河滩涂和背河洼地,总面积2.48万公顷,主要保护对象为天鹅、鹤类等珍禽及内陆湿地生态系统。共有鸟类130余种,其中有国家一级、二级保护鸟类34种。是中原地区重要的水禽栖息越冬地,也是南北候鸟迁徙的重要停歇地,在湿地生物多样性保护方面具有非常重要的价值,具有潜在的科研开发及生态旅游价值。1996年晋升为国家级湿地自然保护区。

1989 年

【李天松任河南河务局工会巡视员】 1月19日,经黄委党组研究决定,任命李天松为河南河务局工会巡视员(副局级)。

【河南河务局治黄工作会议召开】 1月20~21日,河南河务局治黄工作会议在郑州召开。河南河务局局长刘华洲作了题为《深化改革,发奋图强,努力开创河南治黄工作新局面》的工作报告。黄委副主任庄景林出席会议并讲话。会议还对获得1988年目标管理先进单位和先进个人进行了表彰和奖励。

【水利部颁发黄河下游渠首工程水费收管办法】 2月14日,水利部颁发《黄河下游引黄渠首工程水费收缴和管理办法(试行)》,自1989年1月1日起试行。1982年颁发的《黄河下游引黄渠首工程水费收缴和管理暂行办法》废止。

【三门峡枢纽二期改建工程总承包合同正式签订】 2月17日,三门峡水利枢纽二期改建工程总承包合同在三门峡市正式签订。合同规定二期改建工程除10号底孔和2号隧洞出口处理在1992年以前完成外,其余工程必须在1991年底以前完成。三门峡水利枢纽管理局局长杨庆安和水电第十一工程局局长段子印代表甲乙双方在合同上签字。

【河南河务局通信站更名】 2月26日,河南河务局通信站更名为"河南黄河河务局通信管理处",副处级,为局属二级机构。

【《我的治河实践》出版发行】 2月,原水利部副部长、黄委主任王化云著的《我的治河实践》,由河南科技出版社出版发行。该书回顾了治黄历程中许多重大决策的诞生、重大历史事件的经过,是一本记述黄河治理的专著。

【金堤河管理局筹备组成立】 3月2日,根据水利部指示和河南、山东两省水利厅的要求,为尽快实施金堤河干流治理和协调解决河南、山东两省灌排矛盾,黄委成立金堤河管理局筹备组。办公地址设在濮阳市。1991年1月3日,经水利部批准,金堤河管理局(正局级)正式成立。张庄闸管理所成建制归属金堤河管理局。2002年黄委印发《黄河水利委员会直属事业单位机构改革实施意见》,金堤河管理局撤销,其人、财、物整体并入河南河务局管理。同年,濮阳河务局成立张庄闸管理处(副处级)。

【黄河水资源研讨会在北京召开】　3月6～11日,水利部与世界银行在北京水科院召开黄河水资源研讨会。世行方面以古纳团长为代表的9人参加了会议。会上,水利部、黄委的有关专家分别报告了水资源利用与国民经济发展、黄河水资源利用现状与规划,世行专家介绍了国外部分流域规划经济模型,并一起讨论了有关黄河流域经济模型问题。会后,世界银行代表古纳等一行5人,赴黄河查勘了小浪底坝址、库区以及三门峡水利枢纽、下游引黄灌区和部分防洪工程。

【河南河务局机关处室调整】　3月20日,河南河务局党组决定,成立"综合经营办公室";撤销"科技设计处",成立"科技教育处"。

【河南河务局规划设计院成立】　3月30日,河南黄河河务局规划设计院成立,属河南河务局二级机构,县(处)级单位。1995年10月,规划设计院与勘探测量队合并,更名为"河南黄河勘测设计研究院"。

【科技进步奖励条例颁发】　4月17日,《河南黄河河务局科技进步奖励条例》颁发。内容包括:总则、奖励范围、奖励标准、申报评审程序等,共15条。

【河南黄河防汛工作会议召开】　4月26～28日,河南黄河防汛工作会议在郑州召开。河南省副省长宋照肃、省军区副司令员王英洲、黄委副主任庄景林,54、20集团军及省防汛指挥部领导成员,沿黄各市和修防处负责人等单位120人参加了会议。河南省防指副指挥长、河南河务局局长刘华洲传达了《河南省1989年黄河防汛工作意见》,宋照肃副省长部署了1989年河南黄河防汛工作。

【宋照肃检查黄河防洪工程】　5月29日至6月7日,河南省副省长宋照肃、省军区副司令员王英洲、省顾委常委袁隆及黄委、省水利厅有关领导在河南河务局副局长叶宗笠陪同下,检查了河南黄河重点堤防、险工、险点、控导工程和滩区、滞洪区迁安救护准备工作。宋照肃要求各地认真贯彻"安全第一,有备无患,以防为主,防重于抢"的方针,充分认识黄河防汛面临的新情况、新问题,立足于防大水、抢大险,扎扎实实做好各项防汛准备,千方百计保证黄河安全度汛。

【黄委定为副部级机构】　6月3日,水利部转发人事部中编发[1989]31号文:经国务院批准,黄委定为副部级机构。

【黄河防汛通信线路特大盗割案破获】　6月25日,封丘县公安局破获一起特大黄河防汛通信线路盗割案,14名案犯全部落网,郑州—关山线路中被盗割的2.22万米电线全部追回,价值3.3万元。

【滑县黄河滞洪管理段列为直属单位】 6月26日,河南河务局党组决定,将滑县黄河滞洪管理段从1990年1月1日起列为河南河务局直属单位。

【钮茂生检查河南黄河防汛】 7月3～4日,国家防总秘书长、水利部副部长钮茂生在黄委副主任庄景林、仝琳琅及河南河务局副局长叶宗笠陪同下,查勘武陟、郑州黄河大堤,并重点抽查了机动抢险队和群众防汛队伍。

【叶宗笠任河南河务局党组副书记】 7月19日,经黄委党组研究决定,叶宗笠任中共河南黄河河务局党组副书记。

【三门峡水电站进行浑水发电试验】 7月21日,三门峡水利枢纽管理局利用4号机组叶片退役的时机,进行汛期浑水发电试验。至汛期结束,除中间检查短时停机外,运行良好。试验取得较好成效,对气蚀和水草处理有了新的认识。

【杨析综检查黄河防汛】 7月23日,河南省委书记杨析综、省纪委书记林英海,省防指副指挥长、副省长宋照肃,省防指副指挥长、省军区副司令员王英洲,黄委第一副主任亢崇仁在河南河务局副局长叶宗笠陪同下,先后察看了武陟白马泉、京广铁路穿堤闸、张菜园闸,原阳马庄控导工程、大三里渗水堤段和封丘红旗闸、大功分洪口门、曹岗险工等。

【建立行政监察机构】 8月3日,河南河务局研究决定,局机关建立行政监察室(处级),定员4～6人;各修防处建立行政监察科,定员2～3人;施工总队、机械修造厂设专职行政监察员(科级),定员1～2人;职工学校、通信管理处设兼职行政监察员。

【黄委开展水利执法试点工作】 8月12日,黄委发出《关于开展水利执法试点工作的通知》,确定在山东河务局德州修防处、河南河务局焦作修防处、晋陕蒙接壤地区(水土保持)开展水利执法试点工作。

【河南河务局颁发本年度科技进步奖】 8月17日,河南河务局颁发本年度科技进步奖。共6项,其中"利用新型液体炸药改进黄河分洪口门爆破方案"获二等奖,"堤防锥探灌浆效用及阶段性分析"、"长垣河段'滚河'的可能性与防治"、"锤击式取石抓斗"、"水压控制爆破在涵闸改建拆除工程的应用"和"河南黄河河务局基本建设统计报表管理系统"等获三等奖。

【黄河防总与豫鲁晋陕4省公安厅发出保护防洪设施联合通告】 9月10日,黄河防总与河南、山东、山西、陕西4省公安厅发出《关于保护防洪设施确保黄河防洪安全的联合通告》,自即日起施行。

【匈牙利防洪保护专家考察河南黄河】 10月4～11日,匈牙利人民共和国环保水利部防洪保护专家代表团一行 3 人,在河南河务局副局长赵天义陪同下,考察了黄河河南段的防洪组织、防洪方案及黄河堤防、河道整治工程,并参观访问了三门峡水利枢纽。

【黄委调查沿黄省(区)农田水利建设】 10 月 5 日,黄委组织 7 个调查组分赴山东、河南、陕西、山西、甘肃、宁夏、内蒙古等沿黄省(区),宣传北方水利工作会议精神,调查了解今冬明春农田水利基本建设开展情况。11 月 7 ~ 10 日,各组在郑州举行汇报会,总结后上报水利部。

【组织参加北京国际水利展览】 11 月 16 ~ 22 日,河南河务局参加 1989 年北京国际水利展览。参展项目有:GZQ - 220 型大孔径潜水钻机、多钻多组合钻机、大斜度高压旋喷桩机、ZK - 24 型打锥机、NMB - 250 型耐磨泥浆泵和超长臂挖掘机等。

【黄河水文数据库通过鉴定】 11 月 29 日,黄河水文数据库服务系统在郑州通过专家鉴定。该系统于 1987 年 3 月全面铺开编程工作,经过两年多时间的精心研制,入库的数据覆盖范围包括全河干支流主要控制站在内的 184 个水文、水位站,430 个降水蒸发站以及三门峡以下河南省境内的 44 个河道大断面。入库数据的年份从 1919 年始至 1987 年,达 37878 个站年,共 119 兆字节数据。

【开封黄河公路大桥建成通车】 12 月 1 日,开封黄河公路大桥建成通车。此桥于 1988 年 2 月 10 日开工,本年 10 月 1 日竣工。大桥北接封丘县曹岗险工,南连开封县刘店乡租粮寨,宽 18.5 米,长 4475 米。

【《黄河流域地图集》出版发行】 12 月,由黄委编制、中国地图出版社出版的《黄河流域地图集》出版发行。该地图集自 1980 年开始筹编,以黄河流域为单元,用地图的形式表现多学科研究成果和治理开发成绩。包括序图、历史、社会经济、自然条件及资源、治理与开发和干支流等 6 个图组,共 92 幅。

【台前影唐闸建成】 本年,台前影唐闸建成。该闸为单孔涵洞式,设计正常引水流量 10 立方米每秒,设计灌溉面积 10 万亩,实际灌溉面积 10 万亩。

【河南引黄水量达 31.1 亿立方米】 本年,河南引黄水量达 31.1 亿立方米,引黄抗旱灌溉面积达 500 万亩。

1990 年

【河南河务局治黄工作会议召开】 1 月 15 ~ 16 日,河南河务局治黄工作会议在郑州召开。

【封丘以下河段出现凌汛】 2 月 2 日,由于受西北冷空气影响,黄河河道封丘县禅房控导工程以下河段出现凌汛。

【河南河务局机关机构部分调整】 2 月 15 日,成立防汛办公室(处级),水情科划归防办建制;成立水政处,与工管处合署办公,增设水政科,暂定员 2 ~ 3 人;办公室增设法制科,定员 2 ~ 3 人;原思想政治工作领导小组办公室更名为思想政治工作办公室,与直属机关党委合署办公。

【罗兆生任河南河务局副总工程师】 2 月 19 日,河南河务局党组研究决定,罗兆生任河南河务局副总工程师,代行总工程师职责。

【《河南黄河科技》出版】 3 月 1 日,河南河务局主办的内部交流刊物《河南黄河科技》出版。

【黄河下游防洪工程被列为国家重大建设项目】 4 月 14 日,国家计委宣布,从在建的全国 200 多个基本建设重点项目中,选定 20 个重大建设项目,将在资金供给、原材料分配等方面采取优惠政策。其中与黄河有关的有:大型商品粮基地(黄淮海平原综合开发项目,黄河三角洲粮食、棉花生产基地),"三北"防护林体系二期工程,黄河下游防洪工程。

【河南省黄河防汛工作会议召开】 5 月 14 ~ 15 日,河南省黄河防汛工作会议在开封召开。省委常委、副省长宋照肃,省军区副司令员王英洲,黄委副主任庄景林出席会议并讲话。沿黄各市、驻军及省防指成员、各业务部门负责人参加会议。会议传达了晋陕豫鲁 4 省黄河防汛会议精神和河南黄河防汛工作意见,分析了黄河防洪形势和存在的问题,部署了 1990 年黄河防汛工作。

【田纪云检查黄河防汛】 5 月 25 日,国务院副总理、国家防总总指挥田纪云率国家防总部分成员,在河南省委书记侯宗宾、省长程维高陪同下,先后察看了花园口堤防、赵口闸、三刘寨闸改建等工程,听取了黄河防总总指挥、省长程维高关于黄河防汛部署和存在问题的情况汇报。

陪同田纪云副总理检查的有:国务院副秘书长李昌安、水利部副部长侯捷、公安部副部长俞雷、铁道部副部长石希玉、财政部副部长项怀诚、物资部副部长桓玉栅、国务院生产委员会副主任赵维臣、石油天然气总公司副总经理周永康、总参作战部部长隗福临等,黄委第一副主任亢崇仁,副主任陈先德、仝琳琅及河南河务局副局长叶宗笠、赵天义也随同参加。

5月26日,国务院副秘书长李昌安受田纪云副总理委托,带领国家防总防汛检查组继续对河南河段进行检查,察看了柳园口险工、曹岗险工、大功分洪口门、渠村分洪闸、北金堤滞洪区及长垣防滚河工程等。

【李鹏视察河南黄河】 6月10～15日,中共中央政治局常委、国务院总理李鹏,在国务委员兼中国人民银行行长李贵鲜、水利部部长杨振怀、商业部部长胡平、机械电子工业部部长何光远、农业部副部长王连铮、国务院研究室副主任杨雍哲,河南省委书记侯宗宾、省长程维高,黄委第一副主任亢崇仁等陪同下,视察了北金堤滞洪区,渠村分洪闸,曹岗、柳园口、花园口、赵口等堤防险工和引黄涵闸。李鹏总理就黄河治理工作作了重要讲话,并为黄委题词:"根治黄河水害,开发黄河水利水电资源,为中国人民造福"。

【小浪底工程国际技术咨询服务合同正式签订】 7月16日,黄河水利水电开发总公司与加拿大国际工程管理集团(CIPM—CRJV)在北京正式签订黄河小浪底枢纽工程咨询服务合同。小浪底工程国际咨询服务是由水利部申请,经财政部及世界银行批准,决定使用世界银行技术合作信贷(TCC)并邀请有资格的国际咨询公司进行竞争投标的方式选定的。

【河南黄(沁)河大堤部分堤段加修子堰工程完成】 7月17日,水利部确定的河南黄(沁)河大堤高程不足堤段加修子堰工程任务全部完成,实做土方17.5万立方米,加修子堰长71.8公里。其中濮阳市完成土方14.1万立方米、长60公里,焦作市完成土方3.4万立方米、长11.8公里。

【李长春检查黄河防汛】 7月17～22日,河南省代省长李长春在副省长宋照肃、黄委第一副主任亢崇仁,河南河务局副局长叶宗笠、赵天义陪同下,检查了郑州、开封、濮阳、新乡、焦作市的黄河防汛工作。8月1日,李长春、水利部副部长钮茂生到黄河防总办公室现场办公,并听取黄河防汛工作情况汇报。8月2～8日,李长春又到三门峡、陆浑、故县水库检查防汛工作,并察看了小浪底坝址。

【新增20万立方米石料抢运完成】 7月20日,国家防总为黄河防汛增加的20万立方米备防石料,在黄委及有关单位的共同努力下,超额完成并运到黄河沿岸,实运23万立方米。

【三门峡水电站扩机立项】 7月25日,水利部商国家计委同意,批准三门峡水电站扩建工程计划立项,近期扩装两台7.5万千瓦机组。实施后,三门峡水电站总装机可达40万千瓦。

【小浪底水库移民安置规划座谈会召开】 7月26～28日,水利部在郑州召开小浪底水库移民安置规划座谈会。国家计委、山西省、河南省、水利部规划总院、三峡办、长委和黄委等有关地方、部门及单位的代表近50人参加了会议。

【三小间遥测系统设备开始安装】 7月,由意大利无偿援助的遥测设备到郑州,黄委计算中心组织力量开始安装三门峡至小浪底区间(简称三小间)遥测系统,27日开通五指岭—洛阳—寺院坡—山西云蒙山—石人凹高山中继线路,至9月底基本完成,共有61个站投入运用。

【北金堤、大功分滞洪区安装预警系统】 7月,水利部水文水利调度中心调配3套FJF－Ⅰ型分滞洪区预警系统(包括3套预报发信机、3座50米铁塔和372部警报接收机),分别用于河南北金堤、大功和山东东平湖分滞洪区。经现场调试,性能良好。

【海事卫星移动通信站试通成功】 8月1日9时40分,黄委海事卫星移动通信站试通成功。海事卫星移动通信站,是水利部为确保大江大河防洪抢险通信畅通,给黄委装备的通信设备。设备可以装在1辆吉普车上,无论到什么地方都能安装开通,进行电话联系和发送传真。一旦黄河发生重大险情,即可将该设备随车安装在现场,及时与上级联络。

【濮阳市引黄供水工程完工】 8月11日,濮阳市引黄供水工程完工。该工程1987年4月1日动工兴建,从濮阳县渠村引黄闸引水,供水能力为每日6万吨,可保证中原化肥厂生产及市区居民生活用水需要。

【黄河小浪底工程筹建办公室成立】 8月12日,经水利部、河南省同意,黄委成立黄河小浪底水利枢纽工程筹建办公室。9月1日,筹建办公室在洛阳正式开始办公。

【乔石视察花园口】 8月28日,中共中央政治局常委、中央纪律检查委员会书记乔石,在河南省委书记侯宗宾、代省长李长春、省纪委书记林英海等陪同下,视察了郑州保合寨至花园口堤防。河南河务局副局长叶宗笠汇报了河南黄河基本情况及1990年防汛工作。乔石说:"黄河防洪是国家的大事,党中央、国务院和各级党委、政府都非常重视,黄河防洪工程要加固,人防更需加强,要稳定治黄专业队伍,做好各项准备,保证黄河防洪安全"。

【《黄河下游浮桥建设管理办法》颁发】　8月31日,水利部颁发《黄河下游浮桥建设管理办法》。

【花园口、柳园口堤段美化绿化规划提出】　9月25日,黄委印发《关于修改花园口、柳园口、泺口险工堤段美化绿化规划的通知》,明确要求在保证防洪安全、发挥工程效益的前提下,把花园口、柳园口、泺口建设成为介绍黄河历史与发展,宣传人民治黄伟大成就,弘扬黄河精神,展示黄河防洪兴利工程建设和管理基本模式的窗口,因地制宜搞好绿化、美化,为郑州、开封、济南3市人民增添一处观光游览场所。

　　1997年郑州邙金河务局聘请深圳大学风景设计专家对花园口景区进行全面规划设计。2003年河南河务局分别委托华南理工大学建筑学院和北京土人景观规划设计研究院再次对花园口景区进行总体规划。2002年花园口水利风景区被评为全国水利风景区。此后,又相继被评为国家AAA级景区、河南省和郑州市优秀景区,2006年被评为"郑州市最具发展潜力景区"等。

【黄委检查豫陕甘宁水利工程】　10月4~29日,按照水利部部署,黄委组织技术人员对河南、陕西、甘肃、宁夏4省(区)水利基本建设工程进行全面检查。检查结果表明,水利基本建设工程质量是比较好的。

【黄河修防处、段更名、升格】　11月2日,经水利部批准,河南河务局所属黄河修防处、段均更名为河务局,在地、县级黄河河务局前面分别冠以地(市)、县(区、市)名称。地(市)级河务局仍为县(处)级,县(市)级河务局升格为副县级。原修防处主任、副主任分别更名为市河务局局长、副局长,原修防处主任工程师为市河务局总工程师,原纪检组组长为市河务局纪检组组长,原修防处工会主席为市河务局工会主席。原修防段段长、副段长更名为县(区、市)河务局局长、副局长。

【小浪底工程初步设计水工部分通过评审】　11月29日至12月1日,黄河小浪底工程初步设计水工建筑物部分在北京通过评审。评审会由国家计委委托中国国际工程咨询公司主持召开。黄委第一副主任亢崇仁、副主任陈先德、技术咨询龚时旸参加会议。

【人民胜利渠灌溉自动化一期工程完工】　11月,人民胜利渠灌溉自动化一期工程完工,并通过专家审核鉴定。1987年国家科委、水利部、河南省水利厅确定实施此项目,经过科技人员3年协同攻关,在百里总干渠内建成远方监控系统,可对放水、停水、流量调节、定时控制、报警显示、数据处理等实现自动管理。这是黄河流域建成的第一座灌溉管理自动化体系。

【国务院批准利用外资兴建小浪底工程】　11月,国务院正式批准国家计委《关于兴建小浪底工程利用世界银行贷款的报告》。

【市、县级河务局机关职能机构调整】　12月25日,河南河务局研究决定,市级河务局机关职能机构设置为:办公室、工务科、财务科、劳动人事科、防汛办公室、水政科、综合经营科、审计科、监察科、通信管理科、纪检组、工会(科、室级别不变);县级河务局机关职能机构设置为:办公室、工务科、财务科、水政科、综合经营科、劳动人事科、工会(科、室为副科级)。

【年度黄河下游防洪基建工程基本完成】　本年,黄河下游防洪基建任务较往年增加近一倍,国家投资1.59亿元。截至12月中旬,共完成土方2369万立方米,石方37.83万立方米。其中堤防加培加固土方346万立方米,放淤固堤土方1049万立方米,大堤压力灌浆63.6万眼,新建河道整治工程坝垛94处,帮宽裹护加固46处坝岸,改建涵闸10座。

1991 年

【6 省(区)黄河防护林二期工程启动】 1 月 12 日,共青团中央、林业部、水利部决定:从 1991 年开始,用 5 年的时间,组织宁、内蒙古、陕、晋、豫、鲁 6 省(区)青少年进行黄河防护林二期工程建设。

【河南河务局治黄工作会议召开】 2 月 2～5 日,河南河务局治黄工作会议在郑州召开。会上,叶宗笠副局长作了题为《抓住机遇,迎接挑战,努力开创河南治黄工作新局面》的工作报告。同时,对获得 1990 年目标管理先进单位(部门、个人)进行表彰,并与所属各单位签订 1991 年目标责任书和承包任务书。

【江泽民视察河南黄河】 2 月 7～11 日,中共中央总书记江泽民来河南视察。7 日视察黄河小浪底坝址,10 日上午视察黄河柳园口、赵口、花园口险工,检阅郑州机动抢险队,察看河势情况。

江总书记在视察时,不断询问堤防险工、涵闸、淤背、河道整治和防汛等有关情况。他强调,水利是农业的命脉,一定要研究开发黄河,兴利除害,把黄河治理好。要提高警惕,抓紧做好今年的防汛工作。在花园口险工处检查机动抢险队的设备情况后指出:"黄河防汛要全局一盘棋,大力协同,团结治水;遇到大洪水时,要全民动员,决一死战。"叶宗笠副局长向江总书记汇报了河南黄河河道的特点和正在开展的宽河道整治工作。江总书记指出:"以坝护弯,以弯导流好,滩固了就可以防止堤防冲决,这同打仗一个道理,要守住前沿阵地"。江总书记还参观了黄委水科院试验大厅花园口至东坝头宽河道模型。

陪同江总书记考察的有水利部部长杨振怀,农业部部长刘中一,中国人民解放军副总参谋长韩怀智,国家计委副主任刘江,中央办公厅副主任徐瑞新,中央研究室副主任回良玉,济南军区司令员张万年,河南省委书记侯宗宾,副书记、代省长李长春,省军区司令员朱超,黄委副主任亢崇仁、陈先德,河南河务局副局长叶宗笠等。

【河南河务局增设水政水资源处】 2 月 27 日,经河南河务局研究,成立水政水资源处,同时撤销办公室法制科,人员划归水政水资源处。

【黄河下游滩区第二期水利建设实施】 3 月 24 日,黄委与水利部签订《黄河下游滩区水利建设第二期工程协议书》。水利部决定 1991~1993 年再用国家土地开发基金 4000 万元进行黄河下游滩区第二期水利工程建设，地方按 1：1 比例落实配套资金。建设目标：经过 3 年治理后，新增灌溉面积 56 万亩，排水面积 5 万亩，引洪淤滩改土面积 4 万亩，工程完成后年增产粮食 4000 万公斤。该项目从 1992 年 3 月中旬开始实施，至 1994 年 11 月全面完成，1995 年 3 月中旬通过国家验收。

【小浪底工程建设准备工作领导小组成立】 4 月 3 日，水利部印发《关于发送〈关于加强黄河小浪底枢纽工程建设准备工作领导问题的会议纪要〉的通知》，指出：水利部党组决定成立黄河小浪底枢纽工程建设准备工作领导小组，全面负责小浪底枢纽工程建设的准备工作。领导小组由水利部建设开发司司长朱云祥、黄委副主任亢崇仁、三门峡水利枢纽管理局局长兼小浪底工程筹建办公室主任杨庆安、黄委副主任陈先德组成。

【三门峡水电站扩机工程开工】 4 月 3 日，三门峡水电站扩装的 6 号机组工程正式开工。该水电站原设计装机 8 台，改建后只安装 5 万千瓦机组 5 台，平均年发电量 10 亿千瓦时左右。由于装机容量偏小，平均每年非汛期弃水近 40 亿立方米，相当于每年损失电量 3 亿~4 亿千瓦时。为减少黄河水力资源的流失，三门峡水利枢纽管理局决定利用电站原余留机坑扩装 2 台 7.5 万千瓦发电机组。

【叶宗笠任河南河务局局长】 4 月 17 日，征得河南省委同意，水利部水党〔1991〕10 号文通知，任命叶宗笠为河南河务局局长、党组书记；免去刘华洲河南河务局局长、党组书记职务。

【世界银行评估小浪底工程和黄河水资源模型项目】 4 月 20 日至 5 月 6 日，小浪底工程世界银行特别咨询专家代表团 11 人，在郑州对黄河小浪底枢纽工程进行评估，对黄河水资源经济模型项目进行评审。世行官员和咨询专家在听取黄河流域水资源经济模型研究和小浪底工程进展情况介绍后，分别就水资源模型研究工作和小浪底工程水工建筑、机电、环境评价、移民等进行了研究讨论，提出了咨询意见，并形成了备忘录。

【罗兆生任河南河务局总工程师】 4 月 21 日，经黄委主任办公会议研究决定，并征得河南省同意，黄任〔1991〕23 号文通知，任命罗兆生为河南河务局总工程师。

【濮阳市机动抢险队成立】 4 月 22 日，撤销濮阳市河务局水泥造船厂，改为"濮阳市机动抢险队"（科级），由范县河务局代管。

【于强生任河南河务局副总工程师】 4月29日,河南河务局党组研究决定,任命于强生为河南河务局副总工程师。

【河南省黄河防汛工作会议召开】 5月10~11日,河南省黄河防汛工作会议在郑州召开。省委常委、副省长宋照肃主持会议并讲话。省防指副指挥长、河南河务局局长叶宗笠传达了《河南省1991年黄河防汛工作的意见》。会议分析了黄河防洪形势和存在的问题,部署了防汛工作。省军区、驻豫部队、团省委,省直有关单位及沿黄各市负责人80余人参加会议。黄委副主任黄自强到会并讲话。

【三门峡市纪念"黄河游"5周年】 5月15日,三门峡市隆重举行开辟"黄河游"5周年纪念活动。"黄河游"始于1986年4月,它东起三门峡大坝,西至山西芮城大禹渡,长近百公里。

【东明、孙口、小浪底黄河公路、铁路大桥先后开工】 5月25日,东明黄河公路大桥动工。该桥位于山东省东明县和河南省濮阳市之间,桥长4142.14米,宽18.5米,总投资1.487亿元,为国家"八五"计划重点建设项目之一,1993年7月12日竣工通车。

9月5日,京九铁路孙口黄河大桥开工。该桥全长6673.9米,位于山东省梁山县和河南省台前县交界。1995年5月20日建成。

10月26日,小浪底黄河公路大桥开工,该桥全长508.26米。1994年4月7日建成。

【周文智检查黄河防汛】 5月26日,水利部副部长周文智在国家防总办公室总工程师黄文宪和河南河务局局长叶宗笠陪同下,检查河南黄河防汛工作。

【驻郑单位开通数字程控交换机】 5月,驻郑单位通信系统数字程控交换机开通。

【市、县河务局设置通信职能部门】 6月13日,河南河务局决定,各市河务局设置通信管理科(正科级);邙金、中牟、开封郊区、兰考、台前、濮阳、范县、长垣、封丘、原阳、沁阳、武陟第一、武陟第二等县(区、市)河务局设置通信科(副科级)。

【朱超、吴光贤检查郑州、开封堤防工程】 6月26日,河南省军区司令员朱超、政委吴光贤在河南河务局局长叶宗笠、副局长赵天义陪同下,检查了郑州、开封堤防工程,具体落实军民联防措施。

【宋照肃检查黄河防汛】 7月1~7日,河南省委常委、副省长宋照肃在河南河务局局长叶宗笠陪同下,赴郑州、开封、濮阳、新乡、焦作5市,检阅机动抢险队,察看行滞洪区预警系统、度汛工程、放淤固堤、河道整治等基建工程,具体落实堤防险点、薄弱堤段度汛措施。省军区、农经委、水利厅、团省委和黄委的负责人一同参加了检查。

【河南省防指召开第三次全体成员会议】　7月7日,河南省防指召开第三次全体成员会议。省长李长春、副省长宋照肃,省军区副司令员王英洲出席会议并讲话。河南河务局局长叶宗笠汇报了黄河防汛准备工作。

【河南河务局颁发1990~1991年度科技进步奖】　7月11日,河南河务局颁发1990~1991年度科技进步奖,共有15项成果获奖。

【吴学谦视察三门峡水利枢纽】　7月13日,国务院副总理吴学谦、国家旅游局局长刘毅、国务院台湾事务办公室主任王兆国等,在河南省省长李长春、副省长秦科才陪同下,视察三门峡水利枢纽工程。

【黄河中下游防汛通信网初步设计通过审查】　7月23~25日,水利部计划司和水文水利调度中心在北京召开黄河中下游防汛通信网初步设计审查会。水利部副部长王守强,水文司司长、水调中心主任卢九渊,以及有关单位56名代表参加了会议。通过讨论和审查,专家们一致认为:微波通信的设计是可行的,移动通信网的初步设计是基本可行的,概算总投资和外汇额度经过调整,基本达到了水利部水计[1991]27号文批复的要求,一致同意黄河中下游防汛通信网初步设计通过审查。

【花园口水文站水位遥测系统建成】　7月24日,花园口水文站水位遥测系统建成并投入运用。该系统可测出中常洪水及洪水期间主河道和滩区水位,尤其在特大洪水时,也可推算花园口断面的流量。

【小浪底工程施工规划设计通过审查】　8月1~8日,水利部在郑州召开《黄河小浪底水利枢纽施工规划设计报告》审查会。会议由水利部总工程师何璟主持,参加会议的有水利部有关司局,水利水电规划设计总院,中国国际工程咨询公司,水利水电工程咨询公司,二滩、水口、鲁布革等工程公司,成都、华东、天津、东北等水利勘测设计院,松辽水利委员会,水电四局、十四局等单位的专家和代表。与会专家听取了黄委设计院施工规划汇报,并对该报告进行了认真的审查,基本同意该设计报告。水利部以水建[1991]14号文印发了审查意见,要求抓紧做好下一步工作,以满足工程建设的需要。

【李瑞环视察河南黄河】　8月16~19日,中共中央政治局常委、书记处书记李瑞环,在河南省委书记侯宗宾、副书记吴基传,省委常委、副省长宋照肃和黄委代主任亢崇仁等陪同下,考察了小浪底水利枢纽工程坝址、花园口河道和堤防工程,并听取了治黄工作汇报。李瑞环强调指出,要依靠中国共产党的坚强领导,发挥社会主义制度的优越性,加快小浪底工程建设的步伐。

【小浪底水利枢纽前期工程开工】 9月1日,小浪底水利枢纽前期工程开工。河南省省长李长春、水利部副部长严克强为开工剪彩。该工程位于洛阳市以北40公里,孟津县与济源市交界的黄河干流上。前期开工项目有北岸施工支洞开挖、南北岸对外公路、黄河公路桥、北岸3.5万千伏供电线路和连地滩砂石料场生产性开采试验等10余项。

【黄河下游宽河道整治咨询会召开】 9月11～22日,黄河下游宽河道整治咨询会在郑州召开。水利部副部长严克强及水利部技术委员会部分委员、专家参加了会议。

【渠村分洪闸管理段更名】 9月16日,濮阳市河务局渠村分洪闸管理段更名为"濮阳市黄河河务局渠村分洪闸管理处",机构定格为副县级。

【河南河务局设置审计机构】 9月25日,根据《黄委内部审计机构设置意见》的要求,焦作、新乡、郑州、开封市河务局设立审计科,黄河工程局设审计处,各定员4人;濮阳市河务局审计科定员5人,机械修造厂设专职审计员1～2人;孟津县河务局和通信管理处设专职审计员1人。

【小浪底水利枢纽建设管理局成立】 10月5日,水利部水人劳〔1991〕116号文通知:成立水利部小浪底水利枢纽建设管理局,朱云祥任局长。原黄河小浪底工程建设准备工作领导小组同时撤销。

【田纪云、邹家华视察小浪底工程】 11月18日,国务院副总理田纪云视察小浪底工程,并听取关于治黄工作和小浪底工程情况的汇报。19日,国务院副总理邹家华视察小浪底工程。

【河南河务局基本建设质量监督中心站成立】 12月11日,黄委批复同意成立河南河务局基本建设质量监督中心站,下设5个质量监督站。

【"80年代黄河水沙特性与河道冲淤演变分析"完成】 12月,黄委重大科技项目——"80年代黄河水沙特性与河道冲淤演变分析"完成。该项目由黄河水利科学研究院赵业安、潘贤娣主持,内容分7个专题。

1992 年

【河南河务局治黄工作会议召开】 1 月 21 ~ 23 日,河南河务局治黄工作会议在郑州召开。黄委副主任庄景林出席会议并讲话。会议回顾了 1991 年工作,安排部署了 1992 年任务。叶宗笠局长作了题为《团结奉献,开放求实,促进河南治黄事业发展》的工作报告。会上,对 1991 年目标管理先进单位(部门)进行表彰,并与局属各单位、机关各部门签订了 1992 年目标责任书。

【黄河滩区水利建设工程验收】 2 月 22 日,由国家农业开发办、水利部组成的验收组,对河南黄河滩区第一期水利建设工程进行了验收。黄委副主任庄景林、河南河务局副局长赵天义陪同国家验收组进行验收。

河南黄河滩区涉及洛阳、郑州、开封、焦作、新乡、濮阳等 6 市 18 个县(区),总面积 2234 平方公里,人口 90 万,耕地 200 万亩。滩区第一期水利建设工程于 1991 年 8 月竣工,共完成投资 6476 万元、工程项目 8711 项,新增灌溉面积 45.2 万亩,改善灌溉面积 16 万亩。

国家验收组对长垣、濮阳、范县 3 县进行重点抽验后,认为工程质量达到设计要求,资金使用比较合理,同意通过验收。同时,要求在总结第一期滩区水利建设经验的基础上,抓紧第二期建设任务的实施,以促进河南黄河滩区农业生产的进一步发展。

【沁河拴驴泉水电站与引沁灌区用水管理办法签字生效】 黄委于本年 1 月在晋城召开山西、河南两省水利厅负责人协调会,就沁河拴驴泉水电站与引沁灌区用水管理达成了协议。会后根据这次协调会纪要精神,黄委水政部门同两省用水管理首席代表交换了意见,经反复协商建立了用水共管小组,并制定了《沁河拴驴泉水电站与引沁灌区用水管理办法》。该办法从 3 月 20 日起签字生效。送水工程于 4 月 23 日通水,将水电站尾水送至引沁济蟒渠。

【钱正英视察黄河】 4 月 6 ~ 15 日,全国政协副主席钱正英在河南省副省长宋照肃,黄委代主任亢崇仁、副主任陈先德等陪同下,先后察看黄河下游防洪工程、引黄灌溉工程、小浪底水利枢纽工地和故县水库及新安县人畜饮水工程等。钱正英在郑州听取了黄委的工作汇报,并对治黄工作提出建议和希望。

【张光斗考察河南黄河】 4月7~13日,著名水利专家张光斗教授对小浪底工程、花园口至开封黄河河段进行考察,重点了解小浪底水利枢纽工程的设计、建设及下游堤防险工情况。

【黄河下游滩区生产堤第二次大规模破除】 4月26日,根据国家防总指示,黄河防总下达了破除黄河下游滩区生产堤的任务,要求河南、山东两省黄河滩区必须破除原有生产堤总长的1/2,应破长度达269.98公里。这次破除生产堤长117公里,加上1987年第一次破除数,两次破除生产堤总长258公里❶。

【河南省黄河防汛工作会议召开】 5月1~2日,河南省黄河防汛工作会议在郑州召开。会议由省政府副秘书长张志平主持。省防指副指挥长、河南河务局局长叶宗笠传达了《河南省1992年黄河防汛工作意见》。省委常委、副省长宋照肃,省军区副司令员王英洲,团省委书记孔玉芳,黄河防总办公室副主任、黄委副主任庄景林等出席会议并讲话。

【田纪云检查黄河防汛】 5月6~7日,中央防汛总指挥部总指挥、国务院副总理田纪云率国务院副秘书长李昌安,水利部副部长张春园、周文智,铁道部副部长石希玉,在河南省委副书记吴基传、副省长胡悌云,黄委代主任亢崇仁,河南河务局局长叶宗笠等陪同下,先后检查了河南黑岗口、柳园口和渠村分洪闸等防洪工程,并听取省政府和黄委的防汛工作汇报。5月6日上午,田纪云副总理还到黄河水利科学研究院观看了花园口至东坝头河道整治模型试验。

【中国科协黄河考察团考察河南黄河】 5月21~29日,中国科协黄河考察团一行22人,在科协党组书记刘恕带领下,对河南黄河防洪减灾情况进行了考察。重点查勘台前、长垣、兰考、封丘、原阳、武陟县和郑州、开封市及所属县(区)的黄河工程,了解河道整治、放淤固堤、滩区安全建设、滞洪区避水工程等情况。29日,考察团在郑州召开研讨会,各位专家、学者就黄河下游防洪与减灾的对策进行了深入探讨,并提出积极建议。河南省委书记侯宗宾、省长李长春、副省长宋照肃等到会祝贺并同考察团全体成员合影。河南河务局副局长赵天义作为考察团成员陪同考察,并详细介绍了河

---

❶据1992年调查统计,黄河下游滩区生产堤总长526.96公里,其中河南黄河滩区169.18公里,山东黄河滩区357.78公里。

南黄河防洪治理情况。

【孟加拉国防洪项目代表团考察黄河防洪工程】 5月25～27日,世界银行孟加拉国防洪项目高级代表团一行9人,在德籍专家布鲁黑尔团长的率领下,先后对原阳马庄、武陟北裹头、开封柳园口及郑州花园口、南裹头、东大坝等险工和重要堤段进行考察。黄委总工程师王长路和河南河务局副局长赵天义等陪同考察。

【张志坚考察河南黄河】 5月29～30日,济南军区副司令员张志坚率河南、山东两省军区和所属集团军以及部分师、旅、团首长,实地查勘了濮阳渠村分洪闸、兰考东坝头险工、封丘大功控导工程等。河南河务局副局长王渭泾向部队领导汇报了河南黄河防汛准备情况。31日,济南军区在郑州召开黄河防汛会议,全面部署了部队防汛任务和军民联防工作。

【李长春检查黄河防汛】 6月17～22日,黄河防总总指挥、河南省省长李长春,副省长宋照肃、省军区司令员朱超、副司令员王英洲,黄委代主任亢崇仁在河南河务局局长叶宗笠、副局长赵天义陪同下,检查沿黄市、县黄河防汛工作。李长春一行沿途察看了黄河堤防、险工、涵闸、河道工程和滩区、分滞洪区及中原油田的防汛准备情况,检阅了郑州机动抢险队,听取了有关方面防汛工作汇报,对下一步工作作了重要指示。

【渠村分洪闸控制堤进行爆破演习】 7月6日,承担渠村分洪闸控制堤爆破任务的54集团军与濮阳市防指共同组织了渠村分洪闸闸前控制堤爆破和新型爆破材料——液体炸药效应试验演习。黄委副主任庄景林、54集团军副军长余鲁生、河南河务局副局长赵天义、濮阳市副市长孔德钦等现场观看了这次演习。

【国家防总电令黄河抗旱调水】 7月8日,为解决黄河河口地区群众生产生活用水困难,国家防总电令黄河防总及沿黄省(区)防指,采取坚决措施控制引黄用水,确保黄河水能到达河口。黄委迅速派出7个工作组,分赴沿黄有关地区,检查督促调水工作。刘家峡水库从9日起以1050立方米每秒流量下泄,至22日,黄河水顺利到达河口,结束了自5月20日以来黄河下游长达62天的断流局面。

【河南河务局颁发本年度科技进步奖】 7月11日,河南河务局颁发1992年度科技进步奖,共有5项成果获奖。

【河南黄河工程公司成立】 7月29日,河南黄河工程公司成立。

【《河南黄河河道管理办法》发布实施】 8月3日,经河南省政府批准,《河南黄河河道管理办法》发布实施。该《办法》规定了在河南黄河河道中各类建设项目应遵循的审批程序,划定了河道管理、工程管理及工程保护的范围。

【花园口站出现 6260 立方米每秒洪峰】 8 月 16 日,花园口站出现流量 6260 立方米每秒❶洪峰,相应水位94.33米,峰前最大含沙量 535 公斤每立方米。由于含沙量大,局部河段水位表现较高,与1982 年 8 月花园口站流量 15300 立方米每秒的最高洪水位相比较,花园口站高出 0.34 米,为有实测记录以来的最高洪水位。洪水演进过程中,河南黄河 36 处险工、控导工程的 93 道坝、垛、护岸出险 107 次,部分滩区漫水,淹没耕地 95 万多亩,原阳县、中牟县的一些村庄进水或被洪水包围,经全力抢护,保证了群众生命财产安全。国家防总,河南省委、省政府对迎战此次洪水高度重视。16 ~ 18 日,河南省省长李长春、副省长宋照肃沿河视察中牟至开封河段洪水漫滩、偎堤和工程出险情况,在柳园口险工 29 坝险情工地同当地领导一起研究抢护措施,并向日夜奋战的黄河职工表示亲切慰问。17 ~ 19 日,国家防总秘书长、水利部副部长王守强检查河南黄河抗洪抢险工作,听取了黄委和河南河务局关于洪水情况及抗洪抢险的汇报。27 日,河南省副省长宋照肃再次赴开封柳园口险工抢险工地察看,指导抗洪抢险斗争。

【黄委颁发黄河下游滩区水利建设成果奖】 8 月 26 日,黄委颁发 1992 年黄河下游滩区水利建设成果奖。河南河务局完成的《推广科技成果 振兴滩区农业》、《新乡市滩区水利建设组织与管理》两项成果获三等奖。

【首批小浪底水库移民喜迁新居】 8 月 31 日,小浪底水库移民首批 65 户喜迁新居。小浪底新村位于孟津县马屯乡北岭,土地平坦,交通方便。全村规划安置 295 户、1105 人,占地 160 亩,划拨耕地 1600 亩。

【水利部要求加快小浪底工程建设步伐】 9 月 2 日,中共水利部党组发出《关于进一步学习贯彻邓小平南巡讲话和中央 4 号文件精神,加快小浪底工程建设步伐的通知》,要求黄委党组、小浪底水利枢纽工程建设管理局党委认真贯彻通知精神,奋发进取,艰苦奋斗,以实际行动加快小浪底工程建设。

【李铁映视察河南黄河】 9 月 4 日,中共中央政治局委员、国务委员兼国家

---

❶6260 立方米每秒为黄河防总办公室公布的洪峰流量值,整编后的流量值为 6430 立方米每秒。

教委主任李铁映、国家教委副主任柳斌,在河南省省长李长春、副省长范钦臣,黄委代主任亢崇仁和河南河务局局长叶宗笠陪同下,视察了黄河花园口至赵口段的河势、工情,听取了黄委、河南河务局对黄河下游防洪工程建设情况和战胜"92·8"洪水的简要汇报,并深入开封柳园口抢险工地,慰问了正在抢险的黄河职工。

【防汛正规化、规范化建设现场会在武陟召开】 11月6~7日,河南黄河防汛正规化、规范化建设现场会在武陟召开。河南河务局副局长赵天义主持会议,各市分管防汛工作的领导、河务局局长参加会议。省政府副秘书长张志平出席会议并讲话。会议听取了武陟县防汛"两化"建设工作汇报,进行了现场参观,并互相交流经验。会议要求各级要高度重视防汛"两化"建设,不断提高防汛工作水平。

【焦郑 500 千伏跨黄河段基础工程通过验收】 12月20日,河南省电业局组织有关人员对河南黄河工程局承建的河南省能源建设重点项目——焦郑(焦作至郑州)500 千伏双回路输电线路跨黄河基础工程进行了竣工验收,质量等级优良。该工程于当年2月26日动工,11月11日竣工。该线路全长约90公里,跨越黄河段全长4公里。

【濮阳梨园引黄涵闸建成】 本年,濮阳梨园引黄涵闸建成。该闸为单孔涵洞式,设计流量 10 立方米每秒,灌溉面积 12 万亩,实际灌溉面积 10 万亩。

【黄河断流现象加剧】 黄河下游除 1960 年三门峡水利枢纽建成下闸蓄水和花园口枢纽截流等引起断流外,1961~1971 年没有出现过断流。随着流域经济的迅猛发展,沿黄工农业用水的大量增加,黄河水资源供需矛盾日益突出。1972~1992 年的 21 年间,黄河下游利津站有 15 年发生断流共计 289 天。据统计,利津站 1972~1981 年年平均断流 13 天,1982~1991 年年平均断流 7.7 天,而本年利津站全年断流 82 天,其中全日断流 72 天,甚至在主汛期的 7 月还连续 26 天无滴水入大海。这种现象在历史上绝无仅有。黄河断流现象的加剧,不仅给沿黄工农业生产带来巨大损失,同时也加剧了下游河道萎缩、河口地区盐碱化等。

1993 年

【河南河务局治黄工作会议召开】 1月6~8日,河南河务局治黄工作会议在郑州召开。会议总结了1992年工作,部署了1993年工作任务,交流了改革方面的经验,讨论通过了《关于进一步深化治黄改革的意见》。会上,还对1992年目标管理的先进单位(部门)和在小浪底前期工程建设中成绩显著的黄河工程局小浪底项目经理部进行了表彰,与局属各单位、机关各部门签订了1993年目标责任书。

【河道采砂收费管理规定实施】 1月28日,河南河务局、省财政厅、省物价局联合发布《河南省黄河河道采砂收费管理规定》。该规定旨在加强河南黄河河道的整治和管理,确保防洪安全,合理采挖河道砂石。

【王渭泾、郭继孝分别任河南河务局党组副书记、纪检组组长】 3月15日,经黄委党组研究决定,并征得河南省委组织部同意,黄党[1993]10号文通知,王渭泾任中共河南河务局党组副书记;郭继孝任中共河南河务局纪律检查组组长(副局级)。

【李成玉检查新乡、濮阳防洪工程】 3月18~19日,河南省副省长李成玉在省政府副秘书长张志平、省水利厅厅长马德全和河南河务局局长叶宗笠等陪同下,检查了新乡、濮阳市所属防洪、引黄工程,重点察看了柳园闸、红旗闸、大功分洪口门、曹岗险工、长垣防滚河工程、渠村分洪闸、于庄顶管改建施工现场、影唐险工等。李成玉充分肯定了河南黄河防洪工程建设及管理所取得的巨大成就,要求地方政府和河务部门共同努力,进一步落实各项防洪措施,加快度汛工程建设步伐,保证防洪安全。

【李德超任河南河务局副局长】 3月20日,根据豫组省直干函[1993]4号文,经黄委党组研究决定,黄党[1993]15号文通知,李德超任河南河务局副局长、党组成员。

【国家计委同意小浪底工程初设优化方案】 3月23日,国家计委以计农经[1993]459号文《关于黄河小浪底水利枢纽工程初步设计的复函》下达水利部。函称:"根据国务院领导同志的批示,原则同意小浪底水利枢纽工程初步设计优化方案"。

【洛阳市黄河河务局成立】 3月23日,黄委黄人劳[1993]28号文通知:为了适应治黄事业的发展,经研究,决定成立洛阳市黄河河务局,其主要职能是负责洛阳市行政区域内的黄河水行政管理。1998 年 5 月 22 日,黄人劳[1998]31 号文通知:经黄委研究同意,将洛阳市黄河河务局更名为豫西地区黄河河务局,主要承担洛阳市、济源市行政区域的黄河水行政管理职能,下辖孟津县黄河河务局(副处级)和济源市黄河河务局(副处级)。

【杨尚昆视察花园口】　4 月 29 日,原国家主席杨尚昆在河南省委书记李长春、黄委主任亢崇仁陪同下,视察了花园口。

【河南省黄河防汛工作会议召开】　5 月 11～12 日,河南省黄河防汛工作会议在郑州召开。省防指副指挥长、副省长李成玉主持会议并讲话。省防指副指挥长、河南河务局局长叶宗笠传达了《河南省 1993 年黄河防汛工作意见》。会议分析了黄河防洪形势和存在的问题,研究部署了 1993 年的防汛工作。黄河防总、省军区、驻豫部队、省直有关单位、沿黄各市和河务部门负责人出席了会议。

【马忠臣检查黄河防汛】　5 月 14～15 日,黄河防总总指挥、河南省省长马忠臣率河南省军区副司令员王英洲、黄委主任亢崇仁、省政府办公厅副主任郭廷凡、计经委副主任苗玉堂、财政厅厅长夏清成、民政厅厅长杨德恭等,在河南河务局局长叶宗笠、副局长赵天义陪同下,检查了郑州、开封、濮阳、新乡、焦作等市黄河防汛工作。马忠臣要求各级进一步明确任务、突出重点、狠抓落实,保证黄河度汛安全。

【西霞院工程通过审查立项】　根据《黄河治理开发规划报告》意见和国民经济发展要求,1992 年初,黄委向设计院下达"组织进行西霞院水利枢纽可行性研究报告工作"的指示。设计院组织专业人员对坝址和引水线路进行查勘,于 1992 年 12 月提出《黄河西霞院水利枢纽项目建议书》上报水利部。水利部水利水电规划设计总院与计划司于本年 5 月 17～20 日在北京召开审查会,同意该工程立项。

【济源市沁河河务局、滑县黄河滞洪管理段更名】　5 月 25 日,"济源市沁河河务局"更名为"济源市黄河河务局","滑县黄河滞洪管理段"更名为"滑县黄河滞洪管理局",机构规格不变。

【濮阳金堤修防段更名】　5 月 31 日,"濮阳金堤修防段"更名为"濮阳金堤管理局",其机构规格不变。

【黄河水沙变化研究总结会议在北京召开】　7 月 1～7 日,水利部在北京召开黄河水沙变化研究总结会议。参加会议的有中国水利水电科学研究院、水利水电规划设计总院、国际泥沙研究中心、农村水利水土保持司、黄委,武汉水利电力学院、清华大学、北京林业大学,陕西、山西、甘肃等省的水利、水保、水文单位的代表共 80 人。这项研究工作是水利部 1987 年布置的。鉴于黄河流域 20 世纪 70 年代和 80 年代实测水量和沙量比 50 年代和 60 年代显著减少,为了研究水沙变化的原因及其影响和发展趋势,在水利部直接领导下,成立了黄河水沙变化研究基金委员会,主持此项研究工作。1988 ~ 1992 年的 5 年内,先后参加此项研究的有关专家和科技人员共约 150 人,写出《黄河水沙变化及其影响的综合分析报告》,作为此项研究的主要成果。用这样长的时间,集中这样多的专家,共同研究黄河水沙变化,这在黄河流域乃至全国都是第一次。

【黄河防总发布黄河中下游洪峰编号规定】　7 月 2 日,黄河防总以黄防办字[1993]15 号文颁发了《黄河中下游洪峰、含沙量起报标准和汛期洪峰编号的暂行规定》。为统一新闻报道口径,避免混乱,1989 年黄河防总办公室曾向晋、陕、豫、鲁 4 省防办发出通知,规定花园口站实际出现 5000 立方米每秒以上洪峰流量,由黄河防总办公室统一编号对外发布,其他省(区)防办不再对外发布黄河洪水信息。1993 年汛前,鉴于黄河下游河道淤积抬高,平滩流量减小,花园口站汛期编号洪峰流量改为 4000 立方米每秒,仍由黄河防总办公室统一发布。

【陈俊生检查黄河防汛】　7 月 15 ~ 19 日,国务委员、国家防汛抗旱总指挥部总指挥陈俊生在河南省委书记李长春、省长马忠臣、副省长李成玉、黄委主任亢崇仁、河南河务局副局长王渭泾等陪同下,察看了三门峡水利枢纽和正在建设的小浪底工程以及部分险工、堤防、濮阳渠村分洪闸、北金堤滞洪区、中原油田防洪设施等主要防洪工程,听取了省政府和黄河防总关于1993 年黄河防汛工作情况的汇报,发表了重要讲话。

【河南省公安厅、河南河务局联合发布严打通知】　7 月 16 日,河南省公安厅和河南河务局联合发布了《关于严厉打击盗窃、破坏黄河防洪设施的犯罪活动,确保黄河防洪安全的通知》,对打击破坏黄河防洪设施的犯罪活动提出了具体要求。

【沁河小董站出现 1060 立方米每秒洪峰】　8 月 5 日,沁河小董站出现流量为 1060 立方米每秒洪峰。这次洪水在下游河段推进速度慢,峰值递减幅度较大,致使滩地 17.5 万亩庄稼受淹,直接经济损失 2700 万元。洪水期间,河南省副省长李成玉、黄委主任亢崇仁、河南河务局副局长王渭泾赶赴一线,部署抗洪救灾工作。

【花园口站出现 4360 立方米每秒洪水】　8 月 7 日,花园口站出现流量为 4360 立方米每秒洪峰,水位 93.84 米,洪峰于 8 月 10 日安全通过河南。这次洪水造成部分低滩区漫水受淹,受灾面积达 52.6 万亩。洪水期间,河南省省长马忠臣、副省长李成玉亲赴一线察看水情、工情,了解洪水漫滩情况。

【开封高朱庄工程发生重大险情】　9 月 13～20 日,花园口站流量 1200 立方米每秒,主溜直冲黑岗口险工与高朱庄护滩工程之间 850 米平工堤段,致使 600 多米长的高滩迅速坍塌,主溜距大堤最近处仅 64 米,严重危及堤防安全。开封市党政军紧急动员,组织 2000 名军民和 600 多台大型机械设备,全力抢险,共抢修 8 个埽,保证了防洪安全。

【金堤河两项工程项目建议书获批】　9 月 20 日,国家农业综合开发办公室以国农综字[1993]146 号文,对金堤河干流近期治理工程和彭楼引黄入鲁灌溉工程项目建议书批复如下:同意对金堤河干流按防洪 20 年一遇、除涝 3 年一遇的标准,进行近期治理;同意建设彭楼引黄入鲁灌溉工程。同意两项工程建设动态总投资为 2.8 亿元。其中,金堤河干流近期治理工程 2.1 亿元,彭楼引黄入鲁灌溉工程 0.7 亿元。

【小浪底库区淹没处理、移民安置及投资包干协议签署】　10 月 20～22 日,水利部与山西、河南省政府分别在北京签署小浪底工程库区淹没处理、移民安置及投资包干协议。按照协议,小浪底水利枢纽库区共淹没河南省土地 29.65 万亩,其中耕地 13.56 万亩;迁移安置人口 13.52 万,其中农业人口 12.28 万。根据国家计委计农经[1993]459 号文件,核定河南省征地移民安置补偿静态投资按 1991 年价格水平为 15.34 亿元。

【温孟滩移民安置工程开工】　10 月,温孟滩移民安置区河道整治工程开工。该工程由河南河务局承担设计施工任务,在原有工程的基础上,增设 8 处新工程,续建丁坝 112 道,工程长 11.2 公里。1994 年 3 月放淤改土工程开始施工,总面积 18.26 平方公里,淤填方式主要是扬水站放淤与船泵放淤相结合。

温孟滩移民安置区是小浪底水利枢纽工程的组成部分,位于黄河北岸温县、孟县境内逯村至大玉兰下界。该滩区主要由 1933 年和 1958 年两次大洪水泥沙淤积而成。为保障移民生产、生活的安全,进行河道整治、修建防护堤和放淤改土工程,到 2000 年 12 月工程基本完成。

【河南省实施国家防汛条例细则发布】　11 月 27 日,河南河务局和河南省水利厅共同起草的《河南省实施〈中华人民共和国防汛条例〉细则》,由河南省政府批准发布实施。

【全民合同制工人养老保险金归系统管理】　根据劳动部、财政部《关于铁道等五部门直属国营企业劳动合同制工人养老保险基金问题的通知》,自本年11月起将原归地方管理的1236名全民合同制工人养老保险金移交河南河务局管理。

【河南河务局颁发本年度科技进步奖】　12月28日,河南河务局颁发1993年度科技进步奖,共有8项成果获奖。另外,河南河务局有5项成果获黄委1993年度科技成果三等奖。分别是:化学成型地埋管灌溉技术推广应用、长垣县黄河滩区治理经验总结、黄河滩区机井建设与管理浅析、新型农用梅花井示范推广总结、引黄灌溉田间配套工程设计。

【三门峡黄河公路大桥正式通车】　12月30日,横跨晋豫两省的三门峡黄河公路大桥正式通车。江泽民为大桥题写了桥名。该桥位于山西省平陆县和三门峡市之间,是国道209线连接晋豫两省、沟通南北交通的咽喉工程。大桥全长1310米,宽18.5米,高50米,主桥为大跨径连续钢结构,引桥为中跨径的梁式桥。该桥1991年11月1日动工,1993年9月30日全桥合龙,11月30日竣工。

【黄河水污染日趋严重】　20世纪70年代以前,由于黄河流域工矿企业规模较小,经济尚不发达,废污水排放量较少,水污染不明显,全河水质较好。改革开放后,随着流域经济的快速发展,黄河水污染日趋严重。90年代初与80年代初相比,全流域废污水总量增加了62.7%,主要污染物中COD和挥发酚分别增加了1.6倍和0.7倍;全流域Ⅰ、Ⅱ类水质的河长明显下降,Ⅳ、Ⅴ类及劣Ⅴ类水质的河长显著增长。80年代初水质污染主要发生在枯水季节,90年代已变为平、枯水季节的污染状况不相上下,丰水季节的水污染也出现加重的局面。据1993年水质监测数据,在黄河干支流1.05万公里河长中,属Ⅰ、Ⅱ类水质河长1867公里,仅占评价河长的17.7%;Ⅲ类水质河长3016公里,占28.6%;Ⅳ类水质河长2586公里,占24.5%;Ⅴ类水质河长1238公里,占11.8%;劣Ⅴ类水质河长达1832公里,占17.4%。河南省郑州、新乡、濮阳等城市黄河水源污染问题突出,严重威胁供水水质。河南黄河支流洛河洛阳以下和沁河下游污染严重,而蟒河、天然文岩渠则基本成为排污河道。2001年水质监测结果显示,黄河干流Ⅳ、Ⅴ类水质的河长已达到51.0%,支流Ⅳ、Ⅴ、劣Ⅴ类水质的河长达到84.3%。

1994 年

【焦枝铁路复线洛阳黄河特大桥建成】　1 月 8 日,焦枝铁路复线洛阳黄河特大桥全线架通,4 月 4 日竣工,6 月通车。该桥全长 2802 米,1992 年 2 月 11 日开工。

【金堤河治理领导小组成立】　1 月 17 日,水利部以计规字[1994]8 号文批复同意金堤河治理领导小组由下列人员组成:组长庄景林(黄委副主任),副组长邱沛(山东省水利厅副厅长)、舒嘉明(河南省水利厅副厅长)。11 月 24 日,黄委研究决定任命宋建洲为金堤河治理领导小组副组长,主持日常工作。

【河南河务局治黄工作会议召开】　1 月 20～22 日,河南河务局治黄工作会议在郑州召开。局长叶宗笠做了题为《深化改革,加快发展,努力开创河南治黄工作新局面》的工作报告。会上,还对 1993 年目标管理先进单位(部门)进行了表扬,并与局属各单位、机关各部门签订了 1994 年度目标责任书。

【綦连安任黄委主任】　1 月 23 日,国务院国任字[1994]13 号文任命綦连安为黄委主任(副部级)。2 月 14 日綦连安任黄委党组书记。

【王景太任河南河务局工会主席】　2 月 16 日,经黄委党组研究决定,王景太任河南河务局工会主席。

【芬兰政府评估团考察黄河下游防洪减灾系统】　3 月 1～7 日,芬兰政府评估团对黄河下游防洪减灾系统进行考察评估。该系统总投资为外资 850 万美元,国内配套资金 2780 万元人民币,建设期 3 年,目的为进一步建设和完善黄河下游防洪非工程体系。

　　4 月 6 日,中国和芬兰政府在北京人民大会堂签署黄河防洪减灾系统建设项目的商务合同。国务院总理李鹏和芬兰总理阿霍出席签字仪式。黄委副主任黄自强作为中方代表也参加了签字仪式。该合同从 1994 年 10 月正式生效。

【濮阳市河务局水泥制品厂"三八"钢筋班受全总表彰】　3 月 8 日,濮阳市河务局水泥制品厂"三八"钢筋班被全国总工会命名为先进集体。

【三门峡水电站 6 号机组正式并网发电】　4 月 22 日,三门峡水电站扩装的

6 号机组(7.5 万千瓦)正式并网发电。1995 年 12 月,通过了水利部组织的竣工验收。

【黄河下游防汛三级数据库系统通过鉴定】 4 月 27~29 日,黄河下游防汛三级数据库系统在郑州通过了由水利部科教司组织的成果鉴定验收。鉴定认为:该系统建设目标明确,总体设计合理,开发原则正确,为黄河防汛信息采集制定了一系列正规化、规范化标准。内容丰富,种类齐全,具有良好的实用性、可移植性和扩展性。

【修改后的《河南省黄河工程管理条例》公布实施】 4 月 28 日,修改后的《河南省黄河工程管理条例》,经河南省人大常委会第七次会议审议通过,自公布之日起施行。

【开封王庵控导工程开工】 5 月 6 日,开封王庵控导工程开工。该工程是河南黄河河道整治的重要节点,主要任务是控制河势,保村护滩。工程初步设计 45 个坝垛,全长 4850 米,投资 5 千万元,分 5 年完成。

【河南黄河防汛工作会议召开】 5 月 6~7 日,河南黄河防汛工作会议在郑州召开,沿黄各市、驻豫部队、黄委、中原油田、省直有关单位领导及各市局负责人共 100 多人参加。会上,河南省防指副指挥长、河南河务局局长叶宗笠代表省防指部署 1994 年黄河防汛工作,省政府办公厅副主任王春生传达了国家防总有关文件,黄委副主任黄自强对河南防汛工作提出了要求,副省长李成玉做总结讲话。

【黄委首届十大杰出青年颁奖仪式举行】 5 月 4 日,黄委首届十大杰出青年颁奖仪式在郑州举行。黄委副主任庄景林、黄自强,总工程师吴致尧等出席会议。十大杰出青年为:李国英、王荫芝、张保欣、王文珂、张启卫、柴青春、王汉新、王卫东、李泽民、李建文。其中,张保欣、柴青春分别来自河南黄河工程局、濮阳县河务局。

【世界银行小浪底工程和移民贷款协议正式签署】 6 月 2 日,中国驻美大使李道豫和世界银行负责东亚及太平洋事务的副行长卡奇,分别代表中国政府和世界银行签署了小浪底枢纽工程和移民贷款协议的法律文本。1994 年 2 月,中国代表团就小浪底枢纽工程和小浪底移民两个项目赴华盛顿与世界银行进行贷款谈判,分别就世界银行给予小浪底枢纽工程 4.6 亿美元硬贷款和小浪底移民项目 1.1 亿美元软贷款,签署了谈判纪要。4 月 14 日世界银行执行董事会通过了对这两项信贷协议。世界银行批准的这笔贷款总额为 5.7 亿美元,期限 20~35 年不等。其中,世界银行提供 4.6

亿美元,另外1.1亿美元由世界银行的附属机构国际开发协会提供。

【马忠臣察看黄河防洪工程】 6月2~3日,黄河防汛总指挥、河南省省长马忠臣,黄委主任綦连安,省军区副司令员王英洲,在河南河务局局长叶宗笠陪同下,深入郑州、开封、新乡、焦作等地,对黄河防洪重点工程进行全面检查,沿途察看了九堡、高朱庄、东坝头、曹岗、老田庵等险工险段和度汛工程施工现场,听取了有关市、县的汇报,分析了当前黄河防汛形势,进一步研究部署了河南黄河防汛工作。

【钮茂生检查黄河防汛】 6月17~20日,国家防总副总指挥、水利部部长钮茂生率领由水利部、铁道部、财政部、石油天然气总公司、国家防办、黄委等单位(部门)组成的国家防总黄河防汛检查组,在河南省副省长张洪华,河南河务局局长叶宗笠、副局长赵天义等陪同下,深入高朱庄、花园口、沁河口、小浪底、三门峡水利枢纽等黄河重点险工险段,详细察看了防汛准备情况,听取了省政府、河南河务局及有关市、县的汇报,并与省防指全体成员进行了座谈。

【河南省军区举行黄河防汛指挥调度演习】 6月20~22日,河南省军区举行黄河防汛指挥调度演习。沿黄郑州、开封、焦作、新乡、濮阳等军分区和开封预备役师共350余名官兵参加。21日,河南河务局副局长赵天义到花园口演习前线指挥部向参加演习的官兵表示慰问。

【黄河防洪与泥沙专家考察组考察重点河段】 7月4~16日,黄河防洪与泥沙专家考察组在黄委副主任黄自强、副总工程师胡一三的带领下,对重点河段潼关至三门峡、花园口至高村、济南至河口进行实地考察。

【黄河防汛模拟指挥调度演习举行】 7月8日,河南河务局组织黄河防汛模拟指挥调度演习。演习以1982年大洪水为依据进行设计,最大洪峰流量为22000立方米每秒,洪水过程分6个阶段,历时10个小时。演习由河南省黄河防汛办公室按各类洪水阶段发布水情、险情公报,下达各市、县防办,要求在最短时间内对水情、工情、险情及抢护方案做出实施部署。演习由省防指副指挥长、河南河务局局长叶宗笠指挥,副局长王渭泾、李青山、李德超及沿黄各市、县及专业技术人员共计960多人参加。

【小浪底工程国际招标合同签字】 7月16日,黄河小浪底水利枢纽工程国际招标合同签字仪式在北京钓鱼台国宾馆举行,国务院副总理邹家华出席签字仪式。这次主体工程国际招标分大坝、泄水工程、引水发电工程3个标,共有9个国家、34家公司组成10个联营体参加投标。3个标的中标承包商分别为黄河承包商联营体、中德意联营体和小浪底联营体(其责任公司分别为意大利英波吉罗、德国旭普林和法国杜美思公司)。中标价总金额约73亿元人民币。

【郑济微波通信干线开通】 7月,郑州至济南黄河微波通信干线正式开通。该干线从郑州起,途经河南省的万滩、开封、封丘、长垣、濮阳、渠村和山东省的刘庄、鄄城、杨集、梁山、银山、铜城、韩刘庄、晏城、泺口等站到济南,全长440公里。

【花园口站出现6260立方米每秒洪峰】 8月8日,花园口站出现6260立方米每秒洪峰,相应水位94.14米,最大含沙量201公斤每立方米。洪水发生后,河南省省长马忠臣、副省长李成玉,黄委主任綦连安,省军区参谋长纪英田,在河南河务局局长叶宗笠、副局长王渭泾陪同下,到郑州河段察看水情、工情,指导抗洪抢险。省黄河防汛办公室组织3个工作组,分别由叶宗笠、赵天义、李德超带队,奔赴沿黄一线,跟踪洪水,逐段安排部署,具体指导抗洪抢险工作。洪水期间,河南黄河共有21处工程60道坝出险,抢险用石6627立方米。

【小浪底水利枢纽主体工程开工】 9月12日上午10时45分,国务院总理李鹏出席开工典礼,并宣布黄河小浪底水利枢纽主体工程开工。水利部副部长张春园主持大会,水利部部长钮茂生、河南省省长马忠臣、山西省省长孙文盛在会上分别讲话。参加开工典礼的有国务委员陈俊生,李鹏夫人朱琳,铁道部部长韩杼滨、林业部部长徐有芳、国家开发银行行长姚振炎,河南省委书记李长春、副书记宋照肃,河南省军区政委王英洲,黄委主任綦连安等,以及全体参加工程建设人员和当地群众数千人。

【《黄河取水许可实施细则》颁发】 10月21日,黄委颁发《黄河取水许可实施细则》。该细则共8章38条,自颁发之日施行。

【金堤河两项工程可行性研究报告通过审查】 11月1~3日,水利部规划计划司和水利水电规划设计总院共同在北京召开会议,对黄委报送的《金堤河干流近期治理工程可行性研究报告》和《彭楼引黄入鲁灌溉工程可行性研究报告》,及山东省水利厅提出的《彭楼引黄入鲁灌溉工程可行性研究报告》附件《彭楼引黄金堤北灌溉工程可行性研究报告》进行了审查。会议认为,两可行性研究报告符合"统筹兼顾、团结治水"的精神,反映了多年来分析研究和反复协调的成果。内容较全面,基本达到可行性研究阶段的深度。

【张春园检查小浪底温孟滩移民安置区放淤工程】 11 月 18 日,水利部副部长张春园在河南河务局局长叶宗笠、副局长王渭泾陪同下,实地检查小浪底温孟滩移民安置区放淤工程,并听取了施工情况的汇报。

【《黄河下游引黄灌溉管理规定》颁发】 12 月 1 日,水利部颁发《黄河下游引黄灌溉管理规定》。其主要内容有总则、灌区管理机构、灌区建设与工程管理、灌区用水管理、灌区的试验研究和监测、灌区经营管理、附则共 7 章 48 条,自 1995 年 1 月 1 日起试行。

【河南河务局颁发本年度科技进步奖】 12 月 23 日,河南河务局颁发 1994 年度科技进步奖,共有 10 项成果获奖。

【范县于庄引黄涵闸建成】 本年,范县于庄引黄涵闸建成。该闸为单孔涵洞式,设计流量 10 立方米每秒,灌溉面积 15 万亩,实际灌溉面积 10 万亩。

1995 年

【钮茂生慰问河南河务局离退休职工】 1 月 11～12 日,水利部部长钮茂生率水利部计划、人事、财务司负责人在黄委主任綦连安、副主任庄景林,河南河务局局长叶宗笠、副局长王渭泾的陪同下,慰问河南河务局机关离休老干部,同机关处室负责人进行座谈,看望邙山金水区和开封郊区河务局离退休职工,并确定为退休后家居农村的特困职工拨专款解决住房问题。

【河南河务局治黄工作会议召开】 1 月 22～23 日,河南河务局治黄工作会议在郑州召开。局长叶宗笠做了题为《抓住机遇,振奋精神,努力把河南治黄工作提高到一个新水平》的报告。会上,还对获得 1994 年度目标管理的先进单位进行了表彰,并与局属各单位、机关各部门签订了 1995 年目标任务书。

【黄河滩区第二期水利建设工程验收】 3 月 12～16 日,由国家农业开发办、水利部组成的验收组,对河南黄河滩区第二期水利建设工程进行验收。1992～1994 年共完成投资 4552.9 万元,新增灌溉面积 36.7 万亩,改善灌溉面积 13.71 万亩;新增排水能力 34.88 立方米每秒,排水面积2.79万亩;淤滩改土面积 2.3 万亩。

【水利部对口联系河南河务局基层单位会议在北京举行】 4 月 7 日,水利部对口联系河南河务局基层单位会议在黄委驻北京联络处举行。水利部机关 21 个司、局(院、办)和 6 个直属公司近 30 名司局级领导参加会议。黄委主任綦连安、副主任陈先德,河南河务局局长叶宗笠、副局长王渭泾参加了会议。会议确定:建设司、科技司、水利信息中心为黄河工程局对口联系单位;水电及农村电气化公司、中国水利电力对外公司、水利部物资局为黄河机械修造厂对口联系单位;国家防总办公室、国际合作司、水文司为邙山金水区河务局对口联系单位;水利管理司、老干部局、中国水利报社为开封河务局航运队对口联系单位;人事劳动教育司、农村水利司、中国灌排技术开发公司为新乡市河务局第一工程处对口联系单位;财务司、中国江河房地产公司、水政水资源公司为濮阳市河务局航运队对口联系单位;水土保持司、移民办公室、水利水电规划设计总院为焦作市河务局工程局对口联系单位。

【杨汝岱视察小浪底工程】　4月14日,全国政协副主席杨汝岱视察了正在建设中的小浪底水利枢纽工程。

【赵民众任河南河务局副局长】　4月17日,经研究决定,并征得河南省委组织部同意,黄委黄党〔1995〕34号文通知,赵民众任河南河务局副局长、党组成员。

【朱尔明查勘河南黄河防洪工程】　4月21～24日,水利部总工程师朱尔明、总工助理李国英在黄委副总工邓盛明、河南河务局局长叶宗笠等陪同下,先后查勘了北金堤滞洪区张庄退水闸、渠村分洪闸、濮阳堤防,韩胡同、李桥、青庄控导工程和长垣防滚河工程,以及滩区安全建设工程、大功分洪口门、封丘倒灌区、贯孟堤、禅房工程、曹岗险工、东坝头、柳园口、黑岗口、高朱庄、九堡工程、花园口、三义寨闸、赵口闸等重点防洪、引水工程,沿途还查勘了多处堤防加固工程。24日,在开封召开座谈会,叶宗笠详细汇报了河南黄河防洪治理情况及存在的问题。

【原阳武庄控导工程开工】　4月25日,原阳武庄控导工程开工。武庄控导一期工程安排5道坝、300米护岸、200米防汛路,计划完成土方15万立方米,投资500余万元。

【邢世忠察看河南黄河防洪工程】　4月27～30日,济南军区副司令员邢世忠中将率济南军区、河南省军区及驻豫部队领导,在黄委副主任黄自强、河南河务局副局长李青山陪同下,察看了小浪底水利枢纽及花园口、万滩、九堡、黑岗口、柳园口、东坝头、渠村分洪闸等黄河防洪工程。

【张保欣被评为全国先进工作者】　4月,国务院授予张保欣"全国先进工作者"荣誉称号。张保欣是河南黄河工程局机修厂厂长,先后被授予"黄委80年代优秀大学生"、"黄委十大杰出青年"、"黄河系统劳动模范"、"河南省劳动模范"等荣誉称号。

【河南省黄河防汛工作会议召开】　5月17～18日,河南省黄河防汛工作会议在郑州召开。省防指成员、顾问,沿黄各市主管防汛的副市长,驻豫部队、郑州铁路局、中原油田、小浪底建管局及河南河务局的负责人共100余人参加了会议。河南省黄河防办主任、河南河务局副局长赵天义传达了国家防办主任会议精神,省防指副指挥长、河南河务局局长叶宗笠传达了《河南省1995年黄河防汛工作意见》。省防指副指挥长、副省长李成玉,省军区副司令员纪英田少将,黄委副主任陈先德出席并讲话。

【姜春云检查黄河防汛】　6月3～4日,中共中央政治局委员、书记处书记、国务院副总理、国家防汛抗旱总指挥姜春云,率财政部副部长李延龄、水利部副部长周文智、中国石油天然气总公司副总经理周永康,在河南省委书记李长春、省长马忠臣、副省长李成玉,黄委主任綦连安、副主任庄景林和河南河务局局长叶宗笠等陪同下,到郑州、开封、新乡、濮阳等市检查黄河防汛工作,重点查看了花园口险工、高朱庄护滩工程、曹岗险工、渠村分洪闸等防洪工程,并听取了有关市委、市政府及河务部门的汇报。

【李成玉察看焦作市黄河防洪工程】　6月19日,河南省副省长李成玉在河南河务局局长叶宗笠陪同下,重点察看了焦作市开仪、逯村控导工程及温孟滩移民安置区放淤改土工程,沁河河口村拟建水库坝址及小浪底水利枢纽工程的防洪设施。

【水利部召开黄河下游防洪问题专家座谈会】　7月5～7日,水利部总工程师朱尔明在北京主持召开黄河下游防洪问题专家座谈会。与会专家就小浪底水利枢纽建成前后黄河下游防洪形势、下游防洪工程建设等问题进行了讨论。

【《黄河年鉴》创刊】　7月17日,国家新闻出版署批复同意《黄河年鉴》作为正式期刊出版,16开本,公开发行。国内统一刊号为CN41—1253/TV。该刊由黄委主办,是全面、系统地反映黄河治理和开发、黄河流域经济社会发展信息的资料性工具书。1990年试刊。

【严克强察看温孟滩移民工程】　7月29日,水利部副部长严克强在黄委主任綦连安、移民局局长席梅华,河南河务局局长叶宗笠、副局长王渭泾陪同下,察看了温孟滩移民安置区放淤改土施工现场。

【王渭泾任河南河务局局长】　8月18日,根据水利部部任〔1995〕58号文、黄委黄人劳〔1995〕85号文通知,王渭泾任河南河务局局长。1997年8月,经黄委党组研究,并征得河南省委同意,水利部党组批准,黄党〔1997〕35号文通知,王渭泾任中共河南河务局党组书记。

【苏茂林任河南河务局局长助理】　9月7日,河南河务局党组研究决定,苏茂林任河南河务局局长助理。

【世界银行行长沃尔芬森参观小浪底】　9月18日,世界银行行长詹姆斯·沃尔芬森先生及夫人一行在水利部副部长严克强、财政部副部长刘积斌、河南省副省长范钦臣、黄委主任綦连安等陪同下,参观了小浪底水利枢纽工程,听取了工程概况和资金使用情况的汇报,并参观访问了移民新村。

沃尔芬森对工程进展和移民安置工作表示满意,并为小浪底移民新村题词:"祝全村百姓幸福美满"。

【宋平考察小浪底工程】 9月25日,原中共中央政治局常委宋平在河南省委副书记宋照肃的陪同下到小浪底建设工地考察。

【黄河河道地形图通过验收】 11月20日,由黄委设计院测绘总队施测、编绘的1∶10万《黄河上游干流河道地形图》、1∶5万《黄河中游干流河道地形图》和1∶5万《黄河下游河道地形图》通过黄委的审查验收。

【1996～2000年防洪工程建设可研报告通过审查】 11月27～30日,水利水电规划设计总院在北京主持召开审查会,对黄委设计院完成的《黄河下游1996年至2000年防洪工程建设可行性研究报告》进行审查。参加会议的有国家防总办公室,水利部规划计划司、工管司、建设开发司和中国水利水电科学研究院、黄委等单位专家和代表36人。会议听取了黄委设计院的汇报,并进行研究讨论,认为根据黄河下游情况提出的可行性研究报告,基础资料翔实,拟订的黄河下游孟津白鹤至垦利渔洼的重点防洪工程建设项目合理、现实,基本同意该报告。

【河南河务局工会被全总命名为"全国模范职工之家"】 12月26日,河南河务局工会被中华全国总工会命名为"全国模范职工之家"。

【金堤河干流近期治理工程开工】 12月26日,金堤河干流近期治理工程开工,2001年竣工。共完成河道清淤131.6公里,南北小堤加培73.1公里,新建、改建跨桥10座,新建南北小堤上的涵闸8座,累计完成投资2.25亿元。

【河南河务局颁发本年度科技进步奖】 12月27日,河南河务局颁发1995年度科技进步奖,7项成果获奖,其中《黄河埽工》科教片、《堤防工程的设计防洪标准》获二等奖,《TYBB－通用报表管理系统》、《万家寨工程1500吨水泥罐建造技术》获三等奖。《原阳祥符朱闸微机控制测流装置研制》获黄委科技进步三等奖。

【武陟老田庵引黄闸竣工】 本年,武陟老田庵引黄闸完工。该闸位于老田庵控导工程,为3孔涵洞式,设计流量40立方米每秒,灌溉面积20万亩。

【河南河务局全面推行取水许可制度】 本年,根据国务院《取水许可实施办法》和水利部《关于授予黄河水利委员会取水许可管理权限的通知》及黄委《黄河取水许可制度实施细则》等规定,河南河务局在所辖区域内全面推行取水许可制度及登记、发证工作,共发"取水许可证"1093本,许可年取水总量 50.93 亿立方米。其中,地表水发证 89 本,年取水量 48.80 亿立方米;地下水发证 1004 本(机井 1.26 万眼,农用机井以行政村为单位领证,年取水量 2.13 亿立方米)。

【1995 年黄河下游全年断流达 122 天】 本年年初,豫鲁两省降雨较少,旱情严重。春季刚过,两省便相继开闸引水抗旱。2 月 14～19 日前后,引水流量一直保持在 300～400 立方米每秒。在流量小、引水量大的情况下,河口地区 2 月 20 日断流。3 月 4 日断流发展到利津站。经采取加大三门峡水库泄水补给等措施后,利津站于 4 月 9 日一度恢复过流。5 月 3 日,利津站再次发生断流,并很快向上发展,5 月 9 日发展到泺口,17 日、22 日发展到艾山、孙口;7 月 7 日高村站断流,14 日上延至开封市府君寺断面。7 月中旬,黄河中下游大面积降雨,20 日花园口站出现了 3160 立方米每秒洪峰,断流河段才相继恢复过流。这次断流河段长达 672 公里,利津站累计断流 122 天。

【三门峡黄河库区、孟津黄河湿地自然保护区建立】 本年,经河南省政府批准,建立三门峡黄河库区、孟津黄河湿地自然保护区。三门峡黄河库区湿地自然保护区位于河南、陕西、山西 3 省交界处,河南省三门峡市、灵宝市、陕县之间,核心区面积为 3000 公顷,是河南省最大的湿地自然保护区。孟津黄河湿地自然保护区位于孟津县境内,西部为小浪底水库和拟建的西霞院水库,东部为黄河刚进入平原的黄河河道及两岸滩地,总面积 1.17 万公顷,其中核心区面积 2200 公顷,实验区 9500 公顷。2001 年受河南省林业厅委托,由三门峡市牵头,联合洛阳、焦作、济源 3 市申报国家级黄河湿地自然保护区。2003 年 6 月,国务院批准成立河南黄河湿地自然保护区,保护面积 6.8 万公顷。

1996 年

【黄河三花间实时遥测洪水预报系统通过验收】　1 月 7 ~ 9 日,黄河三门峡至花园口区间实时遥测洪水预报系统在郑州通过了鉴定验收。该项目是运用遥测、通信和计算机等高新技术,以快速、可靠完成水、雨情数据收集、处理和预报作业为目标的系统工程。

　　项目自 1980 年开始,由于规模庞大,站点多,覆盖三花区间 3 万多平方公里,历时 12 年。1992 年完成整个系统的建设,后又经过 3 年的改造完善,达到了水文遥测系统规范规定的目标。经过专家评审,认为该系统规模大、技术复杂,在总体技术上达到了国内领先水平。

【郑济微波和移动通信工程通过验收】　1 月 10 ~ 11 日,黄河中下游通信网郑(郑州)济(济南)微波和移动通信工程竣工验收会议在郑州召开,来自国家防总,水利部信息中心、物资局,河南省电力工业局、水利厅,黄委和有关局办等 19 个单位的 57 名领导和代表参加会议。会议推举 23 人组成验收委员会。验收委员会经过认真审查,同意通过验收。

【黄河潼关至三门峡大坝全线封河】　1 月 19 日,黄河封冻由灵宝市杨家湾上溯到潼关。至此,潼关至三门峡大坝全线封河,是该河段 1929 年以来的第一次全段封河。

【河南河务局治黄暨经济工作会议召开】　1 月 24 ~ 27 日,河南河务局治黄暨经济工作会议在焦作召开。局长王渭泾做了题为《抓住机遇、加快发展、努力开创河南治黄及经济工作的新局面》的工作报告,回顾全局"八五"以来治黄和经济发展的历程,分析了面临的形势和任务、机遇和挑战,明确了"九五"发展思路,部署了 1996 年工作任务。会上对获得 1995 年度目标管理先进单位(部门)进行了表彰,对焦作市河务局进行了表扬,并与所属各单位签订了 1996 年目标任务书。

【宋健视察小浪底工程】　2 月 24 日,国务委员宋健在河南省副省长张洪华、洛阳市市长张世军和小浪底水利枢纽建设管理局负责人陪同下,视察小浪底水利枢纽工程。

【"黄河治理与水资源开发利用"专题项目通过验收】　3 月 13 ~ 20 日,国家"八五"科技攻关项目"黄河治理与水资源开发利用"01、02、03 各课题所属 11 个专题在郑州通过了由水利部科技司主持的鉴定验收。与会专家对黄河下游游荡性河段整治、防洪防凌决策支持系统、堤防隐患探测等成果给予高度评价,认为 3 个课题 11 个专题的研究成果整体上达到国际先进水平,部分成果达到国际领先水平。其中,防洪防凌决策支持系统荣获国家"八五"科技攻关重大成果奖,黄委 1996 年度科技进步一等奖。3 月 29日,国家科委在北京通过了项目检查验收。

【黄河水利委员会机械修造厂更名】 3 月 14 日,黄河水利委员会机械修造厂更名为"黄河水利委员会黄河机械厂"。

【杨家训任河南河务局副总工程师】 3 月 15 日,河南河务局党组研究决定,杨家训任河南河务局副总工程师。

【邹家华视察小浪底工程】 4 月 20 日,国务院副总理邹家华在有关部委领导陪同下,视察黄河小浪底水利枢纽工程,并就投资管理和投标承包管理等作了指示。

【连续墙接头施工方法及装置获国家专利】 4 月 20 日,河南河务局申报的"连续墙接头施工方法及装置"获国家专利,专利号:ZL94100045.1。

【周文智检查黄河防汛】 4 月 24~28 日,国家防总秘书长、水利部副部长周文智,国家防总成员、邮电部副部长杨贤足等在河南省副省长张以祥,黄委副主任庄景林,省政府办公厅副主任王春生,河南河务局局长王渭泾、副局长赵天义等陪同下,检查河南黄河防汛准备工作。周文智一行先后检查了三门峡、小浪底水利枢纽和花园口、马渡、黑岗口险工及渠村分洪闸、北金堤滞洪区等工程。

【河南省黄河防汛工作会议召开】 5 月 5~6 日,河南省黄河防汛工作会议在郑州召开。省防指成员单位、黄委、驻豫部队领导,沿黄各市分管防汛工作的副市长,中原油田、小浪底建管局及各市河务局的负责人共 100 多人参加会议。会议由省防指副指挥长、副省长张以祥主持,省防指副指挥长、河南河务局局长王渭泾传达《1996 年河南省黄河防汛工作意见》,河南省黄河防办主任、河南河务局副局长赵天义传达全国防办主任会议精神,省军区副司令员纪英田、黄委副主任黄自强出席会议并讲话。张以祥在听取了各市防汛准备工作情况汇报后作总结讲话。

【苏茂林任河南河务局副局长】 5 月 6 日,经黄委党组研究,征得河南省委同意,黄党[1996]22 号文通知,苏茂林任河南河务局副局长、党组成员。

【江泽民视察小浪底水利枢纽工程】 6 月 3 日,中共中央总书记江泽民在水利部部长钮茂生、河南省委书记李长春、济南军区司令员张太恒、农业部部长刘江等陪同下,视察建设中的小浪底水利枢纽工程,看望了在这里辛勤工作的中外建设者,并欣然题词:"治理黄河水患,为中华民族造福"。

【《黄河治理开发规划纲要》专家座谈会在北京召开】　6月10～13日,水利部在北京召开《黄河治理开发规划纲要》专家座谈会。中国科学院和工程院部分院士,国务院有关部、委、局,流域内各省、自治区水利厅,有关大专院校和科研院所,水利部各有关司、局、委、院等单位的专家共70多人参加了会议。

会议听取了黄委关于《黄河治理开发规划纲要》的汇报,分组进行了讨论。与会专家认为,黄委根据国务院下达的修订规划任务书的要求,总结了40多年来治理开发黄河的经验教训,深入分析了黄河存在的问题和出现的新情况,规划纲要的指导思想和规划原则正确,治理开发的重大措施、规划方案和实施步骤,基本符合黄河的实际情况。同时,对规划纲要也提出了一些修改和补充意见。

【越南水利考察团考察故县工程】　6月17日,以越南河内水利厅厅长阮国忠为团长的水利工程考察团一行11人,在水利部有关负责人陪同下,参观考察了故县水库电厂、大坝、库区。越南来宾称赞"中国的年轻人了不起","中国人民的治黄事业很伟大"。

【54集团军落实黄河防汛任务】　6月17～20日,54集团军副军长蒋少华少将和副参谋长朱文玉大校率黄河防汛勘察组,在河南河务局副局长苏茂林陪同下,察看河南黄河两岸大堤、小浪底建设工地及分滞洪区情况,落实部队防汛责任和任务。

【三门峡水库发生异重流现象】　6月19日,三门峡水库发生异重流现象。三门峡大坝建成后,在水库运用初期的1961～1964年,水文工作者共施测异重流22次。自1973年水库"蓄清排浑"控制运用以来,由于"蓄洪"次数甚少,水库极少发生异重流现象。这次水库出现多年来少见的异重流排沙现象,是由于黄河北干流吴(堡)龙(门)区间各支流降雨形成的小洪水过程所致。各支流洪水过程峰尖量小、含沙量大。吴龙区间的三川河、无定河、清涧河、昕水河和延河最大含沙量达200～820公斤每立方米,6月17～18日入库。

【河南河务局召开防汛电话会议】　7月9日,河南河务局召开防汛电话会议,动员全局职工紧急行动起来,迅速投入到防汛工作中去。副局长赵天义通报了全省黄河防汛准备工作精神,对防汛工作提出了要求。党组书记叶宗笠出席会议并讲话。副局长李青山、赵民众、苏茂林及各市、县河务局、局直属各单位、机关各处室的负责人参加了会议。

【张以祥检查黄河防汛】 7月21日,河南省防指副指挥长、副省长张以祥在省政府办公厅副主任王春生陪同下,专程到省黄河防汛办公室检查工作,观看河南黄河河道洪水模型试验,听取工作汇报。

【马忠臣察看黄河水情、工情】 8月1日,黄河防汛总指挥、河南省省长马忠臣,省防指副指挥长、副省长张以祥,省军区副司令员纪英田、黄委副主任庄景林、总工陈效国在河南河务局党组书记叶宗笠、局长王渭泾和河南省水利厅厅长马德全陪同下,到郑州花园口险工和东大坝控导工程察看水情、工情,听取黄河水情和防洪准备情况汇报。

【黄河发生"96·8"洪水】 8月上中旬,花园口站相继出现两个编号洪峰。一号洪峰发生于8月5日14时,流量7600立方米每秒,相应水位94.73米。这场洪水主要来源于晋陕区间和三花区间的降雨。据计算这次洪水小花区间干支流洪水占花园口站一号洪峰的47%。花园口站5000立方米每秒以上的洪水持续53小时,其洪量为11.6亿立方米。二号洪峰发生于8月13日4时30分,流量5520立方米每秒,相应水位94.09米。这场洪水的形成主要为黄河龙门以上的降雨所致。一号洪峰和二号洪峰尽管流量属于中常洪水,与以往相比,特别是一号洪峰呈现出一些新特点:一是黄河铁谢以下河段全线水位表现偏高。除高村、艾山、利津3站略低于历史最高水位外,其余各站水位均突破有记载以来的最高值。花园口站最高水位94.73米,超过了1992年8月该站的高含沙洪水所创下的94.33米的历史纪录,比1958年22300立方米每秒的洪水位高0.91米,比1982年15300立方米每秒的洪水位高0.74米。二是洪水传播速度慢。由于一号洪峰水位表现高,黄河下游滩区发生大范围的漫滩,洪峰传播速度异常缓慢。据计算,一号洪峰从花园口传至利津站历经369.3个小时,是正常漫滩洪水传播时间的2倍。三是工程险情多。黄河下游临黄大堤有近1000公里偎水,平均水深2~4米,深的达6米以上,多处出现渗水、塌坡,许多背河潭坑、水井水位明显上涨,堤防发生各类险情211处,控导工程有96处1223道坝垛漫顶过流,河道工程有2960道坝出险5279坝次。其中,河南黄河有66处工程403道坝出险886次,25处控导工程漫坝。据统计,洪水期间,抢险用石料70.2万立方米,用土料49.3万立方米,耗资1.41亿元。四是洪灾大,损失较重。1855年以来未曾上过水的原阳、封丘、开封等地的高滩这次也大面积漫水。据统计,黄河下游滩区淹没面积343万亩,直接经济损失近40亿元。其中,河南黄河滩区539个村庄进水,淹没面积229.35万亩,受灾人口104.79万人。

"96·8"洪水期间,江泽民总书记、李鹏总理多次打电话询问黄河汛情。姜春云副总理对黄河抗洪抢险多次作出重要指示。水利部部长钮茂生、副部长周文智,财政部副部长李延龄等先后亲临黄河抗洪第一线检查指导工作。国家防总及时增拨了特大防汛补助费1.71亿元用于抗洪抢险及水毁工程修复。陕西、山西两省领导亲自带队到黄河小北干流和三门峡库区检查指导防汛工作。河南省推迟了原定召开的省委六届二中全会,在外地考察的山东省领导也冒雨返回,亲临防汛第一线指挥抗洪抢险。黄河防总总指挥马忠臣主持召开了黄河防总和河南省防指联席会议,进一步安排了抗洪救灾工作。黄河防总办公室按照国家防总和黄河防总的统一部署,加强了防汛值班,密切注视雨、水情的发展变化,要求沿黄各级防办加强巡堤查险,发现险情尽早抢护。在社会各界大力支持下,经过20多天200多万人次的艰苦奋战,终于战胜了"96·8"洪水,保证了黄河大堤安然无恙。两次洪峰于8月22日同时入海。

【钮茂生检查指导黄河抗洪抢险】 8月14～16日,受国家防汛抗旱总指挥部总指挥、国务院副总理姜春云委托,国家防总副总指挥、水利部部长钮茂生来河南检查指导黄河抗洪抢险救灾。钮茂生在河南省省长马忠臣、副省长李成玉、黄委主任綦连安及河南河务局党组书记叶宗笠、副局长赵民众陪同下,察看了花园口、黑岗口、曹岗、渠村分洪闸等险工险段及长垣、濮阳滩区受灾村庄,现场指导黄河抗洪抢险和救灾工作。

【河南河务局召开"96·8"洪水调查工作会议】 9月2日,河南河务局召开"96·8"洪水调查工作会议,研究制定了详细的洪水调查提纲。会议由副局长赵天义主持,副局长赵民众、苏茂林参加并讲话。各市局局长及主管防汛的副局长、防办主任、局机关有关处室负责人参加会议。

【马忠臣察看黄河滩区灾情及生产自救情况】 9月10～11日,河南省省长马忠臣带领省政府秘书长鲁茂生、省政府办公厅副主任王春生、河南河务局局长王渭泾及省水利厅、民政厅、财政厅等有关部门负责人深入开封县刘店乡、长垣县武邱乡、濮阳县渠村乡等黄河滩区受灾乡村,察看和询问当地灾情及生产救灾情况,并同当地干部群众研究生产救灾的措施。

【赵天义兼任河南河务局总工程师】 9月17日,经黄委研究决定,黄任〔1996〕37号文通知,河南河务局副局长赵天义兼任总工程师。

【小浪底导流洞全线贯通】 10月5日,小浪底水利枢纽导流洞全线贯通。导流洞由3条隧洞组成,全长3388米。

【人民治黄50周年新闻发布会举行】 10月8日,河南省委宣传部和河南河务局在省人民会堂联合举行人民治黄50周年新闻发布会。河南省委宣传部副部长马心浩主持会议。省委常委、宣传部部长林炎志出席并讲话。河南河务局党组书记叶宗笠介绍了河南人民治黄50年的成就,局长王渭泾做了题为《认识黄河,治理黄河,开发利用黄河,开创河南治黄工作新局面》的发言。驻郑新闻单位、沿黄各市宣传部长及省直有关单位的代表100多人参加了新闻发布会。

【纪念河南人民治黄50周年暨表彰大会召开】 10月23～24日,纪念河南人民治黄50周年暨表彰大会在郑州召开。河南省副省长张以祥主持大会并讲话。河南河务局党组书记叶宗笠做了《继往开来、再创辉煌,努力把河南治黄事业推向新阶段》的报告,副局长李青山做总结讲话。会上还表彰了来自治黄战线的32个先进集体和89位劳动模范。

【国家计委对温孟滩工程进行概算总审查】 11月18日,受国家计委委托,中国国际工程咨询公司农林项目部在小浪底建管局对温孟滩放淤改土工程及河道整治工程进行了概算总审查。会上,副局长兼总工赵天义代表河南河务局介绍了工程设计及施工情况。黄委原主任龚时旸、原总工吴致尧和河南河务局党组书记叶宗笠、局长王渭泾参加了审查会。1998年3月,国家计委计投资〔1998〕2020号文批复,温孟滩移民安置区工程总投资审定为5.6167亿元,其中静态投资5.5363亿元。

【黄河故道水利文物遗存考察结束】 12月6日,以黄委黄河博物馆、黄河档案馆和黄河志总编辑室为主要参加单位的黄河故道水利文物考察组结束实地考察。整个考察工作分3次进行。第一次是1995年12月,以濮阳为重点,兼及浚县、滑县;第二次是1996年4月,以河南兰考东坝头至江苏滨海县境的明清黄河故道为主,兼及古淮河、运河的部分遗迹;第三次是1996年11月底至12月初,以河北馆陶以下至东光县的西汉黄河故道为主,兼及故道沿岸部分古城址和东汉、北宋部分黄河故道。3次考察总历时39天,途经60余县市,往返行程5000余公里。考察的主要内容为黄河故道的故堤、决口遗迹,与治河治漕有关的其他工程遗迹和古建筑群、治河碑刻以及出土的水利文物等。

【原阳县、邙山金水区河务局被认定为一级河道目标管理单位】 12月9日,由水利部组成的考评组,经过认真考评验收,并以水利部水管[1996]587号文通知,原阳县、邙山金水区河务局被认定为国家一级河道目标管理单位。

1997 年

【国务院 5 部门检查河南黄河汛后工作】 1 月 3 ~ 5 日,受国务院副总理姜春云委托,财政部副部长李延龄、水利部副部长周文智率财政、水利、公安、邮电、林业 5 部门有关人员组成的检查组到河南检查黄河汛后工作。检查组听取了河南省副省长张以祥和河南河务局、水利厅的汇报,察看了花园口险工、长垣薄弱堤段以及韩胡同控导工程等。检查组充分肯定了河南 1996 年抗洪抢险及汛后水毁工程恢复取得的成绩,并对防汛工作提出了具体意见和要求。

陪同检查的有省长马忠臣、副省长张以祥,黄委副主任庄景林,省政府办公厅副主任王春生,河南河务局局长王渭泾、副局长苏茂林,省水利厅厅长马德全、财政厅副厅长赵江涛等。

【濮阳河段发生凌汛】 1 月 7 日,受冷空气影响,气温骤降,致使台前县林楼湾至韩胡同河段出现封冻,11 日 16 时孙口站水位较封河前上涨1.64米,滩地受淹,部分村庄被围。河南河务局局长王渭泾连夜赶往现场察看凌情、灾情,研究抢险方案。国务院副总理姜春云对凌汛报告作了重要批示。河南省省长马忠臣、副省长张以祥也分别作了批示,并亲临现场具体部署抢险救灾工作。

【三门峡槐扒黄河提水工程开工】 1 月 20 日,河南省"九五"重点工程——三门峡槐扒黄河提水工程开工。该工程是义马煤气化工程的配套工程,总投资 3.8 亿元,全长 31.17 公里,兴建 4 级泵站,8 公里长的隧道,1座中型水库和 17 公里长的压力管道。第一期工程提水流量 3 立方米每秒。

【河南河务局治黄工作会议召开】 1 月 25 ~ 28 日,河南河务局治黄工作会议在郑州召开。各市、县河务局及局直各单位、机关各部门负责人共 100多人参加会议。局长王渭泾作了题为《加大改革力度、加快经济发展,努力把河南治黄事业推向一个新阶段》的工作报告。会上,对获得 1996 年目标管理先进单位(部门)进行了表彰,并与局属各单位、机关各部门签订了1997 年目标责任书。会议还讨论通过了《"九五"经济发展规划)、《精神文明建设指导纲要》、《人才开发工作意见》等。

【朱登铨慰问河南河务局职工】　1月29日,水利部副部长朱登铨带领部机关有关司局领导在黄委总工程师陈效国、河南河务局局长王渭泾、副局长李德超陪同下,对河南河务局职工进行春节慰问。朱登铨一行首先看望了机关的干部职工和离退休老同志,后又到开封、濮阳等地慰问,并与职工进行座谈。

【水利行业特有工种职业技能鉴定站成立】　2月26日,经劳动部批准,河南河务局成立水利行业特有工种职业技能鉴定站,主要承担8个技术工种工人的初、中、高级技术等级的考核和技师资格的考评工作。

【射水法建造防渗墙技术在黄河上应用】　3月1日,由福建省水科所研制成功的射水法建造防渗墙技术开始应用于郑州黄河南月堤14＋500～15＋800堤段。

【《黄河治理开发规划纲要》预审会在北京召开】　3月3～6日,水利部副部长严克强和总工程师朱尔明在北京主持召开《黄河治理开发规划纲要》预审会。参加会议的有水利部各司局、院及黄委等单位专家共60余人。与会专家认为:纲要反映了现阶段对黄河的认识水平,对近年来提出的挖沙疏浚措施以及避免流域生态环境恶化、缓解黄河断流等问题作了研究,基本达到正式审查的深度,再作适当补充修改后,可报请国家审批。并建议在4月下旬由国家计委和水利部联合主持审查。

【李鹏参加八届人大五次会议河南组讨论时谈治黄问题】　3月4日,国务院总理李鹏在八届人大五次会议河南组讨论时谈黄河治理问题。李鹏总理指出:"黄河的问题仍然没有解决,还需要进行综合治理。上游要植树种草,改善植被,减少水土流失,兴建水利设施,中下游要清障、疏浚河道。"全国人大代表、黄委教授级高级工程师王留荣向李鹏总理介绍了黄河的有关情况。

【西霞院枢纽可行性研究报告通过审查】　3月6～10日,水利部水利水电规划设计总院在郑州对《黄河西霞院水利枢纽可行性研究报告》进行审查。河南省计委、水利厅,黄委,小浪底建管局和黄委设计院代表共51人参加了会议。西霞院工程是小浪底枢纽的反调节水库,以发电为主,兼顾供水、灌溉等。根据水利部和黄委的安排,黄委设计院于1993年开始可行性研究阶段工作,1995年6月21～25日,在郑州召开西霞院选坝报告审查会,通过了《黄河西霞院水利枢纽可行性研究阶段选坝报告》;1996年6月编制完成《黄河西霞院水利枢纽可行性研究报告》。

【审计署对金堤河管理局资金进行专项审计】 3月10~14日,审计署根据对水利部1996年预算执行情况审计的要求,派出审计组,对金堤河管理局1993~1996年管理、使用国家农业综合开发资金的情况进行了延伸审计,并根据《中华人民共和国审计法》第四十条的规定及有关财经法规,对金堤河管理局违反国家规定挪用国家农业综合开发资金的问题做出了审计决定。本次审计共查出违纪金额778万余元,并于1997年12月31日前将这些资金全部返回到国家农业综合开发资金中。

【鄂竟平任中共黄委党组书记】 3月15日,水利部党组任命鄂竟平为黄河水利委员会党组书记。5月19日,国务院国任字[1997]42号文任命鄂竟平为黄委主任(副部级)。

【水利部专家组检查河南黄河防洪工程】 3月20~24日,水利部专家组一行8人,在河南河务局局长王渭泾,副局长赵天义、苏茂林陪同下深入开封、郑州、焦作、新乡、濮阳等堤段,对黄河防洪工程存在的主要问题及度汛采取的应急措施进行调查、落实、分析、研究。

【鄂竟平察看河南黄河防洪工程】 4月5~6日,黄委党组书记鄂竟平在河南河务局局长王渭泾、副局长赵天义陪同下,察看了河南黄河防洪工程,对各市、县河务局的防汛准备情况进行了检查。鄂竟平指出,汛前各项准备工作一定要落到实处,确保度汛安全。随同鄂竟平检查的还有黄委副主任庄景林、主任助理郭国顺、黄河防总办公室副主任王新法等。

【三门峡水电站7号机组投产发电】 4月6日,三门峡水电站7号机组顺利通过72小时满负荷试运行,整体运行情况良好,经验收委员会验收后,同意投入生产。同日,三门峡水利枢纽管理局召开大会,隆重庆祝7号机组投产发电。从此三门峡水电站的装机容量由原来的32.5万千瓦增加到40万千瓦。该电站由此进入国家大型水电站行列。

【黄河断流及其对策专家座谈会在东营市召开】 4月8~12日,水利部、国家计委和国家科委在山东省东营市联合召开黄河断流及其对策专家座谈会,来自全国各有关部门的70多位院士、教授和专家参加了座谈会。副总工程师邓盛明代表黄委作了《黄河下游断流及其对策报告》的发言。与会其他代表也从各个角度针对黄河断流的原因及当前和长远对策进行了讨论,提出了一些可供决策参考的建议。经过讨论,大家一致认为造成黄河断流的主要原因是:

(1)随着沿黄地区经济的快速增长,耗水量大量增加,导致进入下游的水量大幅度减少,而用水量较大的下游地区用水需求仍持续增长。进入 90 年代,下游先后采取了"春旱冬灌"等提前引水的措施,使非灌溉期的用水也日益紧张。

　　(2)尚未建立健全全河统一调度、分级管理的体制和运行机制。

　　(3)水费标准低,用水浪费严重。

　　(4)中游干流调蓄能力不足。

【黄河下游减淤清淤高级研讨会在北京召开】 4 月 10～13 日,黄河下游减淤清淤高级研讨会在北京召开。国家科委、国家自然科学基金委员会以及黄委、水利部江河公司、中国水利水电科学研究院、河海大学等国内十几个单位的 80 多位专家参加会议。会议围绕黄河下游挖沙疏浚、小浪底水库的减淤效果以及国内外清淤机械情况等议题进行了认真研讨。副主任黄自强代表黄委发言。

【钱正英考察引黄灌溉】 4 月 17～25 日,全国政协副主席钱正英率全国政协大中型灌区调查组,对山东、河南两省 7 个灌区的引黄灌溉情况进行了调查,并就如何解决当前引黄灌区存在的工程老化、泥沙处理、水资源紧缺、水价不到位等问题与有关部门进行了座谈。

【河南省黄河防汛工作会议在郑州召开】 4 月 24～25 日,河南省黄河防汛工作会议在郑州召开。省防指成员单位、黄委、省直有关单位、驻豫部队领导,沿黄各市分管防汛工作的副市长以及中原油田、郑州铁路局、小浪底建管局、各市河务局的负责人参加了会议。省防指副指挥长、省政府办公厅副主任王春生主持会议,省防指指挥长、副省长张以祥出席会议并讲话,省防指副指挥长、河南河务局局长王渭泾传达《河南省 1997 年黄河防汛工作意见》。

【河南河务局颁发 1996 年度科技进步奖】 5 月 12 日,河南河务局颁发 1996 年度科技进步奖,10 个项目获奖。其中,《河南黄河滩区迁安救护计算机管理系统》获二等奖,《在用机电设备微机化管理系统》等 4 项成果获三等奖。此外,《堤防工程的设计防洪标准》获黄委 1997 年度科技进步三等奖。

【水资源问题采访团沿黄河进行考察采访】 5 月 19～30 日,黄委组织新华社、中央人民广播电台、光明日报社、经济日报社、中国青年报社、中国环境报社、中国矿产资源报社、河南人民广播电台、河南画报社、大河文化报社、郑州经济广播电台等新闻单位的记者 10 余人,赴黄河下游河南、山东两省的有关地区进行采访。经过 10 多天深入考察采访,记者们就黄河下游水资源统一管理、水价、水污染等问题采写了大量文章,在随后两个多月的时间里陆续播发。

【姜春云视察河南黄河】　5 月 26 日,中共中央政治局委员、国务院副总理姜春云在水利部部长钮茂生、黄委主任鄂竟平和河南河务局局长王渭泾等陪同下,察看了花园口险工、南月堤防渗加固施工、九堡控导工程,并在九堡工程观看了郑州市河务局进行的防汛抢险演习。参加黄河、淮河、海河防汛现场会的 200 多名代表也一同观看了演习。

【乔石视察小浪底工程】　5 月 28 日,中共中央政治局常委、全国人大常委会委员长乔石在水利部副部长兼小浪底建管局局长张基尧陪同下,视察了正在建设的小浪底工程,看望了为"九七截流"而日夜拼搏的中外建设者。

【中德《黄河》联合采访组沿黄河采访】　6 月 10 ~ 30 日,"德国之声"广播电台华语组编辑部主任杜纳德先生与济南人民广播电台记者及济南市河务局专家组成中德《黄河》联合采访组,沿黄河进行采访。

在半个多月的时间里,采访组先后采访了兰州、西安、洛阳、郑州、开封、济南、东营等沿黄重镇,参观并现场采访了刘家峡水利枢纽、兰州引黄水厂、小浪底水利枢纽工程工地及陕西省博物馆、黄河博物馆、黄委水科院等,黄委副主任兼总工程师陈效国向采访团介绍了人民治理黄河 50 年取得的伟大成就。"德国之声"于本年 9 月 16 日和 10 月 23 日用德语和华语向全球播出。中央人民广播电台 1 套"华夏之声"在本年 9 月 1 日、4 日、12日向全国和东南亚一带播出。

【《黄河治理开发规划纲要》通过审查】　6 月 23 ~ 25 日,国家计委、水利部在北京召开《黄河治理开发规划纲要》审查会。会议由水利部部长钮茂生、国家计委副主任陈耀邦分别主持。国家计委副主任叶青,水利部副部长严克强、周文智、张基尧,黄委主任鄂竟平,副主任陈效国、黄自强、李国英以及国务院办公厅及有关部委、黄河流域 9 省(区)、水利部流域机构、科研单位、院校负责人和专家 120 多人参加会议。中共中央政治局委员、国务院副总理姜春云接见与会代表并讲话。审查会上,陈效国汇报了规划纲要的内容。经审查,会议原则同意规划纲要,并建议进一步修改后报国务院审批。

【黄河下游郑济间地县河务局通信系统正式开通】　6 月 28 日,黄河下游花园口至泺口区间地(市)县河务局通信系统正式开通。黄委在通信管理局举行了黄河下游地(市)河务局至县级河务局通信线路开通揭幕仪式。黄委主任鄂竟平和水利部水利信息中心主任陈德坤为通信线路开通揭幕。该工程共完成 29 套电源设备、22 台程控交换机、一点多址微波通信系统 4 个中心站、29 个中继站和 24 座铁塔的建设任务。

【堤防隐患探测技术应用试验开始】　6 月,黄河大堤隐患探测技术应用试验开始。这次试验选择黄委设计院物探队 MIR‒1C 多功能直流电测仪,山东河务局科技处 ZDT‒Ⅰ型智能堤坝隐患探测仪,江西九江水科所 TZT‒Ⅰ型堤坝数字电测仪并配合 PC‒1500 微机进行数据处理。经过在同一堤段的测试,山东河务局和物探队的仪器所测的电阻率曲线的解释略有不同,但在隐患的位置判断上差别不大,两家仪器在原理和准确度上基本一致,经过灌浆和开挖验证也证明了这一点。九江水科所测试方法采用常规电剖面法,点距大,视电阻率值差别也大,精度差别也大,因此该仪器在测试结果上相对粗一些,对隐患判断在精度方面还不够。通过试验,黄委拟选山东河务局科技处和黄委设计院物探队的两种仪器在黄河下游大堤上进行推广应用,并进行人员培训。

【河南省党、政领导集中检查黄河防汛】　7 月中旬至 8 月初,河南省党、政领导集中检查黄河防汛。7 月 11～12 日,河南省副省长俞家骅深入新乡市工程现场检查黄河防汛工作。7 月 23 日,省委秘书长王全书检查开封黄河防汛工作。7 月 24 日,河南省委副书记任克礼检查洛阳黄河防汛工作。7 月 24～25 日,河南省委副书记范钦臣检查濮阳黄河防汛工作。8 月 3～4 日,河南省省长马忠臣、副省长张以祥赴郑州、新乡市察看水情、工情,并主持召开了黄河防总和省防指联席会议,安排部署抗洪抢险救灾工作。

【抢险堵漏演习举行】　7 月 18 日,河南河务局组织全局所有机动抢险队在封丘曹岗险工进行抢险堵漏演习。黄委主任鄂竟平、副主任庄景林、副总工胡一三,黄委河务局局长廖义伟、河南河务局局长王渭泾等观看了演习。

【小浪底连地滩河道防护工程通过验收】　7 月 23～24 日,黄委组织小浪底建管局、小浪底建行,黄委规计局、财务局,黄委设计院及河南河务局等单位、部门的 14 位专家,组成“小浪底连地滩河道防护工程验收委员会”,通过实地查勘和听取汇报等方式,对工程进行了正式验收。

【姜春云对黄河防汛作出重要批示】　8 月 4 日,花园口站发生 5700 立方米每秒洪水。8 月 5 日,国务院副总理、国家防汛抗旱总指挥部总指挥姜春云得知情况后,做出重要批示:"黄河出现大汛,沿黄省、市、地、县要集中力量抗洪抢险,确保安全度汛;要做到领导、队伍、物资、通信、后勤支援五到位;领导同志要按照责任制要求立即上第一线;防汛抢险力量要上足,做好迎战大洪水的一切准备,特别对险工地段的堤防,要作为重中之重,严守死保,绝对不能出问题。同时,抓紧做好滩区群众的安全转移工作,防止发生人员伤亡。希望对黄河的防汛安全,作进一步的检查落实,切不可麻痹疏忽"。

至8月7日,河南黄河共有38处工程131道坝出险362次,受淹滩地31.37万亩,受灾人口5.22万。

【国家防总检查组检查指导黄河抗洪救灾】 8月11日,受国务院副总理姜春云委托,国家防总成员、财政部副部长李延龄率国家防总检查组来河南指导黄河抗洪救灾工作。河南省委书记李长春、省长马忠臣分别向检查组汇报了抗洪救灾工作情况。

【抢险技术演示会举行】 8月13日,黄委在封丘曹岗险工组织由河南、山东河务局及下属有关单位参加的大堤查漏、堵漏方法及抢险机具演示会。共演示浮漂探洞法、报警器探洞法、探堵器探洞法等3种查漏洞方法,编织布软帘堵漏法、机械吊兜堵漏法、导管堵漏法、铁锅和软袋堵漏法等5种堵漏洞方法,以及打桩机、捆枕器、铅丝笼网片编织器、翻斗车装抛铅丝笼等现场操作。

【邹家华考察南水北调中线穿黄工程和小浪底工程】 8月28~30日,国务院副总理邹家华,在水利部部长钮茂生,中共河南省委书记李长春、省长马忠臣等陪同下,考察了南水北调中线穿黄工程位置和小浪底水利枢纽工程。

【河南河务局计算机网络开通】 8月,河南河务局至各市河务局的计算机网络开通,实现了水、雨情的实时传递。

【姜春云邀请专家商讨黄河断流对策措施】 9月29日,国务院副总理姜春云邀请有关方面专家举行座谈会,商讨黄河断流的对策措施。会上,黄委主任鄂竟平向各位与会专家汇报了黄河断流的情况。与会人员分析了黄河断流的原因及影响,提出了对策和建议。姜春云副总理对解决黄河断流提出6条要求:一是加强管理,科学调度,要从黄河实际来水量出发,重新修订完善黄河水资源分配方案,加强全流域水资源管理;二是增强全社会水忧患意识,要把黄河断流、缺水情况告诉所有农民、职工和城市居民,开展群众性的节水爱水活动;三是积极开辟水源,增加供水量;四是广泛深入开展节水活动;五是大搞农田基本建设;六是深化水利体制改革,充分发挥市场机制在水资源配置中的基础作用,合理确定水价。

【全国人大执法检查组到黄河下游检查】　10月18～19日,全国人大常委会赴河南省《水法》执法检查组到黄河检查贯彻实施《水法》情况。检查组先后察看了开封黑岗口控导工程、黑岗口引黄闸,郑州花园口堤防、引黄闸等工程。黄委主任鄂竟平、副主任陈效国向检查组详细汇报了黄委贯彻实施《水法》取得的成绩和存在的问题,提出加强流域水利法制建设和黄河水资源统一管理的意见和建议,并就制定《黄河法》进行了专题座谈。检查组的随行记者在《法制日报》上发表了《黄河在呼唤》的专版文章。

【小浪底水利枢纽工程截流成功】　10月28日,小浪底水利枢纽工程截流成功。中共中央政治局常委、国务院总理李鹏,国务院副总理姜春云,中共中央政治局委员、河南省委书记李长春,全国政协副主席马万祺,水利部部长钮茂生,黄河防总总指挥、河南省省长马忠臣,国家有关部门负责人,河南省、山西省负责人,有关专家和知名人士,小浪底工程3个承包商所在的法国、德国和意大利驻华大使,世行代表和其他国际友人,黄委主任鄂竟平,副主任陈效国、庄景林、李国英等参加了截流仪式。新华社、人民日报、中央电视台等中外新闻机构300多名记者对工程截流作了报道,中央电视台进行了现场直播。

【向黄河河口调水成功】　11月21日,黄河河口恢复过流,向河口调水成功。本年黄河流域严重干旱。黄河下游利津站断流严重,东营市及胜利油田城乡居民生活、生产用水多次出现危机,当地政府在采取各种限水、节水措施后,仍不能有效缓解用水紧张的局面。东营市、胜利油田、中国天然气总公司、山东省政府纷纷给国务院、国家防总、黄委发电报,要求调送"救命水"。面对各地频频告急的要水报告,黄委主任鄂竟平多次主持召开主任办公会议,研究缓解河口地区用水危机的紧急措施,先后4次组织调水。前3次调水是利用三门峡水库加大泄流和山东省自我调剂水量来进行的。河口地区3次恢复过流,3次调往河口水量总计7.35亿立方米。第4次调水是在小浪底水库截流后不久进行的。当时,三门峡水库和下游河道水量都不能满足为河口地区送水的要求。11月8日,国家防总和黄委分别向甘肃、宁夏、内蒙古、陕西、山西、河南、山东7省(区)防汛抗旱指挥部,黄河上中游水量调度办公室和三门峡水利枢纽管理局发出了"关于向黄河河口送水的紧急通知",要求刘家峡水库加大 11 月中旬的日平均出库流量;三门峡水库自 11 月 10 日开始补水,按日均 250 立方米每秒控泄,直至水位降至 300 米为止;甘肃、宁夏、内蒙古、陕西、山西等省(区)的引黄水量自 11 月 9 日起在 8 日的基础上全部减少 50%;河南省三门峡以下河段所有城市及工业用水总量不得超过 20 立方米每秒,农业用水闸门要全部关闭;山东省要关闭除东营市城市用水之外的所有引黄闸门并组织机械和劳力在 15 日前开挖东平湖退水渠道,争取向黄河补水 70~100 立方米每秒。上中游水调办临时调整发电计划,调度刘家峡日平均出库流量 762 立方米每秒;宁夏压减引水量 1.63 亿立方米,山西省压减引水量 80%;河南省引水仅占分配指标的 45%,所有的流量余给下游。到 11 月 21 日 6 时 42 分利津断面恢复过流。

【挖河固堤启动试验工程开工】 11 月 23 日,黄河下游挖河固堤启动试验工程开工仪式在利津县崔家控导工程隆重举行。黄委副主任庄景林和山东河务局、东营市、胜利油田、河口管理局的负责人参加了开工仪式。该工程是黄河防洪减淤综合治理的一项重要措施,是治黄史上一件具有开创意义的大事。根据国务院总理李鹏关于"治理黄河,关键是三个环节:中上游水土保持,修建水库,疏浚河道和继续加固堤防"、"当前要抓紧河道疏浚,把疏浚河道和建设堤防结合起来"的指示精神,水利部组织黄委在 1997 年先后制定了《黄河下游挖河疏浚淤背固堤启动工程可行性研究报告》和《黄河治理百船工程可行性研究报告》,山东河务局也组织编制了《黄河下游挖河固堤启动工程设计》,并通过了黄委审查。11 月 6 日,黄委主任鄂竟平主持召开专题办公会,研究挖河启动试验问题,并对工程的开展作了具体部署。在做好规划设计等前期工作的基础上,11 月 21 日,黄委向山东河务局发出了《关于挖河固堤启动工程试挖开工的通知》,要求山东河务局于 11 月 23 日开工实施朱家屋子至 6 断面河段的挖河工程。同年 12 月,水利部批复了黄河下游挖河疏浚淤背固堤启动工程实施方案,并对实施启动工程进行了部署。为了有利于溯源冲刷,黄委决定山东河段的启动试验工程就选择在河口地区,从 6 断面到朱家屋子,挖河长 11 公里,挖河宽 200 米,挖深约 2.5 米,开挖土方量 550 万立方米。挖出来的泥沙送到黄河大堤背后,可用来加固大堤 8.2 公里。该试验工程于 1998 年 6 月 2 日完工,总投资 9645 万元。其中,中央承担 4825 万元,山东省承担 4820 万元(胜利石油管理局占 70%)。

【《黄河下游浮桥建设管理办法》颁发】　12月25日,水利部颁发《黄河下游浮桥建设管理办法》。该办法共15条,自即日起施行。

【黄河防洪减灾软件系统建设基本完成】　由黄委和芬兰阿特利·雷特(Atri-Reiter)工程有限公司共同实施的黄河防洪减灾软件系统建设,于本年底基本完成。

黄河防洪减灾软件系统包括会商控制环境、信息查询、洪水预报、防洪调度和防洪数据库5个子系统,是一个基于计算机广域网络、分布式数据库和多用户环境的软件系统。

黄河防洪减灾软件系统的开发分两期实施,其中第一期(中芬合作部分)已于1996年12月通过中芬两国政府的正式验收。二期开发于1997年初开始,其工作内容主要是在第一期开发工作的基础上,进一步增强信息查询和防洪数据库系统的功能,将洪水预报、防洪调度、会商决策的业务范围由第一期的解决花园口站22000立方米每秒以下洪水,扩充为覆盖整个黄河下游的三门峡至利津河段,涉及三门峡、陆浑、故县3座水库和北金堤、东平湖两座分滞洪区的洪水调度,并对在建的小浪底水库也有所考虑。

【黄河滩区第三期水利建设工程完成】　本年,黄河滩区第三期水利建设工程竣工。本期工程于1995年开工,计完成投资6202万元。新增灌溉面积22.39万亩,改善灌溉面积20.30万亩;新增排水能力44立方米每秒,排水面积5.42万亩;淤滩改土面积2.77万亩。

【黄河断流创下多项历史记录】　本年,利津站断流13次,累计断流226天;泺口断流7次,共计132天;艾山断流4次,共计74天;孙口断流3次,共计65天;高村断流1次,共计25天;夹河滩断流2次,共计18天。与历年断流相比,有以下几个特点:一是断流起始时间最早,泺口、利津断流发生于2月7日。二是断流河段最长,曾延伸至开封柳园口附近,长达700余公里。三是断流时间最长,频次最多。四是断流月份最多,全年有11个月发生断流,特别是9月和11月断流,是历史上首次出现。五是汛期多发生断流。特别是主汛期的7月孙口水文站以下全月无水,也为历史所罕见。整个汛期,利津站过流时间仅有16天,若扣除为河口地区调水时间,利津站仅过流5天。8月4日,花园口站出现4020立方米每秒洪峰,传播至利津后,恢复过流56小时又再度发生断流。

黄河中下游各主要支流控制站也多数出现断流,沁河武陟站、伊河龙门站、汾河河津站、大汶河戴村坝站、延河甘谷驿站、渭河华县站等都相继出现断流,其中华县站为有资料以来首次断流。

【"一点多址"通信工程建设全面完成】 本年,河南河务局完成"一点多址"通信工程建设,在河南境内建"一点多址"基站 25 个,新安装铁塔 17 座,程控交换机 22 台,电源设备 23 套。首次实现了市河务局对县河务局的微波传输。

【千唐志斋被确定为国家级重点文物保护单位】 本年,千唐志斋晋升为国家级重点文物保护单位。千唐志斋是中国唯一的墓志铭博物馆,位于洛阳新安县铁门镇西北隅,为辛亥革命元老、第二届全国政协委员张钫所创建,由王广庆命名、章炳麟题额。

　　张钫于 1931 年开始广泛搜罗墓志石刻,兼及碑碣、石雕,陆续运至其故里。1933 年前后在其"蛰庐"西隅,辟地建斋,将搜集来的大部分志石镶嵌于 15 孔窑洞、3 大天井及 1 道走廊的里外墙壁上。其他未镶嵌部分,除于抗日战争时期运陕捐赠陕西博物馆数百块外,历经变乱,散失不少。据 1935 年由上海西泠印社发行的《千唐志斋藏石目录》载,共计 1578 件。至 2010 年,斋中共有镶嵌墓志、碑碣 1419 件,其中唐代墓志 1191 件。内容涉及皇亲国戚、相国太尉、郡王太守、尉丞参曹,以至处士墨客、佛僧道士、宫娥彩女等各阶层人物,为研究唐代社会历史提供了珍贵的资料,有证史、补史、纠史的作用,被史学界称为"石刻唐书"。

1998 年

【长垣以下河段封河】　1月13~15日,受强冷空气影响,长垣以下河段相继封河。至26日,累计封河长108公里,长垣县4万亩滩地被淹,濮阳县青庄以上部分嫩滩漫水。

【小浪底库区第一期移民通过国家验收】　1月13~20日,小浪底库区第一期移民通过了国家组织的全面验收。小浪底工程移民是中国在移民中首次利用世界银行1.1亿美元信贷资金的大型项目,涉及河南、山西两省8县(市)、29个乡(镇)、787个工矿企业的20万移民,规模仅次于三峡工程。

【河南河务局工作会议召开】　1月16~18日,河南河务局工作会议在郑州召开。局长王渭泾作了题为《加大改革力度,加快经济发展,努力把河南治黄事业推向一个新阶段》的工作报告。会上对获得1997年目标管理先进单位(部门)进行了表彰,并与局属各单位、机关各部门负责人签订了目标责任书。与会代表还就《领导干部及领导班子年度考核暂行规定》、《目标管理考核办法》、《经济体制改革意见》等进行了讨论。

【三门峡库区洪水位预报系统通过验收】　1月,三门峡库区洪水位预报系统通过水利部信息中心和陕西省水利厅组织的验收。该项目是陕西省水文水资源勘测局根据三门峡库区河道冲淤等复杂特点,经过两年多时间研制的。

【石春先任河南河务局副局长】　2月13日,黄委黄党[1998]4号文通知,石春先任河南河务局副局长,党组成员。

【端木礼明任河南河务局副总工程师】　2月19日,河南河务局党组研究决定,端木礼明任河南河务局副总工程师。

【黄河防汛指挥系统开始建设】　黄河防汛指挥系统是国家防汛指挥系统的重要组成部分,2月开始建设,要求用5年左右的时间,建成一个覆盖黄河流域重点防洪地区,高效可靠、先进实用的防汛指挥系统。该系统由防汛信息采集系统、通信系统、计算机网络、防洪决策支持系统4部分组成。主要功能是完成防汛有关信息的采集、传送和处理,通过决策支持系统提供科学依据。该系统建成后,覆盖范围包括河南、山东、陕西、山西4个重点防洪省,河南、山东两省的省、地、县三级河务局,黄委所属的省、地级水文水资源局以及三门峡、故县水利枢纽管理局,陆浑水库管理局等,计划总投资 12.43 亿元。

【小浪底大坝防渗墙建成】 3 月 10 日,小浪底大坝防渗墙建成。该防渗墙由混凝土浇筑而成,长 410 米,厚 1.2 米,最大深度 82 米,是为解决黄河河床砂卵石覆盖层水流渗透问题而建的。

【黄河下游防浪林建设工程启动】 3 月 11 日,黄河下游防浪林建设工程启动仪式在中牟县九堡黄河滩区举行。黄委主任鄂竟平、河南河务局局长王渭泾、河南省林业厅副厅长李德臣出席动员会。

【封丘荆隆宫截渗墙工程开工】 3 月 21 日,黄河下游堤防重要险点之一的封丘荆隆宫截渗墙工程正式开工。黄委主任鄂竟平,副主任庄景林、李国英,河南河务局局长王渭泾、副局长赵天义、苏茂林等出席开工仪式。工程采取开槽法和射水法地下连续墙施工技术消除堤防隐患,长 2388 米,造墙面积 8.5 万平方米,护坡面积 4.5 万平方米,投资 2600 万元。

【"黄河断流万里探源"记者到黄河采访】 4 月 15 日,由《经济日报》和中央电视台组成的"黄河断流万里探源"记者采访活动从黄河入海口开始,到黄河源头止,历时两个半月,每两天发一篇稿,《经济日报》在第二版开辟专栏,连续刊登。全国人大常委会副委员长姜春云对该活动作了专门批示,提出了具体要求,并为出发仪式作了书面讲话。全国政协副主席陈俊生参加了出发仪式。水利部部长钮茂生对活动给予高度评价。黄委主任鄂竟平要求有关单位配合采访做好后勤服务。该活动于 7 月 1 日结束,行程 1.5 万多公里,记者们共写下 10 多万字的文稿,编发新闻稿件 40 多篇,照片 37 幅。7 月 17 日,经济日报社与水利部联合举行"黄河断流万里探源汇报会"。国务院总理朱镕基、副总理温家宝在经济日报社《关于黄河断流采访情况汇报》上作重要批示时指出:坚决贯彻江泽民总书记关于水资源的指示,关键是做好上中游水土保持和中下游节水工作。

【黄河水文系统计算机广域网络建设通过验收】 4 月 17 日,黄河水文系统计算机广域网络建设在郑州通过专家审查验收。该网络为中芬合作项目黄河防洪减灾计算机网络系统的重要组成部分,由黄河防洪减灾项目办委托水文局建设,旨在建立兰州、榆次、三门峡、河南、山东 5 个水文水资源局的局域网络,将小浪底、夹河滩、高村、泺口、利津 5 个水文站建成局域网的远程节点,能随时同水文局和信息中心局域网进行网络连接并进行信息交换。

【周文智检查黄河防洪工程】　4月22～24日,国家防总秘书长、水利部副部长周文智率财政部、公安部、国家防办等有关部委负责人组成的国家防总黄河检查组,在河南河务局局长王渭泾、副局长赵天义陪同下,察看了濮阳、新乡、郑州等地的防洪工程。黄委主任鄂竟平、河南省副省长王明义、黄委副主任庄景林、省政府副秘书长王春生随同检查。

【博爱、武陟第一河务局被认定为一级河道目标管理单位】　4月20～26日,由水利部组成的专家考评组对河南河务局所属部分单位的河道目标管理进行了现场考评,武陟县第一河务局、博爱县沁河河务局被认定为国家一级河道目标管理单位。

【防汛抢险堵漏演习举行】　4月28日,河南河务局防汛抢险堵漏演习在封丘曹岗举行,共演示了16项抢险机具和探漏堵漏技术。河南河务局局长王渭泾,副局长赵天义、李德超、苏茂林、石春先等观看了演习。

【河南省黄河防汛会议召开】　5月8～9日,河南省黄河防汛会议在郑州召开。省防指成员单位、黄委、省直机关单位、驻豫部队、武警部队的领导,沿黄各市分管防汛工作的副市长,以及中原油田、郑州铁路局、小浪底建管局、各市河务局的负责人参加。会议由省政府副秘书长兼办公厅主任王春生主持,副省长王明义发表重要讲话,河南河务局局长王渭泾传达了《1998年黄河防汛工作意见》,副局长赵天义传达了全国防办主任会议及晋冀鲁豫4省黄河防汛会议精神。王明义代表省政府同沿黄8市签订了黄河防汛责任书。会后,举办了各市负责人参加的黄河防汛指挥研讨班,提高了他们的防汛指挥能力。

【河南省党、政领导检查黄河防汛】　5月下旬至6月中旬,河南省党、政领导集中检查黄河防汛。5月27日,副省长王明义赴郑州、开封、洛阳检查黄河防汛工作;副省长陈全国检查新乡黄河防汛准备工作。6月3～4日,副省长张涛检查焦作、济源防汛准备工作。6月11日,省委常委、省委秘书长王全书检查开封黄河防汛工作。6月19～20日,省委副书记范钦臣检查濮阳黄河防汛工作。

【国家防总批复三门峡水库调度权限】　5月,国家防总以国汛〔1998〕7号文,明确三门峡水库汛期洪水调度由黄河防总负责。内容如下:三门峡水库是黄河干流上以防洪为主的综合利用大型水利水电枢纽,其防洪运用涉及山西、陕西、河南、山东等省。按照1969年晋、陕、豫、鲁4省会议确定的水库运用原则,当黄河发生"上大洪水",花园口水文站可能发生超过

22000 立方米每秒洪水时,需要关闭三门峡水库闸门拦洪错峰。鉴于三花区间洪水汇流快、预见期短,为了有利于三门峡水库适时调度,抓住有利时机充分发挥拦洪错峰作用,三门峡水库汛期洪水调度由黄河防总负责。当发生"下大洪水",由黄河防总通知山西、陕西两省,做好库区群众安全转移工作,并下达关闸运用指令,报国家防总备案。

【濮阳、范县、台前滞洪办公室隶属关系变更】 6 月 19 日,鉴于国家基本停止对北金堤滞洪区防洪基建投资的情况,经研究同意,将濮阳、范县、台前 3 县滞洪办公室分别划归濮阳、范县和台前县河务局管理。

【济源市河务局隶属关系变更】 6 月 19 日,焦作市河务局所属济源市河务局划归豫西地区河务局管辖。

【河南河务局颁发 1997 年度科技进步奖】 6 月 23 日,河南河务局颁发 1997 年度科技进步奖,11 项成果获奖。其中,《小浪底水利枢纽工程 4 号公路水泥结碎石路面施工技术》和《特重型公路大桥 T 梁施工工艺》两项成果获二等奖;《新乡市黄河滩区水利建设项目经济效益分析》等 4 项成果获三等奖。

【黄河下游县河务局无线接入通信系统全面建成】 6 月 25 日,黄河下游县河务局至各堤防、涵闸、险工管理单位的无线接入通信工程全面建成。该工程是继 1997 年一点多址微波通信开通县河务局以上无线通信后的又一重要应急通信工程,共建成 14 个基站,585 个用户站,分布河南、山东两省境内,覆盖黄河下游所有河段。其中,河南河务局共建成 8 个基站,162 个外围站,399 个固定台。8 个基站分布在开封县、台前县、濮阳县、原阳县、孟县、沁阳市、武陟第一河务局等地。黄河下游防汛通信网的建设与完善,从根本上解决了黄河下游防洪调度的通信问题,彻底结束了黄河几十年来完全依靠有线通信的历史,标志着黄河防汛通信迈上了一个新台阶。

【黄河下游干流河道地图编制出版】 6 月,黄河下游干流(桃花峪至河口)河道 1:10 万地图册印刷出版。至此,黄河干流河道从河源至河口的 1:10 万地图册共 4 册,已全部出版。该套图册上游河段分两册出版;一册为黄河河源至甘肃乌金峡河段,另一册为乌金峡至内蒙古头道拐河段,上游两册 1992 年 11 月出版。中游图册为头道拐至河南桃花峪河段,1987 年 12 月出版。

【中国科学院黄河考察组到河南调研】 7 月 5 日,中国科学院组织的由水资源、土壤、经济地理、农业、生态环境、水土保持等学科领域的院士、专家参加的黄河考察组,在河南省副省长王明义、张涛和河南河务局局长王渭泾、副局长赵天义及有关厅局领导陪同下,到郑州、洛阳、济源、焦作、新乡等地考察河南黄河断流及水资源状况,并分别与河南省政府、黄委有关领导、专家进行了座谈。

【河南河务局参加黄河防汛抢险演习暨新技术演示会】　7月9日,黄河防总在山东东阿县井圈险工举行黄河防汛抢险演习暨新技术演示会。河南河务局局长王渭泾,副局长赵天义、石春先率队参加。河南河务局专业机动抢险队成功进行了防汛抢险演习和新技术演示,受到黄河防总表扬。

【马忠臣、王明义、刘伦贤相继检查黄河防汛】　7月15日,黄河洪峰到来之前,河南省副省长王明义受省委书记马忠臣委托,在河南河务局召开省防指紧急会议,对迎战洪水做出部署。16日,黄河防总总指挥、省委书记马忠臣在黄河防总常务副总指挥、黄委主任鄂竟平,省委常委、郑州市委书记王有杰,省军区副司令员于怀谋,河南河务局局长王渭泾等陪同下,赴花园口察看河势、工情、险情、灾情,部署抗洪抢险救灾工作。16日13时,花园口站出现流量为4700立方米每秒洪峰,最高水位94.38米,大堤偎水99.55公里。19日,济南军区副司令员刘伦贤中将在河南省副省长王明义陪同下,赴郑州、新乡抗洪抢险一线检查指导工作。截至7月20日5时,河南黄河有41处河道工程出险351坝次,抢险用石4万立方米,有20公里河段超历史最高洪水位,漫滩面积108万亩,受灾人口22万。洪峰于20日3时30分安全出境。

【苏茂林、石春先分别兼任河南河务局纪检组组长、工会主席】　7月31日,黄党[1998]39号文通知,苏茂林兼任河南河务局纪检组组长;黄党[1998]40号文通知,石春先兼任河南河务局工会主席。

【小浪底水利枢纽南岸引水口工程开工】　8月20日,小浪底水利枢纽南岸引水口工程开工。该工程是为解决孟津县、洛阳市北郊、偃师市北部农业灌溉和洛阳市城市供水而修建的大型引水工程,工程概算投资1.07亿元,施工总工期31个月。该工程主要由进水塔、引水隧洞、出水口分水枢纽等3部分组成。工程全长3355米,设计引水流量28.6立方米每秒,年总引水量4.24亿立方米。主体工程于1999年8月1日开工,引水隧洞于2000年6月30日全线贯通。

【沁河小董站发生730立方米每秒洪峰】　8月22日,沁河小董站出现流量730立方米每秒洪峰。洪水期间部分险工、险段出现根石走失、坦石下蛰等险情,经全力抢护,都得到控制。

【黄河防洪工程专项资金建设项目开工】 9 月 21 日,黄委主任鄂竟平在中牟赵口险工下达黄河防汛工程专项资金建设项目开工令,宣布 1998～1999 年汛前项目全面开工。这些项目包括山东、河南两省的黄河堤防工程、河道工程、防浪林工程、河口治理工程及堤防道路、滩区、蓄滞洪区安全建设等。

本年长江、松花江、嫩江洪水过后,国家决定增加中央财政预算内专项基金 254 亿元,用于水利基础设施建设,其中第一批下达 200 亿元,黄河流域占 18%。按照计划,1998～1999 年汛前用于黄河下游防洪工程建设的一期工程投资 6.55 亿元,其中河南河务局 3.275 亿元,山东河务局 3.275 亿元。小北干流河道整治为 1.5 亿元。1998 年底完成投资的 60%。10 月 12 日,黄委批复了河南河务局 1998～1999 年汛前防洪工程专项资金建设项目的初步设计,共 7 大类 76 个单项工程,总投资 3.5 亿元。

10 月 23 日,为完成国家下达的专项资金建设任务,黄委召开黄河防洪专项资金基建工作会议,进行全面部署和动员。鄂竟平还分别与山东河务局、河南河务局、小北干流陕西河务局、小北干流山西河务局以及黄委 3 家监理公司签订了目标责任书。

【温孟滩移民安置区土壤特性与改土指标研究获科技进步奖】 9 月,由河南河务局和河南农业大学共同完成的《黄河小浪底水利枢纽工程温孟滩移民安置区土壤特性与改土指标研究》,获河南省教委科技进步一等奖。

【三门峡水利枢纽增开 11、12 号底孔工程开工】 10 月 7 日,三门峡水利枢纽增开的 11、12 号底孔工程开工。该工程列入 1998～1999 年汛前预算内财政专项资金计划,从中央水利建设投资中逐年安排解决。两个底孔打开后,当库水位至 315 米时,可使枢纽泄洪能力从原来的 8993 立方米每秒增加到 10000 立方米每秒。

【三门峡水库移民遗留问题处理通过验收】 10 月 7～13 日,由水利部移民开发局、办公厅、经济调节司、黄委及山西和河南两省三门峡库区管理局、山西运城行署、山西省移民办、河南省三门峡市人民政府共同组成的验收委员会,对三门峡水库(河南、山西部分)移民遗留问题处理规划实施情况进行了验收。验收委员会在对项目实施情况进行现场检查后认为:规划项目设计基本合理,施工质量达到设计要求,符合国家有关规范和规定。三门峡水库移民遗留问题处理工作始于 1987 年,至 1997 年底,水利部批复两省库区 1.16 亿元的一期规划投资全部完成。

【黄河专家组学习考察长江抗洪抢险经验】 10 月 24 日至 11 月 3 日,由黄河防总办公室领导带队,河南、山东黄河河务局,水文局,黄委河务局主要负责人组成的专家组,赴长江中下游学习考察抗洪抢险经验。考察组先后考察了湖北省荆江大堤、洪湖大堤、长江干堤、荆江分洪区,湖南省洞庭湖围堤、团洲垸,江西省鄱阳湖、九江市城防堤等重要堤段。与长江水利委员会及湖南、湖北、江西省水利厅和有关市、县的负责人进行座谈,并访问部分群众,查阅汛期大量资料,学到了很多经验,特别是巡堤查险责任制的落实给黄河防汛的启示最大。

【第二代 1∶100 万《黄河流域地图》编印出版】 10 月,第二代 1∶100 万《黄河流域地图》编印出版。该图为 6 个全开拼幅,以黄河流域为主区,全面反映流域内外自然地理和经济社会要素状况,重点显示流域内水系、水利工程和水利设施等内容。

【液压开槽机修建地下连续墙技术通过部级鉴定】 11 月 12 日,河南河务局组织研制、开发的液压开槽机修建地下连续墙技术在郑州通过部级鉴定,技术成果达到国内领先水平。

【河南河务局组建水政监察支队】 11 月 18 日,河南河务局成立郑州、开封、焦作、新乡、濮阳市及豫西地区黄河河务局水政监察支队。12 月 10 日,水政监察支队全部组建完成。次年 1 月 30 日,河南河务局水政监察总队成立。

【温家宝视察河南黄河】 11 月 25 ~ 26 日,中共中央政治局委员、书记处书记、国务院副总理温家宝视察了沁河新右堤,黄河中牟赵口、九堡等防洪工程,并详细询问了工程建设和管理情况。他强调,防洪工程建设一定要严把质量关,百年大计,质量第一。26 日上午,温家宝听取黄委和河南河务局关于治黄工作的专题汇报,并作重要讲话。

【河南黄河水利工程质量监督站成立】 11 月 25 日,撤销"河南黄河河务局基本建设质量监督中心站",成立"河南黄河水利工程质量监督站"。

【黄河水利工程土地确权划界工作基本完成】 12 月 7 ~ 26 日,黄委对所属河道管理单位土地确权划界工作进行验收。验收委员会听取了各单位的工作情况汇报,查看了地籍图表、有关协议文书、各种手续、国有土地使用证等基本资料,抽查了界桩埋设情况,经过充分讨论,形成了验收意见。

黄河水利工程管理范围内土地确权划界工作于 1989 年展开。截至本年12月,黄委直管河段河道长约1000公里(包括黄河下游、黄河小北干流及部分支流河道),共有各类堤防长2262公里,险工、护岸、控导、护滩工程421处,各类水闸工程124座(不包括沁河涵闸)。黄河各类工程应确权土地1401宗,面积49.13万亩,其中,各类工程占压土地32.3万亩,工程管护地15.75万亩,管理单位生产生活用地1.08万亩。已完成确权划界土地1391宗,土地面积46.68万亩。其中,河南黄(沁)河共确权划界1098宗,土地16.47万亩。

【河南焦巩、南村黄河公路大桥开工】　12月11日,焦作至巩义黄河公路大桥动工兴建。该桥位于温县境内,含引线全长18.4公里,北起新乡至孟州公路90公里处,跨黄河越过开洛高速公路。总投资4.8亿元,桥面宽18.5米,双向4车道。

　　12月27日,南村黄河公路大桥开工。该桥位于河南省渑池县南村乡与山西省垣曲县之间,下距小浪底大坝65公里,属于库区交通恢复项目。大桥全长1456米,桥面宽7.8米。

【黄河水量分配、调度方案和管理办法颁发实施】　12月14日,国家计委和水利部颁布实施《黄河可供水量年度分配及干流水量调度方案》和《黄河水量调度管理办法》。其中,《黄河可供水量年度分配及干流水量调度方案》规定了正常年份黄河可供水量年内分配指标、年度水量分配计划的编制、干流水库调度运行计划的确定、水量调度预案的编制原则和方法,还审批了1998～1999年度的黄河水量年度分配计划和干流非汛期的水量调度预案。《黄河水量调度管理办法》共分8章42条,规定了黄河水量的调度原则、调度权限、用水申报、用水审批、特殊情况下的水量调度、用水监督等内容,并规定:"黄河水量的统一调度管理工作由水利部黄河水利委员会负责"。

【《黄河志》编纂完成】　12月,大型江河水利志《黄河志》(11卷)编纂完成。该志是中国历史上第一次大规模编纂的系列江河志书,由黄委主持,黄河志总编辑室编纂。它以黄河治理和开发为中心,用大量丰富、翔实的资料,全面系统地记述黄河治理开发的历史与现状。全书约800万字,共分11卷,各卷自成1册;以志为主体,兼有述、记、传、录等体裁,并有大量图、表及珍贵的历史和当代照片穿插其中。

【《黄河下游游荡性河段整治研究》获科技部科技进步奖】　12月,河南河务局参与完成的《黄河下游游荡性河段整治研究》获国家科技部科技进步二等奖。该成果曾于 1997 年分获黄委科技进步一等奖、水利部科技进步一等奖。

【河南博物院新馆建成】　本年,河南博物院新馆建成开放。该博物院坐落在郑州市农业路中段,占地 10 万平方米,建筑面积 7.8 万平方米,展馆面积 3 万余平方米,有 19 个展厅,文物藏品 13 万余件,是一座国家级现代化博物馆。河南博物院创建于 1927 年,是我国建立较早的博物馆之一,当时馆址在开封,1961 年迁至郑州。

1999 年

【滑县滞洪管理局隶属关系变更】 1 月 7 日,经安阳市政府、滑县政府同意,豫黄人劳[1999]1 号文通知,滑县黄河滞洪管理局划归濮阳市河务局管理。

【汛前防洪工程建设项目初步设计审查通过】 1 月 18 日至 2 月 2 日,黄委组织专家在郑州召开会议,审查通过了河南河务局勘测设计院完成的《河南河务局 1998~1999 年汛前(第二期)黄河防洪工程建设工程项目初步设计》。项目包括大堤加高、大堤加培、堤防道路、河道整治、防浪林和沁河防洪工程等 6 个分项 160 个单项工程,总投资 17.64 亿元。3 月 21 日,河南黄河防洪工程(第二期)施工图设计完成。

【黄河下游堤防断面测量成果通过验收】 1 月 19 日,黄委组织委属有关单位专家,对黄河下游堤防断面测量成果进行验收。黄河下游堤防断面测量由黄委设计院、河南和山东河务局共同承担,黄委规划计划局统一组织协调实施。该成果首次采用统一高程基准统测。本次测量共完成大堤测量 1937 公里,实测断面 2635 个,并建立了下游堤防横断面数据库。

【河南河务局工作会议召开】 1 月 20~22 日,河南河务局工作会议在郑州召开。局长王渭泾作了题为《认清形势,统一思想,突出重点,狠抓落实,为全面完成 1999 年的各项任务而努力奋斗》的工作报告。会议还对 1998 年度目标管理先进单位(部门)进行了表彰,并与局属各单位、机关各部门签订了 1999 年目标责任书及经济承包经营合同书。

【汪恕诚检查黄河防洪工程建设】 1 月 25~27 日,水利部部长汪恕诚、副部长张基尧在河南省副省长王明义、黄委主任鄂竟平、副主任陈效国及河南河务局局长王渭泾、副局长苏茂林等陪同下,先后察看了郑州、开封等地的堤防、险工、涵闸工程建设。

【黄河实施水量统一调度】 2 月,黄河正式实施水量统一调度。2 月 5 日黄委黄河水量调度管理局(筹)成立,28 日按规定时间向沿黄有关省(区)及枢纽管理单位发布实施统一调度后的第一份水量调度实施意见。3 月 1 日,向三门峡水库发出了第一份调度指令。

【王德智任河南河务局副局长】 3 月 9 日,黄委黄党[1999]10 号文通知,王德智任河南河务局副局长、党组成员。

【亢崇仁检查黄河防汛】 3月3～11日,河南省人大常委会副主任亢崇仁在省政协常委叶宗笠陪同下,检查黄河防汛工作。

【"青年黄河防护林"揭牌仪式在中牟举行】 3月12日,为响应团中央、水利部发出的"保护母亲河行动"的号召,共青团河南省委、黄委和河南河务局共同组织的"青年黄河防护林"揭牌仪式在中牟黄河大堤举行。团省委副书记李亚,黄委副主任黄自强、纪检组长冯国斌,河南河务局副局长赵民众出席揭牌仪式。

【钱正英听取黄河治理开发工作汇报】 3月17日,全国政协副主席、"中国可持续发展水资源战略研究"项目负责人钱正英,在北京听取黄委主任鄂竟平及治黄专家有关黄河治理开发工作的汇报。

钱正英指出:人民治黄50多年来取得了很大成就,治黄事业进入了一个新阶段,但也出现了一些新情况、新问题。特别是小浪底建成后,对黄河下游的影响,都需要我们进一步研究,治黄专家提出的意见和建议,有助于搞好中国可持续发展水资源战略研究。

【1999年黄河下游防洪工程(第一期)开工项目下达】 3月24日,黄委下达河南河务局1999年黄河下游防洪工程(第一期)开工项目,主要有大堤加高、机淤固堤、河道整治3大类共93项工程。

【黄河防汛抢险技术研究所成立】 3月25日,黄河防汛抢险技术研究所挂牌成立。该研究所主要承担黄河堤防、险工坝岸、控导、穿堤及跨河建筑物等常见险情、重大险情监测和抢险技术研究;承担江河决口快速堵复技术研究和防汛抢险机具新结构、新形式及防汛新材料的研究、研制。此外,还担负防汛抢险技术自动化研究和对引进的国内外先进抢险技术方法的吸收转化及推广,并指导全河各类防汛抢险队伍建设和技术培训。黄河防汛抢险技术研究所由黄河水利科学研究院和黄委河务局双重领导。

【胡锦涛视察花园口】 3月26～30日,中共中央政治局常委、国家副主席胡锦涛在小浪底水利枢纽工地、洛阳、许昌、郑州等地考察工作期间,于29日到花园口视察,并听取了河南黄河防洪情况汇报。他指出:河南黄河防洪保安全的任务很重,各级要切实克服麻痹思想,做好各项防汛准备工作。

【河南省政府要求加强黄河防汛责任制】 4月7日,河南省政府下发《关于进一步加强河南黄河防汛抗洪责任制的通知》,对防汛责任提出了更明确的要求。

【液压开槽机获国家专利】 4月8日,河南河务局自行研制的液压开槽机获国家知识产权局授予的专利权。专利名称:液压开槽机,专利号:ZL982002432。同年,该成果获黄委科技进步一等奖。

【防汛督察办法、班坝责任制和巡堤查险办法印发】 4月11日,河南省防指下发《河南省黄河防汛督察办法》,省防指黄河防汛办公室下发《河南省黄河防洪工程班坝责任制》。4月13日,河南省防指下发《河南省黄河巡堤查险办法》。

【王英洲检查黄河防汛】 4月14日,河南省委常委、省军区司令员王英洲率省军区黄河防汛指挥组全体成员,在河南河务局局长王渭泾、副局长王德智陪同下检查黄河防汛工作。

【河南省防汛工作会议召开】 4月15日,河南省防汛工作会议在郑州召开。河南省委书记马忠臣、省长李克强、省人大常委会副主任钟力生,副省长张洪华、李志斌、王明义,省政协副主席胡廷积,省军区副司令员杨迪铣等出席会议。各市(地)市长(专员)、主管副市长(专员)和省直有关部门的负责人参加会议。驻豫部队、黄委、小浪底建管局、中原油田等单位的代表应邀与会。会议要求各级政府要把防汛工作列入重要议事日程,动员全社会的力量,做好各项准备工作,确保度汛安全。王明义对全省的防汛工作进行了部署,并代表省政府同沿黄各市、小浪底建管局签订了防汛责任书。河南河务局局长王渭泾代表省防指传达了《河南省1999年黄河防汛工作意见》。

【黄河水资源问题专家座谈会在北京召开】 4月19~20日,黄河水资源问题专家座谈会在北京召开。两院院士张光斗等29位水利、环境、林业方面的专家和水利部、黄委等有关部门的负责人出席了会议。专家们强调,要从全流域生态资源的角度考虑黄河水资源问题,并提出实施水资源统一调度、依法治河、地区社会经济发展规划要"量水而行"等具有建设性的意见和建议。

【河南河务局颁发1998年度科技进步奖】 4月26日,河南河务局颁发1998年度科技进步奖,获奖项目7项。其中,《YK90液压开槽机连续槽法修建地下连续墙技术》获一等奖;《挖泥船运行自动测试系统》获二等奖;《河南黄河(洛阳-郑州)GPS控制网》等4项成果获三等奖。

【鄂竟平检查黄河备汛工作】 4月27~29日,黄委主任鄂竟平率黄河防总检查组在河南河务局局长王渭泾陪同下,检查了河南黄河防汛准备工作。

【李老虎被河南省政府授予"劳动模范"称号】 "五一"节前夕,郑州市邙山金水区河务局局长李老虎被河南省政府授予"劳动模范"称号。

【李克强检查河南黄河防汛】 5月5日,河南省省长李克强、副省长王明义在河南河务局局长王渭泾陪同下,检查了河南黄河防汛工作。

【温家宝视察河南黄河】 5月8~9日,国务院副总理温家宝在水利部部长汪恕诚,国务院副秘书长马凯,财政部副部长张佑才,总参作战部部长傅传荣,河南省委书记马忠臣、省长李克强,黄委主任鄂竟平、河南河务局局长王渭泾陪同下,视察了河南黄河防汛工作。

【水利部授权黄委行政处罚和行政措施主体资格】 5月10日,水利部印发《关于流域机构决定〈防洪法〉规定的行政处罚和行政措施权限的通知》,黄委及其所属90个管理机构具有《防洪法》规定的行政处罚和行政措施主体资格。这是解决黄委执法主体地位的一个重大突破,为黄委更好地贯彻实施《防洪法》提供了重要依据。

【抢险堵漏新技术演示会举行】 5月25日,河南河务局在中牟杨桥险工举行抢险堵漏新技术演示会。郑州、新乡、濮阳等市河务局分别演示了水充袋堵漏导杆软帘覆盖、混凝土高压喷射、土工模袋堵漏等抢险堵漏新技术、新机具和新方法。

【全军抗洪抢险集训在孟津举行】 5月28日,由总参兵种部、水利部、济南军区联合组织的全军抗洪抢险工程技术演示和演习在洛阳孟津白鹤举行。

【济南军区首长检查黄河防汛】 5月29~31日,济南军区司令员钱国梁中将、参谋长沈兆吉中将在河南省军区司令员王英洲,副省长王明义,黄委副主任陈效国,河南河务局局长王渭泾、副局长王德智陪同下,检查了河南黄河防汛工作。6月10日,54集团军副军长赵立德、副参谋长杨武率部了解黄河防汛情况,察看重要险工、险段,安排部署防汛兵力。8月13日,济南军区副司令员裴怀亮中将实地察看了渠村分洪闸和张庄闸,27~28日又考察了花园口控导工程,详细了解河南黄河基本情况和防洪部署。

【河南河务局新增5支机动抢险队】 6月11日,经黄河防总批准,河南河务局新增5支机动抢险队,分别设在兰考县、濮阳县、长垣县、孟津县和邙山金水区河务局,每支队伍暂按50人配备。

【兰考四明堂滚河防护工程开工】 6月12日,兰考县四明堂滚河防护工程开工。兰考县东坝头以下河道形成于 1855 年铜瓦厢决口之后,两岸堤距 10~15 公里,"二级悬河"发育突出。大洪水时,主溜顺堤行洪易形成滚河,对堤防威胁极大。为确保大堤安全,国家安排在兰考县四明堂区域临大堤兴建旱工坝 20 道,保护堤防工程,长度近 10 公里,分 3 期建设。

【河南省政府再次召开黄河防汛工作会议】 6 月 15 日,河南省政府再次召开黄河防汛工作会议。会议传达贯彻了国家防总黄河防汛工作会议精神和温家宝副总理的指示。副省长王明义要求各级、各部门充分认识黄河防汛的严峻形势,扎扎实实做好各项防汛准备工作。河南河务局局长王渭泾、副局长王德智参加了会议。

【河南河务局机关搬入新大楼办公】 6 月 16 日,河南河务局机关搬入新大楼办公。该楼与黄委办公大楼连体,是一座智能化办公大楼,于 1996 年 6 月开始建设,1998 年底竣工。河南河务局共投资 5000 万元,使用面积 1.2 万平方米。10 月,建成办公楼计算机网络系统,并通过 100Mbps 光缆与黄委的主干网互连。

【江泽民考察黄河并主持召开黄河治理开发工作座谈会】 6 月 17~24 日,中共中央总书记、国家主席、中央军委主席江泽民视察了黄河中下游壶口至河口段,沿途经过三门峡、洛阳、郑州、开封、济南。21 日上午,江泽民在郑州主持召开黄河治理开发工作座谈会。

中共中央政治局委员、国务院副总理、国家防汛抗旱总指挥部总指挥温家宝出席座谈会。

座谈会上,黄委主任鄂竟平、河南省委书记马忠臣、山东省省长李春亭、济南军区司令员钱国梁先后发言,汇报了黄河治理开发和防汛工作。

江泽民在听取大家的发言后发表了重要讲话,并发出了"加强治理开发,让黄河造福于中华民族"的号召。他指出,治理开发黄河,对国家经济社会的发展,具有重大的战略意义。新中国成立以来,在党和政府的领导下,经过沿黄地区广大干部群众和水利部门的不懈努力,黄河的防洪、水资源管理、生态环境建设取得了很大成绩。同时,黄河治理开发也面临着一些新情况、新问题,应该引起我们的高度重视。

在谈到黄河的治理开发时,江泽民强调,必须深入调查,加强研究,积极探索在新形势、新情况下治理开发黄河的路子。总的原则是:黄河的治理开发要兼顾防洪、水资源合理利用和生态环境建设 3 个方面,把治理开发与环境保护和资源的持续利用紧密结合起来,坚持兴利除害结合,开源节流并重,防洪抗旱并举;坚持涵养水源、节约用水、防止水污染相结合;坚持以改善生态环境为根本,以节水为关键,进行综合治理;坚持从长计议,全面考虑,科学选比,周密计划,合理安排水利工程。要制定黄河治理开发的近期目标和中长期目标,全面部署,重点规划,统筹安排,分步推进,以实现经济建设与人口、资源、环境的协调发展。要加强流域水资源统一管理和保护,实行全河水量统一调度。

出席座谈会的还有中共中央政治局委员、山东省委书记吴官正,中央军委委员、总政治部副主任王瑞林,有关方面负责人王刚、滕文生、华建敏、傅志寰、汪恕诚、刘江、由喜贵、王沪宁、贾廷安和河南省省长李克强等。

【河南省政府召开黄河滩区安全建设会议】　6月28日,河南省政府在郑州召开黄河滩区安全建设会议,安排部署滩区应急工程建设项目,并就进一步做好各项防汛准备工作提出了明确要求。副省长王明义出席会议并讲话。

【张柏山、商家文分别任河南河务局副局长、工会主席】　6月28日,征得水利部、河南省委同意,黄委黄党[1999]24号文通知,张柏山任河南河务局副局长、党组成员,商家文任工会主席。

【张庄闸改建加固主体工程完工】　6月29日,张庄闸改建加固主体工程完成并具备防汛条件。始建于1963年的张庄闸位于河南省台前县境内黄河左岸大堤上,是黄河支流金堤河排涝的唯一口门,也是一座具有双向运用的钢筋混凝土开敞式大型水闸。该闸共6孔,净跨10米,孔高4.7米,钢质弧形闸门,固定卷扬启闭机,最大泄洪、倒灌流量均为1000立方米每秒。该闸具有排涝、挡黄、倒灌、泄洪多项功能,1965年汛前建成启用。因年久失修,上下游淤积严重,1998年10月黄委批复张庄闸改建加固初步设计,21日开工建设,总投资2129.27万元。

【故县水库应急加固工程完成】　故县水库启闭机机架桥是故县水库溢流坝弧形闸门启闭设备的工作桥,1992年工程竣工投入运用,1998年10月发现主梁腹板侧面存在裂缝。经强度复核,大梁的抗剪承载能力严重不足,必须加固处理。在不卸载(即不拆除启闭机)条件下,采取以粘贴钢板为主、化学灌浆为辅的方法于6月30日完成应急加固任务。

【堤防查险、报险专用移动通信网开通】　6月30日,黄河下游堤防查险报险专用移动通信网全线开通。该移动通信网是专为满足下游堤防查险报险要求而建的。该网建有18个基站,覆盖范围纵向为河南省孟津县黄河堤防的起点至黄河入海口,横向为两岸大堤各 20～30 公里。该系统由黄委通信管理局设计,采用台湾东讯有限公司的主设备。

【李克强检查濮阳黄河防汛】 7月6～8日,河南省省长李克强在河南河务局局长王渭泾、河南省财政厅厅长夏清成、新华社河南分社社长赵德润陪同下,到濮阳市检查黄河防汛工作。

【黄河防总在中牟举行防汛实战演习】 7月11～12日,黄河防总在中牟赵口险工举行黄河防汛抢险堵漏实战演习及抢险新技术、新机具演示。河南河务局4支机动抢险队参加了抢险堵漏演习,郑州、开封等市河务局所属机动抢险队演示了5种新机具。河南河务局局长王渭泾,副局长赵民众、王德智观摩了演习。

【河南省人大听取黄河防汛工作汇报】 7月16日,河南省人大常委会主任任克礼主持召开省人大常委会主任会议,听取全省及黄河防汛工作汇报。河南河务局局长王渭泾出席会议并汇报了黄河防汛准备情况。

【河南省政府召开全省防汛工作电视电话会议】 7月26日,河南省政府召开全省防汛工作电视电话会议,副省长王明义要求全力以赴做好黄河防大汛、抗大洪、抢大险的各项准备工作。河南河务局局长王渭泾、副局长王德智参加了会议。

【王全书、王明义分别检查濮阳、新乡防汛工作】 7月26～27日,河南省委常委、秘书长王全书赴濮阳检查黄河防汛工作。8月2日,河南省副省长王明义检查了原阳双井、封丘顺河街控导工程施工和滩区安全建设工作。

【豫西地区河务局机动抢险队成立】 8月,豫西地区河务局机动抢险队成立,编制31人。

【小浪底水库蓄水项目、水库移民及库盘清理通过验收】 9月24～26日,受国家计委委托,水利部会同河南、山西省政府在现场对小浪底水利枢纽蓄水相关工程项目和水库移民及库盘清理进行了验收。验收委员会认为,小浪底工程已具备有关验收规程要求的蓄水条件,同意通过蓄水阶段验收。这是该工程继1997年实现大河截流后的又一项重大阶段性成果。

【汛后防洪主体工程项目公开向社会招标】 9～10月,黄委、河南河务局共同对1999年汛后黄河防洪主体工程项目实行招标。公开向社会招标的项目共7大类68个标段(其中公开招标33个标段,邀请招标35个标段)。

【新菏铁路复线长东黄河大桥竣工通车】 9月,新(新乡)菏(菏泽)铁路复线长东黄河大桥竣工通车。该桥为黄河上的一座特大桥,东岸位于山东省东明县沙窝乡杨寨村,西岸位于河南省长垣县赵堤乡赵堤村,桥长 12976 米。于 1998 年 4 月开工兴建。

【小浪底水利枢纽下闸蓄水】 10 月 25 日,小浪底水利枢纽正式下闸蓄水,这是该工程继 1997 年 10 月实现大河截流后的又一重大进展,标志着小浪底水库开始发挥调蓄效益。到 1999 年年底,水库水位蓄至 205 米,库容达到 17 亿多立方米,首台机组具备发电运行条件。

【河南黄河防洪工程建设规划编制完成】 10 月,河南河务局编制完成《河南黄河防洪工程建设"十五"计划和 2015 年长远规划要点》,提出了河南黄河防洪工程建设的总目标、总体布局、建设规模与投资,并从堤防工程、险工改建工程等 13 个方面详述了工程现状、存在问题和规划安排。

【中牟县河务局离退休党支部受中组部表彰】 11 月 1 日,水利部和黄委在郑州召开会议,隆重表彰被中组部授予"全国先进离退休干部党支部"称号的中牟县河务局离退休干部党支部和"全国离退休干部先进个人"称号的徐福龄。

【黄河水量统一调度初见成效】 截至 12 月 15 日,黄河下游最后一个水文站——山东利津水文站,全年共断流 42 天。其中,该站自全河开始统一调度恢复过流后的 3 月 12 日至调度期末的 7 月 15 日仅断流 7 天。而在来水情况非常相近的 1996 年同期断流天数达 104 天。黄河断流时间的明显减少是黄河水量统一调度的直接结果。

【中牟九堡控导工程险工班受全总表彰】 12 月 16 日,全国总工会和全国职工职业道德建设指导协调小组授予中牟县河务局九堡控导工程险工班"全国职工职业道德百佳班组"荣誉称号。

【邙山金水区河务局水政监察大队受水利部表彰】 12 月 29 日,水利部授予郑州市邙山金水区河务局水政监察大队"全国水政监察规范化建设先进集体"荣誉称号。

【黄河防总办公室调查统计下游滩区生产堤情况】 本年,黄河防总办公室组织调查统计下游滩区生产堤情况。据统计,黄河下游滩区生产堤总长 515.41 公里,其中河南黄河滩区 323.67 公里,山东黄河滩区 191.74 公里(齐河县以下未统计)。

【黄河基本建设投资达 35 亿多元】 本年,水利部共安排黄委基本建设计划投资 36.2579 亿元,其中财政专项资金 27.211 亿元、水利建设基金 2.65 亿元、非经营性基金 5.5609 亿元、自筹资金 0.836 亿元。按投资方向分:

黄委直属基建项目投资 34.8059 亿元(不包括地方安排投资),其中财政专项资金 27.211 亿元、水利建设基金 2.65 亿元、非经营性基金 4.1089 亿元、自筹资金 0.836 亿元;中央补助地方水利项目投资 1.452 亿元(非经营性基金)。此外,地方安排投资 0.40 亿元。1999 年黄委直属基本建设项目共计完成投资 35.2059 亿元,比 1998 年增长 100.34%。

2000 年

【小浪底水利枢纽首台机组并网发电】 1月9日10时30分,小浪底水利枢纽首台机组正式并网发电。小浪底水电站共安装6台水轮发电机组,总装机容量180万千瓦,多年平均发电量51亿千瓦时。

【河南河务局工作会议召开】 1月22～23日,河南河务局工作会议在郑州召开。党组书记、局长王渭泾作了题为《认清形势,坚定信心,开拓进取,以崭新的姿态迎接新的世纪》的工作报告。会上对获得1999年目标管理先进单位(部门)进行了表彰,并与局属各单位、机关各部门签订了2000年目标责任书和经营合同书。

【黄河流域省界水体水环境监测站网投入运行】 1月,黄河流域省界水体水环境监测站网正式投入运行。该站网可在黄河干流和主要支流的30处断面,进行22项参数、年测12次的全面监测。这为摸清省界河段水污染状况,分清污染责任以及实施排污总量控制、水体功能区划及水量调度奠定了基础。该站网共规划省界站点52个,将根据水污染发展趋势及采样交通条件,逐步设站并投入运行。

【河南黄河出现封冻】 1月22日,台前部分河面出现封河,范县、濮阳、长垣、封丘县河段出现不同程度封冻。至1月29日,封冻长度达94.5公里,出现最严重的凌情。凌情发生后,河南河务局及有关市、县河务局高度重视,加强凌汛值班与观测,制订防凌预案,备足防凌物资,防止出现冰坝造成壅水漫滩。封冻河段于2月上旬逐步开河,没有出现大的险情。

【陈炳德考察花园口】 3月31日,济南军区司令员陈炳德在河南省副省长李志斌、黄委副主任廖义伟、黄委河务局局长苏茂林及河南河务局副局长王德智的陪同下考察花园口险工。

【李国繁任河南河务局副总工程师】 3月31日,中共河南河务局党组研究决定:李国繁任河南河务局副总工程师。

【三倍体毛白杨落户黄河】 3月,黄委经济工作领导小组决定在山东、河南、山西、陕西4个河务局所属的有关单位实施三倍体毛白杨规模开发。项目总规模为20万亩,规划经营期为20年,总投资约3.3611亿元。三倍体毛白杨是国家"八五"攻关(加强)项目培育成功的一种具有世界领先水平的高科技新树种,具有速生、优质、高效3大特点。黄河中下游是毛白杨的原生地,能很好地适应三倍体毛白杨的生长。

【亚行黄河技术援助项目专家考察防洪工程】 4月5日,亚行黄河技术援助项目防洪专家中方组长吴致尧、丹麦咨询公司项目组组长 John. a. macdnaldddng 等咨询专家,对濮阳市黄河防洪工程建设进行了考察。

【李鹏视察小浪底工程】 4月17日,在河南考察工作的中共中央政治局常委、全国人大常委会委员长李鹏,在河南省委书记马忠臣、省长李克强,小浪底建管局局长张基尧、常务副局长陆承吉的陪同下到小浪底水利枢纽工程工地,详细察看工程建设情况并听取了工程投资、工程进展情况汇报,对工程的顺利建设表示满意。考察时,李鹏看望了一线建设者,并勉励他们要齐心协力,安全优质地把小浪底工程建设好。

【黄菊视察小浪底工程】 4月22日,中共中央政治局委员、上海市委书记黄菊视察小浪底工程。

【全省防汛工作会议召开】 4月26日,河南省政府在郑州召开全省防汛工作会议,分析面临的形势,安排部署防汛工作。省长李克强出席会议并讲话。省军区副司令员黄栋甲部署了军民联防工作。王明义副省长代表省政府进行了动员和部署,并与沿黄各市(地)、小浪底建管局、中原油田签订了黄河防汛目标责任书。河南河务局局长王渭泾代表省防指对黄河防汛工作作了具体安排。各市(地)主管防汛工作的副市长(专员)及省直有关部门负责人参加了会议。

【河南河务局颁发1999年度科技进步奖】 4月29日,河南河务局颁发1999年度科技进步奖,12项成果获奖。其中,《黄河下游大断面数据分析处理系统》等2项成果获二等奖,《工程勘察内业资料整编有关软件集成及功能开发》等6项成果获三等奖。

【黄河防汛水情信息采集系统建设启动】 4月,黄河防汛指挥系统信息采集系统正式启动。该系统是国家防汛指挥系统工程的重要组成部分,包括水情、工情等信息采集系统。水情信息采集系统,负责黄河流域262个中央报汛站的水情信息收集,并逐级向上转发,为此在全河将建设12个水情分中心,以解决全河水情信息的采集与传输问题。12个水情分中心分别设在西宁、兰州、青铜峡、榆次、榆林、延安、西峰、天水、三门峡、洛阳、郑州和济南。

【河南省政协领导考察河南黄河】 5月8~16日,河南省政协主席林英海、副主席胡廷积及部分政协常委和委员,在听取河南河务局局长王渭泾关于河南黄河治理工作的汇报后,由胡廷积率领,考察了花园口险工,中牟万滩河道工程,黑岗口引黄闸、险工下延、长垣太行堤帮宽加高施工现场,武陟堤防,温孟滩移民安置区及小浪底水利枢纽工程。

【河南省党、政领导集中检查黄河防汛】 5月中旬至7月,河南省党政领导集中检查黄河防汛工作。5月18日,河南省省长、黄河防汛总指挥李克强在副省长、黄河防汛副总指挥王明义,省防指副指挥长、省政府副秘书长李庆贵,水利厅厅长韩天经,河南河务局局长王渭泾、副局长张柏山等陪同下到新乡检查黄河防汛工作。李克强一行先后查看了原阳韩董庄机淤固堤工程施工现场和马庄控导工程,听取了有关情况汇报,并就防洪工程、滩区安全建设及防汛工作作了重要指示。25日,河南省委副书记范钦臣到濮阳检查黄河防汛工作。6月21日,河南省副省长陈全国在省政协常委、省防指顾问叶宗笠,省劳动厅副厅长张喜梅等陪同下,检查新乡黄河防汛工作,先后到封丘曹岗险工改建、长垣太行堤加固及原阳放淤固堤工程施工现场进行检查。7月3日,省委常委、郑州市委书记王有杰带领省气象局、省武警总队有关领导,检查了郑州市黄河滩区安全建设和应急度汛工程建设。7月9日,省委常委、秘书长王全书深入开封黄河防洪工程建设工地和一线防汛部门,检查防汛准备工作。7月25日,省委常委、组织部长支树平带领有关部门负责人到洛阳市检查黄河防汛工作。

【河南黄河滩区安全暨防洪工程建设会议召开】 5月22日,河南省政府在郑州召开黄河滩区安全暨防洪工程建设紧急会议。副省长王明义出席会议并讲话。他要求沿黄各级政府和有关部门要以临战姿态做好黄河防大汛、抗大洪、抢大险的准备,进一步加强黄河滩区安全建设和防洪工程建设。河南河务局局长王渭泾主持会议。沿黄各市分管防汛工作的副市长、河务局局长参加了会议。

【武陟东安控导工程开工】 6月6日,武陟东安控导工程开工兴建。该工程采用钢筋混凝土灌注桩结构,补充长度按弯道形式布设。首期工程共用混凝土6759立方米,钢材695吨,投资1072.73万元。

【全河防汛抢险堵漏演习在中牟杨桥举行】 6月23日,黄河防总在中牟杨桥险工举行全河防汛抢险堵漏演习,来自河南、山东的8支抢险队参加。

【小浪底水利枢纽大坝封顶】 6月26日,小浪底大坝填筑到顶,比合同目标计划提前13个月。大坝提前封顶,为工程安全度汛争取了主动,使小浪底工程 2000 年防汛标准达到 500 年一遇,同时在减淤、供水、发电等方面开始发挥效益。

【金堤河发生严重内涝】 7月7~10日,金堤河因受强降雨影响,发生严重内涝。7日16时,金堤河范县站流量陡增至270立方米每秒,为1974年以来最大洪水。10日,台前县城南关大桥水位达43.22米,接近历史最高水位。9日10时50分,张庄入黄闸启闸泄洪,到10日10时,6孔泄洪闸全部开启,泄洪流量达148.9立方米每秒。

【54集团军首长查勘黄河防汛工程】 7月12~13日,54集团军副军长张仕波率作训、通信、工程等部门官兵在河南河务局副局长王德智陪同下,查勘黄河防汛工程。张仕波详细了解了河南黄河河道、险工险段现状和防洪存在的问题,并对部队抗洪抢险作了安排。

【河南省政府对防汛工作进行再动员、再部署】 7月15日,河南省政府紧急召开全省电视电话会议,对"七下八上"大洪水的准备工作进行再动员、再部署。省防指指挥长、省长李克强发表重要讲话;省防指副指挥长、副省长王明义对下阶段防汛工作进行了具体安排。会议由省政府秘书长贾连朝主持。省防指副指挥长、省军区司令员黄栋甲,省防指副指挥长、河南河务局局长王渭泾及省防指成员参加了会议。

【敬正书考察河南黄河】 7月17~23日,水利部副部长敬正书在河南省副省长王明义,黄委主任鄂竟平,副主任陈效国、廖义伟,河南河务局局长王渭泾、副局长王德智陪同下,先后考察了三门峡水利枢纽、小浪底水利枢纽、花园口险工、花园口水文站、赵口控导、柳园口林公堤、曹岗险工、长垣防滚河及渠村分洪闸等防洪工程,观看了河南河务局机动抢险队抢险机具演示。

【刘孟会、范海林分别获全国水利技能大奖和水利技术能手称号】 7月16日,台前县河务局工人刘孟会获水利部"全国水利技能大奖"。开封县河务局工人范海林被水利部授予"全国水利技术能手"称号。

【河南河务局机关被命名为全国水利系统文明单位】 7月26日,水利部水机党[2000]326号文,命名河南河务局机关为全国水利系统文明单位。

【河南河务局召开反腐警示教育动员大会】 8月25日,河南河务局召开处级以上领导干部和机关党员干部大会,利用胡长清、成克杰等重大典型案例对党员干部开展警示教育。副局长李德超代表局党组作了《高度重视警示教育,把构筑牢固的思想道德防线落在实处》的动员报告,副局长赵民众传达了江泽民总书记的重要讲话和局党组关于警示教育的安排意见,局长王渭泾作总结讲话。

【河南黄河堤防养护补偿费征收管理工作通知印发】 11月23日,河南省计划委员会、财政厅、河南河务局联合颁发《关于规范我省黄河堤防养护补偿费征收管理工作的通知》,要求自2000年1月1日起执行新的黄河堤防养护补偿费征收管理办法,原《河南黄沁河大堤行驶车辆收取堤防养护补偿费的办法(试行)》同时作废。

【国家计委调整黄河下游引黄渠首供水价格】 12月1日,黄河下游引黄渠首工程供水价格开始执行国家计委计价格[2000]2055号文件通知的新标准。这是自1989年以来第一次按供水成本调整引黄渠首供水价格,取消了以粮折价的定价方式。具体水价为,农业用水价格:4~6月1.2分每立方米,其他月份1分每立方米;工业及城市生活用水价格:4~6月4.6分每立方米,其他月份3.9分每立方米。

【引黄入鲁通水典礼在范县举行】 12月26日,引黄入鲁通水典礼在范县举行。黄委党组成员、纪检组长冯国斌,山东省副省长陈延明,河南省副省长王明义共同启动彭楼引黄入鲁输水高堤口闸开闸按钮。彭楼引黄入鲁灌溉工程由豫、鲁两部分组成。山东部分在聊城地区的莘县、冠县境内,南起北金堤,东邻陶城铺和位山灌区,西靠省界和漳河、卫河,北至冠县临清市界,灌区面积1930.5平方公里,耕地和经济林面积200.5万亩。河南部分在范县境内,南依黄河,东至范县大屯沟与邢庙引黄灌区为邻,西起濮阳、范县界,北至金堤河南小堤,灌区面积252.7平方公里,耕地面积25.79万亩。

彭楼引黄入鲁灌溉工程金堤以南部分从彭楼引黄闸至穿北金堤涵闸,全线总长17.52公里,其中河南省范县境内长16.52公里,山东省莘县境内长1公里。主要工程建设项目有:干流渠道扩挖、衬砌约17公里,干渠分流、节制闸5处,跨渠公路桥、铁路桥、生产桥28座,分水口门28处,跨金堤河倒虹吸1座,穿北金堤涵闸1座,退水闸1座等。批复工程总投资5800万元,其中中央农发资金4900万元,河南省水利基建贷款900万元。至2000年底,基本完成计划批复的工程建设任务,累计完成投资5310万元。

金堤以北输水工程,输沙渠长4.71公里,沉沙区面积11平方公里,输水干渠总长92.61公里(莘县58.22公里,冠县34.39公里),控制分干渠道 11 条,长 137 公里。建筑物包括干渠与徒骇河、马颊河及班庄干渠交叉工程和调蓄工程节制闸,分干、支渠进水闸,输水干渠上生产、交通桥等,共177 座;分干渠以下建筑物共 7351 座。

【黄河实现不断流】 本年,黄河来水比正常年份偏枯 56%,是新中国成立以来黄河第二个严重枯水年份,黄委通过"精心预测、精心调度、精心监督、精心协调",实现了自 1991 年以来黄河首次全年不断流,改善了河口地区的生态环境,保证了城乡居民生活和工业用水,合理安排了农业用水,还完成了向天津市调水 8.66 亿立方米的任务,使有限的水资源得到合理配置和有效利用,取得了明显的效益。国务院总理朱镕基对黄河、黑河、塔里木河的调水给予了高度评价,称之为"一曲绿色的颂歌,值得大书而特书",建议"分别写成报告文学在报上发表"。温家宝副总理批示:三条河的调水"为河流水量的统一调度和科学管理提供了宝贵的经验"。

2001 年

【河南河务局工作会议召开】　1 月 14～15 日,河南河务局工作会议在郑州召开,局领导王渭泾、李德超、赵民众、王德智、张柏山、商家文出席会议。党组书记、局长王渭泾代表党组作了《认清形势,抓住机遇,加快发展,继续把河南治黄事业推向前进》的工作报告,全面总结了 2000 年河南治黄工作,分析了面临的新情况、新问题,明确了 2001 年全局工作的指导思想和主要任务。副局长李德超传达了中纪委、省纪委会议和黄委工作会议精神,副局长赵民众作会议总结。会议还对 2000 年目标管理先进单位和部门进行了表彰,签订了 2001 年目标责任书及经营承包合同。

【河南河务局召开表彰大会】　1 月 16 日,河南河务局在郑州隆重召开劳动模范、先进集体表彰大会,对近年涌现出来的 84 名劳动模范和 23 个先进集体进行表彰。局长王渭泾,副局长李德超、赵民众、王德智、张柏山,工会主席商家文分别向劳动模范和先进集体代表颁奖。

【河南河务局与解放军某部工兵团进行防凌爆破演习】　2 月 16 日,河南河务局与解放军某部工兵团在沁阳进行了"320 防凌爆破技术"演习。该项技术是用一小炸药包引爆推动另一大炸药包,在指定的目标范围内爆破冰坝,解除凌汛灾害。

【省直 3000 余名团员青年参加"植世纪之绿"活动】　3 月 12 日,来自省直近 60 个厅局的 3000 余名团员青年汇聚花园口,参加由团省委、省直团工委组织的旨在"保护母亲河"的"植世纪之绿"活动。副省长张洪华,省委副秘书长、省直工委书记顾志平,黄委党组成员、纪检组长冯国斌,河南河务局副局长张柏山以及省直其他厅局的领导参加,并为"植世纪之绿"碑揭幕。

【三门峡虢国博物馆建成】　4 月 21 日,虢国博物馆建成并正式对外开放。该博物馆位于三门峡市区北部的上村岭,是建立在西周虢国贵族墓地遗址上的一座专题性博物馆。博物馆占地近 150 亩,建设面积 6000 平方米,展厅面积 4000 平方米。

　　虢国是西周时期一个重要的姬姓封国,开国之君为周文王的弟弟虢叔。虢叔原分封地在宝鸡附近,西周晚期东迁三门峡一带,建都上阳(今市区李家窑附近）。公元前 655 年,被晋国采用"假虞灭虢"之计所灭。该墓地是中国迄今为止发现的唯一一处规模宏大、等级齐全、排列有序、保存完好的西周、春秋时期大型邦国公墓,总面积 32.45 万平方米,探明各类遗址 800 余处,已发掘的 260 多座墓葬中出土文物近 3 万件。尤其是 20 世纪 90 年代发掘的虢季和虢仲两君大墓,因出土文物数量多、价值高和墓主人级别高,1990 年、1991 年连续两年被评为"全国十大考古新发现"之一,又被评为"中国 20 世纪 100 项考古大发现"之一。1996 年被国务院确定为国家级重点文物保护单位。2002 年 8 月虢国博物馆被评为国家 AAAA 级旅游景区,2003 年 8 月又荣获第五届全国博物馆十大精品陈列。

【河南省政府召开全省防汛工作会议】 4 月 29 日,河南省政府在郑州召开全省防汛工作会议,总结 2000 年全省抗洪斗争经验,分析形势,安排部署 2001 年防汛工作。副省长王明义出席会议作动员部署,省军区副司令员杨凤海部署军民联防工作,河南河务局局长王渭泾安排了黄河防汛工作。省政府副秘书长李庆贵主持会议。

【辽宁省政协考察团到河南河务局考察】 5 月 15 日,辽宁省政协党组副书记、常务副主席李国忠带领辽宁省政协考察团到河南河务局考察。河南河务局局长王渭泾介绍了河南黄河的基本情况、治黄成就和当前防洪治理存在的主要问题,并陪同参观了花园口防洪工程。

【李国英任黄委党组书记、主任】 5 月 16 日,中共中央决定李国英任黄委党组书记。28 日国务院任命李国英为黄委主任。

【李岚清视察花园口】 5 月 18 日,中共中央政治局常委、国务院副总理李岚清在河南省委、省政府领导陪同下视察了黄河花园口,河南河务局局长王渭泾向李岚清介绍了河南黄河基本情况并汇报了防汛工作。

【汪恕诚提出"四不"黄河治理目标】 6 月 12 日,水利部部长汪恕诚在黄委干部大会上提出"堤防不决口、河道不断流、污染不超标、河床不抬高"的黄河治理目标。

【河南省委、省政府领导集中检查黄河防汛】 6 月 14 日至 7 月 25 日,河南省省长李克强,省委副书记范钦臣、王全书、支树平,副省长王明义、张涛等,分别赴洛阳、焦作、开封、濮阳、新乡、郑州市检查指导黄河防汛工作。7 月 5 日,王明义还在孟州观摩了河南黄河防汛抢险堵漏演习。7 月 18 日,李克强在曹岗险工检阅了机动抢险队和亦工亦农抢险队。

【河南省防指检查防汛准备工作】 6 月 25 日至 7 月 1 日,省防指成员、省黄河防办主任王德智带领由沿黄6市政府主抓防汛的副秘书长组成的检查组,分别深入到郑州、濮阳、开封、新乡、焦作、洛阳所属的县、乡、村进行互查。

【汉光武帝陵、浚县大伾山被确定为国家级重点文物保护单位】　6月,汉光武帝陵、浚县大伾山被国务院公布为第五批国家重点文物保护单位。

汉光武帝陵位于洛阳市北20公里处的孟津白鹤乡铁谢村。古代称原陵,俗称"刘秀坟",当地亦称汉陵,为东汉开国皇帝光武帝刘秀(公元前6年~公元57年)的陵园,始建于公元50年,由神道、陵园和祠院组成。光武帝陵墓冢在陵园正中,为夯土丘状,高17.83米,周长487米,占地6.6万平方米。1963年被河南省人委公布为第一批省级重点文物保护单位。

大伾山位于鹤壁浚县城东,又称东山,系太行余脉,东西宽0.95公里,南北长1.75公里,面积约1.66平方公里,海拔135米,是一座在平原上突起的青石山峰。大伾山是中国文字记载最早的名山之一。《尚书·禹贡》载:"东过洛汭,至于大伾❶。"金明昌以前,大伾山为黄河转折点,南控名渡黎阳津(又名黎阳关,对岸为白马津),为大河南北要冲。大伾山上现存道观佛寺建筑群7处,名亭8座,石窟6处,各式古建筑138间,历代摩崖碑刻460余处。国保级文物1处10项,省保级文物8处,其中北魏后赵时依山凿就的大石佛,总高八丈,藏于七丈高的楼内,素有"八丈佛爷七丈楼"之称。2003年7月被国家旅游局公布为AAAA级旅游景区。

【河南河务局在孟州举行防汛抢险实战堵漏演习】　7月4日,河南河务局在孟州市化工控导工程举行防汛抢险实战堵漏演习,来自各市(地)河务局的6支机动抢险队和亦工亦农抢险队参加了演练。

【河南河务局举行网络防汛演习】　7月6日,河南河务局在机关大楼防洪厅举行了河南黄河网络防汛演习。河南河务局副局长赵民众、王德智,技术委员会主任赵天义参加了演习。演习模拟在花园口出现6000立方米每秒洪峰的情况下,对防汛组织、指挥调度、实时水情信息查询、会商支持系统、工情险情信息采集与传输、抢险图片采集与传输等进行了检验。

【李国英考察河南黄河】　11月29日,黄委主任李国英在河南河务局局长王渭泾陪同下,考察了花园口、马渡、黑岗口、柳园口工程建设及景区建设,察看了中牟、开封县河务局防浪林建设和开封县河务局职工生活区。考察

---

❶大伾山,一说在成皋。成皋即今荥阳市西汜水镇。

后,李国英提出,要把黄河堤防建设成集防洪保障线、抢险交通线和生态景观线为一体的标准化堤防。

【小浪底水利枢纽主体工程全部完工】 12 月 27 日,小浪底水利枢纽发电厂最后一台机组投产发电。至此,小浪底水利枢纽主体工程全部完工。

【赵勇任河南河务局局长】 12 月 28 日,黄委黄党[2001]81 号文、黄任[2001]29 号文任命赵勇为河南河务局党组书记、局长。

2002 年

【河南河务局工务处更名为规划计划处】 1 月 7 日,河南河务局工务处更名为规划计划处,增设规划科,人员编制不变。

【焦柏杨荣获"全国水利系统劳动模范"称号】 1 月 16 日,在 2002 年全国水利厅局长会议上,河南河务局机关服务部水工班班长焦柏杨被人事部、水利部评选为"全国水利系统劳动模范"。

【河南河务局工作会议召开】 1 月 17 ~ 18 日,2002 年河南河务局工作会议在郑州召开。省委常委、副省长王明义出席会议并讲话,要求新形势下的治黄工作要慎之又慎,严而又严,细而又细,实而又实,保证黄河岁岁安澜。河南河务局党组书记、局长赵勇作了题为《与时俱进,开拓创新,努力把河南治黄事业推向一个新的阶段》的工作报告。副局长李德超主持会议并总结,副局长赵民众、王德智、张柏山,工会主席商家文及河南河务局有关人员出席会议。

会上,还对 2001 年目标管理先进单位和部门进行了表彰。

【全河河道修防工技能竞赛在郑州举行】 1 月 24 ~ 26 日,受黄委委托,河南河务局在郑州举办了全河河道修防工技能竞赛,来自河南、山东、山西、陕西河务局的 70 名河道修防工参加了此次竞赛。经过激烈角逐,20 名选手荣获"全河技术能手"称号,其中有河南河务局的 11 名选手。

【河南河务局组织开展"解放思想大讨论"活动】 2 月 26 日,河南河务局"解放思想大讨论"动员会在郑州召开,局长赵勇作动员部署。该活动从 3 月开始,到 4 月底结束,分思想发动、大讨论、总结讨论成果 3 个阶段,主要围绕治黄业务、经济发展、队伍建设与人才开发、管理运行机制创新等 4 个方面内容进行讨论。4 月 29 日,召开了"解放思想大讨论"总结会。

【河南省政府听取标准化堤防建设规划汇报】 3 月 1 日,在黄委召开的近期黄河治理开发总体安排汇报会上,河南河务局局长赵勇就郑州至开封标准化堤防建设规划情况进行了汇报。河南省省长李克强,省委常委、副省长王明义,黄委主任李国英以及省政府办公厅、计委、财政厅、交通厅、水利厅、林业厅、国土资源厅的负责人参加了汇报会。

【省会青年到花园口开展植树活动】 3 月 9 日,在全国"保护母亲河日"到来之际,省会各界数千名团员青年到花园口参加植树活动。省委常委、副省长王明义,河南河务局副局长赵民众及省市有关单位领导参加,并为"保护母亲河省会青年纪念林"揭碑。

【水利部专家组现场察勘防洪工程"十五"可研项目】 3月9~13日,水利部政策法规司巡视员张林祥、水规总院副院长王治明带领专家组,在河南河务局局长赵勇、副局长张柏山陪同下,对河南黄河下游防洪工程"十五"可研项目进行了现场察勘。省委常委、副省长王明义在郑州接见了专家组全体成员。

【"黄河杯"全国河道修防工技能竞赛在郑州举行】 3月29~31日,由水利部、劳动和社会保障部联合举办,黄委和河南河务局共同承办的"黄河杯"全国河道修防工技能竞赛在郑州举行。来自全国25个省、直辖市、计划单列市和部分流域机构的51名选手参加了角逐。黄委选派的肖军、凌庆生、韩进军、陈忠、林喜才、张洪昌囊括了前6名(其中凌庆生、韩进军、林喜才为河南河务局参赛选手),获得本次竞赛前3名的选手肖军(山东河务局)、凌庆生、韩进军被劳动和社会保障部授予"全国技术能手"称号,第4~10名选手被水利部授予"全国水利技术能手"称号。

【李国英调研郑州市河务局"数字黄河"工程】 4月19日,黄委主任李国英,副主任廖义伟、苏茂林在河南河务局局长赵勇陪同下,对郑州市河务局开发的涵闸远程监控系统、防洪适时信息采集传输系统等部分"数字黄河"工程进行了实地调研考察。李国英指出,郑州市河务局在实践"数字黄河"工程建设中迈出了可喜的一步,要继续坚定信心,树立新目标,尽早实现基层的治黄现代化。

【花园口高含沙水质监测站投入运行】 4月20日,中国第一个高含沙水质监测站在郑州花园口正式投入运行。

【河南河务局职能配置、机构设置和人员编制方案确定】 4月30日,黄委批复了河南河务局的职能配置、机构设置和人员编制方案,明确其主要职责如下:一是负责《水法》、《防洪法》、《河道管理条例》等有关法律、法规的实施和监督检查,拟订河南黄河治理开发的政策和规章制度;负责管理范围内的水行政执法、水政监察和水行政复议工作,查处水事违法行为,负责市(地)、部门间的黄河水事纠纷的调处工作。二是根据黄河治理开发总体规划,负责编制河南黄河综合规划和有关的专业规划,规划批准后负责监督实施;组织河南黄河水利建设项目的前期工作;编报河南黄河水利投资

的年度建设计划。三是统一管理河南黄河水资源(包括地表水和地下水);
依据黄委批准的黄河水量分配方案,编报河南黄河水供求计划和水量调度
方案,并负责实时调度和监督管理;负责《黄河下游水量调度工作责任制》
的贯彻落实;组织或指导涉及黄河水资源建设项目的水资源论证工作;在
授权范围内组织实施取水许可制度。四是负责编制河南省防御黄河洪水
预案并监督实施;指导、监督河南黄河滩区、蓄滞洪区的安全建设以及蓄滞
洪区的运用补偿工作;负责河南省防汛抗旱指挥部黄河防汛办公室的日常
工作。五是负责河南黄河河道、堤防、险工、控导、涵闸等工程的管理、保
护;负责河南黄河水利工程建设项目的建设与管理,组建项目法人;按照分
级管理的规定,负责河道管理范围内建设项目的论证、审查许可工作;协助
黄委监管黄河水利建筑市场。六是按照规定或授权,负责河南黄河水利国
有资产监管和运营;参与黄河水价以及其他有关收费项目的立项、调整;依
照有关法规计收引黄供水水费和有关规费;负责河南黄河水利资金的使
用、检查和监督。七是负责河南黄河治理开发和管理的现代化建设。八是
组织承担有关科技成果的推广应用、国际合作及交流。九是完成黄委授权
与交办的其他工作。

机构设置包括机关职能处室 14 个;基础公益类事业单位有市(地)河
务局 6 个、县(市)河务局 21 个,以及渠村分洪闸管理处、张庄闸管理处、濮
阳县金堤管理局等;社会服务类事业单位为干部学校、机关服务中心;经营
开发类事业单位为河南黄河经济发展管理局、供水局、信息中心。

河南河务局事业编制总数为 6290 人,其中省局机关编制 161 人。

【全省黄河防汛工作会议召开】 5 月 11 日,2002 年全省黄河防汛工作会
议在郑州召开。省委常委、副省长王明义在会上作重要讲话,省军区副司
令员曾庆祝部署了军民联防工作,省防指副指挥长、河南河务局局长赵勇
对黄河防汛工作进行了具体部署。

【河南河务局机关进行机构改革】 5 月 12 日,河南河务局在郑州召开机
构改革动员大会,全面部署局机关的机构改革工作。党组书记、局长赵勇
作动员报告,党组其他成员先后宣读了机关各部门机构设置和人员编制、
机关副处级和正副科级职位竞争上岗、一般职位上岗等 7 个具体实施方
案。机关全体职工及局属单位负责人参加了动员大会。6 月 20 日,河南河
务局机关机构改革落下帷幕。通过竞争上岗,处级干部平均年龄由 47 岁
下降到 45 岁,科级干部平均年龄由 43 岁下降到 39 岁;处级干部专科以下

学历由 16 人减少到 10 人,科级干部本科以上学历由 30 人增加到 38 人。

【国家防总检查河南黄河防汛】 5 月 13～14 日,国家防总黄河下游防汛抗旱检查组检查指导河南黄河防汛工作。检查组首先听取了黄河防总和河南黄河防汛工作情况汇报。省委常委、副省长王明义主持汇报会,省防指副指挥长、河南河务局局长赵勇代表省政府进行汇报。省计委、水利厅、农业厅、气象局等有关部门的领导参加汇报会。

【黄河防总检查组检查河南黄河防汛准备工作】 5 月 30 日至 6 月 3 日,黄河防总办公室主任、黄委副主任廖义伟率防办、建管局、山东局等有关方面负责人组成的检查组,在河南河务局副局长王德智陪同下,对河南沿黄各市的黄河防汛准备工作进行了检查。河南河务局局长赵勇陪同检查了郑州、开封的防汛准备工作,并参加了情况汇报会。

【河南黄河旅游开发有限公司成立】 5 月 31 日,由河南河务局、郑州市河务局、邙金河务局共同出资组建的河南黄河旅游开发有限公司取得工商营业执照,正式注册成立,注册资本金 5100 万元。

【河南省委、省政府领导集中检查黄河防汛】 6 月 5 日至 7 月 16 日,河南省委书记陈奎元、省长李克强、省委副书记王全书、支树平,省委常委、组织部长陈全国,省委常委、副省长王明义,副省长张涛,分别赴开封、新乡、洛阳、焦作、济源检查黄河防汛工作,查看黄河首次调水调沙试验。

【机关档案晋升国家一级目标管理单位】 6 月 10～11 日,水利部办公厅会同河南省档案局组成联合考评组,对河南河务局机关档案工作目标管理情况进行了现场考评。经考核,考评组一致同意,河南河务局机关档案晋升为国家一级目标管理单位,并报国家档案局审批。11 月 22 日,河南河务局档案管理晋升国家一级挂牌仪式在局机关举行,来自水利部、河南省档案局、黄委等单位的领导参加了仪式。

【李国英率队检查沁河防汛】 6 月 21～22 日,黄委主任李国英率副主任廖义伟、副总工薛松贵及委防办、规划计划局、办公室负责人,在河南河务局局长赵勇、副局长王德智等陪同下对沁河防汛工作进行全面检查。李国英指出,要确保沁河长治久安,必须建立洪水预警预报体系、堤防工程体系、水库调度体系 3 套完整的防洪体系。

【河南省军区实地勘察河南黄河防洪工程】 6 月 24～25 日,河南省军区副司令员曾庆祝率领省军区官兵在王德智副局长陪同下,实地勘察郑州花园口、万滩、九堡,开封黑岗口、柳园口、东坝头和新乡曹岗防洪工程,查看了双井控导工程和渠村分洪闸,听取了郑州、开封、新乡、濮阳军分区关于部队、民兵、预备役部队担负黄河防汛任务和汛前准备情况的汇报,进一步落实了抗洪抢险兵力部署。

【刘光和到定点联系单位新乡市局开展调研】　6月27日,水利部党组成员、纪检组长刘光和一行在黄委党组成员、纪检组长冯国斌,黄委监察局局长赵耀,河南河务局副局长赵民众等陪同下,到定点联系单位新乡市河务局开展党风廉政建设调研。

【首次调水调沙试验实施】　7月4~15日,基于小浪底水库单库调节为主的原型试验实施。该试验为小浪底水利枢纽建成后首次调水调沙试验。小浪底水库下泄水量15.9亿立方米。调水调沙期间,小浪底站调控流量2600立方米每秒,花园口7月6日6:30最大流量3080立方米每秒。小浪底至孙口冲刷0.12亿吨泥沙,小浪底至利津冲刷0.334亿吨。河南黄河共有51处工程443道坝出险1554次。

【王明义检查濮阳黄河防汛工作】　7月13日,河南省委常委、副省长、黄河防汛副总指挥王明义在河南河务局局长赵勇陪同下先后到范县杨集乡李桥险工,濮阳县沿黄大堤、梨园乡后任寨村、渠村乡后元村东堤察看抢险进展情况,慰问滩区受灾群众。

【朱镕基考察河南黄河并在郑州主持召开4省防汛工作座谈会】　7月17日,中共中央政治局常委、国务院总理朱镕基,中共中央政治局委员、国务院副总理温家宝一行在河南省委书记陈奎元、省长李克强的陪同下,赴黄河花园口,考察了将军坝、花园口水文站、八卦亭、东大坝黄河水资源自动监测站。朱镕基强调,黄河安危事关全局,防汛责任重于泰山,要按照江泽民总书记"三个代表"重要思想的要求,进一步动员和组织广大干部群众,立足于防大汛、抢大险,积极准备,严阵以待,确保黄河安全度汛。

当天下午,朱镕基总理在黄河迎宾馆主持召开黄河中下游晋、陕、豫、鲁4省防汛工作座谈会并作重要讲话。温家宝副总理在座谈会上也讲了话。

陪同朱镕基考察并参加4省防汛工作座谈会的有关部门负责人有:国家计委主任曾培炎,水利部部长汪恕诚,国务院副秘书长马凯,国务院体改办主任王岐山,国务院政策研究室主任魏礼群,中财办副主任段应碧,国家计委副主任、西部开发办副主任李子彬,财政部副部长楼继伟,农业部副部长韩长赋,国家林业局局长周生贤,总理办公室主任李伟,黄委主任李国英等。

【黄河标准化堤防建设进入实施阶段】 7月19日,黄委下达郑州邙金黄河河务局堤段放淤固堤工程开工计划,黄河下游南岸标准化堤防建设进入实施阶段。

【李国英写信表扬河南河务局引黄涵闸远程数字调控建设】 7月26日,针对原阳县河务局引黄涵闸全部实现远程数字调控,黄委主任李国英给河南河务局局长赵勇写亲笔信,对在引黄涵闸远程数字调控建设方面做出的成绩给予充分肯定,要求在各自岗位上树立强烈的现代科技治黄意识,从我做起,从现在做起,努力将"数字黄河"工程变成现实。

【国务院批复《黄河近期重点治理开发规划》】 7月,国务院批复《黄河近期重点治理开发规划》,明确解决黄河三大问题的基本思路:在防洪减淤方面"上拦下排、两岸分滞"控制洪水,"拦、排、放、调、挖"处理和利用泥沙;在水资源利用及保护方面开源节流保护并举,节流为主,保护为本,强化管理;在水土保持生态建设方面防治结合,保护优先,强化治理。

【花园口建成国家水利风景区】 10月15日,水利部为花园口"国家水利风景区"颁发牌匾。

【河南河务局供水局成立】 10月24日,经黄委批复,成立河南黄河河务局供水局(副处级),为自主经营、独立核算、自负盈亏、具备独立法人资格的经营开发类事业单位。同时要求各市(地)河务局成立供水管理处(正科级),为非法人基层核算单位,受市(地)河务局及河南河务局供水局双重领导。

【濮阳市河务局机构升格】 11月13日,经水利部批复,濮阳市河务局升格为副局级单位。机关机构设置:办公室(监察审计处)、工务处、水政水资源处(水政监察大队)、财务处、人事劳动教育处(党群工作部),均为正处级部门。领导职数5人(含总工),可设纪检组长(正处级)1人,工会主席(正处级)1人,副总工(副处级)1人;机关各部门领导职数原则上设1正1副,超过10人(不含10人)的处室可设1正2副。

【温孟滩移民安置区工程设计获奖】 12月9日,由河南河务局勘测设计研究院设计的"黄河小浪底水利枢纽温孟滩移民安置区河道整治及放淤改土工程",在水利部组织的2002年度优秀工程勘测、优秀工程设计、优秀工程设计计算机软件项目评选中,获"四优"项目优秀工程设计铜质奖。

【河南河务局获国家技能人才培育突出贡献奖】 12月12日,在第六届中华技能大奖和全国技术能手表彰大会上,河南河务局被授予国家技能人才培育突出贡献奖,全国政协副主席经叔平向河南河务局局长赵勇颁奖。台前县河务局职工刘孟会荣获中华技能大奖,水利部部长汪恕诚向他颁发了奖章、奖杯和证书。

2003 年

【河南黄河网开通】 1 月 17 日,河南黄河网(www. hnyr. gov. cn)开通仪式在河南河务局机关举行。

【黄河下游"二级悬河"治理对策研讨会召开】 1 月 19 ~ 24 日,黄河下游"二级悬河"治理对策研讨会在濮阳召开。水利部、清华大学、武汉大学、河海大学等有关领导、专家出席了会议。黄委主任李国英出席会议并讲话。2 月 19 日,黄委又召开专题会议研究"二级悬河"近期治理措施,并决定开展近期治理试验工程。

【河南河务局工作会议召开】 1 月 23 ~ 24 日,河南河务局在郑州召开工作会议,传达贯彻黄委工作会议精神,总结 2002 年工作,安排部署 2003 年任务,签订了 2003 年度目标责任书。河南省政府领导出席会议。局长赵勇在会上作了题为《勇于实践,锐意创新,不断开创河南治黄事业新局面》的工作报告,副局长李德超进行了会议总结。会议还对 2002 年度目标管理先进单位和部门进行了表彰。

【河南河务局科学技术委员会成立】 1 月 24 日,河南河务局科学技术委员会成立大会在郑州隆重召开。黄委科技委主任陈效国到会祝贺,河南河务局党组全体成员、工会主席,局属各单位、机关各部门负责人及科学技术委员会全体成员参加了大会。局长赵勇到会并讲话,副局长赵民众宣布了河南河务局科学技术委员会成员名单。科技委主任、副局长张柏山对科技委的职责和任务作了说明。此届科学技术委员会由 38 名委员组成,顾问17 人。

【河南黄河勘测工程处移交黄委水文局管理】 为理顺黄河下游水文、勘测管理体制,经黄委研究决定,河南黄河勘测设计研究院所属的勘测工程处从 2003 年 3 月 1 日起成建制划归黄委水文局管理。

【孟州市河务局实行河道工程维修养护招投标】 3 月 6 日,孟州市河务局对逯村、开仪、化工 3 处控导工程的维修养护进行内部招标,该河务局所属的 4 个工程维修养护大队进行了竞标。至此,防洪工程维修养护"管养分离"工作迈出实质性一步。

【河南河务局创建文明单位工作先进系统正式挂牌】 3 月 18 日,河南河务局"创建文明单位工作先进系统"挂牌仪式在局机关举行。河南省文明委领导宣读了省委、省政府的决定。黄委党组成员、纪检组长李春安代表黄委党组对河南河务局精神文明单位创建工作取得的成绩给予了充分肯定。局长赵勇对下一步精神文明建设工作提出明确要求。副局长赵民众主持挂牌仪式,局领导李德超、王德智、张柏山、商家文及局属各单位负责人、机关全体职工参加了挂牌仪式。

【河南黄河工程养护有限公司成立】 3月27日,河南黄河工程养护有限公司成立。

【《2003年旱情紧急情况下黄河水量调度预案》实施】 4月10日,经国务院同意,水利部印发实施《2003年旱情紧急情况下黄河水量调度预案》。该预案是全国第一次实施的旱情紧急情况下水量调度预案。

【"爱岗位、练技能、革新创造争文明"活动在全局开展】 4月17日,河南河务局"爱岗位、练技能、革新创造争文明"活动动员大会在郑州召开,局长赵勇到会并讲话,局工会主席商家文就"爱岗位、练技能、革新创造争文明"活动竞赛实施方案作了说明。各市(地)河务局局长、分管人事的副局长和河南河务局机关全体职工参加了动员会。

12月17日,"爱岗位、练技能、革新创造争文明"活动总结表彰大会在郑州召开,对获奖的先进集体和个人进行了表彰。

【河南省政府召开防指成员会议】 4月17日,河南省政府召开防汛抗旱指挥部成员会议。会议回顾了2002年防汛工作,通报了2003年气象会商情况,决定于近期召开全省防汛工作会议。副省长吕德彬主持会议。省长李成玉出席会议并讲话。

【河南河务局紧急部署非典型肺炎防治工作】 4月20日,河南河务局副局长李德超主持召开局长办公会,局长赵勇对非典型肺炎(以下简称"非典")防治工作进行了紧急部署,同时成立了以赵勇为组长、李德超为副组长的防治工作领导小组,制定了各项预防措施。机关各部门负责人及驻郑单位主要负责人参加了会议。5月7日,黄河医院为机关全体职工及离退休人员注射药物,提高免疫力,预防非典型肺炎。7月10日,副局长李德超再次主持召开防"非典"工作例会,宣布各单位要继续保留防治"非典"工作领导小组和办公室,继续关注有关动态的同时,各项工作恢复正常。

【全省防汛工作会议召开】 4月24日,全省防汛工作会议在郑州召开。河南省省长、省防指指挥长李成玉,副省长、省防指副指挥长吕德彬到会并讲话。省军区副司令员曾庆祝就黄河防汛军民联防工作进行了部署,省防指副指挥长、河南河务局局长赵勇就黄河防汛工作进行了安排。副省长吕德彬代表省政府同沿黄8市及小浪底建管局签订了《黄河防汛目标责任书》。

【河南河务局瑞达信息技术有限公司成立】 5月6日,瑞达信息技术有限公司成立。

【黄委领导深入一线检查备汛工作】 5月20～21日,黄委主任李国英,副主任徐乘、苏茂林分别带队,深入焦作、濮阳、郑州、开封、新乡等沿黄一线,对备汛工作进行检查。黄委有关部门领导,河南河务局局长赵勇,副局长赵民众、王德智分别陪同检查。

【河南省委、省政府领导集中检查黄河防汛】 5月20日至7月中旬,河南省省长李成玉、省委常务副书记支树平、省委副书记王全书、陈全国,副省长刘新民、吕德彬相继检查黄河防汛工作。李成玉强调,各级党委和政府要提高对黄河防汛工作重要性的认识,坚决克服麻痹思想和侥幸心理,在认真做好抗击"非典"工作的同时,周密部署,严阵以待,务必把黄河防汛各项措施落到实处,确保黄河安全度汛,确保人民群众生命财产安全,确保沿黄地区经济社会持续稳定发展。

【国家防总检查河南黄河防汛】 6月3～5日,以财政部副部长廖晓军为组长的国家防总黄河流域防汛抗旱检查组,在副省长吕德彬的陪同下,检查河南黄河防汛抗旱准备工作。黄河防总总指挥、省长李成玉出席黄河防汛抗旱准备工作汇报会并讲话,省防汛抗旱指挥部副指挥长、河南河务局局长赵勇就黄河防汛准备情况进行了汇报。检查组先后查看了濮阳县南小堤上延控导工程和"二级悬河"治理试验工程、长垣县周营控导工程、开封黄河淤背工程、小浪底水利枢纽工程、郑州花园口险工等,详细检查了沿河防汛准备工作情况。6月5日上午,检查组在郑州听取了黄河防总、省防汛抗旱指挥部关于黄河流域和河南黄河防汛准备工作情况汇报。

【黄河"二级悬河"治理试验工程开工】 6月6日,黄河下游"二级悬河"治理试验工程开工仪式在郑州和濮阳同时举行,河南省副省长吕德彬,黄委主任李国英、总工薛松贵、河南河务局局长赵勇出席主会场开工仪式,黄委副主任石春先主持开工仪式;濮阳市市长杨盛道、河南河务局副局长张柏山等出席分会场开工仪式。李国英通过远程视频会商系统发出开工令,"二级悬河"治理试验工程——濮阳南小堤—彭楼疏浚河槽淤填堤河及淤堵串沟工程在濮阳双合岭正式开工。2005 年 12 月,河南河务局对该工程进行了交付使用验收。整个工程共完成土方 249.1 万立方米,投资 5108.32 万元。2006 年 7 月,该工程通过由黄委组织的验收委员会验收。

【端木礼明任河南河务局总工程师】 6 月 6 日,黄任[2003]26 号文决定,端木礼明任河南河务局总工程师。

【"黄河下游治理主攻方向"座谈会在北京举行】 6 月 25 日,中国工程院"十一五"重大工程"黄河下游治理主攻方向"座谈会在北京举行。中国工程院院士徐乾清主持会议,全国政协原副主席、中国工程院院士钱正英,中国科学院、中国工程院院士潘家铮,中国科学院院士林秉南,中国工程院院士陈厚群、陈志恺、韩其为,水利部总工程师刘宁等出席座谈会。

【吴官正视察小浪底水利枢纽工程】 7 月 7 日,中共中央政治局常委、中央纪委书记吴官正视察小浪底水利枢纽工程。

【郑州黄河标准化堤防建设协调会召开】 8 月 15 日,河南省副省长吕德彬主持召开郑州黄河标准化堤防建设协调会,专题研究标准化堤防工程建设中存在的工程用地、工程占压区内房屋拆迁和放淤固堤淤区内树木采伐等突出问题。河南河务局局长赵勇及省计委、国土资源厅、公安厅、林业厅、郑州市政府、郑州市河务局的负责人参加了会议。河南河务局副局长张柏山就南岸标准化堤防建设情况进行了汇报。

【沁河北金村发生重大险情】 8 月 27 日,沁河发生 680 立方米每秒洪水。由于沁阳老板桥桥基阻水致使主溜在北金村险工 66~3 护岸下首顺提行洪,在 66~3 护岸和 57~1 坝之间平工段发生堤坡坍塌 66 米的重大险情。经广大军民团结奋战,27 日 21 时 30 分险情得到基本控制,29 日晚险情基本稳定。9 月 7 日险情得到完全控制。

【河南河务局召开防汛紧急会议】 8 月 31 日,河南河务局召开紧急电视电话会议,对迎战 2003 年黄河首次洪水进行动员部署,要求各级、各部门要把抗洪抢险作为当前压倒一切的中心任务,全面动员,严阵以待,克服各种麻痹思想,做好抗洪抢险的各项准备,确保黄河度汛安全。机关各部门负责人在主会场参加会议,各市(地)河务局领导班子、县(市、区)河务局局长及有关单位负责人分别在各分会场参加会议。

【河南省防指成员紧急会议召开】 9 月 1 日,河南省防指成员紧急会议在河南河务局防洪厅召开。黄河防总总指挥、河南省省长李成玉,黄河防总常务副总指挥、黄委主任李国英出席会议,河南省委常委、副省长王明义主持会议。会上,河南河务局局长赵勇介绍了黄河防汛形势及抗洪部署情况。全体省防指成员参加了会议。

【李国英检查河南黄河防汛】 9月3日,黄河防总常务副总指挥、黄委主任李国英冒雨到花园口察看汛情,检查工程防守情况并慰问坚守在一线的防汛人员。李国英一行先后到南裹头险工、将军坝了解洪水演进、工程出险及防汛部署情况。要求各级河务部门落实责任,加强值班,做好河势变化观测及易出险堤段的防守,确保黄河大堤万无一失。9月13~14日,李国英主任带领黄委有关部门负责人,先后到濮阳金堤河、张庄闸、范县李桥控导工程,开封兰考东坝头控导工程,新乡长垣倒灌区、贯孟堤及封丘禅房控导工程查看了金堤河、黄河水情,检查抗洪抢险工作。

【进行空间尺度水沙对接调水调沙试验】 9月6~18日,基于空间尺度水沙对接的原型试验实施,主要通过联合调度小浪底、三门峡、故县、陆浑4座水库的水沙进行。小浪底水库下泄水量18.25亿立方米,区间来水7.66亿立方米,花园口站径流量27.49亿立方米。调水调沙期间,小浪底站调控流量2400立方米每秒,花园口站9月8日7时10分最大流量2720立方米每秒,相应水位93.17米,9日7时最大含沙量87.8公斤每立方米。小浪底—孙口淤积0.234亿吨,小浪底—利津淤积0.456亿吨。河南黄河共有55处工程416道坝出险1180坝次。

【兰考蔡集控导工程抢险、救灾】 9月17日13时,夹河滩水文站流量2320立方米每秒,蔡集控导工程水位72.20米。9月18日凌晨,生产堤与蔡集控导28坝上跨角相连处决口。河水顺蔡集控导工程倒流,从35坝上首滩地漫过,兰考北滩开始进水。与此同时,兰考县防指组织民船4艘,群众队伍500余人对生产堤缺口进行堵复。但由于水流冲刷较强,19日14时堵口失败,口门扩展到32米。9月20日19时30分,蔡集控导工程34坝附近渠堤开口,口门宽度30米,随后口门迅速扩宽至300米。9月24日19时,在开封市防指、菏泽市防指及兰考县防指的共同协调指挥下,组织两省群防队伍4500人(山东省2000人、河南省2500人),商丘高炮旅抽调3个营的官兵1000人,军民共计5500人对过水口门进行封堵。9月25日18时,口门剩10余米。由于黄河流量不断上涨,口门变窄后流速急剧增加,在口门剩7~8米时无法合龙,进而逐渐扩大,至10月2日8时,口门扩宽为100米左右,平均水深6米,最大过水流量约1000立方米每秒。这次生产堤决口,洪水漫滩面积达6.71万亩,17个村庄偎水,围困人口1.74万人。洪水偎堤长度9.35公里(桩号146+700~156+050),偎堤最大水深2.7米,平均水深1.3米。

兰考灾情发生后,胡锦涛总书记、温家宝总理、回良玉副总理分别作出重要批示,要求采取措施,全力组织抗洪抢险,确保被围困群众的安全,努力减少受灾损失。10月25~26日,中共中央政治局委员、国务院副总理回良玉视察了黄河兰考段蔡集控导工程抢险现场、袁寨村灾民安置点,黄河小浪底水利枢纽工程等。回良玉指出,务必要强化统一领导、形成合力,精心指挥、科学调度,毫不松懈地抓好防汛抢险救灾工作。他要求,必须确保黄河大堤万无一失,切实做好小浪底水库防洪调度工作,妥善安排好灾区群众的生产生活,抓紧开展防洪水毁工程的修复,同时要加快推进黄河滩区的综合治理。

受国家防总委托,由国家防办主任田以堂带队的国家防总工作组,紧急赶赴兰考,深入蔡集控导工程及堤防偎水段、滩区水围村庄,检查指导抗洪救灾工作。民政部部长李学举带领的救灾工作组也及时赶赴兰考蔡集受灾现场,察看灾情,看望群众,慰问抗洪抢险官兵,指导救灾工作。

河南省委、省政府和黄委主要领导多次深入抗洪抢险一线指导抗洪抢险。河南省委书记李克强、省长李成玉,黄委主任李国英亲临兰考,指导黄河滩区抢险救灾工作,看望受灾群众。李克强要求各级防汛救灾工作要做到“三个确保”,即确保控导工程安全、确保人民生命安全、确保灾民的基本生活需求。根据险情灾情变化,河南省政府10月6日成立了以河南省委常委、副省长王明义任指挥长的“河南黄河兰考段抢险救灾指挥部”,全力以赴投入抗洪和救灾工作。

济南军区驻豫某部接到命令后,立即派出先遣组赶赴兰考灾区。军长袁家新少将、政委杨建亭少将连夜主持召开党委常委会研究抗洪抢险救灾工作,并很快派出500多名官兵迅速到达蔡集控导工程。刚刚从演习现场归来的某旅1700名官兵直奔抗洪一线。驻豫某舟桥部队也带着装备奔赴抗洪抢险第一线。河南省武警总队接到抢险救灾的命令后,总队长王尊民、政委马炳泰亲自带队奔赴蔡集控导工程。

为确保灾区人民群众的生产、生活,尽快恢复生产,重建家园,河南省省直机关工委响应省委号召,动员省直机关和中央驻郑单位广大干部职工向灾区群众送温暖、献爱心,捐资捐物。10月17日上午,河南省委书记李克强、省长李成玉及党政军领导同志参加了捐赠仪式并带头捐款。

　　在党中央、国务院和河南省委、省政府以及黄委领导的高度重视下,在解放军、当地干部群众和河务部门的艰苦努力下,10月29日零时,兰考蔡集工程串口封堵合龙,兰考抗洪抢险救灾工作取得最后胜利。

【沁阳马铺险工发生重大险情】　10月12日,沁河发生700立方米每秒洪水(五龙口站),马铺险工先后发生坦坡和垛头坍塌、垛身墩蛰等重大险情。为减缓溜势,15日,在对岸采取爆破切滩措施开槽导流。经过连续一周的日夜奋战,上延1垛、上延2垛和3垛迎溜工程根石全部抢出水面,险情得到全面控制。

【李成玉检查濮阳黄河防汛】　10月15日,河南省省长李成玉在濮阳市委书记吴灵臣、市长杨盛道陪同下,到范县李桥护滩工程抢险现场慰问正在进行抢险的武警官兵和当地干部群众。李成玉要求濮阳市政府全力组织,尽快完成生产堤口门堵复任务,确保滩区群众生命财产和黄河大堤的安全。

【李克强等到兰考检查抗洪救灾工作】　10月30日,河南省委书记、省人大常委会主任李克强与省委副书记支树平,省委常委、省军区政委张建中,省军区司令员杨迪铣一起到黄河兰考段检查抗洪救灾工作,看望慰问抗洪抢险军民。李克强对军民同心取得黄河兰考段抗洪抢险决定性胜利给予了充分肯定和高度评价,要求大家发扬连续作战的作风,一鼓作气、再接再厉,夺取抗洪抢险和救灾工作的最后胜利。11月1~2日,河南省委常委、常务副省长王明义,副省长吕德彬,在黄委副主任苏茂林,河南河务局局长赵勇,开封市委书记孙泉砀、市长刘长春等陪同下,到兰考蔡集控导工程查看口门堵复加固情况。11月3~7日,河南省副省长吕德彬等到兰考蔡集口门堵复渗水现场指挥抢护,并查看了口门堵复加固情况。

【胡锦涛看望兰考滩区受灾群众】　12月12~17日,中共中央总书记、国家主席胡锦涛在山东、河南考察农业、农村和农民问题期间,到兰考黄河滩区看望受灾群众。

2004 年

【**西霞院反调节水库主体工程开工**】 1 月 10 日,西霞院反调节水库主体工程开工。该水库是小浪底水利枢纽的配套工程,上距小浪底坝址 16 公里,下距郑州花园口 116 公里,总库容 1.62 亿立方米,总装机容量 14 万千瓦。2007 年 5 月 30 日上午 9 时,正式开始下闸蓄水。

【**河南河务局工作会议召开**】 1 月 17～18 日,河南河务局工作会议在郑州召开。河南河务局局长赵勇作了题为《深化改革 加快发展 努力推进河南治黄事业再上新台阶》的工作报告。会议还表彰了 2003 年目标管理先进单位和部门,签订了 2004 年度目标责任书,并与郑州河务局、开封河务局签订了标准化堤防建设责任状。

【**河南河务局规计处被评为全国保护母亲河行动先进集体**】 2 月 4 日,河南河务局规划计划处被全国保护母亲河行动领导小组评为 2003 年度"保护母亲河行动"先进集体。

【**河南河务局被水利部评为水资源调度先进集体**】 2 月 6 日,河南河务局被水利部评为水资源调度先进集体。

【**国有资产管理信息系统通过验收**】 2 月 13 日,河南河务局开发的"国有资产管理信息系统"顺利通过了由黄委办公室、财务局、数字办及中国人民解放军防空兵指挥学院等有关单位专家组成的专家组的验收。

【**黄河下游治理方略专家研讨会召开**】 2 月 20～22 日,黄河下游治理方略高层专家研讨会在北京召开。与会专家围绕未来水沙变化趋势、中常洪水调度控制运用方式、利用南水北调工程补充黄河生命水量、黄河下游滩区治理方略与政策、蓄滞洪区的运用定位等重大问题进行咨询。3 月 21～23 日,黄河下游治理方略专家研讨会在开封召开。水利部,国家防办,河南、山东省水利厅,武汉大学,河海大学,华北水利水电学院,中国国际工程咨询公司的 100 多名专家与代表出席会议。

【**亚行项目河道整治工程初步设计通过黄委复审**】 2 月 23～24 日,黄委组织对河南河务局亚行项目河道整治工程初步设计进行了复审。此次复审项目共有新续建工程 14 处,工程概算总投资 4.9 亿元。

【**原阳县黄河工程维修养护有限公司成立**】 3 月 26 日,全河首家工程维修养护公司——原阳县黄河工程维修养护有限公司成立。

【兰考蔡集控导上延工程建设开工】 4 月 14 日,蔡集控导上延工程建设开工仪式在兰考谷营乡黄河滩区举行。黄委主任李国英、河南省副省长吕德彬参加仪式并讲话,河南河务局局长赵勇主持仪式,开封市委书记孙泉砀、副书记顾俊,开封市副市长孙丰年及建设、设计、质量监督、监理、施工单位的代表参加了开工仪式。

【省防指成员会议召开】 4 月 20 日,河南省省长李成玉在郑州主持召开河南省防汛抗旱指挥部成员会议。会议分析了黄河防汛形势,安排部署2004 年防汛工作。

【罗豪才视察花园口】 5 月 10 日,全国政协副主席罗豪才到花园口视察。

【李成玉察看标准化堤防建设】 5 月 25 日,河南省省长李成玉在黄委主任李国英,省委常委、郑州市委书记李克及河南河务局局长赵勇陪同下,察看了河南黄河标准化堤防建设情况。李成玉强调,标准化堤防建设是黄河治理开发的一项重要举措,对进一步完善防洪体系、确保长治久安、促进区域经济可持续发展具有十分重要的意义。各有关方面要提高认识,牢固树立大局意识,积极配合河务部门做好各项工作,为工程的顺利实施创造良好的施工环境。

【国家防总检查河南黄河防汛】 5 月 26 ~ 27 日,水利部副部长翟浩辉带领国家防总黄河防汛检查组在河南省省长助理刘其文、河南河务局局长赵勇陪同下,先后检查了封丘顺河街、大功控导工程和兰考标准化堤防建设及蔡集控导工程,听取了河南黄河防汛工作汇报,就黄河防汛工作发表了重要意见,对小浪底水库科学调度、防汛责任制以及防汛物资和抢险人员落实到位等工作提出具体要求。

【沁阳沁河二桥建成通车】 5 月,沁阳沁河二桥竣工。该桥亦称紫黄公路沁河特大桥,于 2001 年 11 月 30 日开工。

【何祥等考察河南黄河】 6 月 1 ~ 2 日,河南省政协提案委员会主任何祥、副主任房德仁,农业委员会副主任、河南河务局原局长王渭泾一行考察河南黄河。

【河南省军区勘察郑州黄河防洪工程】 6 月 2 日,河南省军区副司令员刘孟合率省军区官兵一行 20 余人,勘察了郑州黄河防洪工程。

【黄河防总检查河南黄河防汛】 6 月 3 ~ 4 日,黄委副主任徐乘率黄河下游防汛检查组,在河南河务局局长赵勇、副局长王德智陪同下,对开封、濮阳两市的黄河防汛工作进行了检查。

【大型机械抢险技能竞赛在中牟赵口举行】 6 月 9 日,河南河务局在中牟赵口控导工程举办2004年河南黄河大型机械抢险技能竞赛,来自郑州、焦作、濮阳、豫西、开封、新乡市(地)河务局6支黄河专业机动抢险队的78名队员,参加了挖掘机装抛铅丝笼、装载机装抛铅丝笼、推土机涉水、自卸车运抛散石等4个人机配合项目的竞赛。

【河南省委、省政府领导督察黄(沁)河防汛工作】　6月17日至7月16日,由河南省委副书记、省纪检委书记李清林,省委副书记陈全国,省委常委、省委秘书长李柏栓,省委常委、郑州市委书记李克,省委常委、洛阳市委书记孙善武,副省长刘新民、秦玉海担任组长的7个黄河防汛督察组,分别对新乡、开封、焦作、郑州、洛阳、濮阳、济源等地黄(沁)河防汛工作进行了督察。

【索丽生察看花园口标准化堤防】　6月19日,水利部副部长索丽生在黄委主任李国英、河南河务局局长赵勇陪同下,察看了郑州黄河花园口标准化堤防。

【进行干流水库群联合调度调水调沙试验】　6月19日至7月13日,联合调度万家寨、三门峡、小浪底3座水库水沙的调水调沙试验实施。小浪底水库下泄水量46.8亿立方米。小浪底站调控流量2700立方米每秒,花园口站6月23日9时12分最大流量2970立方米每秒。调水调沙期间,在高村—孙口、孙口—艾山两河段实施人工扰动水沙。小浪底—孙口冲刷泥沙0.439亿吨,小浪底—利津共冲刷泥沙0.665亿吨。河南河段共有41处工程、213道坝垛出险856次。

【汪恕诚察看花园口标准化堤防】　6月29日,水利部部长汪恕诚在黄委主任李国英、工会主席郭国顺及河南河务局局长赵勇、总工端木礼明等陪同下,到郑州花园口察看标准化堤防建设情况,并对黄河下游防洪治理、花园口景区开发提出了重要意见。

【济南军区首长察看郑州黄河防洪工程】　7月6~7日,济南军区参谋长李洪程中将一行在黄委副主任徐乘、河南河务局局长赵勇等陪同下,实地察看了小浪底、沁河口、花园口、中牟九堡、兰考东坝头、濮阳渠村闸防汛准备情况,对防守兵力进行了部署。

【李国英察看范县河段扰沙现场】　7月9日,黄委主任李国英、工会主席郭国顺、规计局局长杨含峡、防办主任张金良等一行,在河南河务局副局长王德智、张柏山等陪同下,察看了范县李桥河段人工扰沙作业现场。

【吕文堂任河南河务局副总工程师】　7月28日,豫黄党[2004]59号文决定,吕文堂任河南河务局副总工程师。

【河南河务局所属基层河务局单位名称变更】 8 月 25 日,豫黄人劳[2004]57 号文转发黄人劳[2004]53 号文,对河南河务局所属基层河务局进行了更名。市、地、县河务局名称均上挂一级,并除去原名称内的"市"、"地区"、"县"等。如"郑州市黄河河务局"改为"河南黄河河务局郑州黄河河务局"、"豫西地区黄河河务局"改为"河南黄河河务局豫西黄河河务局"、"孟津县黄河河务局"改为"豫西黄河河务局孟津黄河河务局"等。

【马福照任河南河务局助理巡视员】 9 月 14 日,豫黄党[2004]66 号文转发黄委黄任[2004]35 号文,任命马福照为河南河务局助理巡视员。

【李克强察看花园口黄河标准化堤防建设及景区】 9 月 28 日,河南省委书记李克强在黄委主任李国英、河南河务局局长赵勇、副局长王德智及郑州市委书记李克,省发改委、旅游局、林业厅等部门负责人陪同下,专程察看了郑州花园口黄河标准化堤防建设及旅游景区开发情况。

【河南黄河堤防硬化道路全线贯通】 10 月 12 日,原阳堤防道路Ⅰ标段堤顶硬化工程最后一道工序路面摊铺完成。至此,河南黄河堤防硬化道路全线贯通。河南黄河堤防硬化道路全长 459.708 公里,全部按照平原微丘三级公路标准建造,工程累计投资近 3 亿元。该工程于 2002 年 9 月至 2003 年汛前展开大规模建设。

【刘江黄河大桥竣工通车】 10 月,刘江黄河大桥竣工通车。原名"京珠高速郑州黄河公路大桥",亦称郑州黄河二桥,南端位于郑州市惠济区,北端位于新乡市原阳县蒋庄,全长 9848.16 米,双向 8 车道,设计时速 120 公里。2002 年 8 月开工兴建。

【"河南黄河二级悬河治理研究与应用"项目通过科技成果鉴定】 11 月 7 日,河南省科学技术厅组织专家在郑州对河南河务局完成的"河南黄河二级悬河治理研究与应用"项目进行了鉴定。鉴定委员会在听取课题组汇报、查阅技术成果资料并就有关技术问题进行充分讨论后,认为该项研究成果总体达到国际先进水平。

【国家档案局检查河南河务局档案工作】 11 月 12 日,国家档案局副局长杨冬权一行在河南省档案局纪委书记马友庆,黄委党组成员、工会主席郭国顺陪同下,对河南河务局档案行政执法情况进行了检查。检查组认真查看了档案的组织管理体系、制度建设、档案管理、基础设施建设、档案信息现代化建设、档案开发利用等情况,对河南河务局档案工作所取得的成绩给予了高度评价。

【信息中心升格为正处级】 11 月 18 日,经黄委批复,河南河务局信息中心升格为正处级。

【翟浩辉察看郑州黄河标准化堤防】　11月30日,水利部副部长翟浩辉在黄委主任李国英陪同下到花园口察看了已建成的黄河标准化堤防示范段。他指出,黄河安危,事关大局,作为黄河防洪的有效屏障,加快黄河堤防的建设就显得迫切而重要。目前,黄河堤防还存在着标准不够、堤身单薄等问题,加快黄河标准化堤防建设是防止堤防冲决的有效办法,黄委要在已取得成绩的基础上,加快标准化堤防建设步伐,争取早日贯通,为黄河安澜做出更大贡献。

【郑州黄河湿地自然保护区建立】　11月,经河南省政府批准,建立郑州黄河湿地自然保护区。该保护区位于郑州市北部,西起巩义市康店镇曹柏坡村,东到中牟县狼城岗镇东狼城岗村。由西至东分跨巩义市、荥阳市、惠济区、金水区、中牟县的15个乡镇。其中,巩义、荥阳段属黄河中游地区,惠济、金水、中牟段属黄河下游地区,荥阳的桃花峪是黄河中游和下游的分界线,地理位置十分独特。此段汇入黄河的主要支流南面有伊洛河(巩义)、汜水河(荥阳),北面主要有沁河、新蟒河。保护区全长158.5公里,跨度23公里,总面积3.8万公顷,其中有林地面积2055公顷、农地7352公顷、滩地1.9万公顷、水域9500公顷、其他土地(鱼塘、莲池)100公顷。

【李国英带队到封丘、惠金河务局调研】　12月1日,黄委党组书记、主任李国英,党组成员、工会主席兼办公室主任郭国顺率规计局、财务局、建管局负责人,深入新乡封丘、郑州惠金河务局进行调研,分别与干部职工座谈,了解单位运转、工资发放、队伍结构、水管体制改革等方面的情况。

【徐光春察看兰考标准化堤防建设】　12月25日,到任不久的河南省委书记徐光春利用到开封调研的机会,在省委常委、省委秘书长李柏拴,开封市委书记孙泉砀等陪同下,来到黄河兰考段标准化堤防建设现场,向工作人员详细了解工程建设规划和进度情况,并叮嘱有关人员,一定要高质量、高标准建好这项重大水利工程,确保黄河安澜,造福黄河沿岸人民。

【组织调查滩区生产堤情况】　年内,河南河务局组织完成《黄河下游滩区生产堤利弊分析研究》(黄委"黄河下游治理方略研究招标课题")。据课题组调查统计,2004年黄河下游滩区生产堤总长583.75公里,其中河南黄河滩区327.87公里、山东黄河滩区255.88公里(齐河县以下未统计)。该成果于2006年获黄委科技进步二等奖。

2005 年

【河南河务局工作会议召开】 1 月 22～23 日,河南河务局工作会议在郑州召开。会议传达贯彻全河工作会议精神,全面总结 2004 年工作,深入分析形势,对 2005 年工作进行部署。局长赵勇在会上作了《树立科学发展观 践行治河新理念 努力把河南治黄事业推向一个新阶段》的工作报告。会议还对 2004 年目标管理先进单位和部门,一期标准化堤防建设,第三次调水调沙试验先进单位和个人以及文明班组、处(科)室、施工工地进行了表彰,签订了 2005 年目标任务书。副局长赵民众进行了会议总结。局领导王德智、张柏山、商家文、端木礼明及局所属各单位、机关各部门负责人参加了会议。

【黄河调水调沙试验成果在北京进行审查鉴定】 1 月 21 日,由刘昌明、陆佑楣、陈志凯、韩其为 4 院士和 14 位专家组成的水利部鉴定委员会,在北京对黄河调水调沙试验成果进行审查鉴定。专家组指出,黄河调水调沙试验探索出了协调黄河下游水沙关系的有效途径,其成果具有重大的社会、经济和生态环境效益,应用前景广阔,已达到国际领先水平。

【水管体制改革试点工作全面启动】 1 月 23 日,河南河务局试点单位水管体制改革动员会议召开。会议传达贯彻水利部、黄委工程管理体制改革有关精神,结合全局工程管理及维修养护实际情况,就全面贯彻落实试点单位水管体制改革工作进行动员部署。4 月 21 日,河南河务局再次召开会议,传达黄委关于试点单位水管体制改革精神,要求其余 9 个试点单位参照原阳河务局水管体制改革经验,遵循高度重视、周密安排、精心操作、确保稳定 4 项原则,确保在 5 月 20 日前全面完成水管体制改革任务。

【"黄河下游二、三等水准网改造"项目通过竣工验收】 2 月 23 日,黄河设计公司完成的"黄河下游二、三等水准网改造"项目通过黄委专家的竣工验收。黄河下游水准网最早布设于 1934 年,在 1983 年以前进行了 3 次改造,但仍然存在高程系统标准不一等问题。按照"1985 国家高程基准"要求和治黄工作需要,黄委于 2002 年安排开展了此项改造工作。其范围为:西起洛阳黄河公路大桥,东至黄河入海口,覆盖黄河下游防洪工程、黄河下游滩区、黄河河口地区、沁河下游、北金堤滞洪区、东平湖滞洪区、大汶河戴村坝以下河段等地区。

【河南黄河电子政务系统正式开通】　2 月 25 日,历时 1 年建设的河南黄河电子政务系统正式开通。2007 年 1 月 30 日,河南黄河电子政务系统一期工程通过专家验收,正式投入运行。

【吉利白坡黄河取水工程通水仪式举行】　3 月 12 日,中国石化集团洛阳石化总厂吉利白坡黄河取水工程通水仪式在河南孟津河务局吉利白坡控导工程举行。

【吉利、荥阳两河务局正式挂牌成立】　3 月 30 日,吉利黄河河务局和荥阳黄河河务局正式挂牌成立,级别为副处级。编制在河南河务局人员编制总数中调剂解决。撤消巩义黄河石料厂,其资产、人员整体划归荥阳河务局。

【国家发改委专家组考察亚行贷款项目】　4 月 10 日,国家发改委投资项目评审中心处长江细柴带领评审专家组一行 7 人,在黄委副总工李文家、规计局局长杨含峡及河南河务局局长赵勇等陪同下,对黄河洪水管理亚行贷款项目——黄河下游河道整治工程的重要节点工程东安控导工程进行了现场考察评审。

【河南省政府召开防指成员会议】　4 月 14 日,河南省政府召开防汛抗旱指挥部全体成员会议,研究部署 2005 年防汛准备工作。河南省副省长、省防指副指挥长吕德彬强调,各级各有关部门要切实增强防汛工作事关大局、群众利益无小事和责任重于泰山的意识,强化监督检查,严格追究失职渎职行为,扎扎实实开展防汛工作,确保度汛安全。

【事业单位人员聘用制度改革工作会议召开】　4 月 18 日,河南河务局事业单位人员聘用制度改革工作会议召开。会议宣读了《河南河务局事业单位试行人员聘用制度改革的实施意见》,明确了聘用制度改革的意义、原则、范围、内容及方法步骤。11 月,事业单位聘用制度改革结束。

【王德智荣获河南省五一劳动奖章】　4 月 26 日,河南河务局副局长王德智被河南省总工会授予河南省五一劳动奖章。

【劳动模范暨先进集体表彰大会召开】　4 月 28 日,河南河务局劳动模范暨先进集体表彰大会在郑州召开,88 名劳动模范和 28 个先进集体受到表彰。

【河南黄河南岸标准化堤防建成】　4 月 28 日,河南黄河南岸总长 159.162公里的标准化堤防建成。该项工程于 2003 年 4 月在郑州惠金河务局展开试点建设,2004 年 1 月全面开工。经近万名建设者 500 多个昼夜的艰苦奋战,于 2005 年 4 月 28 日竣工。累计完成土方 6177.86 万立方米,石方 24.98 万立方米,迁安人口 1.8 万人,拆迁房屋 51.56 万立方米,工程永久占地 1.8 万亩,植树 240.35 万株,完成投资 14.65 亿元。

【刘孟会荣获全国先进工作者称号】 4 月 30 日,台前河务局职工刘孟会在 2005 年全国劳动模范和先进工作者表彰大会上被评为全国先进工作者。

【第一批转制企业进入省级养老保险】 5 月 13 日,经河南省劳动和社会保障厅正式批准,河南河务局第一批转制企业河南黄河工程局、黄河机械厂,自 2004 年 1 月 1 日进入河南省省级管理的企业基本养老保险。

【黄河流域贯彻实施水污染防治法座谈会召开】 5 月 18~19 日,全国人大常委会在郑州召开黄河流域贯彻实施水污染防治法座谈会,副委员长盛华仁到会并作了重要讲话,全国人大常委会环资委主任毛如柏主持会议,国家有关部委负责人和黄河流域有关省(区)人大常委会负责人参加了会议。水利部副部长索丽生、黄委主任李国英等参加会议,李国英作了"黄河流域水污染状况及对策建议"的发言。

【亚行专家实地考察长垣滩区安全建设工程】 5 月 19 日,亚行总部移民专家弗格森在黄委亚行办、地方政府等有关人员陪同下,到长垣县武邱乡滩区安全建设工地进行实地考察。长垣滩区安全建设工程属亚行贷款核心子项目,主要是苗寨、武邱两乡避水连台建设,工程建成后可就地安置人口 8786 人。

【彭佩云视察花园口】 5 月 21 日,全国人大原副委员长彭佩云视察郑州黄河花园口。

【国家防总检查组检查河南黄河防汛】 5 月 21~22 日,由国家发改委副主任刘江率队,黄委主任李国英、副主任廖义伟,以及国家发改委、解放军总参谋部、水利部、国家防总办公室、黄河防总办公室有关人员组成的国家防总防汛抗旱检查组对河南黄河防汛工作进行了检查。检查组要求各级以对党和人民高度负责的态度,严阵以待,精心组织,科学调度,确保黄河安全度汛。

【调水调沙生产运行】 6 月 9 日至 7 月 6 日,基于万家寨、三门峡、小浪底 3 库联合调度的调水调沙正式生产运行。小浪底水库共下泄水量 38.5 亿立方米。期间,小浪底站调控流量 3000~3300 立方米每秒,花园口站 7 月 7 日 5 时 24 分最大流量 3640 立方米每秒。小浪底—孙口冲刷泥沙 0.566

亿吨,小浪底—利津共冲刷泥沙0.647亿吨。期间河南黄河累计47处河道工程283道坝垛发生险情1071次。

【河南省委、省政府领导集中检查黄河防汛】 6月14日至7月1日,河南省委书记徐光春,副书记支树平、陈全国,省委常委、郑州市委书记李克等,先后到郑州、开封了解调水调沙情况,检查黄河防汛工作。6月23日,受河南省委书记徐光春、省长李成玉委托,省委副书记陈全国带领有关部门负责人,到开封实地考察黄河防汛工作。他强调,做好防汛工作,确保黄河安澜,事关改革发展稳定大局,事关人民生命财产安全,各级各部门要进一步统一思想、提高认识,切实增强使命感、责任感、紧迫感,抓住关键,强化措施,消除隐患,把防汛工作抓紧抓实抓好,确保黄河安全度汛。

【《沁河河口村水库工程项目建议书》审查会召开】 6月22~26日,受水利部委托,水利水电规划设计总院在郑州召开了《沁河河口村水库工程项目建议书》审查会,与会的70余名专家和代表,对项目建议书的编制内容给予了充分肯定。

【国家防办调研国家重点防汛机动抢险队建设工作】 7月7~10日,为进一步加强国家重点防汛机动抢险队管理,国家防办派出调研组对郑州河务局第一机动抢险队、新乡河务局第一机动抢险队两支国家重点防汛机动抢险队进行调研,重点了解防汛机动抢险队的建设和运行情况、在历年防汛抢险中发挥的重要作用、管理经验和建议等。

【多家施工企业获全国优秀水利企业称号】 8月2日,经全国水利"双优"评审委员会审定,河南河务局所属的河南黄河工程局、郑州黄河工程有限公司、河南省中原水利水电工程集团有限公司、河南黄河工程有限公司、河南华禹黄河工程局、焦作黄河华龙工程有限公司、郑州黄河水电工程局7家施工企业荣获"全国优秀水利企业"称号。

【《焦作市黄(沁)河河道采砂管理办法》审议通过】 8月26日,焦作市政府第26次常务会议审议通过《焦作市黄(沁)河河道采砂管理办法》,自2005年10月1日起施行。

【财政部驻河南专员办调研国库集中支付工作】 8月30日至9月7日,财政部驻河南省财政监察专员办事处有关领导,先后到新乡、焦作、郑州、开封、濮阳河务局,就国库管理制度改革试点单位国库直接支付工作开展情况进行调研。

【温孟滩移民安置区工程荣获水利工程优质奖】 9月15日,在新疆召开的全国水利建设质量安全与稽查工作会议上,中国水利工程学会对温孟滩移民安置区河道工程及放淤改土工程等 12 项工程颁发了 2005 年度水利工程优质奖。

【河南河务局开展 2005 年防洪预案评价工作】 9 月 22～23 日,河南河务局组织开展 2005 年防洪预案评价工作。在汛后对防洪预案进行评价,旨在检验预案制定的实用性、可操作性,评估责任制的制定与落实、河势险情预估的科学性、各类预案之间的关联性是否一致等。

【开封王庵控导工程出险】 9 月 26 日,开封王庵控导工程－14 垛上首滩地开始向南、向东坍塌,造成工程联坝背河靠大溜的畸形河势。截至 10 月 8 日该处滩地向东坍塌超过 300 米,形成顺联坝背河行洪情况,向南坍塌距柳园村村民房屋仅 40 余米。10 月 9 日,受河南省委书记徐光春、省长李成玉委托,省委副书记陈全国、省长助理刘其文在河南河务局局长赵勇及省直有关部门负责人陪同下,赴开封王庵检查指导抗洪抢险。陈全国强调,要高度重视,强化措施,全力以赴做好防汛抢险工作,尽快排除险情,确保滩区群众生命财产安全。10 月 24 日,王庵控导工程切滩导流爆破成功,险情全面得到缓解。

【南水北调中线一期穿黄工程开工】 9 月 27 日,南水北调中线一期穿黄工程在黄河北岸温县开工。国务院南水北调办公室副主任宁远、水利部副部长矫勇、河南省常务副省长王明义等在开工仪式上讲话。国务院南水北调办公室、水利部有关司局、黄委、河南省政府有关厅局、郑州市和焦作市以及中线穿黄工程参建单位等参加了开工仪式。该工程是中线总干渠穿越黄河的关键性、控制性工程,也是南水北调工程在河南开工的第一个项目。工程位于郑州市黄河铁路桥以西 30 公里处的荥阳市,北至温县。穿黄隧洞段长 4.25 公里,单洞内径 7 米,设计流量 265 立方米每秒,加大流量 320 立方米每秒,总投资 30 多亿元,预计工期 56 个月。该工程是中国穿越大江大河规模最大的输水隧洞。

【水管体制改革试点单位原阳河务局通过验收】 10 月 9 日,水利部水管体制改革试点联系单位原阳河务局试点通过黄委验收,成为全国首家通过流域机构组织验收的单位。

【中编办、水利部检查河南河务局机构改革工作】 11 月 10～11 日,中编办、水利部联合检查组对河南河务局机构改革和各级机关依照国家公务员制度管理工作进行了检查验收。该项工作于 2004 年 4 月启动。

【新济高速公路沁河大桥建成】　11月,新(新乡)济(济源)高速公路沁河大桥竣工通车。该桥位于沁河左岸26+964,右岸26+760处,于2003年3月开工。

【孙口黄河公路大桥竣工通车】　12月30日,孙口黄河公路大桥竣工通车。该桥位于濮阳市台前县孙口乡与山东省梁山县赵固堆乡之间,全长8770米,其中主桥长3544.50米、宽12米。于2003年7月17日开工兴建。

【太澳高速公路黄河大桥竣工通车】　是年,太(太原)澳(澳门)高速公路黄河大桥竣工通车。该桥位于洛阳市吉利区会盟镇与孟州市之间,全长4011.86米,桥宽28.98米,双向4车道。于2002年12月开工兴建。

2006 年

【河南河务局工作会议召开】 1 月 14～15 日,河南河务局工作会在郑州召开。河南河务局局长赵勇在会上作了题为《贯彻落实科学发展观努力把河南治黄事业推向一个新阶段》的工作报告,总结了"十五"时期河南治黄工作成就,对"十一五"和 2006 年治黄工作进行了全面部署。会上还对 2005 年目标管理先进单位和部门以及 2004～2005 年度创新组织奖进行了表彰,与局属各单位与部门签订了 2006 年目标任务书。

【黄委调研河南黄河引洪放淤工作】 3 月 26～31 日,黄委组织调研组到河南河务局开展黄河下游引洪放淤调研工作。调研组由黄委科技委主任陈效国带队,黄委所属有关单位、部门派人参加了调研。河南河务局局长赵勇专程赴开封参加座谈会。副局长王德智、张柏山参加了不同阶段的调研,总工端木礼明全程陪同并参加调研。

【赵民众、商家文职务任免】 3 月 31 日,黄党〔2006〕11 号文任命赵民众兼任河南河务局工会主席;商家文任中共河南河务局纪检组组长、党组成员。

【张平察看花园口】 4 月 7 日,国务院副秘书长张平在黄委主任李国英、河南省副省长张大卫、河南河务局局长赵勇陪同下,察看了花园口将军坝和纪事广场。张平副秘书长询问了花园口的历史演变情况,对河南黄河南岸标准化堤防给予了充分肯定。

【河南省防指召开第一次全体成员会议】 4 月 10 日,在收听收看了国家防汛抗旱总指挥部召开的 2006 年第一次全体会议后,省防指接着召开 2006 年第一次全体会议,全面贯彻落实国家防总会议精神,安排部署防汛工作。副省长刘新民出席会议并讲话。会上,河南河务局、水利厅对河南防汛抗旱形势进行了分析,并就防汛准备工作开展情况以及下一步工作安排进行了汇报。气象局汇报了天气预测情况。

【全省防汛工作会议召开】 4 月 19 日,河南省政府在郑州召开全省防汛工作会议,全面安排部署 2006 年防汛工作。副省长、省防指副指挥长刘新民强调,各地、各部门要立足于抗大洪、抢大险,以临战姿态扎扎实实做好各项防汛准备,克服麻痹松懈思想,努力夺取防汛抗旱工作的全面胜利。省防指成员单位、省辖市人民政府分管防汛工作的领导,省水利厅、河南河务局机关各部门,各市水利局、河务局局长、防办主任以及省会新闻单位共200余人参加了会议。

【回良玉视察河南黄河】 5月8日,中共中央政治局委员、国务院副总理、国家防总总指挥回良玉,在河南考察农业和防汛抗旱工作期间,专程到花园口察看纪事广场和标准化堤防。黄委主任李国英、河南河务局局长赵勇等陪同考察并汇报了有关工作情况。

【大型机械技能竞赛在郑州保合寨举行】 5月30日,河南河务局在郑州保合寨控导工程举办了大型机械技能竞赛,来自局属6个河务局的百余名专业机动抢险队员参加了竞赛。

【国家防总检查河南黄河防汛】 6月2~4日,国家防总常务副总指挥、水利部部长汪恕诚率领由水利部、商务部、中国气象局、黄委等组成的国家防总检查组,对河南黄河防汛备汛工作进行实地检查,听取了河南黄河备汛工作的汇报,并就做好下步防汛工作提出了明确要求。

【三门峡、小浪底两库联合调度为主的调水调沙生产运行】 6月9日至7月3日,三门峡、小浪底两库联合调度为主的调水调沙生产运行。期间,小浪底水库下泄水量57.9亿立方米,小浪底站调控流量3500~3700立方米每秒,花园口站6月23日9时24分最大流量3920立方米每秒。小浪底—孙口河段冲刷0.439亿吨,小浪底—利津河段冲刷0.601亿吨。河南黄河累计54处河道工程242道坝垛发生险情761次。

【张恒旺任河南河务局副巡视员】 6月13日,经中共黄委党组研究,并征得水利部人事劳动教育司同意,任命张恒旺为河南河务局副巡视员。

【钱正英考察河南黄河】 6月21~26日,中国工程院院士、原全国政协副主席钱正英专程考察黄河下游游荡性河道治理情况,并深入河南沿黄市县进行调研。黄委主任李国英、总工薛松贵,河南河务局局长赵勇等全程陪同。

【国家防总举行黄河中下游防汛演习】 6月30日,国家防总通过异地视频会商系统,组织进行黄河中下游防汛演习。中共中央政治局委员、国务院副总理、国家防总总指挥回良玉观摩演习并发表重要讲话。国家防总常务副总指挥、水利部部长汪恕诚观摩演习。国家防总秘书长、水利部副部长鄂竟平担任演习总指挥。

【沁河军民联合防汛演习举行】 7月18日,沁河历史上首次大规模军民联合防汛演习在武陟县举行。黄河防总常务副总指挥、黄委主任李国英,黄河防总副总指挥、河南省副省长刘新民,黄河防总办公室主任、黄委副主任廖义伟,河南省防指副指挥长、河南省军区副司令员曹建新,黄委总工薛松贵,河南省防指副指挥长、河南河务局局长赵勇,河南河务局副局长王德智、总工端木礼明,以及河南省武警总队、河南省防指有关成员单位负责人观摩了演习。

【徐光春检查开封防汛工作】　8月2日,河南省委书记徐光春到开封检查黄河防汛。徐光春高度赞扬了近年来黄河治理开发和管理现代化取得的显著成效。他强调,目前正处黄河防汛的高度危险期,各级党委、政府要高度警惕,抓责任,查隐患,确保黄河安全度汛。

【河南省军区检查濮阳市黄河防汛】　8月2日,河南省军区副司令员曹建新一行,在河南河务局副局长王德智、濮阳市委副书记徐教科、濮阳军分区司令员李举亮等陪同下,到濮阳检查黄河防汛工作。

【刘新民检查濮阳防汛工作】　8月10日,河南省副省长刘新民率河南河务局局长赵勇、省政府办公厅副秘书长王树山及省水利厅、民政厅、发改委有关领导到濮阳市检查黄河防汛工作。刘新民强调,要认清形势、提高认识,强化责任、落实到人,查险补漏、抓细抓实,完善预案、物料到位,加强督促检查,确保防汛抢险救灾措施落到实处,夺取防汛抗洪的全面胜利。

【黄河流域气象中心在郑州成立】　9月16日,黄河流域气象中心在郑州正式成立。该中心主要行使流域气象信息汇集和气象预测预报两大职能。它的成立,标志着气象业务服务打破行政区划和行业壁垒,提高了黄河流域防灾减灾、生态保护和水资源合理开发利用的气象服务能力。

【河南省隆重纪念人民治理黄河60年】　10月19日,河南省党政军各界代表和河南治黄职工代表齐聚郑州,隆重纪念人民治理黄河60年,回顾人民治黄60年来的伟大历程,总结河南黄河60年岁岁安澜的成功经验,共同祝愿母亲河拥有更加美好健康的明天。河南省省长李成玉、黄委主任李国英出席纪念大会并讲话。河南省委副书记陈全国、河南省人大常委会常务副主任王明义、河南省副省长刘新民、河南省政协副主席张汉英、河南省军区副司令员曹建新、黄委原主任袁隆等出席纪念大会。黄委、驻豫部队和河南省沿黄各市政府、河南省防汛抗旱指挥部各成员单位的负责人以及河南河务局系统离退休老同志、干部职工近300人参加了纪念大会。河南河务局局长赵勇向与会代表汇报了河南人民治理黄河60年的发展成就、基本经验和近期发展目标。

【异重流问题学术研讨会在郑州召开】　10月24～25日,由黄委主办、黄河研究会协办的异重流问题学术研讨会在郑州召开。与会的120多名专家、代表通过交流、研讨,共同探索异重流产生、发展和运行的规律,旨在利用异重流特性,为科学调度多沙河流的水库提供技术支持。会议邀请到中国工程院院士韩其为、王浩以及来自高等院校、科研院所等单位的14位专家。参加这次研讨会的代表还有黄委各单位以及特邀单位小浪底建管局、陕西冯家山水库和渭南市东雷抽黄管理局等。

【冀鲁豫黄河水利委员会纪念碑揭碑】　10月29日,冀鲁豫黄河水利委员会纪念碑在山东菏泽隆重举行揭碑仪式。黄委主任李国英、山东省政府省长助理张传林为纪念碑揭碑并讲话,黄委纪检组组长李春安主持揭碑仪式。

【《人民治理黄河六十年》出版】　10月,黄委编著的《人民治理黄河六十年》一书由黄河水利出版社出版发行。全书58.8万字,图文并茂,是一部以断代史体例系统反映人民治理黄河发展历程的历史文献。2008年,该书荣获第二届中华优秀出版物(图书)奖。

【矫勇考察河南黄河标准化堤防】　11月2日,水利部副部长矫勇在黄委主任李国英、河南河务局副局长王德智等陪同下,考察了郑州、开封黄河标准化堤防。

【纪念人民治理黄河60年大会隆重召开】　11月3日,水利部在郑州隆重召开纪念人民治理黄河60年大会。中共中央总书记胡锦涛,国务院总理温家宝、副总理回良玉分别对人民治理黄河60年做出重要批示。中共中央政治局委员、国务院副总理回良玉,水利部部长汪恕诚,国务院副秘书长张勇,河南省委书记徐光春,河南省省长李成玉,全国人大环境与资源保护委员会副主任委员叶如棠,全国政协常委、副秘书长索丽生,济南军区副司令员叶爱群,黄委主任李国英,国家发改委、财政部、国土资源部、农业部、环保总局、林业局、中央政策研究室等有关部门的负责人以及沿黄各省(区)人民政府分管水利工作的负责人等1000余人出席大会。大会由水利部副部长矫勇主持。会议期间,回良玉还考察了位于郑州北郊的"模型黄河"试验基地,并对模型厅的建设及其在治黄研究中发挥的作用给予了充分肯定。

【阿深高速公路开封黄河特大桥建成通车】　11月28日,阿(内蒙古阿荣旗)深(深圳)高速公路开封黄河特大桥建成通车。大桥位于封丘县与开封县之间,全长 7.8 公里,主桥长 1010 米,桥宽 37.4 米,双向 6 车道。2004年 7 月开工兴建。

【张印忠、周英察看武陟标准化堤防】 12 月 4 日,水利部党组成员、中纪委驻水利部纪检组组长张印忠,水利部党组成员、副部长周英,在黄委主任李国英、河南河务局副局长张柏山陪同下,考察武陟黄河标准化堤防、沁河堤防,参观嘉应观。

【河南黄河第二期标准化堤防工程开工】 12 月 25 日,河南黄河第二期标准化堤防开工仪式在武陟举行,河南省省长李成玉宣布正式开工,黄委主任李国英、河南省副省长刘新民分别讲话。河南河务局局长赵勇介绍了标准化堤防有关情况,总监理工程师报告了工程开工条件审查情况。省直有关单位、黄委有关部门负责人参加了开工仪式。河南黄河第二期标准化堤防工程主要集中在河南黄河北岸武陟沁河口至台前张庄之间,涉及河南焦作、新乡、濮阳 3 市 7 县,堤防全长 152 公里,总投资 18 亿元。

【黄河下游新一轮河道整治工程开工】 12 月 31 日,黄河下游新一轮河道整治工程开工。该工程 90% 以上建设任务集中在游荡性河段,将按照"微弯型"整治为主、突出节点工程、自上而下集中治理的建设原则,规划至2010 年黄河下游将安排新建、续建和改建河道整治工程 62 处,长度达 87公里。黄委已经组织完成了 34 处累计长 32 公里的河道整治工程前期工作,落实计划投资 6.6 亿元。

2007 年

【《黄河堤防工程管理标准(试行)》出台】　1 月 9 日,黄委制定出台《黄河堤防工程管理标准(试行)》,共 7 章 36 条,对堤防工程的管理、保护、监测和现代化建设赋予了新的详细的规范。

【堤防安全与病害防治工程技术研究中心揭牌】　1 月 10 日,水利部在郑州举行堤防安全与病害防治工程技术研究中心揭牌仪式。水利部副部长胡四一、黄委主任李国英共同为该中心揭牌。该中心于 2006 年 4 月经水利部批准组建,依托黄委水科院、山东河务局、河南河务局,主要任务是开展有关堤防工程安全与病害防治方面具有前瞻性、战略性的应用基础研究和重大公益性课题研究,承担国家及行业有关堤防工程技术标准及规范的制定、修订和培训,开展国内外堤防工程新材料、新技术、新设备的引进、试验示范与推广并组织进行相关业务培训,向社会提供技术咨询服务等。

【河南河务局工作会议召开】　1 月 22 ~ 23 日,河南河务局工作会议在郑州召开。局长赵勇在会议上作了《抓住机遇　乘势而上　推进河南治黄事业又好又快发展》的工作报告。报告内容包括总结 2006 年工作,深入分析面临的机遇和挑战,理清工作思路,明确 2007 年重点工作。副局长赵民众、张柏山还分别对"精细化管理效益年"活动和基本建设与管理工作进行安排部署。会议命名了第二批治黄科技拔尖人才,签订了植树工作责任状和目标责任书;对 2006 年创新工作、目标管理先进单位和部门进行了表彰。河南河务局班子成员、局属各单位班子成员及机关副处级以上干部参加了会议。

【水利工程建设项目招标投标若干规定发布实施】　1 月 26 日,《黄河水利工程建设项目招标投标工作若干规定(试行)》发布实施。该规定将从制度上堵塞招投标工作中的漏洞,为严肃查处招投标活动中的违纪违法行为提供了依据。

【河南省人大农工委座谈河南黄河立法工作】　2 月 27 日,河南省人大常委会常务副主任李柏拴主持召开省人大农工委工作座谈会。河南河务局局长赵勇出席会议,提出要加快河南黄河立法工作,实现依法治河,并表示将积极配合省人大做好《河南省黄河工程管理条例》的修订工作。

【国家防总批复重组黄河防汛抗旱总指挥部】 3 月 14 日,国家防汛抗旱总指挥部批复成立黄河防汛抗旱总指挥部。黄河防汛抗旱总指挥部由河南省省长担任总指挥,黄委主任担任常务副总指挥,青海、甘肃、宁夏、内蒙古、山西、陕西、河南、山东省(区)副省长(副主席)和兰州、北京、济南军区副参谋长担任副总指挥。黄河防汛抗旱总指挥部办公室设在黄委。此前的黄河防汛总指挥部主要侧重黄河中下游防汛,由山西、陕西、河南、山东和济南军区为防指成员单位。黄河防汛抗旱总指挥部将抗旱职能纳入其中,同时增加了青海、甘肃、宁夏、内蒙古省(区)分管副省长(副主席)和北京军区、兰州军区副参谋长为黄河防汛抗旱总指挥部副总指挥。这将有利于适应新时期黄河防汛抗旱出现的新情况和流域经济社会发展的需要,把黄河防汛抗旱工作贯穿于全河上、中、下游,加强对黄河全流域的防汛抗旱统一调度和管理。

【牛玉国任河南河务局局长、党组书记】 3 月 27 日,中共水利部党组研究决定:任命牛玉国为河南河务局局长、党组书记。

【全河经济工作座谈会代表考察河南河务局经济工作】 4 月 9~10 日,黄委主任李国英,副主任徐乘、苏茂林带领参加全河经济工作座谈会的代表,在河南河务局局长牛玉国、副局长王德智陪同下,赴南水北调穿黄工程Ⅳ标工地、开封黑岗口引黄闸、濮阳渠村引黄闸进行参观考察。

【全河文明建设示范工地现场会在焦作召开】 4 月 20 日,全河首次黄河防洪工程文明建设示范工地现场会在焦作召开。黄委党组成员、纪检组组长李春安到会并讲话。河南河务局局长牛玉国、副局长张柏山出席会议。

【中华炎黄二帝巨型塑像落成】 4 月 18 日,中华炎黄二帝巨型塑像落成庆典在郑州黄河风景名胜区隆重举行。炎黄二帝塑像坐落在黄河南岸的向阳山上(又名始祖山),该工程主体部分包括塑像、广场、纪念坛 3 大部分,按中国传统手法,布置为中轴线,轴与磁北交角为北偏东 22°。塑像高 106 米,由两部分组成,上部头胸部分系钢筋混凝土框架结构,外壳面采用条石雕砌,其下部以山体为像身。炎黄二帝塑像于 1991 年 9 月 12 日奠基。

【河南省全面部署防汛抗旱工作】 4 月 23 日,河南省防汛抗旱工作会议在郑州召开。会议研究分析防汛抗旱形势,对全省防汛抗旱工作进行部署。河南省副省长刘新民出席会议并讲话。省防汛抗旱指挥部副指挥长、河南河务局局长牛玉国对黄河防汛工作进行安排部署,省军区副司令员杨武部署了军民联防工作。刘新民还与沿黄 9 市签订了黄河防汛责任书。

【胡锦涛视察花园口】 5月1日,中共中央总书记、国家主席、中央军委主席胡锦涛在河南考察期间,专程到花园口考察标准化堤防,了解黄河治理开发的进展和变化。胡锦涛向李国英等黄委负责人殷殷嘱托道:"去年纪念人民治黄60周年时我曾经讲过,黄河是中华民族的母亲河,黄河治理事关我国现代化建设全局,关系亿万人民的安康。黄河水多了不行,少了也不行,脏了不行,泥沙多了也不行。一定要加强统一管理和统一调度,标本兼治,综合治理,进一步把黄河的事情办好,让黄河更好地造福中华民族"。

中共中央政治局候补委员、中央书记处书记、中央办公厅主任王刚,河南省委书记、省人大常委会主任徐光春,省长李成玉陪同考察。

【盛华仁视察花园口】 5月2日,全国人大副委员长、秘书长盛华仁考察花园口防洪工程,参观郑州段黄河标准化堤防。

【河南省对防汛抗旱工作再部署】 5月22日,河南省防汛抗旱指挥部召开第二次成员会议,分析防汛抗旱形势,研究部署防汛抗旱工作。河南省防汛抗旱指挥部指挥长、省长李成玉强调,要进一步提高认识,加强领导,落实责任,协作联动,坚持防汛抗旱两手抓,牢牢把握防汛抗旱工作的主动权,努力夺取防汛抗旱工作的全面胜利,确保河南经济社会持续健康发展。副省长刘新民对当前的防汛抗旱工作作了具体部署。河南河务局局长牛玉国表示,要认真贯彻这次会议精神,对河南黄河防汛准备工作进行再检查、再落实;加快二期标准化堤防和河道整治工程建设,度汛工程确保5月底前完成建设任务,发挥防洪效益;加强黄河水资源的科学调度和精细管理,增强服务意识,搞好引黄口门和引渠清淤,确保能引得出、供得上,切实为沿黄农业、工业和生活用水提供保障,促进河南沿黄经济社会可持续发展。

【"防汛江河行"采访组采访河南黄河】 5月24~26日,由中宣部、国家防总联合开展,新华社、《人民日报》、中央电视台、中央广播电台和《中国水利报》等新闻单位组成的"防汛江河行"黄河组,对河南黄河防汛准备情况进行了采访。河南河务局局长牛玉国、副局长赵民众会见了采访组成员,总工端木礼明陪同采访。

【国家防总检查河南黄河防汛抗旱工作】 5月28~30日,国家发改委副主任杜鹰、黄河防总常务副总指挥、黄委主任李国英率领国家防总黄河防汛抗旱检查组,对河南黄河防汛抗旱工作进行了检查。检查组先后检查郑州标准化堤防、花园口险工、焦作黄(沁)河堤防、詹店铁路闸、新乡标准化堤防建设、顺河街控导工程、濮阳黄河堤防和滩区安全建设等。省防指副指挥长、省政府副秘书长王树山,河南河务局局长牛玉国以及河南省水利厅、发改委等单位的领导陪同检查。

【西霞院水文站设立】 5月,位于孟津县白鹤镇鹤西村的西霞院水文站设立。

【黄河防汛抗旱总指挥部成立暨2007年黄河防汛抗旱会议召开】 6月4日,黄河防汛抗旱总指挥部成立暨2007年黄河防汛抗旱会议在郑州举行。此次会议较之以往的黄河防汛会议,不仅在规模上首次扩大至沿黄8省(区),而且经国家批准,由沿黄青海、甘肃、宁夏、内蒙古、山西、陕西、河南、山东及北京、兰州、济南军区和沿黄电力、水利枢纽、河务、水文等单位组成的黄河防汛抗旱总指挥部正式成立,标志着黄河防汛体制进入了一个新的历史时期。

黄河防总总指挥、河南省省长李成玉,黄河防总常务副总指挥、黄委主任李国英,国家防办副主任田以堂,中国气象局副司长翟盘茂,以及黄河防总副总指挥、青海省副省长穆东升、甘肃省副省长陆武成、宁夏回族自治区副主席郝林海、内蒙古自治区副主席雷·额尔德尼、山西省副省长梁滨、陕西省副省长张伟、河南省副省长刘新民、山东省副省长郭兆信、北京军区副参谋长刘志刚、兰州军区副参谋长李星、济南军区副参谋长赵立德等代表出席会议。沿黄防指成员单位、电力、水利枢纽、油田、铁路等单位负责人参加会议。

【河南黄河防汛抢险技能竞赛在孟州举行】 6月6~7日,河南黄河防汛抢险技能竞赛在孟州化工控导工程举行,来自局属各河务局的150名抢险队员参加了比赛。

【万家寨、三门峡、小浪底3库联合调度的调水调沙生产运行】 6月9日至7月7日,万家寨、三门峡、小浪底3库联合调度的调水调沙生产运行。小浪底水库下泄水量39.2亿立方米。调水调沙期间,小浪底站调控流量2600~4000立方米每秒,花园口站6月28日8时54分最大流量4290立方米每秒。小浪底—孙口河段冲刷0.196亿吨,小浪底—利津河段冲刷0.288亿吨。河南黄河累计37处河道工程176道坝垛发生险情608次。

【黄河防总检查三门峡黄河防汛准备工作】 6月13日,黄河防总办公室主任、黄委副主任廖义伟一行对三门峡市黄河防汛准备工作进行全面检查。省防指黄河防办主任、河南河务局副局长王德智陪同检查。

【河南省党、政领导集中检查黄河防汛工作】 6月20日至7月16日,河南省委常委、组织部部长叶冬松,省委常委、政法委书记李新民,省委常委、宣传部部长、副省长孔玉芳,省委常委、郑州市委书记王文超,省人大常务副主任李柏拴,副省长徐济超等,相继检查指导河南黄河防汛工作。

【李国英察看郑州、开封黄河调水调沙情况】 6月21日,黄委主任李国英先后到花园口将军坝、南裹头险工,开封王庵和兰考蔡集控导工程进行实地察看,向基层单位负责人仔细询问调水调沙期间值班情况、水位测量和记录、险情处理、抢险措施等。

【李国英到花园口景区调研】 6月28日,黄委主任李国英、副主任赵勇在河南河务局局长牛玉国等陪同下,实地查勘了黄河南岸大堤起点标志性建筑选址,听取了设计单位关于南岸大堤起点标志性建筑、北纪事广场及碑廊等景点的设计方案汇报。李国英强调,花园口是黄河的窗口,景区规划要体现人与自然、人与河流的和谐共处,要体现具有黄河特质的自然风貌与黄河文化的有机融合。

【河南省隆重纪念刘邓大军强渡黄河60周年】 6月30日,河南省在台前县孙口乡"将军渡"隆重纪念刘邓大军强渡黄河60周年。新落成的刘邓大军渡黄河纪念馆同时开馆。河南省委书记徐光春等党政领导、应邀前来的刘伯承元帅之女刘解先及各地来宾代表和当地干部群众千余人一起参加了纪念活动。

【周海燕任河南河务局副局长】 7月6日,黄党〔2007〕38号文任命周海燕为河南河务局副局长、党组成员。

【国家防总检查河南黄河防汛工作】 7月22日,受国家防总委派,黄河防总秘书长、黄委副主任廖义伟带队对河南黄河防汛工作再次进行检查。河南河务局局长牛玉国、副局长王德智,开封市常务副市长程志明、焦作市副市长王荣新陪同检查。

【基于空间尺度水沙对接调水调沙生产运行】 7月29日至8月12日,基于空间尺度水沙对接调水调沙生产运行。小浪底水库下泄水量21.5亿立方米,区间来水5.57亿立方米。调水调沙期间,小浪底站调控流量3600立方米每秒,花园口站7月31日21时24分最大流量4160立方米每秒。小浪底—孙口河段淤积0.16亿吨,小浪底—利津河段冲刷0.0003亿吨。高村、孙口、艾山3断面冲刷效果明显,该段"卡脖子"河段主槽平滩流量达到3720~3740立方米每秒,黄河下游河道主河槽过流能力得到整体提高。河南黄河有14处河道工程33道坝岸出险629次。

【河南省防汛抗洪救灾紧急电视电话会议召开】 8月2日,针对严峻的防汛抗洪救灾形势,河南省委书记徐光春主持召开全省防汛抗洪救灾紧急电视电话会议,对防汛抗洪救灾工作进行再动员再部署。河南河务局局长牛玉国介绍了当前黄河汛情、工情和备汛情况,省水利厅汇报了当前防汛救灾情况,省气象局通报了近期气象趋势。省委常委、省委秘书长曹维新,省军区副政委王太顺及省防汛抗旱指挥部成员单位参加会议,各省辖市防汛抗旱指挥部通过视频收听收看了会议。

【水利部检查评估河南河务局不正当交易行为自查自纠工作】 8月17日,水利部治理商业贿赂专项工作领导小组第二检查组对河南河务局治理商业贿赂不正当交易行为自查自纠工作进行了检查评估。河南河务局治理商业贿赂领导小组副组长、副局长王德智主持汇报会,纪检组组长商家文对前阶段开展商业贿赂及不正当交易行为自查自纠工作情况作了汇报。检查组组长张红兵在听取汇报后,对河南河务局治理商业贿赂专项工作给予了充分肯定。河南河务局治理商业贿赂领导小组组长、局长牛玉国表示,将以水利部检查组此次检查评估为契机,继续加强宣传教育,注重建立健全长效机制,进一步规范完善相关制度,为有效惩治和预防腐败创造良好环境,营造风正气清、干事创业的治黄氛围,确保河南治黄事业健康、快速、可持续发展。

【中科院考察组调研河南黄河滩区安全和发展问题】 8月28日至9月1日,中国科学院黄河下游滩区安全和发展问题考察组,对河南黄河滩区安全和发展问题进行了为期5天的考察调研。黄委主任李国英参加了在郑州的考察调研活动,黄委副主任廖义伟、总工薛松贵和河南河务局局长牛玉国、总工端木礼明全程陪同调研。

【李国繁任河南河务局副局长】 8月31日,黄党[2007]63号文任命李国繁为河南河务局副局长、党组成员。

【端木礼明任河南河务局党组成员】 9月25日,黄党[2007]68号文任命端木礼明为中共河南河务局党组成员。

【"黄河与河南"论坛在郑州隆重举行】 11月16日,"黄河与河南"论坛在郑州隆重开幕。来自河南省、黄委、沿黄7市的领导,省高校、省作协、文化界、社科界、旅游界等知名专家学者以及广大治黄专业人士200余人,汇聚河南省人民会堂,对黄河与河南的重要关系、黄河在河南经济社会发展中的重要地位和作用展开研讨。河南省委书记、省人大主任徐光春专门为论

坛题词:"保护利用黄河,繁荣发展河南"。省委副书记、省长李成玉批示:
"为宣传黄河文化而构想的黄河论坛很有意义,并祝愿论坛取得成功"。省
政协主席王全书、省人大常务副主任李柏拴、黄委副主任赵勇等出席会议
并讲话。河南河务局局长牛玉国做了《黄河流经河南这片土地》的主题演
讲。论坛共收到论文70余篇,9位专家进行了交流发言。2008年4月,汇
集"黄河与河南论坛"成果的《黄河与河南论坛文集》一书由黄河水利出版
社出版发行。

【河南省人大审议通过《河南省黄河工程管理条例(修订草案)》】　12月3
日,河南省十届人大常委会第三十四次会议表决通过了《河南省黄河工程
管理条例(修订草案)》,明确了黄河工程管理条例的制定目的、依据、适用
范围、管理原则、主管机构、职责、权利和义务等。

【河口村水库前期工程开工】　12月18日,河口村水库工程建设动员大会
在济源市河口村召开,河南省副省长刘满仓出席会议并讲话。河口村水库
位于黄河一级支流沁河最后一段峡谷出口处,是控制沁河洪水与径流的关
键工程,也是黄河下游防洪工程体系的重要组成部分。水库工程规模为大
(Ⅱ)型,设计防洪标准500年一遇。水库大坝坝长465米,最大坝高156.5
米,总库容3.26亿立方米,控制流域面积9223平方公里,占沁河流域面积
的68.2%,占黄河三花间流域面积的22.2%。工程估算总投资26.5亿元。
水库建成后,与三门峡、小浪底、故县、陆浑等水库联合调度运用,将进一步
完善黄河下游防洪工程体系,减轻黄河下游洪水威胁,缓解黄河下游大堤
的防洪压力,并为黄河干流调水调沙、充分利用沁河水资源、改善生态、提
供电能创造条件。2011年4月河口村水库主体工程开工,10月19日成功
截流。

【黄河建工集团有限公司成立暨揭牌仪式隆重举行】　12月28日,黄河建
工集团有限公司成立暨揭牌仪式在河南黄河工程局隆重举行。黄委党组
成员、副主任赵勇,河南河务局局长牛玉国共同为公司揭牌。这是黄河系
统成立的首家被国家工商总局核准的集团公司。该公司注册资金3.1亿
元,主营水利水电、公路施工、市政建设、工程勘察设计等。

2008 年

【河南河务局档案科荣获全国档案工作优秀集体】　1 月 16 日,在国家档案局、中央档案馆召开的"全国档案工作暨表彰先进会议"上,河南河务局办公室档案科被国家档案局、中央档案馆联合表彰为"全国档案工作优秀集体"。

【温小国任河南河务局副总工程师】　1 月 30 日,温小国任河南河务局副总工程师。

【河南河务局工作会议召开】　2 月 19～20 日,河南河务局工作会议在郑州召开。会议内容包括:传达贯彻党的十七大精神和全河工作会议精神,总结 2007 年治黄工作,安排部署 2008 年任务。会上表彰了 2007 年目标管理先进单位和部门,签订了 2008 年度目标责任书。

【河南省政府印发通告助推黄河防洪工程建设】　2 月 26 日,河南省政府根据《大中型水利水电工程建设征地补偿和移民安置条例》(国务院令第 471 号)第七条规定,印发了《关于禁止在黄河下游近期防洪工程占地区新增建设项目和迁入人口的通告》,确保黄河下游近期防洪工程建设项目顺利实施。

【《维持黄河健康生命》获首届中国出版政府奖】　2 月 27 日,新闻出版总署在北京举行了隆重的首届中国出版政府奖颁奖典礼,由黄委主任、教授级高工李国英撰写,黄河水利出版社出版的《维持黄河健康生命》一书荣获该奖项图书奖。中国出版政府奖是出版领域国家级最高奖项,2005 年设立,每 3 年评选一次,首届图书奖参评图书为 2003～2006 年 4 年内出版的图书,共评出 60 种获奖图书,《维持黄河健康生命》是唯一获此奖项的水利类图书。

【"河南黄河功能性不断流"研究工作启动】　3 月 3 日,河南河务局副局长周海燕主持召开专题会,对实施河南黄河功能性不断流工作进行研究和布置。

【刘满仓考察黄河标准化堤防】　3 月 23 日,河南省副省长刘满仓在黄委主任李国英,河南省政府副秘书长王树山,河南河务局局长牛玉国、副局长李国繁等陪同下,考察黄河下游标准化堤防郑州段。刘满仓充分肯定了黄河标准化堤防建设着眼长远的防洪意义及其展现出的社会效益和生态效益。他表示,河南省政府将一如既往大力支持工程建设,确保黄河二期标准化堤防建设顺利推进。4月6日,刘满仓相继察看了武陟、原阳、长垣、濮阳等地二期标准化堤防施工现场及渠村分洪闸等重点防洪工程设施,着力破解 2008 年度防洪工程建设中的移民拆迁难题。

【河南河务局荣获"全国绿化模范单位"称号】 4月3日,河南河务局被全国绿化委员会授予"全国绿化模范单位"荣誉称号。

【张印忠考察河南黄河二期标准化堤防建设】 4月14日,水利部党组成员、纪检组组长张印忠赴新乡、濮阳实地考察河南黄河二期标准化堤防建设和渠村分洪闸等防洪工程设施。

【河南河务局会计核算中心成立】 4月24日,河南河务局会计核算中心成立,11 个局直单位纳入会计核算中心集中核算。

【河南省防汛抗旱工作会议召开】 4月30日,河南省防汛抗旱工作会议在郑州举行。会议分析了防汛抗旱面临的严峻形势,对黄河防汛工作提出了明确要求。刘满仓副省长与沿黄 9 市签订了防汛责任书。省防汛抗旱指挥部副指挥长、河南河务局局长牛玉国,省防汛抗旱指挥部副指挥长、省水利厅厅长王仕尧,分别对黄河防汛和全省防汛抗旱工作进行安排部署,省军区副参谋长方泉部署了军民联防工作。

【汛前根石探测工作完成】 4月,河南河务局完成了 2008 年汛前根石探测工作,共探测 87 处工程、1065 道坝垛、断面 3977 个。其中黄河险工 14 处、182 道坝垛、619 个断面;黄河控导工程 47 处、613 道坝垛、2577 个断面;沁河险工 26 处、270 道坝垛、781 个断面。

【国家防总检查河南黄河防汛抗旱工作】 5月7~8日,财政部副部长丁学东,黄河防总常务副总指挥、黄委主任李国英带领由财政部、水利部、国家防办、黄委有关领导组成的国家防总黄河流域防汛抗旱检查组,检查河南黄河防汛抗旱工作,督促落实备汛措施。副省长刘满仓,省政府办公厅副秘书长张国晖,河南河务局局长牛玉国、副局长李国繁和省财政厅副厅长杨舟、水利厅副厅长于合群及黄委有关部门负责人陪同检查。

【郭庚茂考察黄河防洪工程建设】 5月13日,河南省委副书记、代省长郭庚茂在副省长刘满仓,黄委主任李国英,省长助理、省政府秘书长安惠元,河南河务局局长牛玉国等陪同下,先后查看了郑州花园口将军坝、黄河标准化堤防、马渡险工、马渡下延控导工程以及赵口引黄闸等防洪工程的建设和运行情况。

【黄河防总机动抢险队驰援四川地震灾区】 5月18日,在郑州花园口集结完毕的黄河防总第一机动抢险队70余名抢险队员和专家,作为国家防总、黄河防总派出的首支赴四川抗震救灾的黄河专业机动抢险队,紧急开赴四川地震灾区。同日,第三机动抢险队出发。19日,第五机动抢险队起程。这3支专业机动抢险队均由河南河务局组建。

5月12日,四川汶川大地震发生后,按照水利部抗震救灾指挥部的统一部署和水利部部长陈雷的指示,黄委立即成立了黄委抗震救灾抢险指挥部,并先后派出5支机动抢险队、1个生活饮用水应急监测队、3支堤坝隐患探测队、3个水库应急除险方案编制专家组,近800人、200余台大型设备奔赴一线抗震救灾抢险,主要负责水库、堤防抢险,水质检测,水库应急除险方案编制等抗震救灾抢险和防止次生灾害工作。同时,投入抗震救灾资金1863万元,累计捐款1341.5万元。这是黄委历史上规模最大、人数最多、集结速度最快、捐款数量最多的一次流域外抢险救援行动。

10月8日,中共中央、国务院、中央军委在人民大会堂隆重举行全国抗震救灾总结表彰大会,会议对319个全国抗震救灾英雄集体和522名全国抗震救灾模范进行了表彰。水利部黄河水利委员会抗震救灾工程抢险队被授予全国抗震救灾英雄集体称号,被中华全国总工会授予"抗震救灾重建家园工人先锋号"。

【黄河防总检查河南黄河防汛抗旱工作】 5月21~23日,黄委党组成员、纪检组组长李春安率黄河防总检查组深入新乡、焦作、洛阳等地检查黄河防汛抗旱工作。

【尉健行视察花园口】 5月28日,原中共中央政治局常委、中纪委书记尉健行在黄委党组成员、纪检组组长李春安,河南河务局局长牛玉国,及河南省、郑州市有关领导陪同下,考察了花园口扒口处、纪事广场、将军坝、标准化堤防及防洪工程建设情况。

【李克检查开封黄河防汛工作】 6月3日,河南省委常委、省政府常务副省长李克带领有关部门负责人,到开封检查黄河防汛工作。

【河南省防指全体成员会议召开】 6月5日,河南省副省长刘满仓主持召开省防指全体成员会议,对黄河防汛抗旱工作进行再部署、再落实。河南河务局局长牛玉国、河南省水利厅厅长王仕尧及省防汛抗旱指挥部全体成员参加会议。

【万家寨、三门峡、小浪底3库联合调度的调水调沙生产运行】 6月19日至7月6日,万家寨、三门峡、小浪底3库联合调度调水调沙生产运行。调水调沙期间,小浪底水库下泄水量43.85亿立方米。小浪底站调控流量

2600～4000 立方米每秒,花园口站 7 月 1 日 10 时 36 分最大流量 4550 立方米每秒。小浪底—孙口河段冲刷 0.068 亿吨,小浪底—利津河段冲刷 0.199 亿吨。河南黄河有 40 处工程 167 道坝出险 392 次。

【"黄河号子"入选第二批国家级非物质文化遗产名录】　6 月,在文化部开展的第二批国家非物质文化遗产名录推荐项目申报和评审活动中,河南河务局推荐的"黄河号子"以其独特的魅力和深厚的历史渊源,成功入选国家非物质文化遗产名录。

【何勇、黄树贤考察黄河花园口】　7 月 2 日,中共中央书记处书记、中纪委副书记何勇,在河南省委书记徐光春,河南省委常委叶青纯、王文超,河南河务局局长牛玉国,郑州市市长赵建才等陪同下考察了黄河花园口。7 月 23 日,中纪委副书记黄树贤考察黄河花园口。

【李新民检查濮阳黄河防汛工作】　7 月 8 日,河南省委常委、政法委书记李新民检查濮阳黄河防汛工作。

【徐允忠任河南河务局副巡视员】　7 月 14 日,黄任[2008]8 号文任命徐允忠为河南河务局副巡视员。

【清理河道内采淘铁砂船只】　8 月 12 日,黄河防总发出紧急通知,要求全面禁止在河道内采淘铁砂。8 月 21 日,河南省副省长刘满仓作出批示,要求沿黄 6 市防指进一步加强对禁采工作的领导,落实各项工作责任,确保按期完成禁采任务。8 月 29 日,河南省防指组织沿黄 6 市安全、公安、海事、水利、河务等有关单位成立联合清查取缔行动小组,开展清理河道采淘铁砂船只统一行动。至 8 月 31 日,1500 多艘采淘铁砂船全部被清理出黄河河道,禁采工作结束。

【河南省有关专家考察河南黄河】　8 月 25～27 日,来自河南省社科院、郑州大学、河南大学、郑州惠济区等单位和院校的 9 位专家、学者深入河南黄河,就黄河文化进行为期 3 天的考察调研。

【周光召考察花园口】　9 月 16 日,全国人大原副委员长、中国科协原主席、中国科学院原院长周光召到花园口考察,对黄河历史、水沙特点和标准化堤防建设等有关情况进行了解。

【河南省召开全省黄河水资源开发利用座谈会】　10 月 29 日,河南省政府召开全省黄河水资源开发利用座谈会。会议深入分析了开发利用黄河水资源的重要性和紧迫性,对加快河南黄河水资源开发利用进行安排部署。会议提出,要以科学发展观和党的十七大、十七届三中全会精神为指导,坚持"保护利用黄河、繁荣发展河南"的工作方针,以确保沿黄农业用水、打造粮食生产核心区建设、实现中原崛起为核心,把改善民生、经济社会可持续发展和生态文明建设对黄河水资源可持续利用的要求,从战略的高度加快黄河水资源开发利用工作。

河南省副省长刘满仓、黄委副主任赵勇出席会议并讲话。河南河务局局长牛玉国做了《让黄河水更好地造福河南人民》主题报告。濮阳市以及焦作温县结合开发利用黄河水资源的实际,做了典型发言。会议由河南省省长助理何东成主持,黄委有关部门,河南河务局、河南省水利厅、河南省农业厅有关领导,河南黄河 11 个受益地区市、县政府领导及水利部门、沿黄大型灌区及有关企业负责人参加了会议。

【蒋树声调研黄河下游滩区治理】 11 月 4～5 日,全国人大副委员长、民盟中央主席蒋树声先后考察了濮阳习城滩串沟堤河、封丘古城工程、长垣周营低滩区、苗寨村台建设、兰考蔡集控导工程、郑州标准化堤防和中荷奶牛养殖基地,梳理归纳困扰滩区治理发展的综合性问题。

【黄河与河南论坛·黄河文化专题研讨会在郑州召开】 11 月 28 日,黄河与河南论坛·黄河文化专题研讨会在郑州隆重举行。来自水利部、河南省社科院,清华大学、河海大学、郑州大学、河南大学等单位和高校以及黄河系统的 40 多名专家学者汇聚郑州,围绕可持续发展水利和维持黄河健康生命,纵论黄河文化与黄河工程、黄河经济、黄河生态的关系,以期深化对黄河规律性的认识,为河南黄河治理开发与管理提供文化层面的持久推动和深远影响。河南河务局党组书记、局长牛玉国作了《传承黄河文化,弘扬黄河精神,推进"四位一体"协调发展》主题演讲。研讨会共收到论文 80篇。2009 年 4 月,《黄河与河南论坛·黄河文化专题研讨会文集》由黄河水利出版社出版发行。

【陈雷调研河南河务局水管体制改革】 12 月 13 日,水利部党组书记、部长陈雷到河南河务局基层单位调研,并与基层干部、职工就水管体制改革进行座谈。黄委党组书记、主任李国英,河南省副省长刘满仓陪同调研。

【多项成果获黄委科技进步奖】 12 月 22 日,在黄委公示的 2008 年科技进步奖 32 项获奖成果中,河南河务局有 11 项成果获奖。其中《堤防堵口及水中快速筑坝新技术研究与应用》《河南黄河防汛抗旱指挥调度综合运用系统》和《集成式多功能移动维修养护工作站》获得一等奖,《土壤湿度控制的数字化高效节水灌溉系统》等 7 项成果获二等奖,1 项获三等奖。

2009 年

【河南河务局工作会议召开】　1 月 18～19 日,河南河务局工作会议在郑州召开。会议总结了 2008 年工作,安排部署了 2009 年工作。会上,还表彰了 2008 年度目标考核先进单位和部门,签订了 2009 年度目标任务书。局属各单位班子成员、基层水管单位主要负责人及机关副处级以上干部共190 余人参加了会议。

【河南河务局全力以赴做好抗旱浇麦工作】　1 月 30 日,河南河务局局长牛玉国主持召开全局抗旱浇麦工作会议,传达省抗旱浇麦和麦田管理工作会商会议精神,对引黄供水工作进行研究部署。会议强调:要调动一切力量,采取有力措施,切实做好以抗旱浇麦为重点的引黄供水及调度工作,确保沿黄灌区用水安全,为沿黄灌区农业稳定发展和农民持续增收做出贡献。2 月 2 日,河南河务局再次召开抗旱紧急会议,对引黄抗旱工作进行再安排再部署。2 月 6 日,牛玉国主持召开河南黄河抗旱浇麦会商会议,学习胡锦涛总书记,温家宝总理,李克强、回良玉副总理等中央领导同志重要批示精神,传达国家防总、黄河防总和省委、省政府领导对抗旱浇麦工作作出的一系列重要部署,对河南黄河抗旱浇麦工作进行全面安排,要求各单位把加大引黄渠道清淤力度作为重中之重,全力以赴配合沿黄灌区打赢抗旱浇麦夺丰收这场硬仗。2 月 13 日,牛玉国主持召开河南黄河抗旱浇麦工作会议,传达黄河防总紧急会商会议精神,要求进一步加快引黄渠道清淤进度,力争引黄涵闸流量增加至 300 立方米每秒,把利用河南黄河水资源抗旱浇麦的效能和作用发挥到极致,早日完成沿黄灌区 700 万亩重旱麦田首轮浇麦计划,坚决打赢河南沿黄灌区抗旱浇麦这场硬仗。

【李国英赴新乡指导引黄抗旱浇麦工作】　2 月 5 日,黄委主任李国英在河南河务局局长牛玉国、省水利厅副厅长于合群、新乡市市长李庆贵等陪同下,深入人民胜利渠引黄灌区和柳园引黄灌区指导抗旱浇麦工作。

【刘满仓多次察看、调研引黄抗旱浇麦情况】　2 月 16 日,河南省副省长刘满仓在河南河务局局长牛玉国陪同下,察看新乡、濮阳 6 个引黄涵闸的引水灌溉情况。2 月 24 日,刘满仓再次赴新乡人民胜利渠灌区实地调研抗旱浇麦工作。3 月 7 日,刘满仓深入滑县、内黄县部分乡镇,就抗旱夺丰收引黄应急灌溉工程建设情况进行调研。3月24日,刘满仓实地检查新乡市应急抗旱工程建设情况。

【赵民众任河南河务局巡视员】 3月2日,根据水利部、黄委文件,任命赵民众为河南河务局巡视员。

【《河南黄河志(1984～2003)》出版】 3月,河南河务局组织编写的《河南黄河志(1984～2003)》由黄河水利出版社出版。全书共10篇32章,65万字,详尽而又客观地反映了河南黄河治理开发与管理及流域经济社会发展的历史与现状,汇集了河南治黄的成果、经验和教训,是一部实用性较强的志书。该书的编纂工作于2003年启动。

【习近平视察花园口】 3月31日至4月3日,中共中央政治局常委、中央书记处书记、国家副主席习近平在河南调研期间,赴黄河花园口视察,到郑新黄河大桥看望正在建设工地施工的广大职工。中央组织部副部长李智勇,中央政策研究室副主任何毅亭,河南省委书记、省人大常委会主任徐光春,省委副书记、省长郭庚茂,省委副书记陈全国,省委常委、常务副省长李克,省委常委、秘书长曹维新,省委常委、郑州市委书记王文超,黄委主任李国英、河南河务局局长牛玉国等陪同视察。

【曹刚川视察花园口】 4月3日,中央军委原副主席、国防部原部长曹刚川上将在河南省政协副主席靳绥东、黄委副主任徐乘、河南河务局局长牛玉国等陪同下,到黄河花园口视察。

【小浪底水利枢纽工程竣工验收会议在郑州举行】 4月7日,由国家发改委和水利部共同主持的黄河小浪底水利枢纽工程竣工验收会议在郑州举行。该工程是黄河治理开发最重要的关键性控制工程,历经10年建设和8年运行考验顺利通过国家竣工验收。竣工验收委员会由国家发改委、水利部、财政部、科学技术部、环境保护部、农业部、国家林业局、中国地震局、国家档案局、国家开发银行、中国建设银行和河南、山西省政府的代表以及特邀专家共62人组成。项目法人、设计以及监理等单位的代表同时参加了会议。国家发改委副主任穆虹出席会议并代表竣工验收委员会讲话。

【引黄入内通水仪式在安阳举行】 4月8日,引黄入内(内黄县)通水仪式在安阳举行,河南省副省长刘满仓、省军区参谋长吴建初、河南河务局局长牛玉国、省水利厅厅长王仕尧及省直有关部门负责人,安阳市委、市政府领导参加了通水仪式。

【河南省防汛抗旱工作会议召开】 4月20日,河南省防汛抗旱工作会议在郑州召开。副省长刘满仓全面分析了黄河防汛面临的严峻形势,对防汛工作提出了明确要求。会议对黄河防汛工作责任落实、预案编制、防汛队伍组织、巡堤查险、河道清障、防洪工程建设、引黄抗旱、防汛抗旱应急管理等8项重点工作进行全面部署。18个省辖市政府分别向省政府递交了2009年防汛抗旱责任状。省防汛抗旱指挥部副指挥长、河南河务局局长牛玉国,省防汛抗旱指挥部副指挥长、省水利厅厅长王仕尧,分别对黄河防汛和全省防汛抗旱工作进行安排部署,省军区参谋长吴建初部署了军民联防工作。

【河南河务局召开劳动模范表彰大会】 4月27日,河南河务局劳动模范表彰大会在河南省人民会堂召开。会议对135名劳动模范、37个先进单位进行了表彰。

【整顿规范黄河滩区黏土砖瓦窑厂】 4月,河南省政府办公厅下发《关于进一步做好黄河滩区黏土砖瓦窑厂整顿规范工作的通知》,要求8月底前,全省滩区窑厂总数控制在680座以内,必须拆除418座以上的最低目标任务。在郑州、开封、新乡、濮阳沿黄4市各级党委、政府的强力推进下,黄河滩区砖瓦窑厂整治工作取得了显著的阶段性成果。至8月25日,共拆除黄河滩区砖瓦窑厂476座。

【刘满仓察看新乡、濮阳标准化堤防工程建设】 5月9日,河南省副省长刘满仓在河南河务局局长牛玉国、副局长李国繁,省政府办公厅有关领导,新乡市、濮阳市等负责人陪同下先后到新乡、濮阳察看了北岸标准化堤防建设情况。

【国家防总检查河南黄河防汛抗旱工作】 5月18~19日,水利部副部长胡四一,黄河防总常务副总指挥、黄委主任李国英带领国家防总检查组,对河南黄河防汛抗旱工作进行检查,督促落实各项备汛措施,确保黄河安全度汛。省长助理卢大伟,省政府副巡视员郑林及河南河务局局长牛玉国、副局长李国繁,水利厅副厅长于合群等陪同检查。

【刘满仓听取河南黄河备汛情况汇报】 5月20日,河南省副省长刘满仓专题听取河南黄河备汛情况汇报。河南河务局局长牛玉国就各项防汛准备情况,特别是黄河河道清障、防洪工程建设等作了汇报。6月3日,刘满仓现场察看开封黑岗口控导和黑岗口引黄涵闸,实地检查备汛工作。

【河南河务局举行黄河防汛实战演练】 5月27日,河南河务局在郑州中牟赵口控导工程举行2009年河南黄河防汛实战演练。濮阳、郑州、开封、豫西、新乡、焦作 6 地市河务局专业机动抢险队的 150 余名队员,对挖掘机配合自卸车装抛厢枕、挖掘机配合自卸车装抛铅丝笼、挖掘机抓抛铅丝笼、装载机装抛铅丝笼等 4 个机械化抢险技能以及冲锋舟水上作业演练项目展开竞技。开封军分区 60 余名部队官兵演练了柳石枕抢险技能。

【黄河防总检查洛阳、三门峡备汛工作】 6 月 2~4 日,黄委副主任、黄河防总办公室副主任苏茂林对洛阳、三门峡境内的小浪底、三门峡、故县、陆浑 4 座水库及伊洛河重点堤防河段防汛准备工作进行检查。

【黄河流域 9 省(区)人大环境与资源保护工作座谈会召开】 6 月 2~5 日,黄河流域 9 省(区)人大环境与资源保护工作座谈会在郑州召开。来自河南、山西、青海、甘肃、陕西、四川、山东、内蒙古自治区、宁夏回族自治区 9 省(区)人大环境与资源保护委员会的代表,就黄河流域环境与资源保护方面的立法、监督工作进行交流。河南省人大副主任李柏拴出席会议并致欢迎辞,河南省副省长张大卫介绍了河南省情。会议由河南省人大副主任储亚平主持。全国人大环境与资源保护委员会副主任委员张文台出席会议并讲话。黄委主任李国英参加会议并做了题为《加强水资源管理保护 促进流域和谐发展》的讲话。

【孙家正视察花园口】 6 月 7 日,全国政协副主席孙家正在河南省政协主席王全书、副主席靳绥东,黄委主任李国英、副主任徐乘,河南河务局局长牛玉国等陪同下,视察了将军坝、花园口纪事广场、标准化堤防等。

【李国英检查沁河防汛工作】 6 月 10 日,黄河防汛抗旱指挥部常务副总指挥、黄委主任李国英在河南河务局局长牛玉国、黄委水文局局长杨含峡、黄委办公室主任姚自京等陪同下检查了沁河防汛工作。

【中央党校省部级班考察组到河南黄河调研】 6 月 17 日,由水利部党组成员、办公厅主任陈小江为课题组组长的中央党校省部级班考察组实地调研、考察河南黄河治理开发与管理工作。考察组成员包括国务院三峡建设委员会办公室副主任宋原生,江西省政协副主席陈安众,重庆市人大常委会副主任王洪华,海军工程大学政治委员余献义,中央党校科学社会主义教研部教授、《科学社会主义》杂志副主编胡栋梁等。

【万家寨、三门峡、小浪底 3 库联合调度的调水调沙生产运行】 6 月 18 日至 7 月 5 日,万家寨、三门峡、小浪底 3 库联合调度的调水调沙生产运行。调水调沙期间,小浪底水库下泄水量 45.21 亿立方米。小浪底站调控流量 3880 立方米每秒,花园口站 6 月 29 日 6 时 27 分最大流量 4170 立方米每秒。小浪底—孙口河段冲刷 0.293 亿吨,小浪底—利津河段冲刷 0.387 亿吨。河南黄河累计 52 处河道工程 210 道坝垛发生险情 508 次。

【吴仪视察花园口】 6 月 22 日,中共中央政治局原委员、国务院原副总理吴仪,水利部原部长钮茂生等在河南省委书记徐光春,黄委主任李国英、副主任徐乘,河南河务局局长牛玉国、副局长李国繁等陪同下,参观考察花园口。

【耿明全任河南河务局副总工程师】 6 月 22 日,豫黄党[2009]37 号文任命耿明全为河南河务局副总工程师。

【黄委领导检查河南黄河防汛及调水调沙工作】 6 月 23~24 日,黄委主任李国英,副主任徐乘、廖义伟、苏茂林分别率工作组赴郑州、新乡、开封、濮阳河段检查调水调沙期间河势、工情、防汛料物储备、片林清除、浮桥拆除及岗位责任制落实情况,对机动抢险队进行现场集结演练,并现场询问巡测数据上报和值班记录过程,查验工情巡查、水位记录等资料。

【河南省委 6 位常委先后检查黄河备汛】 7 月 1~8 日,河南省委秘书长曹维新、郑州市委书记王文超、洛阳市委书记连维良、省委组织部部长叶东松、常务副省长李克、省委统战部部长刘怀廉等 6 位省委常委分别带队,先后对焦作、济源、郑州、洛阳、新乡、开封、濮阳等地黄河备汛工作展开全面检查。要求各级各部门要认清黄河防汛面临的严峻形势,切实增强做好防汛工作的责任感和紧迫感;要突出重点,积极备战,狠抓各项防汛措施的落实,抓紧修订完善各种防汛方案、预案,切实做好防汛物资的储备工作和应急工程建设,加强防汛队伍建设,做到防汛、抗旱两手抓,最大限度地减轻灾害损失,确保黄河水资源供给,努力夺取秋粮丰收;要进一步强化责任意识,认真落实防汛责任制,做到领导到位、思想到位、组织到位、工作到位、指挥到位,扎扎实实做好各项工作,努力夺取河南黄河防汛工作的全面胜利。

【河南河务局参加黄河防总防汛调度综合演习】 7 月 23 日,黄河防总举行黄河防汛调度综合演习。河南河务局演习指挥部启动防御大洪水工作机制,调集 7 部信息采集车到各演习地点,组织 15 支机动抢险队和 3000 余名职工参与演习,对防洪预案、防洪调度、责任制落实、查险抢险和通信保障、物资保障等各个环节应急反应能力进行全面检验。

【李建培任河南河务局副局长】 7 月 24 日,中共黄委党组黄党[2009]36 号文任命李建培为河南河务局副局长、党组成员。

【郭凤林当选河南黄河工会主席】　9月7日,在河南黄河工会四届八次委员会上,郭凤林当选河南黄河工会主席。

【黄河下游工情险情会商整合工程通过竣工验收】　9月25日,黄河下游工情险情会商整合工程通过黄委组织的竣工验收。黄河下游工情险情会商整合工程是将黄委、河南河务局、山东河务局原有的工情险情数据库和工情险情会商系统,通过现有的黄河下游工情险情会商系统进行整合,构建一个全新的、统一的、高效可靠的、实用先进的工情险情会商系统。

【李兆焯、杨汝岱视察花园口】　10月13日,全国政协副主席李兆焯在河南省政协主席王全书、副主席王平,河南河务局局长牛玉国、副局长李国繁及郑州市有关领导陪同下视察花园口。21日,全国政协原副主席杨汝岱视察花园口。

【黄河流域水资源配置与调控工程高层论坛召开】　10月21日,黄河流域水资源配置与调控工程高层论坛在郑州举行。水利部原部长杨振怀,中国科学院院士刘昌明、汪集,中国工程院院士陈志恺、曹楚生、陈厚群、茆智等出席论坛。论坛从黄河水资源可持续利用、保障下游防洪安全、维持黄河健康生命等角度出发,探讨黄河流域水资源配置及水沙调控体系的作用、前景、存在的问题及对策措施。论坛由黄河研究会、全球水伙伴(中国·黄河)主办,黄河设计公司承办。参加论坛的还有来自水利部、环保部、南水北调办公室、黄委、中国水利水电科学院、清华大学、天津大学以及沿黄有关省(区)水行政主管部门的领导和嘉宾。

【台湾"经济部水利署"一行考察花园口】　10月22日,在郑州参加第四届黄河国际论坛的台湾"经济部水利署"一行20余人,在河南河务局总工端木礼明陪同下,参观考察花园口。

【河南河务局部署电子印章和版式文件】　10月22~29日,河南河务局为局属49个单位部署了具有法律效力的电子印章和版式文件,并对各单位电子印章管理人员进行了培训。

【黄河工程运行观测巡检系统演示会召开】　10月30日,黄委在河南河务局举办"黄河工程运行观测巡检系统"演示会,黄委副主任赵勇出席。黄委建管局、规计局、总工办、防办、国科局、黄科院,以及河南、山东、山西、陕西河务局,三门峡库区各管理局60余名代表参加演示会。

【全国冬春农田水利基建工作会议代表考察河南黄河】　11月9日,水利部部长陈雷、河南省省长郭庚茂、国家发改委副主任穆虹、国土资源部副部长贠小苏等参加全国冬春农田水利基本建设工作会议的代表,在黄委主任李国英,河南河务局局长牛玉国、副局长李国繁陪同下,参观考察了黄河郑州段标准化堤防。

【郑州至开封黄河防洪工程"三点一线"示范段全面完工】 11月,郑州至开封黄河防洪工程"三点一线"示范段全面完工。2008年,黄委安排在郑州段建设黄河防洪工程"三点一线"示范段,即选择一处堤防工程、一处险工工程、一处控导工程作为"三点",由一段标准化堤防作为"一线"串接起来,系统、全面地展示黄河下游治理所取得的成就。2009年初,黄委决定将"三点一线"示范段中的"一线"扩展为"郑州至开封段"。

为建设好该项工程,河南河务局组织编制了《河南黄河防洪工程郑州、开封堤防示范工程建设实施方案》,完成了郑州至开封段堤顶道路整修、道路画线、两侧防护墩刷漆、堤坡整修、堤肩整修绿化、上堤路口整修、防洪坝整修、备防石整修、险工整修等,共投资1176.6万元。

【河南黄河巩义供水工程开工】 12月9日,河南黄河巩义供水工程开工典礼仪式在金沟控导工程举行。河南省委常委、郑州市委书记王文超出席仪式并宣布开工令。该工程计划于2011年底通水。

【矫勇考察河南黄河公安派出所建设工作】 12月26日,水利部副部长矫勇在黄委主任李国英,副主任徐乘、苏茂林,河南河务局局长牛玉国、巡视员赵民众、副局长李建培等陪同下,考察了河南黄河公安派出所建设工作。

【《民国黄河史》出版】 12月,《民国黄河史》一书由黄河水利出版社出版发行。全书共6章,36万字,采用编年体与纪事本末体相结合的体例,图文并茂、生动形象地反映了这一时期黄河治理的各个侧面。

【《沁河志》出版】 12月,焦作河务局组织编写的《沁河志》由黄河水利出版社出版,全书43.1万字。该书也是沁河治理开发史上的第一本志书。

【河南黄河河道内生产堤普查工作完成】 是年,根据黄河防总办公室安排完成河南黄河河道内生产堤普查工作。普查以黄委《黄河下游滩区生产堤分布示意图》和《黄河下游滩区生产堤遥感调查结果统计表》为基础,采用GPS卫星定位系统开展。普查严格按照上级要求,对照图表,使用GPS卫星定位仪,对提供的生产堤有关数据逐道进行核查,同时结合以往材料,走访群众,了解生产堤修建、破除、修复、坍塌入河等情况,按时按要求完成生产堤普查任务。据统计,河南河务局所辖黄河河道内共有生产堤40道,长155.86公里。

2010 年

【维修养护企业养老保险纳入省级统筹】　1 月 5 日,河南河务局所属 6 家水利工程维修养护企业 1812 名职工养老保险纳入省级统筹。

【河南河务局荣获河南省支持抗灾保丰收先进单位】　1 月 21 日,在河南省农村工作会议上,河南河务局被河南省委、省政府授予"支持抗灾保丰收先进单位"称号。

【河南河务局工作会议召开】　1 月 29 ～ 30 日,河南河务局工作会议在郑州召开。党组书记、局长牛玉国代表党组向大会作了题为《强化管理　狠抓落实　努力推动河南治黄事业健康稳定发展》的工作报告。会议表彰了 2009 年度目标管理先进单位和部门;颁发了河南黄河 2007 ～ 2009 年度创新成果奖及创新组织奖。局直属各单位班子成员,基层水管单位主要负责人及机关副处级以上干部 190 余人参加了会议。

【桃花峪黄河大桥开工】　3 月 16 日,桃花峪黄河大桥开工。该桥南端位于荥阳广武桃花峪,北端位于武陟圪垱店,是武陟至西峡高速公路跨黄河大桥。主桥为双塔双索面斜拉桥,桥长 7.79 公里,全线长 28 公里,桥宽 33.5 米,双向 6 车道。工程计划于 2013 年 4 月完工。

【刘满仓察看开封黑岗口上延畸形河势】　3 月 25 日,河南省副省长刘满仓察看开封黑岗口控导工程上延畸形河势,强调要以对人民群众高度负责的态度,扎扎实实做好应急度汛准备,确保黄河度汛安全。河南河务局局长牛玉国、副局长李建培,开封市副市长王载飞及有关方面领导陪同考察。

【河南河务局完成亚行项目竣工财务总决算】　4 月 17 日,河南河务局汇总完成全局亚行项目竣工财务总决算。该项目是河南河务局第一次利用外资进行防洪工程建设的项目,于 2002 年 7 月 10 日正式启动,涉及国内投资、国外贷款等 4 种资金来源,建设内容包括堤防加固、险工改建、控导工程、滩区安全建设、机动抢险队料物仓库建设等 32 个子项目。

【中澳合作项目专家考察黄河下游湿地】　4 月 20 ～ 25 日,黄委组织中澳合作黄河环境流量与河流健康项目有关专家,对黄河下游湿地开展了野外考察与采样活动。来自澳大利亚昆士兰大学、南澳大学、国际水资源中心的 5 名澳方专家以及来自清华大学、北京师范大学、中科院水生生物研究所和黄委国科局、水文局、黄科院、信息中心等单位的专家参加了此次考察。专家组先后考察了孟津黄河湿地自然保护区、郑州花园口黄河湿地自然保护区、开封柳园口黄河湿地自然保护区、东平湖湿地保护区以及黄河三角洲自然保护区等,对相应河段的黄河河道、湿地、植被、水生物、鸟类等情况进行综合了解和实地查勘,并对重点研究区域进行相关采样与检测。

【河南省防汛抗旱工作会议召开】　4月29日,河南省防汛抗旱工作会议在郑州召开。会议传达了省委书记卢展工对今年防汛抗旱工作的指示,分析了河南黄河防汛抗旱面临的形势,对做好黄河防汛抗旱工作进行安排部署。河南省副省长刘满仓、省军区副司令员杨宏杰、省长助理何东成、省政府副秘书长何平等领导,河南河务局班子成员,局属各市级河务局,机关各部门主要负责人参加会议。

【水利工程施工企业养老保险顺利纳入省级统筹】　4月30日,河南河务局局属28家水利工程施工企业的1144名职工养老保险参保登记、数据库接收及转制后养老保险费补缴明细核算工作办理完毕,并通过河南省社保局审核纳入省级统筹。

【张基尧考察南水北调沁河倒虹吸工程】　5月10日,国务院南水北调办公室主任张基尧考察南水北调沁河倒虹吸工程,听取黄河建工集团南水北调沁河倒虹吸工程项目部负责人对整体施工情况的汇报。国务院南水北调办公室副主任张野,南水北调中线建管局局长石春先,河南省省长助理何东成,河南河务局局长牛玉国、副局长李国繁,河南省南水北调办公室、省政府移民办主任王树山,焦作市委书记路国贤等陪同考察。

【河南省防指检查沁河汛前准备工作】　5月15日,河南省防汛抗旱指挥部副指挥长、河南河务局局长牛玉国带队检查沁河汛前准备工作,强调防汛责任重于一切,要周密部署、细致安排、不留隐患,确保沁河度汛安全。河南河务局副局长李建培,焦作市防指副指挥长、市政府副秘书长朱玉正及有关单位和部门负责人陪同检查。

【封丘黄河派出所揭牌】　5月19日,封丘黄河派出所举行揭牌仪式,水利部副部长周英,黄委主任李国英、副主任徐乘,河南省政府省长助理何东成、河南河务局局长牛玉国、新乡市市长李庆贵等出席揭牌仪式,并察看该派出所的民警办公室、办案设施、办案器械和生活起居情况,慰问派出所民警、水政执法队员。出席揭牌仪式的还有新乡市公安局,封丘县委、县政府,新乡河务局等单位的负责人。

【张亚忠考察河南黄河滩区】 5月19日,河南省政协副主席、九三学社河南省委主委张亚忠赴河南黄河滩区进行工作考察,黄委党组成员、纪检组长李春安,河南河务局党组成员、纪检组长商家文陪同考察。

【国家防总检查河南黄河防汛抗旱工作】 5月19~20日,水利部副部长周英,黄河防总常务副总指挥、黄委主任李国英率国家防总黄河防汛抗旱检查组,对河南黄河防汛抗旱工作进行检查。省长助理何东成,河南河务局局长牛玉国、副局长李建培,水利厅副厅长于合群等陪同检查。

【河道破冰减灾应用技术研讨会召开】 5月27~28日,黄委组织召开河道破冰减灾应用技术研讨会,来自全国23个单位的专家聚集一堂,总结中国现有河道破冰减灾技术,推进破冰科研单位与应用单位之间的交流与沟通,进一步明确河道破冰减灾技术研究的内容和方向,提升防凌减灾技术。

【刘满仓检查黄河备汛工作】 6月2日,河南省副省长刘满仓沿郑州黄河实地检查黄河备汛工作。先后察看了荥阳桃花峪控导工程、郑州黄河标准化堤防以及中牟河务局防汛物资仓库、郑州第一机动抢险队。河南河务局局长牛玉国、副局长李建培等陪同检查。

【河南省防指举办黄河防汛行政首长业务培训】 6月9日,河南省防指在郑州举办黄河防汛行政首长业务培训,沿黄各市主管防汛工作的领导和各市河务局负责人参加培训,省防指副指挥长、河南河务局局长牛玉国出席并讲话,副局长李建培主持。

【河南黄河防汛抢险实战技能演练举行】 6月10日,由河南河务局、河南省人力资源和社会保障厅联合举办的河南黄河防汛抢险演练暨技能竞赛在郑州马渡控导下延工程举行。濮阳、郑州、开封、豫西、新乡、焦作河务局的6支专业机动抢险队参加。演练的主要科目有挖掘机配合自卸车装抛厢枕、挖掘机配合自卸车装抛铅丝笼、挖掘机抓抛铅丝笼、装载机装抛铅丝笼等4个机械化抢险技能集体项目以及厢枕拴绳、堤防测量两项个人项目。演练达到了检验预案、规范流程、试验装备、锻炼队伍的目的。黄委、河南省军区、河南省人力资源和社会保障厅有关领导,驻豫部队以及河南沿黄6市领导现场观摩了演练。

【河南省防指检查伊洛河防汛工作】 6月17~19日,河南省防指副指挥长、河南河务局局长牛玉国带队检查河南伊洛河防汛工作。检查组先后考察了伊洛河入黄口,巩义橡胶坝,伊洛河夹滩,洛阳橡胶坝,白马寺、宜阳及龙门河段,查看河势流路和工程现状,了解防汛工作开展情况。河南河务局副局长李建培,河南省水利厅副巡视员邵新民,洛阳市委常委田金钢、市长助理李雪峰,焦作市副秘书长朱玉正等分别陪同检查。

【万家寨、三门峡、小浪底 3 库联合调度的调水调沙生产运行】　6 月 19 日至 7 月 8 日,万家寨、三门峡、小浪底 3 库联合调度调水调沙生产运行。调水调沙期间,小浪底水库下泄水量 52.8 亿立方米。小浪底站调控流量 4000 立方米每秒,花园口站最大流量 6680 立方米每秒,夹河滩站最大流量 5500 立方米每秒,高村站最大流量 4700 立方米每秒,孙口站 4510 立方米每秒。小浪底—孙口河段冲刷 0.063 亿吨,小浪底—利津河段冲刷 0.208 亿吨。河南黄河累计 53 处河道工程 269 道坝垛发生险情 594 次。

【河南省委主要领导检查河南黄河防汛工作】　6 月 24 日,中共河南省委常委、组织部长叶冬松检查新乡防汛工作。6 月 25 日,省委常委、省委秘书长曹维新赴焦作、济源检查黄河、沁河、河口村水库的防汛工作。7 月 17 日,河南省委常委、常务副省长李克实地察看开封黄河防汛工作,并在开封黄河防汛前线指挥部进行座谈。7 月 19 日,河南省委常委、统战部长刘怀廉到濮阳市检查防汛工作。

【河床演变专题学术研讨会在郑州举行】　7 月 1~2 日,由中国水利学会泥沙专业委员会主办,黄科院、水利部黄河泥沙重点实验室承办的河床演变专题学术研讨会在郑州举行,来自全国高校和科研单位的百余名专家学者参加会议。黄委副主任廖义伟出席会议并致辞。作为中国水利学会泥沙专业委员会专题学术研讨会暨庆祝黄科院建院 60 周年系列活动之一,此次河床演变专题研讨会学术层次高、内容丰富。中国工程院院士韩其为、中国水利水电科学研究院副院长胡春宏等数位知名泥沙研究专家参会并作学术报告。

【王伟中考察黄河标准化堤防】　7 月 3 日,科技部副部长王伟中在黄委总工薛松贵、河南河务局副局长周海燕陪同下,参观考察标准化堤防和花园口纪事广场。王伟中详细询问花园口决口给中华民族造成的深重灾难和黄河标准化堤防建设的规模、效益等情况,对黄河治理所取得的成就表示肯定和赞许。

【营救荥阳滩区被洪水围困村民】　7 月 5 日,由于黄河水位陡涨(高含沙水流所致),在荥阳市黄河滩区丁村段嫩滩种地的 31 名村民被洪水围困。在省、市、县有关领导以及河务部门的共同努力下,受困群众安全转移。

【紧急拆除连体浮舟】　7 月 5 日 14 时,原阳县官地村南滩地上放置的一段未建成运营的连体浮舟(共 18 节)被洪水冲走,撞上郑州黄河公铁两用桥施工栈桥并搁浅。事发后,刘满仓副省长及时召集有关部门和新乡市、原阳县相关领导赶赴现场研究浮舟的拆除工作,防止汛期涨水后该段浮舟冲向下游造成更大损失。据此,河南河务局牵头成立了浮舟拆除指挥部,并迅速制订了浮舟拆除迁移方案。同时,调集沿黄各市、县河务局抢险队员600 多人、机械设备 127 台套实施紧急拆除工作。经过连续 4 昼夜奋战,彻底排除了浮舟对公铁两用桥及下游防洪所形成的安全隐患。

【河南省召开防汛工作视频会议】 7 月 6 日,河南省防汛工作视频会议在郑州召开。在收看全国城市防洪工作视频会议后,河南省防汛抗旱指挥部副指挥长、副省长刘满仓对全省及黄河防汛工作再次进行动员部署。会议由省政府副秘书长何平主持,河南河务局局长牛玉国、河南省水利厅常务副厅长李孟顺分别就黄河防汛和河南省防汛工作作了汇报,省军区副司令员杨宏杰及省防汛抗旱指挥部各成员单位负责人参加会议。7 月 7 日,河南河务局召开全局防汛工作视频会议。副局长李建培传达了全国城市防洪工作视频会议和全省防汛工作视频会议精神。局长牛玉国对河南黄河第十次调水调沙工作进行总结与回顾,并对全局防汛工作进行全面安排部署。

【赵友林任河南河务局副巡视员】 7 月 15 日,黄委黄任〔2010〕18 号文任命赵友林为河南河务局副巡视员。

【舟曲抢险救灾】 8 月 8 日,甘肃舟曲特大山洪泥石流灾害发生后,河南河务局按照国家防总、黄河防总部署,8 月 10 日组织 22 名抢险专家、技术人员及设备操作人员,携带 2 台发电机组、1 台全方位全自动泛光工作灯、27 台高压清水泵、34 支高压水枪、1 部越野车及通信器材、生活保障用品应急驰援。8 月 24 ~ 26 日,按照黄河防总要求应急编织了 1 万张铅丝笼网片,运送舟曲。

在历时 23 天的舟曲除险工作中,黄河防总舟曲防汛应急抢险队参与并圆满完成堰塞湖应急排险、白龙江淤堵河道清淤疏通、舟曲主干道街道清淤、城关桥"阻水坝"破除等险难任务,并向参加清淤疏通的人民解放军、武警官兵及时提供了应急照明、高压水枪和清水泵等专业抢险设备;为洪灾中失去亲人和家园的舟曲女孩杨小燕进行了爱心捐助。8 月 16 日,水利部部长陈雷来到黄河防总舟曲防汛应急抢险队驻地,看望并慰问参加抢险救援的队员。

9月1日,抢险队完成应急抢险任务返回郑州。他们卓有成效的工作,受到了水利部部长陈雷和黄委主任李国英的高度赞扬及黄河防总的通令嘉奖。12月17日,在甘肃兰州召开的全国防汛抗旱暨舟曲抢险救灾总结表彰大会上,河南河务局防办被国家防总等3部委联合授予"全国防汛抗旱工作先进集体"称号,崔锋周被授予"全国防汛抗旱工作先进个人"称号。

【金堤河流域普降大暴雨】　9月5~8日,金堤河流域河南省长垣、延津、滑县、濮阳、范县、台前等6县市普降大暴雨,降雨量均在100毫米以上,其中滑县最大,平均164.03毫米。9日8时,金堤河范县站洪水流量达354立方米每秒,水位46.89米,超警戒水位0.85米,为1974年以来最大。

【日本新闻协会代表团参观花园口】　9月12日,在中国访问的日本新闻协会代表团来到郑州黄河花园口,实地参观了将军坝、黄河标准化堤防等,深入了解并亲身感受黄河治理开发与管理的成就。

【黄河中游水土保持委员会第十次会议召开】　10月9日,黄河中游水土保持委员会第十次会议在洛阳市召开。会议的主要任务是总结交流"十一五"期间特别是黄河中游水土保持委员会第九次会议以来黄河上中游地区的水土保持工作,明确"十二五"工作目标与重点任务,部署以后两年的重点工作。会议由黄河中游水土保持委员会副主任委员、水利部副部长刘宁主持。黄河中游水土保持委员会主任委员、陕西省人民政府代省长赵正永出席会议并作工作报告。河南省委副书记叶冬松出席会议并致辞。黄河中游水土保持委员会委员兼秘书长、黄委主任李国英,委员会委员、青海省副省长邓本太,委员会委员、陕西省副省长姚引良,以及来自宁夏、山西、内蒙古、甘肃、河南等省(区)的委员代表,水利部、国家发展改革委、农业部有关方面的委员或委员代表,黄委副主任廖义伟,河南省委常委、洛阳市委书记毛万春,黄河中游水土保持委员会办公室主任、黄河上中游管理局局长王健等出席会议。参加会议的还有水利部、黄委有关部门和黄河上中游7省(区)水利水保部门的负责人,以及中央和陕西、河南等20多家新闻媒体的记者。

【刘宪亮任河南河务局副局长】　10月19日,经中共黄委党组研究,并征得水利部人事司和河南省委组织部同意,任命刘宪亮为河南河务局副局长、党组成员。

【河南黄河勘测设计研究院两项设计成果获全国铜质奖】　10月25~26日,在全国水利勘测设计工作会议上,河南黄河勘测设计研究院组织完成的《黄河洪水管理亚行贷款项目黄河下游河道整治工程初步设计》和《河南黄河南岸标准化堤防建设工程初步设计》荣获铜质奖。

【郑新黄河大桥建成通车】 10月，郑新黄河大桥建成通车，原名郑州黄河公铁两用特大桥，京广深港高速铁路客运专线与107国道一级公路共用此桥。该桥南岸位于郑州市惠济区申庄，北岸位于原阳县韩董庄。上层为双向6车道一级公路，设计时速100公里，两侧设4米宽慢车道；下层为双线铁路客运专线，设计时速350公里。公路桥总长11.8公里，铁路桥长15公里，公铁合建段长度为9180米，6塔斜拉桥型，总投资约49.8亿元，2006年开工建设。

【引黄入邯工程正式启动】 11月23日11时10分，随着河北省副省长张和宣布提闸放水，引黄入邯工程正式启动。引黄入邯工程是河北省引黄西线工程的重要组成部分，工程自河南省濮阳县濮清南总干渠渠首渠村引黄闸引黄河水，在河北省邯郸市魏县西穿卫河入冀。工程设计流量25立方米每秒，年引水量1亿~3亿立方米。

【河南河务局全面部署第一次全国水利普查工作】 11月24日，河南河务局召开第一次全国水利普查工作会，传达黄委第一次全国水利普查工作会议精神，并就全局第一次全国水利普查工作进行全面动员和部署，局长牛玉国，副局长李国繁、李建培出席会议并讲话。局属各单位主要负责人及工务部门负责人、局水利普查领导小组成员近60人参加了会议。

【黄河吉利水厂建成通水】 11月25日，黄河吉利水厂建成通水。这是河南黄河供水首次实现从黄河原水、半成品水到成品水直供的供水项目，此举拉长了河南黄河供水的产业链，实现了河南黄河供水的新突破。该工程于2010年3月开工建设。

【堤防工程管护新技术推广交流会在孟州召开】 11月30日至12月1日，由水利部科技推广中心、黄委国际合作与科技局和黄委科技推广中心联合主办，河南河务局承办，焦作河务局协办的"堤防工程养护新技术推广交流会"在孟州市隆重召开。河南河务局副局长刘宪亮、总工端木礼明和局属各河务局主管领导参加了会议交流和研讨。

【水利部检查河南黄河河道采砂管理执法情况】 12月1~2日，由太湖流域管理局副局长吴浩云带队的水利部黄河流域河道采砂管理执法检查组一行7人，在河南河务局巡视员赵民众及水政处、建管处有关负责人陪同下，赴焦作对河南黄河河道采砂管理执法检查情况进行检查。

2011 年

【黄河调水调沙理论与实践获国家科学技术进步一等奖】　1 月 14 日,国家科学技术奖励大会在北京召开,黄河调水调沙理论与实践等 16 个科技创新项目获得 2010 年度国家科学技术进步一等奖。

【2011 年全局工作会议召开】　1 月 20 ~ 21 日,河南河务局 2011 年全局工作会议在郑州召开。党组书记、局长牛玉国代表班子向大会作题为《抢抓机遇 加快发展 奋力推进河南治黄事业再上新台阶》的工作报告。局领导赵民众、周海燕、刘宪亮、商家文、李国繁、端木礼明、李建培、郭凤林及老领导王渭泾、赵天义等出席会议。局属各单位班子成员,基层水管单位主要负责人及机关全体副处级以上干部 200 余人参加会议。

【刘满仓调研引黄抗旱工作】　2 月 7 日,河南省副省长刘满仓一行到赵口引黄闸和柳园口引黄闸,慰问春节期间战斗在抗旱一线的治黄职工,调研引黄抗旱情况。河南河务局局长牛玉国、副局长李国繁,河南省水利厅副厅长程志明,开封市副市长王载飞等陪同调研。

【河南河务局启动Ⅱ级应急响应应对沿黄旱情】　2 月 11 日,河南河务局局召开抗旱紧急会议,依据《河南黄河抗旱应急响应预案(试行)》规定,河南河务局研究决定,启动Ⅱ级抗旱应急响应,全力应对沿黄旱情。会上,河南河务局局长牛玉国对抗旱工作进行了全面部署。

【河南河务局紧密结合实际学习贯彻中央一号文件精神】　2 月 16 日,河南河务局党组召开中心组专题学习会,集中学习中央一号文件,并对进一步深入学习贯彻文件精神提出要求。河南河务局党组书记、局长牛玉国主持学习会,局领导班子成员、机关各部门主要负责人参加学习。

【牛玉国督导新乡引黄抗旱工作】　2 月 17 日,河南河务局局长牛玉国,省抗旱督导组第 12 组组长、河南河务局副局长李建培,在新乡市委常委、副市长王晓然等陪同下,到新乡抗旱一线,查看人民胜利渠渠首引水情况,获嘉引黄抗旱情况,封丘大功引黄灌溉疏通工程,实地了解新乡引黄抗旱工作开展情况,对引黄抗旱工作进行督导。

【财政部 国家防总调研组到河南黄河滩区调研】　2 月 19 日,财政部副司长张岩松、国家防总抗旱督察专员田以堂带领调研组到河南黄河滩区,就黄河下游滩区享受洪水淹没补偿政策进行实地调研。黄委副主任徐乘、廖义伟,河南省政府副秘书长何平,河南河务局局长牛玉国、副局长李建培,省财政厅、省水利厅、开封市政府及黄委有关部门负责人陪同调研。

【郭庚茂检查指导引黄抗旱工作】 2月25日,河南省委副书记、省长郭庚茂先后到封丘县荆隆宫乡抗旱应急灌溉工程大功灌区西一干渠开挖现场和新乡市大功引黄灌溉疏通工程现场,了解工程进展和灌溉浇麦等情况。河南省军区副政委张守喜,省长助理、省政府秘书长安惠元,黄委副主任赵勇,河南河务局局长牛玉国,省直有关部门及新乡市负责人陪同检查。

【河南河务局召开第一次全国水利普查清查登记工作启动会】 3月18日,河南河务局召开第一次全国水利普查清查登记工作启动会。局长牛玉国出席会议并讲话,副局长李国繁主持会议。会上,收看水利部和黄委第一次全国水利普查清查登记工作启动视频会议,并全面动员和部署河南河务局第一次全国水利普查清查登记工作。

【陈小江任黄委党组书记、主任】 4月7日,黄委召开干部大会,宣布中共中央决定和国务院国人字[2011]38号文,任命陈小江为黄委主任、党组书记。

【陈小江调研河南治黄工作】 4月9日,黄委党组书记、主任陈小江从黄河南岸零公里堤防工程开始,先后实地查看了郑州黄河标准化堤防工程、马渡下延控导工程和赵口引黄涵闸,以及封丘曹岗险工、红旗闸,原阳标准化堤防工程和焦作沁河入黄口,详细考察了解黄河标准化堤防工程、控导工程的建设过程及其重要作用。黄委副主任苏茂林,河南河务局局长牛玉国、副局长李建培,以及黄委办公室、防办等部门和单位的负责人陪同调研。

【河南河务局获“全国五一劳动奖状”】 4月29日,在郑州召开的“河南省庆五一暨中原经济区建设劳模座谈会”上,河南河务局荣获“全国五一劳动奖状”。

【河南省全面部署黄河防汛抗旱工作】 5月4日,河南省防汛抗旱工作会议在郑州召开。会议总结了2010年防汛抗旱工作,分析河南省防汛抗旱面临的形势,对做好2011年河南省防汛抗旱工作进行部署。河南省防汛抗旱指挥部副指挥长、副省长刘满仓出席会议并讲话。会议由省防汛抗旱指挥部副指挥长、省政府副秘书长何平主持,省防汛抗旱指挥部副指挥长、河南河务局局长牛玉国,省防汛抗旱指挥部副指挥长、省水利厅厅长王仕尧分别对黄河和全省防汛抗旱工作进行具体部署,省军区副司令员宋中贵部署军民联防工作,省气象局局长王建国介绍 2011 年全省气候趋势会商意见,沿黄 9 个省辖市政府分别向省政府递交了 2011 年黄河防汛抗旱责任状。

【中国农林水利工会到河南河务局调研】 5 月 12 日,中国农林水利工会水利工作部部长王林林、黄河工会主席郭国顺一行 6 人对河南河务局开展工作调研,并就职工重大疾病医疗救助和应用技术创新进行座谈。座谈会上,局党组成员、副局长周海燕介绍了河南黄河的机构、人员以及治理开发等基本情况,河南黄河工会主席郭凤林汇报了职工重大疾病医疗救助和应用技术创新开展情况。

【河南省防指参加国家防总黄河防汛指挥调度演习】 5 月 12 日,在河南黄河防汛抗旱会商中心,河南省防指副指挥长、省政府副秘书长何平,河南省防指副指挥长、河南河务局局长牛玉国,省军区副参谋长姚健、省气象局局长王建国、省水利厅副厅长谷来勋,以及河南河务局副局长周海燕、李国繁、李建培,巡视员张春亮和相关处室负责人,通过异地视频会商系统,参加国家防总以防御 1958 年黄河大洪水为背景,针对防洪部署、洪水调度、滩区迁安、蓄滞洪区运用和查险抢险等重点环节举行的 2011 年度黄河防汛指挥调度演习。

【黄委调研河南黄河泥沙资源开发利用工作】 5 月 24 日,黄委党组成员、总工薛松贵一行 10 余人,在河南河务局党组成员、总工端木礼明的陪同下,深入到豫西河务局、开封河务局实地调研泥沙开发利用工作。

【徐乘率队检查河南黄河沁河防汛工作】 5 月 24～25 日,黄委党组副书记、副主任徐乘率黄河防总黄河流域防汛检查组,深入河南焦作、新乡等地检查防汛准备工作,重点查看防汛物资储备管理情况,并听取河务部门对防汛物资储备现状、防汛物资管理机构情况、防汛物资使用和管理制度以及防汛物资更新情况、存在问题及建议等。

【河南河务局被评为河南省政府责任目标先进单位】 5 月 26 日,河南省政府作出决定,对 2010 年度完成责任目标的优秀单位和先进单位进行表彰。河南河务局被评为河南省政府责任目标先进单位。

【河南省防指培训黄河防汛行政首长】 5 月 30 日,河南省防指在郑州举办黄河防汛行政首长业务培训班,沿黄八市主管防汛工作的领导和各市级河务局负责人参加了培训,省防指黄河防办主任、河南河务局副局长李建培主持培训,省防指副指挥长、河南河务局局长牛玉国出席防汛业务培训。

【国家发改委调研河南黄河标准化堤防建设】 6月5日,国家发展和改革委员会农经司司长高俊才赴濮阳调研河南黄河标准化堤防建设。黄委主任陈小江、副主任徐乘、赵勇,河南河务局局长牛玉国、副局长李国繁,河南省发改委副主任陈永石,濮阳市政府主要负责人以及有关单位负责人陪同调研。

【国家防总检查河南黄河防汛抗旱工作】 6月9~10日,财政部党组成员、部长助理胡静林、黄委主任陈小江率国家防总黄河防汛抗旱检查组对河南黄河防汛抗旱工作进行检查督导。检查组察看了新乡原阳三官庙控导工程,了解了三官庙河段畸形河势演变情况及整治建议。省防指副指挥长、省政府副秘书长何平就河南黄河防汛抗旱工作做了专题汇报。河南省副省长刘满仓、省长助理卢大伟、省政府副秘书长何平、河南河务局局长牛玉国、省水利厅助理巡视员邵新民、省财政厅助理巡视员安保新等陪同检查。

【河南举行黄河防汛抢险实战技能演练】 6月10日,河南河务局、河南省人力资源和社会保障厅在郑州马渡控导下延工程联合举办河南黄河防汛抢险演练暨技能竞赛。河南河务局巡视员赵民众主持开幕仪式。河南河务局副局长周海燕作动员讲话,河南省人力资源和社会保障厅副厅长李西斌等致辞。

【黄河汛前调水调沙启动】 6月19日,黄河调水调沙正式启动。黄河防总联合调度万家寨、三门峡、小浪底水库,实施汛前调水调沙。7月7日8时汛前调水调沙结束,历时431小时,控制花园口水文站最大流量4000立方米每秒,小浪底水库出库水流含沙量最高达263公斤每立方米。

【陈小江夜查黄河防汛责任制落实及调水调沙进展情况】 6月23日,黄河防总常务副总指挥、黄委主任陈小江,对郑州黄河花园口段部分防洪工程巡坝查险及防汛责任制落实、防汛应急抢险队抢险准备、防汛物资调运等情况进行突击检查,并代表黄委党组向坚守在黄河防汛一线的干部职工表示慰问。黄委副主任苏茂林,河南河务局、黄委办公室、防办、经济管理局等相关单位负责人参加检查。

【河南河务局隆重纪念中国共产党成立九十周年】 6月28日,河南河务局召开庆祝建党九十周年暨优秀共产党员表彰大会。河南河务局党组书记、局长牛玉国,巡视员赵民众,党组成员、副局长周海燕、纪检组长商家文、副局长李国繁、总工端木礼明、副局长李建培,副巡视员张春亮出席大会。局机关各部门主要负责人,直属各党委(支部)书记、党办主任,离退休党员代表及机关党员代表100余人参加会议。

【刘满仓检查新乡黄河防汛工作】　6月28日,河南省副省长刘满仓深入黄河滩区,检查指导黄河防汛工作,并慰问一线抢险队员。河南河务局局长牛玉国、副局长李建培,新乡市代市长王战营、副市长王晓然及有关部门负责人陪同检查。

【河南河务局学习贯彻中央水利工作会议精神】　7月13日,河南河务局召开党组中心组学习会,集中传达和学习贯彻中央水利工作会议精神,观看中央电视台中央水利工作会议视频,学习水利部部长陈雷在全国水利系统贯彻落实中央水利工作会议精神动员大会上的讲话和黄委主任陈小江的讲话精神。局党组成员、副局长周海燕主持学习会,并就学习贯彻中央水利工作会议精神提出具体要求。

【李克检查开封黄河防汛工作】　7月22日,河南省委常委、常务副省长李克在省政府副秘书长朱焕然,省水利厅厅长王树山,省公安厅副厅长程德民,河南河务局副局长刘宪亮、总工端木礼明的陪同下,到开封检查黄河防汛工作。开封市委书记祁金立,市长吉炳伟,副市长魏治功、王载飞,水利、河务、城管部门负责人陪同检查。

【郭庚茂检查河南黄河防汛工作】　7月26日,黄河防总总指挥、河南省省长郭庚茂在黄河防总常务副总指挥、黄委主任陈小江,黄河防总副总指挥、河南省副省长刘满仓,河南河务局局长牛玉国、副局长李建培等陪同下,到郑州黄河马渡控导工程现场检查防汛工作,并听取防汛抗旱工作汇报。

【刘怀廉检查指导濮阳防汛工作】　7月26日,河南省委常委、统战部长刘怀廉在河南河务局纪检组长商家文、省水利厅副厅长李恩东、农业厅巡视员雒魁虎等陪同下,到濮阳市检查指导防汛工作。濮阳市委书记段喜中,市委常委、副市长高树森,副市长郑实军,濮阳河务局局长边鹏等陪同检查。

【河南河务局举行防汛演练暨河道修防工技能竞赛】　7月28～29日,河南黄河防汛抢险演练暨河道修防工职业技能竞赛在郑州黄河马渡控导工程举行,来自濮阳、郑州、开封、豫西、新乡、焦作6市(地)河务局的97名中青年河道技术工人,就理论测试和5个河道修防工实际操作项目进行同台竞技。

【刘满仓察看河洛引黄供水水源地工程】 8月8日,河南省副省长刘满仓在河南河务局局长牛玉国、副局长李国繁的陪同下,深入巩义市河洛镇察看河洛引黄供水水源地工程,对引黄供水工作提出指导性意见。

【河南省政府安排部署河南黄河新增征地补偿投资工作】 8月9日,河南省政府召开会议,安排部署河南黄河新增征地补偿投资工作。会议由省政府副秘书长何平、胡五岳共同主持,河南河务局局长牛玉国、副局长李国繁,省发展改革委、国土资源厅、财政厅、环保厅等单位负责人及沿黄6市政府副秘书长、各河务局负责人参加会议。

【贾治邦察看郑州黄河堤防绿化植树情况】 8月15日,国家林业局局长贾治邦在河南省副省长刘满仓、河南河务局局长牛玉国及林业部门负责人的陪同下,察看郑州黄河堤防绿化植树情况,对河南河务局大力开展黄河堤防绿化、改善生态环境等方面的工作给予充分肯定。

【河南河务局考察浙江水利工作】 9月6~9日,河南河务局局长牛玉国、总工端木礼明、副局长李建培带领局属各河务局及办公室、人劳处、建管处、防办、供水局负责人等,赴浙江考察浙江省的防汛防台、防汛信息化建设、水利工程建设与管理、水资源管理等工作。

【园林公司被评为"全国园林绿化施工50强"】 9月14日,在达沃斯论坛"2011中国园林绿化行业新领军峰会"上,河南黄河园林绿化工程有限公司被中国园林绿化企业行业协会、中国住房与城市建设研究会、中国工程建设行业管理协会三家单位联合评为"2011年中国园林绿化施工企业50强"。

【河南河务局设计院两项目荣获省优质测绘工程(成果)奖】 10月9日,河南河务局设计院的两项测绘成果——《"十二五"可研河南黄河河道工程地形图测量技术报告》和《"十二五"可研河南黄河河道工程D级GPS网测量技术报告》,分别荣获2011年度河南省优质测绘工程(成果)一等奖和二等奖。

【黄河水资源保护与突发水污染应急机制对话研讨会召开】 10月11日,由全球水伙伴(中国·黄河)、黄河研究会、黄河流域水资源保护局、全球水伙伴(中国)共同组织的黄河水资源保护与突发水污染应急机制对话研讨会在郑州召开,与会专家学者共同关注黄河水资源管理与保护,深入研讨、多方求解应对突发性水污染事件,呼吁尽快建立并完善黄河水资源保护与突发水污染应急机制。

【牛玉国调研伊洛河洪水情况】　10月11日,河南河务局局长牛玉国到郑州巩义、洛阳偃师等地,对伊洛河防汛工作及刚刚过去的秋汛洪水情况进行调研。洛阳市委常委、市委农工委书记田金钢,黄委河南水文水资源局和巩义市、偃师市相关领导及有关单位、部门负责人陪同调研。

【陈小江到豫西、焦作河务局调研】　10月18~20日,黄委党组书记、主任陈小江深入济源、焦作等地进行调研,实地了解基层工作。河南河务局局长牛玉国、副局长李国繁,黄委办公室、规计局、财务局、防办负责人参加调研。

【黄河小浪底水利枢纽工程获鲁班奖】　11月7日,2010~2011年度中国建设工程鲁班奖(国家优质工程)颁奖大会在北京人民大会堂隆重举行,黄河小浪底水利枢纽工程荣获鲁班奖。

【河南河务局荣获"全国水利系统和谐企事业单位"称号】　11月14日,在全国水利系统工会主席联席会议上,河南河务局被中国农林水利工会全国委员会授予"全国水利系统和谐企事业单位"称号。

【黄河水务股份有限公司揭牌仪式举行】　12月28日,黄河水务股份有限公司揭牌仪式在郑州举行。黄委副主任苏茂林与河南河务局局长牛玉国共同为黄河水务股份有限公司揭牌。

后　记

　　2010年初,河南河务局党组研究决定纂修《河南黄河大事记》。在各级领导的高度重视下,当年即完成编纂方案的制订和资料的搜集整理。这些资料包括:河南河务局原副总工程师刘于礼主编的《河南黄河大事记(1840～1985)》;任海波、王义荣主编的《河南黄河大事记(1986～2000)》;河南河务局办公室组织编写的2001～2010年大事记等。濮阳、郑州、开封、焦作等河务局也根据安排提供了本单位管辖范围内的大事记资料。另外,局史志年鉴编纂办公室参考《黄河志》、《黄河大事记》、《民国黄河大事记》、《黄河水利史述要》及其他有关史志资料,除完成1840年以前内容的增添外,还对1840～2011年的内容进行了系统全面的充实。黄委黄河志总编辑室原主任林观海应邀为明代以前的内容进行了增补和充实,陈晓梅副编审也为大事记的编写提供了难得的资料,河南河务局防汛办公室为志稿提供了比较系统的调水调沙方面的资料。

　　2011年8月底以前,局史志年鉴编纂办公室对所获取的资料进行了系统的整理和纂审,并完成评审稿。11月16日、22日,河南河务局党组成员、总工端木礼明主持召开《河南黄河大事记》评稿会。河南省史志办省志处处长陈守强、副处长李娟,黄河志总编室原主任袁仲翔、林观海,副主任王梅枝,以及河南河务局老领导、老专家王渭泾、赵天义、赵友林等16人参加了会议。与会领导、专家对河南河务局领导的重视和参与修志同志的敬业精神给予了高度评价,对志稿从体例到文风,从资料到观点进行了认真细致的评议,并提出了许多宝贵的修改意见和富有建设性的建议。此后,端木礼明又召集有关人员对修改稿进行终审及技术和文字把关。2012年12月,经河南黄河大事记编纂委员会同意,交付出版。黄河志总编辑室组织对该志书进行了出版前的编辑与审定。

编　者

2012年12月